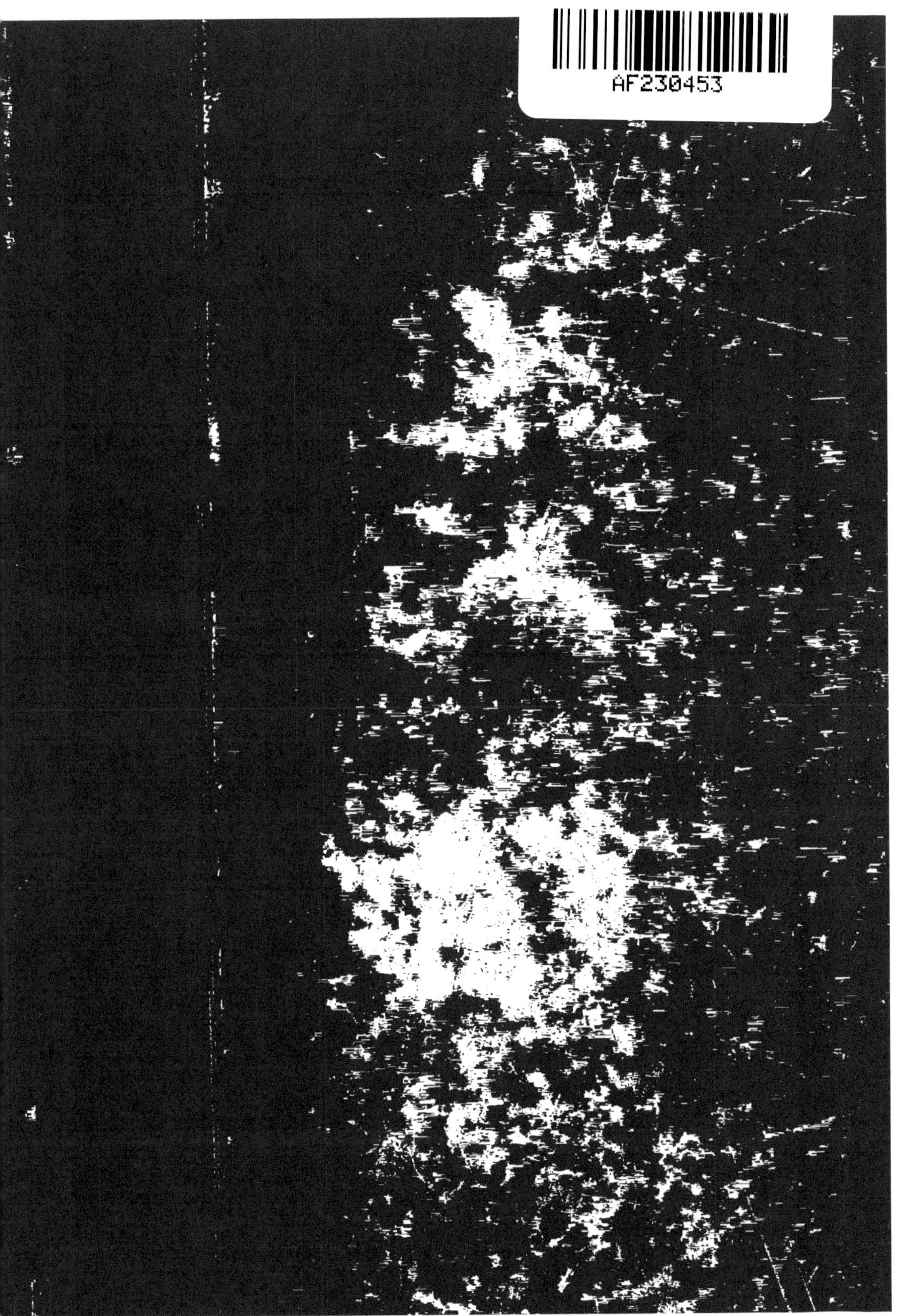

# VOYAGE

A TRAVERS

# LA MONGOLIE ET LA CHINE

CORBEIL. — Typ. et stér. CRETÉ.

LE DOCTEUR P. PIASSETSKY

# P. PIASSETSKY

# VOYAGE

## A TRAVERS

# LA MONGOLIE ET LA CHINE

TRADUIT DU RUSSE

AVEC L'AUTORISATION DE L'AUTEUR

PAR AUG. KUSCINSKI

ET CONTENANT

90 GRAVURES D'APRÈS LES CROQUIS DE L'AUTEUR

ET UNE CARTE



PARIS

LIBRAIRIE HACHETTE ET Cie

79, BOULEVARD SAINT-GERMAIN, 79

1883

Droits de propriété et de traduction réservés

Voyage du Dr Piassetzky.
HACHETTE et Cie
MANTCHOURIE
MONGOLIE
DESERT
ITINÉRAIRE
DE
L'EXPEDITION RUSSE
EN CHINE
1874-1875
Itinéraire
Grande Muraille
Omsk
Tomsk
Kainsk
Atchinsk
Kansk
Mariinsk
Krasnoiarsk
Kolyvann
Pavlodar
Semipalatinsk
Oust-Kamenogorsk
Kokpektinsk
Poste de Zaïssan
Temple Maïen
Irkoutsk
Lac Baïkal
Oudinsk Inférieur
Oudinsk Supérieur
Nouveau Selenginsk
Lac Kossogol
Lac Kirgiz-nor
Lac Khara-Oussou
Kobdo
Bouloun-Tchou
Ouroungou R.
Lac Bourga Nor
Khara-gol
Oulan
Ourga
Djorgolanta
Oundourté
Tola Boulijk
Modou
Boro Baurin
Source Karnak
Pinte Toungout
Barkoul
Khami
Haut-tcheng
Sour Oussou
Narat
Tougourik
Tali
Sourdji
Ghara Mourren
An-si
Sou Tienn
Koon-taï
Sinn-Tchen
Etchan-dan
Sinn-Tchong
Lan-Tcheng
Koulan-Sian
Lan-Tcheou
Ti Dan Tchron
Gei-Sian
Houn-Tchen
Tsin-Tchron
Kalgan
En hao fou
PEKING
Wen-Tsinn
Tong-Tcheou
Golfe Petchili
Nankin
Changhai
Han-Tcheou
MER JAUNE
MANTCHOURIE
45   50   55   60   65   70   75   80   85   90   95   100
55   50   45   40   35   30

# VOYAGE EN CHINE

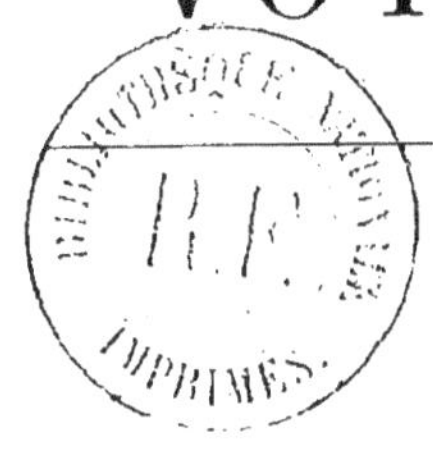

## CHAPITRE PREMIER

Départ de Saint-Pétersbourg. — Sibérie. — Perte de la caisse. — Arrivée à la frontière.
— Kiachta. — Première connaissance avec les Chinois. — Visite au mandarin de
Kiachta. — Départ. — Première nuit en Mongolie.

Après avoir consacré plusieurs semaines à mes préparatifs, je quittai
Saint-Pétersbourg, le 14 mars 1874, et je m'arrêtai à Moscou pour prendre
congé de mes proches parents. Dans cette ville, je fus rejoint par deux de
mes compagnons de voyage, M. Sosnowsky, chef de l'expédition, et M. N...,
photographe (ce dernier dut nous abandonner à Omsk, pour cause de santé,
et fut remplacé par M. Boïarsky). Nous partîmes de Moscou pour Nijni-
Nowgorod ; il fallait de là parcourir 6,000 verstes [1] par la poste avant d'arriver à Kiachta, c'est-à-dire à la frontière de Chine.

Habitué au chemin de fer, j'avais presque oublié la prose et la poésie
d'une traversée en traîneau.

Nous passâmes le Volga, traversâmes les villes de Kasan et de Perm, et
franchîmes les monts Oural. Le printemps s'avançait ; la neige disparaissait ; les ruisseaux débordaient. Nous abandonnâmes le traîneau pour une
voiture.

Voici enfin la Sibérie ! Nous nous arrêtons dans sa première ville, Tiumen. Sosnowsky, qui avait qualifié notre expédition de scientifique et
commerciale, jugeait cet arrêt indispensable dans l'intérêt de nos affaires
commerciales. Ces dernières ne me regardaient point ; mais, n'ayant
encore rien à faire, ni rien à observer, j'assistai aux conférences du chef
avec les négociants de l'endroit, qu'il cherchait « à intéresser aux affaires

1. La verste vaut 1,067 mètres.

d'utilité générale ». Les marchands paraissaient toujours d'accord avec lui sur tous les points ; mais quand il s'agissait d'offrandes pécuniaires en faveur de l'expédition, ils ne manquaient pas de trouver d'excellentes raisons pour les lui refuser. Bien mieux, on fit courir le bruit que, loin d'être des envoyés officiels du gouvernement, nous n'étions que des artistes amateurs et vagabonds, ce qui rendait furieux Sosnowsky. « Heureusement, disait-il, que j'ai reçu de Goubkine, à Koungour, 2,000 roubles, car ici il n'y a rien à faire, mais nous avons devant nous Tomsk, Iakoutsk et Kiachta. » Je dois dire toutefois que les négociants de Tiumen nous firent cadeau d'excellentes boîtes pour nos appareils de photographie ; celles que nous avions emportées de Pétersbourg ne valaient absolument rien et n'auraient pu supporter le voyage.

En quittant Tiumen, nous traversons quelques petites villes, nous passons sur des radeaux plusieurs rivières avant d'arriver à Omsk, le centre administratif de la Sibérie occidentale. Un arrêt d'une semaine dans cette ville me paraissait exorbitant, les affaires pouvant être terminées en deux ou trois jours. Nous y fûmes rejoints par M. Matoussowsky, officier topographe.

De la ville d'Omsk la route côtoyait le fleuve Irtysch jusqu'à Semipalatinsk, chef-lieu du cercle de ce nom. Quoique cette ville ne se trouvât pas sur notre chemin, c'était là, d'après Sosnowsky, que devaient se terminer les derniers préparatifs du voyage, et que les Cosaques (Pawlow, Smokotnine et Stepanow) chargés de nous accompagner nous y attendaient.

Nous passâmes, au mois de mai, époque des fortes chaleurs, vingt-trois jours à Semipalatinsk, et, d'après moi, le double du temps nécessaire pour terminer nos affaires. Nous y fûmes reçus dans la famille du gouverneur. Et c'est avec peine qu'il nous fallut quitter cette petite ville, jadis entourée de bois et située aujourd'hui au milieu d'un désert aride et sablonneux.

Le départ de Semipalatinsk eut lieu par une belle nuit sombre, mais étoilée ; les Cosaques partirent une demi-heure avant nous dans les voitures de bagages. Nous nous installâmes dans un équipage à deux roues, assis dos à dos. J'occupais le banc de derrière, absorbé dans mes pensées et regardant machinalement la route qui fuyait sous nos pas. Tout à coup j'entendis galoper un cavalier qui cherchait à nous rejoindre et nous hélait à haute voix. Je ne pus comprendre ses paroles, à cause du bruit de la voiture, et j'ordonnai au cocher d'arrêter.

« Qu'y a-t-il ? me demandèrent mes compagnons.

— Je ne sais pas encore. Quelqu’un galope derrière nous et nous appelle. »

Nous attendîmes, et quel ne fut pas notre étonnement en voyant le Cosaque Stepanow.

« D’où viens-tu ? Comment te trouves-tu en arrière et à cheval ?

— Un malheur est arrivé, nous dit-il ; tout votre argent est perdu. Le coffre, après avoir défoncé la voiture, s’est brisé sur la route, et tout l’argent s’est répandu le long du chemin.

— J’avais bien dit que cela arriverait, » grommela Matoussowsky en se réveillant.

Je me souvins, en effet, qu’à Semipalatinsk, Matoussowsky discuta pendant deux jours avec Sosnowsky et chercha à le convaincre, mais inutilement, de l’inconvénient d’un coffre en bois pour contenir 15 pouds (600 livres) de lingots d’argent ; on le pria même de « ne pas donner des leçons à ceux qui n’étaient plus des enfants ».

Le Cosaque nous expliqua que, s’étant égarés, ils entendirent au loin la sonnette de notre voiture, retrouvèrent ainsi le chemin et tombèrent sur l’argent éparpillé ; deux d’entre eux restèrent pour garder notre trésor, et le troisième venait nous rejoindre.

« Grâce à Dieu, ajouta-t-il, le diable nous avait embrouillés ; sans cela nous serions déjà à la station, et demain le premier passant aurait ramassé l’argent. »

Figurez-vous notre position si nous nous étions aperçus plus tard de l’absence du coffre et de la perte de l’argent. Voilà du coup notre voyage en Chine terminé. Quelle honte !

Après avoir renvoyé le Cosaque rejoindre ses camarades, nous avons continué notre chemin jusqu’à la station, d’où nous avons envoyé deux hommes munis de lanternes pour aider nos gens à ramasser les lingots. C’est donc à la station qu’on fut obligé, suivant le conseil de Matoussowsky, de faire des sacs de cuir pour mettre notre argent ; on les répartit ensuite entre nos trois voitures.

Heureux et contents que ce premier accident n’eût pas été suivi de conséquences fâcheuses, nous nous remîmes en route, traversant des forêts épaisses, des fleuves comme l’Obi, le Tomi et l’Iénissei ; ce dernier est d’une largeur telle, que d’une rive on aperçoit à peine le bord opposé. Voici la ville de Tomsk, où les conférences de Sosnowsky avec les négociants n’obtinrent pas plus de succès qu’à Tiumen ; voici encore la petite ville de Mariinsk, avec son hôtel de « *Paris* » ; puis Kansk, avec une seule maison en pierre ; enfin Irkoutsk, capitale de la Sibérie orientale, où nous eûmes à subir un nouvel échec de la part des négociants, restés sourds à tous les intérêts de l'État. Dans cette dernière ville, notre compagnie s'accrut d'un nouveau membre, M. Andreïewsky, interprète, que l'on avait retenu d'avance et qui avoua bientôt ne connaître que très imparfaitement la langue chinoise ; pour se justifier, il ajoutait qu'il n'avait que 600 roubles d'appointements.

Nous traversons en bateau à vapeur le grand lac Baïkal ; nous passons par Selenguinsk, petite ville oubliée dans le désert. A Troickosawsk, nous entendons pour la dernière fois la sonnerie des cloches d'une église russe, et, par une belle matinée de juillet, nous entrons à Kiachta, ville frontière.

M. Sokolow, négociant de cette ville, avait mis sa maison à notre disposition ; nous nous y installâmes dans les chambres qui nous étaient destinées. J'occupais l'une d'elles avec M. Matoussowsky. Pendant que nous procédions à notre toilette, nous vîmes entrer quatre Chinois de Maï-Maï-Tzeng ; ils nous saluèrent en russe en nous tendant les mains, comme à de vieilles connaissances et comme s'ils venaient nous voir pour la centième fois. Leur entrée était accompagnée d'une forte et désagréable odeur d'ail et de fumée d'opium. Cependant cette visite me fut très agréable et je les examinai avec autant de curiosité et de sans-gêne qu'ils en montrèrent envers nous. La conversation commença en russe, parce que les Chinois de Maï-Maï-Tzeng parlent notre langue, toutefois en l'écorchant tellement qu'il est un peu difficile de les comprendre et qu'on a appelé avec raison cette langue le « kiachtien » ou dialecte de Kiachta.

Après quelques questions échangées, nous aurions désiré les voir partir, pour faire notre toilette ; mais comme les Chinois ne bougeaient pas, nous leur dîmes :

« Il nous faut changer de vêtements.

— En vérité, il y a beaucoup de poussière sur les routes, » répondirent-ils sans se déranger.

Il ne nous restait qu'à les prier de s'en aller, ce qu'ils firent de la meilleure grâce en nous tendant de nouveau les mains.

Malgré la difficulté de nous entendre avec les Chinois, les visites ne cessèrent point pendant les deux semaines que nous passâmes à Kiachta. Ils entraient chez nous à tout moment, quelquefois en nombre considérable, s'installaient tranquillement, nous posaient des questions, nous offraient leurs marchandises, ou bien restaient assis sans rien dire. Ces enfants de la nature n'avaient aucune retenue ; en entrant, ils prenaient place n'importe où, sur une chaise, sur les lits, nous empêchaient de vaquer à nos occupations, et même de prendre nos repas et de nous livrer au sommeil.

Nous fûmes obligés de ne leur ouvrir notre porte qu'à certaines heures. Cependant je dois ajouter que ce sans-gêne dans les visites aux nconnus n'est pas caractéristique au peuple chinois ; ce trait n'est particulier qu'aux habitants de Maï-Maï-Tzeng, et la faute en est aux Russes eux-mêmes, qui leur ont permis de prendre ces habitudes.

J'avais formé le projet de me rendre le plus tôt possible à Maï-Maï-Tzeng, ou plus correctement Maï-Ma-Tzeng, qui n'est pas un nom propre, mais signifie : «petite ville commerciale » ; c'est pour cette raison que les Chinois, dans leurs rapports avec les Russes, appellent Kiachta « votre Maï-Ma-Tzeng » et, supposant que Kiachta a le même sens en russe, désignent Maï-Ma-Tzeng sous le nom de « notre Kiachta », qu'ils prononcent Tzaketou. C'est ainsi que j'allai de notre Maï-Ma-Tzeng visiter le Tzaketou chinois.

En sortant de l'unique rue de Kiachta, je me trouvai sur un terrain sans constructions, d'une largeur de 250 mètres, qui constitue la zone frontière entre la Russie et la Chine. Deux vieux poteaux en bois, couverts de boue, sans aucune indication ou inscription, représentent les limites frontières ; ceci me parut étrange. Comment ! deux puissances comme la Russie et la Chine ne se sont pas donné le luxe de quelque chose de grandiose. Ah ! si c'était en mon pouvoir, pensai-je, j'aurais fait bâtir un beau temple russe du côté de Kiachta, et du côté de Maï-Ma-Tzeng une pagode chinoise non moins jolie.

En poursuivant mon chemin, j'aperçus la tente sale et noire d'un mendiant quelconque, entourée de tas d'ordures fouillés par des chiens, et plus loin une rangée de cabanes sans fenêtres, entourées de palissades, puis la maisonnette d'argile du factionnaire à côté de la porte de Maï-Ma-Tzeng ; je fus rejoint par un Chinois, qui était venu nous voir la veille et qui se chargea d'être mon *cicerone*.

« Notre Maï-Ma-Tzeng vous voulez voir ? Notre pas *bon*.

— On m'avait dit qu'elle est très *bonne*, lui répondis-je en écorchant le russe, pour me faire comprendre.

— Eh non ! Votre *bonne*. »

En entrant dans la rue, je restai frappé par la nouveauté du spectacle. Il me semblait que je me trouvais transporté dans un autre monde. — Tout ce que je voyais ne ressemblait guère à ce que j'avais vu jusqu'alors en Europe. La rue très étroite, avec une tour à son extrémité, les toits, les façades des maisons, les portes grandes ouvertes, laissant voir les cours avec leurs jardins, les fleurs, les cages remplies d'oiseaux, tout est nouveau pour moi. Mon guide me donne quelques explications que je puis saisir ; il me montre la maison du chef ou Tzargoutzi, maison cachée au fond des cours, et je ne vois que le mur de clôture avec sa porte et deux soldats en faction.

Nous voici dans le temple et ma tête se perd sous a multitude des impressions nouvelles qui frappent mes yeux : objets, formes, couleurs. A l'intérieur, je suis encore frappé par l'originalité des idoles monstrueuses et des lanternes enjolivées, par les ténèbres dans lesquelles est plongée, au fond du temple, la statue de Confucius, entourée de petites idoles. J'entendais les sons mélodieux des clochettes placées sous les angles du toit et agitées par le vent. Il est impossible de décrire un tel spectacle : le dessin seul peut rendre ce qui frappe l'œil.

Je rentrai chez moi et m'apprêtai, avec mes collègues, à aller faire visite au Tzargoutzi. Là, dans la première cour, se tenait un peloton d'honneur; la seconde était bordée de basses constructions avec une galerie de pourtour. Le Tzargoutzi vient à notre rencontre entouré de sa suite; le commissaire russe de Kiachta nous présente les uns après les autres, et le mandarin, quelque peu civilisé, nous distribue des poignées de main, mais il le fait comme un archevêque donnant sa bénédiction à droite et à gauche, et nous invite à entrer chez lui. Nous traversons la première pièce, où il y avait un réchaud avec une bouillotte en cuivre pleine d'eau chaude. La seconde, qui sert de salon de réception, est divisée en trois compartiments par des cloisons vitrées et éclairées à demi-jour; des inscriptions sur les murs, au plafond des lanternes, au fond le *kang* couvert de nattes, qui sert à la fois de canapé et de couchette; au milieu se dressait une table ronde entourée de trois escabeaux en bois, recouverts de drap rouge. Sur la table, une boîte en laque à compartiments était remplie de bonbons.

Nous prîmes place autour de la table et l'on nous servit du thé. La conversation commença par les questions habituelles, sur la santé, sur notre rrivée; puis on passa à notre voyage ultérieur à travers la Mongolie, des préparatifs qu'il nécessitait et de toute chose qui pouvait le rendre plus commode et moins dangereux. C'est pendant cette conversation que je pus examiner mon mandarin. Il avait la tête couverte d'un chapeau de paille de forme conique, orné d'une houppe de crin rouge et surmonté d'un bouton bleu; l'étiquette chinoise défend au maître de la maison de rester nu-tête devant ses hôtes; ceux-ci à leur tour commettraient une impolitesse en se découvrant. Nous avions donc gardé nos casquettes. Enfin le commissaire l'invita à se découvrir, il y consentit immédiatement, en nous proposant de faire de même; puis il donna l'ordre à l'un de ses officiers de lui enlever son chapeau. Celui-ci le fit tout doucement, en soulevant le couvre-chef des deux mains comme un vase précieux et le posa avec beaucoup de précaution à l'endroit qui lui était destiné.

Ce mandarin pouvait avoir une quarantaine d'années, parlait vite et avec énergie; quand on s'adressait à lui en russe, il fixait la personne comme s'il écoutait avec attention et même comme s'il comprenait ce qu'on lui disait, et, lorsque son interlocuteur avait cessé de parler, il se tournait vers l'interprète. Dans ses réponses il s'adressait à son interlocuteur et non pas au traducteur. La politesse chinoise le voulait ainsi, mais Sosnowsky, ne pouvant se conformer à cet usage, parlait toujours au traducteur, et cela contrariait visiblement le mandarin qui, pour ne pas le laisser voir, s'adressait à nous et nous offrait quelque chose.

Les affaires terminées, le mandarin se tourna vers moi en disant qu'il était très heureux de voir chez lui un médecin; il se plaignit du mauvais état de sa santé. Je lui proposai de passer avec moi dans une pièce particulière pour l'ausculter, et nous allâmes dans sa petite chambre à coucher, occupée presque complètement par le lit aux rideaux de soie bleue.

A cette consultation assistaient quelques personnes de sa suite, qui paraissaient craindre que je ne lui fisse un mauvais parti, je lui conseillai de s'abstenir de fumer de l'opium, à quoi il me répondit qu'il n'en fumait point; cependant je restai convaincu que c'est l'usage de l'opium qui le faisait souffrir.

A mon tour je lui demandai la permission de visiter sa maison. Il y consentit immédiatement en donnant ordre à un de ses officiers de m'accompagner. Il y avait là un vrai labyrinthe de passages, de couloirs et de cours; je montai même sur le toit, d'où l'on pouvait embrasser d'un coup d'œil toute la ville, qui présentait une suite de toits rouges et propres, faits d'argile et de paille hachée. Au moyen de ces toits qui se touchaient, on aurait pu parcourir la moitié de la ville, séparée de l'autre par la rue principale. Un incendie, qui éclata en 1869, avait détruit Maï-Ma-Tzeng comme Kiachta. On ne voyait plus trace de ce désastre, mais il m'a été affirmé qu'auparavant la ville était plus grande et plus jolie.

Le lendemain le Tzargoutzi nous fit demander quand nous serions disposés à le recevoir; il désirait nous rendre visite. Il vint dans une voiture attelée d'un mulet, qu'on détela à la porte cochère de notre maison, et les soldats qui l'accompagnaient traînèrent le véhicule au pas de course jusqu'au perron, où on le descendit en le soutenant sous les bras comme un évêque. Il resta chez nous plus d'une heure : on lui servit du vin de Champagne; on lui montra divers objets qui pouvaient l'intéresser et, comme conclusion, il consentit à poser pendant que je dessinais son portrait pour mon album.

J'aurai l'occasion de revenir sur les repas chinois ; je ne dirai donc rien en ce moment des dîners auxquels nous étions assez souvent invités ; je mentionnerai seulement la complète absence de liqueurs fortes et de vins. Ce qu'il y a de meilleur, c'est l'esprit-de-vin chauffé avec de l'essence de rose que l'on sert pendant le dîner dans des tasses microscopiques.

Les invitations continuelles de nos compatriotes, pendant le séjour à Kiachta, m'empêchaient de travailler, aussi attendais-je avec impatience l'heure du départ. C'est à peine si j'ai réussi à prendre deux vues, celles du temple de Maï-Ma-Tzeng et de la zone frontière avec une partie de la ville de Kiachta d'un côté et de Maï-Ma-Tzeng de l'autre.

Quand je me rendais à Maï-Ma-Tzeng pour dessiner, j'avais toujours soin de demander aux Chinois la permission de passer par telle cour ou par tel passage, connaissant leur répugnance à faire voir aux étrangers leur vie intérieure. Grand fut mon étonnement quand, dans leur dialecte de Kiachta, ils me dirent : « Ici on peut marcher partout. » Non seulement personne ne me questionnait sur quoi que ce soit, mais aussitôt que je commençais à travailler, un groupe se formait autour de moi pour examiner tout mon attirail d'artiste, en commençant par la chaise pliante, qui fut l'objet de leur admiration particulière, au point que le mandarin chargea un ouvrier d'en prendre modèle.

Ils n'épargnaient pas non plus les éloges à mes dessins, en disant : « Ils sont de première qualité... On ne peut les faire sans avoir de l'esprit... Tu as beaucoup d'esprit... Des hommes comme toi sont rares, » etc. Ces éloges étaient-ils faux ou sincères ? je ne puis le dire ; mais ce qui me réjouissait beaucoup, c'était leur passion naturelle pour la peinture ; aussi espérais-je que cet art pourrait me rendre de grands services dans mes rapports avec les Chinois de toutes les classes.

Enfin le moment est venu de quitter l'hospitalière ville de Kiachta, où les négociants russes voulurent bien contribuer aux frais de l'expédition par l'offre de 3,000 roubles d'or et par des échantillons de toutes sortes de marchandises, pour la valeur de 1,000 roubles. Ils nous approvisionnèrent, en outre, de comestibles, de vins, de bonbons, etc.

Après le dîner d'adieu chez le commissaire qui devait nous reconduire, avec sa famille et plusieurs autres de nos compatriotes, jusqu'à la prochaine station, nous partîmes en nombreuse société. Kiachta et Maï-Ma-Tzeng restèrent en arrière, et devant nous s'ouvrit l'immense steppe de la Mongolie, toute verte et sillonnée par des sentiers rougeâtres et sablonneux. Le temps, d'abord splendide, se couvrit tout à coup, et, avant d'arriver à la station, nous fûmes trempés par une forte averse. La pluie tombait encore

à torrents, quand nous arrivâmes à des tentes de nomades qui nous abritèrent. Les Mongols, hommes et femmes, se pressaient à l'entrée en nous
examinant avec autant de curiosité que de peur.

Le temps s'éclaircit; on fit planter deux tentes, dresser les tables et, ce
dernier banquet fini, nos compatriotes reprirent le chemin de Kiachta
après mille et mille souhaits de bon voyage.

Nous passâmes la nuit en cet endroit, pour continuer, le lendemain,
notre voyage vers la ville d'Ourga. Les chariots mongols étaient là, attelés
de bœufs ou de chevaux, mais il n'y avait point de chameaux.

On alluma un grand bûcher, le coucher fut préparé, et tout le monde
songea au repos. Quant à moi, je ne pus fermer l'œil, j'examinai donc
la *iourta* mongole sous laquelle je passai ma première nuit. Elle se composait d'une légère charpente en bois, couverte de feutre; cette habitation
était en somme assez supportable, car il faut n'être pas trop exigeant au
point de vue de la propreté, et ne faire aucune attention aux insectes fourmillant sur le sol, qui était simplement le plancher de la *iourta*.

# CHAPITRE II



13 juillet 1874. — Belle matinée. Nous prenons le thé sur l'herbe recouverte d'un tapis. Autour de nous les Mongols, aux yeux noirs en amandes, hâlés, leurs enfants accroupis ou couchés sur le ventre, nous dévorent des yeux, suivant avec attention le moindre de nos mouvements.

Nous n'avons pas à nous hâter, parce que nos bagages, traînés par des bœufs, ne pouvaient avancer qu'avec lenteur, et il était toujours temps de les rattraper.

Enfin il fallait partir ; nous prenons place dans trois voitures chinoises à deux roues, dont l'une nous avait été donnée par le commissaire de Kiachta, et les deux autres prêtées par un négociant de Maï-Ma-Tzeng ; nous devions les laisser à Kalgan. Chacune de ces voitures est habituellement traînée par deux cavaliers auxquels s'adjoignent deux, quatre ou même un plus grand nombre d'autres, suivant les difficultés du trajet; ils aident, par exemple, à traîner le chariot dans les montées ou à le maintenir dans les descentes. Voilà pourquoi, dans les voyages en Mongolie, les convois sont toujours accompagnés d'un nombre considérable d'hommes et de chevaux de rechange, et que nos trois véhicules étaient aussi escortés par toute une cavalcade de Mongols, quelquefois même par leurs femmes. Ces *dames* montent aussi à cheval, et au besoin elles aident à traîner les voitures.

Notre caravane se composait donc, au départ de la station Gilan-Nor, d'une vingtaine de Mongols, de deux femmes mongoles, âgées environ de vingt ans et assez jolies, de cinq cavaliers russes et de deux fonctionnaires, l'un chinois, l'autre mongol, qui nous escortaient selon l'usage. Il y avait quinze chevaux de rechange.

Pour compléter ce rapide tableau, il me reste à dire deux mots sur le

Station et voitures de voyage dans la steppe de Mongolie.

costume des Mongols, qui pour la plupart vêtus très pauvrement sont tous fort malpropres. Hommes et femmes sont habillés à peu près de même, c'est-à-dire d'un large pantalon et d'une robe de chambre d'étoffe à couleurs éclatantes, à collet croisant sur la poitrine. A leur ceinture ils suspendent le couvert, composé d'un couteau, d'une cuiller, de bâtonnets, puis leur pipe et leur sac à tabac ; le tout de fabrication chinoise. Ils portent des bottes et se coiffent d'un chapeau à bords relevés, auquel sont attachés par derrière des rubans rouges ou bleus d'un demi-mètre de longueur. Ils portent leur chapeau sur l'occiput avec des attaches sous le menton. Les hommes, comme sujets chinois, rasent leur tête, en laissant une tresse par derrière ; les femmes portent deux tresses, qui tombent sur la poitrine ou sur les épaules.

Une plaine séparait Gilan-Nor de la station Ibitzyk, nous la traversâmes au grand trot et au galop. A Ibitzyk nous fûmes reçus par deux Mongols plus proprement vêtus que les autres, qui, après force révérences, nous invitèrent à entrer dans la ïourta, où nous attendait le thé.

J'avais fait tout le chemin sur un cheval sellé à la mongole, avec les étriers très courts ; aussi ressentais-je une grande fatigue, principalement dans les genoux, et je n'étais pas fâché de pouvoir me dégourdir en marchant. En attendant nos bagages, l'idée me vint de faire le portrait de l'une des deux femmes mongoles qui se tenaient toujours à cheval ; celle-ci s'en étant aperçue, fouetta son cheval et partit au galop. Je commençais donc le portrait de l'autre, quand la première, arrivant inopinément, fouetta la monture de sa compagne, et toutes deux disparurent, pour revenir un instant après. Quoi qu'il en soit, je réussis tout de même à esquisser le portrait.

C'est ici qu'on nous amena des chameaux pour le transport de nos bagages, et pendant qu'on les chargeait, j'entrai dans la ïourta pour prendre une tasse de thé ; quoique la théière en cuivre, la tasse en bois, le thé de brique [1] et le lait fussent d'une propreté douteuse, la soif était si grande que j'avalai le breuvage sans sourciller.

A cette station je montai dans une voiture sur laquelle il faut grimper à l'aide des brancards avant que le cheval y soit attelé, passant d'abord la tête et rampant dans l'intérieur sur les genoux, pour y prendre ensuite la position que l'on veut. On peut rester couché ou assis à la turque, parce que ces chariots n'ont point de siège, ni de renfoncement pour pouvoir abaisser les jambes. A la rigueur, on peut s'asseoir en laissant les jambes en dehors

1. Thé fabriqué avec les feuilles les plus grossières et les menues branches pressées dans une meule ; il prend la forme de briques ou tablettes.

de la voiture, mais c'est dangereux, car au premier cahot on risque de tomber.

Le fond de ma voiture en planches était recouvert d'un matelas, de ma fourrure et de mon paletot, j'avais aussi mon coussin; la couchette n'était donc pas trop dure. L'intérieur de la voiture était tapissé de cotonnade bleue avec de grandes poches de chaque côté, et, à l'entrée, il y avait des nattes en guise de rideaux, qu'on pouvait fermer hermétiquement en cas de pluie ou de vent. Au besoin on peut encore abaisser par-dessus un tablier qui se trouve assujetti et roulé au-dessus de l'entrée.

A l'extérieur, la voiture est recouverte de feutre et de nattes retombant sur l'entrée en forme de visière pour donner de l'ombre. Les nattes reflètent les rayons du soleil, et le feutre, comme on sait, est un mauvais conducteur de la chaleur, ce qui fait qu'à l'intérieur il règne toujours une certaine fraîcheur, comparativement à la température extérieure, qui était ce jour-là de 37°, tandis que dans la voiture il n'y avait que 20° Réaumur.

Ainsi on voit que j'étais installé assez confortablement. La traversée de cette station était plus accidentée par des collines garnies de bouleaux, des vallées profondes, des ravins. Le sol devenait de plus en plus pierreux, et nos Mongols, quittant le grand chemin, partirent au galop à travers les steppes. Les cahots devinrent si fréquents et si forts, que j'ordonnai d'arrêter la voiture, pour me mettre à cheval; mais les étriers, trop courts, me forcèrent bientôt à remonter dans la voiture.

C'est ici que nous avions à traverser la rivière Yre-Gol, affluent de l'Orchonte, lequel, à son tour, déverse ses eaux dans le Selenga. L'Yre-Gol, à l'endroit où il fallait le traverser, n'était pas plus large que la Néva, peu profond, mais très rapide.

Traverser, me demandais-je, et sur quoi?

Est-ce sur ce flotteur que je voyais devant moi et qui consistait en trois soliveaux creux attachés l'un à l'autre en trois endroits?

Quand tout le monde fut réuni et les bagages déchargés des chameaux, deux Mongols en costume d'acrobates, moins le maillot, c'est-à-dire tout nus, entrèrent dans l'eau en poussant le flotteur, — je ne puis autrement dénommer cet appareil de navigation, — vers le rivage et en le soutenant par le bout. Deux autres poussèrent la voiture, les brancards en avant, jusqu'à ce qu'elle fût sur le radeau, ayant la moitié de ses roues dans l'eau et ménageant par derrière une toute petite place pour le batelier ou le passeur.

Les Mongols nus prirent place aux extrémités de ce radeau original, et munis de longues perches remontèrent le courant en appuyant leurs gaffes sur le fond de la rivière. Ils manœuvraient avec une étonnante habileté,

Passage de l'Yre-Col.

résistant au courant qui cherchait à les emporter, s'appuyant de leurs pieds
sur le bois du radeau avec une force telle, qu'on pouvait les y croire rivés.
Ils changeaient souvent de position, transportant les perches soit d'un côté,
soit d'un autre, avec calme et toujours sûrs d'eux-mêmes.

J'avais peur pour eux, car un faux pas eût suffi pour les jeter à l'eau ; mais
ce faux pas leur était inconnu. Ils faisaient tout ceci en silence, contrairement à l'habitude qu'ils ont de brailler en toute occasion.

Lorsqu'ils furent arrivés à une assez grande distance, ils firent exécuter
un tour à leur radeau, utilisèrent le courant pour se diriger vers le rivage
opposé, et abordèrent juste à l'endroit où nous attendaient les hommes et
les chevaux qui devaient nous conduire plus loin. Ils débarquèrent alors la
voiture et retournèrent pour continuer la besogne. Cette manière de traverser
une rivière m'intéressa à ce point, que je fis avec eux plusieurs voyages sans
me lasser d'admirer leur force et leur agilité. Ce passage de l'Yrc-Gol et le
chargement des bagages sur de nouvelles voitures nous prirent du temps.
Aussi nous nous décidâmes à passer la nuit au bord de l'eau. On fit du
feu et, en attendant le thé après souper, nos Mongols, tout en se faisant
prier, consentirent à nous chanter quelques morceaux. Leur chant rappelle,
— soit dit sans offenser mes guides, — le hurlement des chiens ou le sifflement du vent ; je ne pus saisir aucune mélodie et je me figurai qu'ils impro-
visaient.

Puis nos trois Cosaques chantèrent à leur tour et furent écoutés par les
Mongols avec un étonnement tout enfantin et le sourire sur les lèvres. J'aurais désiré savoir ce qu'ils pensaient de ces chants, mais je ne suis pas éloigné de croire qu'ils ne leur plaisaient guère.

Les Cosaques suivirent le transport, et nous nous livrâmes au repos : les
uns à la belle étoile, les autres sous une tente, mais avec une pleine sécurité
pour nos personnes et pour nos bagages, l'honnêteté des Mongols de ce pays
étant pour nous une excellente sauvegarde.

14 juillet 1874. — Belle matinée. Boïarsky essaye de photographier,
mais sans succès, un groupe de Mongols avec leurs chevaux. C'était beaucoup de bruit pour rien, et cela parce qu'il n'était pas possible de les faire
rester une minute en place, sans bouger. Prières, explications, encourage-
ments : rien n'y fit. « Restez tranquilles, ne bougez pas, » leur dit-on.
« Saïn baïna (c'est bien), » répondent-ils. Le photographe ouvre l'appareil et
compte les secondes, quand tout à coup l'un des Mongols se lève et court vers
l'objectif pour voir ce qui s'y passe. Le tumulte s'ensuit ; on crie, on s'injurie,
et c'est ainsi qu'après cinq tentatives infructueuses on fut obligé d'y renoncer.

Aujourd'hui nous avons voyagé avec plus de rapidité que d'habitude.

Les Mongols sont généralement d'un caractère gai et insouciant, ils causent pendant toute la durée du voyage, et aujourd'hui il leur vient à l'idée de rattraper les voitures de bagages parties avant nous. Les voilà donc tout à coup silencieux et sérieux ; ils se couchent sur leurs chevaux, et les bêtes, qui ont l'air de comprendre la manœuvre, commencent à trotter de plus en plus vite ; puis, à un moment donné, on part au galop avec des cris impossibles ; vous n'avez qu'à vous bien tenir !

Les conducteurs des voitures qu'on cherchait à atteindre s'aperçoivent trop tard de la manœuvre. Ils fouettent en vain leurs chevaux ; ils sont vaincus. Quelle joie pour les vainqueurs !

Nous suivons une belle et large vallée, renfermée entre deux chaînes de montagnes verdoyantes et couvertes d'arbrisseaux. A la station Kouitoun, où nous arrivons, on nous sert, outre le thé au lait traditionnel, une boisson nommée *aïryk*, genre de koumyss, mais beaucoup plus aigre et plus propre à apaiser la soif.

Le parcours entre deux stations nous coûtait une brique de thé et trois roubles d'argent par personne, non compris les Cosaques ; en tout quinze roubles. C'est la paye habituelle ; mais je ne sais pourquoi à cette station les Mongols exigèrent davantage, ce qui leur fut refusé, attendu qu'il n'y avait aucune raison de leur donner plus que précédemment.

De ce point je partis à cheval. Le fonctionnaire mongol qui nous reçut à Our-mouktouï nous demanda des nouvelles de S. M. l'Empereur de Russie, du général Ignatiew, qu'il avait vu passer ici en 1860, et de Despott-Zenowitch dont il avait entendu parler pendant son séjour à Kiachta. Quoiqu'il fût un fonctionnaire d'assez haut rang, comme nous l'affirmait l'interprète, il accepta avec reconnaissance, comme cadeau, un bout de peluche et deux mouchoirs, et, les soulevant au-dessus de sa tête, il nous fit un salut jusqu'à terre.

Le jour déclinait, mais, malgré les conseils de Matoussowsky et les miens, on traversa encore une station dans les ténèbres et par une nuit bien fraîche. Nous étions déjà installés pour le coucher, quand la pluie commença à tomber.

15 juillet. — Journée grise. Il bruine. Il nous faut traverser des montagnes ; la pluie ayant détrempé le sol, la route était parsemée de pierres et de granit, et les voitures montaient avec difficulté, malgré le nombre des chevaux, doublé et même triplé. En passant près des voitures de bagages traînées par des bœufs, je regardais avec peine ces pauvres bêtes avancer péniblement. Enfin, nous voici au sommet de la montagne : on laisse reposer les chevaux, je sors de ma voiture pour voir le paysage ; mais un brouil-

lard épais me cache même les objets les plus proches. La descente était bien plus pénible que la montée ; il fallait traverser des ruisseaux, des ravins, et souvent hommes et bêtes s'arrêtaient court, cherchant le moyen d'éviter un mauvais pas.

Arrivés dans la plaine, nous partîmes au galop jusqu'à la station Baïn-Gol, où nous fûmes reçus par un gros Mongol, sérieux, homme riche et ayant le grade de général au service de la Chine. Mais ses fonctions consistaient seulement à faire de rares visites à la cour pour y présenter des cadeaux et en recevoir d'autres. Il portait une robe gris clair et avait un chapeau d'uniforme à bouton rouge. Après nous avoir salués en langue mongole : « Amrkhan saïn baïna, » il nous dit bonjour en russe. Il avait été à Kiachta et connaissait quelques mots de notre langue. Il nous fit entrer dans la ïourta recouverte de feutre et au milieu de laquelle il y avait un trépied. Le fumier qui y brûlait remplissait la tente d'une fumée épaisse et âcre. Il n'y avait pas moyen d'y rien voir, ni d'y respirer. Quoique cette espèce de chaufferette fût une marque de prévenance de sa part, nous le priâmes de l'enlever immédiatement, disant que nous n'avions pas froid. Je cherchai à lui faire comprendre l'inconvénient de la fumée, seule cause du mal d'yeux dont ils étaient tous atteints, et conseillai de se servir de cheminées pour la conduite de la fumée ; mais il n'eut pas l'air de me comprendre et m'écouta en regardant en l'air.

Ici il nous fallut attendre quelque temps l'arrivée des bagages, que nous avions dépassés, et notre interprète entra dans une colère bleue en grondant le général mongol de son imprévoyance. Je ne pus guère comprendre en quoi consistait cette imprévoyance, les caravanes n'allant jamais au trot. Il m'était très désagréable de voir ce vieillard respecté par les Mongols, interpellé durement en présence de tout le monde. J'en fis l'observation à l'interprète, lui disant que, pour nous autres, Européens civilisés, sa conduite ne paraissait guère convenable. Il me répondit qu'il les connaissait bien, qu'on ne pouvait agir autrement et qu'il considérait les Mongols comme ses propres frères. Je ne répliquai rien, mais en moi-même je trouvai drôle cette manière de fraterniser.

La pluie tombe toujours, il se fait tard et nous partons dans la nuit pour la station suivante, accompagnés du général.

16 juillet. — Je suis à cheval, côte à côte avec l'interprète. Il me raconte quelques particularités de la vie des Mongols, au milieu desquels il a vécu longtemps.

La propreté leur est inconnue, ils se lavent rarement, les femmes jamais ; l'été ils changent de linge une fois par mois, mais point l'hiver. Le

thé au lait est leur principale nourriture ; puis l'*aïryk*, espèce de koumys
fait avec du lait de vache, le *khourout* ou lait caillé, desséché et grillé
aigre ou fade, gras ou sans beurre ; enfin l'*ourium*, peau de lait bouilli.
Les Chinois leur vendent la farine qui sert à faire le pain sans levain ; ils
font aussi de la bouillie de millet au lait. La viande, et principalement le
mouton, n'est accessible qu'aux riches ; les pauvres ne mangent que de la
viande de bêtes mortes. Si le Mongol perd une vache, un mouton, un chameau ou un cheval, on peut être certain qu'il ne *perdra pas son bien*, et
qu'il mangera la bête morte.

Le Mongol est nomade, il passe d'un endroit à un autre avec ses troupeaux, à mesure que la nourriture animale s'épuise. Démonter sa tente,
la transporter sur le lieu où il se propose de séjourner quelque temps,
voilà son unique occupation. Une fois installé, il n'a plus de soucis, il est
libre du matin au soir, jusqu'à ce que le besoin le force d'aller planter plus
loin sa tente.

Son troupeau, c'est sa fortune ; en échange de ses chevaux et de ses moutons, il reçoit des Chinois les vêtements, la selle, le chapeau, la chaussure,
le couteau, la pipe et tout ce dont il a besoin pour son ménage : ustensiles
en fer ou en cuivre, le banc, le coffret, etc. La femme s'occupe du ménage ;
l'homme se promène désœuvré autour de sa ïourta, reste accroupi ou couché au soleil en chantonnant, et, s'il s'ennuie trop, il va voir un voisin à
quelques verstes.

Lorsqu'ils se rencontrent, ils descendent de leur monture, s'accroupissent
en face l'un de l'autre, causent, tout en fumant la pipe, de leurs troupeaux ou
de quelque événement extraordinaire, comme, par exemple, de notre passage.

Après avoir passé Khara-Gol et deux autres stations, nous vîmes au loin
un lac salé, avec une quantité de cygnes, de canards et de bécasses ; nous
nous arrêtâmes pour la nuit à la station Kouï, où il y avait un assez grand
nombre de tentes de Mongols nomades.

Kouï était la dernière étape avant la ville d'Ourga, appelée par les Mongols
Kourène ou Da-Kourène, ce qui veut dire « monastère » ; pour y arriver il
fallait franchir de hautes montagnes, et sur l'une d'elles j'ai vu l'*obo* des
Mongols, qu'on trouve, du reste, dans tous les endroits élevés.

L'*obo* n'est autre chose qu'un tas de pierres, de bâtons, de rameaux, d'os,
de chiffons, quelquefois de mouchoirs avec des images ou des prières. Ils ont
une signification religieuse et se forment de la manière suivante. Le premier
venu ramasse un tas de pierres au sommet d'une montagne ou d'une colline,
et chaque passant jette dans ce tas une pierre ou un objet quelconque qu'il
trouve sous la main, en invoquant la divinité qui, selon eux, hante cet endroit.

C'est ainsi qu'avec le temps s'amassent de véritables pyramides de pierres et de divers objets, de trois mètres de hauteur et davantage.

Pendant que je contemplais le paysage qui se déroulait sous mes yeux, les Mongols marmottaient leurs prières, jetaient des pierres dans l'obo, vers lequel ils étendaient aussi les mains. Selon leur croyance, la prière et l'offrande devant un obo préservent le voyageur contre tout malheur.

La ville d'Ourga, située dans une plaine entourée de montagnes, s'aperçoit à une distance de quinze verstes; on commence déjà à rencontrer des gens en assez grand nombre : hommes et femmes couverts de haillons, quelques-uns tête nue, malgré la chaleur excessive; d'autres, coiffés de bonnets en poil de mouton teint en jaune, paraissent ornés d'une auréole.

J'arrive sur la place de la ville, qui ne contient que des cabanes en terre glaise, entourées de palissades, à l'exception de trois édifices aux toits dorés et de formes bizarres, embellis de figures symboliques; ce sont : le temple, le palais de Khoutoukta, personnage spirituel représentant la divinité, et enfin l'école mongole des lamas.

Telle est la ville d'Ourga ; j'avoue que je m'attendais à quelque chose de mieux.

Resté en arrière de mes compagnons, je fis seul mon entrée. Dans les ruelles que je parcourus se pressaient une foule de Mongols, de Chinois : hommes, femmes et enfants, ces derniers absolument nus, hâlés et sales. Sur la place, quantité de boutiques qui ne sont que des tentes ou huttes en feutre ; puis des piétons, des cavaliers, des voitures, des chameaux et principalement d'énormes tas d'ordures et d'os, au milieu desquels on trouve des ossements humains, et un vacarme épouvantable : tel était l'aspect de cette place que je traversai au pas sans qu'on fît attention à moi. Hors de la ville, je continuai de suivre mon guide en me demandant où était situé le consulat russe ; j'aperçus de loin une maison à deux étages, avec dépendances, jardin et mur de clôture. C'était en effet le consulat, où je fus reçu par le secrétaire ; un peu plus tard nous allâmes tous faire visite au consul, M. Schichmarew, qui nous reçut avec une grande amabilité et nous invita à partager sa table pendant notre séjour à Ourga. En même temps il nous conseilla d'aller voir les autorités locales.

Le lendemain, un délégué fut envoyé au préfet pour s'informer de l'heure à laquelle il pourrait nous recevoir, et, en attendant la réponse, nous allâmes à Ourga visiter le palais du Khoutoukta et le temple du dieu Maïdar. Les lamas de garde à la porte du palais ne nous laissèrent pas pénétrer, et c'est à peine si j'ai pu jeter un coup d'œil dans la première cour, qui me parut ressembler à un ancien cirque abandonné et sale. Le temple de Maïdar reste ouvert

à certaines heures ; nous y allâmes. A l'entrée, quatre colonnes en bois ave
auvent, le tout orné d'un dessin original, représentant une combinaison de
couleurs les plus voyantes. A l'intérieur, une énorme statue en bronze de l
divinité principale, habillée en satin jaune, pouvant mesurer vingt-cin
mètres de hauteur. Cette statue, fondue dans le Thibet, a été transportée
Ourga, par parties, et, lorsqu'elle fut entièrement dressée, on construisit l
temple.

Devant l'idole et à ses pieds se trouve l'autel, avec des chandeliers et de
tasses pleines d'aliments et de boissons et orné de seize signes symbolique
peints en rose et en bleu, et disposés en deux rangées concentriques. A droi
et à gauche de l'autel, deux autres statues en bronze ; de chaque côté de la sall
près des murs, des divans peu élevés, avec des coussins crasseux et de petite
tables placées devant : c'est sur ces divans que les lamas prennent place, pou
chanter leurs prières et tambouriner ; il y a là aussi le fauteuil du Khoutoukt
couvert d'une housse. Le lama qui nous guidait et qui nous jugeait indign
de visiter le temple refusa de retirer la housse ; mais il l'enleva après avo
reçu un rouble, et invita même de s'asseoir dans le fauteuil. Ce temple a u
chœur ou plutôt une galerie en pourtour, et c'est de là qu'on peut mieu
distinguer la tête de l'idole, qui dépasse de beaucoup cette galerie.

Le long des murs quantité d'idoles, grandes ou petites, assises dans de
fauteuils ou à la turque sur des coussins : il s'en trouve entre autres un
représentant le *Tsar-Blanc* (Tzagan-Darkhi). Il y a encore des vitrines à fon
tournant, où l'on garde des milliers de statuettes en bronze disposées pa
rangées, et sur les murs on voit des dessins représentant d'affreux monstre
qu'on nous dit être des saints.

Dans tous les coins de l'édifice sacré se promenaient, sans rien fair
des personnages appartenant au clergé, reluisants de graisse, la têt
rasée ; ils étaient vêtus de chlamydes rouges et jaunes, et marmottaient de
prières, égrenant leur chapelet, regardant tout le monde comme des être
qui leur sont bien inférieurs. Du reste, ils ont trouvé un moyen facil
d'abréger le temps nécessaire pour réciter les prières. En ville comm
sur les grands chemins, on trouve des cylindres tournants sur deux axe
verticaux ; les prières imprimées sont collées sur le cylindre, qu'il suffi
de mettre en mouvement pour que chaque tour compte comme si les prière
collées étaient récitées.

Au moment où nous allions partir, je vis entrer dans le temple u
simple Mongol ou *noir* (hara) ; c'est ainsi qu'on nomme les séculiers pou
les distinguer des lamas ; il est probable que ce noir n'avait pas le droit d'en
trer en ce moment, car il reçut aussitôt de notre guide un soufflet reten

tissant et s'empressa de déguerpir, sans faire la moindre objection, comme s'il n'était venu là que pour recevoir ce soufflet en guise de bénédiction. Cette scène comique se passa sans mot dire de part et d'autre et de la manière la plus sérieuse. Au même instant, une bande de jeunes lamas (élèves) faisait irruption dans le temple, se dispersant dans toutes les directions. Chacun d'eux se mit alors à faire des saluts devant son idole en la touchant du front. Ils le faisaient machinalement, sans aucune marque de piété, en nous regardant, et s'inclinaient souvent dans le vide au lieu de toucher l'idole.

Du temple nous nous rendîmes au camp de la garnison chinoise, dont le chef avait promis à notre consul de faire exécuter des manœuvres en notre honneur. Les soldats que je voyais à l'entrée du camp étaient habillés d'une veste de drap noir avec ronds rouges ou blancs sur la poitrine, sur lesquels étaient brodées des lettres ou chiffres, marques des subdivisions et des compagnies ; ils portaient de larges pantalons noirs, chaussettes de toile blanche et souliers ; ils étaient coiffés de mouchoirs noirs noués sur la tête comme des turbans. Au fond de la seconde cour du camp était la maisonnette du chef, et sur les côtés les casernes.

Le chef se tenait avec son aide de camp sur le perron, à quelques pas duquel nous mîmes pied à terre et allâmes le saluer. Il nous donna à chacun une poignée de main et nous invita à prendre du thé et de la marmelade russe. C'était un homme d'une tenue simple, d'un caractère gai et communicatif et en général très sympathique. La conversation était cependant très difficile, notre interprète avouant sincèrement ne pas comprendre un mot de chinois, mais pour nous consoler il nous assurait de ses connaissances de mongol. Le chef se mit à nous montrer divers objets précieux selon lui, mais sans aucun intérêt pour nous; une montre, un binocle, un revolver, etc.

Ensuite nous assistâmes aux exercices à l'arme blanche. Au signal trois fois répété des trompettes, le camp devint très animé : les soldats sortaient des baraques, couraient à droite, à gauche, les uns portaient des piques flexibles, d'autres des fusils ; il y en avait même de grande dimension portés par deux hommes; on voyait trois grands drapeaux à sept couleurs. Aussitôt réunis dans la cour principale, un signal retentit, les soldats changèrent de front, sortirent du camp en décrivant un demi-cercle, puis en rentrant formèrent deux rangs de chaque côté et un demi-cercle en face de nous.

Le tambour bat, le *lo* de cuivre résonne, un soldat hallebardier se détache des rangs, vient nous saluer, à la façon des acrobates de cirque, et com-

mence l'exercice, qui représentait la manière défensive et offensive d
se servir d'une arme. Il avançait en courant, sautait, tournait, menaça
de son arme, la faisait tournoyer, etc. Tous ses mouvements étaient ceu
d'un vrai gymnasiarque.

Le tambour cesse de battre ; le soldat nous fait une révérence et repren
sa place dans les rangs. Un autre le remplace, très laid, louche, avec de
dents qui lui sortaient de la bouche ; il tenait dans chaque main un lon
couteau. Le tambour et le *lo* recommencent leur train, le soldat procèd
à l'exercice des couteaux qu'il faisait tournoyer autour de son corps e
exécutant en même temps divers mouvements ; il les approchait parfoi
si près de son cou, que j'avais peur pour lui ; il me semblait qu'il étai
décidé à se massacrer devant nous ; je pensais en moi-même qu'il n
serait pas agréable de se rencontrer sans revolver, dans un endroit isolé
avec un tel opérateur.

D'autres vinrent encore et nous assistâmes à une dizaine d'exercices d
tout genre. Le chef du camp, grand amateur d'armes, voulut examiner le
carabines de nos Cosaques ; on lui en expliqua le mécanisme, le tir et l'actio
des balles : il en est resté stupéfait, et, autant qu'il me semblait, il compri
qu'en présence de ces fusils, toutes leurs malices et contorsions avec cou
teaux ou hallebardes ne valaient rien. Quant à moi, je fus surpris de l'igno
rance de ce chef militaire dans le maniement d'un fusil, qu'il ne savai
même pas tenir dans ses mains. Après l'exercice, je visitai les casernes
les cuisines et autres particularités du camp.

Les constructions sont en briques non cuites, munies de poêles couchés
qu'on chauffe en hiver, les fenêtres sont collées de papier. Dans chacun de
compartiments d'une baraque, on loge six hommes ; l'entretien est propr
et l'air y est frais ; les baraques restent ouvertes du matin au soir.

En rentrant du camp, nous nous arrêtâmes au palais d'été de Khoutoukta
isolé sur le bord de la rivière Ouliassoutaï ; il est entouré d'un mur à hui
portes avec auvents (style chinois). Dans la cour quelques peupliers abri
tent, sous leur ombre, la baignoire du Dieu terrestre, baignoire ou cuv
en bois, enfoncée dans le sol. Le palais a trois étages, et toutes ses chambres
grandes ou petites, sont absolument vides, comme celles d'une maiso
abandonnée : pas une table, pas une chaise, pas un banc ; sur les murs, de
dessins soigneusement exécutés en miniature représentent des scènes d
la vie des dieux, dont quelques-unes sont très indécentes ; je remarqua
que le lama, notre guide, touchait de préférence ces dernières avec son
front.

« Mais comment Khoutoukta peut-il loger ici ? » demandai-je.

Il me fut répondu que quand il venait ici, on lui dressait une tente dans la cour, où il logeait, et qu'il ne montait au palais que pour la prière.

Cependant il y avait là quelque chose de mystérieux; mais ce n'est pas un touriste étranger qui pourra apprendre ce qui se passe derrière ces murs : le mystère, c'est la force des lamas devant la masse ignorante. Ce palais d'été me parut être plutôt un caveau funéraire, l'abandon y règne partout, et rien n'y est digne d'attention.

Le jour suivant, nous allâmes visiter le gouverneur, et c'est chez lui que j'eus l'occasion de voir des Chinoises pour la première fois, parce que la loi défend aux femmes d'habiter Maï-Ma-Tzeng. Elles étaient deux, l'une vieille, l'autre jeune, qui se promenaient dans le jardin sans se déconcerter de voir des étrangers ; était-ce la mère et la fille ou les deux épouses ? Je n'en sus rien.

Ayant eu l'idée de visiter Ourga la nuit, je partis dans une petite voiture avec l'interprète et Matoussowsky. La ville était absolument silencieuse et, chemin faisant, nous essuyâmes deux coups de feu ; le lendemain on nous apprit au consulat que les gardiens des magasins russes tirent à blanc la nuit pour tenir à distance les voleurs.

Je fis ici la connaissance de plusieurs négociants russes qui font le commerce de thé, de farines, de graines, de fourrures, etc. ; l'un d'eux, qui habitait depuis neuf ans la ville d'Ouliassoutaï, m'affirmait faire des bénéfices de 50, 60 et 75 p. 100 dans son commerce de cuirs ; mais la vie y est insupportable : on ne permet pas de construire une maison, il faut la louer, et les maisons chinoises, sans fenêtres et sans parquet, sont inhabitables par le temps froid ou humide. « C'est avec peine, me dit-il, que j'obtins la permission de mettre un plancher et des fenêtres vitrées, le propriétaire défend de toucher à quoi que ce soit, car sa maison serait contraire à la loi. » En effet, en Chine, les règlements de la construction sont strictement observés. Cependant les Russes d'Ourga réussirent à se faire construire de toutes petites maisonnettes avec des fenêtres ; c'est une vraie conquête remportée sur les Chinois.

En me promenant par la ville et dans ses environs, j'espérais toujours voir quelque cadavre jeté aux chiens selon la coutume des Mongols, qui n'enterrent jamais leurs morts, mais les portent hors la ville et les déposent dans un endroit quelconque. Les chiens, qui, même à cause de cela, sont si nombreux, ne tardent pas à accourir et commencent à ronger le cadavre ; s'ils ne parviennent pas à le finir dans l'espace de trois jours, un grand chagrin s'empare de la famille du défunt, qui avait sans doute mécontenté les dieux, et l'on fait des prières pour la rémission de ses péchés. La prière est toujours exaucée, car les chiens reviennent achever leur proie. Il ne m'a pas été donné de voir ce spectacle curieux et repoussant, mais en me promenant je heurtais souvent du pied des crânes et des ossements humains, aussi bien dans les rues de la ville que dans les champs, et personne n'y prêtait attention. Mes compatriotes m'avaient affirmé que des bandes de chiens sauvages, qui ne vivent que de cadavres humains, s'attaquent quelquefois aux piétons et aux cavaliers.

Je ne pus faire, non plus, la connaissance d'un lama d'Ourga pratiquant la médecine selon l'enseignement thibétain ; encore à Kiachta, on m'en avait parlé. Le mal n'est pas grand, car, d'après les récits, j'ai pu me convaincre que ce lama-médecin était un vulgaire charlatan. Il prescrivait, par exemple, des mélanges composés de soixante-dix herbes différentes, et une dame de Kiachta qui l'avait consulté pour son mal de migraine reçut l'ordonnance suivante : « Se coucher au lit en appuyant les pieds contre le mur, dans une position verticale et garder cette position six ou huit heures de suite, lors même qu'on saignerait de la bouche, du nez et des oreilles. »

Nous quittâmes Ourga le 24 juillet après y avoir passé neuf jours, au lieu de trois, comme c'était convenu. Nos compatriotes nous conduisirent jusqu'à la rivière Toula, qu'il fallait passer à gué ; la rapidité du courant de cette rivière limpide était telle, que, saisi par le vertige, je dus fermer les yeux pour ne pas tomber de cheval. Des Mongols nus ou à moitié nus aidaient au passage des voitures et du bagage, braillant comme d'habitude.

Nous avions à parcourir mille verstes, à travers la plaine de Mongolie et le désert de Gobi, avant d'arriver à la première ville, qui est Kalgan. La plaine que je découvrais de l'œil était arrosée par la Toula, divisée en plusieurs bras ; par-ci, par-là fumaient quelques ïourtas, des troupeaux disséminés de moutons blancs à têtes noires, de bêtes à cornes et de chevaux. Au loin, une caravane de chameaux descendait la montagne. Chemin faisant, je voyais bon nombre de crânes blanchis par l'eau et le soleil, j'en ramassai un pour ma collection anthropologique. A la station où nous arrivons, les Mongols nomades se rassemblent pour nous voir et tous crient à tue-tête sans savoir pourquoi.

25 juillet. — Rien de particulier. Trempés par une averse, nous nous arrêtons à Djargalanta pour nous sécher. Dans la nuit, je vois un splendide météore parcourir l'horizon en laissant une traînée droite lumineuse, qui ne disparaît qu'au bout de trois minutes. Avant de s'éteindre, la traînée devint courbe. Le matin, j'avais réussi à faire, à l'aquarelle, quelques portraits de Mongols, que je régalais, pour la pose, de rôti chinois qu'on m'avait donné à Maï-Ma-Tzeng et de sucre candi.

26 juillet. — Ce matin, j'ai pu dessiner, à la grande satisfaction des Mongols, qui eurent tout le loisir de m'examiner, moi et mes objets, tels que ma chaise pliante, le verre ardent avec lequel j'allumais ma cigarette, etc. S'il m'arrivait de siffler en dessinant, ils regardaient dans ma bouche, afin de voir s'il n'y avait pas quelque instrument.

La plaine devient de plus en plus pauvre en végétation, signe que nous approchons du désert nommé le *Gobi* par les Mongols, et *Cha-Mô* par les Chinois. La chaleur est étouffante ; pas de vent, on ne sent un peu de fraîcheur qu'en passant sur les taches obscures projetées par l'ombre des nuages. J'ai vu une dalle de pierre longue d'un mètre avec l'inscription d'une prière mongole.

A l'étape de Tola-Boulyk, il y avait à peu près une vingtaine de familles nomades, pauvres comme le sol qu'elles habitent ; leurs tentes étaient petites et sales, et les bêtes de leurs troupeaux, peu nombreuses, étaient bien maigres. Une de ces tentes, habitée par une vieille mendiante, était si basse, que, lorsque cette femme, de petite taille, se tenait debout au milieu, sa tête sortait par l'ouverture d'en haut.

Parmi les Mongols il s'en trouvait un qui était affligé d'un bec-de-lièvre ; une opération d'un quart d'heure et un pansement suffisaient pour réparer le mal. Je lui proposai de pratiquer l'opération, il me fit demander combien de moutons je lui prendrais pour cela, mais, ayant appris que je ne voulais rien accepter, il refusa de se faire opérer. C'était pour moi une preuve que leur clergé (les lamas), qui s'occupe de médecine, ne l'exerce jamais gratuitement ; l'appât du gain et non la science les rend médecins. Je réitérai ma demande, mais le Mongol refusa, doutant de mon savoir et me soupçonnant de vouloir lui jouer un mauvais tour.

En attendant le moment du départ, je cherchai à entrer dans la tente de la vieille mendiante dont je parlais tout à l'heure. Profitant de son absence, je me glissai dans l'intérieur : il y avait par terre un morceau de vieux feutre, un trépied avec une petite chaudière, quelques sacs de cuir pour l'eau, suspendus à une corde, et un petit coffret fermé à clef ; j'aurais bien voulu savoir ce que pouvait contenir le coffret de cette vieille couverte de haillons : quelque objet de sainteté ou des mouchoirs à images et à prières.

Je remonte en voiture. Le terrain est argileux ou couvert de cailloux, la végétation pauvre, pas d'êtres vivants. A la station Naroun, se trouve un petit lac salé, réservoir de deux sources. Il y a aussi une grande quantité d'herbe appelée *tchii*, dont la présence dans les steppes indique le voisinage de salines ou de sources souterraines ; aussi les Mongols, en cas de besoin, cherchent de l'eau où pousse le *tchii*. On appelle ici salines les endroits dont le sol contient une quantité suffisante de sel pour qu'il se dépose à sa surface, qui semble alors couverte d'une légère couche de farine ou de poudre de craie ; ou bien le sel se présente sous forme de cristaux de neige fraîchement tombée ; seulement l'idée de la neige se conçoit mal par une chaleur étouffante.

Généralement nous ne faisons qu'un repas par jour, avant de nous coucher, ce qui est contraire à toutes les règles de l'hygiène, et, comme médecin, j'avais essayé, à plusieurs reprises, d'attirer l'attention sur cet inconvénient. Mais il paraît que les règles de la science n'ont pour quelques-uns aucune valeur. Quant à moi, j'eus l'occasion de connaître les prétendues « lois des steppes » sur lesquelles s'appuyait constamment notre chef Sosnowsky. Existent-elles pour les nomades? Je n'en sais rien et j'en doute ; c'est de l'avenir que j'attends leur explication.

27 juillet. — Même paysage. Aujourd'hui j'avais pour conducteur un bavard qui ne cessait de parler, quoiqu'il sût très bien que je ne le comprenais pas. Si j'avais eu un interprète, que de choses j'eusse pu apprendre ! Il répétait souvent le mot *orso*, russe, et imitait les gestes d'une personne qui touche de l'harmonium, puis il représentait la danse du peuple russe en faisant divers mouvements, et cela sur son cheval, en pleine course.

28 juillet. — La végétation devient de plus en plus pauvre à mesure que nous avançons ; je vois quelques lézards et des sauterelles. Mauvaise journée pour les Mongols, souvent désarçonnés et jetés à terre par leurs chevaux, ce qui fit verser aussi une fois ma voiture. Ces pauvres gens, aussitôt debout, regardaient avec crainte le *ambohan* ou monsieur assis dans la voiture et demandaient pardon. Il paraît qu'on ne leur passe pas ces accidents quand ils ont à conduire des mandarins chinois, qui agissent avec cruauté. Mais pourquoi accuser les Chinois seuls ? Les Mongols gardent le souvenir du passage de deux Russes, M. B. et M. G., et ce qu'ils racontent de leurs agissements fait rougir : les Mongols, tout barbares qu'ils sont, n'ont pas oublié les noms de ces deux fonctionnaires russes, ils les prononcent même très bien.

La station Saïr-Oussou est habitée par un fonctionnaire chinois; c'est peut-être à cela qu'il faut attribuer la réception solennelle qu'on nous fit à notre arrivée. A une certaine distance de la ïourta préparée pour nous, quatre Mongols, dételant les chevaux, traînèrent la voiture par les brancards jusqu'à la tente. Ils s'agenouillèrent devant chacun de nous, les mains jointes sur la poitrine. J'arrivai le dernier, le fonctionnaire vint me faire la révérence en présentant sa tabatière, — c'est un signe de politesse, — j'acceptai une prise, et à mon tour je lui présentai du tabac à fumer ; il en prit un brin qu'il porta à son nez. D'autres s'approchèrent de nous en présentant aussi leurs tabatières et saluant avec leur « amrkhan saïn baïna ». Dans la tente, un petit divan était arrangé avec plusieurs matelas.

29 juillet. — Je me levai de bonne heure et j'allai rôder aux environs du piquet. Pas loin des tentes se trouvait le puits, entouré de chameaux et de chevaux. Un Mongol y puisait de l'eau avec un godet qu'il vidait dans une auge ; les bêtes se pressaient toutes ensemble et, sans l'aide de quelques hommes, pas une n'aurait pu boire à cause de la bousculade. Il était facile de voir combien la soif les faisait souffrir, et il me semblait que pas une n'avait pu l'apaiser à volonté. Elles quittaient l'abreuvoir, parce qu'on les chassait et s'en allaient en chercher un autre.

Je me détournai de ce triste spectacle et j'allai voir la manière de prendre les chevaux avec un arcan, composé d'une longue perche avec une corde à nœud fixe, que le Mongol jetait à droite et à gauche jusqu'à ce qu'il eût réussi à en prendre un. Aussitôt que le cheval sentait la corde sur son cou, il s'arrêtait court sans faire le moindre mouvement.

En rentrant dans notre tente, j'y trouvai le fonctionnaire mongol qui nous accompagnait et qui se révéla pour la première fois comme musicien et comme chanteur. Assis sur le feutre, à la turque, il tenait un violon rond à manche long, comme un violoncelle, il chantait en s'accompagnant sur ce violon. Les sons qu'il tirait de son instrument rappelaient le bourdonnement des grosses mouches qui voltigent l'été dans les habitations. Son chant était monotone et désagréable, passant du baryton au soprano.

30 juillet. — Rien de saillant.

31 juillet. — Après avoir traversé deux stations par une chaleur de 37° Réaumur, nous arrivons à la troisième, assez de bonne heure pour parcourir encore une étape. Sosnowsky, resté en arrière, tardait à venir ; il faisait nuit et nous allions nous coucher, lorsque son arrivée changea les choses. Ordre nous fut donné d'aller plus loin. Il n'y avait pas assez de chevaux et il fallait leur faire la chasse à la corde.

A peine partis, le cheval de Sosnowsky s'abat avec son cavalier, on lui en amène un autre qu'il ne peut maîtriser et, s'étant fait mal au pied en tombant, il renonce à monter à cheval et imagine le plan suivant : retourner à la station, envoyer un Mongol à la station suivante pour ramener une voiture le plus vite possible et apporter de quoi manger et du thé.

J'essayai de lui persuader de continuer le chemin pour ne pas perdre une journée entière, mais en vain. « Si cela vous plaît, continuez votre route :

quant à moi, je rentre à la station et j'ai donné mes ordres, » me dit-il, en appuyant sur chaque mot.

Me voilà parti avec deux Mongols, tous à cheval et un cheval de rechange en plus. A un moment, j'allais au galop, quand tout à coup mon cheval s'abat et me jette à terre ; je me relevais sans trop de mal et j'allais remonter à cheval, quand celui-ci part au galop et disparaît dans les steppes. Mes deux Mongols se jettent à sa poursuite en emmenant avec eux le cheval de rechange et je reste tout seul au milieu du désert, en pleine nuit.

Que faire ? qu'entreprendre ? Je me décidai à attendre sur place le retour des Mongols et me promenai de long en large. De temps en temps j'entendais au loin la course et les cris «Aïe, aïe ! » ce qui me faisait croire que le cheval n'était pas encore attrapé. Après une demi-heure d'attente, je vois un Mongol revenir près de moi, c'était celui qui tenait le cheval de rechange, que je montai. Peu après, nous rejoignîmes l'autre, qui avait réussi à rattraper ma bête, et bientôt nous rencontrâmes nos voitures, dans l'une desquelles se trouvait Matoussowsky.

« Comment, vous voilà encore ici ?

— Que voulez-vous, les chevaux sont fatigués, ils s'arrêtent tous les vingt pas. Et vous, comment se fait-il que vous êtes en retard ? »

Je racontai l'accident arrivé à Sosnowsky, son retour à la station et puis ma chute.

« Voilà ce qu'il résulte de voyager la nuit au lieu de dormir ; un jour, nous nous casserons le cou. »

Tout en causant, nous continuâmes à avancer bien doucement, et enfin nous arrivâmes à la station, qui était la trente-troisième depuis Ourga.

Le renvoi immédiat d'une voiture, lorsque nous étions à peine arrivés, était une cruauté. C'est les larmes aux yeux, que ces pauvres Mongols apprirent l'ordre de retourner à la station avec une voiture : eux-mêmes n'en pouvaient plus, sans parler des pauvres chevaux exténués et affamés.

Voici donc les *lois des steppes*, et ce n'étaient que les lois administratives. Que devaient donc être les lois pénales ? Ces pauvres Mongols, persuadés qu'ils n'avaient pas le droit de désobéir, repartirent immédiatement. Mais j'avoue qu'en pensant à eux et à leurs pauvres bêtes, j'avais perdu le sommeil.

1<sup>er</sup> août. — C'est à midi que Sosnowsky vint nous rejoindre. La chaleur était accablante. Désert de sable, par endroits des arbrisseaux de *Nitraria Schoberi*, qui retiennent dans leurs branches le sable chassé par le vent et forment de la sorte des collines d'une hauteur assez considérable. J'ai vu aussi sur notre parcours des mares d'eau avec des bécasses.

A la station suivante se trouvait un monastère de lamas, ou lamaserie ;
il est bon de se faire une idée du plaisir que l'on ressent à rencontrer dans
un désert un coin habité, quelque peu animé qu'il soit. A peine arrivés,
nous fûmes entourés par une foule de Mongols à tête rasée, c'est-à-dire par
des personnages du clergé. Ces lamas d'un ordre inférieur étaient aussi
simples et naïfs que les Mongols ordinaires ou *Khara*, également nombreux ici.

Les uns et les autres nous dévoraient des yeux, et tous mes menus objets,
depuis le crayon et le verre ardent jusqu'au coussin en caoutchouc, étaient
pour eux autant de sujets d'étonnement. Je regrettai le peu de temps dont
je pouvais disposer pour observer tous ces types et costumes. La plupart
des lamas n'avaient pour tout habillement qu'une jupe, serrée à la taille par
une ceinture à laquelle étaient suspendus le couteau, la cuiller et les bâtonnets ; passe encore le couteau, mais les bâtonnets ? Le Mongol ne s'en
sert jamais pour manger, il enfonce dans le plat ses cinq doigts, puis il les
lèche et les essuie à sa tête ou à sa robe. Tel lama était drapé dans
un manteau, un bras nu jusqu'à l'épaule, tel autre en robe de chambre ;
il y en avait qui étaient simplement couverts d'un morceau d'étoffe. Les
couleurs des vêtements des lamas sont ordinairement le jaune et le rouge,
j'en ai vu cependant vêtus de bleu et de gris. Les lamas se rasent la tête
ou se coupent les cheveux ; ils portent des calottes, ou des chapeaux avec
des rubans par derrière. Quelques-uns avaient la tête simplement entourée
d'un mouchoir, à la manière des vieilles femmes de Russie. Celles-ci portent
deux tresses enduites de colle semblable à celle des menuisiers, ce qui les
rend dures comme du bois ; elles y ajoutent diverses parures : corail, tur-
quoises, cuivre, etc. Leur habillement se compose uniquement d'une robe
ou chemise collante à manches étroites relevées aux épaules par des bouffes.
Les jeunes filles se promènent partout librement, mais les enfants sont
sauvages comme des louveteaux. Le moindre de nos mouvements les faisait
fuir, mais ils revenaient un moment après en souriant.

Toute cette foule parle, crie, rit, j'en ai vu très peu qui avaient l'air
pensif. Les lamas ou prêtres semblaient même plus joyeux que les autres,
car, appartenant à une classe privilégiée, ils menaient une existence plus
tranquille. Ils jouaient entre eux comme des enfants, en s'appliquant des
soufflets retentissants sur leurs têtes rasées, et tout cela sans s'offenser le
moins du monde.

J'allai au monastère, qui est entouré d'un haut mur en brique. L'intérieur
se composait d'une colonnade au fond de laquelle était la statue de Bouddha ;
entre les colonnes, deux rangées de bancs, où siègent les lamas pendant

le service. Ils étaient là, récitant leurs prières d'une voix haute et monotone et accompagnant de temps en temps cette lecture du son du tambour et des cymbales de cuivre ; à certains moments, deux d'entre eux tiraient de trompettes de cinq mètres de longueur des sons prolongés et des espèces de roulements. Il y avait deux autres petits temples où s'accomplissait le même service, qui n'a point d'interruption dans les lamaseries bouddhiques. Mais quel service ! Je n'ai pu découvrir chez un seul une marque de recueillement intérieur ; c'était plutôt une fabrique où la besogne des ouvriers consistait à marmotter des prières, à battre du tambour et à souffler dans des trompettes. La besogne finie, les lamas sortaient du temple en foule, se bousculant et se jetant dans les cuisines, où un dîner tout prêt les attendait, puis ils se débandaient à droite, à gauche, jusqu'à ce que le signal les rappelât à la prière.

Je les considérais comme des parasites, ne produisant rien et travaillant comme les Danaïdes.

Mes compagnons étaient déjà partis quand je revins du monastère. Et, chemin faisant, je rencontrai trois caravanes, dont deux se rendaient en Russie avec du thé. Tant de rencontres en un seul jour est chose rare dans le Gobi.

2 août. — Aujourd'hui nous passons devant les montagnes sacrées, dont le nombre est assez grand en Mongolie. Celles-ci présentaient une suite de collines dans le genre d'un remblai de chemin de fer. Cette longue rangée, qui se perdait dans l'horizon, se terminait par un escarpement sur la plaine, et il m'était difficile de les croire naturelles. Un obo était au sommet ; je voulus le voir. Le petit sentier qui y conduisait était très escarpé ; mon cheval avait quelquefois une position verticale et je m'attendais à tomber à la renverse avec ma monture. Parvenu au sommet et non sans difficulté, je regrettai ma peine, l'obo ne présentait rien de particulier. D'après la légende mongole, les forges de Djenghis-Khan se trouvaient sur cette montagne, mais il paraît que plusieurs localités de la Mongolie se disputent cet honneur.

Nous arrivons à la station Toli, où il y avait une trentaine de tentes, ce qui représente toujours un certain nombre d'habitants, et nous étions très étonnés de ne pas rencontrer âme qui vive. Voici l'explication : la lamaserie des environs était visitée en ce moment par un Khoutoukta arrivé du Thibet, et comme la majeure partie des habitants de Toli sont des lamas, le devoir, la piété ou la simple curiosité les y avait conduits.

Quoique nous sussions combien il est difficile de voir ce personnage représentant la divinité, nous essayâmes tout de même de lui demander une entrevue. Notre message était ainsi conçu : « Des Russes se rendant à Pékin vous saluent et vous demandent votre bénédiction. Pouvez-vous les recevoir ? »

A notre grand étonnement nous reçûmes une réponse favorable : Khoutoukta nous attendait et priait de se hâter, parce qu'il allait se coucher. Sans tarder une minute, nous nous rendîmes à son invitation, précédés de trois lamas, dont l'un portait une lanterne. Arrivés au monastère, nous traversâmes une cour sombre, éclairée par quelques lumières du temple, où l'on entendait résonner les cuivres, les tambours et les trompettes. Sur la gauche, une petite lumière vers laquelle notre guide se dirigea et nous invita à passer sous une porte si petite et si basse, qu'il fallait ramper un à un pour entrer dans l'intérieur de la tente, car ce n'était qu'une simple ïourta, et je fus très étonné de me trouver en face du personnage mystérieux assis sur un divan à deux pas de la porte.

Khoutoukta nous salua d'une manière simple et aimable, nous invita à prendre place sur de petits escabeaux et ordonna de servir le thé, que deux lamas apportèrent aussitôt dans des tasses. Pendant la conversation j'examinai le personnage entouré de lamas accroupis près du divan. Il pouvait avoir quarante ans, et était de taille moyenne, maigrelet et jaunâtre. Les cheveux rasés, les yeux noirs, vifs et intelligents, la physionomie agréable et attentive, il se rapprochait plutôt, par les traits de son visage, de la race caucasienne que de la race mongole. Un manteau jaune foncé jeté sur une épaule recouvrait tout son corps à l'exception de l'autre épaule et du bras ; il portait sous son manteau une robe de chambre couleur cannelle. Un traversin sur son divan, une petite table à côté, sur laquelle étaient une lampe et des écrins vitrés contenant des figurines d'idoles en cuivre ; sur une autre petite table, une liasse de papiers avec des prières et sa tabatière, dont il se servait souvent : voilà en quoi consistait l'ameublement.

Simple dans ses manières, il se comportait avec dignité et avait plutôt l'air d'un Européen, même d'un homme du monde, que d'un sauvage des déserts de l'Asie. Je lui demandai la permission de faire le lendemain son portrait ; il y consentit immédiatement ; puis nous le quittâmes pour ne pas l'empêcher de se reposer. Il échangea avec nous une poignée de main et ordonna aux lamas de nous reconduire jusqu'à nos tentes. Sosnowsky fit remettre au grand prêtre quelques boîtes de bonbons, et un couteau pliant à chacun des lamas qui nous avaient accompagnés.

3 août. — Dès l'aube du jour je fus debout et je courus aussitôt au monastère. En traversant la première cour j'aperçus sur les gradins du temple principal une belle fille mongole, les yeux baissés, les mains jointes et levées sur le front, elle priait avec ferveur en s'agenouillant de temps à autre.

Je trouvai Khoutoukta tout prêt pour la séance; il était revêtu de se
habits de parade: une robe de chambre en satin jaune à larges manches
sur la tête un *klobouk* jaune à revers et se terminant en pointe. Je le saluai
et en même temps je lui fis comprendre que je ne savais pas parler s
langue; je lui montrai mon album avec les vues que j'avais réussi à
prendre pendant mon voyage; lui et ses lamas les examinèrent avec autan
d'intérêt que de curiosité enfantine. Enfin je procédai à son portrait à
l'aquarelle, et quand il fut terminé, ils l'examinèrent tous à loisir, s'étonnant de la ressemblance et riant aux éclats de contentement.

Khoutoukta, voyant le morceau de gomme qui me servait à effacer le
crayon, se figura que c'était une tablette de couleur; il le prit et essaya de
faire un trait, mais aussitôt qu'il sentit son élasticité, il le rejeta avec frayeur
et secoua ses doigts comme s'il eût touché à quelque chose de repoussant

J'éclatai de rire malgré moi, les lamas effrayés se levèrent brusquement
de leur place en criant : « Feu? brûlant? » Khoutoukta se mit à rire lui-
même et rassura ses acolytes; la gomme passa de main en main, tous
ne cessaient de s'étonner de son élasticité et de sa propriété d'effacer le
crayon. J'avais toujours dans ma poche mon gobelet de caoutchouc, je le
leur montrai et le retournai à l'envers et à l'endroit: ils l'envisageaient
avec répugnance. Après avoir remercié le haut personnage d'avoir bien
voulu poser, je pris congé de lui.

Notre interprète nous apprit qu'une discussion avait surgi entre les
lamas, à l'effet de savoir s'ils avaient bien agi en permettant la reproduc-
tion des traits d'une aussi sainte personne. Ils se demandaient pourquoi on
voulait faire ce portrait, et si cela n'amènerait pas des suites fâcheuses. Mais
Khoutoukta les tranquillisa sur ce point en leur expliquant que son image
était faite pour être transmise à leurs coréligionnaires qui habitent la
Russie et n'ont pas le moyen de se rendre ici pour le saluer; il leur serait
donc agréable de posséder au moins son portrait. Toutefois Khoutoukta ne
permit pas au photographe de prendre la vue du temple au moment où les
lamas récitent leurs prières. Il ajouta qu'il n'y voyait aucun mal et n'avait
pas d'objection à faire, il comprenait même l'intérêt qu'une telle scène
devait avoir pour nous ; mais la superstition des lamas est si profonde, qu'il
ne voulait pas mériter leurs reproches et s'attirer leur mécontentement.

Voilà certes un homme remarquable de l'extrême Orient.

4 août. — Nous sommes en plein désert: population clairsemée et extrê-
mement pauvre, pas de bêtes à cornes; les chevaux sont d'une maigreur
effrayante; des chiens affamés rôdent autour des chameaux et lèchent les
traces de sang sur les selles qu'on vient de mettre à terre. Les chameaux

n'ont que la peau et les os, et leur dos est couvert de plaies remplies de
mouches; quelquefois même un corbeau, profitant du manque de surveillance, vient sucer le sang qui s'échappe des plaies. Spectacle affreux et repoussant, mais absolument réel.

A la station suivante j'étais content de voir décharger les chameaux et

Portrait du Khoutoukta, grand prêtre du Thibet.

mettre nos bagages dans des voitures chinoises, dont la présence était un
heureux présage de la fin prochaine du désert.

5 août. — Station Chara-Mouren, la quarante-troisième après Ourga.
Ni chevaux ni voitures, nous ne partirons pas de sitôt, me dis-je. Après
le dîner nous allons prendre nos places dans les voitures. Des cris, des
menaces, des jurons, tombent dru sur le fonctionnaire mongol (*hundé*),
et des ordres sont donnés pour que tout soit prêt immédiatement ; on envoie
des courriers dans toutes les directions pour chercher ce dont on avait

besoin, mais il fait déjà nuit. Matoussowsky et moi, nous proposâmes de passer ici la nuit, mais tout ce que nous pûmes dire fut qualifié d'*opposition* et rejeté.

Nous attendons, le bruit cesse par moments, puis recommence de plus belle ; j'entends des coups de la *nahaïka*, l'inséparable compagnon des lois des steppes, des cris, des excuses, mais tout ceci n'avance pas l'affaire. Neuf heures, dix heures, onze heures, nous sommes toujours là ; les Cosaques et les Mongols, exténués de fatigue, restent debout, et pas un seul des courriers ne revient. Enfin Sosnowsky, le photographe et l'interprète, qui s'étaient tous trois prononcés pour la continuation du voyage, s'apercevant que leurs cris et leurs jurons ne produisent aucun résultat, consentent à coucher ici. Je n'avais plus sommeil ; Matoussowsky et moi, nous priâmes l'un des Cosaques de nous faire du thé, et notre conversation de la nuit nous rapprocha plus intimement. Je dois avouer que notre voyage se présentait sous le plus sombre aspect, s'il fallait juger de l'avenir d'après le passé.

6 août. — Matinée très fraîche ; je tremble dans mon paletot d'hiver, cependant le thermomètre marque 10° Réaumur. Voilà l'inconvénient de s'habituer à la chaleur de 35° qu'il faisait dans la journée.

Chemin faisant, le Cosaque Stepanow vient me dire : « Pas loin, derrière la colline, un millier de chèvres sauvages. » Sachant qu'il était grand amateur de chasse, je fais arrêter la voiture, retirer les carabines, et nous grimpons la colline derrière laquelle étaient les antilopes. Elles nous voient et fuient. « Tire, Stepanow! » Le coup part, il est manqué ; à ce moment nous nous aperçûmes que nous ne savions pas nous servir de nos carabines.

Station Tzagan-Choudouk. Toute petite tente avec un feutre neuf par terre ; c'est tout ce qu'il faut pour s'abriter du soleil. J'avais déjà perdu l'habitude du confortable, et m'étais transformé en vrai nomade, comme si j'avais passé mon existence à vagabonder. Après le thé nous nous remettons en route et je m'endors dans la voiture. Bientôt je suis réveillé par de terribles secousses qu'occasionne une route remplie de pierres qui gravissait la montagne. Les deux Mongols à cheval qui traînaient ma voiture, un vieux et un jeune, étaient à bout de forces ; le dernier surtout avait de la peine à retenir ses larmes, et j'ordonnai à un autre de le remplacer. Au delà de ces montagnes la végétation devenait plus riche, la plaine bigarrée de fleurs, surtout d'astres de Sibérie. Mais le terrain restait montagneux.

7 août. — A la station beaucoup d'habitants, il y avait même des Chinois ; les tentes sont placées par groupes de trois ou de quatre, d'autres isolées.

Au loin on aperçoit de beaux pâturages, des troupeaux de chevaux et de bêtes à cornes. A peu de distance de nos tentes je vois un champ de pommes de terre entouré d'un mur ; je propose à la propriétaire qui se trouvait là de m'en vendre, mais elle refuse avec obstination, parce que la loi lui défend de vendre ce qui n'est pas mûr. L'éclat d'un rouble tout neuf en argent produisit de l'effet, elle finit par vendre et ses pommes de terre et sa loi ; voilà comment nous dînâmes en Mongolie avec des pommes de terre nouvelles. Après ce repas nous continuâmes notre voyage, sans rester affamés jusqu'au soir, comme d'habitude. Ce jour-là, les *lois des steppes* furent violées.

Aujourd'hui nous avons vu de loin, sur notre gauche, le grand lac Tzagan-Nor. Le soir nous arrivâmes à une petite ville assez populeuse, si l'on doit en juger d'après la quantité des ïourtas. C'était la ville de Min-gan. Ses tentes sont bien propres et bien construites, clôturées de murs ou garnies de jardins ; on y voit des provisions de chauffage, de branches mortes et de broussailles ; dans les environs paissent des troupeaux de moutons. La nuit est tombée, l'air est frais et les Mongols se chauffent groupés autour des bûchers ; on y prépare le manger. Mon guide s'arrête non près d'une tente, mais devant une porte cochère, et je vois nos voitures dans la cour entourées de curieux.

Tout est neuf dans cet asile ; dans la cour quatre maisonnettes chinoises pour les voyageurs. J'entrai dans celle qui était occupée par mes compagnons et m'installai dans une petite pièce à la fenêtre collée de papier, au-dessous de laquelle était une couchette d'argile couverte d'un tapis ; sur les côtés, des bancs assujettis aux murs et une petite table basse. Les murs en stuc étaient couverts de dessins représentant des chevaux difformes, ou de scènes que la censure n'avait certainement pas examinées. Il y avait aussi plusieurs inscriptions chinoises et mandchoues, incompréhensibles pour nous, puisque notre interprète ignorait ces langues. Le plafond, en grillage de bambou, était couvert de papier déchiré çà et là.

8 août. — Il y a longtemps que je n'ai pas couché sous un toit. Nous sommes partis de bonne heure. Le lac Tzagan-Nor est toujours en vue ; un autre, plus petit, longe la route ; ses bords, bas et bourbeux, sont recouverts d'une grande quantité d'écume solide et consistant en une sorte de varech d'un genre particulier. L'eau de ce lac, qui est salée, est trouble et a l'aspect d'un mélange d'eau et de lait. Beaucoup de grues, de bécasses et de canards animaient ses bords.

Pendant le relais, je prends des notes ; les curieux réunis observent mon écriture et échangent leurs impressions sur sa rapidité.

9 août. — Le photographe prend des vues ; j'en profite pour dessiner quelques types de Mongols de la race des *Tzackers*. Ils diffèrent des *Khalkhas*, dont nous avons parcouru la contrée, par des pommettes moins saillantes, les yeux moins fendus en amande et le profil plus régulier. Ils diffèrent aussi par le costume, et les femmes par leur coiffure.

Nous eûmes la visite d'un chanteur et musicien ambulant ; il jouait de la flûte et d'un instrument que j'appellerai un violon, uniquement parce qu'il en jouait avec un archet. Le motif de ses chansons était gai, vif et énergique ; inutile d'ajouter que je ne comprenais rien de ses paroles.

Je prends place dans une voiture avec Matoussowsky ; notre conversation roulait sur un incident arrivé à la station, qui nous démontrait que les fameuses *lois des steppes* n'étaient autre chose que le bon plaisir de notre chef.

Station Bourgasoutaï ou Bourgolstaï. Jolie petite auberge chinoise. Dans la cour, beaucoup de voitures chargées et couvertes de nattes ; la caravane se proposait de passer la nuit ici. Nous apprîmes que c'était un transport de thé pour un négociant russe, dont on nous dit le nom, mais de manière à ne nous rien faire comprendre. Deux Chinois prétendaient même savoir le russe, mais ils parlaient la langue de Kiachta.

« Comprenez-vous quelque chose ? me demanda Matoussowsky.

— Pas même la moitié, et vous ?

— Absolument rien. »

Ces Chinois réussirent tout de même à nous questionner sur notre âge, nos noms, ce qui devait les intéresser beaucoup ; mais ils ne voulurent pas croire que nous n'étions pas mariés.

La localité devenait de plus en plus montagneuse ; il était visible que nous avions à traverser une chaîne de montagnes. Devant nous le chemin montait vers des hauteurs dont il était difficile d'apercevoir le point culminant ; à notre droite, une rangée de collines avec des tours en ruines, vestiges de l'ancienne Grande Muraille ; à gauche, un rempart à hauteur d'homme, derrière lequel devait se trouver, à ce qu'il me semblait, un terrible précipice. Peut-être une rivière passait-elle au bas, arrosant une plaine couverte de brouillard, et à l'horizon de laquelle on voyait encore des montagnes bleuâtres. Voilà tout ce que je pus distinguer, en regrettant d'être forcé de faire cette traversée la nuit.

Notre équipage entre dans une cour, où il y avait beaucoup de voitures, de chevaux, de mulets ; les Chinois et les Mongols se traînaient à droite et à gauche. Une rangée de petites constructions de chaque côté de la cour, et au fond, dans une maisonnette séparée, se trouvait la cuisine. C'était l'hôtel de Nor-Dian. Un garçon d'environ quinze ans, vêtu de blanc, la tête rasée, accourt vers nous; il nous cause sans qu'il me soit possible de reconnaître un des mots que j'avais appris pendant mon voyage.

« Eh! mon cher frère, lui dis-je, c'est en vain que tu jacasses, je ne te comprendrai pas mieux que si tu ne disais rien.

— Que dis-tu? » réplique le garçon étonné. Et, s'apercevant alors que nous ne comprenions pas le chinois, il nous désigna une porte et nous y conduisit.

Nous entrons dans une espèce de chambre *y-czy*, car c'était plutôt une cellule, de la largeur d'une porte et d'une fenêtre placées à côté l'une de l'autre. A droite de la porte, la cloison qui sépare les deux numéros contigus, et à gauche, le lit; il ne reste d'espace libre que pour trois personnes; si l'on veut y faire entrer une quatrième, il faut que l'une des trois se mette sur le lit; le papier de la fenêtre pend par morceaux, et la chambre est éclairée par une veilleuse.

Nos compagnons, restés en arrière, n'étaient pas encore arrivés, et l'interprète était avec eux. Nous avions faim, il fallait s'expliquer comme on pouvait. Nous cherchons dans notre dictionnaire et nous prononçons en chinois, tels qu'ils y sont écrits, les mots œufs, pain, sel, tasse, ce qui, du reste, n'est pas bien difficile : *tzi-dan, mó-mo, yan, van;* le garçon ne comprend rien. Nous lui montrons alors dans le livre les mêmes mots écrits en chinois; lorsqu'il les eut lus, il poussa une exclamation qui signifiait : « il fallait donc le dire depuis longtemps; » puis il nous demanda la quantité, ce qui était facile à lui indiquer sur nos doigts. Bientôt il nous servit des œufs à la coque, du sel et du pain, ou plutôt des crêpes épicées.

**10 août.** — Je me levai de bonne heure, pour jeter un coup d'œil sur les environs, que je n'avais pu examiner la nuit. J'allai à un endroit admiré par tous les voyageurs qui l'ont visité et où j'aperçus, pour la première fois, la Chine proprement dite. Je voyais devant moi des montagnes bleuâtres cachées à moitié dans le brouillard.

De l'ancienne Grande Muraille, il ne reste qu'un rempart peu élevé, avec des tours carrées, qui se rétrécissent vers le haut. Ces tours sont placées de préférence sur les sommets des montagnes à travers lesquelles la muraille serpente. Je montai sur l'une d'elles pour mieux contempler le paysage; il ne me fut pas permis de communiquer le sentiment qui me saisit à ce moment, car j'étais tout seul.

Il n'est guère possible de décrire tout ce que l'œil embrassait : montagnes, vallées, gorges, pentes avec leur végétation; les pâturages, les fermes, les lacs. On sent la présence de l'homme, tout y est plein de vie,

non de cette vie de village ou de ville, mais de celle d'un État. J'aurais voul
dessiner, prendre des notes; l'émotion que j'éprouvais m'en empêcha

A l'est, une superbe vallée, parsemée de villages chinois entourés de bos
quets et d'arbres; plus loin, sur plusieurs plans, des chaînes de montagnes
dont les sommets étaient au niveau de mes yeux. A l'ouest, le sol descen
peu à peu vers une plaine, derrière laquelle se trouvent encore des mon
tagnes. Au sud, de magnifiques pâturages, coupés par la Grande Muraill
avec ses tours en ruines.

C'est tout ce que l'on peut en dire en quelques mots. Que j'aurais pass
ici volontiers toute une journée! Mais je n'étais point libre de le faire. O
aurait pu cependant sacrifier cette journée, car combien n'a-t-on pas perd
de ces jours, comme à Kiachta et à Ourga, pour le seul plaisir de bien dîne
et de se promener de long en large dans une chambre !

En route ! C'est aujourd'hui que nous ferons notre entrée dans la premièr
ville frontière chinoise : Kalgan. Nous descendons la montagne par un sen
tier si étroit, que deux voitures peuvent à peine passer de front; à notr
droite, la Grande Muraille lézardée, détruite par les siècles et couverte d
plantes; à gauche, une pente se dirigeant vers la plaine, avec terrasse
artificielles, et champs de millet, d'avoine, de pommes de terre et de chan
vre. Quant aux Chinois, on en voit partout, à longues tresses, nu-tête, vêtu
de chemises blanches et de larges pantalons bleus; les Chinoises, à pe
près nues, n'ont qu'un seul jupon à bretelles; les enfants, dont la tête es
coiffée de fleurs, sont nus ou presque nus.

Ce qu'il y a de plus frappant, c'est ce passage brusque du désert arid
où nous étions hier, à une contrée fertile et peuplée. Il me semblait voir u
village interminable à maisonnettes couvertes de verdure, avec jardin
et parterres, le tout très propre et agréable à l'œil. Voilà donc cette grand
fourmilière humaine, la Chine !

Descendus de la montagne, nous nous engageâmes dans une gorge qui
dans la saison des pluies, se transforme en ruisseau rapide et dangereux
Alors la ville de Kalgan reste sans communication, tant que l'eau ne s'es
pas écoulée. Aujourd'hui le lit était sec et plein de pierres. Je voyais de
Chinois battre le blé avec des fléaux semblables aux nôtres, et en mesur
comme chez nous. Ailleurs les habitants, assis sous l'ombre des arbres
nous regardaient passer avec indifférence ; il est probable que la vu
des étrangers n'était pas une nouveauté pour eux.

M'arrêtant souvent pour jeter un coup d'œil à droite et à gauche, j'étai
resté avec mon guide bien en arrière. Celui-ci me fait signe de la main et j
vois Matoussowsky assis sur la terrasse d'une habitation à fenêtres vitrée

et avec toit chinois. C'était la maison de deux négociants russes qui nous avaient invités à nous arrêter chez eux : heureux et agréable repos après les privations du désert de Gobi. Située à l'écart, hors la ville, elle avait l'agrément d'une tranquillité absolue. Les étrangers n'ayant pas le droit de bâtir, elle fut construite à condition qu'après la mort de son locataire actuel, elle deviendrait la propriété du possesseur du terrain.

Cette maison, qui aurait chez nous, dans une ville de province, une valeur de 5,000 roubles d'argent (20,000 francs environ), n'a coûté que 1,500 roubles (6,000 francs). La vie à Kalgan est à bon marché : un dîner de trois plats coûte 5 roubles (20 francs) par mois ; chez les Chinois, cela fait 12,000 sapèques. La meilleure place au théâtre vaut ici 1,500 sapèques, 2 fr. 50 cent. à peu près.

# CHAPITRE III



11 août. — Adieu, steppes de Mongolie ! votre souvenir s'effacera bientôt devant les impressions de la Chine populeuse.

Les Mongols qui nous avaient accompagnés jusqu'ici et qui maintenant allaient retourner dans leurs foyers vinrent nous faire leurs adieux. L'un d'eux, petit fonctionnaire (*hundé*), avait parcouru avec nous la moitié du chemin ; aussi j'eus le désir de faire son portrait comme souvenir. Homme peu intelligent mais bon, il n'avait pas l'air d'être heureux. Aux étapes il criait plus fort que les autres et jouait parfois du fouet, mais plutôt pour faire peur que pour faire du mal; il s'intéressait beaucoup à notre tranquillité; cependant il faisait plus de bruit que de besogne. Son prédécesseur, avec lequel nous avions traversé la première moitié de la Mongolie, nous était absolument inconnu, et pourtant tout était toujours prêt et en ordre; celui-là se remuait, criait, se mettait en colère, et une minute plus tard riait aux éclats avec celui qu'il venait de gourmander. Quelquefois il accourait dans notre tente sans aucune nécessité, faisait retentir un hoquet formidable et ressortait immédiatement comme s'il n'était venu que pour nous montrer qu'il savait faire des renvois.

Je fis son portrait, et en récompense je lui donnai quelques menus objets : un verre ardent, qui le mettait toujours en extase, un paquet d'aiguilles, un cahier, un crayon et un couteau pliant, dont il se servira pour se raser la tête, m'a-t-il fait comprendre par signes.

Après le déjeuner, nous allâmes faire visite à nos compatriotes qui habitent ici et parmi lesquels se trouve le maître de la poste russe de Kiachta à Tien-Tsinn ; puis, tous ensemble, nous nous rendîmes à pied à Kalgan ou Tchang-Tzia-Koou [1] en chinois. Cette ville se trouve dans une gorge formée par des montagnes rocheuses, à la base desquelles on voit des rangées de maisonnettes et de boutiques, dont l'ensemble forme le faubourg ou plutôt le quartier *extra muros* de la ville.

Nous apercevons le mur crénelé de la ville et sa tour ; il descend verticalement de la montagne. Ce mur traverse le défilé, embrasse la ville, et sans la porte qui se trouve là, Kalgan serait impénétrable. C'est donc ici qu'à proprement parler se trouve l'entrée de la Chine, et c'est pourquoi Chinois et Mongols appellent Kalgan « Porte » ou « Passage ». Au fond de la gorge, cette muraille s'appuie contre un quai construit en blocs de calcaire compact, consolidés par du ciment et des barres de fer, pour résister à la pression de l'eau au moment des inondations. Ce quai à mi-hauteur d'homme est d'une largeur telle, qu'il est impossible de voir quelque chose au bas.

Le défilé dont je viens de parler se réunit avec un autre qui sert également de route et, dans la saison des pluies, de lit aux deux ruisseaux des montagnes, lesquels, comme on sait, se transforment facilement en torrents d'une extrême rapidité, emportant hommes et bêtes qui s'y trouvent par hasard. Après avoir examiné ce quai, nous nous dirigeâmes vers la porte de la ville. Il y en a deux : l'une, grande et moderne, qui sert d'entrée ; l'autre, ancienne et petite, vrai trou par lequel on passe en rampant.

Cette ancienne *koou* (ouverture) est un véritable monument historique, témoignant de la terreur qu'inspiraient aux Chinois les barbares du Nord, et des précautions qu'ils prenaient dans leurs relations avec eux. Ce trou historique m'attirait ; je m'y dirigeai avec un de mes compatriotes. Derrière cette entrée se trouvait un autre mur très élevé, qu'il fallait contourner pour trouver une porte donnant dans une rue de la ville.

Le mur de la ville était surmonté, dans cet endroit, d'un joli temple, auquel conduisait un escalier en pierre d'environ quatre-vingts marches. Un garçon d'une quinzaine d'années, attaché probablement au service du temple, s'offrit avec grâce de nous y conduire. Mon attention fut attirée dès l'entrée par les idoles qui s'y trouvaient, idoles difformes, à figures méchantes, représentées dans des poses guerrières, l'arme à la main ou tout simplement les poings fermés, tout prêts, semblait-il, à briser le premier qui oserait se présenter. Je n'ai pu comprendre comment on pouvait placer dans un temple des monstres de ce genre et encore moins leur adresser des prières.

---

1. Dans le voyage de M<sup>me</sup> de Bourboulon, ce nom est écrit Tchang-Kia-Keou.

Un Européen, habitué à voir dans les temples un grand espace libre, où
se réunissent des centaines et des milliers de croyants, est frappé tout d'abord
par l'absence d'une nef; ceci s'explique : les Chinois ne font pas de service
religieux en commun. Le Chinois dit ses prières quand il en sent le besoin
ou quand l'idée lui en vient, et non dans un moment et à un jour déterminés. Dans le temple dont je parle, il y avait à peine de la place pour
cinquante personnes.

Sur l'autel, quelques tasses, un gâteau, des cierges et des ornements que
je n'ai pu examiner, faute de temps ; je m'arrêtai seulement sur la terrasse
ornée de plantes et d'aquariums contenant de petits poissons rouges très
recherchés en Chine.

Nous rentrons à la maison, où nous attendait un dîner russe, préparé par
un Chinois. Il paraît que jadis à Pékin un cuisinier russe avait fait des
élèves, d'où est sortie toute une génération de cuisiniers chinois experts
dans l'art culinaire russe.

12 août. — Aujourd'hui nous étions invités à dîner chez un Chinois
auquel nous avions remis hier plusieurs pouds [1] d'argent de la part de son
associé de Maï-Ma-Tzeng. Il était venu nous remercier personnellement
et nous inviter à dîner. Il avait même envoyé des voitures pour nous
conduire chez lui.

L'unique équipage des Chinois est une voiture à deux roues : les voitures
pour le service des villes sont plus petites que celles qu'on destine aux
voyages de longue durée ; aussi il y faut s'asseoir en pliant les jambes ; de
plus elles sont insupportables à cause des cahots ; je refusai donc d'y monter et j'allai à cheval.

Le dîner eut lieu dans un hôtel ; il consistait en quarante-cinq plats exquis
et délicats, je n'aurais désiré de ma vie en avoir de meilleurs. Impossible de
mener une conversation, ce qui me tourmentait beaucoup. Après le dîner nous
entrâmes dans la maison de notre hôte, mais de cette vie intérieure et recluse
je ne peux rien dire, n'ayant vu que le salon de réception et les domestiques.
Je profitai de l'occasion et fis le portrait du maître de la maison, ce qui lui
causa un grand plaisir; ses serviteurs se tenaient les côtes de joie, et lui-
même, pour me témoigner sa satisfaction, me montra ses mains jointes,
les doigts levés, ce qui est la plus haute expression de contentement.

Ensuite nous allâmes à pied visiter la ville. Nous entrâmes dans quelques
jardins fruitiers et dans des vergers, dont les maîtres nous régalèrent
de raisin, sans vouloir accepter d'argent. La vigne pousse ici en petit

_____

1. Un poud vaut 40 livres.

arbres rampants, formant de gracieux berceaux, et non pas en ceps, comme en Europe. Chemin faisant, nous visitâmes un atelier de tailleurs, où il y avait une trentaine d'ouvriers, coupeurs, repasseurs, qui se servaient de fers creux remplis de charbons ardents, d'autres qui mettaient de la colle aux collets pour les raidir; tous ces ouvriers sont payés à la journée et nourris. Je demandai à goûter de leur nourriture, le patron y consentit et donna l'ordre à un ouvrier de me conduire à la cuisine, et à un autre de maintenir un chien méchant qui gardait la cour. Deux marmites sur le feu, l'une avec du vermicelle, l'autre avec de la viande de porc aux herbes, ou plutôt des herbes à la viande de porc, attendu qu'il n'y avait pas beaucoup de cette dernière, quelques petits pâtés à l'ail et au saindoux: voilà ce que j'ai vu. Cette nourriture, sans avoir beaucoup de goût, était relativement assez convenable ; mais j'appris que l'on ne mangeait de la viande que tous les cinq jours.

Il était difficile de distinguer les patrons de leurs ouvriers; quelques-uns paraissaient souffrants, la plupart avaient des maux d'yeux, qui proviennent de l'absence de cheminées pour conduire la fumée qui remplit aussi bien les habitations que les rues.

Nous avons visité aussi un atelier de serrurerie, où l'on forge grossièrement différents vases de cuivre; une boucherie, où je cherchai en vain de la viande de chien.

La foule dans les rues est aussi compacte que chez nous les jours de foire. Les habitants sont généralement maigres, de taille ordinaire, la peau basanée, mais nullement jaune ; il n'y avait point de blancs, mais j'ai vu pas mal de femmes fardées de blanc et de rouge, et fardées, grand Dieu! comme nos masques de carnaval. Dans une des rues moins fréquentées j'aperçus une femme de quarante à cinquante ans, habillée d'une manière si originale que je m'arrêtai pour faire son portrait. Les Chinois s'en aperçurent et avertirent cette femme, ce qui m'avait fait croire qu'elle allait se cacher, mais il n'en fut rien, elle resta et parut même flattée. Elle avait un bandeau sur la tête, un corset minuscule sans bretelles, un large pantalon et de toutes petites bottines, les seins et les bras entièrement nus.

La ville elle-même est très malproprement tenue; partout des tas d'immondices que les mendiants ramassent en partie pour les revendre comme engrais; en certains endroits l'air n'est pas respirable par suite des miasmes et des émanations. Les rues ne sont pas très étroites, mais dans les ruelles deux voitures ne peuvent guère se croiser; aussi lorsqu'un voiturier entre dans une ruelle, il crie à tue-tête pour avertir celui qui voudrait entrer par le bout opposé. Malgré cette précaution il arrive souvent que deux voitures

se rencontrent ; il faut alors dételer le cheval, mettre debout la voiture
les brancards en l'air et la tourner, ou bien marcher à reculons jusqu'à
l'entrée. Les rues sont pavées ou plutôt l'étaient jadis, mais le pavage n'a
pas été entretenu.

Grand commerce de détail de marchandises de toute sorte. Je n'ai pas
vu une seule boutique où l'on vendît du thé, mais il y a ici des magasins
de thé en gros. En revanche on voit de l'ail partout, amoncelé en tas, ou
suspendu par bottes sous les toits et les fenêtres ; les Chinois en font une
consommation formidable. Beaucoup d'enseignes, suspendues verticalement ou clouées au-dessus de l'entrée des maisons, avec inscriptions et
signes symboliques ; cela donne à l'ensemble un aspect pittoresque. On
vend partout : dans les boutiques, dans les rues, sur les places, toutes les
marchandises possibles et surtout les fruits et les melons coupés en morceaux et couverts de poussière.

Pour terminer, je dois ajouter que je n'ai point rencontré de malades
dans la ville, et mes compatriotes m'ont assuré qu'il n'y avait ni hôpital, ni
hospice, ni asile pour enfants.

En rentrant chez nous, il nous a été donné de voir sur une place un
théâtre forain établi sur une estrade ouverte : une foule d'hommes se
pressaient, les femmes regardaient de leurs voitures. Pendant la représentation, le même vacarme continuait sur la place ; les acteurs suaient à
grosses gouttes pour se faire entendre ; un bruyant orchestre augmentait le
brouhaha de la foule, et les amateurs d'oiseaux à ramage s'y donnaient
rendez-vous, convaincus qu'au milieu du bruit leurs oiseaux se perfection-
nent dans l'art de chanter. On m'affirmait même que les vrais amateurs se
rendent sur les sommets des montagnes, où arrive le bruit lointain de la
ville, qui excite leurs oiseaux à un chant plus agréable à l'oreille.

13 août. — Départ manqué. Journée perdue pour moi, car je n'ai pu
sortir, attendant toujours l'ordre de partir. Le soir il fut décidé qu'on
passerait ici la nuit. Je commence à me convaincre qu'on n'agit pas
sérieusement en laissant tout au hasard.

14 août. — Encore des discussions au sujet du départ. Nous voyons arriver un Chinois assez convenablement habillé, avec des bottes de velours et
qui nous salue en langue russe. Il nous explique qu'ayant entendu parler de
notre passage à Kalgan il vient offrir ses services comme interprète, et, si on
n'en a pas besoin, comme simple domestique. J'étais tout joyeux de ce
bonheur qui me tombait du ciel ; nous aurons ainsi deux interprètes et
j'aurai donc quelqu'un avec qui je pourrai me promener dans les villes,
je pourrai interroger, examiner et tenir conversation avec les Chinois

Cet homme était chrétien; encore enfant il fut emmené en Sibérie, où un négociant russe le fit baptiser et lui donna le nom de Théodore.

Il ne voulait poser aucune condition. « Prenez-moi, disait-il, je resterai avec vous un mois, deux mois, et vous verrez si je suis bon à quelque chose; alors vous me payerez d'après mon mérite. Si vous êtes contents de moi, vous m'emmènerez peut-être avec vous en Russie, où je veux bien aller; je n'ai point de famille et n'ai rien à faire ici. »

Nous consentîmes à le prendre et il courut chercher sa petite malle. Nos compatriotes le connaissaient un peu; d'après eux son seul défaut était de ne pouvoir rester longtemps en place et de changer souvent de résidence.

Nous sommes partis après le dîner. En traversant la ville je remarquai une plus grande animation; partout sur les places, dans les rues, une foule compacte. J'apprends qu'aujourd'hui c'est fête. Nous fûmes suivis assez long-temps par une voiture occupée par quatre Chinoises, le cocher marchait à pied en tenant le cheval par la bride, et la plus âgée des femmes tenait les rênes. Les trois autres, plus jeunes, étaient au fond de la voiture, mais on pouvait très bien les voir. Elles fumaient toutes des pipes et étaient fardées outre mesure de blanc et de rouge; on eût dit des masques. D'après la voiture élégante et la tenue du cocher, on pouvait deviner qu'elles appar-tenaient à la haute classe de la société. En effet, c'était la famille du gouver-neur. Dans la foule, des Chinois nous saluaient avec leur *hao* habituel, sans que je pusse savoir pourquoi; il y en eut même un qui nous salua en russe.

En sortant de la ville, nous entrâmes encore dans le défilé des montagnes et nous arrivâmes à la station, pour changer les chevaux et continuer notre route toute la nuit. Avant l'aube, nous apercevons le mur crénelé de Suen-Hoa-Fou; nous passons un ruisseau à gué, et nous voilà devant la porte de la ville. Le mur est d'une grande largeur, et le passage sous la porte est un véritable petit tunnel; derrière cette première enceinte il y avait un autre mur plus élevé, mais ancien, en ruines et couvert de végétation. Nous suivons l'espace resté libre entre les deux murs, espace large d'une cin-quantaine de pas; nous entrons sous une porte du mur intérieur, et nous nous trouvons dans une petite cour carrée. Un factionnaire demande qui arrive; on lui dit que: «les messieurs sont arrivés; » satisfait de cette réponse, il nous laisse passer. On dirait des châtelains qui font leur entrée chez eux. Ceci me parut étrange. Je m'attendais à des obstacles, à des arrêts, à des visites, à des interrogatoires de la part des Chinois soupçonneux. Rien de tout cela. Nous traversons la ville plongée dans un silence absolu; seul un gardien de nuit se promène et frappe de temps en temps sur son *lo* de cuivre. Une seule maison était éclairée à l'intérieur, on y entendait de la musique, des chants, le tambour et les cymbales. « On veille un mort, » nous dit Théodore. Après beaucoup de tours et de détours à travers cette ville silencieuse, nous arrivons devant l'auberge, dans une ruelle étroite et boueuse, quoique, d'après l'interprète, ce fût l'hôtel des fonctionnaires. Le voyage d'une journée et d'une nuit m'avait fatigué et, sans attendre le souper, je me jetai sur un *kang* et m'endormis. Bien que nous fussions maintenant dans un pays policé, les lois des steppes étaient toujours en vigueur.

15 août. — Peut-être pensez-vous, lecteur, qu'un hôtel chinois a quelque ressemblance avec un hôtel européen : une vaste maison à deux étages, nombreux numéros, avec lits, lavabos, linge, etc. Détrompez-vous, allez faire vos ablutions dans la cour avec une tasse; linge et savon sont choses inconnues, et des glaces, des brosses, vous n'en verrez pas non plus. Dans votre chambre, la couchette murée (*kang*), couverte d'une natte en guise de lit, une table et quelques chaises ou tabourets ; ni carafe, ni verre, ni rien pour suspendre vos effets : tout cela manque dans l'établissement. On y trouve seulement à manger et de l'eau bouillante pour faire son thé.

Notre interprète Andreïewsky, qui avait déjà passé par ici, nous proposa d'aller visiter l'église catholique de la mission française de cette ville. Nous ne trouvâmes qu'un seul des Pères de la mission. Homme jeune encore, il avait l'air d'un vrai Chinois, portait leur costume, se rasait la tête et gardait une tresse ; mais, par ses manières peu aimables, il n'était ni Français ni Chinois. Avait-il des raisons particulières pour agir ainsi : je ne sais ; et s'il nous questionnait sur notre voyage et son but, c'était uniquement par courtoisie. A la demande si la mission avait fait beaucoup de prosélytes, il répondit « environ quatre mille ». Nous lui proposâmes de nous montrer l'église, il refusa sous un prétexte quelconque. Il était visible que notre présence le gênait, aussi nous nous empressâmes de partir, et alors ce révérend père, à l'air sec et hargneux, nous invita à goûter du vin de son cru, ce qui était ici une vraie primeur, parce que les Chinois ne fabriquent guère de vin.

La ville, déserte et silencieuse pendant la nuit, était actuellement animée et remplie de monde ; il aurait fallu y passer au moins une journée pour voir ces maisons à enseignes éclatantes, ces arcs de triomphe, ces toits des temples ornés de figures, cette foule d'hommes, les uns couverts de vêtements, les autres à demi nus ; les uns en chapeau de paille ou de bambou, les autres tête nue, malgré la chaleur étouffante ; enfin toute cette foule bariolée de piétons et de cavaliers, puis voitures et palanquins, ombrelles et éventails, etc.

Nous sortons de la ville par la porte du sud et nous suivons une route taillée à travers des rochers de granit et de schiste, presque impraticable pour les voitures ; aussi sommes-nous tous à cheval.

Autour de nous, des champs cultivés et parsemés de cimetières de famille. Les montagnes environnantes présentaient des paysages sauvages ; des amas de sable jaune les recouvraient, et sur leurs sommets on apercevait des constructions, qui n'étaient autre chose que les monastères des ermites chinois. En regardant ces habitations solitaires on se demande comment des hommes peuvent y vivre ? Ont-ils le nécessaire ? Ont-ils de l'eau, des champs, pour ne pas avoir besoin de descendre ? Que j'aurais voulu y passer quelques jours ! Mais, manquant même de temps pour y monter, j'essayai, au moyen de ma lorgnette, de distinguer quelque chose : j'aperçus de petites maisonnettes, des terrasses et des balcons, un pont suspendu au-dessus d'un précipice ; la distance ne me permit point de distinguer âme qui vive.

Nous nous approchons de la ville de Tzy-Min-Y[1], dont on aperçoit le mur crénelé ; les montagnes ont ici une teinte gris clair et sont dépourvues de végétation. Dans les gorges et les pentes, des quantités de perdrix. Nous en avons tué quelques-unes. La vue de l'homme né les effraye pas trop, elles se sauvent en courant rapidement, mais ne voltigent que peu ; on doit tout de même leur faire la chasse, car, parmi celles que nous avons ramassées, il y en avait une à une seule patte. La soirée était déjà avancée quand nous entrâmes à Tzy-Min-Y ; le chef donna l'ordre d'aller plus loin, préférant faire connaissance la nuit avec ces contrées inconnues.

Chemin faisant, j'entrai en conversation avec l'interprète chinois Théodore, qui parlait assez bien le français et un peu l'anglais. Il avait appris ces langues, comme domestique, chez des étrangers à Chang-Haï et à Tien-Tsinn. Sans être dépourvu de bon sens, il n'avait malheureusement aucune instruction. Il m'apprit que la principale raison pour laquelle il avait embrassé le christianisme était l'envie de voyager en Russie ; je remarquai qu'il n'avait aucune opinion religieuse ; l'Évangile lui était connu de nom, mais il ne savait aucune prière.

Je lui demandai si les Chinois embrassent volontiers le christianisme, et je le questionnai sur le nombre des chrétiens indigènes.

« Très peu, me dit-il, et l'on se fait baptiser plutôt parce que les missionnaires payent, mais on ne les aime pas, surtout les missionnaires catholiques, parce qu'ils ennuient avec leurs livres sacrés, et qu'ils se moquent de la religion des Chinois en exaltant la leur. »

Ensuite je l'interrogeai sur les prix de divers objets, et Théodore, ne soup-

---

1. Probablement Ky-Min-Y, d'après M^{me} de Bourboulon.

çonnant pas notre étonnement du bon marché d’ici, me consolait en disant qu’entre Kalgan et Pékin tout est cher, mais que plus loin tout est à bon marché.

Notre conversation fut interrompue par l’un des Cosaques, qui arrivait avec l’ordre du chef de lui ramener immédiatement l’interprète. Comme mon cheval cheminait avec peine, ne pouvant me rendre moi-même, je priai le Cosaque d’aller demander au chef de me céder l’interprète Andreïewsky. Il revint avec un refus : « Le chef a besoin de l’un et de l’autre, le chef n’est pas content, car voici deux fois que vous me faites envoyer vers vous. » J’étais révolté et peiné par cet ordre étrange, je continuai seul mon chemin, quand Matoussowsky me rejoignit ; je lui racontai alors ce qui venait de m’arriver. J’eus le plaisir de me convaincre qu’il partageait mes sentiments, et depuis nous nous liâmes d’une étroite amitié. Sur ces entrefaites, nous arrivâmes à la porte de la ville de Scha-Tchen, qui était fermée. Théodore appela d’une forte voix, en chinois, et le gardien lui répondit de l’autre côté ; tout rentra dans le silence et nous continuâmes à attendre. Enfin la porte s’ouvre, nous entrons dans un petit espace entouré de hautes murailles ; nous passons sous une autre porte donnant accès dans la ville. Nous arrivons à l’auberge ; il était deux heures du matin, lorsque, après avoir pris du thé, nous nous couchons pour repartir à neuf heures, ou au plus tard à dix heures du matin.

Cette manière de vivre nous rend souffrants. L’un se plaint de sa toux, l’autre de maux d’estomac, le troisième de mal dans les articulations, et tous me demandent de leur venir en aide, quand il n’était point en mon pouvoir de changer l’état de choses.

16 août. — Me voilà encore avec Théodore ; je cherche à apprendre quelques mots de chinois ; la prononciation de cette langue ne m’est pas désagréable, et je lui trouve quelque ressemblance avec l’italien. Une fois que j’entendais deux Chinois se quereller, il me sembla qu’ils chantaient, par suite de l’intonation qu’ils donnaient à la dernière période de la phrase. Une autre fois, nous dînions à une station et j’entendais dans la cour quelqu’un chanter de temps en temps une chanson très courte : c’était le garçon de service qui commandait les plats au cuisinier placé au fond de la cour. Moi, je croyais l’entendre chanter.

Je mentionnerai le passage d’un pont de pierre sur la rivière Tzin-Tzy-Kho. Ce pont, de construction ancienne, à cinq arches et à parapets dont l’un en ruines, est pavé de dalles très bien conservées.

17 août. — Nous suivons une route sablonneuse et parsemée de petits blocs de granit et de quartz, bordée de chaque côté d’une chaîne de mon-

tagnes, qui semblent se rencontrer au loin et enfermer la vallée. Une branche de la Grande Muraille est devant nous, on y arrive par un défilé jusqu'à la porte Gouan-Goou. Il faut gravir des rochers durs comme l'acier; on serait vraiment porté à croire que personne n'a jamais franchi cette route, si des ornières profondes creusées dans le roc n'étaient là pour témoigner de son ancienneté, et l'on se demande à quoi tient l'indifférence des Chinois à se servir de semblables voies de communications.

Est-ce la paresse? — Mais les Chinois sont connus comme le peuple le plus laborieux de la terre.

Est-ce l'ignorance ? — Non plus, ils ont dans l'intérieur du pays d'admirables routes.

Est-ce encore le manque de moyens? — La Grande Muraille, de dix mille *li* de longueur, comme ils disent, est là pour témoigner de leurs moyens, et pour la construire combien fallut-il de science, de matériaux et de labeur !

Eh bien ! j'ai entendu exprimer à ce sujet une opinion qui me paraît bien vraisemblable : c'est que les Chinois laissent ici leurs routes dans cet état primitif en vertu d'une ancienne loi qui empêche, par tous les moyens, l'entrée de leur pays aux barbares du Nord, c'est-à-dire aux Mongols.

Arrivé devant la porte Gouan-Goou, je me disposai à prendre un croquis de cette partie du monument, puis j'allai le visiter dans ses détails. Mes compagnons étaient déjà loin, un seul guide m'attendait, mais j'avais tout oublié, heureux de pouvoir contempler ce monument unique dans son genre, et de l'antiquité la plus reculée. A la base, la Grande Muraille est construite avec d'énormes blocs de granit et de quartz rougeâtre. Pour monter dessus, il fallait passer sous la porte, dans la Chine proprement dite; là était l'escalier qui donnait accès sur la plate-forme. Je montai et je suivis le mur dans sa direction nord; ce mur, en haut, est d'une largeur de sept pas, il est pavé en carreaux de brique d'environ quarante centimètres carrés et de neuf centimètres d'épaisseur. Le parapet du côté nord, c'est-à-dire du côté extérieur, est à hauteur d'homme; celui du côté sud, à mi-hauteur. Par endroits, les carreaux manquent, l'espace est couvert de lichens blancs, jaunes et noirs ; ailleurs toute la plate-forme disparaît sous une herbe épaisse et haute, à travers laquelle il est difficile de se frayer un chemin. Il y avait des plantes de la famille des graminées, des plantes bulbeuses, des crucifères, etc. Elles couvraient les canons en fonte d'un mètre de longueur, de forme cylindrique, à trois anneaux. Quelques-uns de ces canons sont encore dans leurs embrasures, du côté nord du mur; il y en a peut-être qui sont chargés depuis des siècles.

En suivant la muraille, toujours dans la même direction, j'arrivai à une tour qui avait l'air d'une petite maison à plusieurs pièces communiquant entre elles par des fenêtres et avec un couloir qui se trouve du côté sud. Les murs, qui tombent en ruine remplissent les chambres de gravois, et la vigne sauvage y pousse avec abondance, comme dans les serres chaudes.

Des briques sortaient du mur ou n'y tenaient que par un bout, prêtes à tomber ; je craignais que, par suite de mes mouvements, il n'arrivât quelque éboulement. Certains endroits sont, en effet, complètement en ruines et laissent à découvert des poutres de bois parfaitement conservées. En examinant de plus près cette tour, j'arrivai à avoir la conviction qu'à part son but défensif, elle avait une grande valeur comme monument architectural, tout y étant si artistement combiné. Les briques au-dessous des portes et fenêtres sont disposées en demi-cercles réguliers ; le parapet, en haut, est en briques posées en biais ; le seuil des portes est en granit avec dessins gravés dans la pierre. Il y a aussi des gouttières ; les chéneaux de pierre qui les terminent ont la forme de têtes de dragons ; les escaliers sont bien arrangés. Tout ceci indique que la construction n'a pas été exécutée à la hâte et en vue seulement de la défense.

La Grande Muraille a partout dans cet endroit la même hauteur. Ainsi elle suit parallèlement la superficie du sol sur lequel elle est construite ; elle monte ou descend, et dans ces cas sa surface se transforme en escalier à marches d'une hauteur démesurée, ce qui rend l'ascension difficile. Ces pentes sont impossibles à franchir à cheval. Le long de la muraille se trouvent des tas de gravois provenant des ruines, et celui qui aurait entrepris un voyage le long de la Grande Muraille n'aurait pu le faire qu'à pied ; encore aurait-il été obligé quelquefois de descendre pour contourner les obstacles.

Si je parle d'un semblable voyage, c'est que cette idée se présente involontairement à l'esprit, mais je déclare que je le crois à peine possible.

Debout sur la tour, je contemplai le paysage silencieux et désert, reportant ma pensée vers le passé lointain, vers le moment de la construction de cette muraille, et je me représentai cette fourmilière de travailleurs traînant les briques, les blocs de granit, l'eau, la chaux, les poutres, etc. La légende dit qu'un million d'hommes à la fois furent employés à cette construction.

Il me fallait rejoindre mes compagnons ; je quittai donc la muraille et suivis silencieusement la route avec mon guide, vu l'impossibilité où nous étions de nous comprendre. Je rencontrai des caravanes de mulets chargés, et dans un passage étroit la charge d'un mulet accrocha mon parasol attaché

La Grande Muraille à travers la porte Gouan-Goou.

à la selle. Le conducteur du mulet se mit immédiatement à réparer le mal; c'était pour moi la première preuve de l'attention délicate de la part d'un Chinois. Plus loin, un Mongol assis sur son chameau me reconnut pour un Russe et me salua comme une vieille connaissance.

Mon cheval, maigre et fatigué, me faisait peine à voir, je continuai le chemin à pied en le tenant par la bride, examinant çà et là diverses particularités qui attiraient mon attention. Le guide, qui n'avait pas l'air de partager mon enthousiasme, prit les devants, et bientôt je le perdis de vue. Le jour baissait, j'aurais voulu remonter à cheval : cela me fut impossible, car je tenais à la main pas mal d'objets de voyage. Dans un village j'avisai un Chinois et le priai par signes de m'aider, ce qu'il fit avec plaisir, sans rien demander pour le service rendu. L'absence de mon guide m'inquiétait, quand je le vis sortir d'une maison, où je pensais retrouver mes compagnons. Je me trompais, car le guide s'était simplement arrêté par ici en m'attendant, et en me voyant venir, il était remonté à cheval. N'étant pas en mesure de lui demander si nous étions loin de la station, je le suivis sans rien dire.

Le chemin était affreux, on eût dit les ruines d'une grande ville après un tremblement de terre. Il faisait nuit et je sentais la fraîcheur. Nos chevaux glissaient, trébuchaient et avançaient doucement, s'arrêtant parfois pour regarder à droite et à gauche afin d'éviter un mauvais pas. Ils y réussissaient toujours, malgré l'obscurité de la nuit. Dans un village, une bonne vieille échangea quelques paroles avec mon guide et nous accompagna quelque temps en tenant une lanterne. Enfin, exténués, nous arrivâmes sans accident à la station Tziui-Youn-Guang, où se trouvaient mes compagnons. Satisfait d'être hors de danger, j'entretins mes collègues des impressions de la journée et je leur montrai mes esquisses, quand le chef, m'arrêtant court, me fit remarquer que j'étais la cause du retard général du voyage et que sans moi, le lendemain dans la nuit, on serait à Pékin. « Heureusement que vous êtes en retard, me dit après Matoussowsky, et grâce à vous, nous ferons notre entrée à Pékin en plein jour. »

18 août. — Nous quittâmes la station à sept heures du matin et passâmes sous une porte monumentale d'une branche de la Grande Muraille, porte ornée de bas-reliefs et, de peur de causer encore un « retard général », je ne m'y arrêtai point. C'est ainsi que nous visitions les monuments historiques, absolument comme un potager planté de choux.

Ici les villages sont déjà peuplés, la végétation est riche, beaucoup de fruits et aussi de marchands fruitiers, en première ligne les marchands de jujubes. Pas de maison ni de terrasse où il n'y eût des tas de jujubes séchant au soleil sur des nattes. Enfin la route sort du défilé et suit une plaine ; on y voit des champs cultivés, du millet, de l'ail, de l'oignon ; les villages et les fermes que nous rencontrons nous frappent par l'aisance et la propreté, les cours et les rues soigneusement balayées, les maisonnettes et les clôtures portant des ornements en briques ou en carreaux, les puits en pierre très bien entretenus, entourés de petits murs, des abreuvoirs pour les bêtes, également propres et souvent taillés dans un bloc de granit.

Voici la ville de Tchang-Ping-Tcheou, où nous dûmes attendre trois heures avant qu'on nous eût trouvé des voitures pour nos bagages. En rôdant dans la ville, je m'arrêtai devant un Chinois qui tressait avec une extrême habileté des nattes en bambou. A côté, un garçon atteint d'un mal d'yeux attira mon attention, et les Chinois qui m'entouraient devinèrent en moi un médecin. J'entendais répéter le mot *dai-fou*, mais sans comprendre leur conversation. Celui qui tressait les nattes, laissant son travail, disparut pour revenir une minute après avec sa petite fille, qu'il me présenta en saluant et prononçant quelques mots. Je compris qu'il me demandait un conseil : l'enfant était atteinte de rachitisme, je lui fis signe de me suivre à l'hôtel, où, par l'interprète, je lui donnai des conseils pour le traitement. Quelques minutes plus tard, je fus assiégé par une foule de malades qui se lamentaient tous et demandaient de leur venir en aide ; malheureusement, pour la plupart d'entre eux il était impossible de porter remède immédiatement. Beaucoup étaient atteints du goitre, et l'on m'avait affirmé que dans un village voisin tous les habitants sans exception, même les enfants, souffraient de cette infirmité.

N'ayant pu trouver de voitures, on se décida à charger nos bagages sur des ânes et des mulets. Mon cheval étant incapable de suivre les autres, je restai en arrière. Seul avec mon guide, les deux interprètes étant toujours attachés à la personne du chef, je suivis le chemin aussi tranquillement que si j'avais été aux environs de Pétersbourg, et j'entrai bientôt dans le village populeux de Cha-Kho qui bordait la route des deux côtés. Les trottoirs élevés supportent des maisons pleines d'inscriptions en gros caractères, pas mal d'auberges avec leurs portes cochères grandes ouvertes et probablement bien connues de la rossinante qui me portait. La pauvre bête, qui allait au pas, ayant aperçu une de ces portes, accéléra sa marche en se dirigeant directement vers l'entrée d'une auberge, et c'est après beaucoup d'efforts que je pus l'arrêter et la tourner du côté de la rue, sans pouvoir toutefois la faire avancer. Les éperons et le fouet ne purent décider ce cheval, exténué et affamé, à faire un pas de plus. Certes, il avait besoin de repos et de nourriture.

Les Chinois qui se trouvaient dans la rue riaient de bon cœur, et un garçon jeune et robuste, à moitié nu, prit le cheval par la bride pour le forcer à avancer ; mais ce fut en vain, le cheval allongeait le cou sans bouger de place. Il ne me restait rien de mieux à faire que de descendre en attendant mon guide, resté en arrière, et je m'installai sur le banc d'une auberge voisine. Je fus immédiatement entouré par une foule de Chinois, et les premiers arrivés s'installèrent en face de moi ; appuyant les coudes sur la table, la tête dans les mains, ils m'examinaient avec curiosité ; c'est avec un certain plaisir que je me soumettais à cet examen et, retirant mon tabac de ma poche, je commençai à rouler une cigarette. Les spectateurs discutaient entre eux : Il va manger, disaient les uns ; il va fumer, répliquaient les autres. Ils examinaient tout, tabac, papier à cigarettes, porte-cigare, tout cela leur était inconnu ; ils ne fumaient que la pipe. Enfin je pris mon briquet mécanique qui consistait en une petite roue en fer qu'on remonte au moyen d'un ressort et qui en tournant produit un bruit, par suite du frottement contre la pierre à feu, faisant jaillir les étincelles qui allument la mèche. Ce bruit les effraya d'abord, mais aussitôt qu'ils aperçurent la mèche allumée, toutes les mains droites se dirigèrent vers moi, les doigts levés, signe d'éloges, et j'entendis le mot *hao*, bien. En attendant mon conducteur, j'inscrivais mes notes ; mon écriture les intéressa beaucoup, ils se penchaient vers moi en examinant avec attention, comme s'ils avaient été en état de lire ce que j'avais écrit. Ils faisaient retentir des hoquets sans se détourner ni mettre la main devant leur bouche. Je restai installé tranquillement comme chez moi, personne ne venait me demander si j'avais besoin de quelque chose, ou pourquoi je restais là sans rien prendre.

A la fin, un garçon s'adressa à moi en faisant des signes, et de son discours j'ai saisi deux mots : *ma-fou* « guide » et *tzan* « fusil », ce qui me fit comprendre que mon guide venait de passer sans m'apercevoir dans la foule. Je remontai à cheval pour le rattraper ; mais le cheval ne bougea pas. Un Chinois voulut m'aider en tirant par la bride et finit par l'enlever, à la grande satisfaction d'une centaine de spectateurs. Ne désirant pas continuer à servir de distraction à cette foule, je descendis, et ayant remis la bride j'allai à pied en conduisant mon cheval, qui, cette fois, s'est laissé faire. Au bout de la rue, profitant de la rencontre d'un cavalier, je remontai, et cette fois mon cheval continua à suivre le cavalier. Plus loin j'aperçus mon guide qui me cherchait partout, et avec lui j'arrivai assez tard à la station, où nous passâmes la nuit.

19 août. — Nous ne ferons donc pas notre entrée à Pékin au milieu de la nuit.

Par suite d'impatience, je quittai dans un état de surexcitation fiévreuse cette dernière station avant Pékin. Nous traversons champs, cimetières, auberges, villages, abrités par l'ombre des ifs pleureurs et des mélèzes, puis nous entrons enfin dans une large rue du faubourg de Pékin, assez boueuse en ce moment par suite de pluies récentes, et au fond de laquelle on aperçoit le mur d'enceinte de la capitale, surmonté d'un bastion énorme et original. A peine entré dans cette rue, je sens le changement de l'air; il est rempli ici d'émanations désagréables, à ce point que pour le moment j'aurais désiré être dépourvu d'odorat. En revanche, quel spectacle curieux! Les Chinois, enfants, hommes et hommes-*bonnes* d'enfants, chevaux, ânes, mulets, tout cela ne forme qu'une seule masse, remuante et braillarde; boutiques de charbon de terre, de cercueils, boucheries, forges; vendeurs ambulants criant ou chantant leur marchandise; mendiants à triste figure et à tête chevelue demandant l'aumône; un cheval mort au milieu de la rue; des chameaux ruminant leur nourriture; énorme bazar, à travers lequel nous avançons à cheval vers l'enceinte : tel est le tableau qui s'offrit à ma vue.

On distingue déjà la tour à quatre rangées d'embrasures vides; dans deux ou trois on avait mis des écrans portant des cercles noirs et rouges qui représentent probablement des bouches de canon. L'enceinte de Pékin est très élevée, et même à une certaine distance il faut lever haut la tête pour voir son bord crénelé. Ce mur est longé par un canal sur lequel sont jetés des ponts.

Nous traversons une porte, ce qui nous permet de juger de l'épaisseur du mur d'enceinte, et nous entrons dans une place, entourée aussi de murs d'égale hauteur. Cet endroit est planté d'arbres; il y a aussi un temple couvert de tuiles jaunes. Nous tournons à gauche pour passer sous une autre porte, et nous voici dans la ville. Il y a seize portes d'entrée, toutes surmontées de tours.

Nous suivons une large rue qui n'est point pavée, et où la poussière est épaisse. Une foule immense s'y presse, les uns à pied, beaucoup à ânes ornés de grelots. Des marchands assis sur des bancs et abrités au moyen de parasols vendaient, dans des tasses ou sur des plateaux, des fruits et des mets tout préparés, le tout recouvert d'une couche respectable de poussière. Plus loin, le quartier change, les boutiques disparaissent tout à coup, pas de foule, des maisons à l'aspect désert, et par-ci, par-là de hommes ou des femmes regardant par la porte entre-bâillée.

Nous passons sous une tour fraîchement peinte en rouge. Elle est en bois sur fondements de pierre; à son étage supérieur, une galerie de pourtour à

colonnade, supportant un toit en tuile ; deux rues passent en dessous et s'y
croisent. Nous prenons à droite dans une autre rue, dont le milieu ressemble à un remblai ; les maisons à un étage qui la bordent sont en contre-
bas et ont toutes des boutiques ou des magasins avec façades artistement
décorées, sculptées à jour, dorées ou simplement en laque. Les dessins de
ces sculptures sont très compliqués et variés. Il y a des maisons sur lesquelles
des poèmes entiers sont représentés ; d'autres sont embellies de fleurs, de
bouquets ou de guirlandes, de fruits, de branches et de feuillages ; des
animaux ou des arabesques ornent quelques-unes. On ne peut qu'admirer

Cuisines en plein air et cuisinier ambulant à Pékin.

la patience des artistes, quand on examine en détail tout ce travail, et l'on
doit en conclure que la sculpture, si haut prisée chez nous, doit être ici à
très bon marché. Mais à côté de ces magasins resplendissants de dorure,
on voit une rangée de baraques couvertes de haillons, et sur le sol partout
des ordures et des immondices. C'est dans cette rangée que se trouvent
les boutiques de viande et d'herbes potagères ; elles ont des enseignes de
formes très diverses, par exemple des morceaux d'étoffes, des plumes de
couleur, etc.

Autre mur d'enceinte ; la rue passe sous une double arcade, et sous l'auvent de cette porte se trouve à l'air libre, dans l'espace compris entre les deux
portes ou arcades, un restaurant qui doit faire d'excellentes affaires. Une
rangée de tables avec des plats tout chauds, des fruits, des théières d'eau

bouillante et une grande quantité de vaisselle; c’était le buffet. Sur les côtés, les tables des consommateurs; les serviteurs très nombreux couraient à travers la rue, recevant les commandes ou portant des consommations. Nous passons à cheval si près des tables, qu’il nous faut faire attention de ne pas renverser les assiettes avec nos pieds. L’air est saturé de vapeurs de cuisine, de fumée de tabac et d’opium et surtout de poussière. Tout le monde crie à qui mieux mieux pour pouvoir se faire entendre. C’est cette porte qui donne entrée dans la ville impériale, c’est-à-dire la partie centrale de Pékin, entourée également d’un mur. Ici se trouvent les casernes de l’armée mandchoue, et au fond de la rue on aperçoit un mur peint en rose qui sert d’enceinte au carré dit « la ville interdite », Tzing-Tzen, où se trouvent les palais et les jardins du *Fils du Ciel*. Un canal longe ce mur, et c’est à peine si on aperçoit, au-dessus, les cimes des arbres et les toits artistiques de plusieurs bâtiments de la Cour. En un endroit on voit s’élever au-dessus du mur une colline avec trois kiosques couverts de tuiles émaillées. La légende rapporte que cette colline est en charbon de terre, et que son volume représente la provision de chauffage du palais pendant le siège de Pékin par les Mandchous. C’est aussi sur cette colline que se suicida le dernier empereur de la dynastie des *Ming*.

Voilà donc ce que le voyageur peut voir de cette partie de la ville; j’avoue que je restai un peu désenchanté, car je ne me représentais guère l’empereur chinois caché à ce point aux regards de tout le monde, et je ne m’attendais pas à trouver à côté des palais, dans un voisinage si rapproché, de vieux édifices menaçant ruine, des bandes de mendiants sordides, etc.

Nous traversons encore pas mal de rues et de ponts jetés sur des canaux ou de petites rivières. Nous voyons beaucoup de murs cachant les maisons et la vie intérieure des Chinois; nous passons devant les ambassades anglaise et allemande, et nous apercevons le pavillon russe flottant au-dessus d’une grande porte cochère. C’était notre ambassade, juste en face de celle des États-Unis.

Le premier de nos compatriotes qui nous reçut fut M. Popow, drogman de l’ambassade; il nous indiqua nos logements et nous envoya tout de suite plusieurs domestiques chinois, parlant un peu le russe, pour nous aider dans notre installation.

Nous allâmes faire visite, en grande tenue, à notre ambassadeur, M. Butzow, qui a bien voulu donner un caractère privé à cette présentation officielle. Notre voyage faisait les frais de la conversation, et Sosnowsky ne manqua pas de raconter ses pourparlers avec les négociants de diverses villes en vue de les « intéresser aux affaires d’utilité générale. » Il parla aussi des résultats négatifs qu'elles obtinrent, ce qui fit rire beaucoup notre ambassadeur. Il nous invita à dîner, et, comme nous avions encore du temps devant nous, nous fîmes visite à plusieurs membres de l'ambassade, entre autres au secrétaire, qui nous annonça que l'ambassade n'avait eu aucune connaissance de notre expédition ; elle ne l'apprit que par une lettre de Sosnowsky reçue depuis peu, ce qui parut aussi étrange que désagréable à l'ambassadeur.

La colonie russe de Pékin se partage en deux groupes assez éloignés l'un de l'autre : le premier, habité par l'ambassade, s'appelle la Cour du sud ; le second, occupé par la mission religieuse, la Cour du nord. Les constructions de l'ambassade, assez vastes, se divisent en deux parties : la cour et le jardin ; la première partie est destinée aux gens de service, aux Cosaques attachés à l'ambassade, aux écuries, aux cuisines, etc. Dans le jardin se trouvent la maison de l'ambassadeur, les habitations des autres membres de l'ambassade et la chapelle.

Le lendemain matin je me levai de bonne heure et me hâtai de monter sur quelque hauteur, afin de jeter un coup d'œil d'ensemble sur la ville. On m'avait conseillé de parcourir le mur qui sépare Pékin en deux parties, la ville mandchoue ou tartare et la ville chinoise. Je m'y rendis avec M. Popow, qui a bien voulu me guider dans mes promenades. Ce mur a trente pieds de hauteur et vingt-cinq d'épaisseur ; un peu moins au sommet qu'à la base. Des plans inclinés dans le mur donnent accès à la plate-forme, mais la porte d'entrée est toujours fermée. Le portier s'empressa de l'ouvrir moyennant une quinzaine de kopecks, et nous suivîmes la plate-forme, pavée de dalles carrées et couverte par endroits d'herbes et de fleurs. Nous continuons à suivre le mur et je m'attends à voir la capitale se dérouler devant moi dans toute sa splendeur. Mon compagnon me montre le palais du Bohdokhan, qui, d'après ce que je vis, ne répondait guère à mon attente et à mon imagination. Une place couverte d'herbe, avec un sentier pavé conduisant, à travers un édifice à trois portes, en forme de hangar, dans une autre cour au milieu de laquelle était encore un édifice, plus beau que le premier et également à trois portes ; plus loin des jardins, et à travers le feuillage on aperçoit une rangée de bâtiments à toits modestes de couleur bleue, verte et jaune. Voilà tout, et encore la distance empêche-t-elle de distinguer certains détails. Mon compagnon m'indique quelques monuments remarquables de la ville, mais très éloignés et à demi cachés dans le brouillard. En général, l'œil cherche en vain où s'arrêter. Pékin, vu à vol d'oiseau, n'a point le caractère d'une ville, mais a plutôt l'air d'un faubourg ou d'un village suburbain très riche en jardins au milieu

desquels émergent les toits des maisons. On peut juger de sa superfici
par les tours du mur d'enceinte qu'on aperçoit dans le lointain. La vill
occupe une plaine, et touche par ses confins nord et ouest à la chaîne d
montagnes Inn-Chan.

Je parcourus le mur sur une longueur de cinq verstes et je rencontrai pa
mal de maisonnettes de gardiens, sans que je pusse savoir ce qu'ils étaien
chargés de garder. Ces maisonnettes ont cours et parterres ; on y voit auss
des animaux domestiques. La hauteur du mur empêche le bruit de la vill
d'arriver jusqu'au faîte, et de temps en temps j'entendais au-dessus de mo
des vibrations dont je cherchais longtemps la provenance. Mon compagno
m'expliqua que cette musique originale est produite par le vol des pigeons
à la queue desquels sont assujettis des sifflets en écorce de bambou : ce so
de petits tuyaux qu'on passe par un bout à travers une plume de la queue
et pendant le vol rapide la résistance de l'air produit des sons dans ce
tuyaux. On rapporte qu'autrefois ces sifflets étaient destinés à éloigner de
pigeons les oiseaux de proie ; mais avec le temps ils se changèrent en instru
ments de musique. Les Chinois doivent être grands amateurs de cett
musique, qu'on entend partout et qui n'est point désagréable.

En rentrant, nous nous arrêtâmes à une tour placée au-dessus d'une port
sous laquelle passe la principale rue de Pékin, Ho-Da-Min, pour voi
un riche cortège funèbre. Il se développait sur un kilomètre enviror
sans présenter une masse compacte d'hommes. Tous ceux qui y prenaier
part étaient divisés en groupes séparés les uns des autres par une certain
distance. Les uns portaient des signes symboliques : drapeaux et parasol
d'un genre particulier, comme expression de la qualité du défunt; d'autre
tenaient des cymbales de cuivre qu'ils frappaient avec acharnemer
de leurs gourdins, et cependant le bruit des cuivres ne couvrait point le
lamentations déchirantes des pleureurs loués; un autre groupe accompagna
la voiture et les deux palanquins du défunt; un quatrième portait le corp
sous un baldaquin posé sur une énorme et lourde civière. Ce dernier group
comptait au moins soixante personnes tout habillées en vert, avec des rond
de couleurs éclatantes. Le catafalque était suivi par la famille et les amis d
défunt en voitures, qui tous étaient en deuil, c'est-à-dire en robes blanche
Cette cérémonie, triste par sa nature, avait plutôt un caractère joyeux e
solennel, tant il y avait de bruit et d'éclat. Le catafalque, tendu de so
écarlate, portait en haut des ornements dorés, et des coins descendaier
quatre chaînes larges et plates, également dorées, tenues par des homme

Tout ce matériel funéraire, les signes symboliques, les vêtements, s
louent aussi bien que les participants, qui ne sont que des mendiants. Pou

ceux-ci, un enterrement est une vraie fête; ils recouvrent leurs haillons de beaux habits, leurs têtes teigneuses de chapeaux de parade et marchent gaiement à travers la ville en jouant ou causant entre eux et en songeant à la récompense pécuniaire et au *tzy-fan* (dîner) qui les attendent après la cérémonie.

En rentrant, je trouvai dans la cour de l'ambassade des marchands chinois qui viennent tous les jours visiter les étrangers et leur offrir des objets rares qu'il serait parfois réellement difficile de trouver dans un magasin, ce qui en outre fait éviter des promenades par la ville. Leurs prix sont très élevés; on les met alors carrément à la porte avec défense de revenir. Le Chinois refait son paquet et s'en va pour revenir le lendemain non seulement avec les mêmes objets, mais encore avec de nouveaux, en maintenant toujours ses prix. Enfin il cède, ce qui ne l'empêche pas encore de gagner.

Le jour suivant nous allâmes visiter notre mission, c'est-à-dire la Cour du nord, distante de sept kilomètres de la Cour du sud. Entourée de murs comme l'ambassade, elle se compose d'un jardin, d'une église avec un clocher minuscule et d'un bâtiment où logent les membres de la mission, dont le supérieur était à cette époque le père Palladius, archimandrite, bien connu du monde savant par ses travaux sur la langue et la littérature chinoises[1]. Ils portent tous le costume russe et non chinois, comme les missionnaires des autres nations. Ils mènent une vie très retirée, ayant peu de relations avec les indigènes, parce qu'ils se sont convaincus de l'inconvénient d'une propagande forcée; leur porte est ouverte à tous ceux qui désirent avoir avec eux des conférences religieuses, et les Chinois ont pour eux plus de respect que pour les missionnaires catholiques, qui les importunent et cherchent à imposer leur religion.

Je dois dire quelques mots sur l'arrosage des rues de Pékin, qu'il m'a été donné de voir en rentrant. L'arrosage se fait avec de l'eau que l'on prend dans des flaques ou mares qui se trouvent sur les côtés des rues. Ces mares s'emplissent d'abord d'eau pluviale, et l'on y vide aussi toutes les eaux ménagères; cette eau boueuse, malpropre et épaisse, qui est recouverte d'une croûte et de moisissures, renferme des détritus organiques et des gaz qui s'élèvent et s'amassent sous cette croûte. Lorsque, le soir, la poussière des rues devient étouffante, les Chinois prennent des mesures pour s'en débarrasser au moyen de l'arrosage, et répandent dans les rues l'eau de ces mares. Les gaz, les miasmes emplissent l'air, la puanteur devient insupportable, et jamais de la vie mon odorat n'avait été soumis à une souffrance semblable

---

1. Mort à Marseille le 6 décembre 1878 en rentrant en Russie.

à celle que je ressentis pendant cet arrosage hygiénique; il me semblait que j'allais étouffer, tandis que les Chinois paraissaient absolument insensibles à ces odeurs, comme s'ils ne les eussent pas senties.

Pauvres gens, cette expérience ils la payent de leur santé et de leur vie; les épidémies de petite vérole et de typhus les emportent par milliers, et la majeure partie de la population souffre de maux d'yeux. Cependant Pékin avait autrefois un réseau d'égouts, dont on aperçoit encore quelques vestiges. Ce sont des canaux faits en maçonnerie de pierres et de ciment, à peu de profondeur de terre.

Mais dans cette ville tout est en décadence, si l'on en juge par ce que l'on voit à chaque pas : la boue à côté de l'or; des ruines à côté de bas-reliefs en marbre et de sculptures précieuses, et encore l'ancien est plus artistique, plus grandiose et plus riche que le moderne. Il n'en est pas moins vrai que pour un voyageur cette capitale est toujours pleine d'intérêt comme centre de la vie de ce peuple et comme point principal où se réunissent ses richesses matérielles et intellectuelles.

Ne connaissant pas la langue, il m'arrivait de passer sans aucun profit des journées entières dans ma chambre. Le drogman, M. Popow, avait ses occupations et ne pouvait point se mettre tous les jours à ma disposition; quelquefois on allait se promener en société et au hasard; il ne m'appartenait pas de choisir les endroits.

Deux missionnaires catholiques nous ayant visités, la politesse exigeait de leur rendre leur visite. Nous allâmes donc les voir. Pour arriver à leur mission, il fallait traverser en partie la ville impériale, à travers un quartier assez remarquable par de belles portes en forme d'arcs de triomphe; il y a aussi un énorme pont de marbre, Youï-He-Tziao, avec deux arcs de triomphe; il est jeté à travers un grand étang, Lian-Hua-Tchi. Les bords de l'étang sont pleins de verdure, plantés d'arbres sous l'ombre desquels se trouvent diverses constructions : maisonnettes, kiosques, temples, des ponts bossus sur les ruisseaux qui déversent leurs eaux dans l'étang. Mais l'ensemble ne présente pas un paysage aussi intéressant que peut se l'imaginer le lecteur, car toutes ces constructions sont minuscules, et l'étang est très grand.

A la mission catholique, nous fûmes reçus par le père Favier, missionnaire français très aimable, qui nous conduisit au salon de réception, assez confortable, orné de tableaux religieux et de chinoiseries. Le révérend père s'intéressait vivement, je dirai même avec passion, à notre futur voyage et examinait avec détail sur une carte l'itinéraire que nous nous proposions de suivre. Il me parut qu'il avait quelque inquiétude au sujet des plans de la Russie et nous demandait si nous n'avions pas l'intention d'établir un chemin de fer de Russie en Chine. Puis il nous fit visiter la bibliothèque ainsi que le musée historique et d'histoire naturelle, composé en grande partie de collections réunies par les soins du savant missionnaire et naturaliste voyageur le père Armand David. Cette salle, assez vaste, était pleine d'oiseaux empaillés, de mammifères, de reptiles conservés dans des bocaux, de vitrines d'insectes et de minéraux. Du musée nous allâmes à l'église, claire et jolie, mais modeste. Du côté gauche de la colonnade se trouvaient quatre Chinoises debout, d'autres étaient assises sur des coussins carrés. Quoique notre entrée donnât matière à distraction, elles n'en continuèrent pas moins leurs prières; une jeune surtout, la tête dans les mains, restait prosternée. Le père Favier monta au chœur et toucha de l'orgue. Le silence qui régnait dans le temple, la grande voix de l'orgue, puis ces femmes, d'une nation qui pendant des siècles avait repoussé toute influence étrangère, priant devant l'image de Celui qui a dit qu'il viendra un temps où il y aura un seul troupeau et un seul pasteur : tout cela me fit passer un de ces moments, rares dans la vie, où l'on réfléchit qu'il y a quelque chose de mystérieux et de supérieur à toutes les œuvres, à toutes les conceptions de l'esprit humain, et qu'auprès de ce mystérieux, notre existence n'est qu'une pauvre et triste comédie. . . . . .

Quelques jours plus tard, j'allai avec M. Popow rôder dans la ville chinoise. Nous traversâmes la porte du mur déjà connue du lecteur, derrière laquelle se trouve une place avec maisons et boutiques; elle est coupée en deux par la Hou-Tzeng-He, « Rivière protégeant la ville, » sur laquelle est jeté un triple pont en pierre, bien connu des Européens sous le nom de « pont des Mendiants », parce que les pauvres en ont fait leur asile et leur lieu de réunion. En ce moment pas mal des membres de ce genre de club étaient présents; à vrai dire, il est difficile de passer devant eux sans pousser une exclamation d'effroi et de pitié. Tous ont une mine affreuse à voir, même les jeunes gens de vingt-cinq ans, et ils sont d'une maigreur qu'il m'a été donné de voir quelquefois chez les mourants des hôpitaux. Les quelques haillons qui les couvrent laissent apercevoir leur peau sale et brûlée par le soleil ; quant aux cris de ces cadavres vivants, ils déchirent l'âme. Leurs figures expriment la rage impuissante ou le sentiment de la honte, et s'animent parfois d'un éclair de vie qui les abandonne. J'étais un peu habitué à ce spectacle, ayant vu beaucoup de ces mendiants sur la route de Pékin, quoiqu'ils y fussent bien moins nombreux qu'ici. Je me demande quelle impression pourrait produire l'apparition d'un pareil type dans une ville de l'Europe, car ici les Chinois

n'y font guère attention. Ils marchent, s'accroupissent dans la rue ou
même se couchent par terre, et les passants les contournent sans les regarder. Au moment même où je passais sous la porte Tzian-Myn, qui
est toujours encombrée d'une foule de monde et de voitures, un garçon
d'environ douze ans se roulait dans la poussière comme atteint de convulsions, et criait fort, mais les passants n'y faisaient attention que pour ne
pas le toucher du pied. Bien plus, un mulet attelé, baissant la tête et se
rejetant en arrière, passa en posant les pieds avec précaution pour ne pas
l'écraser. Je ne sais à quoi attribuer cette indifférence des Chinois envers
la misère : est-ce la dureté du cœur, ou l'égoïsme, ou l'impuissance de
leur venir en aide, ou le mépris des vices qui les ont conduits dans cet
état ? Les Européens, charitables d'abord, se sont faits à l'indifférence, car il
suffisait de donner quelque aumône à un individu pour avoir à ses trousses
toute la bande.

Nous allâmes ensuite dans une rue latérale, très étroite, pleine de boutiques, de magasins et de rangées de baraques où l'on vend au détail ;
presque à chaque pas on rencontrait des cuisines en plein air, on sentait les
odeurs culinaires, dans les casseroles on entendait bouillir du beurre ou de
la graisse dans laquelle les cuisiniers jetaient des gâteaux, des crêpes,
des craquelins d'un poids et d'un prix déterminés. Et quoique toutes ces
préparations contiennent pas mal de poussière, elles trouvent tout de même
beaucoup d'amateurs, de sorte que les cuisiniers peuvent à peine suffire aux
demandes.

Nous visitâmes aussi plusieurs magasins, qui contiennent de belles choses
et surtout de la faïence ou du métal émaillés, des laques, etc. Mais tout est
cher, et ce n'est pas avec des centaines de roubles qu'il y faut aller, mais
bien avec des milliers. Il est vrai que le prix fixe annoncé d'avance
n'existe pas pour ainsi dire, et que si l'on vous fait des prix exorbitants, on
vous cède le même objet pour le cinquième ou le sixième du chiffre primitivement exigé. Cette hausse des prix n'est pas générale en Chine ; mais
à Pékin, les Européens eux-mêmes ont laissé prendre cette habitude, en
jetant l'argent pour s'attirer les bonnes grâces des Chinois.

Le 30 août, nous allâmes faire un tour dans les environs de Pékin.
A quinze verstes environ au nord-ouest de la ville se trouvent, à quelque
distance l'un de l'autre, trois parcs impériaux : Ouan-Choou-Chan, Youi-
Tziouan-Chan et Sian-Chan, connus sous le seul nom de Youan-Ming-
Youan. Ces parcs, jadis magnifiques, sont aujourd'hui dans l'abandon ; les
édifices, endommagés ou en ruines, témoignent de leur ancienne splendeur
et aussi du passage des armées de deux nations civilisées de l'Occident :

la France et l'Angleterre, qui pillèrent ici temples et palais, et les incendièrent[1]. Nous y dînâmes sur la terrasse du bord du lac, dans le parc Ouan-Choou-Chan, et nous passâmes la nuit dans le temple Y-Gouan-Sy, sur des lits apportés exprès de Pékin.

Il faudrait tout un volume accompagné de dessins, pour décrire ce qui se voit ici, autrement toute description serait sans intérêt. J'en donnerai la nomenclature : sentiers pavés de cailloux, jardins, cours grandes et petites, portes en rond, en forme de feuille, en forme de vase, arcs de triomphe, canot en marbre de grandes dimensions (comme une île), terrasses, statues des dieux ou d'animaux symboliques, escaliers et estrades de marbre, couloirs souterrains à travers les montagnes, canaux, étangs, cascades, kiosques et pavillons à dénominations terribles, comme *Nuages tonnants*, *Nuages accumulés*; galeries couvertes, lacs, étangs avec poissons rouges, îlots réunis entre eux par des ponts; collines, ravins, grottes ; quantité de tours de temples avec appartements des empereurs quand ils séjournent ici. Toute une masse de marbre blanc, d'émail, de tuiles, de bois précieux, ornements artistiques accumulés par un travail séculaire de l'homme, et le tout mis en ruines par l'homme. Voilà ce qu'on voit à Ouan-Choou-Chan ; le plus beau parc, avec des troupeaux d'antilopes, est celui de Sian-Chan.

Le lendemain nous allâmes visiter les monastères et les temples des environs, situés dans une belle localité au pied des montagnes. Les monastères chinois présentent cette particularité qu'ils ont très peu de moines; les édifices sont vastes et paraissent abandonnés ; ils sont rarement visités, et l'on se demande pour qui et pour quoi ils ont été élevés avec leurs nombreux temples. Ces monastères sont généralement bien tenus; les cours, qui sont pavées en pierres ou en briques et balayées, sont ombragées par des châtaigniers séculaires, des salisburies et autres arbres ; les terrasses sont ornées de plantes et de fleurs rares, mais il n'y a point de vie. Les idoles difformes dans les temples témoignent de l'enfance de l'art de la statuaire. Il en est ainsi, par exemple, dans le temple de Ouo-Fo-Sy, c'est-à-dire du Bouddha en repos ; qui est réellement couché, mais comment ? La statue représentant le dieu debout a été mise dans la position horizontale, aussi n'est-ce point la statue d'un personnage en repos, mais une statue couchée, et qui ne paraît pas reposer, malgré la paire d'énormes pantoufles placée à côté et correspondant à la grandeur des pieds. Dans deux salles du monastère Bao-Tzian-Sy sont représentées, au moyen de nombreuses figures, les souffrances de l'Enfer et les délices du Paradis : dix-huit prisons

---

1. Nous ne faisons que traduire ici la pensée de l'auteur.

infernales et douze demeures du Paradis. Dans la première division,
figures, groupées dans diverses scènes, représentent les tortures les p
barbares de l'Enfer. Au Paradis, elles sont tout simplement assises et o
l'air de se complaire dans l'oisiveté.

Le monastère Bi-Youn-Sy, situé plus haut que les précédents, est bâti da
un style rappelant les monuments de l'Inde ; le temple de ce monastère, to
en marbre blanc, est entouré de trois galeries dont celle qui est sup
rieure ouvre la vue sur un paysage grandiose. On y voit les montagn
éloignées, et plus près la plaine, parsemée de villages et de fermes av
jardins, bosquets et pâturages. On y voit aussi les parcs et palais impériau
et aux pieds du spectateur un bosquet de cèdres blancs et de thuyas. L
moines nous conduisirent dans un énorme bâtiment contenant cinq cei
idoles en bois doré, une fois plus grandes que nature. Elles sont là, e
tassées comme dans un magasin, et chacune d'elles a quelque signe syi
bolique ; les unes tiennent dans leurs mains des théières ou des tass
d'autres des animaux, et ainsi de suite ; il y a des idoles à figures so
riantes, d'autres à expression terrible et menaçante.

Le prêtre rasé qui nous guidait, à la figure exténuée et à la marche peu ass
rée, me paraissait être un vieux fumeur d'opium ; il aurait bien voulu recevi
sa récompense et s'en aller en toute tranquillité, mais le docteur Bretschni
der désirait absolument me montrer une cour de ce monastère, où il av
passé quelques jours ; il le demanda au moine, qui fit semblant de ne p
le comprendre, quoique le docteur parlât bien le chinois. Mais avec Popi
c'était autre chose, et bon gré mal gré, il fallait se rendre. Nous trave
sâmes avec lui plusieurs cours, et il nous ouvrit la porte de celle que no
voulions voir. C'était un charmant réduit pour les amateurs de solitude,
forme de renfoncement dans les rochers ; une source d'eau limpide rempli
sait un petit étang entouré de roches couvertes de mousses, de vigne sauva
et d'arbrisseaux qui s'y reflétaient. Le soleil y pénétrait peu, et quelqu
arbres donnaient un ombrage épais. Au milieu de l'étang s'élevait s
une île une maisonnette avec galerie de pourtour.

Les étrangers habitant Pékin commencent à louer les temples des mona
tères pour y passer l'été ; mais il y a peu d'endroits où l'on puisse trouv
un petit coin aussi poétique.

Enfin il fallait rentrer, et nous voilà de nouveau en route ; nous nous pe
dons dans les ruelles des villages et les sentiers des champs, peu connus i
nos conducteurs. Aussi Popow était-il obligé d'*emprunter de l'esprit* (expre
sion chinoise qui signifie demander un renseignement). Les Chinois
prêtaient volontiers à nous donner des indications, et deux jeunes gei

s'apercevant que nous ne connaissions pas le chemin, nous accompagnèrent, en indiquant à chaque détour la route à suivre. Ceci se fait dans l'espoir d'une récompense, que les étrangers ne refusent jamais. On trouve de ces guides lors même qu'on n'en a pas besoin, et qu'on leur dit ne pas avoir d'argent. Qu'importe ! ils vous conduiront tout de même et vous feront crédit, fermement convaincus que la dette ne sera point perdue.

Justement nous n'avions pas d'argent sur nous et, arrivés sur la grande route, nous donnâmes l'ordre à notre conducteur de lui compter deux mille sapèques. Mais voilà qu'une discussion s'ensuivit entre le payeur et les receveurs, discussion qui prit une tournure menaçante et allait peut-être se terminer par une bataille, parce que notre conducteur ne leur avait compté que mille sapèques au lieu de deux mille, comme il en avait reçu l'ordre. Ce dernier trouvait qu'un mille était suffisant ; les autres répliquaient que le conducteur voulait voler mille sapèques. En fin de compte, il dut s'exécuter et payer la somme allouée par les « seigneurs ».

Chemin faisant, nous entrâmes dans le parc Youi-Tziouan-Chan, afin de voir une tour énorme élevée au sommet d'une haute colline. Pour y arriver, il faut monter un escalier d'ardoise peu commode ; cette tour est hexagonale et a six étages de hauteur égale, avec un escalier en colimaçon. Chaque étage a une chambre à trois fenêtres ou portes, puisqu'elles touchent le parquet ; il n'y a ni châssis ni grille, et la moindre imprudence ou un vertige passager peuvent vous précipiter en bas. Trois niches sont pratiquées du même côté, dans chaque chambre ; elles sont garnies de statuettes d'idoles à figures hideuses et devant lesquelles une petite table sert d'autel aux offrandes. La tour, construite avec beaucoup de soin, est encore neuve, mais pleine d'ordures et de poussière (décidément les Chinois s'accommodent très bien de la poussière). Des fenêtres du sixième étage on aperçoit un paysage splendide, mais je ne pus y rester faute d'appui ; la tête me tournait, la respiration me manquait, et je m'empressai de rejoindre mes compagnons qui m'attendaient en bas.

Après avoir dîné sur la même terrasse qu'hier au parc Ouan-Choou-Chan, nous nous empressâmes de partir pour être à Pékin avant la fermeture des portes, c'est-à-dire avant le coucher du soleil ; autrement il faudrait passer la nuit en dehors de la ville. M. Popow et moi nous étions à cheval, le docteur de l'ambassade et Matoussowsky sur des ânes, quoique le premier ne pût supporter leur braiment, et justement il en avait un qui ne se privait pas de braire, et cela, comme nous l'expliqua le conducteur, parce qu'il entendait l'est un autre âne (les Chinois indiquent les côtés droit et gauche par les points cardinaux). La soirée était avancée et les personnes que nous rencon-

trions nous conseillaient de nous hâter; aussi, allant au trot, arrivâmes
nous à temps à l'une des portes de la ville.

« Eh bien ! le docteur et Matoussowsky n'arriveront pas, me dit m
compagnon.

— Que vont-ils faire ?

— Ils passeront la nuit chez des Chinois de connaissance, ou chez
secrétaire de l'ambassade espagnole, qui demeure dans une villa voisi
de Pékin. »

Au même instant un éclair fendit le ciel, un coup de tonnerre retent
et la pluie commença à tomber à grosses gouttes. Les marchands instal
près de la porte se mirent à ramasser leurs menus objets et se réfugière
vivement sous la porte avec toute une foule. Nous réussîmes aussi à nou
abriter sans descendre de nos chevaux, pensant que la pluie allait cess
quelques minutes après. La largeur des murs d'enceinte de Pékin est tel
que toute une foule peut tenir sous la voûte et les auvents. Il y avait de
voitures et plusieurs mulets et ânes chargés. La pluie tombait à torren
les coups de tonnerre se succédaient sans interruption, résonnant so
la voûte et se confondant avec les cris épouvantables de la foule, qui
pouvait rester sans brailler.

Le son métallique d'un gong vint avertir qu'on allait bientôt fermer
porte ; alors le brouhaha et la bousculade ne firent qu'augmenter. Tou
coup j'entendis le cri perçant d'un individu auquel il doit arriver
terrible accident.

« Qu'y a-t-il ? Pourquoi ce cri ? demandai-je à mon compagnon, 
paraissait n'y prêter aucune attention.

— C'est l'ordre de fermer la porte ; c'est toujours ainsi.

— Rien de plus ? je pensais qu'on assassinait quelqu'un. »

Les gardes des portes poussèrent avec peine les deux battants, et j'enten
grincer la serrure. Il me semblait être enfermé dans une prison au mil
de cette foule criarde, sans pouvoir comprendre un seul mot de leurs co
versations, ce qui produit ordinairement un effet très désagréable. P
j'eus présent à l'esprit le massacre des Européens, de juin 1871, et
me faisais cette réflexion, qu'il leur serait très facile de se défaire de d
étrangers, s'il leur en prenait l'envie. En attendant, la pluie tomb
toujours, le ciel était couvert, il faisait une nuit sombre, aussi je propo
à mon compagnon d'aller dans un hôtel.

« Mais nous n'avons pas d'argent sur nous, me dit-il; ensuite vous ne c
naissez pas les hôtelleries chinoises; nous y arriverons trempés et nous
trouverons rien, ni lits, ni couvertures; et voilà comment il y faudi

passer la nuit. Ce qu'il y a de mieux à faire, c'est d'essayer d'arriver chez nous ; cependant, par cette nuit sombre, je puis me perdre dans les ruelles et je ne trouverai personne à qui « emprunter de l'esprit ». Je vais demander si quelqu'un veut bien nous conduire.

Il adressa cette question aux Chinois qui nous entouraient. Pas un ne dit mot. Il répéta sa proposition en élevant la voix et promettant une bonne récompense ; personne ne bougea : il n'y avait pas d'amateurs. La situation n'était pas gaie. Nous avions froid dans nos paletots de coutil. Enfin un Chinois consentit à nous conduire, et sans parler de la récompense promise, il sortit de la voûte et nous invita à le suivre. Je me disais : « Ne veut-il pas nous jouer une mauvaise farce en nous laissant seuls, à un moment donné, sous la pluie ? » et je communiquai cette idée à M. Popow.

« C'est possible, me dit-il, mais que faire ? Essayons toujours ; si cela se réalise, nous arriverons toujours chez nous, n'importe comment. »

Nous le suivons à travers les rues ; la pluie tombant toujours, en quelques instants nous étions trempés jusqu'à la chemise. Les éclairs se succédaient, nous faisant alternativement passer de la lumière à l'obscurité ; on apercevait les lanternes allumées dans les boutiques et éclairant les boutiquiers qui jouaient aux échecs, tout en prenant le thé et en causant entre eux. Mais ces lanternes n'éclairaient point les rues. Il fallait faire attention de ne pas tomber dans une mare quelconque, car il est certain que non seulement des hommes, mais même des mulets et des chevaux, trouvent parfois la mort en s'engloutissant dans ces bourbiers. Grâce aux éclairs continuels, on pouvait examiner la rue à quelques pas devant soi et avancer ainsi lentement. Quant à ce pauvre fils du Céleste Empire, il n'avait sur lui qu'un pantalon et portait dans la main ses souliers pour ne pas les perdre dans la boue, enfonçant parfois dans l'eau jusqu'aux genoux.

La pluie continuait toujours, et pour comble de malheur un vent froid se mit à souffler. Nous commençâmes à claquer des dents ; mais cette fièvre n'était que passagère et nous quitta bientôt. Un peu plus tard notre guide commença à se plaindre du froid ; il nous faisait pitié et en même temps excitait l'étonnement par sa santé de fer et par son habitude des privations ; aussi nous convînmes de lui donner deux roubles d'argent, ce qui fait 12,000 sapèques, tout un capital pour un Chinois, car pour 100 sapèques on peut avoir un bon dîner.

Enfin nous arrivons au pont de marbre, que je reconnus, et mon compagnon, s'apercevant à ce moment que nous avions fait un détour d'une heure de chemin environ, adressa des reproches au guide, lequel répondit que, s'il n'avait pas suivi le chemin en ligne droite, c'est qu'il aurait pu se perdre dans le dédale des ruelles et nous faire casser le cou sur une pente quelconque, aussi a-t-il préféré faire un détour et nous conduire par un chemin sans danger.

« Brave garçon! me dit M. Popow; je lui ajouterai encore 6000 sapèques pour sa prudence. »

A travers la ville impériale il y avait un trajet direct, abrégeant sensiblement la route; mais le malheur est que ce passage reste défendu aux Européens depuis qu'un Anglais abattit une statue du palais impérial sans qu'on sût pourquoi. Nous nous arrêtâmes devant la porte en réfléchissant à ce que nous allions faire : fallait-il se risquer à la franchir ou bien faire encore un détour. Le guide consulté opina pour le passage, mais nous pria de ne souffler mot pour ne pas nous trahir; il courut alors bien en avant pour détourner tout soupçon de connivence avec nous, et, dans le cas où l'on nous arrêterait, nous convînmes de nous excuser en alléguant notre ignorance de la défense. Nous avançons et je sens mon cœur battre avec force, comme quand on commet une action défendue; il est probable que les factionnaires ne s'attendaient guère à voir, à cette heure et par un temps pareil, des personnes auxquelles le passage est interdit; peut-être, ce qui se fait souvent en Chine, se sont-ils réfugiés à l'abri de la pluie et du froid, quelque part au fond de la porte. Au moment où nous passons, j'entends des conversations; mon cœur s'agite encore plus fortement; personne ne nous voit, personne ne nous hèle, et dans l'intervalle de deux éclairs le seuil défendu fut franchi.

« Attrape maintenant, me dit mon collègue; allons, nous serons tout à l'heure chez nous. »

Notre guide nous raconta que ceux dont nous avions entendu les voix étaient de simples Chinois réfugiés sous l'auvent, et que les factionnaires dormaient. Enfin nous voici au dernier pont; devant nous, la rue et la porte de l'ambassade, sous l'auvent de laquelle, comme d'habitude, dormaient plusieurs mendiants sans asile; mais, cette nuit, grâce au mauvais temps, le dortoir était plus occupé qu'à l'ordinaire.

Notre guide reçut trois roubles d'argent, je crus que de joie il allait se jeter à nos pieds; il est évident qu'il ne s'attendait guère à une paye aussi élevée. Tout heureux il courut se réchauffer dans quelque auberge, où il fumera une bonne pipe d'opium.

Quelques jours après, Sosnowsky partit à Tien-Tsinn, emmenant avec lui l'interprète Andreïewsky, en vue de ses conférences sur « les affaires d'utilité générale ». Je profitai de cette absence pour passer quelques jours dans les parcs que nous avions visités et prendre des croquis de monuments ou de paysages. Nous étions en septembre, la plus belle époque à Pékin, le temps était splendide, et le 3 je partais, accompagné de Théodore et de deux guides, vers le temple Y-Gouan-Sy, où je voulais établir ma station, pour aller de là à tel ou tel autre parc. Nos deux âniers servaient aussi de porteurs ; ils avaient soin de mon petit bagage.

Chemin faisant, je m'étonnai de l'intelligence de ces animaux dont le nom (*liuï*) sert d'injure aussi bien en Chine qu'en Europe. Je suivis avec attention la conversation du conducteur avec son âne, qui comprenait tout ce qu'on lui disait et obéissait sans fouet.

« *I, i, i!* » criait le conducteur, et l'âne prenait à gauche.

Plus loin l'homme imita la toux d'un vieillard : « *O-ho! O-ho!* » et l'âne tourna à droite.

« *Trrr! Trrr! Ou!* » : la bête force le pas et court au trot.

« *Houa!* (tu glisseras), ou *Ker-doou* (fossé, prends garde) » : l'âne ralentit le pas et avance tout doucement inspectant la route.

Pendant le trajet, nous achetâmes du maïs et des patates, et au moment où nous avions nos bouches pleines de ces légumes, nous rencontrâmes une cavalcade de mandarins. C'était un des oncles de l'empereur et sa suite qui passaient avec tant de vitesse que je ne pus rien distinguer, à part des cavaliers tout habillés de soie.

Sortis de Pékin, nous suivîmes une ancienne route en pierres, couverte d'une couche de ciment, route aujourd'hui délaissée, sans réparations, parce que, depuis la guerre, les parcs ruinés ne sont plus visités par l'empereur. Par contre, le mouvement y est plus grand que dans certaines des villes de province de la Russie. Après quatre heures de voyage nous arrivâmes au temple ; nous y fûmes reçus par un vieux prêtre très empressé, petit, aux yeux vifs et branlant la tête. Par une aimable attention mes compatriotes avaient déjà expédié la veille un cuisinier qui devait rester ici tout le temps de mon séjour. Aussitôt après dîner, je disposai tous mes objets dans ma chambre et me couchai de bonne heure, pour être debout le lendemain au lever du soleil.

Le plafond de cette chambre, recouvert de papier, était déchiré par endroits ; aussi je m'attendais à voir des scorpions tomber sur moi et me piquer. Ici les scorpions sont nombreux, et les Chinois les attrapent très facilement. Un jour j'en demandais un spécimen à un domestique chinois de l'ambassade ; un quart d'heure après, il m'en apportait cinq. Voici comment ils s'y prennent pour les chasser : quand ils remarquent leur présence dans un mur, ils soufflent dessus, alors le scorpion se met immédiatement dans une position offensive, levant la pointe aiguë de sa queue ; le Chinois le prend avec les doigts par cet appendice, au-dessous du dard ;

cela fait, le scorpion devient inoffensif. On sait que sa piqûre, très douloureuse, produit une forte enflure à l'endroit touché ; mais je n'ai pas entendu dire qu'elle fût mortelle.

Je restai dix jours à Y-Gouan-Sy, favorisé par un beau temps continuel. Dès le matin je partais pour un parc quelconque, où je passai ma journée à recueillir des insectes et à dessiner ; je rentrai au temple avec la nuit. Tous les habitants des parcs ayant appris mon arrivée dès le premier jour, aussitôt que je me disposais à travailler, on entendait crier dans le parc : « L'artiste étranger dessine dans tel endroit ; » et tout le monde s'amassait autour de moi. Les enfants arrivaient en courant, les vieillards se traînaient en soupirant et grimpant péniblement la montagne, et j'ai pu me convaincre de leur passion pour la peinture, comme aussi de l'estime qu'ils ont pour les artistes. Ils étaient là autour de moi une vingtaine ou une trentaine, les yeux fixés sur le papier, tant que je n'avais pas fini le dessin. Ils le regardaient en fermant un œil, ce que faisaient aussi les enfants par imitation. Ils causaient à voix basse en s'expliquant mutuellement le dessin, s'étonnant de la rapidité de l'exécution, de la ressemblance, et ne ménageaient guère les éloges.

« Hen-hao ! Tzen-hao ! Hua-dy-hao ! Tzen-tzen-hao ! Igo-yan ! » ce qui veut dire : « Très bien ! Réellement bien ! Dessiné bien ! Très, très bien ! Même image ! » Et les mains droites se levaient vers moi de tous côtés. Si leurs occupations les appelaient ailleurs, cela les ennuyait. « Il est temps, allons-nous-en, disait l'un. Allons-nous-en, il est temps, » répliquait un autre. Puis ils continuaient à rester près de moi. « Tzoou ! Allons ! » Et les voilà partis, se retournant à plusieurs reprises, répétant « hao ! » et me montrant leur doigt.

J'eus bientôt tant de preuves de leur politesse et de leurs prévenances, que toutes mes préventions se dissipèrent ; on eût dit que j'étais leur maître, tant ils cherchaient tous à se rendre utiles et à me servir. Je me suis convaincu que leur haine envers les étrangers n'est pas si grande qu'on le dit généralement, et qu'il dépend de ces étrangers de la rendre nulle. Les quelques jours que j'ai passés ici, seul avec les Chinois de toutes classes, me permettent de le croire, sans que je veuille cependant en tirer une conclusion générale.

C'est ainsi qu'un des mandarins habitant le parc, d'abord orgueilleux, devint avec moi l'homme le plus aimable ; d'autres personnages aisés ou riches, qui passaient d'abord sans me regarder, me recherchèrent par la suite en demandant aux gardiens dans quel endroit je me trouvais, et s'informant auprès de Théodore si j'avais dîné, bien dîné, et si j'avais besoin de quelque chose, etc.

Ces gens, d'abord si fiers, accouraient ensuite plus d'une fois, leur théière à la main, en m'invitant à prendre du thé pour apaiser ma soif ; ils me demandaient avec timidité de leur montrer ma collection de dessins et disaient entre eux : « C'est très bien ! Depuis que les étrangers ont le droit de venir chez nous, nous n'avons jamais rien vu de pareil. »

Quelquefois, le déjeuner que j'emportais avec moi étant trop copieux, je le partageais avec Théodore et l'un des deux guides, qui me servaient de porteurs. Ceci étonnait beaucoup les Chinois, et ils s'approchaient de leur compatriote, le regardant manger la tranche de mouton qu'il tenait à la main.

Voici encore un trait de leur délicatesse, inconnue chez nous. J'avais avec moi, comme je l'ai dit, deux conducteurs ; l'un gardait les ânes à l'entrée du parc, l'autre m'accompagnait. Le premier allait dîner dans un village voisin, d'où il rapportait pour son compagnon du riz cuit et des crêpes, ce qui composait son repas. Ce pauvre diable ne commençait jamais son repas sans demander à toutes les personnes présentes, sans m'excepter, si nous avions mangé et si nous désirions partager son dîner. S'il n'eût pas agi ainsi, il eût passé pour un homme grossier.

Les jours où je rentrais de meilleure heure au temple, je me plaisais à assister à un jeu chinois, dont mon interprète Théodore était un amateur passionné. Cet amusement original est une lutte entre grillons, à l'instar des combats de coqs ou de cailles en Angleterre. Ce genre de plaisir, très commun à Pékin et dans les environs, constitue une branche importante du commerce, par suite des divers outils indispensables pour la chasse des grillons, de leur entretien et de l'organisation même de la lutte. Voici ces instruments : un ciseau pour déblayer la terre ou élargir les fentes des murs où se cachent les insectes, une cloche en fil de fer, un tube de quelques centimètres de longueur, ouvert aux bouts, et deux tasses, dont la plus grande est munie d'un couvercle. Celle où l'on garde les grillons a deux petits plats pour l'eau et le riz, et une petite guérite qui sert de refuge à l'animal. Une ouverture est pratiquée au couvercle pour pouvoir forcer le grillon à sortir, en soufflant dessus. La cloche et le petit tube sont indispensables pour s'emparer de l'insecte sans le toucher, car on pourrait l'endommager et le rendre ainsi impropre au combat.

Plus d'une fois j'observai Théodore consacrant des heures entières à la recherche et à la chasse des grillons. Quand il en avait expulsé un de son refuge, il le couvrait soigneusement de sa cloche, et, lorsque l'insecte grimpait sur les parois, il lui présentait le tube, dans lequel celui-ci entrait immédiatement. Alors, transportant le petit cylindre sur la tasse, il soufflait dedans et faisait tomber le grillon; il agissait de même avec les autres insectes, emprisonnant chacun dans une tasse.

Voici maintenant comment se passe le tournoi : les propriétaires des grillons arrêtent préalablement les conditions du combat et surtout le moment qui doit décider de la victoire. On s'entend aussi sur le prix à décerner au vainqueur, et l'on fait descendre les deux héros dans une boîte ouverte, à fond plat et à parois verticales.

Ces insectes, aussitôt qu'ils se touchent, engagent la bataille, s'empoignent corps à corps comme les hommes et se portent des coups avec leurs mandibules aiguës; ils se battent jusqu'à ce que l'un d'eux commence à reculer ou qu'il soit projeté hors de la boîte. De là résultent la grande joie du propriétaire du vainqueur et la honte, la confusion du propriétaire du vaincu.

Tantôt on remet le vainqueur en présence d'un autre lutteur; d'autres fois on rechange les deux. Si le grillon vaincu donne quelque espoir d'un plus grand courage pour une lutte prochaine, on le garde; sinon on le remet en liberté en lui adressant diverses injures. C'est ainsi que Théodore disait à l'un de ses petits lutteurs : « Ce n'était pas la peine de te nourrir, canaille ! » Il m'amusait beaucoup par l'entrain et le sérieux qu'il mettait à ce jeu. Du reste, cela se comprend : à la victoire ou à la défaite se rattachait une question d'argent, de gain ou de perte. Tous les spectateurs du tournoi font des paris.

Dans les bazars et les rues de Pékin, on vend de ces lutteurs dont le prix varie d'un à trente roubles; cela dépend des états de service des grillons, et tel est l'acharnement des Chinois pour ces tournois, que des personnes aisées y ont perdu toute leur fortune.

Avec regret je quittai mon temple, le 12 septembre, sans avoir fait tout ce que j'aurais désiré. Me voilà en route pour Pékin avec Théodore; nos âniers se dépêchaient de rentrer, et couraient tout le long du chemin, malgré la chaleur. Ils paraissaient avoir dix-huit ans environ; l'un était un garçon robuste, mais maladroit et silencieux; l'autre, maigrelet, très vif et gai, était un causeur infatigable. Ce dernier ne pouvait se taire une minute; il chantait ou causait tout seul en contrefaisant différentes voix avec tant d'adresse que je me retournai à plusieurs reprises, croyant qu'il y avait cinq personnes derrière moi; mais non, il était tout seul. Quand cette conversation ne lui convenait plus, il s'adressait à son âne, lui faisait diverses observations et lui prodiguait des éloges ou des menaces.

Nous arrivons devant le mur extérieur de Pékin, dont les tours et les saillies sont ensoleillées. Dans la ville, toujours la même poussière épaisse et

Combat de grillons.

toujours la même foule, un vacarme tel, qu'on n'en entend chez nous qu'au moment d'un accident quelconque, incendie, rixe, etc. Ici c'est chose ordinaire, la tranquillité dans les rues serait un signe de quelque événement extraordinaire.

A mon retour, je fis la connaissance de Mlle Williams, fille du secrétaire de la légation américaine, charmante personne connaissant, outre plusieurs langues européennes, le chinois, qu'elle sait même écrire ; je fus présenté aussi à Mme Wade, femme de l'ambassadeur anglais, qui a voulu copier quelques-unes de mes vues à l'aquarelle prises aux environs de Pékin.

Le 14 septembre, nous nous rendîmes à pied dans la ville chinoise, pour visiter le temple du Ciel, voisin de la porte du sud. En suivant la rue Tziane-Mine, on arrive à une immense place. L'enceinte du temple du Ciel se trouve sur la gauche de cette place, et vis-à-vis est le temple de l'Agriculture. Vous êtes devant ces temples, mais vous ne les voyez ni l'un ni l'autre. Ils sont cachés par des murs et par des jardins.

La porte d'entrée est fermée ; M. Popow y frappe et on lui répond que personne n'entre sans payer.

« Combien l'entrée ?

— Quinze mille sapèques, » répond la voix à l'intérieur.

On marchande et l'on tombe d'accord sur le prix de sept mille sapèques, un peu plus d'un rouble. La porte s'ouvre, nous entrons dans une belle allée plantée de thuyas, et nous apercevons au fond une seconde porte grande ouverte. Mais, au moment où nous y arrivons, les factionnaires chinois courent vers la porte et la ferment à notre nez. Les pourparlers recommencent, et enfin on tombe d'accord : le prix d'entrée est de dix mille sapèques, un rouble et demi.

Nous pénétrons dans la seconde enceinte sacrée. Une place immense s'ouvre devant nous, elle est couverte d'herbes, ombragée de beaux arbres ; mais tout y est négligé. Sur la gauche, un édifice entouré d'un mur et d'un canal dans lequel il n'y avait point d'eau en ce moment, c'est le palais du Jeûne, où l'empereur passe vingt-quatre heures de jeûne avant d'offrir les sacrifices au ciel. Plus loin, on suit une allée plantée d'arbres jusqu'à une plate-forme pavée de dalles. Sur les côtés, deux temples avec des toits coniques en tuiles bleues. Les portes étant fermées, nous ne pûmes que contempler les toits, qui, du reste, sont toujours la partie la plus artistique des monuments chinois.

Quelques mots maintenant au sujet de l'autel des sacrifices. Il se trouve devant la porte sud du temple, clôturé par un mur carré bas, peint en rose et couvert de tuiles bleu d'outremer ; à l'intérieur, il y a un autre mur, en cercle, avec quatre portes de trois arches chacune et en marbre blanc.

En entrant, on monte un escalier, qui aboutit à l'autel. C'est un exhaussement à trois étages, avec plate-forme dessus et deux terrasses, le tout entouré d'une balustrade en marbre sculpté. Sur la plate-forme, il y a quatre tables rondes également en marbre blanc.

C'est ici que l'empereur sacrifie au ciel, et dans un des coins de l'enceinte carrée, on voit un fourneau en grille de fer où l'on brûle les bœufs et moutons offerts en offrande.

Nous voulions voir le temple principal, dont la porte était fermée ; le prêtre qui s'y trouvait derrière, s'en alla, après avoir prononcé d'une voix solennelle la phrase suivante : « Qui entrera dans l'enceinte de ce temple commettra un crime ; » mais il revint bientôt et commença à marchander avec nous sur le prix d'entrée. M. Popow impatienté le planta là, de sorte que nous partîmes, laissant le prêtre tout penaud et regrettant sans doute d'avoir laissé échapper une bonne occasion de gain.

Tout le monde parti, je restai seul pour esquisser un dessin général du temple du Ciel. Je rentrai tard, et me promenai la nuit dans le jardin de l'ambassade, écoutant le bruit lointain de la ville et les cris des marchands ambulants vendant divers aliments. A Pékin, la vie ne se ralentit guère la nuit, et j'aurais bien voulu examiner de plus près l'existence étrange de ce peuple ; mais ce n'était guère possible.

Depuis longtemps je m'apprêtais à faire la connaissance d'un Chinois du nom de Yan-Fan, homme extraordinaire sous tous les rapports ; je me rendis chez lui, le 26 septembre, avec le photographe et M. Popow, qui n'avait jamais refusé de m'accompagner chaque fois qu'il était libre. La maison de Yan-Fan, située dans la ville chinoise, n'était pas bien éloignée de l'ambassade. Nous fûmes reçus par le fils de Yan, jeune homme d'environ vingt ans, qui nous invita à le suivre à travers des couloirs, des cours et le jardin ; il nous introduisit dans le cabinet de travail du maître de la maison, meublé à l'européenne et éclairé par des fenêtres vitrées. J'y remarquai aussi plusieurs becs de gaz.

Yan-Fan ne se fit pas attendre longtemps. C'était un homme d'une cinquantaine d'années, de petite taille, assez gros ; il portait une moustache clairsemée. Dès son entrée il s'excusa de s'être fait attendre, et après un échange de quelques phrases banales, il engagea la conversation sur les sciences, la médecine, la photographie et la chimie. Il était très difficile de soutenir cette conversation à l'aide d'un interprète peu familier avec les quelques termes scientifiques de la langue chinoise.

Pour couper court à notre embarras, je demandai la permission de visiter la maison, les cours et le jardin et de prendre quelques croquis, ce

qui me fut immédiatement accordé. Avant d'entrer au jardin, Yan me
montra une petite usine à gaz qu'il avait installée pour l'éclairage de sa
maison. Yan espérait obtenir, dans un avenir peu éloigné, le privilège
de l'éclairage au gaz de la capitale. Il avait aussi un télégraphe, plutôt
par amour de la science que pour les besoins de sa maison, puis un labo-
ratoire de photographie et tout un cabinet de machines à vapeur, qu'il
avait fait venir d'Europe.

Son jardin, ou pour mieux dire son jardinet avait peu d'arbres, de fleurs
et de verdure; en revanche, il était rempli de kiosques, de pavillons, de

Portrait de Yan-Fan.

rochers artificiels, de grottes, d'escaliers, de ponts, d'aquariums, etc. Je m'y
installai pour faire quelques dessins, et le photographe en prit une vue
générale. Pour animer le paysage, Yan, son fils et deux de ses femmes
voulurent bien consentir à poser.

Ces femmes, couvertes de soie, artistement coiffées, étaient grossièrement
fardées de blanc, les joues et les lèvres de rouge, et les sourcils formaient
deux arcs noirs; leurs yeux en amande brillaient d'un grand éclat. Après
les éloges prodigués par Yan à mon habileté d'artiste, je lui fis sur sa demande deux dessins de fleurs et de fruits sur des éventails de soie blanche,
puis nous prîmes congé de Yan. Il fallait se hâter, parce que ce jour-là la
fermeture des portes entre les villes chinoise et mandchoue devait s'effec-

tuer de meilleure heure que d'habitude, par suite de l'absence de l'empereur. Sur notre chemin les Chinois, qui savaient que les étrangers habiten
la ville mandchoue, nous invitaient à nous dépêcher, et il ne nous restai
plus que quelques pas à faire, lorsque la porte fut fermée à notre nez.

Vainement M. Popow s'adressa au portier, qui faisait grincer en dedan
la clef dans la serrure, il n'obtint aucune réponse ; du reste, il y avait e
dedans et en dehors de la porte une foule de retardataires, ce qui arriv
journellement. A côté, il y avait la maisonnette de l'agent de police d
service ; M. Popow s'y rendit pour essayer d'obtenir un permis de passage
mais ce fonctionnaire était absent, et les deux gardiens, tout en nous don
nant des marques de respect, ne se décidèrent point à violer le règle
ment ; ils nous expliquèrent qu'ils risqueraient leurs têtes, qui, le lendemai
même, seraient exposées dans des cages au-dessus de la porte.

A ce moment nous fûmes rejoints par le fils de Yan, envoyé par so
père avec l'ordre de nous suivre et en cas de retard de nous inviter
aller passer la nuit chez lui. Mon compatriote ne voulut pas se rendre
cette aimable invitation, et le jeune homme nous affirma qu'en cas de refu
son père viendrait lui-même nous chercher. Il fallut donc accepter, e
toute la foule qui se trouvait avec nous dans la rue nous reconduisit, pa
curiosité, jusqu'à la porte de la maison de Yan.

Le même cabinet de travail était maintenant éclairé au gaz ; à part le
becs fixés aux murs, une lampe à gaz avec un tuyau de caoutchouc brûlai
sur la table. En attendant le dîner, Yan me montra son baromètre ané
roïde et deux microscopes dont il ne savait pas trop se servir. Il connaissai
beaucoup de termes de chimie et les propriétés des corps, mais toutes se
connaissances de chimie n'avaient pas de base solide ; il s'embrouillait sou
vent, et il m'était impossible de lui enseigner cette science en une soirée

Après le thé, le dîner fut servi à l'européenne, couteaux et fourchettes
assiettes chiffrées ; il n'y avait ni nappe ni serviettes. Le maître de l
maison essayait lui-même de se servir de sa fourchette, mais pour la plupar
du temps il mangeait avec les doigts, et crachait par terre à chaque instan
Quant au vieux domestique qui nous servait, il soufflait comme un phoque
Par une attention toute bienveillante, le dîner fut suivi de café, dont le
Chinois ne font guère usage.

Je fis le portrait du maître de la maison, qu'il courut montrer à se
femmes ; il revint une minute après, avec trois éventails, que ses tro
femmes me demandaient d'orner de dessins comme souvenir.

J'avoue que je n'avais point connu cet inconvénient de la polygamie. Tro
éventails !

A une heure du matin, nous nous couchâmes dans des lits avec matelas, oreillers et couvertures, mais sans draps et sans taies d'oreiller; aussitôt réveillés, le matin on nous servit du thé, et après en avoir avalé une tasse, nous quittâmes notre hôte.

En arrivant, je trouvai une invitation à dîner de l'ambassadeur anglais, invitation que ma fatigue m'obligea de refuser. Je n'eus pas à m'en repentir, car nous reçûmes la visite du père Palladius, supérieur de la mission russe, dont la conversation était très précieuse pour nous autres voyageurs. Ce savant, très apprécié par ses connaissances de la Chine, nous conseillait d'entrer le plus possible en relation avec les autorités locales, mais Sosnowsky se montra d'un avis tout opposé. Sans respect pour l'autorité, le caractère et la délicatesse du père Palladius, il soutint que les Chinois nous espionneraient et nous empêcheraient de travailler ; que les fonctionnaires chinois sont une race des plus désagréables ; qu'il faut les éviter autant qu'il se peut. Nous échangeâmes des regards entre nous, mais personne ne répliqua.

Le lendemain, nouvelle visite chez Yan-Fan, pour examiner en détail la disposition intérieure de la maison et de ses dépendances. De cette quantité de cours, de constructions et de chambres il n'y a rien à dire de particulier. Trois salons de réception, meublés en partie à l'européenne; dans l'un d'eux, un grand portrait de Yan, fait par un peintre russe. Dans une pièce, il y avait, posé sur une table, un petit temple en bois (sorte de modèle); sur une autre table, des tasses et des vases avec offrandes : riz, froment, etc., c'était pour ainsi dire l'oratoire de la maison; dans cette même pièce, il y avait, sous deux cloches de verre, des grillons élevés pour les luttes; le fond de ces cloches était plein de sable, et de riz cuit comme nourriture. Yan parut tout confus quand je prononçai en chinois le nom de *tziuïtziur*, ce qui veut dire « grillon ». Le chauffage de l'habitation se fait au moyen de poêles construits sous les dalles, qui, en s'échauffant, distribuent la chaleur dans les salles.

Je me mis à dessiner l'intérieur de l'une des chambres, pendant que Yan causait avec M. Popow. Il me posa ensuite de nouveau diverses questions relatives à la chimie, à la médecine et aux médicaments. Il me demanda, entre autres, s'il est vrai qu'il existe une drogue pouvant faire augmenter de volume un bras ou une jambe ; il paraît que la médecine chinoise connaît ce moyen, mais il en doutait lui-même.

Il me raconta que certains barbiers font des miracles en provoquant instantanément sur les personnes des évanouissements ou des arrêts de respiration, et *vice versa;* tout cela au moyen d'un pincement du cuir chevelu sur l'occiput.

« Vous ne l'avez probablement pas vu ? » lui dis-je

Il sourit en faisant un signe de tête affirmatif.

« Mais, dit-il, ces hommes existent, des personnes dignes de foi m'en ont parlé. »

Je m'offris pour cette expérience, mais il eut peur pour moi ; j'insistai encore. Alors il envoya chercher ce fameux barbier par un domestique, qui revint une demi-heure plus tard, en disant ne l'avoir pas trouvé chez lui. Mon dessin terminé, Yan alla le montrer à ses femmes et revint en me transmettant les éloges de ces dames, tant pour moi que pour l'art étranger.

De Pékin nous devions nous rendre par voie de terre à Han-Keou, quand, le 29 septembre, nous apprîmes que cet itinéraire venait d'être changé. Matoussowsky, l'interprète et un Cosaque suivraient seuls ce chemin ; le reste de la mission se rendrait à Tien-Tsinn, et de là par mer à Chang-Haï. Pourquoi ce brusque changement de plan ? Ceci restait un mystère. Comme il était beaucoup plus profitable pour moi de suivre la terre ferme, où je pouvais réunir des collections de plantes et d'animaux, et que ma présence sur le bateau à vapeur était inutile, je demandai à Sosnowsky de me laisser partir avec Matoussowsky. Je reçus un refus formel et non motivé.

« Je trouve inutile de vous envoyer avec Matoussowsky. » Voilà tout.

L'ambassadeur, présent à la discussion, fut étonné de cet ordre et soutint énergiquement ma demande. Sosnowsky consentit pour le moment ; mais, changeant d'avis le soir même, il nous déclara que tous deux, Matoussowsky et moi, nous ferions le voyage par mer. C'était une punition de son genre qu'il nous infligeait. Que faire ? Il n'y avait qu'à obéir.

Cependant la date du départ était loin d'être fixée, et le jour même, pour me distraire, j'allai me promener avec M. Popow.

Il m'a été donné de voir, ce our-là, une coutume singulière de la vie publique des Chinois.

L'empereur devait traverser, le lendemain, la rue qui va de la porte Tziane-Mine au palais, se rendant dans les environs de la capitale. Les habitants de la rue en étaient informés par la police et, par suite de cet avis, tout disparaissait : les baraques, les marchands ambulants déménageaient, les magasins donnant sur la rue se fermaient, les rues aboutissantes étaient barrées par des planches couvertes de nattes ou d'étoffes, pour que personne n'y pénétrât. Cette rue était déjà déserte, et le lendemain l'empereur et sa suite ne trouveront plus âme qui vive sur leur passage.

Nous entrâmes ensuite dans un bazar qui longe le mur intérieur. Une foule nous suivit dans une boutique, qu'elle remplit jusqu'au comptoir, sans que le marchand songeât à la prier de quitter son magasin. Je remarquai qu'ils avaient peur qu'on n'y volât quelque chose, et nous invitaient, très poliment, du reste, et avec force excuses, à quitter le magasin, parce qu'ils n'avaient point d'autre moyen de se débarrasser de la foule. C'est ainsi que les Chinois qui entraient à notre suite dans une boutique liaient conversation avec nous et avec le boutiquier, discutant les prix, faisant les additions, etc. Ils cherchaient à saisir quelques mots russes, qui ressemblaient peut-être par leur consonance à des mots de leur langue. et les répétaient souvent en riant aux éclats.

Plus loin, je m'arrêtai devant un spectacle nouveau, l'exercice du tir de l'arc, d'après les règles de l'art. Si, d'une part, je ne pouvais regarder sans rire les tireurs, d'autre part je les plaignais, car en effet quel sens pouvaient avoir ces arcs et ces flèches à côté des armes à tir rapide ; et considérez le temps gaspillé et le mal qu'ils se donnent pour arriver à quoi? à la perfection dans le tir de l'arc, surtout selon les prescriptions du règlement. Ils étaient quatre sous les ordres d'un instructeur, et chacun d'eux tirait plusieurs flèches de suite, à tour de rôle. En voici un qui commence; tous ses mouvements sont lents, on dirait qu'il accomplit une cérémonie religieuse. Tout doucement il soulève l'arc et se place au trait marqué à terre par l'instructeur, à quinze pas environ de la cible ; il écarte les jambes comme quelqu'un qui, ayant un fardeau sur la tête, craindrait de perdre l'équilibre. Ensuite il se plie presque en deux, avançant la tête et la poitrine et cherchant à rentrer le ventre autant qu'il le peut. De la main gauche il tient l'arc, et de la main droite, la flèche ; il les regarde alternativement, ayant l'air de réfléchir on ne sait trop à quoi, et se décide à appuyer la pointe de la flèche sur l'arc. Il regarde de nouveau son arme, pousse la flèche sur la corde et saisit cette dernière avec l'index et le médius. Puis, étendant les bras autant qu'il le peut, il soulève très haut l'arc avec la flèche, l'abaisse jusqu'à la hauteur indiquée pour le tir ; il regarde alors les spectateurs à droite et à gauche, d'un air qui semble vouloir dire : que faire, je ne veux pas tirer, mais je le dois. Enfin il se tourne vers la cible et commence à tendre la corde, ses mains tremblent, il lance la flèche et continue à garder encore la même position ; la flèche à terre, le tireur laisse retomber ses bras avec la même lenteur, redresse son corps, rejoint les jambes et se repose un instant, puis il reprend une autre flèche pour recommencer la même manœuvre. Pendant cet exercice, sa physionomie n'exprime absolument aucun sentiment ; c'est un cadavre, ou un homme dormant les yeux ouverts ; pas la moindre marque de satisfaction si le coup est heureux, ni de dépit s'il est manqué.

A quoi bon tout cela ? me demandai-je. N'y a-t-il donc pas moyen de

bien tirer sans prendre toutes ces poses ni exécuter tous ces mouvements. Dans l'art militaire, la lenteur des mouvements ne vaut absolument rien.

Quand on apprit à l'ambassade le changement du plan de l'expédition,
l'étonnement fut grand. Plus de deux mille verstes de l'itinéraire étaient
supprimées du projet primitif, et ce parcours avait cependant une grande
importance commerciale : c'est le chemin que traversent les caravanes qui
vont de Han-Keou à Kalgan et Kiachta. Le père Palladius surtout n'y pouvait
rien comprendre. Toutes les tentatives faites par nous auprès de Sosnowsky
furent inutiles; il remporta ce jour-là une complète victoire.

La date de notre départ n'étant pas encore arrêtée, j'allais me promener chaque jour dans le quartier où se trouvent les ambassades et où,
par conséquent, on peut plus facilement rencontrer des Européens. Je dois
avouer que j'étais navré de leur conduite, en même temps qu'étonné de la
longanimité des Chinois, et je m'expliquais leurs sentiments de défiance et
de haine envers nous. Les Européens se conduisent en effet d'une manière
déplorable. L'un crie et tempête dans la rue sans qu'on sache pourquoi; un
autre se fraye un chemin en faisant jouer sa canne sur le dos des Chinois;
un troisième, plus énergique, distribue sans aucune raison des soufflets à
droite et à gauche; tel autre encore brise les serrures d'un temple et y
entre de force, ou bien abat des statues au palais, et ainsi de suite.

Est-ce par amusement que les Européens pourchassent et battent les
chiens, si nombreux dans les rues de Pékin? Ces chiens reconnaissent les
étrangers soit à la figure, soit aux vêtements, et aussitôt qu'ils en aperçoivent
un, ils se sauvent en hurlant. Je me demande dans quel pays de l'Europe
on tolérerait cette conduite, et à qui est la faute si les Chinois nous appellent
des « barbares », en ajoutant « très habiles dans diverses affaires ».

Nos compatriotes nous ayant offert un dîner d'adieu, composé de mets
chinois, je profite de cette occasion pour dire quelques mots sur la cuisine
de ce peuple.

Le dîner était commandé la veille dans un *dian* (restaurant). Tout le
monde étant réuni, les garçons nous demandent dans quel ordre il faut
servir les plats, d'après l'usage chinois ou d'après le nôtre; d'un commun
accord on décida de suivre l'ordre habituel, en laissant les sucreries pour le
dessert.

On nous servit d'abord les hors-d'œuvre suivants : concombres marinés
coupés en tranches; le Tzian-doou-fou, bouillie de pois et de fèves ayant l'aspect d'une pâte, d'un goût aigre et salé; étalée sur du pain, cette bouillie
n'est pas désagréable, elle plaît assez aux étrangers. Puis vinrent le jam-

bon, coupé en tranches minces ; un plat qu'on peut traduire littéralement « des talons de canards » ou des plantes de pattes de canards ; ce sont les parties molles des pattes de canards séparées de leur peau et cuites, on les sert froides ; ensuite un mélange de viande au vinaigre avec du poivre de Cayenne. Ce plat doit plaire aux Américains, parce qu'il brûle la gorge. De l'ail mariné : on le mange comme le radis chez nous ; des cœurs de choux coupés en tranches minces et du radis noir ; des œufs de canards salés : on les fait cuire après les avoir salés, puis on les entoure de chaux et on les conserve enterrés pendant deux ans. Ces œufs ne me plaisaient pas ; ils exhalaient une forte odeur d'ammoniaque ; mais les Chinois les aiment beaucoup, et il ne faut point s'en étonner, n'y a-t-il point parmi nous des amateurs de fromage et de gibier en décomposition.

Après les hors-d'œuvre, le dîner commença par la soupe aux nids d'hirondelles, aux champignons et aux œufs brouillés très finement coupés. D'un goût tendre, cette soupe rappelle un peu le consommé, avec une faible odeur d'eau de mer ou d'algues marines. Des œufs de pigeons pochés faisaient partie de ce premier service.

Ces nids d'hirondelles (en chinois, *yan-ouo* « nid d'au delà des mers ») sont réellement les nids d'une espèce d'hirondelle[1] commune aux îles des Indes et du Japon ; cet oiseau fait son nid dans les rochers. Ce nid, de forme demi-sphérique, est d'un aspect gélatineux, sec et cassant. Trempé dans l'eau ou cuit, il gonfle, devient transparent et se détache par petites bandes comme le vermicelle. D'après l'opinion des Chinois, c'est un aliment très sain et propre à entretenir les forces. Les opinions sont très partagées sur leur composition. Selon quelques-uns, c'est une algue[2] rejetée sur les rochers et ramassée par les hirondelles ; d'autres pensent que c'est un produit de la glande salivaire de l'hirondelle. Mais Sosnowsky donnait une explication particulière ; d'après lui, ce nid est construit de petits poissons pêchés par les hirondelles, posés en rangées et collés (?). Où a-t-il pris cette explication ? je n'en sais rien, d'autant plus qu'il est difficile d'apercevoir au microscope la moindre trace de poisson.

Le prix de ces nids est très élevé : dans les provinces maritimes, ils se vendent au poids de l'argent. Dans des localités plus éloignées, leur prix monte jusqu'à quatre livres d'argent pour une livre de nids.

Second service : encore une soupe, très compliquée : ailettes de requins, porc, holoturies ou « bicho de mar[3] », vessies natatoires d'esturgeons et autres

---

1. *Collocalia esculenta.*
2. *Fucus bursa, sphærococcus cartilagineus.*
3. Choutzé, *Pékin et le Nord de la Chine* (Le Tour du Monde, n° 822).

ingrédients. Les holoturies, dont les Chinois sont très friands, ressemblent à des sangsues et vivent dans des polypiers sur les rivages de l'Australie, de l'île de Ceylan, des îles Carolines, etc. Elles constituent en Chine une branche importante de pêche et de commerce, après qu'elles ont été séchées et fumées ; coupées en ronds et cuites, les holoturies ont l'aspect d'un morceau de gomme à effacer le crayon, sans aucun goût particulier ; elles sont très estimées des Chinois, qui leur attribuent une grande propriété de conservation.

J'aurais bien voulu me moquer quelque peu des Chinois, mais n'avons-nous pas nous-mêmes de ces préjugés absurdes ? Aussi retournons à notre dîner.

Troisième service : canard au riz impérial, avec châtaignes et tranches de jambon et d'holoturies.

Quatrième service : carpe à la sauce douce, d'un goût de miel.

Cinquième service : trois plats dans un seul : esturgeons et jambon, poisson sec gratiné aux champignons et boulettes de poisson.

Sixième service : porc cuit aux champignons.

Septième service : poule cuite ; trop cuite, la viande tombait en morceaux.

Huitième service : crabes rôtis.

Neuvième service : racine de Tziao-baï [1] à la sauce.

Dixième service : crevettes à la sauce de racines du Bi-tzy (*Scirpus*).

Onzième service : ailettes de requins.

Vous pensez peut-être que c'est la fin ? Attendez ; voici quatre nouveaux plats : vessies de poissons rôties ; choux cuits farcis de châtaignes ; mouton cuit et pieds de cochons au jambon et aux holoturies.

Après tous ces plats de viande, de poisson, de crabes, on nous sert six espèces de gâteaux cuits au bain-marie, sans sel : gâteaux farcis de graines de pastèques, au riz, aux noix, au safran, à l'ail ou aux herbes ; une espèce de gelée ou de lait de graines d'abricot.

Voici enfin le dessert : racines d'une plante des marais, *Scirpus tuberosus*, qu'on appelle vulgairement le châtaignier aquatique, pommes, poires et raisin ; noix rôties au sucre, tablettes de gelée de pommes, amandes ou graines d'abricots grillées, et enfin le thé, par lequel on aurait dû commencer, selon l'usage d'ici. En plus, l'eau-de-vie et le vin de riz, qu'on appelle Chao-sin, du nom de la ville de Chao-Sin-Fou, où on le fabrique.

Pour terminer la journée, nous allâmes au théâtre. Dans les théâtres de

1. Peut-être le nénuphar.

Pékin, les représentations se suivent toute la journée, comme chez nous dans les baraques de foire ; on peut y entrer quand il plaît. Après avoir traversé trois cours, où les marchands ambulants vendaient des fruits et des bonbons, nous montâmes dans la galerie, pour être séparés de la foule et ne pas attirer sur nous l'attention du public. La représentation suivait son cours, et les spectateurs faisaient un tapage comme s'ils étaient dans une halle. On nous servit du thé et des noix ; nous nous mîmes à les casser avec nos dents, absolument comme les spectateurs du parterre. La scène, dans ce théâtre, n'occupait point la largeur de l'édifice, elle avait l'air d'un kiosque ouvert de tous les côtés, sans décors ni rideau ; quand il fallait changer les tables, bancs ou chaises, le trône, etc., on le faisait devant le public indulgent. Les spectateurs sont peu exigeants, mais les pauvres acteurs ne le sont guère : voyez leurs efforts pour se faire entendre, pour couvrir le bruit des conversations de plusieurs centaines de spectateurs qui causent, mangent, fument, prennent le thé et quelquefois se disputent et se battent. En général, le public s'intéresse peu à ce qui se passe sur la scène ; le parterre est même aménagé de façon que les spectateurs ne sont point assis en face de la scène, mais sur les côtés.

L'intrigue de la pièce qu'on jouait à ce moment n'était pas bien compliquée : un mandarin déclarait à sa fille que l'Empereur désirait la prendre pour l'une de ses maîtresses, à quoi la jeune fille ne veut pas donner son consentement ; le père insiste, il est au désespoir de cette résistance, et la jeune fille, de son côté, ne sait quel parti prendre ni comment éviter cet honneur. Une servante dévouée lui vient en aide en lui conseillant de se faire passer pour folle. L'empereur arrive, on lui présente la jeune fille, qui joue son rôle, et l'empereur la quitte en éprouvant un violent chagrin.

Plusieurs scènes étaient très bien représentées, d'autant plus que les rôles de femmes étaient remplis par des hommes : les femmes ne montent sur la scène que comme chanteuses ou musiciennes, et l'acteur qui remplissait le rôle de la jeune fille s'en est tiré avec avantage.

Le jour du départ approche ; les deux interprètes, Andreïewsky et un vieux Chinois du nom de Siuï, se rendent par voie de terre à Fan-Tzeng, avec une instruction très détaillée de Sosnowsky et 240 roubles pour parcourir un espace de 2,000 verstes (ou kilomètres).

Le 8 octobre, un dîner d'adieu avait été donné par l'ambassadeur, et le lendemain nous allâmes à la mission, où le père Palladius devait célébrer un service pour appeler sur nous la bénédiction du ciel. Tous nos compatriotes s'y donnèrent rendez-vous, et je fus très étonné de voir des Chinois dans le chœur et de les entendre chanter en langue russe. C'étaient les descendants des habitants de la ville d'Albazine, faits prisonniers par les Chinois et emmenés à Pékin il y a plus de deux siècles. Ils ont conservé la religion de leurs ancêtres et une image de saint Nicolas, aujourd'hui placée dans l'église de la mission. Une tristesse s'empara de moi en écoutant le père Palladius réciter des prières et prononcer nos noms..... C'est peut-être pour la dernière fois de ma vie, pensais-je, que je me trouve dans un temple russe.

Après le déjeuner, nous quittâmes l'ambassade, et il me sembla que c'est à ce moment seulement que je passais la frontière de mon pays. Enfin, nous voilà hors de Pékin ; je me retourne pour jeter un dernier coup d'œil à l'enceinte grandiose de la capitale, que je quittai pour toujours ; nous suivons les faubourgs sud de la ville, et nous entrons dans les champs, qui sont loin de ressembler à ceux de notre pays, solitaires et silencieux. Ici tout est animé : les villages se succèdent presque sans interruption ; il y a un nombre incalculable d'auberges, une foule d'hommes à pied, montés sur des ânes ou des mulets, de marchands de légumes, marchands de poissons, des brouettes chargées de caisses et de malles, traînées par des hommes. On pourrait se croire encore en ville. Beaucoup de ponts de pierre jetés sur des rivières, des canaux d'irrigation ou des fossés, entre autres le fameux pont historique de Pa-Li-Kao. C'est ainsi que nous parcourûmes, sans trop nous en apercevoir, les vingt-cinq verstes qui séparent Pékin de Toung-Tcheou, dont le mur d'enceinte tombe en ruines. En face de la porte de la ville, deux vieux temples penchent un peu sur le côté ; les rues y sont étroites avec de basses maisonnettes. Partout une foule compacte : beaucoup de promeneurs tenant des bouquets ; d'autres, et principalement des vieillards, portent sur des baguettes des oiseaux qui y sont attachés par un fil. Nous arrivons sur le quai du Peï-Ho, première rivière navigable que je vois en Chine. Aussi quelle animation, quelle quantité de bateaux grands ou petits ! C'est une véritable forêt de mâts, la rivière en était encombrée dans toute sa largeur. Parmi ces bateaux, les uns prenaient des passagers, les autres chargeaient ou déchargeaient des marchandises. Ce qui me frappait surtout dans cette masse d'embarcations, c'était l'ordre dans lequel les unes descendaient la rivière, tandis que d'autres s'avançaient par séries, pour occuper leurs places, sans qu'il y eût besoin d'agents chargés du maintien de l'ordre. Il fallait du temps pour attendre son tour, mais personne n'avait l'air d'être pressé ; peut-être ce calme peut-il s'expliquer par la raison que chaque batelier était chez lui, car, en Chine, le bateau est la maison du propriétaire avec tout son ménage.

Théodore, envoyé d'avance à Toung-Tcheou avec un Cosaque, afin de retenir des bateaux pour notre voyage, devait s'y trouver; nous le cherchions des yeux, lorsque j'aperçus quelqu'un qui me saluait. C'était le médecin de la mission anglaise, que j'avais connu à Pékin; il devina ce que nous cherchions et nous indiqua l'endroit où étaient amarrés nos bateaux. Sans lui, nous aurions encore perdu du temps avant de retrouver notre Cosaque et l'interprète.

Avant de nous installer dans nos jonques, nous allâmes souper dans un hôtel qui se trouvait sur le quai, — hôtel tenu par un négociant russe. La maison, de construction chinoise, est meublée à l'européenne; le service est fait par des Chinois, qui ne connaissent qu'un seul mot russe, « samovar ». On nous servit un souper composé de six plats; mais comme personne de nous n'avait faim, nous l'emportâmes avec nous.

Nous demandâmes le prix du souper. « Ce que vous voudrez, » dirent les Chinois, nous n'avons pas de prix pour les étrangers; mais, sur l'insistance de Sosnowsky, on nous prit deux dollars, à peu près trois roubles d'argent. Nous n'avions point de dollars, et il nous fallut prendre un lingot d'argent, en casser un morceau, le peser en ajoutant de petits morceaux. Comme on pense, ce système de payement prenait au moins autant de temps qu'il en fallait pour faire cuire le souper.

Il faisait déjà nuit lorsque nous passâmes sur nos jonques : il y en avait trois, avec des cabines assez grandes et commodes, et je m'installai dans l'une d'elles avec Matoussowsky.

La nuit était fraîche, la rivière très animée ; partout on entendait des conversations ; on voyait des lumières de lanternes se mouvoir sur le quai, dans tous les sens, car chaque passant en avait une pour s'éclairer, la ville n'ayant aucun éclairage. Je restai sur le pont à regarder autour de moi, quand j'aperçus des fusées partir de l'un des bateaux.

« On veille un mort, » me dit Théodore.

Et en effet je distinguai sur le pont de ce bateau un cercueil et un Chinois qui se lamentait et frappait de temps à autre sur le couvercle.

Enfin arrive notre tour de départ; les rameurs poussent à la dérive en appuyant des gaffes de bambou sur le fond de la rivière; la ville disparaît et je ne vois plus que les bords déserts de la rivière.

10 et 11 octobre. — Nous avançons lentement sur nos bateaux; leur construction diffère des bateaux européens en ce que la proue et la poupe y sont relevées et le pont fortement renfoncé vers le milieu. La plupart du temps, dans la traversée de Toung-Tcheou à Tien-Tsinn, les passagers ne descendent point du bateau et l'on passe la nuit au milieu de la rivière, qui n'est guère profonde. Les Chinois se munissent de tout le nécessaire pour le

manger. Il n'en était pas de même avec nous; une fois notre souper de l[a]
veille consommé, nous n'avons plus rien à nous mettre sous la dent, quoiqu[e]
nous fussions avertis par nos compatriotes; mais Sosnowsky se refusait [à]
croire qu'en Chine on ne pût trouver quelque chose à manger, n'import[e]
dans quel endroit.

« Nous nous en tirerons tout de même, » disait-il.

Et, au bout du compte, nous restâmes toute une journée sans manger.

12 octobre. — Temps pluvieux et froid. La rivière est déserte; à pein[e]
de temps en temps rencontre-t-on un bateau ou radeau, et sur un de c[es]
radeaux je vois un fourneau de terre glaise et de paille hachée, aussi con[m]
mode pour se chauffer que pour faire la cuisine; le vent souffle dans [la]
cabine, la pluie tombe; on est forcé de fermer l'entrée, qui éclaira[it]
l'intérieur, et de rester ainsi dans l'obscurité. Je me couchai affamé [et]
m'endormis. Sur ces entrefaites, les Cosaques, encore plus affamés q[ue]
nous, forcèrent les Chinois d'arrêter au premier village afin de pouvo[ir]
au moins acheter du pain.

« Levez-vous, me dit Matoussowsky; voici la ville, allons manger. »

Je sors de ma cabine, et je vois quelques pauvres cabanes; devant l'u[ne]
d'elles, trois bancs, c'était le restaurant. On nous passe une planche po[ur]
descendre à terre, nous gravissons, en glissant, le rivage détrempé par [la]
pluie, et nous allons à l'hôtel. Si pauvre et si malheureuse que fût cette a[u]
berge, nous y trouvâmes du porc cuit, du foie, des choux et du pain; m[ais]
nous voulions avoir quelque chose de chaud. J'essayai donc de mettre [en]
pratique mes connaissances de la langue chinoise acquises à Pékin. Jus[te]
tement le maître de l'auberge, qui était aussi le cuisinier de son établiss[e]
ment, nous demanda ce que nous désirions. Je lui répondis en deux m[ots]
*joou-piar* (plat consistant en tranches de mouton grillées avec de l'ail [et]
à la sauce). Il ne comprit que le premier mot *joou*, ce qui en général ve[ut]
dire viande, et nous parla longuement. A mon tour, je ne pus sai[r]
qu'un mot, *kan-kan*, c'est-à-dire montrer, et je lui dis *kan-kan*. Le Chin[ois]
s'en alla chercher deux morceaux de porc, et enfin, par signes et [p]
grimaces, nous parvînmes à nous entendre. On promit de nous envo[yer]
sur notre jonque du *joou-piar* tout chaud, que nous payâmes d'avance.

13 octobre. — Beau temps, mais froid. Je tremble dans mon pale[tot]
d'hiver et j'en suis honteux. Nos Chinois sont tête nue, la poitrine déco[u]
verte et quelques-uns nu-pieds; ils trempent des chiffons dans l'eau, s'[es]
suient la figure. Ils mangent un peu de riz avant de démarrer.

Les bords du Peï-Ho deviennent plus animés, on voit des villages, [des]
bateaux chargés de blé; nous apercevons au loin de longues maisons [à]

toits soigneusement travaillés. Nous approchons de Tien-Tsinn, ville très commerciale, qui compte un demi-million d'habitants. Voici les faubourgs ; des deux côtés de la rivière s'étale une rangée non interrompue de maisons ; sur la rivière, le nombre de bateaux ou radeaux va en augmentant ; l'activité se voit partout. Nous arrivons au centre de la ville. Les toits des temples s'élèvent au-dessus des maisons ; on voit les murs lézardés de l'église catholique, triste souvenir de l'incendie et du massacre des Européens en 1870. Nous nous arrêtons devant le pont, qu'il fallait ouvrir pour laisser passer nos bateaux, dont les mâts étaient assez élevés, ce qui a été immédiatement

Une gargote au bord du Peï-Ho.

fait pour nous, malgré l'interruption de la circulation que cela causait. C'était une attention délicate envers des étrangers, car pour les Chinois on n'ouvre le pont qu'à des heures déterminées, et à ce moment même il y avait une grande quantité de bateaux qui attendaient l'heure habituelle de l'ouverture du pont. La rivière en était couverte dans toute sa largeur.

Le pont ouvert, nous passâmes suivis de quatre autres barques ; personne ne songea à les en empêcher, personne ne leur dit que ce n'était pas leur tour. Derrière le pont, de longs murs côtoient la rivière ; il y avait aussi à l'ancre plusieurs canonnières chinoises ; puis nous passâmes devant l'embouchure de l'affluent du Peï-Ho, le Doun-Ho, sur lequel est jeté un pont bossu en bois et sur pilotis.

Après le quartier chinois, le quartier européen ; toute une rangée de maisons et plusieurs bateaux à vapeur amarrés au bord de l'eau. La frégate de la marine russe, *l'Hermine,* était aussi là, et les matelots, nos compatriotes, nous attendaient sur le bord de l'eau pour décharger nos bagages. Un négociant russe nous invita à nous arrêter chez lui, et ici comme à Pékin nous sommes encore en Russie. Mais c'est avec la Chine que je voulais faire connaissance, aussi je quittai la maison avec le commandant de la frégate, pour aller faire un tour dans la ville.

Je vois, outre la frégate russe déjà nommée, trois autres frégates, japonaise, française et anglaise. Elles sont là, comme une menace perpétuelle depuis la catastrophe de 1870.

Qu'ils essayent maintenant la moindre émeute, et en cinq minutes les canons de ces frégates réduiront la ville en poussière; les Chinois le savent très bien, et ils ne se risqueront plus à recommencer le drame du 20 juin 1870. Les causes de cette émeute n'ont pas été bien éclaircies; toujours est-il qu'elle coûta la vie à vingt et un Européens, dont douze femmes, parmi lesquelles neuf sœurs de charité françaises. Trois Russes y trouvèrent la mort, un négociant et sa femme, mariés quelques jours avant, et un jeune homme. Une dame française qui, au moment de l'explosion de l'émeute, se promenait à cheval dans la ville chinoise, réussit à se sauver dans le quartier européen, grâce à la rapidité de son cheval; mais comme elle habitait le quartier chinois, où son mari était resté, cette héroïne, se travestissant en Chinoise, rentra chez elle, et c'est presque sur le seuil de sa maison que, reconnue à la forme de ses pieds, elle fut massacrée sans pitié.

Suivant toujours le quai, nous aperçûmes un nuage de fumée noire qui venait du grand vapeur américain *Chan-Doun,* sur lequel nous devions nous embarquer deux jours plus tard. Sur cette petite rivière, il paraissait encore plus grand, et quand il manœuvra pour tourner sa proue vers l'embouchure, il prit toute la largeur de la rivière. Les passagers n'étaient point nombreux et tous Chinois, qui ont compris la supériorité du bateau étranger (transmarin) à roues de feu, « ho-loun-tzouan » (*ho* « feu », *loun* « roue », *tzouan* « navire ». Ils s'en servent volontiers, ils ont même quelques vapeurs à eux. A ce même moment, mon compagnon m'indiqua un yacht chinois à vapeur, le *Tzin-Haï,* sur le pont duquel un orchestre composé exclusivement de Chinois jouait avec des instruments européens; l'exécution était aussi bonne que celle de nos orchestres européens.

La civilisation pénètre dans l'Empire du Milieu. Ici, par exemple, les Chinois possèdent un arsenal avec machines à vapeur, et depuis cinq ans déjà il n'y a plus un seul ouvrier européen; même dans l'administration de l'établissement, tous sont des Chinois.

J'allai voir le quartier européen, et j'y fis la connaissance de notre consul et de l'interprète du consulat. Les maisons de ce quartier ont de vastes jardins et de grandes cours; mais entre ce quartier et la ville chinoise il existe un terrain mixte, habité par des Européens et des Chinois. C'est là que se trouvent quelques magasins, une photographie médiocrement tenue par un Chinois, et le champ de courses organisé par des Anglais.

Le lendemain, ce fut le tour du quartier chinois, que je visitai à cheval, accompagné d'un Chinois, domestique de notre hôte. Les rues de ce quartier sont étroites et sales; l'air, saturé de miasmes, n'est pas respirable, et la rue principale, tendue d'une étoffe de coton dans toute sa longueur et sa largeur, est transformée en couloir; le mouvement y est grand, la foule se suit sans interruption : piétons, cavaliers, porteurs de palanches, brouettes, palanquins, tout cela forme une masse compacte qui d'un pas lent s'avance de deux directions opposées.

C'est au milieu de cette foule que je montais un cheval rétif prêt à chaque instant à se jeter de côté et à écraser plusieurs personnes à la fois; aussi je tournai à droite dans la première ruelle, où je rencontrai le palanquin d'un mandarin précédé et suivi de soldats. Le Chinois mon compagnon sauta aussitôt de son cheval, qu'il prit par la bride, et ne remonta qu'après que le mandarin fut passé. Plus loin je rencontrai une procession amusante d'une quinzaine d'individus masqués, travestis, tous sur des échasses et accompagnés d'un orchestre des plus insensés. Ces processions s'organisent souvent, à l'occasion de fêtes locales, par des sociétés particulières.

J'étais à table chez mon hôte, lorsqu'un coup de canon tiré par *l'Hermine* m'avertit de l'arrivée sur la frégate du général gouverneur de la province, Li-Houn-Tzang. Je courus précipitamment sur le quai, à l'endroit où était la frégate, qui continuait à tirer des salves d'artillerie. J'avais vu le portrait de Li à Pékin et, montant sur le pont, je le reconnus dans la foule des mandarins de sa suite; il était du reste plus grand que les autres, mais sa physionomie ne présentait rien d'extraordinaire. Cependant le père Palladius m'avait assuré que Li-Houn-Tzang était un homme remarquable, quoique d'origine modeste. Il a su s'élever à un haut rang par ses qualités d'administrateur et d'homme d'État. Il portait une robe de satin bleu, une veste de drap à collet de velours et des bottes de satin noir. A son chapeau, une houppe de plumes de paon à deux yeux le distinguait des autres, qui n'avaient que des plumes à un œil; de plus, il avait un bouton rouge en corail, signe de son grade.

Le capitaine de la frégate, en uniforme de parade, lui expliquait en détail le tir du canon, et je remarquai que ce qu’il voulait savoir, il l’écoutait avec attention, tandis qu’il n’avait pas l’air de comprendre ce qui ne l’intéressait pas. Le capitaine passa ensuite à l’explication des torpilles, explication qui devait être suivie d’expériences. Les matelots commencèrent les préparatifs en disposant la pile de Volta. Li-Houn-Tzang et sa suite regardaient d’un air étonné mêlé de doute, et quand la batterie fut prête, on souleva la torpille qui était sous l’eau, puis on l’abaissa de nouveau.

Une foule immense stationnait sur le quai, et au moment où la rivière fut libre de barques, on fit jouer la batterie. La frégate fut secouée sur place ; à l’endroit où était la mine, l’eau se souleva en bouillonnant à quinze mètres de hauteur, pour retomber comme le jet d’une fontaine. Un seul cri retentit, cri d’enthousiasme et d’étonnement poussé par les spectateurs. Le mandarin et sa suite paraissaient émus, et, s’étant un peu calmés, ils se répandirent en éloges, en levant leurs doigts de la main droite, et Li demanda au capitaine la permission de lui envoyer un de ses officiers pour l’initier à la construction des torpilles.

Sosnowsky et moi, nous fûmes présentés par le capitaine, qui expliqua au mandarin le but de notre voyage ; puis tout le monde descendit dans la cabine, où l’on servit des fruits, des bonbons et du champagne. Li nous posa quelques questions sur notre voyage futur, et s’étonna de nous voir nous hasarder dans des provinces où l’insurrection n’était même pas entièrement vaincue.

Il demanda si nous avions des armes, et désira en examiner un modèle. Une carabine fut apportée et des explications lui furent données sur la rapidité et la portée du tir. Les officiers de sa suite furent ravis, et le mandarin fit prendre par son secrétaire le nom du fabricant ; il s’enquit du prix et demanda à Sosnowsky s’il ne pourrait lui en fournir et le plus tôt possible. A quoi Sosnowsky répondit qu’il n’avait qu’à écrire une lettre en Russie, pour qu’immédiatement on les lui envoyât.

Très satisfait, le général en demanda un mille.

« Vous les recevrez dans deux ou trois mois, au plus tard, » lui dit Sosnowsky.

Li-Houn-Tzang exprima le désir de les payer séance tenante, mais le secrétaire du consulat russe expliqua à Sosnowsky qu’il ne devait pas prendre de ces engagements, à cause des événements politiques (la Chine se préparait en ce moment à la guerre contre le Japon), que cette affaire pouvait amener des complications, et que dans des cas semblables on ne peut rien entreprendre sans le consentement de l’ambassadeur. Il se refusa même de traduire les promesses de Sosnowsky. Mais celui-ci réussit à se faire comprendre lui-même et promit formellement la livraison des carabines. J'appris plus tard que l'ambassadeur avait en effet empêché l'affaire.

Ensuite il nous questionna sur les levers que nous projetions d'exécuter et nous demanda de lui envoyer une carte de la Chine occidentale. Il exprima le regret que la Chine ne possédât ni chemins de fer ni lignes télégraphiques, en ajoutant qu'il aurait fait construire les uns et établir les autres, mais que tous les membres du gouvernement n'avaient pas les mêmes idées que lui et s'obstinaient à repousser les innovations.

Très préoccupé de l'armée, qu'il voulait réorganiser, Li demanda encore à Sosnowsky s'il avait vu quelque part des troupes chinoises et comment il les trouvait.

« Pas mauvaises, répondit celui-ci, mais elles devraient avoir plus de liberté dans leurs mouvements.

— Hum ! » fit Li, et il garda quelque temps le silence.

Pendant ce temps je dessinais, sous la première impression, la scène de l'explosion de la torpille, et je priai le secrétaire du consulat d'offrir au général cette esquisse en souvenir de sa visite et de notre rencontre. Le général, émerveillé et satisfait, me remercia longuement, les mains jointes sur la poitrine. Les mandarins de sa suite se précipitèrent dessus, et le dessin passa de main en main. Le lecteur voit déjà les doigts levés en guise d'éloges. Li remit le dessin à un de ses officiers subalternes en lui donnant l'ordre de le porter immédiatement chez lui avec précaution.

« Connaissez-vous Tzo-Tzoun-Tan, le gouverneur général de la Chine occidentale ? dit-il à Sosnowsky.

— Mais certainement, je le connais très bien. C'est un excellent administrateur, mais mauvais capitaine. »

Li devint pensif, puis il reprit :

« Et vous, êtes-vous un bon capitaine ?

— Je puis l'être, » dit Sosnowsky en riant, ce qui fit rire aussi le général.

Il faisait nuit quand Li-Houn-Tzang quitta la frégate ; après force saluts il prit place dans son palanquin dont les rideaux furent baissés ; quatre porteurs le soulevèrent et s'éloignèrent rapidement ; les soldats qui l'accompagnaient le suivirent également après avoir tiré des salves de coups de fusil.

Les autres mandarins restèrent sur la frégate, et la conversation se prolongea assez tard dans la soirée. Parmi eux il y en avait un très sympathique, Liu, capitaine du yacht à vapeur de la marine chinoise. Il paraît qu'il avait été domestique de Li-Houn-Tzang et que, grâce à son travail et à ses capacités, il put parvenir à la haute position qu'il occupait. Sans instruction préparatoire, il était comme ce pauvre Yan, qui entremêlait ensemble les choses les plus distinctes, ce qui le mettait dans un état de surexcitation ; mais il ne perdait pas l'espoir de faire des progrès.

Après avoir passé la soirée chez notre hôte, où tous les Russes habitant la ville s'étaient réunis, nous nous embarquâmes à trois heures du matin sur le vapeur qui devait nous conduire à Chang-Haï.

# CHAPITRE IV



16 octobre. — Nous voguons en pleine mer. Je me levai assez tard ; nous
nous trouvions à hauteur des forts Ta-Kou à l'embouchure du Peï-Ho. Les terres
plates et submergées où sont construits ces forts gardent le souvenir des ami-
raux anglais Seymour et Elgin. En revanche, l'armée anglaise doit aussi garder le souvenir de ces plages marécageuses, où elle perdit beaucoup de monde.

Passager oisif du bateau à vapeur, j'enviais sincèrement le sort de nos
deux interprètes envoyés à Han-Keou par voie de terre ; mais que voulez-
vous, Sosnowsky s'était constitué le surveillant de ma faible santé et trouvait utile d'épargner mes forces. Je ne lui en suis point reconnaissant.

Nous sortons du golfe Pe-Tche-Li et nous jetons l'ancre devant le port
Tche-Fou. La mer houleuse empêche les barques d'accoster le vapeur pour
prendre les marchandises à destination de cette ville et nous approvisionner
de charbon ; néanmoins un employé de la compagnie des bateaux à vapeur
vint nous voir. En voyant les rameurs chinois, je changeai mon opinion sur
la poltronnerie et le manque d'énergie de ce peuple. Sur rade il y avait
encore trois vapeurs et pas mal de barques chinoises.

18 octobre. — Encore une journée passée sur place. Je n'ai pu descendre
à terre pour voir la ville de Tche-Fou, je ne puis donc que renvoyer le
lecteur à l'ouvrage anglais *Treaty ports of China and Japan*. Du pont du
navire je ne vis qu'une rangée de maisons et une tour chinoise où se
trouve le phare ; on apercevait aussi des jardins, des bosquets et, un peu
plus loin, au milieu des champs, un grand monastère catholique avec une
église très haute. Il y a en Chine pas mal de ces monastères, on voit

bien que les catholiques ont à cœur l'égarement des Chinois et cherchent à les faire entrer dans la voie du salut. Bonnes gens! La ville a douze mille habitants; le climat, à ce qu'il paraît, y est excellent et attire beaucoup d'étrangers : Français, Anglais, Américains, Allemands, qui ont ici leurs maisons.

Aujourd'hui, pour la première fois, je me rencontre à table avec le capitaine du navire, M. Windsor. Bel homme, dans la force de l'âge; il nous salua en silence et garda pendant le repas un air sérieux et froid. A part nous, il n'y avait pas d'autres passagers de première classe, excepté un Chinois qui ne sortait pas du tout de sa cabine, où il avait ses provisions. Nous parlions donc le russe entre nous, sans nous occuper du fier Américain. Après le déjeuner, je restai à table et j'ouvris le livre intitulé *Middle Kingdom*. Le capitaine s'en aperçut et m'adressa la parole du ton le plus aimable.

« Vous lisez l'anglais, par conséquent vous parlez cette langue? Et moi qui n'osais vous regarder, ne connaissant aucune langue. Je vous assure que j'étais très tourmenté en apprenant que j'aurais pour passagers des officiers russes. Je suis très content, » dit-il, et il devint tout joyeux.

Je lui avouai sincèrement l'opinion que je m'étais faite sur son compte, ce qui le fit rire.

La mer se calma un peu et la vie recommença sur le bâtiment. Les matelots s'agitent sur le pont, apportent des cordages, des poulies; d'autres grimpent sur les mâts, et l'on amène la machine pour décharger les marchandises. Le Cosaque Stepanow, qui ne pouvait jamais rester oisif, se met aussi à aider les matelots ; un certain nombre de barques se dirigent de la plage vers le vapeur, et tout s'anime. Le brouhaha commence, on crie partout, c'est à croire qu'un accident est arrivé et que nous allons sombrer. La présence des Chinois expliquait ce vacarme, parce qu'ils ne peuvent rien faire sans crier. La mer, quoique plus calme, était encore assez houleuse et les rameurs faisaient tous leurs efforts pour aborder le vapeur : quelque chose ne va-t-il pas, on crie ; ou, par contre, arrive-t-on à point, on crie encore de contentement; quelqu'un est-il enveloppé par une vague, on crie, on rit de bon cœur à vous faire rire également.

J'admirai ces Chinois qui, vêtus légèrement et trempés par l'eau, travaillaient sans relâche. Le déchargement continua non seulement toute la journée, mais aussi la nuit à la lumière des lanternes. A minuit on leva l'ancre pour continuer le voyage.

En me promenant sur le pont, je sentis une forte odeur d'opium qui venait du carré de deuxième classe, et je demandai au capitaine si je pourrais entrer dans cette salle pour voir les fumeurs.

« Mais certainement, me répondit-il, allons-y ensemble. »

Le carré de deuxième classe n'était point divisé en cabines; c'était une salle avec des hamacs à trois rangées superposées sur les côtés et au milieu; tous ces hamacs étaient occupés; il y avait beaucoup de paquets par terre, ainsi que des comestibles, car les Chinois ne mangent jamais la nourriture du bord, quoiqu'ils la payent, tant est grande chez eux l'habitude de leur propre cuisine.

L'éclairage terne de cette salle semblait encore affaibli par la fumée qui la remplissait. J'en fis le tour : quelques passagers jouaient aux dominos, semblables aux nôtres; d'autres soupaient, et la plupart fumaient couchés dans les hamacs. Je m'arrêtai devant un passager qui bourrait sa pipe et qui l'alluma sans se déconcerter; bien au contraire, il se mit à me sourire. Parmi les fumeurs il y en avait de tout jeunes. Je trouvais cette fumée d'opium assez agréable, mais je ne pus rester longtemps dans cette atmosphère.

19 octobre. — Rien de saillant.

20 octobre. — Beau temps. Il fait chaud et je me promène en redingote sur le pont. Les passagers chinois montèrent aussi respirer l'air; ils s'approchaient poliment de moi et, soulevant les pans de ma redingote, ils l'examinaient à l'endroit et à l'envers. Ils touchaient mes bottes et s'adressaient à moi avec des questions qu'il m'était impossible de comprendre; je leur parlais en russe. Nous avions tous réciproquement envie de causer ensemble; mais je crois que cette envie les tenait encore bien plus que moi.

21 octobre. — La petite ville de Chang-Haï, où nous devons débarquer aujourd'hui, se trouve à l'embouchure du Yan-Tze-Kiang, ce qui veut dire « Fils de l'Océan ». Elle n'est pas bien importante par elle-même; mais elle est connue dans le monde entier comme centre commercial du Céleste Empire. Les Anglais, peuple pratique, avaient prévu depuis longtemps l'importance de ce point et s'y établirent dès 1841. Cette colonie représente aujourd'hui toute une ville, la « ville des palais », comme on l'appelle quelquefois. Habitée par des représentants de dix-huit nations, capitalistes, hommes d'affaires, commerçants, cette ville jouit dans son organisation de tous les avantages des villes d'Europe et aussi de quelques-uns de leurs inconvénients.

On entre sans s'en douter dans les eaux de l'immense fleuve, et du pont du navire on ne peut guère apercevoir les bords; il en est de même quand, en quittant le Yan-Tze, on entre dans son affluent, le Wou-Soung; mais, à mesure qu'on le remonte, on commence à rencontrer les villas avec leurs serres, leurs salles de bain et autres dépendances. Le nombre des navires et des barques va en augmentant; on voit flotter les pavillons de tous les pays, on

entend siffler des machines, les sons du cor et les coups de marteau dans les
fabriques. De la Chine, il n'en est pas question ; c'est la vie de l'Occiden
civilisé acclimatée sur une plage de l'extrême Orient. Notre bateau long
le quai, où s'élèvent d'immenses fabriques et des dépôts de marchandises e
de charbon : c'est le quartier ouvrier. Plus loin est le quartier européen, ave
ses rues propres et pavées qui sont bordées de belles maisons; de beau
équipages y circulent; ici le vapeur s'arrête. Du pont je vois le quartie
chinois avec ses toits aux formes les plus originales, et sur le fleuve tout
une forêt de mâts, de jonques et de barques chinoises que l'on compt
par milliers.

Le consul russe, averti de notre arrivée, nous attendait, et après avoi
pris congé de notre capitaine, nous nous rendons à l'*Oriental-Hotel* e
laissant sur le bateau nos Cosaques pour garder les bagages. A peine débar
qués, nous sommes assaillis par des Chinois offrant à grands cris leurs petit
équipages : il y avait de simples brouettes dont on se sert chez nous pou
transporter la terre; il y avait aussi des petites voitures semblables à celle
dans lesquelles on traîne les enfants ou les malades. Peu habitués à nou
faire traîner par des hommes, nous préférons aller à pied. Chemin faisan
j'examinais les rues aboutissantes au quai, également très propres et bie
pavées, avec de nombreux équipages attelés à l'anglaise ; des Chinois pous
sant leurs petites voitures occupées par des Européens; des matelots de toute
les nations, un grand nombre de promeneurs profitant du beau temps e
de la belle saison.

L'hôtel était tenu par un Américain, mais le service était fait par de
Chinois, parlant il est vrai l'anglais, car, à Chang-Haï, sans la langue anglais
on ne peut faire un pas, absolument comme en Europe sans le français
Nous prîmes deux chambres à deux lits chacune, ce qui nous coûta tro
dollars par jour et par personne, la nourriture comprise, qu'on y mang
ou qu'on n'y mange pas. Après le déjeuner, les Chinois apportèrent n
malles; je donnai deux dollars à celui qui amena celle de Matoussowsky e
la mienne, mais il ne parut guère se contenter de cette somme ; je pri
le maître d'hôtel, qui se trouvait là, de me traduire la réclamation d
Chinois.

« Comment? il n'est pas content, dit-il, c'est parce que vous lui ave
donné trop. » Et, reprenant un dollar, il me le remit en renvoyant le brav
Chinois, qui s'en alla tout penaud et regrettant sans doute sa réclamation

Notre intention étant de ne rester que deux jours à Chang-Haï, je me hât
de connaître la ville le plus vite possible. Ainsi, aujourd'hui même, sur l
proposition de notre consul, nous allâmes voir les courses. En sortar

du quartier européen, nous entrâmes dans la ville mixte. Les rues y sont propres et larges, l'élément chinois domine sur l'élément européen; ce quartier est régi par des règlements particuliers et possède un tribunal mixte composé d'indigènes et d'Européens.

En passant devant la maison du juge, qui sert en même temps de tribunal et de prison, j'aperçus dans la cour trois individus subissant leur peine, peine originale. Ils avaient au cou une planche carrée, dont les angles étaient assujettis à des bornes au moyen de chaînes. Cette planche se compose, en somme, de deux parties, découpées en demi-cercle sur leur bord interne, qu'on réunit autour du cou du condamné en les fermant par des serrures. Voilà la cangue; et l'on met cette cravate quelquefois pour un mois et même davantage.

Plus nous approchions du champ de courses, plus la foule augmentait; beaucoup de visiteurs. Je remarquai un énorme char à bancs, où six jeunes Chinoises avaient pris place. Contrairement à ce que j'avais vu jusqu'alors; les Chinoises de Chang-Haï n'étaient guère sauvages; ainsi ces demoiselles ne se gênaient guère pour montrer au doigt les passants, en riant aux éclats. Ce qu'étaient ces demoiselles, je n'en sais rien, mais leur attitude ne prouvait guère en leur faveur. Dans la foule je remarquai beaucoup de Japonais, d'Indiens, de Persans, d'Arabes et de nègres. N'ayant pu approcher de la barrière, à cause de la foule, nous rebroussâmes chemin et allâmes visiter le square, où se trouve un monument funéraire élevé aux officiers anglais tués en 1862 et 1864 dans la guerre avec les *Taï-pings* (insurgés chinois). Le soir, nous fûmes invités à dîner chez le consul d'Autriche, où je fis connaissance avec les drogmans des consulats autrichien, hollandais et allemand. Ce dernier, M. Himly, était un linguiste remarquable; il connaissait le russe, mais le parlait difficilement. J'avais beau lui parler en allemand, il s'obstinait à me répondre en russe. Tous ces messieurs s'intéressaient vivement à notre voyage et à son but, et, si je ne me trompe, ils supposaient que nous l'avions entrepris en vue de faire une enquête sur les possibilités de la construction d'un chemin de fer réunissant la Chine à la Russie. Cette idée les empêchait sans doute de dormir.

M. Himly, par exemple, homme d'un caractère grave et calme, paraissait effrayé d'apprendre que le chemin de fer russe va jusqu'à Perm. D'après les questions qui me furent adressées, j'ai pu me convaincre qu'ils connaissaient peu mon pays, qui était toujours pour eux le « Pays des ours », des neiges et des glaces.

22 octobre. — A peine réveillés, nous voyons le garçon d'hôtel ouvrir notre porte et demander laconiquement : « Thé ? Café ? » Après avoir reçu

une réponse tout aussi laconique, « Café, » il nous l'apporta avec du sucre de canne dans une tasse. Un autre garçon vint faire les lits; un troisième s'occupait des lavabos, et le quatrième de la chaussure, ce dernier était aussi investi des fonctions d'allumeur de gaz.

Voilà la division du travail en Chine; selon moi, c'est la preuve d'un excédent de population, qui cherche à gagner sa vie et offre ses services pour un salaire insignifiant. J'observais le garçon qui faisait nos lits : il prenait les oreillers, les draps, les couvertures, les jetait à terre et les remettait ensuite sans même les secouer. Je lui fis l'observation qu'on ne doit pas procéder ainsi, car par terre il y a de la poussière et qu'on met la tête sur l'oreiller. Il parut d'abord ne pas me comprendre; mais, les jours suivants, il ne jetait plus rien à terre et déposait toute la literie sur un fauteuil.

Après le premier déjeuner, j'allai avec Matoussowsky toucher des chèques à la banque de Chang-Haï. On nous fit attendre, mais je ne regrettai pas le temps que j'y avais passé à regarder l'étonnante adresse avec laquelle les Chinois font sauter les dollars dans leurs mains pour séparer les bonnes pièces des fausses, très nombreuses ici dans la circulation; c'est pourquoi la banque n'accepte aucune pièce sans la vérifier. J'admirais la rapidité et la précision de ce contrôle; en une minute une trentaine de dollars glissaient de la main droite du vérificateur en frappant un dollar posé sur le médius de la main gauche et tombaient d'un côté ou d'un autre, selon qu'ils étaient bons ou mauvais. On entendait le son du métal et parfois le son sourd d'une pièce fausse. Le contrôleur chinois, tout en poursuivant son travail, causait avec l'un ou l'autre.

23 octobre. — J'avais grande envie d'assister à une séance du tribunal (*mixt court*), et le drogman du consulat autrichien s'offrit de nous y conduire, Matoussowsky et moi. Mais comme les Chinois se lèvent avec le soleil, il fallait y être à sept heures du matin. Après avoir traversé plusieurs cours inévitables, nous entrâmes dans la salle des séances, si l'on peut appeler ainsi un hangar découvert, sans plafond, aux murs remplis de poussière. Nous sommes à deux pas des deux juges, l'un mandarin chinois, l'autre un Anglais, assis sur une estrade l'un à côté de l'autre. Une balustrade de bois partageait la salle en trois compartiments; dans celui du milieu, et devant la table des juges, où prenaient place aussi quelques fonctionnaires d'ordre inférieur, se tenaient les accusés, les demandeurs, les témoins et la police; une porte du dehors y donne accès; les deux autres parties de la salle sont pour le public.

Le juge remarqua immédiatement notre arrivée, et nous lui fûmes

présentés par le drogman. Il nous invita à prendre place sur des bancs de
bois peu commodes et fit signe à l'un de ses serviteurs de nous apporter du
thé chaud et des cigares. Tout ceci se passait pendant le jugement.

L'accusé, le demandeur et les témoins se tenaient tout le temps à genoux,
et quand ils se sentaient fatigués, ils s'asseyaient sur leurs jambes. Les parties adverses entamaient une discussion, qui dégénérait en dispute et allait
se terminer par une bataille, ce qui arrive quelquefois, les deux adversaires
étant côte à côte. Le juge leur parle et les hommes de police se mêlent de
l'affaire, soit en expliquant ses paroles, soit en ajoutant du leur ; ils donnent des conseils, font des exhortations ; parfois ils blâment et cherchent à
faire taire les plus bruyants.

En notre présence, il a été jugé deux affaires. La première était relative
au vol d'un vêtement quelconque, qui a été remis séance tenante à son
propriétaire. Le coupable fut condamné à un certain nombre de coups de
bambou sur les reins et non sur les talons, comme le disent ou l'écrivent
certains voyageurs. La punition fut immédiatement exécutée dans une des
cours latérales de l'établissement. La seconde affaire avait trait au recèle-
ment d'une femme mariée ayant quitté le domicile conjugal ; elle parut
assez grave au juge pour ne pas la résoudre de sa propre autorité ; elle fut
renvoyée au gouverneur de la province.

Puis la séance fut suspendue et le juge nous invita à passer dans son
logement. Là encore nous trouvâmes le thé, les friandises, les cigares et
le champagne, ce compagnon inévitable de la civilisation de l'Occident.
Le juge, nommé Tzeng, homme assez âgé, de petite taille et gros, n'était
pas bien beau, mais sa physionomie exprimait la bonté. Il s'intéressait
vivement à la direction dans laquelle nous allions poursuivre notre voyage
et exprima ses craintes de nous voir aller dans une contrée où l'insurrection
n'était guère étouffée. Je ne voulais voir dans ses paroles, comme dans
celles d'autres Chinois s'exprimant de la même façon, aucun désir de nous
effrayer pour nous forcer à rétrograder, mais seulement leur peu d'habitude des longs voyages et peut-être leur mollesse et leur manque de bravoure.

Tzeng nous raconta que, l'année dernière, le fils de notre empereur a
bien voulu l'honorer de sa visite et lui avait fait don d'une montre, qu'il
portait toujours sur lui, très fier de ce souvenir du grand-duc Alexis.

Deux heures plus tard il vint nous voir, selon son habitude, et fit la connaissance des autres membres de l'expédition, puis il nous invita tous à dîner.

Ayant suffisamment de temps devant nous, nous allâmes visiter l'arsenal
chinois, assez éloigné du centre de la ville ; un petit bateau à vapeur nous
y conduisit en quelques minutes. Le drogman du consulat hollandais, qui a

bien voulu être notre interprète, nous fit annoncer, et le chef de l'établissement vint à notre rencontre, puis nous invita à entrer dans sa chambre.
Homme âgé et bénin, il paraissait timide. Toujours la même réception : thé, fruits, friandises et champagne, suivie de notre visite de l'arsenal, qui, soit dit en passant, n'a rien de particulier. Construit depuis
onze ans par des Européens, il occupe actuellement mille quatre cents
ouvriers exclusivement chinois et pour la plupart originaires de Canton ou
de ses environs.

Cette ville, depuis longtemps en relation avec les Européens, fut la première à accepter les innovations civilisatrices de l'Occident : ce sont donc
les Cantonois qui mènent le commerce des produits de l'Europe ; ce sont
eux aussi qui s'occupent des arts et de la photographie ; ils se servent de
machines à coudre et fournissent des ouvriers aux fabriques. Ils furent
les premiers à entrer au service des Européens, à apprendre les langues
étrangères et à abandonner leurs anciennes coutumes, comme, par exemple,
la mutilation des pieds chez leurs femmes : rien qu'à ses pieds vous reconnaî-
trez facilement une femme de Canton.

Les ouvriers de l'arsenal atteignent la perfection et sont capables d'exécuter les travaux les plus délicats. Maigres, exténués, les yeux renfoncés,
ils m'inspiraient la pitié, et tout cela provient autant du labeur fatigant que
d'une nourriture insuffisante et principalement de l'usage de l'opium.

Ensuite nous allâmes voir la maison du gouvernement, peu éloignée de
l'arsenal. On sait qu'en Chine il n'y a que les maisons des pauvres qui donnent sur la rue, car, si le propriétaire est quelque peu aisé, sa maison est
cachée derrière un mur, et du dehors on n'en peut voir que le toit. Si la
maison est considérable et que le propriétaire possède un vaste terrain,
celui-ci est partagé en plusieurs cours grandes et petites, passages et
couloirs, et la maison, généralement à un étage, est placée au milieu ou
au fond.

Ici c'était la même chose : galeries couvertes, à fenêtres grillées, jardins
ombragés, cours pavées, étang avec îlot, parterres de fleurs, etc. Dans
l'une des pièces, le portrait de feu Tzeng-Koou-Fan, connu par ses qualités de l'esprit et ami sincère des Européens. Dans une autre pièce, toute
une collection de planches typographiques avec des traductions de la mécanique, et le drogman, notre aimable interprète, nous expliqua que tout
ce travail ne vaut absolument rien, d'abord par suite des connaissances
insuffisantes de la langue par les traducteurs, et plus encore par les propriétés mêmes de la langue chinoise.

Nous étions neuf Européens invités à dîner chez l'excellent juge Tzeng, dont cinq appartenaient à des nationalités différentes. Il faisait déjà nuit ; dans la première cour, les hommes de service nous attendaient avec des lanternes ; dans la seconde cour, nous fûmes reçus par Tzeng lui-même en habits de parade et par une escouade de serviteurs munis de lanternes. Une fois entrés dans la chambre, les salutations recommencèrent, puis on servit le thé dans des tasses, que les gens de service apportaient sans plateau, à la main, et posaient devant chacun sur une petite table ; quant à ceux qui restaient debout, le domestique leur remettait la tasse dans les mains, en disant *ho-tza* (prends le thé). Une longue table, dressée au milieu de la chambre, était garnie de vases de fleurs et de fruits et de flambeaux avec chandelles rouges ; des lanternes entourées d'étoffe rouge et suspendues au plafond projetaient une lumière rougeâtre.

Le maître de la maison nous invita à prendre place ; cette invitation fut répétée par les serviteurs à chacun de nous séparément, et après chacune d'elles on approchait de la table une chaise ou un tabouret. Tout le monde étant placé, le juge s'assit le dernier. Me retournant vers la porte restée ouverte, je vis une foule compacte nous regarder et causer à mi-voix.

Quelles étranges conjonctures dans les relations de la vie ! D'un côté, un fonctionnaire, homme important et fier ; de l'autre, une populace qui se place là, dans la chambre de réception de ce fonctionnaire. Ce n'était pas très commode, mais cela me plaisait.

Encore du thé, tout le monde le refuse, excepté Tzeng ; puis on sert du vin de riz dans de petites tasses, du champagne dans des bocaux, et les hors-d'œuvre ; mais personne ne touche encore à rien, c'est l'usage. Le maître de la maison se lève alors, salue et nous invite à boire, puis il boit une tasse de vin. Il donne l'ordre à son serviteur de lui ôter son chapeau de parade, en place duquel il met une calotte de satin ; il se dépouille ensuite d'une espèce de collier en os sculptés, dans le genre des chaînes de juge de paix de Russie, insigne de sa haute dignité.

Le dîner fut long, abondant et compliqué, et il faut rendre cette justice à la cuisine chinoise, qu'elle est excellente.

Les serviteurs remplissaient sans cesse nos verres de vin, invitant à manger, et entre temps mouchaient les chandelles avec leurs doigts en jetant à terre les mèches fumantes, ce qui remplissait la salle d'une odeur très désagréable. Après plus de vingt plats, on fit un entr'acte en se promenant et fumant des cigares ; puis on se remit à table. Tout le monde en avait assez depuis longtemps, quand les plats se succédaient encore ; enfin on servit le riz sauveur, s'il m'est permis de m'exprimer ainsi. Le riz cuit est toujours le dernier plat d'un dîner chinois; personne n'en voulut, mais Tzeng en mangea une tasse pleine, puis donna l'ordre à son serviteur de lui remettre sa chaîne d'os et son chapeau. Il se leva, nous fîmes de même; il commença à nous saluer, ce qui voulait dire : le dîner est fini, vous êtes libres, je ne vous retiens plus. Avertis par nos compagnons, nous prîmes nos chapeaux, et, comme de vrais Chinois, nous nous en allâmes, après avoir salué l'aimable hôte, qui nous reconduisit jusqu'à la porte de la seconde cour.

Au lieu d'aller me reposer, comme le font les Chinois, je profitai de l'offre de M. Has, drogman du consulat autrichien, pour visiter certains établissements, et notamment les dortoirs ou asiles de nuit, les bains et les fumoirs, boutiques où l'on fume de l'opium. L'asile de nuit que j'ai pu voir consistait en une longue salle dont la porte donnait sur la rue ; sur le côté gauche de cette salle étroite, il y avait une espèce d'armoire divisée en quatre rangées superposées et de longueur suffisante pour une personne de taille ordinaire. Chacune de ces cages représente un numéro, qui se loue pour la nuit par des personnes de passage à Chang-Haï, par des voyageurs ou par des retardataires qui ne peuvent rentrer dans leur quartier. Dans ces cabines il n'y a ni draps, ni couvertures, ni oreillers, parce que la plupart des Chinois qui partent en voyage emportent avec eux leur literie. Dans la salle, il n'y avait ni propriétaire ni garçon, et habituellement on ne se fait payer que le matin. Les compartiments inférieurs sont occupés les premiers; j'entendais ronfler déjà au rez-de-chaussée de l'armoire, quand, à l'entresol et au premier, on se préparait à peine à se coucher, en y grimpant à l'aide d'une échelle; la quatrième et dernière rangée était encore vide.

Les bains de vapeur que j'ai vus ressemblent aux bains populaires russes, moins la propreté, et l'air y est lourd. La porte d'entrée donne directement dans la salle des bains. Où se déshabillent donc les baigneurs? je n'ai pu l'apprendre.

Enfin j'allai voir les fumoirs ou tabagies, qui ressemblent un peu à nos petites brasseries, avec cette différence, qu'au lieu de tables et de chaises il n'y a qu'un certain nombre de *kangs* ou couchettes couvertes de drap, de feutre fin ou de nattes, et des traversins. Au moment où j'entrais, plusieurs de ces *kangs* étaient déjà occupés par des fumeurs, et sur l'un je voyais couchés l'un à côté de l'autre un homme et une femme, tous deux fumant l'opium. Le garçon de l'établissement vint immédiatement nous demander, du ton le plus simple, combien de pipes il fallait nous servir, ce qui m'autorise à croire que ces tabagies sont fréquentées par des Européens; sur notre refus, il alla reprendre sa place, sans faire aucune observation, et nous voilà donc,

Asile de nuit à Chang-Haï.

comme de vrais inspecteurs, passant d'une pièce à l'autre, examinant les fumeurs sans qu'un seul ait songé à se plaindre de ce sans-gêne de notre part. L'un des Chinois, qui avait sa pipe toute préparée, me l'offrit de la manière la plus aimable en disant *tzin-tzin*, c'est-à-dire « je vous en prie ».

Chaque pipe d'opium coûte 10 à 15 cents (100 cents font un dollar) ; les Chinois fument deux ou trois pipes de suite, et ceux dont les moyens le leur permettent, cinq et sept. D'habitude on fume trois ou quatre fois par jour, ce qui fait une dépense d'un dollar par jour. Le nombre des fumeurs d'opium doit être considérable en Chine, si l'on en juge d'après le nombre des fumoirs qu'on rencontre dans certaines rues de Chang-Haï.

Pour fumer l'opium, il faut se munir d'une pipe particulière, qui consiste en un tuyau d'un mètre de longueur environ et fermé hermétiquement à l'un de ses bouts, mais ayant sur le côté une petite ouverture, dans laquelle on introduit la pipe en faïence ou en porcelaine. Cette pipe, en forme de tasse ou de boule, est percée d'une cheminée dont le conduit laisse passer une aiguille. L'opium dont on se sert est à l'état mou, de couleur noire ; avec une épingle destinée à cet usage, on en prend une petite quantité, qu'on fait chauffer à la flamme d'une petite lampe et qu'on roule dans les doigts, jusqu'à ce qu'elle se durcisse en refroidissant. Chauffée alors une dernière fois, avec l'épingle on pique l'opium au fourneau de la pipe, puis on la retire doucement ; elle laisse dans l'opium une ouverture communiquant avec la cheminée de la pipe.

Le fumeur se couche alors, approche la pipe de la lampe, en maintenant l'opium au-dessus de la flamme, sans le laisser s'enflammer, et aspire la fumée à longs traits. Le fumeur ne se contente pas d'une seule pipe ; il en fume trois, quatre, cinq et six de suite.

Quelle est l'action de l'opium ? En général, on se figure qu'il donne des visions agréables ; c'est une erreur, il ne procure même pas le sommeil. On commence à fumer l'opium comme chez nous le tabac, avec cette différence, qu'une fois l'habitude prise il est impossible de s'en débarrasser. Les vieux fumeurs ne tombent pas du tout dans une somnolence accompagnée de visions, comme on le croit : ils se sentent plus forts, plus gais et plus courageux ; mais, avec le temps, ils ressentent des douleurs dans le dos et dans l'estomac, ont la tête lourde, les yeux pleins de larmes (l'épiphore), et ressentent une faiblesse générale et de la tristesse, qui passent aussitôt qu'ils fument. L'opium dérange les organes du système digestif et du système nerveux.

L'habitude de fumer l'opium devient par l'usage une nécessité, et ceux qui ne peuvent apaiser cette *soif* supportent de terribles souffrances. Il leur manque quelque chose, ils sont dans l'impossibilité de travailler et commencent à souffrir. Ils donneront leur dernier sou, leurs vêtements, vendront tout, ils iront même voler et assassiner pour se procurer le remède contre leur mal, et ce remède c'est encore l'opium. Le mal est si grand, que tout travail devient impossible, les forces sont paralysées, on est abattu ; il est plus facile de se suicider que de supporter cette privation.

Tant qu'un fumeur a le moyen de se donner cette satisfaction, il né ressent rien ; mais plus il en use, plus il lui faut augmenter la dose, et une personne peu aisée se ruine facilement. On a pleine conscience du mal, on faiblit, on dépérit, on perd toute force de volonté, mais on ne peut plus s'arrêter et l'on marche droit à l'abîme. On se rend compte de sa ruine prochaine et de celle de sa famille, on voit la misère. Qu'importe ! il faut aller jusqu'au bout. Et voilà comment on voit, dans les rues des villes chinoises, ces cadavres vivants couverts de haillons ou nus, attendant que la mort vienne les débarrasser de cette existence.

Cependant on ne saisit guère les suites funestes de cette habitude. La nation poursuit le cours de sa vie. Le mal ne saute pas aux yeux, et puis, il faut le dire, ce vice ne s'étale pas : on fume principalement la nuit, et en cachette pour ainsi dire.

24 octobre. — Aujourd'hui j'achetai divers objets pour ma collection ethnographique. Il est facile de se ruiner dans ces achats, si l'on ne connaît pas les prix, parce que dans les magasins on vous demande le triple du prix réel, et ceci vient de ce que les Européens donnèrent eux-mêmes cette habitude en payant plus cher qu'on ne leur demandait. J'achetai aussi des photographies de diverses vues de la Chine, ayant acquis la certitude qu'il ne me sera pas permis de me servir de notre matériel, pas plus à moi qu'à Matoussowsky.

25 octobre. — Grâce à l'aimable M. Ilas, j'ai pu visiter aujourd'hui la ville chinoise. Nous laissâmes notre voiture à la porte de la ville et nous y allâmes à pied. Quelle différence entre le quartier européen et le quartier chinois ! Deux mondes distincts.

On se dirait dans un grand bazar de friperie et de vieilleries ; on vend de tout dans ces rues étroites et sales : tel vend des souris blanches qui sautent en faisant tourner la roue de la cage ; tel autre vend des grillons des champs dans de petites boîtes de paille ; le commerce, le repos, le manger, la toilette, tout y est, même la guérison miraculeuse de diverses maladies : on voit de tout.

Je m'arrêtai devant un confrère, Esculape indigène assis sur une chaise pliante à l'ombre d'un parasol carré, en forme de tente ; tous ses

remèdes étaient étalés là, devant lui, sur une petite table : racines, herbo-
risterie, crânes d'animaux ; il y avait un crâne de tigre, un squelette de
singe, des écorces de fruits, des peaux de hérisson, de vipère et de crocodile,
des cornes de chevreuil, des chauves-souris desséchées, des pattes d'ours, etc.
Comme instruments de chirurgie, il n'y avait que des aiguilles et des
ventouses de bois.

Un malheureux, malade et maigre, vint demander en notre présence
une consultation ; j'observai attentivement le charlatan avec d'autant plus
de plaisir, que celui-ci ne se doutait guère qu'un vrai médecin le regardait.
D'un air important il tâta le pouls et fit une grimace significative, puis,
prenant une de ses aiguilles, il la lui enfonça dans le dos, au-dessous de
l'omoplate en le laissant dans cette position. Le malheureux cherchait à
supporter sa souffrance dans l'espoir de la guérison.

Nous montâmes ensuite sur le mur d'enceinte pour mieux voir l'ensemble
de la ville, et je fus très étonné de voir les Chinois nous regarder avec
curiosité, comme quelque chose d'extraordinaire ; ne sont-ils donc pas
habitués à vivre côte à côte avec les Européens ? C'est ici que j'entendis
pour la première fois nous donner le surnom de « diables étrangers »
(*yan-gouï-tzy*, plus exactement « diables d'au delà les mers »). « Regardez,
regardez, les diables étrangers marchent sur le mur. »

Ceci ne nous empêcha point d'admirer la ville, arrosée par un bon nombre
de canaux étroits, avec de jolies maisons de chaque côté et de petits ponts
jetés d'une maison à l'autre au-dessus du canal. Les rampes de ces ponts
étaient tapissées de nattes. Après avoir pris une esquisse, nous suivîmes
encore le mur, mais sans rencontrer un escalier pour descendre. Nous nous
arrêtâmes sans savoir comment faire, quand un garçon qui nous regardait
d'en bas, comprenant notre embarras, courut chercher une échelle et l'appuya contre le mur. Par malheur, je n'ai pu le récompenser de sa bonne
volonté, ayant oublié d'emporter avec moi de l'argent ; je lui donnai une
petite pièce russe dont il ne pourra faire aucun usage.

Nous entrâmes aussi dans une boutique d'instruments de musique, qui
sont nombreux en Chine. Instruments à vent en bois ou en cuivre, ou instruments à cordes : cymbales, clochettes, crécelles, planchettes, tambours de
formes et de grandeurs diverses. Quelques-uns ressemblent à nos clarinettes
ou flûtes, mais beaucoup plus simples ; les instruments à cordes sont des
espèces de violons, guitares, harpes, qui diffèrent des nôtres par leur forme
et par les cordes. Celles-ci sont en fil de soie tordue ou en fil de cuivre ; il
y a aussi des sifflets de bambou, dont on se sert aux enterrements ou pour
veiller les morts.

Après le déjeuner nous allâmes, avec le consul autrichien et Matoussowsky, voir la mission catholique, située à une quinzaine de verstes de Chang-Haï, dans une localité nommée Si-Ka-Weï. On y voit encore l'influence de l'Occident : en dehors de Chang-Haï, la chaussée est excellente, partout des villas et des restaurants.

L'un des pères vint à notre rencontre et s'offrit à nous faire visiter l'établissement, aussi utile qu'intéressant. Il est destiné aux enfants abandonnés et aux orphelins. De fondation déjà assez ancienne, cet établissement a plusieurs divisions, où sont élevées des générations d'enfants depuis les nouveau-nés jusqu'aux adolescents. On y enseigne, à part le chinois, le français et le latin et diverses notions générales, mais principalement, il me semble, la philosophie et la théologie. Les arts et les métiers n'y sont guère négligés ; nous avons vu les ateliers de menuiserie, de serrurerie, de cordonnerie, de sculpture sur bois et de peinture ; dans ce dernier, on peint presque exclusivement des tableaux religieux destinés aux églises de la Chine et aux Chinois chrétiens. Les jeunes Chinois qui y travaillaient avaient les manières des Européens, et, il faut le dire, plusieurs d'entre eux n'avaient point du tout le type de leur pays, ce qui donnait à réfléchir sur leur origine.

Le révérend père nous conduisit à l'observatoire, où il nous montra un instrument assez compliqué, que j'avoue ne pas avoir connu (le météorographe du père Angelo Secchi). Tout en nous guidant dans l'établissement, ce père nous interrogeait beaucoup sur notre voyage et sur son but. Il est hors de doute que les Européens ont des vues sur la Chine et qu'ils ont peur que les Russes ne dérangent leurs plans.

Il y a ici également une division de jeunes filles, dirigée par des sœurs, mais personne n'y entre, pas même les femmes. Pourquoi pas les femmes ? Quel est ce mystère ? Je n'osai en demander l'explication.

En rentrant nous avons vu dans un village populeux une tête dans une cage suspendue à une perche. Quoique habitué par mes travaux à voir, dans les amphithéâtres anatomiques, le corps de l'homme mutilé, cette tête exposée dans une cage produisit sur moi un effet très pénible.

En Europe, l'opinion générale est que les Chinois sont très indifférents pour l'existence, et qu'ils reçoivent la mort de la main du bourreau avec la même tranquillité que s'ils allaient dormir. Quelle est leur contenance en allant au dernier supplice ? Il ne m'a pas été donné de le voir. Mais, d'après les renseignements recueillis auprès de personnes ayant longtemps séjourné en Chine, je puis affirmer qu'un Chinois tient autant à la vie que tout autre homme. « Une longue vie » n'est-elle pas chez eux l'un des « cinq dons supérieurs du ciel » ? En Chine, le vulgaire évite dans ses conversations le mot de « mort » (*sy*) ; il n'aime pas non plus désigner le cercueil par son nom propre (*gouan-tzaï*) et l'appelle généralement le « bois » (*moutoou*). Je n'ajoute pas beaucoup de foi à ceux qui racontent que des repas bruyants précèdent généralement le dernier supplice, et si même cela était vrai, ce serait une preuve que le spectacle fréquent de la peine de mort ne peut guère servir à l'édification des hommes.

Après le dîner, dans la soirée, j'allai, toujours avec M. Has, dans la ville mixte, pour voir principalement les quartiers qui, d'ordinaire silencieux le jour, sont animés la nuit d'une vie bruyante.

Une foule compacte se meut dans les rues, éclairées au gaz et par des lanternes vénitiennes de formes diverses, suspendues devant les boutiques. Mais ces gens ne se dépêchent plus, ils ne courent pas en se bousculant et se renversant l'un l'autre, comme dans la journée. On voit qu'ils se promènent et se reposent; ils se divertissent, car il y a quantité de divertissements : restaurants de thé, avec orchestre, chanteurs et prestidigitateurs; il y a de jeunes chanteuses, des théâtres, des fumoirs d'opium et des établissements mystérieux avec chanteuses, musique et opium. Les premiers de ces établissements sont visibles, ils donnent sur la rue; les derniers, par contre, sont cachés au fond des cours, au milieu d'un labyrinthe de couloirs et d'escaliers; on peut rôder autour pendant longtemps sans soupçonner leur existence, ou, sachant qu'ils existent, ne pas pouvoir les trouver. Il est difficile de pénétrer partout au voyageur étranger qui ne connaît pas la langue ; cela est même dangereux, et, quoique je n'ajoutasse pas foi à tous les racontars sur ces dangers, je n'osais pas non plus rejeter les conseils de mon compagnon.

En nous promenant dans les rues, nous entrâmes dans une maison dont la porte était ouverte : dans une petite chambre il y avait deux Chinoises et un Chinois. Nous nous y promenâmes sans permission, sans saluer, comme la police, comme l'autorité, et continuâmes à causer. Je ne me sentais pas à l'aise de notre sans-gêne, le Chinois n'avait pas l'air content, les femmes non plus. Ils parlaient entre eux, puis l'une des femmes, se tournant vers nous, fit un geste qui signifiait allez-vous-en. Nous ne le fîmes pas répéter, et si je raconte ce petit épisode, c'est pour montrer de quelle manière on peut faire connaissance avec leur vie intérieure : la porte est ouverte, entrez.

Plus loin nous voulûmes visiter un théâtre, mais un Chinois qui se trouvait à la porte nous fit comprendre, de la manière la plus aimable, que nous risquions fort de nous exposer à des désagréments :

« Il vaut mieux pour vous de ne pas entrer, » nous dit-il, et nous suivîmes son conseil.

Dans le quartier où nous étions, il y avait quantité de fumoirs, les uns très confortables, les autres plus modestes, fréquentés par des vagabonds et des mendiants. Quelques Chinois nous offraient leurs services pour nous mener n'importe où nous voudrions, dans l'espoir de recevoir une récompense. Je priai mon collègue de demander à l'un d'eux s'il pouvait nous conduire chez une femme qui laisserait prendre le dessin de son pied.

« *Yesi! Yesi!* » répondit le Chinois en imitant le *yes* anglais, et il se mit à nous conduire à travers des ruelles sombres et boueuses, où malgré cela il y avait une foule de peuple. En passant, nous vîmes un conteur égayer la foule par ses récits, mais réunir peu d'auditeurs. Nous entrâmes enfin dans une maison où notre guide expliqua à la femme le but de la visite. Il reçut sur-le-champ un soufflet et s'en alla très tranquillement, sans se déconcerter, en nous promettant plus de succès dans une autre maison. Il s'arrête, frappe à la porte et transmet ma demande à la Chinoise; il y reçoit un nouveau soufflet et, quelque peu confus, continue le chemin en nous invitant à le suivre. Dans la troisième maison il ne reçut point de soufflet, parce qu'il sut l'éviter à temps. Il est probable qu'il savait que cela ne se passerait pas autrement; son intention n'était pas de me procurer le modèle pour un dessin, mais de gagner quelque chose, quitte à se faire appliquer quelques soufflets. Son but était atteint, il reçut un franc et prit congé de nous, en exprimant le regret de n'avoir pu satisfaire notre désir.

Ayant entendu plus loin, dans la même rue, les sons d'un orchestre, nous nous décidâmes à entrer, et nous montâmes au second étage par un escalier de bois. Dans une première pièce, derrière le comptoir, un Chinois versait le thé dans les tasses; une seconde pièce beaucoup plus grande était occupée par le public, exclusivement masculin, et au fond, sur une estrade, se trouvaient les musiciens et les chanteuses.

La salle était pleine, il n'y avait qu'un banc à deux places resté libre, et nous étions trois. Je préférai rester debout pour mieux voir la scène et le public, mais l'un des spectateurs se leva immédiatement pour me céder sa place.

« *Tzo, Tzo! Tzin-tzo*» (Asseyez-vous, asseyez-vous! je vous prie de vous asseoir), dit-il. Je voulais refuser, mais il insista, et il fallut s'asseoir au plus vite pour ne pas déranger les spectateurs qui nous regardaient.

Un dialogue humoristique et peu décent, ou plutôt indécent, avait lieu sur la scène entre un vieillard et deux chanteuses; les couplets étaient chantés avec accompagnement de violon par le vieillard et de guitares par les chanteuses.

L'artiste était vif et comique, et sans le comprendre on pouvait suivre son jeu avec plaisir. Quant au chant des femmes, je dois avouer qu'il me rappelait le miaulement des chats soumis à la vivisection. Elles jouaient passablement de leurs guitares, malgré la longueur des ongles de leurs doigts et celle des dés d'argent que les coquettes portent habituellement aux deux derniers, pour garantir les ongles et quelquefois pour faire penser qu'elles les portent longs, ce qui est un usage très aristocratique et signifie que ce n'est pas le travail manuel qui les fait vivre.

Aussitôt assis, on nous servit le thé ; on nous offrit du feu pour allumer nos cigarettes, et en même temps on nous fit payer 20 cents (1 franc) d'entrée par personne.

Je déployais mon album dans l'intention de faire un croquis de la scène et des artistes, mais à peine avais-je tracé quelques lignes, que mes plus proches voisins quittèrent leurs places pour regarder ce que je faisais, et les autres plus éloignés en firent autant. Les chanteuses comprirent de quoi il s'agissait et se couvrirent la figure de leurs guitares; quant au vieux, il parut même flatté, et le public avait l'air joyeux de ce nouveau divertissement. Ne pouvant pas continuer mon dessin, je pliai l'album, et bientôt nous quittâmes l'endroit.

Avant de rentrer, nous avons vu d'autres établissements d'une construction uniforme et occupant tout un quartier. Maisons sans fenêtres; la porte sur la rue y était gardée par une palissade de solives de bois, dont une se retirait pour donner passage. Ces maisons sont habitées par de pauvres filles, orphelines ou achetées pour quelques centimes par des exploiteurs, hommes ou femmes, d'un genre particulier ; elles se promènent à la porte de la maison ou dans la rue, et invitent les passants à entrer chez elles.

Pour terminer, je dois ajouter que pas un seul désagrément, pas une seule injure ne nous fut adressée pendant cette promenade nocturne. Tel est le fait. Est-ce par suite de la peur qu'inspiraient les Européens? est-ce par suite du caractère paisible des Chinois? je laisse à d'autres meilleurs connaisseurs du pays la conclusion que l'on peut en tirer.

26 octobre. — Préparatifs de départ pour Han-Keou, par bateau à vapeur, le *Fire Queen* ; Sosnowsky était déjà parti depuis trois jours.

27 octobre. — Nous étions déjà bien loin de Chang-Haï, lorsque le matin je montai sur le pont.

Le temps était splendide et la chaleur augmentait à mesure que le soleil s'élevait au-dessus de l'horizon. Une grande quantité de jonques et de barques descendaient la rivière. Sur les bords du fleuve, des Chinois pêchaient ou coupaient le roseau et le chargeaient sur des bateaux.

Les bords du Yan-Tze sont généralement déserts et plats, mais le pays est montagneux. Des îlots rocheux se rencontraient de temps en temps avec des pagodes ou des monastères.

A déjeuner je fis la connaissance du capitaine du bateau, M. Pol, Américain, et de sa femme, aussi amoureuse de son mari, après quatorze années de mariage, que s'ils étaient dans la lune de miel. Je connus aussi

Pêcheurs sur le Yan-Tze-Kiang.

la pupille de M<sup>me</sup> Pol, miss Philomène, Chinoise qui lui fut cédée par une Anglaise, que cette demoiselle ne voulut pas suivre en Angleterre. Née dans la ville de Sou-Tchéou, elle fut perdue dans la rue par sa mère, lors de l'insurrection des Taï-Pings, et recueillie par une dame anglaise qui habitait la ville avec son mari. Baptisée, elle reçut le nom de Philomène et réussit ainsi à conserver ses pieds sans déformation ; elle parlait l'anglais, le français et le portugais, avait de bonnes dispositions pour la peinture, et n'était point sauvage comme les Chinoises.

Souvent, me voyant dessiner, elle s'approchait de moi et suivait avec attention mon travail. Je l'interrogeais sur ses plans pour l'avenir et elle m'apprit qu'elle espérait se marier bientôt, ayant déjà un fiancé, mais elle n'était pas encore tout à fait décidée. J'avais voulu connaître ses sentiments religieux, et, dirigeant la conversation sur ce sujet, j'ai pu me convaincre qu'à part quelques prières qu'elle récitait matin et soir, elle n'avait aucune idée du christianisme. Je lui fis comprendre qu'elle aurait pu faire de la propagande parmi ses concitoyennes; cette idée lui plut assez, car à plusieurs reprises elle me demanda ce qu'un chrétien doit connaître.

Nous passâmes un peu plus de trois jours à remonter le Yan-Tze-Kiang à travers les provinces de Tzian-Sou et d'An-Houi, et nous entrâmes dans celle de Hou-Beï. Nous rencontrâmes dix-sept villes sur notre passage et je comptai vingt et une pagodes, pour la plupart hexagonales ou octogonales, toutes mal entretenues. Elles n'ont aucune signification religieuse et représentent des monuments commémoratifs de divers événements. La navigation sur le fleuve est très active, sans compter que les bateaux à vapeur ont fait diminuer le nombre des barques de transport. Les tempêtes qui sévissent sur le Yan-Tze sont très dangereuses pour les barques, qui cherchent alors à s'amarrer au bord; et aussitôt le beau temps revenu, elles continuent à descendre et l'on rencontre des files interminables d'embarcations diverses.

Je dois mentionner la ville de Nankin, vue de loin du bateau; elle ne présente aujourd'hui que de tristes ruines, par suite de l'insurrection des Taï-Pings; il ne reste plus un seul vestige de sa fameuse tour de porcelaine.

Au confluent du Yan-Tze-Kiang et du Han-Kiang, il y a trois villes: Ou-Tchan-Fou, capitale des provinces Hou-Beï et Hou-Nan; Han-Yang-Fou et Han-Keou, où nous arrivâmes le 31 octobre.

# CHAPITRE V



Quand on approche de Han-Keou, on aperçoit distinctement une rangée de maisons à deux étages, qui se détachent de la masse épaisse des basses constructions chinoises, avec leurs toits prêts à s'envoler au ciel. Devant ces maisons se trouve un large quai, long d'une verste et planté d'ifs. C'est le quartier européen.

Nous étions encore dans nos cabines, occupés à ramasser nos menus objets, quand nous vîmes venir à notre rencontre le vice-consul russe, M. Ivanow, qui nous conduisit à l'unique hôtel de la ville, où notre logement était préparé.

Cet hôtel était loin d'avoir la propreté et l'ordre qu'on aime à trouver dans les établissements de ce genre, et l'impression était d'autant plus désagréable qu'elle contrastait singulièrement avec le confortable du bateau à vapeur. Mais que faire ? il n'y avait pas à choisir, il fallait se contenter de peu.

Aussitôt installé je me dépêchai d'aller faire connaissance avec mes compatriotes établis à Han-Keou. Ils vivent à la manière de notre pays ; mais ils se plaignent beaucoup des fortes chaleurs de l'été et de l'humidité du printemps. Le thermomètre marque 30° Réaumur dans les maisons et 45° en plein soleil. Tout travail devient impossible le jour, et la nuit on ne peut goûter un instant de sommeil, ce qui amène un affaiblissement ; ces chaleurs durent quatre mois et commencent en juin. Néanmoins on s'habitue tellement à cette température, que plus tard, à 24°, on a froid et à 14° on grelotte. Quant aux Chinois, ils passent des journées entières au soleil, et travaillent souvent nu-tête.

A Han-Keou, la saison d'été est en effet la saison du travail le plus actif.

C'est le moment des affaires et des transactions commerciales. Ceux des indigènes qui ne sont pas forcés de sortir restent tranquillement chez eux dans leurs petits jardins, à l'ombre et à la fraîcheur. Les autres sont contraints, pour ne pas mourir de faim, de traîner des balles de thé, des sacs de charbon de terre et autres marchandises, sans parler de la classe aisée et des mandarins, qui se font porter dans des palanquins. Il ne m'a pas été donné de voir ici l'activité de la saison d'été ; mais je puis m'en faire une idée d'après ce que j'ai vu à Han-Keou comme sur d'autres points de la Chine, où le travail ne s'arrête jamais. Du matin au soir on entendait les cris ou plutôt les gémissements qui accompagnent tout travail, tout transport de fardeaux, comme pour marquer la mesure. Nous étions au mois de novembre et je les voyais à demi nus portant des colis sur des palanches. « O ! ho ! ho, crie le premier en traînant un peu. — E ! hi! hi ! répond de la même manière son collègue. — E ! hiu ! hiu ! gémit le premier. — E ! he ! he ! répond le second. — Eh ! holi ! — Ah ! holi ! — E ! he ! — 1 ! hi ! » Et ainsi de suite sur tous les tons, dans le même genre ; ton plaintif, traînant sur la première syllabe et bref sur les autres. Le tout produit une impression des plus désagréables, et les dames russes m'affirmaient n'avoir pu supporter, au commencement de leur séjour, ces gémissements plaintifs.

La colonie russe comptait ici vingt hommes, tous jeunes gens célibataires, s'occupant du commerce de thé pour le compte de grands négociants russes. Ils n'ont pas de plantations à eux, pas plus que n'importe quel étranger, quoi qu'en disent les inscriptions des ballots de thé. Le thé s'achète aux Chinois, et mes compatriotes ne sont que des commissionnaires, des intermédiaires entre les planteurs chinois et les commerçants russes. Les Russes ne préparent que le thé en briques, dans leurs usines ou dans des usines louées à des Chinois.

Presque tous les membres de notre colonie étaient originaires de Kiachta ou d'Irkoutsk, quelques-uns ex-élèves de l'ancienne école russo-chinoise de Kiachta ; tous très convenables, mais jeunes encore, et réalisant facilement de gros bénéfices, ils aimaient quelquefois à *faire bombance;* je leur souhaite de tout cœur qu'ils deviennent plus modestes et plus sérieux.

Je me rapprochai le plus de M. Schevelow, dont on nous avait parlé à Tien-Tsinn en nous conseillant de l'attacher à l'expédition comme interprète. Établi depuis douze ans à Han-Keou en qualité de commissionnaire, il employait ses loisirs à l'étude de la langue et de la littérature chinoise, qu'il possédait à la perfection. J'étais convaincu qu'il deviendrait notre compagnon et collaborateur, et, s'il ne l'était pas encore de droit, il l'était déjà de fait, car à chaque instant on lui demandait de nous rendre service : d'aller avec nous faire visite aux autorités, prendre des renseignements, de faire des extraits, etc.

Le lendemain même de notre arrivée, plusieurs de nos compatriotes nous invitèrent, Matoussowsky et moi, à faire une promenade en bateau à deux voiles, en vue de nous faire voir le panorama des trois villes.

Après avoir passé sur la rive droite du Yan-Tze, nous remontâmes le fleuve, qui longe le mur d'enceinte crénelé de la ville d'Ou-Tchan-Fou. Toute une rangée de cabanes sont adossées contre le mur et soutenues par des piliers de formes étranges. Le bateau amarra devant une terrasse, d'où plusieurs escaliers de pierre donnent accès à la plate-forme du mur, supportant en cet endroit une tour des plus originales, nommée Houan-Ho-Loou. Elle est polyédrique, à trois étages, aux angles relevés avec clochettes ; ses corniches multicolores, les grillages des fenêtres finement travaillés, la colonnade qui l'entoure, les planches à inscriptions suspendues çà et là, lui donnent un aspect étrange. Les Chinois, comme partout ailleurs, se précipitèrent en foule sur nos pas. Je dois faire ici une remarque générale au sujet de la différence du sentiment de la curiosité entre nous autres Européens et les Chinois. Un Européen, après avoir vu un, deux, dix ou vingt Chinois, ne s'en occupe plus ; il n'en est pas de même des Chinois, qui cherchent toujours à découvrir quelque chose de nouveau soit dans les vêtements d'un étranger, soit dans quelque objet que celui-ci peut avoir sur lui, et ne résistent pas à la tentation de courir derrière lui, pour l'examiner de plus près et en détail. C'est ce qui venait de se passer à notre égard. Matoussowsky était en uniforme d'officier, uniforme inconnu aux Chinois ; de plus il avait avec lui une *pièce* à travers laquelle il regardait à droite et à gauche. C'était une simple boussole, indispensable aux topographes pour les levers, et la pinnule à travers laquelle il regardait excita à ce point la curiosité de la foule qui nous avait suivis sur la tour, qu'un de ces messieurs réussit à l'escamoter dans un moment favorable. On bat la générale, on fait des recherches, des investigations, et les Chinois eux-mêmes, qui paraissaient mécontents de ce vol, se mettent à chercher l'instrument. Schevelow, qui nous accompagnait, et son domestique, Lao-Tchen, Chinois aussi habile qu'intelligent, se mettent de la partie, mais toujours en vain. On fit annoncer alors à la foule une récompense de 1000 sapèques à celui qui retrouvera l'objet *perdu*. Une minute après, Lao-Tchen reçut la confidence que la *chose* se trouvait dans le coffre d'un prêtre attaché à un temple voisin. Lao-Tchen va trouver ce prêtre et, lui jetant un paquet de 1000 sapèques, exige la restitution de l'objet volé. Le prêtre cherche à se disculper, mais, sur la menace de faire venir la police, il ouvre une boîte, en retire la

Vue de la ville d'Ou-Tchan-Fou, prise de la tour de Houan-Ho-Loou.

boussole, et remet à la même place l'argent qu'on lui avait jeté. Et tout cela
se fit naturellement et simplement, comme si l'objet volé eût été acheté
dans un magasin. Personne ne paraissait révolté de cette conduite, et
cependant le vol est puni très sévèrement en Chine.

Pendant que Matoussowsky continuait le lever des plans, j'entrai dans
le temple, qui, à part quelques détails insignifiants, ressemble à tous ceux
que j'ai vus précédemment. Puis je me mis à regarder la ville et ses environs à l'aide de mes jumelles, qui excitèrent encore la curiosité générale.
Je fus entouré par la foule : des enfants et des vieillards, des hommes bien
mis, d'autres en haillons, se bousculaient autour de moi, sans mauvaise
intention, mais avec le désir extrême de regarder un peu à travers mes
jumelles. Ils étaient tous empressés et avides comme des enfants; et il me
fut impossible de les priver de cet amusement. Je les approchais des
yeux de l'un d'eux, puis d'un autre, d'un troisième, et leur étonnement
n'eut point de bornes. La conversation ne tarissait plus ; les heureux racon-
taient comment les objets se rapprochaient en regardant par les petits
verres et s'éloignaient quand on regardait par les grands. J'avais le regret
de n'avoir pu satisfaire la curiosité générale.

J'allai m'asseoir dans le temple en attendant mes collègues et je me mis à
faire le portrait d'un garçon, très délicat et pâle, aux mains petites et malpropres et habillé de soie. Je fus immédiatement entouré, on me regardait
avec beaucoup d'attention et dans le plus grand silence ; aussitôt le portrait
terminé, tout le monde cria *hao !* et tous levèrent le doigt, même ceux
qui, éloignés de moi et n'ayant rien pu voir, partageaient l'extase générale
sur la ressemblance du portrait fait par un *yan-da-jen* (monsieur étranger,
d'au delà les mers). Le jeune homme qui m'avait servi de modèle s'accrocha après moi et fit tant, que je lui abandonnai son portrait. Il l'emporta
et fut suivi de la foule.

Lorsque Matoussowsky eut fini son travail, nous descendîmes de la tour
et nous nous rendîmes, à travers de petites rues puantes, pleines de tas
d'ordures et de boue, à un endroit situé au centre de la ville et nommé
*Mont des Serpents*, d'où l'on pouvait voir les environs. Quoique l'on fût au
mois de novembre, la chaleur était encore bien forte, et il était fatigant
de grimper sur cette montagne d'où l'on pouvait contempler la capitale
de la province, la ville d'Ou-Tchan-Fou. La ville par elle-même n'est pas
bien belle et est bâtie sur un emplacement énorme de maisonnettes
uniformes, blanches et couvertes de tuiles grisâtres, les bords des toits
plus relevés que dans les villes visitées jusqu'ici par nous. Du point
où nous étions, il était impossible de distinguer les rues, tant elles sont

étroites, et tant les maisons y sont accumulées ; rien que des murs et des toits, des toits et des murs, et au-dessus de cette masse s'élevaient quelques temples, faciles à distinguer par leur grandeur et leur construction plus soignée. La ville descend jusqu'au Yan-Tze, dont elle n'est séparée que par le mur qui cache entièrement le large fleuve. Sur la rive gauche sont situées les villes de Han-Yang et de Han-Keou. Voici comment s'exprime un voyageur au sujet de ces trois villes : « En admettant que les trois villes ne soient que les quartiers d'une seule, je ne sais s'il y a quelque part au monde une agglomération aussi immense de maisons et d'habitants. Peut-être seules Londres et Yeddo pourraient s'en rapprocher. »

J'avoue que telle ne fut pas mon impression.

Mais il est vrai que la masse des bateaux amarrés ici était plus que frappante ; je ne crois pas qu'on puisse voir quelque chose de semblable, n'importe dans quel port. Il y avait là plus de dix mille navires de grande dimension ; quant aux petites barques ou jonques, leur nombre était incalculable ; et si l'on admet que chaque barque est habitée par cinq personnes, chiffre plutôt au-dessous de la moyenne, on pourra juger du grand nombre de la population habitant sur l'eau.

La localité représente une plaine immense arrosée par le **Yan-Tze**, large de cinq verstes ; quelques collines isolées, dans le genre du *Mont des Serpents ;* au sud d'Ou-Tchan-Fou, toute une suite de lacs, grands et petits, fermés à l'horizon par une chaîne de montagnes.

Bien fatigués et affamés, nous retournâmes sur le bateau, où notre dîner nous attendait. Nous nous mîmes à table, pendant que notre barque se dirigeait vers la ville de Han-Yang-Fou à travers le Yan-Tze.

Dès que nous eûmes abordé, nous montâmes sur une colline, au sommet de laquelle il y avait un temple, transformé partie en atelier de tailleur, et partie en dépôt de cercueils, avec leurs cadavres, destinés à être expédiés au lieu de naissance des défunts, ce qui se fait habituellement en Chine, même pour des personnes peu aisées. J'examinai avec attention ces cercueils de bois, hermétiquement fermés, ne laissant échapper aucune odeur, même après plusieurs mois, et j'avançais déjà la main pour toucher le mastic qui bouchait les rainures, lorsqu'un des *hechans* qui étaient là, me prenant la main, se posa entre moi et le cercueil, et me fit comprendre qu'on ne doit point toucher à ces cendres sacrées. En sortant du temple, je contemplai le tableau splendide qui se déroulait à mes pieds : le Han-Kiang, rempli de bateaux ; sur la rive opposée, la ville de Han-Keou ; plus bas, comme un immense miroir, les eaux du Yan-Tze et la ville d'Ou-Tchan-Fou avec des plaines se perdant à l'horizon. Sur le point élevé où nous étions, aucun

bruit de la ville n'arrivait jusqu'à nous, et ce silence ajoutait encore à la
splendeur du tableau.

Nous étions en plein hiver, saison peu favorable pour des recherches
d'histoire naturelle, quoiqu'en Chine les hivers ne ressemblent guère aux
nôtres. Les environs de Han-Keou ne présentaient aucun intérêt, puis il aurait fallu prier quelqu'un de m'accompagner dans mes excursions, et tout
le monde avait ses occupations. Après ma première promenade, j'étais déjà
suffisamment orienté pour pouvoir me diriger seul dans les trois villes, et
le caractère paisible des habitants m'encourageait et me donnait plus de

Vue de Han-Keou.

hardiesse pour me risquer sans interprète au milieu des Chinois. Théodore
restait toujours attaché à la personne du chef et du photographe.

Du reste, me disais-je, je ne suis pas venu en Chine pour me promener
de long en large dans ma chambre ou pour me chauffer devant la cheminée.
Je voulais pénétrer le plus possible dans l'existence de ce peuple.

Le dessin me rendait de grands services, parce qu'il me procurait
beaucoup de connaissances et m'ouvrait toutes les portes ; pendant les deux
mois de mon séjour à Han-Keou, j'ai pu étudier, autant que cela était possible à un étranger et sans connaissance de la langue, toutes les classes de
la société, depuis le fonctionnaire enfermé toujours chez lui, jusqu'au mendiant sans asile.

Après plusieurs jours passés à l'hôtel, nous acceptâmes avec plaisir, Matoussowsky et moi, l'offre de l'un de nos compatriotes d'aller loger dans sa maison. Nous voici dans une belle chambre, sans souci de la nourriture; nous sommes comme chez nous, même nous étions par trop gâtés. Notre chef, accompagné du photographe et de l'interprète, était déjà chez un autre de nos compatriotes, et au lieu de trois semaines, comme il avait été convenu d'abord, nous restâmes deux mois dans cette ville.

En sortant de la maison que j'habitais, il fallait passer deux ou trois rues du quartier européen avant d'entrer en plein dans la ville chinoise. Les rues y sont beaucoup plus étroites et l'air y est malsain; une rangée de maisonnettes à un étage avec boutique sur la rue, c'est donc plutôt deux rangées de boutiques qu'on voit tout le long des rues. Une autre différence frappante est que, dans les rues du quartier européen, on rencontre un, deux ou plusieurs passants, tandis que celles d'une ville chinoise sont remplies d'une foule compacte; et s'il y a des passants dans ces rues, il y en a qui y vivent pour ainsi dire. En Chine, la rue est un club avec sa réunion perpétuelle du matin au soir et du soir au matin. On y traite ses affaires, on y travaille, on y mange et l'on y boit; soucis journaliers et réjouissances, tout se passe dehors, en pleine rue.

Rarement on rencontre des palanquins, parce que les riches et les fonctionnaires restent chez eux la plupart du temps. C'est le pauvre peuple et les travailleurs qui remplissent les rues : les porteurs avec leur charge sur le dos ou sur des palanches; les marchands ambulants vendant le manger tout préparé, la vaisselle, les jouets, les médicaments; les ouvriers exerçant leurs métiers; les barbiers qui rasent en pleine rue; les nettoyeurs d'yeux et d'oreilles, les serruriers, les raccommodeurs de vaisselle, et chacun sonne ou frappe pour avertir de sa présence. Ajoutez les mendiants, ces cadavres vivants qui rôdent autour des boutiques, et enfin des porteurs de seaux avec certaines matières qu'on vend comme de l'engrais, et que l'on voit souvent dans les bazars, rangés à côté de paniers de fruits, de poissons ou de pain.

Vous trouverez encore partout des chiens, malheureux membres de la police sanitaire, tous atteints d'une maladie de peau, maigres, toujours affamés et à la recherche de leur subsistance, parce qu'ils n'ont pas de maîtres et que par conséquent personne ne les nourrit. Enfin les cochons chinois noirs, à groin froncé, au ventre pendant et traînant à terre, ne contribuent pas moins que les chiens à la désinfection des villes.

Vous voyez à une petite table étroite un artiste installé dans la rue, n'ayant pas assez de lumière chez lui. Plus loin, devant une table ronde

Han-Keou. — Rue Han-Loou.

pleine de divers ingrédients, un Esculape, semblable à celui que nous avons vu à Chang-Haï ; à quelques pas de lui, un *daï-fou* (docteur), assis à l'ombre d'un parasol, vante ses produits et leur bon marché, et soutient que l'air qu'on respire coûte plus cher que ses remèdes.

Si vous voulez jeter un coup d'œil dans les ateliers, rien de plus facile, tous donnent sur la rue et sont ouverts : tissage d'étoffes de soie ou de coton, menuiserie, cordonnerie ou ateliers de produits métalliques. Là les graveurs sont assis en rangée ; plus loin on travaille le bambou. Voici des ateliers de fleurs artificielles, de lanternes en corne, fabrique de chandelles, et chapellerie ; voici encore des individus tout courbés qui brodent avec de la soie ou de l'or des vêtements de parade pour fonctionnaires ou dames riches ; plus loin encore des teinturiers et des confiseurs, etc., etc. Je répète encore que tout cela se fait dans les ateliers ouverts, ou même dans les rues. Figurez-vous donc le bruit qu'il doit y avoir dans cet enfer ; de plus, les Chinois n'ayant guère l'habitude de parler bas, le concert de la rue est étourdissant, et il faut du temps pour s'y habituer. L'odorat n'en souffre pas moins, aussi bien que la vue, car il arrive de voir en plein jour des scènes d'une nature par trop naturaliste.

C'est en vain que vous chercheriez dans les villes de la Chine de beaux et grands édifices, comme chez nous ; vous ne trouverez que des boutiques ou des ateliers. Est-ce à dire qu'il n'y a rien de remarquable ? Évidemment non, mais les meilleures créations de l'architecture se cachent derrière les murs ou au fond des cours, et ne servent guère à embellir la ville. Les édifices les plus beaux et les plus riches sont les temples (*miao*) et les pagodes (*ta*), et les plus somptueux de ces temples appartiennent à des établissements particuliers, que j'appellerai bourses ou clubs des sociétés de négociants.

Les négociants représentent en Chine une classe nombreuse et riche, et ils se divisent dans chaque ville en sociétés, d'après les provinces d'où ils sont originaires. Chaque société a son lieu de réunion, nommé *Houi-Gouan*, que l'on fait précéder du nom de la province pour la distinguer des autres, par exemple : Schan-Si-Houi-Gouan, Kiou-Si-Houi-Gouan, etc. Tous ces établissements sont construits sur le même plan et ne diffèrent que par le détail et le fini.

Tout club se compose de plusieurs cours séparées par des murs, d'un nombre plus ou moins considérable de logements pour les arrivants, d'un ou plusieurs petits jardins, et enfin d'un théâtre et d'un temple. Le théâtre consiste simplement en une scène placée toujours vis-à-vis du temple et dans la même cour. Sur les côtés se trouvent les loges pour les membres du club ou les visiteurs honoraires ; le public qui s'y rassemble les jours de représentation reste debout sur le pavé de la cour en tournant le dos au temple.

Dans la construction des temples, les Chinois cherchent le moyen de se concilier le ciel et les dieux ; c'est pourquoi ils ne ménagent pas les moyens, et les diverses sociétés rivalisent entre elles par le luxe et la richesse, cherchant à se surpasser.

Mais dans ces constructions le génie de l'architecte ne peut pas se donner libre carrière, non plus que celui des sculpteurs et des autres artistes, parce

Han-Keou. — Vue du jardin du club des négociants de la province de Tzien-Si.

qu'on ne peut guère se départir des règles adoptées depuis les temps les plus reculés, et qu'il est interdit d'introduire quelque nouveauté. Quoi qu'il en soit, c'est dans les temples qu'on réunit toutes les richesses : bois précieux, marbre, dorure, sculpture artistique ; les toits en tuiles, aux couleurs les plus voyantes, y sont ornés de têtes de dragon, animaux, poissons, oiseaux, etc. Les angles y sont allongés ou relevés ; des lanternes aux formes les plus étranges y sont suspendues et les fenêtres collées de papier fin. Il en est de même des autels dans les cours. Dans les jardins, des rochers, des grottes artificielles, des étangs avec ponts de pierre, aquariums, fleurs, arbres, tout cela se trouve dans un *Houi-Gouan*.

A Han-Keou, l'établissement le plus remarquable de ce genre appartient

Han-Keou. — Autre vue de la rue Han-Loou. (Pages 128-131.)

aux négociants originaires de la province de Tzien-Si, célèbre par ses fabriques de porcelaine. Dans ce club, comme dans les autres, se tiennent les réunions pour les affaires commerciales, les banquets et réjouissances des jours de fête consacrés aux dieux du temple, patrons de la province, protecteurs du commerce, etc. Ces fêtes sont très rares, et pour la plupart du temps les clubs restent déserts, sous la surveillance des prêtres (*heschan*) préposés à la garde de ces édifices ; ils sont entretenus avec une déplorable négligence, on n'y prend guère souci de la propreté.

On nous avait conseillé, comme auparavant à Pékin, de nous adresser à un haut mandarin chargé des relations avec les étrangers, pour traiter différentes questions concernant notre voyage. Sosnowsky paraissait avoir changé d'opinion sur les fonctionnaires chinois, et ne refusa point d'entrer en relation avec eux, comme le lui suggérait Matoussowsky. Une lettre écrite par Schevelow fut expédiée à Dao-Taï (c'est le nom du fonctionnaire), pour exprimer le désir d'un tel et tel d'avoir avec lui une entrevue et le priant de nous faire savoir quand il pourrait nous recevoir.

La réponse ne se fit pas attendre. En voici la traduction littérale :

« Je suis très content que les très chers hôtes du grand empire russe aient l'intention d'éclairer d'un rayonnement ma misérable cabane, et je les attendrai aujourd'hui 23ᵉ jour de la 11ᵉ lune, à trois heures de l'après-midi.

« Signé : Votre frère cadet, imbécile, Dao-Taï. »

Quelque drôles que puissent paraître ces mots « frère cadet » et « imbécile », ils ont la même importance que notre « dévoué serviteur, ou nos sentiments dévoués » et l'ancienne expression russe « votre esclave ou paysan ».

Nous nous serions rendus volontiers à pied ; mais, d'après l'étiquette chinoise, c'eût été nous dépouiller de toute dignité ; on ne doit même pas y aller à cheval, il faut se faire porter dans des palanquins (*tziao*).

Les Européens possèdent ici leurs palanquins et les vêtements indispensables pour les porteurs, qui diffèrent de couleur d'après les maisons : tel a adopté le blanc avec garniture bleue, un autre le bleu à garniture noire, ou couleur lilas à garniture rouge. Les porteurs se louent en cas de besoin, car il suffit de sortir dans la rue pour avoir plus de monde qu'il n'en faut. Quand on a besoin de plusieurs palanquins, comme c'était le cas, on les envoie chercher chez un loueur de la ville ; et voilà comment il y avait devant notre porte cinq palanquins et vingt porteurs, quatre hommes au lieu de deux pour chacun ; l'étiquette exigeait ce nombre d'hommes. On prend place dans le palanquin quand il est à terre, et on le soulève quand on est dedans ; une planchette transversale permet d'y appuyer les mains.

Les Chinois avaient déjà appris que des fonctionnaires russes allaient faire visite à Dao-Taï, et s'étaient assemblés devant la maison. L'un d'eux n'eut rien de plus pressé que de courir annoncer la grande nouvelle à tous ceux qu'il pouvait rencontrer, et Schevelow nous avertit que toute la ville chinoise était sur pied pour nous voir passer.

En effet, quand nous entrâmes dans la ville chinoise, la foule était immense. Des milliers d'individus de tout âge encombraient la rue, laissant un petit passage pour les palanquins où nous avions pris place, tous en grand uniforme. Ils contemplaient avec une joie visible la procession, en tête de laquelle marchait le domestique du vice-consul portant un paquet de nos grandes cartes de visite sur papier rouge, d'après la mode chinoise. Il était accompagné de deux hommes de police armés de gourdins, criant à la foule de laisser le passage libre ; quand leurs cris ne produisaient point d'effet, ils mettaient en action leurs gourdins, ainsi qu'une autre arme d'un genre spécial aux Chinois, je veux dire leurs tresses, qu'ils faisaient manœuvrer très adroitement comme des fouets. Les porteurs criaient aussi ; mais tous les cris, toutes les menaces et même les coups ne pouvaient maintenir en respect une foule excitée par un spectacle aussi extraordinaire. Tous se poussaient vers les palanquins et s'en approchaient pour apercevoir un officier en uniforme et avec épaulettes ; d'autres s'asseyaient par terre pour jeter un coup d'œil en dessous. Il y en avait qui voulaient marcher à côté pour pouvoir regarder plus longtemps ; mais la foule les en empêchait, d'où discussions, injures et batailles.

J'avoue qu'il m'était difficile de garder mon sérieux, comme le comportait ma dignité de mandarin étranger, en présence de l'extase de ces grands enfants.

Toutes les cinq minutes, les porteurs s'arrêtaient pour changer d'épaule, ce qui se faisait vivement sur un commandement, et ceux devant lesquels l'arrêt avait eu lieu se considéraient sans doute comme très heureux de pouvoir nous regarder un instant de plus, à en juger d'après l'acharnement et l'empressement qu'ils y mettaient. Le palanquin, ouvert par devant, me permettait de voir deux de mes porteurs : ils marchaient vite malgré la fatigue, et étaient couverts de sueur ; en moi-même j'étais honteux de me faire traîner par des hommes. L'impression pénible que j'éprouvais n'était diminuée que par l'air joyeux de ces braves gens contents de gagner leur journée et causant gaiement entre eux tout le long du chemin. Ceux de devant avertissaient leurs collègues des obstacles du chemin, et ceux de derrière répondaient à chaque avertissement. Ces phrases se prononcent souvent en rythme, par exemple : Houa-dy-hyn (on glisse), disaient les premiers, Tzai-dy-vyn (je marche ferme), répondaient les autres ; ou : Tzo-choou-kao (à gauche accrochera), et l'on répondait : Tzai-you (je prends à droite).

Han-Keou. — Vue intérieure du club des négociants de la province de Tzieu-Si. (Pages 132-135.)

Voici la porte de la première cour de la maison du gouverneur Dao-Taï, et cette première cour (*ya-myn*) ne diffère guère de la rue : la même foule, un barbier en train de raser, et un cuisinier ambulant faisant des crêpes. Les porteurs se dirigèrent vers une triple porte ; mais le portier, levant la main, jeta un cri menaçant et ils s'arrêtèrent ; du reste ils savaient bien que cela se passerait ainsi ; ôtant les palanquins de leurs épaules, ils les appuyèrent sur des supports, et la porte grande ouverte fut fermée. On annonça notre arrivée au gouverneur ; une minute après, le même portier qui venait de nous défendre l'entrée, ouvrit la porte à deux battants non moins solennellement ; les porteurs crièrent *Tzoou!* « en route ! » et nous portèrent vivement dans la seconde cour, où nous attendaient deux Chinois en chapeau de parade, qui nous conduisirent vers une troisième porte, et ainsi de suite d'une cour à l'autre. En jetant un coup d'œil, j'ai pu me convaincre qu'aucune de ces cours n'était guère propre ; là gisait un vieux palanquin ; ailleurs un tas de feuilles de choux, une vieille paire de souliers ; des chiens erraient dans les coins, et des Chinois pauvrement vêtus étaient assis sur des bancs. Dans la quatrième ou cinquième cour, les palanquins furent posés à terre et l'on nous invita à descendre.

Au même instant, par une porte latérale donnant accès dans une nouvelle cour, apparut le mandarin, grave et pensif. Je le dévorais des yeux, absolument comme, une minute auparavant, nous l'avions été par la foule : partout les hommes se ressemblent.

Eh bien, ce Mandchou ne m'avait pas l'air d'un frère *cadet* et *imbécile*. Il pouvait avoir une cinquantaine d'années ; il était grand, aux larges épaules, coiffé d'un chapeau noir avec une houppe de plumes de paon par derrière ; il avait une robe de chambre de satin jaune et par-dessus une veste de satin noir, dont le col et les manches étaient garnis de fourrure de zibeline. Il portait des lunettes noirâtres. Le vice-consul nous présenta à tour de rôle, et Dao-Taï, gardant son sérieux, saluait en silence, les mains jointes sur la poitrine et répétant à chacun le mot *Tzin* (je vous prie).

Les présentations terminées, il fallut franchir la porte. Après des invitations d'un côté et d'autre, le mandarin resta victorieux ; nous passâmes les premiers dans une petite cour mignonne ornée de fleurs et de plantes, et de là nous entrâmes dans le salon ou dans la chambre de réception, et nous prîmes place, sur l'invitation du mandarin, autour d'une table.

Sosnowsky entama la conversation ; il parla du plaisir de faire sa connaissance, de l'ancienne amitié des Russes et des Chinois, du concours des autorités chinoises pour nous fournir des escortes, etc. Dao-Taï, toujours sérieux et solennel, parlait très bas et tout doucement, mais de fier qu'il était pendant l'interruption de la conversation, il se transformait en homme aimable aussitôt qu'on lui parlait. Je remarquai que parfois il nous examinait avec attention par-dessus ses lunettes, si ce n'est pas nous, du moins nos uniformes. La conversation était mal soutenue, parce que Sosnowsky n'aimait point les Chinois, et ni moi ni Matoussowsky nous n'avions à y prendre part; aussi à la fin cette visite fut pour nous une vraie torture.

Après avoir bu un verre de vin et goûté aux friandises, nous prîmes congé de Dao-Taï, qui nous promit de faire tout son possible pour notre sécurité, autant que cela dépendait de lui. Le principal but de la visite se trouvait donc atteint. Il nous donna le conseil de faire visite au gouverneur général des provinces Hou-Beï et Hou-Nan.

Tout d'abord Sosnowsky ne put se décider à nous prendre avec lui, craignant d'offenser le haut personnage en lui présentant ses subordonnés.

Le vice-consul chercha à le persuader qu'il ne pouvait y avoir matière à offense de nous emmener chez le gouverneur; du reste, ajouta-t-il, le docteur est plus élevé en grade que vous. A la fin, Sosnowsky se décida à nous prendre avec lui.

De toutes les conversations j'ai pu tirer la conclusion que les relations des étrangers avec les autorités chinoises sont en général très tendues et exclusivement officielles. Aucune tentative de rapprochement n'a été faite. Les Anglais sont fiers avec les puissants et grossiers avec le pauvre peuple; les Russes se conduisent bien avec le peuple, mais ne voient jamais les hauts personnages, tant qu'ils n'y sont point forcés; et pour expliquer cette manière de vivre, ils rejettent la faute sur le caractère orgueilleux des Chinois. Cependant ceux-ci sont maîtres chez eux, il serait difficile d'exiger d'eux qu'ils fissent le premier pas vers les Européens, dont ils ne veulent point.

Quand je demandais, par exemple, que l'on me facilitât la connaissance de quelque dignitaire, on me répondait que ce n'est ni admis, ni dans les usages, et que la dignité du nom russe en souffrirait, etc. Mais je reste convaincu que ce système est erroné, qu'il faut au contraire chercher à se rapprocher des gens dont on habite le pays, et se conduire de façon que la dignité du nom russe ou autre n'ait pas à en souffrir. N'ayant pu me rapprocher de quelque fonctionnaire, je demandai au vice-consul de me présenter à un homme privé et aisé chez lequel il me serait possible d'observer la vie intérieure des Chinois.

C'est ainsi que je fus présenté à un banquier. Sa maison étant assez

Han-Keou. — Toilette d'un banquier. (Page 143.)

éloignée de la nôtre, je m'y fis porter dans une chaise découverte à deux porteurs ; un de nos compatriotes m'accompagnait comme interprète. En passant dans les rues avoisinant le quartier européen, j'entendais répéter le docteur étranger (*yan-dai-fou*) ou l'artiste étranger (*yan-houa-houar-dy*), ce qui me prouvait que j'étais déjà connu.

Le banquier, prévenu du but de ma visite, me demanda si j'étais disposé à dessiner aujourd'hui, et comme la pièce n'avait pas assez de lumière, il fit enlever le papier des fenêtres. Sa maison, petite et modeste, faisait douter qu'elle pût servir d'habitation à un tel homme ; il est vrai qu'il y a banquier et banquier, et celui-ci devait être peu important. Je me mis à l'œuvre, ce qui n'empêcha point le maître de la maison de faire sa toilette. Le barbier, après lui avoir rasé la tête, lui dénatta et renatta sa tresse ; puis, la

Chaise à porteurs.

prenant de la main gauche, de l'autre main il lui lava la figure avec de l'eau chaude contenue dans une cuvette au-dessus de laquelle le banquier restait penché. Il frottait surtout les lèvres avec un soin minutieux, puis vivement, comme des bottes. C'est dans cette position que sur mon dessin je fis le portrait du maître de la maison, et il en fut très satisfait.

Ensuite je passai dans la petite cour, où, pendant tout le temps que je travaillais, un domestique fut mis exprès en faction, près de la porte d'entrée, pour contenir les gens qui s'y pressaient. Il les exhortait d'abord, puis les grondait et les menaçait autant par mots qu'avec son gourdin. Il crachait avec acharnement, à travers les fentes de la porte, à la figure des plus tenaces, et de temps à autre, entr'ouvrant la porte pour un instant, il tapait dans le tas avec son gourdin. Mais rien n'y faisait. Cependant la foule fut maintenue à distance, et je pus finir mon travail, sans toutefois pouvoir apprendre grand'chose du maître de la maison sur sa manière de vivre, faute de savoir parler le chinois. Le banquier, très aimable avec moi, venait souvent voir mes dessins, me régalait de thé et de bonbons ; et au moment où je partis, il me pria de retirer encore mes dessins du portefeuille pour qu'il pût les contempler une dernière fois.

De retour à la maison j'appris que nous devions nous rendre le lendemain chez le gouverneur général des provinces Hou-Beï et Hou-Nan, Li, frère de Li-Houn-Tzang, dont nous avions fait connaissance à Tien-Tsinn. Il habitait la ville d'Ou-Tchan-Fou, de l'autre côté du Yan-Tze-Kiang, et nos palanquins y furent envoyés d'avance sur des bateaux. Il nous fallut une heure pour passer le fleuve et le remonter, parce que le courant nous avait fait descendre. Les rives étaient couvertes de maisonnettes vieilles et petites, mais très originales et d'un aspect pittoresque, grâce aux diverses additions et aux nattes de bambou qui faisaient également partie du matériel de construction. Tout un monde de travailleurs animait le tableau : porteurs d'eau, blanchisseurs, pêcheurs au filet, j'ai même vu transporter d'une place à une autre une maisonnette, au moyen de gros cylindres de bambou sur lesquels on la poussait ; du reste cela se fait facilement, car les constructions en bambou sont d'une grande légèreté.

En longeant le quai en bateau, je remarquai dans les dalles de granit de nombreux renfoncements en forme d'entonnoir, creusés par les gaffes des bateaux qui remontent l'eau. C'est la marque séculaire du travail d'une longue suite de générations, qui reposent depuis longtemps dans les cimetières de leurs villages et dont les descendants parcourent le même fleuve à l'aide des mêmes moyens, comme il y a mille ans.

Descendus du bateau, nous montâmes un escalier de pierre, et une foule immense nous suivit avide de voir des personnes en uniformes si brillants comparativement à leurs pauvres vêtements. Nos galons et nos broderies inspiraient le respect à un certain nombre d'entre eux, mais il y en avait d'autres qu'ils faisaient rire aux éclats. On nous porta à travers les rues de la ville, où tout le monde était sur pied pour nous voir passer. J'observai qu'un nombre considérable d'habitants étaient marqués de petite vérole et avaient les yeux malades. Il y avait aussi beaucoup de teigneux ; du reste, toute la population paraissait maladive ; les gens étaient maigres et pâles.

Les porteurs s'arrêtèrent devant la porte de la maison du gouverneur, puis, contournant la cour, ils nous firent entrer du côté opposé. Il est probable que le cérémonial l'exigeait ainsi. On envoya nos cartes de visite, et en attendant, Matoussowsky eut l'idée de fumer une cigarette. Vous pensez peut-être que quelqu'un de la foule lui cria « on ne fume pas, ce n'est pas permis ». Pas du tout, on lui présenta de l'amadou allumé, mais il n'eut pas le temps

Han-Keou. — La cour où se rend la justice. (Page 147.)

de s'en servir ; le cri du portier retentit, la grande porte du milieu s'ouvrit, et les porteurs, soulevant les palanquins, traversèrent la deuxième, la troisième et la quatrième cour. La porte de cette dernière avait l'aspect d'un grand kiosque ouvert, et j'appris plus tard que là se tenaient les jugements publics ; le juge prend place sur un fauteuil devant une table entourée de quelques tabourets ; quant au public, il se place dans la cour.

Près de cette porte se tenaient plusieurs mandarins en grand uniforme, et l'un d'eux tenait nos cartes de visite. Celui-ci nous salua gracieusement en gardant toute sa dignité et nous invita à le suivre dans la cinquième cour. A la porte, ce mandarin à bouton rouge s'effaça pour nous laisser passer, sans que nous sûmes où aller ; nous nous arrêtâmes.

Après une minute d'hésitation, l'affaire s'éclaircit : le gouverneur général avec sa suite nous attendait lui-même dans cette cinquième cour, et nous le cherchions des yeux, il différait si peu des autres. Nous passâmes devant lui sans le remarquer. Il parut décontenancé ; peut-être pensa-t-il qu'il devait en être ainsi d'après nos usages, et il attendit. Les mandarins de sa suite s'aperçurent de notre méprise et nous désignèrent leur seigneur et maître. Nous le saluâmes, et pour nous excuser nous lui dîmes que nous n'avions pas supposé qu'il fut présent dans cette cour. Sur cela, nous fûmes introduits dans la chambre de réception et nous prîmes place autour d'une table ronde.

Autre affaire : d'après son habitude, Sosnowsky, en parlant, regardait l'interprète, au lieu de regarder Li, comme c'est l'usage. Celui-ci se sentait dans une fausse position en attendant la traduction ; c'était maladroit, très maladroit.

« Pourquoi ne pas vous adresser directement au gouverneur, dis-je à Sosnowsky ; voyez comme il voudrait vous écouter, quoiqu'il ne comprenne rien ?

— Et moi, je vous prie de ne pas me donner de leçons, comment et à qui je dois parler, » répliqua sévèrement le chef.

Je pris peur et ne soufflai plus mot.

Aussi pourquoi ne pas avoir emmené avec nous Théodore ; de cette manière, avec deux interprètes on aurait pu soutenir la conversation ? Je n'osais le demander, j'avais peur. Que voulez-vous, depuis mon enfance j'ai toujours eu peur de mes chefs.

Li-Da-Tzeng était un homme de petite taille, gros, d'une figure affable et bienveillante. Il examina avec un vif intérêt le casque à queue blanche de Sosnowsky, ses aiguillettes et ses décorations, comme aussi mes épaulettes épaisses, qu'il toucha même.

Le guéridon en laque noir était chargé de petites tasses avec sucreries et fruits coupés par petites tranches ; pour passer le temps, Matoussowsky, le photographe et moi, spectateurs muets de l'entrevue, nous goûtions de l'un et de l'autre. La salle de réception ressemblait plutôt à un hangar ; le parquet à carreaux de briques était recouvert au milieu de drap rouge ; plusieurs rangées de petites tables et de chaises, un plafond en bois avec lanternes, des fenêtres tendues d'indienne, deux grandes glaces, posées par terre comme des écrans, de chaque côté du *kang,* et sur les murs des planches rouges ou bleues avec inscriptions dans des cadres dorés, des dessins et des manuscrits sur de longues bandes de papier, ce qui est un ornement habituel des chambres en Chine.

Li, ayant appris que j'étais peintre, me demanda de lui faire en souvenir un dessin représentant un chemin de fer, et aussi son portrait, si j'en avais le temps ; je lui promis avec plaisir l'un et l'autre.

Le lendemain de cette visite, Dao-Taï nous apporta l'expression des regrets de Li-Da-Tzeng, qui ne pouvait venir nous voir lui-même pour cause d'indisposition ; il nous annonça qu'un bateau de guerre était commandé pour nous servir d'escorte sur la rivière Han.

Notre vice-consul régala Dao-Taï de vin de Champagne, qu'il buvait avec un visible plaisir, mais en gardant toujours un air sérieux. Ainsi, par exemple, quand il fumait, il ne touchait point sa pipe ; c'est un mandarin qui la lui présentait et la tenait pendant l'aspiration de la fumée. Il ne se gênait pas du tout de faire des hoquets retentissants et de cracher dans un vase en porcelaine posé près de la cheminée.

Nous le reconduisîmes jusqu'à la porte, et c'est alors que j'aperçus la suite nombreuse qui l'accompagnait. Cette longue procession est très curieuse ; aussi, profitant de ce qu'il se rendait chez le consul américain et devait passer devant la maison de Schevelow, je pris vivement mon album et j'eus le temps de faire l'esquisse de ce cortège.

Huit gamins ouvraient la marche : placés sur deux rangs, ils tenaient des fanions ; à quelque distance, huit autres gamins placés de même portaient des planches rouges en forme de bêches sur lesquelles étaient écrites en lettres noires les fonctions et les dignités du mandarin. Plus loin, quatre bourreaux, deux par deux, les premiers sonnaient des *lo* de cuivre, les deux autres portaient des fouets, prêts à punir le premier qui tenterait de résister ou ne se garerait pas à temps ; à part ces fouets destinés au public, ils portaient des chaînes, dont la signification était de rappeler au mandarin qu'en cas d'injustice ou de violation de la loi, il peut être enchaîné lui-même, ce qui en Chine est une réalité ; et les chaînes qu'on portait devant le mandarin avaient dû être fixées plus d'une fois aux pieds,

Han-Keou. — Cortège accompagnant un mandarin dans ses visites.

aux mains ou au cou de fonctionnaires coupables, ainsi que je l'ai vu moi-même dans la suite de mon voyage.

A la suite des bourreaux, deux individus portaient à tour de rôle un grand parasol rouge, pour abriter le mandarin, au cas où il voudrait se promener à pied ; ce parasol était garni d'une triple rangée de franges de même couleur, signe d'une haute dignité. Deux autres portaient « l'éventail de la pudeur », grand et fixe ; il servait à couvrir le personnage, lorsqu'il voulait changer de vêtements en route, selon le beau ou le mauvais temps ; et si lecteur se demande comment il peut le faire, j'ajouterai que voici quatre soldats portant sur une palanche une malle d'une grandeur respectable avec ses vêtements, et derrière eux huit soldats à pied. A une certaine distance, un autre parasol rouge avec double frange, puis encore huit hommes à pied précédant le palanquin porté par huit soldats, et par derrière six mandarins à cheval fermaient l'escorte. Quarante-huit hommes en tout : soldats de la garnison et aussi des gamins loués dans la rue pour une paye insignifiante, mais l'habillement fourni.

Ici le temps était splendide, et malgré la saison avancée (fin novembre), je pouvais travailler dehors en redingote ; il y eut cependant quelques jours de pluie, et même une fois la neige avait fait son apparition. Dans ces cas, les rues deviennent désertes, parce que les Chinois n'aiment pas la pluie et l'eau en général ; on m'avait affirmé qu'à bout de moyens pour mettre fin à une bataille entre deux Chinois, le mieux était de vider sur eux un seau d'eau, comme sur des chats. Ils cessent de se battre et s'en vont s'essuyer et se faire sécher.

Le 27 novembre (ancien style), tout le monde fut occupé de l'observation du passage de Vénus, ce qui se faisait au moyen d'un verre noirci par la fumée, ou par cet autre moyen, que je ne connaissais pas auparavant : une cuvette d'eau faisait réfléchir le soleil, et sur cette image on pouvait parfaitement distinguer le petit point noir de la planète Vénus.

J'allais souvent à Ou-Tchan-Fou pour prendre des vues de diverses parties de la ville, et quand je dessinais la maison du gouverneur général, j'avais à ma disposition tout ce que je demandais et même ce que je ne demandais pas, thé, vins et toutes sortes de friandises.

La foule de curieux qui m'entourait était beaucoup plus polie que celle de la rue, mais je ne puis dire à quelle classe appartenaient ces individus, car il était difficile de les distinguer d'après leurs vêtements, et dans les villes de l'Asie il est très important de savoir à qui on a affaire, afin de se comporter selon les circonstances. Un jour, voulant faire le dessin de l'enfilade des portes de plusieurs cours dans la maison du gouverneur, je priai de les faire ouvrir, ce qui fut fait immédiatement, mais seulement sur l'ordre d'un mandarin, car c'était contraire à l'usage d'après lequel ces portes centrales restent toujours fermées ; la porte latérale de droite étant seule ouverte pour le passage, et celle de gauche réservée aux accusés et condamnés. Je fus entouré par la foule, qui voulait me voir dessiner ; mais elle me gênait, et un agent de police fut chargé de l'éloigner.

Schevelow, qui m'accompagnait presque toujours, me répétait les impressions de la foule au sujet de mes dessins : les uns faisaient des éloges, les autres blâmaient ; et quand il fallait copier des inscriptions, je tâchais de le faire le plus exactement possible en imitant les hiéroglyphes ou signes plus compliqués. Les Chinois lisaient à mesure, mais lorsqu'ils arrivaient à des signes que je n'avais pu copier exactement, ils se disaient que j'essayais d'écrire comme eux, mais que, ne pouvant y réussir, j'avais fini par écrire avec des lettres de mon écriture. Ainsi ils prenaient les signes mal copiés pour des lettres russes.

Quelques-uns étaient beaucoup plus naïfs : lorsque Schevelow s'adressait en chinois à l'un des assistants, celui-ci ouvrait les yeux, tout étonné, puis se mettait à rire jusqu'aux larmes en avertissant les autres que les hommes « d'au delà les mers » parlaient la même langue que les Chinois et qu'on peut les comprendre : « Ils disent comme nous *fou-tzin* (père) ; nous disons *yan* (tabac), et ils disent aussi *yan*. » Mais il est évident que ces hommes simples étaient des campagnards dépourvus d'instruction : ils apprenaient avec étonnement que le soleil luisait chez nous, ainsi que la lune, et que nous avions dans notre pays des montagnes et des forêts.

Quelquefois des personnages de la haute aristocratie venaient me voir dessiner, comme, par exemple, le fils du gouverneur général, jeune homme pâle et délicat, aux yeux noirs, qui vint un jour avec son précepteur ; et le frère du même gouverneur, personnage sérieux et immobile comme une statue de marbre. A son apparition, la foule décampa sans demander son reste, et les plus mutins furent chassés par la police.

Quand mon dessin fut terminé, les mandarins me demandèrent la permission de le montrer à Li-Da-Tzeng et nous invitèrent, Schevelow et moi, à passer dans le salon de réception, où l'on apporta du vin et des friandises. Le fils aîné de Li y vint aussi ; c'est lui qui me rapporta mon dessin et me montra son album en me priant de choisir des siens pour souvenir ; ce jeune homme avait un talent incontestable et une grande patience d'exécution, mais sa peinture, genre chinois, ne valait pas grand'chose. Je lui fis cadeau de celui de mes dessins qui lui plaisait le plus, et il ne me quitta plus de la journée, suivant avec attention ma manière de travailler. Li, en personne, vint aussi me voir et me rappela ma promesse de faire son portrait.

En repassant le Yan-Tze, ce jour, j'ai vu pour la première fois ramer avec les pieds, ce n'est pas bien malin, mais c'est pratique et il faut une grande habitude.

Le lendemain, 29 novembre, un nouveau spectacle nous attendait : les manœuvres de l'armée, exécutées en notre honneur et sur notre demande. Nous nous rendîmes en grand uniforme au camp, situé sur la rive gauche du Yan-Tze, non loin d'Ou-Tchan-Fou. Le temps était splendide, et sur le débarcadère plusieurs mandarins nous attendaient, l'un d'eux avait un bouton rouge à son chapeau, signe du grade de général; nous allâmes ensemble au camp. Du haut d'un monticule nous vîmes les files de soldats, dont l'habillement était rouge vif; trois coups de canon annoncèrent notre arrivée, et nous entrâmes dans une longue et étroite cour du camp où se trouvait de chaque côté une rangée de soldats, la pique au pied ; le chef de l'armée, le général Liu, vint à notre rencontre. Le signe distinctif de sa dignité était une veste en satin jaune, par-dessus laquelle il en avait une autre d'hiver, fourrure en dehors.

Au premier abord il nous plut, autant par sa physionomie affable que par ses manières. Il nous invita à entrer dans une toute petite chambre, où l'on nous offrit un déjeuner chinois, du thé, des vins, et du porter anglais. Il fallait donc se mettre à manger et à boire.

La conversation trop spéciale de notre chef n'est pas à relater : à quelle époque les officiers et les soldats reçoivent-ils leur solde? quand les soldats changent-ils de linge ? etc. Sosnowsky va sans doute en rendre compte dans ses rapports, où le lecteur pourra trouver ces détails.

A la fin du déjeuner, plusieurs mandarins entrèrent dans la chambre en fléchissant sur un genou devant le général, qui répondait à ces saluts en soulevant ses mains jointes à la hauteur du front; ensuite il nous les présenta. Le costume de ces officiers était assez beau, mais peu commode pour des militaires. La ouate et la fourrure le rendaient impropre pour la saison, puisque nous avions trop chaud dans nos uniformes.

Ces officiers venaient chercher ses ordres et repartirent immédiatement. La trompette donna le signal, et les soldats, dépliant les drapeaux, sortirent du camp ; nous les suivîmes avec le général Liu. La fusillade d'un flanc à l'autre ou par groupes isolés, diverses manœuvres, changements de front, mouvements offensifs, tout cela s'exécuta sur commandements donnés au moyen de drapeaux qu'on inclinait. L'ensemble est joli, mais peu pratique. Sans être un spécialiste dans l'art militaire, je puis affirmer qu'il y avait des choses inutiles et impropres pour la bataille, comme, par exemple, l'énorme quantité de drapeaux. A l'œil, tout cela produit beaucoup d'effet, c'est pittoresque, on croirait voir une féerie représentée en plein air.

Aujourd'hui, 1<sup>er</sup> décembre, nous attendions la visite du général Liu. Le voilà, me dit-on. Je sors, mais je ne vois encore que les soldats de son escorte, armés de piques et de halebardes, qui s'avançaient en criant : « Le seigneur arrive ! » Puis ils se placèrent le long de la rue, sur deux rangs, et enfoncèrent leurs armes dans le sol. Liu, comme militaire, vint à cheval, mais, devant la porte de la maison, il prit place dans un palanquin qui le suivait, et il se fit porter dans la cour jusqu'au perron.

Le déjeuner l'attendait et l'on se mit à table; le général était un homme très sympathique, mais il avait le défaut de rire tout le temps; il riait de bon cœur et d'un rire communicatif, souvent sans qu'on sût pourquoi ou plutôt sans aucune raison.

Un jour que je m'acheminais vers le club de Tzien-Si, dont j'ai déjà parlé, je fus frappé de la beauté du temple, du jardin et du théâtre; aussi j'y retournai plusieurs fois de suite pour dessiner, ayant mon déjeuner dans ma poche; il y avait là des sujets de travail pour un mois au moins. Ce qui est à remarquer, c'est que les meilleurs monuments de l'architecture chinoise sont cachés derrière des murs, et que vous pouvez passer devant sans vous douter de ce qu'il y a de curieux à côté de vous. Ici, par exemple, pour arriver au temple il faut traverser une longue et étroite ruelle entre deux murs élevés, jusqu'à une porte grillée, derrière laquelle on entre dans une cour en face du temple, puis on passe dans une autre cour, où se trouve un beau jardin, dans le style chinois.

La première fois que j'y allai, le portier ne me laissa point franchir la porte; il refusa même l'argent que je lui offrais; mais, Dao-Taï ayant donné l'ordre de me laisser pénétrer partout, j'y fus dès lors aussi libre que chez moi. J'avais d'abord pensé que mon travail dans le temple pouvait froisser les sentiments religieux des Chinois, mais depuis je me suis convaincu que chez eux le respect pour le lieu des prières n'existe pas.

Le temple restait toujours vide; de temps en temps un homme ou une femme, ou plusieurs individus entraient, mais plutôt pour se reposer à l'ombre, fumer une pipe, causer un peu et même pour jouer avec un ami, peut-être aussi pour me voir de plus près. Quelquefois on y venait interroger les dieux sur le destin, à l'aide d'un prêtre attaché au temple. Le clergé n'avait pas plus d'égard pour le temple que les autres : les prêtres y fumaient, prenaient le thé, faisaient sécher le vermicelle, tordaient la soie, etc. Les oiseaux y font leurs nids, et les chiens même s'y promènent partout et profitent trop de la liberté qu'on leur laisse. Par suite, la propreté y est inconnue ; en effet, on voyait des tas d'ordures dans tous les coins du temple.

Cependant tout est intéressant dans ces temples : les idoles, les autels, les vases, les colonnes, les murs, les balustrades, mais principalement les corniches de bois et les toits de porcelaine émaillée, dont les tuiles, de forme demi-cylindrique, aux différentes couleurs, blanche, rose, jaune, bleue, étaient disposées de manière à former divers dessins. Il y avait aussi des statuettes de porcelaine placées sur le faîte et aux angles du toit ; les corniches étaient également ornées de statues.

Je visitai les boutiques, les confiseries, les ateliers et les fabriques qui se trouvaient sur mon chemin. A mon grand regret, je ne puis raconter tout ce que j'ai pu voir ; je me bornerai à citer les quelques procédés de fabrication qui diffèrent sensiblement des nôtres, comme, par exemple, la fabrication des chandelles à enveloppe de cire.

Les mèches sont tirées des tiges d'une plante semblable à l'absinthe, qu'on entoure de fil de coton. On les suspend à une roue horizontale placée au-dessus de la chaudière où l'on fait fondre le suif. Ensuite on abaisse la roue, les mèches plongent dans le suif et y restent jusqu'à ce que le suif soit refroidi et condensé. Alors on remonte la roue avec les mèches, auxquelles le suif s'attache en quantité suffisante pour faire une chandelle. Il ne reste qu'à les arroser de cire fondue blanche ou rouge pour les empêcher de couler. Ceci se fait très simplement, au moyen d'une cuiller, au-dessus d'une petite chaudière, et pour chaque chandelle séparément.

La forme et le poids des chandelles ainsi obtenues sont en général peu variables. Deux cents *kin* [1] de suif donnent environ deux mille chandelles, et leur préparation n'exige qu'une journée de travail pour trois ouvriers. Ce procédé n'exge aucun préparatif ; il peut se pratiquer dans une maison quelconque. Il est vrai que ces chandelles ne sont pas fameuses, elles brûlent mal, fument beaucoup et ont besoin d'être mouchées souvent, ce que les Chinois font avec leurs doigts. Ils jettent à terre la mèche brûlée, ce qui produit une odeur très désagréable. Je pourrais ajouter qu'elles sont d'un usage général, parce qu'il n'y en a pas d'autres ; même dans les villes où les Européens se servent de bougies, celles-ci ne peuvent s'acclimater chez les Chinois. Est-ce l'habitude ou la cherté des bougies qui les fait dédaigner ? Je n'en sais rien. Il y a aussi des chandelles faites avec du suif

---

1. 1 kin vaut 664 grammes et demi.

végétal extrait des graines de l'arbre à suif, mais elles sont peu usitées et ne valent pas mieux. Pour terminer, j'ajouterai qu'on les fixe par terre, au chandelier ou dans la lanterne, au moyen d'un petit morceau de bois qui se trouve au bout.

J'ai pu voir aussi comment on fait les courroies pour chaussures, les bonbons et friandises. J'ai pu également assister à la fabrication de parures pour dames en plumes bleues du martin-pêcheur, à celle de la gravure sur bois pour livres, de nattes de feuilles de palmier ou de bambou, à celle des pinceaux pour écrire ou pour dessiner, et j'ajouterai que, à part la patience traditionnelle des Chinois, j'admirais l'adresse de leurs doigts, qui remplacent bien une machine par la vitesse et la précision.

Tout le monde connaît le bambou, l'arbre remarquable par son utilité. Énumérer tous les produits faits en Chine au moyen du bambou serait impossible : maisons, vaisselle, meubles, instruments de musique, papier, bâtonnets, chapeaux, lanternes, éventails, nattes, tamis, cordes, instruments de torture, palanquins, coussins d'été, etc., on fait tout cela avec ce bois précieux, dur comme le fer si vous voulez le casser ou le couper en travers, et pourtant s'enlevant facilement dans sa longueur en fibres des plus minces. Les jeunes pousses de cette plante ressemblent aux asperges ; elles sont employées comme aliment, et selon moi, elles ont plus de goût que les asperges. La dureté du bambou est telle, qu'on est souvent obligé de le travailler par le feu. Ainsi, pour donner une courbure voulue à une planchette, on est obligé de la chauffer au-dessus de charbons ; ensuite, à l'aide de tenailles, on lui donne la forme que l'on désire, puis on la fait refroidir brusquement ; le bambou perd son élasticité dans l'endroit chauffé, mais garde la forme qu'on lui a fait prendre.

Voici comment on prépare les coussins. On les tresse de fibres très minces et l'on en recouvre une carcasse faite aussi de baguettes de bambou ; ou l'on en fait des petites plaques élastiques, dans le genre des ressorts de voitures, qu'on maintient dans un cadre. C'est ainsi qu'on obtient un appui-tête, dont les Chinois se servent volontiers pendant le voyage, et à la maison dans la saison d'été ; ils sont légers, frais et ne chauffent point la tête.

Tous les produits de bambou sont à bon marché et accessibles aux plus pauvres, ce qui du reste n'est pas étonnant, le bambou étant commun en Chine, et il ne manque pas de mains habiles pour le travailler. Que ne pourrait-on obtenir en employant toutes les forces de ce peuple travailleur, dont beaucoup n'ont absolument rien à faire parce qu'il n'y a pas d'ouvrage pour tous. C'est d'autant plus regrettable que le Chinois travaille non

seulement pour gagner du pain, mais aussi par amour de l'art ; il con-
temple son ouvrage et il en est amoureux. Ce peuple a de l'avenir. Le
travail est ici à bas prix, surtout en hiver, quand les travaux des champs
sont arrêtés. Ainsi, par exemple, pendant mon séjour à Han-Keou, les missionnaires italiens, et à leur tête le père Angelo, entreprirent d'élever une
église, et pour la garantir des inondations ils résolurent de relever le sol de
neuf pieds. Cette terre était transportée, à la distance d'une verste, par des
ouvriers qui la portaient sur leurs épaules dans des paniers, et pour cette
corvée, qui durait du matin au soir, ils recevaient 10 à 20 kopecks par jour,
moins d'un franc.

Cette mission italienne d'hommes et de femmes, séparée l'une de l'autre
par une certaine distance, comprenait un asile d'enfants et un autre pour les
pauvres et les vieillards. J'y allais quelquefois, et un jour, ayant aperçu une
bonne vieille aveugle d'une cataracte, je lui proposai de se soumettre à
l'opération ; elle consentit, et au jour fixé je lui enlevai la cataracte en
présence de M. Reed, médecin anglais, qui a bien voulu m'assister. L'opération réussit à merveille et j'attendais déjà la guérison complète, lorsque la
bonne femme, impatiente de voir la lumière, et profitant d'un moment où elle
se trouvait seule dans la chambre, enleva son bandeau et s'en alla à la fenêtre,
toute radieuse d'avoir recouvré la vue. Sa joie fut de courte durée ; elle paya
chèrement son imprudence : l'inflammation se mit dans les yeux, et la
Chinoise se repentit, mais trop tard, de sa désobéissance. Les sœurs étaient
aussi fâchées de ce dénouement, parce qu'elles voulaient prouver aux Chinois
qu'on ne les aveugle point pour retirer des fluides nécessaires à la photographie, comme le bruit courait. Quant à moi, je pris dès ce moment pour
règle de ne plus faire aux indigènes des opérations qui nécessitent du soin
et de la patience pour aboutir à un résultat heureux.

Dans l'asile de la mission italienne j'ai pu étudier de près la manière
dont se fait la mutilation des pieds des petites filles chinoises. Les sœurs,
n'osant se dispenser de cet usage barbare, consacré par les siècles, faisaient
soumettre les enfants qu'elles élevaient à cette mutilation, selon toutes les
règles de l'art, et je dois les remercier de m'avoir mis au courant de l'affaire,
car il est impossible à un Européen, et même à un Chinois, de voir le pied
nu d'une Chinoise. Est-ce par pudeur ou coquetterie ? Je ne puis le dire ; mais
cette dernière supposition serait plus vraisemblable, puisqu'il n'y a rien
d'aussi repoussant que la vue d'un pied mutilé.

D'où vient cet usage ? Il est difficile de le dire avec certitude. Les uns sou-
tiennent que, l'une des impératrices ayant eu les pieds difformes de naissance,
les dames de la cour, par imitation, estropièrent les leurs, et l'usage aurait

passé dans les autres classes de la population. D'autres affirment, avec plus de vraisemblance, que les Chinois, jaloux de leurs femmes, inventèrent la mutilation dans l'unique but d'empêcher leurs épouses de déserter le domicile conjugal. Mais, je le répète, il n'y a rien de certain dans ces hypothèses, l'usage datant d'une haute antiquité.

La manière dont s'opère la mutilation est des plus simples : elle se fait à l'aide d'un bandage ordinaire, et l'on peut dire la patience aidant. Dès l'âge de cinq, six ou sept ans, on entoure fortement dans le bandage le pied de l'enfant, et une fois qu'on a commencé cette opération, on la continue toute la vie, car, en la cessant, la nature reprend ses droits, et le pied tend à reprendre sa forme primitive. En posant le bandage, on a soin de l'appliquer de sorte que les doigts, sauf l'orteil, restent recourbés sous la plante du pied. Le but n'est atteint qu'après plusieurs années de cette opération ; le pied devient pointu, l'orteil seul faisant saillie, et encore les bandages le transforment, d'arrondi qu'il était primitivement, en long et étroit ; le cou-de-pied prend la forme d'une bosse, le talon se rapproche des doigts jusqu'à les toucher, et un pli se forme sur la plante. On peut se représenter la difficulté qu'on doit éprouver pour marcher avec de pareils pieds ; et comme l'application des bandages continue toujours, la circulation du sang ne peut plus se faire dans les conditions normales, souvent même la peau éclate. Mais ces souffrances sont supportées avec autant de patience que de fierté. Plus une femme est riche, plus elle a de loisirs, et plus elle s'occupe de ses pieds ; elle arrive quelquefois à ce résultat, qu'elle ne peut qu'avec peine se tenir debout ; dans ce cas, ses pieds reçoivent le nom de « lys d'or ».

Dans ma collection d'objets chinois, je possède une paire de bottines dont la longueur ne dépasse pas quatre centimètres et demi : un incrédule ne voudra jamais croire qu'une femme puisse les porter.

S'il vous arrive jamais d'aller à Han-Keou, veuillez y chercher un certain Chinois, grand ami des Européens, qui ne se fait pas appeler autrement que *Mister Senki*. Il vous présentera certainement sa femme, mistress Kok-Sin Senki, dont vous verrez les pieds, chaussés de bottines de satin brodées d'or, absolument de la grandeur de celles de ma collection, qui, du reste, ne sont autres que celles que cette même dame a bien voulu m'offrir.

Dans l'asile en question, j'ai pu prendre plusieurs dessins de ces pieds, dans les diverses phases de leur mutilation, jusqu'à celui d'une fille de dix-huit ans ; de ce dernier j'ai fait un moulage en plâtre.

Les Chinoises sont maîtresses dans l'art de se chausser ; elles ne mettent

dans le soulier que la partie antérieure du pied, en l'appuyant sur un talon
intérieur très oblique ; le talon reste dehors et le pied s'entoure de rubans.

Avoir de petits pieds, comme je l'ai dit, est chez la Chinoise une
des principales conditions de la beauté ; c'est aussi l'un des premiers soucis
de l'homme qui veut se marier, afin de pouvoir être fier de son épouse,

Mistress Senki.

lors même que celle-ci pourrait à peine se tenir debout toute seule et ne
marcher qu'à l'aide d'un soutien.

C'est ainsi que *mister Senki* était fier de sa Kok-Sin. Ami des étrangers,
il ne laissait échapper aucune occasion de faire connaissance avec un Européen, et se considérait comme très honoré lorsque ceux-ci allaient le voir.
Imitant nos usages, il ne manquait jamais de présenter à ses hôtes sa
femme, qui restait là, témoin silencieux de la conversation, ne connaissant
elle-même aucune langue étrangère.

Comme Chinoise, Kok-Sin était une beauté, et j'obtins de son mari la permission de reproduire ses traits ; en deux séances le portrait fut terminé. A la seconde, le mari était absent ; je me trouvais seul avec cette dame et une jeune servante qui suivait avec curiosité tous mes mouvements. Voilà le progrès ! Une Chinoise seule avec un étranger.

La femme et la sœur de notre vice-consul connaissaient très bien cette dame ; elle vint un jour leur rendre visite en ma présence. Mistress Senki paraissait très timide, peut-être parce qu'elle ne connaissait aucune langue étrangère ; autrement la conversation eût pu être très intéressante. Elle fumait souvent du tabac gras, jouait du pied avec un petit chien, probablement pour le montrer et le faire admirer. Toujours soutenue par une servante, elle n'aurait pu monter l'escalier sans être aidée. Pour la distraire, on joua du piano et de l'orgue ; on dansa même, pour l'initier aux divertissements européens. Elle prit une valse pour une représentation théâtrale, et quand on lui expliqua son erreur, elle répondit : « Eh bien, avec mes pieds, je ne pourrais pas le faire. » Je lui demandai la permission de faire le dessin de ses pieds. « Une autre fois, me dit-elle, je mettrai des bottines plus belles. » Je lui en demandai alors une pour souvenir, elle me promit la paire, et vous savez qu'elle tint sa promesse.

Oublions notre beauté et allons voir les courses organisées par les Anglais et les Russes. Aujourd'hui Han-Keou a eu un spectacle qu'il ne lui avait jamais été donné de contempler, je veux parler des exercices de trois Cosaques russes chargeant leurs fusils en pleine course au galop, tirant l'un sur l'autre, enlevant de terre une pièce de monnaie aussi en plein galop, etc. L'effet produit fut immense, les applaudissements des *gentlemen* et des *ladies* et les cris de la foule n'eurent pas de fin. Dans leur transport les Anglais jetèrent pas mal de dollars pour voir comment *the Russian Cosaks* les enlevaient de terre dans leur course.

Cependant le temps passait. Aux belles journées succédaient des journées de pluie, de vent et de neige, puis le soleil revenait par moments. « Qu'il fait froid, » disaient les Chinois, en s'abritant de la pluie sous leurs parasols et s'entortillant dans la ouate. « L'hiver ne passera donc pas, » exclamaient les sœurs italiennes, habituées aux chaleurs de leur pays ; et, un jour que le thermomètre marquait 3° de chaleur, elles émirent l'opinion qu'en Russie, il doit sans doute faire un peu plus froid.

Voici le 13 décembre (25 selon le nouveau style) ; les Anglais fêtent la Noël. Il est d'usage parmi les négociants chinois d'offrir, les jours de grande fête, des cadeaux à leurs clients étrangers : soit un gâteau sucré, orné de fleurs artificielles et de fruits, soit de la volaille. C'est ainsi qu'un

Anglais de ma connaissance reçut une poule d'Inde vivante, et en riant il exprimait le regret que les fêtes ne fussent pas plus fréquentes.

« Le premier de l'an approche, lui dis-je, vous recevrez encore une poule d'Inde. »

Déjà le 19 décembre (31 selon le nouveau style), veille du premier de l'an, et nous sommes toujours ici. Sosnowsky avait l'intention d'aller étudier les affaires commerciales « dans les montagnes », c'est ainsi qu'on désigne ici les plantations de thé; mais, en fin de compte, il y envoya Matoussowsky et le photographe. Je restai donc seul dans ma chambre, et par hasard il n'y avait que moi dans la maison, la veille du premier de l'an. Il était près de minuit, je lisais couché dans mon lit, quand j'entendis un coup de fusil. Qu'est-ce que cela pouvait être ? me demandai-je. Ces jours derniers, des bruits couraient au sujet de rancunes de la population contre les étrangers. Il est vrai que de temps en temps on répandait le même bruit, et personne n'y croyait plus. Un second coup de fusil retentit; il fut suivi du son de gongs et de timbales et des cris frénétiques de la foule; le bruit se rapprochait de la maison.

En entendant à cette heure insolite ce chœur sauvage dans le quartier européen, si calme à l'ordinaire, les récits des machinations des Chinois me reportèrent involontairement vers le massacre de Tien-Tsinn ; je me mis aux écoutes. Des bagatelles, vous dit-on, mais à Tien-Tsinn on disait de même; et dans la maison, pas une personne à qui demander ce que cela signifiait. Je restai couché et j'entendis la foule crier derrière la grille de fer de la maison ; on eût dit qu'elle était sous mes fenêtres et qu'elle entourait la maison. Je me soulevai sur mon lit, tout ému et me demandant s'il fallait apprêter mes armes et ne pas me laisser prendre sans opposer de résistance. Les Européens vont résister, il me faudrait essayer de me joindre à eux. Mais il n'était plus temps de descendre dans la rue ; je commençai par m'habiller et je sentais mon cœur battre violemment. Et qui n'aurait pas eu peur à la perspective de succomber dans une lutte inégale avec une foule excitée ? La Chine n'est-elle pas un pays où à chaque instant on peut s'attendre à des émeutes ? Dans ce pays, il n'y a qu'un pas de la paix aux massacres et aux incendies.

Cependant cela se calmait, la foule s'était éloignée et l'on n'entendait plus rien... Quelques minutes après, le tambour retentit, notre tambour européen battait la générale. Plus de doute, ce devait être le signal pour la réunion des Européens; je pris mon revolver et un fusil, et je descendis l'escalier. Les cris, le vacarme, recommencèrent ainsi que les crépitations des pétards et des fusées.

Jamais mélodie de Bach ne réussit plus à ramener le calme dans une âme humaine, que le bruit de ces pétards dans mon esprit ; je me mis à rire de mes résolutions belliqueuses. Et pourquoi ? Parce que, quand vous entendrez en Chine éclater des pétards et des fusées, vous saurez que ce sont des réjouissances : fêtes, noce, banquet funèbre, ou quelque chose de ce genre. Je me recouchai tranquillisé ; tout rentra dans le silence et je n'entendis plus que le gardien de nuit frappant contre sa planche. J'appris le lendemain que cette procession bruyante devait être considérée comme l'expression de la haute considération des Chinois envers les étrangers à l'occasion du premier de l'an ; des Chinois, cela va sans dire, qui ont des relations avec les Européens.

Le premier de l'an était suivi par des divertissements organisés par les Anglais : le *paper hunt*, la chasse aux lièvres et le théâtre. Je pris part à ces divertissements pour voir les environs de Han-Keou, qui ne sont guère pittoresques, du moins en hiver : une plaine déserte, entourée, à perte de vue, de champs labourés ; par endroits, les blés d'automne apparaissaient. Le sol est en grande partie sablonneux ou marécageux ; une certaine quantité de lacs arrosent cette plaine ; on y voit quelques villages clairsemés, avec bosquets dépourvus de verdure.

25 décembre (ancien style), notre fête de Noël. Rien ne nous rappelait cette fête telle qu'on la voit en Russie : 12° de chaleur, portes et fenêtres ouvertes, verdure sur la terrasse. L'absence d'église et de tout service divin n'était pas fait non plus pour nous reporter vers notre pays.

Nos compatriotes se réunissent et se souhaitent la fête, selon l'usage, et quand tout le monde eut pris place à la table commune, un Chinois vint serrer la main à chacun de nous en souhaitant la fête en pure langue russe. C'était un descendant des malheureux habitants de la ville d'Albazine, dont j'ai parlé plus haut. Il dirigeait la typographie dans la maison du vice-consul, et il m'était particulièrement agréable de rencontrer un] coréligionnaire, principalement dans un étranger, comme l'étaient pour nous les descendants des Albazinois.

Ensuite on organisa des soirées avec mascarade ; mais, si la représentation théâtrale projetée n'eut pas lieu, nous assistâmes à celle des Anglais, qui l'avaient organisée dans un énorme dépôt de thé. La mise en scène fut très convenable, et les acteurs amateurs firent preuve de talent. Les Anglais, en général, savent s'arranger ; ils vivent partout comme chez eux et, à ce point de vue, ils n'ont pas de rivaux ; mais il faut avouer qu'ils ont des imitateurs ; vaut mieux imiter le bon, que d'être original dans le mal, et il y a beaucoup à apprendre aux Anglais.

Notre premier de l'an se passa de même ici, mais le temps avait changé et il y avait un peu de neige. Puis les journées se passaient dans l'incertitude du départ : on est tout prêt, et tout à coup le départ est remis, il faut procéder au déballage. M'étant aperçu qu'il n'était pas question d'inviter Schevelow à prendre part comme interprète à l'expédition (c'était un vrai trésor qui nous échappait, mais je n'y pouvais rien), je cherchai à apprendre le plus possible cette langue si compliquée, et Schevelow m'initia à quelques-unes de ses particularités.

La langue parlée et la langue écrite présentent en Chine des difficultés extraordinaires. On n'écrit pas par lettres, mais par mots : ainsi, pour savoir écrire, ce n'est pas un alphabet qu'il faut apprendre, mais des mots entiers, ceux dont on a besoin. Les Chinois parlent par mots et par sons brefs ou monosyllabes, dont le nombre n'atteint pas cinq cents. Voici pourquoi l'étude de l'écriture chinoise est si difficile, tandis que la langue parlée est beaucoup plus facile que n'importe quelle langue de l'Europe. En effet il est plus facile de retenir dans la mémoire cinq cents sons que vingt mille, qui ne correspondent pas à nos syllabes, dont se composent nos mots, mais où chaque son fait déjà un mot tout prêt.

Est-ce à dire que les Chinois, n'ayant que cinq cents sons, n'ont qu'autant de conceptions ? Non pas, les Chinois ont à peu près autant de conceptions que les autres peuples ; mais la difficulté consiste en ce que chaque son, c'est-à-dire chaque mot, a plusieurs significations, ce qui se voit aussi dans les autres langues, mais à un moindre degré.

Prenons, par exemple, le mot « vérité », vous vous faites immédiatement une idée déterminée; dites le même mot à un Chinois, *schi* : ce son ne lui apprendra rien, parce que *schi*, qui veut dire « vérité », a encore un certain nombre de significations, telles que : « cochon, cadavre, pierre, fonctionnaire, lion, dix, professeur, flèche, » etc., etc.

Le mot *fou*, qui désigne le chef-lieu d'un district, veut dire aussi « le son (de farine), pourrir, bonheur, redevance, » etc. Le mot *gou* signifie « tambour, cause » ; le mot *ya*, « père, canard, dent » ; *tzy* veut dire « manger, reptile, rose (couleur) ».

Mais tous les mots ne consistent pas en une seule syllabe ; les mêmes sons, en combinaison avec d'autres, forment des mots composés de deux, trois, quatre ou cinq syllabes ; par exemple : *tziao-houa* « instruction », *hao-min-jen* « ambitieux », *soui-tzy-in-bian* « inventif », *goui-goui-tziuï-tziuï-di* « activement, vivement. »

Malgré cette pauvreté des sons de la langue pour une seule conception, les Chinois ont des mots pour les définitions les plus délicates. De même que chez nous, par exemple, on dit : mourir, s'éteindre, trépasser, ils ont diverses définitions pour la même conception applicable dans divers cas. Ainsi la mort de l'empereur de Chine se désigne par le mot *pyn*, et pour un personnage au-dessous de l'empereur, par celui de *houn*.

Si ce personnage meurt après son fils, il faut dire *tzou ;* pour les hauts personnages étrangers à la Chine, on dit *sy*, ce qui s'applique aussi aux hommes du peuple, aux animaux et aux arbres morts. Un autre exemple : le frère aîné s'appelle *hé-hé*, le cadet *siun-di*, les deux frères ou les frères *di-siun* ; la sœur aînée *tzie-tzie*, la sœur cadette *meï-meï*, les deux sœurs *tzie-meï*.

Il arrive souvent que si dans une conversation on ne comprend pas la signification d'un mot, on le complète par des explications. Par exemple, si l'on ne comprend pas la signification du mot *tian*, qui veut dire « ciel » et « doux », l'interlocuteur demande : quel *tian ?* On lui répond, si l'on veut désigner le ciel, « ciel-terrestre » (*tian-di*) ; si l'on veut dire « doux », on dit « doux-amer » (*tian-gou*).

Quand la conversation roule entre deux hommes lettrés, ils tracent avec leur doigt, sur la paume de la main, le signe distinctif du mot, car chez eux chaque signe écrit ou hiéroglyphe n'a qu'une seule signification.

En Chine, il y a beaucoup de dialectes et la prononciation diffère selon les provinces, d'où les difficultés de la conversation entre deux individus de localités différentes ; par exemple, « manger » se dit *tczy* dans un dialecte, et *yak* dans un autre ; « table », *tcho-tzy* et *tzou-li*, dans un autre dialecte.

Pour l'écriture, comme je l'ai dit, chaque hiéroglyphe a sa signification ; s'il nous faut écrire le mot « homme », nous mettrons à la suite les cinq lettres qui le composent. Les Chinois poseront deux traits en forme de cône, et tout lettré lira *jen* et comprendra que cela veut dire « homme » ; un petit carré se lit *koou* et signifie « bouche ». Le signe qui ressemble à la lettre russe *cha, ш*, avec le trait du milieu un peu relevé, 山 , se lit *schan* et signifie « montagne ». Il est évident que ces signes n'ont ni déclinaisons, ni nombre, ni d'autres règles grammaticales ; c'est pourquoi la lecture d'un écrit chinois ne peut se faire couramment, et ne peut être comprise par celui qui écoute, s'il ne suit pas des yeux ce qui est écrit.

La lecture se fait d'une manière saccadée, en prononçant le mot correspondant ou signe. Comme exemple, je donnerai ici la traduction littérale du passeport délivré à Matoussowsky, au moment de son départ pour les plantations de thé, et que les Chinois appellent « la lumière protectrice » :

« Russe, consul, donner, connaître, maintenant, il y a, russe, fonctionnaire, accompagner, soldat, trois, hommes, se rendre (ici les noms des localités), se promener, demander, donner, protection, fonctionnaires, gardes, municipal, de village, tous, en général, respectable, visiter, dessiner, il n'y a pas, obstacle. » Ce qui doit être traduit ainsi : « Le consul russe fait connaître l'arrivée de fonctionnaires russes, accompagnés d'un soldat, trois personnes en tout, allant visiter les localités suivantes..... Je prie tous en général, fonctionnaires, gardes des villes et des campagnes, d'être respectueux, de les protéger et de ne pas s'opposer à ce qu'ils se promènent, dessinent, » etc.

Il est facile de comprendre que cette manière d'écrire laisse un vaste champ aux conjectures, erreurs et malentendus, aussi bien que la difficulté d'écrire par signes conventionnels qu'il faut connaître par cœur, et il y en a des dizaines de mille. Les objets ou les choses semblables, si l'on peut dire ainsi, ont un signe principal qui en est la clef, et à ce signe on en ajoute d'autres, accessoires ou complémentaires. Par exemple, pour le mot « clair », on met l'un à côté de l'autre les signes du soleil et de la lune ; mais ce signe double se lit autrement que « soleil » *ji*, « lune » *youé;* il faut les lire *mine* « clair ». Le signe désignant la femme, *niuï*, mis à côté du signe fils, *tzy*, forme le mot *hao* « bien ». Le signe *mou* « bois », répété deux fois, doit se lire *line* « forêt ou bosquet ».

De tous ces exemples on peut se faire une idée des difficultés de la langue, surtout pour la composition d'un dictionnaire. Je ne sais si je ne me trompe, mais il me semble que la langue et l'écriture chinoises sont une barrière bien plus formidable que leur Grande Muraille et un obstacle très difficile à briser pour établir les relations entre les Chinois et les autres peuples. Les enfants mettent huit ans pour apprendre à lire et écrire un millier de mots. Il en est de même de l'étude de nos langues. Le Chinois ne pouvant guère prononcer un mot de plusieurs consonnes, il les sépare par des voyelles et le divise par sons, comme dans son propre langage ; c'est ainsi que se forma le fameux dialecte de Kiachta dont j'ai parlé plus haut.

Dans le dialecte de Pékin, l'*r* n'existe pas du tout ; on rencontre une aspiration qui se rapproche du *r* anglais. Un Chinois m'ayant exprimé le désir d'aller avec moi dans *notre Pékin*, c'est ainsi qu'il appelait Pétersbourg, je tâchai de lui apprendre un peu de russe. Eh bien ! je n'ai jamais pu lui faire prononcer le mot *tri* (trois), que malgré tous ses efforts il prononçait *ty-li* et il finit par dire *tr-li*. Cependant le même Chinois, en conduisant son cheval, criait, d'après leur habitude, *trrr ! trrr !* d'une façon très nette, mais ne pouvait prononcer *tri*.

Dans nos visites officielles, nous étions obligés d'avoir des cartes de visite écrites avec des hiéroglyphes chinois, et voici la transformation que subissait mon nom à la lecture : *Pi-a-sie-sy-tzy*. Comme il est impossible aux Chinois de retenir un nom de cette longueur, ils ne prononcent habituellement que la première syllabe, en la faisant suivre d'une qualification quelconque : Monsieur, grand monsieur, grand homme. S'il vous arrive jamais d'aller en Chine, votre nom restera inconnu à ceux que vous y connaîtrez, car ils n'en retiendront que la première syllabe.

Depuis longtemps nous ne savions guère, Matoussowsky et moi, ce qui nous retenait à Han-Keou ; nous apprîmes par hasard que Sosnowsky attendait la réponse d'un négociant de Koungour qui lui avait promis 2000 roubles en faveur de notre expédition. Le représentant de ce négociant à Han-Keou n'ayant reçu aucun ordre ne voulut point délivrer l'argent. On envoya donc audit négociant un télégramme, qui resta sans réponse. Ce silence produisit un déplorable effet sur notre chef. On eût dit que nous manquions tout à fait d'argent, et il avertit officiellement le vice-consul qu'il était inutile d'aller plus loin.

Il y eut à ce sujet pas mal de discussions et de condoléances, jusqu'à ce qu'un négociant fit le sacrifice de 2000 roubles et nous en prêta 2000 autres. Sosnoswky en conçut une joie si vive, qu'il ne comprit pas tout d'abord l'affaire, et lorsqu'il vint nous annoncer la nouvelle, que nous savions déjà, il nous dit avoir réussi à emprunter 4000 roubles. Nos fonds étaient donc en hausse, et dans la suite les 2000 roubles empruntés furent remboursés au négociant par un autre de nos compatriotes, qui, s'étant attiré par imprudence la disgrâce de Sosnowsky et craignant quelques désagréments, jugea convenable de prendre à son compte le remboursement des 2000 roubles empruntés par notre chef.

Mais que deviennent nos deux interprètes avec les 240 roubles? On se dispensa de leur donner de nos nouvelles. Pourquoi faire? ils ne partiront pas sans nous; ils nous attendront deux mois au lieu de trois semaines. En attendant, nous allons au restaurant où, quelques jours avant notre départ, Schevelow nous offrit un banquet d'adieu, mais non pas, hélas! un banquet pour fêter son entrée dans notre expédition. De mauvaise humeur, à cause de ce déboire, je ne m'occupais guère des musiciens et des chanteuses, quoiqu'il fût intéressant de voir de près des femmes, ce qui arrive rarement dans la Chine centrale. Au commencement du dîner, quand on servit le thé, le chœur chanta une chanson, et ensuite l'une des artistes, s'approchant de notre table, présenta son éventail à Matoussowsky.

« Que veut dire cela? » dit Matoussowsky en s'adressant à Schevelow.

L'éventail portait le programme des chansons des artistes et elles le présentaient successivement à chacun de nous pour qu'on pût choisir telle

chanson qu'on voulait entendre. Mais comme le nom des exécutantes n'é-
tait pas inscrit à côté du titre des chansons, il arriva que le sort désigna
plusieurs fois de suite la même chanteuse.

Ces femmes n'étaient point belles, deux d'entre elles étaient jeunes, et
toutes avaient la voix très étendue. La chanson qui nous plut particulièrement, *Les douze fleurs* (Schi-Er-Hua), avait un refrain très original : la
chanteuse imitait le roucoulement d'une tourterelle, et cela assez longtemps
dans les passages où le son de l'*r* le plus pur s'entendait facilement. Ces
femmes se comportaient assez librement, mais avec décence. Une jeune
fille de dix-sept ans, très sympathique, jouait au Houa-Tziuan [1] pour le
vin, et comme elle perdait souvent, elle avala un assez grand nombre de
verres de vin, sans qu'elle ressentît la moindre atteinte d'ivresse.

Avant de quitter Han-Keou, je dois dire quelques mots sur le thé et
son commerce, dont cette ville est le centre. Il est vrai qu'en automne et en
hiver le trafic de cette branche importante de la richesse du pays se ralentit ; on ne peut voir ni la cueillette ni les autres phases de la préparation
des feuilles du théier.

Un de mes compatriotes possédait à Han-Keou une fabrique de briques de
thé, qui n'est qu'un énorme hangar, sans plafond et parqueté en briques.
Au moment où j'entrai, je vis par terre dans un coin un tas de thé en
grumeaux, que des ouvriers cassaient avec des bâtons. C'étaient des briques
de thé manquées, qu'on soumettait de nouveau à la vapeur pour les réduire
ensuite en poudre et s'en servir à la fabrication de nouvelles briques. Un autre
coin était rempli de caisses en bambou et de formes pour mouler les briques.
Là on emballait les briques pour les expédier en Russie ; ailleurs des
menuisiers raccommodaient les moules et en fabriquaient de nouveaux.
Au milieu du hangar se trouvait la presse où se confectionnaient les briques
et qui occupait une vingtaine de Chinois.

Le thé sec, pesé pour faire une brique, était enveloppé dans des
serviettes et soumis à la vapeur, au-dessus de chaudières à couvercles.
Quand il était suffisamment ramolli, on en emplissait les moules, préalablement saupoudrés de thé fin et noircis de suie, et on les soumettait à la presse.
En deux heures, six cents briques étaient prêtes ; on les retirait des formes,
prêtes à être emballées.

La presse se met en œuvre au moyen d'un fort levier placé dans une
position verticale. Au moment où l'on met une brique sous presse, un ouvrier
monte à environ deux mètres de hauteur, prend le levier dans ses mains

1. Jeu chinois où le perdant est obligé de vider un verre de vin ou d'eau-de-vie.

et se jette en bas, en décrivant un quart de cercle ; pendant cette descente, deux autres attrapent au vol le levier et pèsent dessus de tout leur poids pour le faire descendre. Un quatrième, debout sur un tabouret, se tient à deux cordes et pousse des pieds le levier en sautant dessus au moment où il passe devant lui.

Le travail marche vite et en une minute six briques sont prêtes.

Il y a trois sortes de briques de thé :

1° *Lao-tcha*, ou la brique ordinaire expédiée dans l'Asie australe.

2° *Tzin-tchouan*, brique de la capitale, expédiée également dans le centre de l'Asie et dans la Sibérie orientale. — Ces deux sortes de briques se font avec le thé vert.

3° *Mi-tchouan*, noirâtre ; pour la Sibérie.

Dans un compartiment de la fabrique, on procédait au tamisage et à la coloration du thé. Une couche épaisse de poussière roussâtre y recouvrait tous les objets ; j'en emportai quelques *prises*, que j'examinai au microscope. Cette poussière consiste en petits poils fins et délicats semblables à ceux qui recouvrent la surface inférieure des feuilles du théier ; c'est cette poussière qui cause l'inflammation d'yeux dont souffrent les ouvriers qui travaillent dans cette division. Ils passent les feuilles de thé dans des tamis de bambou de dix-huit grandeurs, depuis les plus fins jusqu'aux plus grossiers.

Le séchage se fait dans des paniers de bambou qu'on pose au-dessus de charbons ardents couverts de cendres pour maintenir la température égale. Il arrive quelquefois que le thé, étant devenu humide, se met en grumeaux ; on l'étale alors sur des nattes, et l'on marche dessus chaussé de sandales.

J'ai vu moi-même cette opération, faite par quatre Chinois qui se promenaient sur des nattes couvertes d'une bonne couche de thé, les mains derrière le dos ou sur la poitrine, et regardant en l'air ou réfléchissant à leurs affaires. Voilà à peu près tout ce que j'ai vu par moi-même. Pour le reste, j'ai dû m'en rapporter aux récits d'hommes compétents.

Je dois ajouter aussi qu'en Chine on ne distingue pas du tout l'arbrisseau thé, en noir, en jaune ou en vert ; que les feuilles du théier ainsi que ses fleurs ne possèdent aucun arome, et enfin qu'on ne se sert pas du tout des fleurs de cette plante, quoique, en Russie, il y ait une sorte de thé connue sous le nom de « fleur de thé » ; ce que l'on prend pour des fleurs n'est en général que de jeunes feuilles, couvertes d'un duvet argenté (en chinois, *bai-hao*).

# CHAPITRE VI



Le 11 janvier, nous quittâmes Han-Keou, après un séjour de deux mois. Nous commencions à nous habituer de plus en plus à la société de nos compatriotes, bons et aimables pour nous, et aussi au confortable européen, et de nouveau il fallait quitter les chambres spacieuses pour les trous étroits des bateaux qui devaient nous conduire dans l'intérieur de ce pays, loin du monde civilisé dont Han-Keou était la dernière limite.

Un long trajet nous reste à faire en bateau à travers la riche et pittoresque province de See-Tchouan. Nous nous dirigeons vers son intéressant chef-lieu, Tching-Tou-Fou, et aussi vers Si-An-Fou, ancienne capitale de toute la Chine et aujourd'hui ville encore très importante au point de vue commercial. Que de documents importants, d'observations, de collections d'histoire naturelle à recueillir, et que de dessins! En route! le devoir nous commande.

La journée était belle, toute la colonie russe nous accompagna jusqu'aux bateaux, et sur le bord du fleuve j'en dessinai tout le groupe.

Le jour était à son déclin. Nos quatre barques remontent doucement le rapide Yan-Tze ; le quartier européen est déjà derrière nous ; voici les constructions en bois de la ville chinoise, sur pilotis, et toute une flottille de bateaux avec leurs mâts. Voici l'embouchure du Han, et sur sa rive gauche la ville de Han-Keou et une nouvelle flottille de barques chargées de passagers ou de marchandises. Le soleil était déjà couché et nous n'étions pas encore sortis de la ville. Enfin, après avoir parcouru environ cinq verstes, nous nous arrêtâmes pour passer la nuit, car les barques ne marchent que le jour, les bateliers ayant besoin de repos. A cet arrêt on vida un verre de champagne, et, après un dernier adieu, nos compatriotes reprirent le chemin de la ville. Il faisait déjà nuit. Nous voici seuls et pour longtemps ; jusqu'aux frontières nous ne rencontrerons plus un seul compatriote.

Nous procédâmes à l'aménagement de nos nouveaux logements ; nous préparâmes les lits et les objets qu'il nous fallait toujours avoir sous la main ; nous serrâmes les autres dans divers coins pour avoir le plus d'espace possible, car il y en avait peu.

Une barque était occupée par Sosnowsky et le photographe, une autre par Matoussowsky et moi, et la troisième par les Cosaques et la cuisine. Ces trois barques de même grandeur étaient couvertes et chacune avait trois compartiments : la poupe, où logeait la famille du propriétaire du bateau ; le milieu de la barque, destiné aux passagers, et le devant, occupé par les bateliers. Dans notre compartiment il y avait deux exhaussements en **guise** de lits, et dans l'espace resté libre entre nos lits, une table et un banc ; ce qui **restait** inoccupé suffisait pour faire un pas, mais pas davantage. Le toit ou la **hutte du** bateau n'empêchait pas de se tenir debout ; une fenêtre sur le côté pouvait **être ouverte** ou fermée à volonté, et par devant une porte à deux battants qu'on fermait la nuit, mais qu'on enlevait le jour. Après avoir séjourné dans de vastes chambres, on étouffait là dedans, et l'on ne voyait pas bien clair avec un bout de bougie, lorsqu'on s'était habitué à une lampe. Mais il faut s'y faire, et l'on s'y fera.

Je montai sur le pont pour regarder ce qui se passait autour de nous, et je vis toute une ville flottante. La nuit, on ne voit pas de Chinois, mais on les entend : les enfants pleurent ; ailleurs on tousse d'une toux étouffante ; les soldats du bateau de guerre qui nous accompagnait causent entre eux, et de temps en temps le factionnaire bat du tambour ; sur le rivage, on entend la voix traînante d'un gardien de nuit ; il ne m'avait pas encore été donné de voir tant de vie et d'animation sur un fleuve.

Il y avait plusieurs fentes au toit de notre bateau ; pour me garantir de l'air qu'elles laissaient passer, je fis au-dessus de mon lit un rideau très pratique, comme celui dont les Chinois se servent dans leurs voyages, et qui consiste en une certaine quantité de baguettes de bambou réunies par des charnières de cuivre, en sorte qu'on peut le ployer ou le déployer comme un éventail. L'hiver, on le garnit de flanelle pour se garantir du froid, et l'été, de gaze ou de tulle pour se préserver des insectes. Je l'assujettis au-dessus de mon lit et je ne sentais plus d'air. Matoussowsky en fit autant.

N'importe, cette première nuit n'était pas bonne ; le bruit des bateaux voisins, le tambour du factionnaire m'empêchèrent de dormir, tant que la fatigue ne prit pas le dessus. A peine endormi, un Cosaque vint nous réveiller de la part du chef. « En route ! » dit-il.

« Comment, en route ? Mais il fait nuit. Comment pourrai-je lever des plans ; va demander ce que l'on veut, » lui dit Matoussowsky. Le Cosaque partit, et ne revint pas ; nous nous rendormîmes.

12 janvier 1875. — Nous fûmes réveillés avant le lever du soleil. Il était évident que maintenant Sosnowsky se hâtait pour en finir avec l'expédition.

Le propriétaire de notre barque descendit à terre avec son aide, tous les deux nu-tête et n'ayant aux pieds que des semelles de paille ; ils mirent la haussière (le trait) sur l'épaule et commencèrent à traîner le bateau. Les trois autres bateaux nous suivirent ; une quantité d'autres barques allaient du même côté que nous, en luttant contre le courant ; d'autres descendaient la rivière. Une rangée interminable de maisonnettes longeait les bords ; elles étaient construites en briques, ou en bambou et en roseaux. On apercevait des temples et d'énormes fours pour cuire la brique, ces derniers en forme de chapiteaux avec quatre cheminées.

Matoussowsky procédait à la levée de plans, reportant sur les cartes toutes les sinuosités de la rivière et marquant tout ce qui se trouvait sur les rives. Vers midi on s'arrêta en face d'un village pour dîner et se reposer. Aussitôt les habitants se portèrent en foule sur le rivage ; leurs physionomies exprimaient une vive satisfaction de pouvoir contempler des *yan-jen*, c'est-à-dire des hommes d'au delà les mers. Il y avait parmi eux des marchands de comestibles, auxquels nous achetâmes des petits pains et deux espèces de gâteaux, les uns d'une pâte douce, couleur cannelle, les autres à l'ail : faute de mieux, ils nous parurent bons.

Tant que nous nous reposions, aucune personne de la foule ne disait rien ; mais, aussitôt que les bateaux se mirent en marche, les gamins commencèrent à crier *yan-gouï-tzy* « diables d'au delà les mers », et à nous montrer le poing. Au coucher du soleil, nous nous arrêtâmes, pour y passer la nuit, près du village de Tziaï-Dañ, situé à l'embouchure de la petite rivière Sin-He, où se trouvait déjà toute une flottille de bateaux chargés.

13 janvier 1875. — Belle journée. Ciel pur. Il fait chaud.

Les bords de la rivière toujours monotones ne présentaient rien d'intéressant. Pour me distraire, j'ouvris la fenêtre qui communiquait de notre cabine avec l'arrière du bateau, occupé par son propriétaire. Ce n'était pas bien discret de ma part, parce qu'il y avait des femmes.

Cette partie du bateau était de moitié plus petite que notre cabine et beaucoup plus basse, ce qui n'empêchait pas que, la nuit, tous les dix membres de la famille y trouvaient place, « dix bouches, » comme disent les Chinois. Il est difficile de donner un nom quelconque à ce genre d'habitation : casemate, cage, fosse? Dans cette cage était placé le fourneau où se faisait la cuisine pour les « dix bouches ». Quand on l'allume, tout le taudis se remplit de fumée, qui vous prend aux yeux et aux poumons.

A part le batelier et son aide, la famille comptait : la mère du premier, une bonne vieille ; elle avait la vue faible, et ne changeait jamais de place ; du reste il serait impossible de le faire ; on l'appelait *lao-taï-taï* (honorable vieille). La femme du batelier, qui pouvait avoir une quarantaine d'années. La fille aînée, âgée de vingt ans ; par modestie ou sauvagerie, aussitôt que celle-ci m'aperçut, elle cacha la tête dans ses genoux et continua de rester dans cette position tant que je regardais par la fenêtre. La fille cadette, de dix-sept ans, qui tenait quelquefois le gouvernail. Enfin quatre enfants en bas âge, qui tous portaient les traces d'une petite vérole récente ; tous quatre étaient couchés. Bonne installation pour des malades ! ce qui ne les empêche point de guérir. Voilà l'existence d'un batelier chinois : sans feu ni lieu.

Pendant l'arrêt, à l'heure du dîner, je descendis à terre et je constatai une température de 21° Réaumur au soleil. Non loin se trouvait un de ces fours à briques dont j'ai déjà parlé ; par un sentier je montai sur la terrasse, où il y avait une mare d'eau qu'on fait passer dans l'intérieur du four, où elle se change en vapeur, et donne aux briques une couleur grisâtre et une solidité extraordinaire. En ce moment le four était vide et il servait de gîte à des Chinois ; l'un d'eux, assis près de l'eau, se lavait les pieds ; l'autre couché se chauffait au soleil.

Je les saluai selon leur usage :

« Hao, bou-hao? Tzy-le-fañ-le ? » ce qui veut dire : allez-vous bien ou non ? avez-vous mangé de la bouillie? « Nous avons mangé, » répondirent-ils en souriant, et à leur tour ils s'informèrent si j'allais bien et si j'avais mangé.

Je rencontrai aussi deux petits garçons de dix à douze ans qui me parlaient très haut, mais qui néanmoins avaient bien peur et, prêts à s'enfuir, ils se cachaient l'un derrière l'autre au moindre de mes mouvements. Un Chinois monté sur un buffle s'arrêta pour me regarder, et son buffle, animal d'ordinaire si calme, que les enfants le montent facilement, souleva la tête en me regardant et commença par me flairer en élargissant ses naseaux. Il était inquiet et effrayé ; il reconnut un étranger. Je ne sais s'il avait de mauvaises intentions contre moi, car à ce moment je fus rappelé sur le bateau ; le dîner étant fini, on allait se remettre en route.

J'ai vu ici des corbeaux noirs au collier blanc, des vautours et des corneilles. Le jour précédent, j'avais aperçu des grues et des oies sauvages. Si les animaux sont assez rares, les hommes ne manquent pas. On les voit tout le temps, réunis par groupes, causant entre eux, ou occupés de leurs affaires, traînant des paniers, des boîtes, descendant la rivière avec des marchandises ou les transportant d'une rive à l'autre.

Arrêt de nuit; sur le bateau militaire on tire un coup de canon pour avertir les brigands qui rôdent dans les environs et ne se gênent pas pour piller la nuit les barques amarrées. A neuf heures du soir, le tambour bat la retraite, on éteint les feux et tout rentre dans le silence. On entendait seulement des conversations tenues à mi-voix et les gémissements d'un vieux marinier du bateau voisin.

Le sort de ces pauvres travailleurs n'est guère enviable; il leur faut tirer la corde toute la journée ou ramer pour une paye de 10 à 15 kopecks (70 centimes environ) et la nourriture, qui consiste en quelques tasses de riz: voilà cette existence. Et encore ils bénissent le ciel quand ils ont de l'ouvrage, car sans cela leur position devient bien triste s'ils n'ont pas économisé quelques sapèques. Du moins ils vivent dans un pays où l'on n'a pas besoin de nombreux vêtements, car on peut comparer leurs nuits de janvier à nos nuits d'août.

14 janvier. — Les villages se suivent sans interruption ; nulle part je n'ai vu une agglomération aussi considérable d'habitations en dehors des villes.

Le Han prend déjà ici un autre nom, il s'appelle maintenant le *Sian-Ho;* c'est ce qui se voit fréquemment en Chine ; la même rivière change jusqu'à dix fois de nom, selon les districts qu'elle parcourt. Peut-être en était-il jadis ainsi partout, quand les communications étaient plus difficiles et que les populations vivaient plus isolées ?

24° Réaumur au soleil. La brise est à peine sensible. Nous approchons de la ville de Han-Tchouan, située sur une rive très élevée de la rivière. La rapidité avec laquelle la nouvelle de notre passage se répand est étonnante. Tout le monde abandonne ses paisibles travaux pour descendre en courant le bord escarpé de la rivière. On entend partout crier *yan-jen;* nos bateaux ne sont pas encore amarrés qu'il y a déjà une foule d'hommes, d'enfants des deux sexes et de bonnes vieilles, celles-ci se tenant toujours à l'écart. Il était curieux de les voir arriver en boitant sur leurs petits pieds, pour voir un officier russe, qu'elles regardaient la bouche ouverte, les sourcils relevés avec un visible sentiment d'intérêt qui sans aucune raison se changeait bientôt en colère.

Bref, notre arrivée était partout une cause d'animation, de conversations, de discussions et de disputes. Partout on se demandait quelles sont ces gens-là ? où vont-ils? Les bateliers et les soldats, fiers d'être en relation avec nous, expliquaient que ce sont des *Oulousses* (Russes) qui s'en retournent de Pékin dans leur pays.

Je fis signe d’approcher à un marchand de bonbons ; j’en achetai un et l’examinai ; aussitôt dans la foule de crier : « Ta-bou-siao-dy » (il ne sait pas ce que c’est), et de rire. D’autres me criaient : « On mange cela ! On peut manger ! Essaye ! » J’en pris une poignée et j’en distribuai aux gamins, ce qui souleva un branle-bas dans la foule. Toutes les mains se tendirent vers moi ; on prenait les bonbons, on les mangeait, sans me remercier, car en Chine ce n’est pas la mode de remercier pour la moindre bagatelle. Le marchand me vendit toute sa provision, que je distribuai, et me demanda pour le tout deux cents sapèques. J’ordonnai au Cosaque trésorier de le payer. Celui-ci jugea que cent sapèques suffisaient, et il paraît qu’il avait raison, car le confiseur les accepta avec une visible satisfaction, y trouvant encore un bon bénéfice.

Pendant que je fumais sur le pont du bateau, je vis tout à coup à côté de moi un Chinois qui voulait m’enlever mon cigare de la bouche. Ce sans-gêne n’étant pas dans l’usage, même chez les peuples asiatiques, je considérai cette manière d’agir comme une insolence préméditée, dans le but de montrer à ses camarades qu’avec les diables d’au delà les mers, point n’est besoin de se gêner. J’arrêtai son bras et je lui jetai un coup d’œil terrible. Mais voilà qu’il saute de mon bateau sur le suivant, où Boïarsky fumait aussi un cigare, le lui arrache brusquement et s’enfuit sur la rive. Il était donc certainement délégué pour rapporter un cigare, n’importe comment. Chacun d’eux en fuma, tous crachèrent et firent des grimaces ; quelques-uns toussèrent.

La rivière devenait plus large et le paysage plus pittoresque ; de grandes quantités d’arbres encadraient les villages, et à l’horizon on commençait par distinguer des montagnes bleuâtres. A la brune on s’arrêta ; Matoussowsky descendit à terre pour mesurer la largeur de la rivière. Je le suivis et, chemin faisant, je demandai à un Chinois, puis à un autre, le nom du peuplier, et chacun d’eux le prononça différemment, *yan-hiu* et *yan-siu*.

15 janvier. — Vent favorable. Les bateliers ramassent les cordes, remontent sur le bateau et déploient les voiles à un tiers de leur grandeur. Ils se reposent, contents de ce que le vent se charge de leur besogne. Le vent devient plus fort et les bateaux marchent vite, coupant l’eau et la faisant écumer. Nous aurions pu faire une bonne traversée, si Sosnowsky n’eût eu l’envie d’aller chasser. On s’arrêta.

Le ciel était couvert et l’air frais. La foule des Chinois tremblait de froid, quoique tous eussent des vêtements ouatés. Pour garantir du froid leurs oreilles, ils avaient de petits étuis en fourrure suspendus aux oreilles mêmes. Cette foule, composée de gens pauvres, maladifs et pâles, nous regardait en silence ; mais, lorsque nos bateaux s’éloignèrent de la rive, ils commencèrent à nous injurier en criant : « Les diables étrangers ! » et nous montraient le poing, principalement les enfants.

La rivière commençait à décrire des méandres et bientôt nous tournâmes au nord. Le vent ne pouvant plus aider les bateliers, ils plièrent les voiles et reprirent la sangle.

Des oiseaux voltigeaient bien haut, présage de froid et de neige. Mais ici, au lieu de neige, le vent chassait une poussière de sable, et bientôt tout, dans le bateau, en fut couvert d'une couche épaisse : le thé et les aliments craquaient sous les dents.

Nous nous arrêtâmes à dîner près d'un grand village, Sien-Toou-Tchjen, disposé sur le bord même de l'eau, de sorte que sa dernière rue n'était pas construite sur le sol, mais sur des tréteaux. Il y avait aussi beaucoup de barques, sur lesquelles on voyait des femmes occupées à coudre ou à préparer le manger. Des hommes mangeaient avec avidité du riz, du poisson et des légumes ; des enfants rampaient sur le pont. On leur passait une corde autour du corps, qu'on attachait par l'autre bout à quelque chose de solide, et quand l'un d'eux tombait à l'eau, on le retirait tranquillement pour le remettre à la même place, sans s'occuper davantage de le sécher ou de le consoler. Des chiens en liberté couraient sur les ponts en vrais gardiens des barques.

En passant devant ces bateaux, j'adressais aux Chinois quelques politesses d'usage, comme par exemple, à ceux qui mangeaient, je leur demandais : « Que manges-tu ? » Ils ne manquaient pas de me répondre tout aussi poliment et, pour me faire voir qu'ils ne me trompaient point, ils me montraient leurs tasses. Les uns mangeaient du riz, d'autres de la viande, du poisson, des choux, de la purée de pois, des radis. Les habitants étaient là travaillant dans la rue et prenant leur repas. Je vis passer un cortège nuptial, petite noce de village : deux individus précédaient le cortège, frappant sur des gongs, deux autres portaient des lanternes suspendues à d'énormes bâtons ; puis quatre hommes portaient le palanquin fermé, où la fiancée avait pris place. Un groupe d'hommes et de femmes accompagnait le palanquin, et par derrière quatre hommes à une certaine distance l'un de l'autre portaient des coffrets avec les cadeaux de noce. Quatre coffrets de cadeaux, pensez-vous, c'est trop pour une noce de village. Sachez donc qu'en Chine on loue des cadeaux, pour en faire montre dans la rue au moment de cette procession.

Nous voilà partis. La densité de la population devient vraiment étonnante. A peine un village finit, qu'un autre commence. Voici encore un cortège nuptial, qui passe la rivière ; nous en avons rencontré plusieurs aujourd'hui, et ceci tient à ce que nous sommes au 21e jour de la 1re lune, jour heureux pour les mariages. Les Chinois ont autant de superstitions que nous autres Européens : ils ont aussi leurs jours propices à diverses entreprises, « jours où le ciel distribue ses grâces, jours heureux pour les greniers d'abondance, pour les mariages, pour se mettre en voyage, » etc.

16 janvier. — Nuit fraîche. Vent très fort. Quoique bien couvert, je préférais aller à pied pour me réchauffer. Je descendis à terre avec le Cosaque Stepanow et je suivis la rivière. Dans tous les endroits où celle-ci faisait un coude, je marchais devant moi en ligne droite et je traversais des villages situés sur mon chemin.

Les habitants étaient dehors : les vieillards prenaient soin des enfants, les jeunes gens travaillaient et causaient entre eux. Je voyais le coton, étalé sur des tables, qu'on frappait avec des archets. On s'occupait aussi à sécher les graines du sorgo et du froment étalées sur des nattes.

Notre arrivée imprévue dans les rues des villages produisait sur les habitants un effet d'ébahissement, tant ils s'attendaient peu à voir parmi eux deux hommes qui ne fussent point des Chinois. Tous très polis, ils nous invitaient à entrer chez eux pour prendre du thé, ce que j'aurais fait avec plaisir si je n'eusse pas été pressé. Jamais ma courte fourrure et mes bottes n'ont eu tant de succès. Les Chinois tournaient autour de moi, soulevaient les pans, touchaient le collet et les bottes, frappaient dessus avec leurs ongles et tâtaient le cuir.

Sortis du village, nous allâmes à travers champs vers la rivière et nous rencontrâmes un Chinois porteur d'un broc d'eau-de-vie et menant en laisse un cochon de lait, par une corde dont le bout était passé à travers l'oreille de l'animal. C'était son festin du premier de l'an qui approchait, et, quoique pauvre, cet homme était content de sa destinée. Il nous salua de la manière la plus aimable, puis, montrant son eau-de-vie et son cochon, il avait l'air de nous dire : « Voilà ce que c'est ! » Il nous expliqua le chemin le plus court pour arriver à la rivière et nous proposa de nous y conduire ; mais nous le remerciâmes de sa bonne volonté.

« Les hommes d'au delà les mers viennent nous voir rarement, nous dit-il.

— Rarement ! parce vous ne le voulez pas ; vous les appelez des diables.

— Eh non, ce n'est pas vrai ; nous aimons les étrangers, nous sommes très contents quand ils viennent, bonnes gens. »

Il me semblait qu'il le disait plutôt par peur, se sentant en notre pouvoir. Apercevant au loin plusieurs Chinois, il ne put s'empêcher de les appeler pour nous voir un peu ; et comme en ce moment je prenais quelques notes, ma manière d'écrire les intéressa. Ils voulaient essayer eux-mêmes d'écrire avec « un pinceau étranger ». Je leur offris mon livre et mon crayon, mais pas un seul ne voulut se risquer, tout en s'encourageant mutuellement à essayer. C'est un garçon de seize ans qui fut le plus hardi : il prit le crayon et marqua deux hiéroglyphes qu'il relut tout haut, *Tiañ*, *Di* (ciel, terre), et les montra du doigt. C'est ce qu'il avait sans doute appris tout d'abord à l'école. Il est probable que ces mots sont les premières lettres de leur alphabet.

L'arrêt de midi eut lieu devant le village de Houan-Keou, où le peuple s'amassa aussitôt pour regarder les étrangers. Après notre dîner, on jeta les restes du jambon, enveloppés dans du papier. Les Chinois ne manquèrent pas de soulever le paquet et d'examiner avec soin le contenu ; ils goûtèrent même et discutèrent longtemps quelle sorte de viande cela pouvait être ; puis ils furent d'avis que c'était du jambon de bonne qualité, et que le jambon des étrangers était aussi bon que celui des Chinois ; mais je ne suis pas de leur avis : leur jambon est maigre et sec.

Lorsque nous partîmes, la foule commença par se disperser ; mais quelqu'un s'étant mis à crier, tous les autres retournèrent sur leurs pas, et les voilà qui courent derrière nous en braillant, sautillant, dansant. Dans cette foule, je remarquai un individu privé d'un bras, et si ce n'eût été notre chef, toujours pressé, je me serais arrêté pour demander où et comment il avait perdu le bras. Cela m'intéressait, car les médecins chinois, aussi mauvais chirurgiens que mauvais médecins, non seulement ne connaissent pas l'amputation, mais ne la pratiquent jamais, par principe, pour ne pas estropier le corps, ce qui est considéré en Chine comme un péché envers la famille.

Au coucher du soleil, nous nous arrêtâmes devant le village d'Yuï-Tzia-Keou, qui compte, m'a-t-on dit, plus de dix mille habitants. Une grande quantité de barques y étaient amarrées ; serrées étroitement les unes contre les autres, elles formaient une vraie ville flottante avec sa vie distincte de celle des riverains, les habitants des barques ne descendant pas à terre. Seuls les hommes vont quelquefois dans les villes, soit pour l'achat des vivres, soit pour se faire raser la tête, car ils ne le font jamais eux-mêmes et ne se rasent pas l'un l'autre. Aussi pauvre que soit un Chinois, il faut qu'il aille chez un barbier pour cette opération, et même ils tiennent ce métier pour ignominieux. Il est probable que cette antipathie date du temps où l'on a commencé à raser les têtes par ordre, en signe de fidélité à la dynastie des Mandchous, et qu'à cette époque les barbiers étaient considérés comme des exécuteurs des hautes œuvres ; car, avant la domination des Mandchous, on portait les cheveux longs et pas de tresses.

A peine nos bateaux ont-ils jeté l'ancre, qu'une foule immense se réunit pour nous contempler. Notre arrivée, annoncée à l'avance, était connue de tout le monde, et le fonctionnaire de la police locale vint nous demander si nous voulions donner des ordres pour éloigner les importuns. Des soldats furent réellement envoyés; ils firent de vains efforts pour chasser la foule, mais les curieux n'en continuèrent pas moins de stationner, mais sans faire de bruit.

Dans cette réunion d'au moins quinze cents hommes, j'ai pu choisir quelques types, que je dessinai sur mon album. Ils le comprirent, et leur curiosité ne fit qu'augmenter; mais comme ils ne pouvaient absolument rien voir, ils me demandèrent de leur montrer mes dessins. L'un d'eux, à bout de patience, grimpa sur le bateau.

« Que désirez-vous ? » lui dis-je en russe. Il prit peur et tout confus s'enfuit plus vite qu'il n'était venu, et s'exposa ainsi à la risée des curieux.

Ici nous devons passer toute une journée pour faire des observations astronomiques.

17 janvier. — Je descends à terre avec Matoussowsky, qui avait à mesurer la largeur de la rivière; un soldat nous accompagne pour maintenir la foule à distance. Je vais tout seul voir la ville, dont les rues ressemblent à une rue quelconque d'une ville chinoise : par conséquent, les mêmes boutiques, et une masse de peuple. Mon apparition sans aucune escorte parut bien impressionner les habitants. « *Yan-jen, yan-jen,* » répétaient-ils les uns aux autres, et tous ceux qui pouvaient disposer de leur temps me suivirent, aussi le nombre en augmentait-il à chaque pas. Les uns touchaient tout doucement les pans de ma fourrure; les autres, vrais crieurs publics, informaient les habitants qu'un étranger passait dans la rue. Un gamin me poussa par derrière, accidentellement ou exprès, je n'en sais rien, mais la foule cria après lui en termes sévères et l'enfant disparut.

Un jeune homme bien mis m'aborda, mais je n'ai pu rien comprendre de ce qu'il me disait et je continuai mon chemin. Les autres qui l'avaient entendu parler, insistèrent, et je me laissai conduire sans savoir où ils voulaient m'amener. C'était un panorama qu'ils voulaient me montrer. Ce panorama, comme on en voit dans nos foires, avait la forme d'un bateau fait grossièrement; il pouvait avoir trois mètres de longueur. C'est avec cette merveille qu'ils croyaient m'étonner. L'heureux propriétaire du panorama était là recueillant quelques sapèques parmi les curieux; mais la recette n'était pas bien considérable, car ils connaissaient probablement déjà par cœur ce qu'il y avait. N'ayant point d'argent sur moi, je ne voulus pas m'approcher et j'expliquai le motif au propriétaire ; il me pria instamment de voir ce qu'il y avait à l'intérieur, c'étaient des marionnettes. Plus tard, du bateau je lui envoyai de l'argent, mais il refusa de l'accepter.

Pour être tranquilles, nous passâmes sur le bord opposé de la rivière, où il n'y avait pas d'habitations, ce qui n'empêcha point qu'au bout de quelques minutes une centaine d'individus étaient déjà à nous regarder. On eût cru qu'ils sortaient de terre. Je ramassai ici quelques échantillons du sol et quelques plantes, puis je montai sur la terrasse supérieure du bord de la rivière et j'aperçus, à une distance de trois cents pas environ, une espèce de rempart de terre couvert d'herbe, parallèle à la rivière. C'était une de ces digues élevées par les habitants de la plaine du Han-Kiang, pour les préserver des inondations. Je montai dessus et j'aperçus un vaste espace entièrement couvert d'une nappe d'eau, de laquelle émergeaient des bandes étroites de terre, qui la partageaient en carrés. C'étaient des champs de riz submergés par les inondations périodiques.

La nuit tombait, et un brouillard rougeâtre enveloppait l'horizon. La rivière et le rempart partageaient l'horizon. Là, de l'autre côté de l'eau, vacarme et bruit, soucis et travail ; ici, silence et tranquillité, repos complet.

A travers le brouillard, dans l'obscurité, je voyais sur le quai, ainsi que sur les bateaux, des feux de papier allumé, qui s'éteignaient et se rallumaient de nouveau ; des pétards et des fusées éclataient dans divers endroits ; des lanternes se balançaient au sommet des mâts et sur le bord des bateaux ; le bruit des gongs et des timbales sur lesquels les Chinois tambourinaient avec un zèle extraordinaire, des coups de fusil tirés de temps à autre : tout cela faisait croire à une fête.

A la vérité, c'était une fête, celle qui tombe le vingt-troisième jour de la première lune. Mais quelle était cette fête ? je n'ai pu l'apprendre.

Le propriétaire de mon bateau fit de même et brûla pas mal de papier grossier de bambou ; il alluma quelques chandelles qu'on met sur la proue dans de petits trous destinés à cet effet, et de temps à autre il faisait partir quelques pétards. La même chose se passait sur le bateau militaire ; quand le papier allumé commençait à s'éteindre, les hommes priaient, élevant au ciel leurs mains jointes et faisant des saluts jusqu'à terre. Ces offrandes et ces prières durèrent assez longtemps ; et déjà chez nous tout était rentré dans le silence, qu'on entendait encore pendant longtemps, sur la rive opposée, une musique terrible. En ce jour, chaque chef de famille, propriétaire d'une maison ou d'un bateau, est obligé de brûler quelques paquets de papier, de chandelles et de fusées. Jugez de l'énorme quantité de marchandise usée en une journée dans toute la Chine.

19 janvier. — Encore un arrêt d'un jour. Pourquoi ? je l'ignore. Théodore se rendant au village, j'allai avec lui ; d'après la règle que je m'étais imposée de ne jamais éviter les indigènes, je montai dans une barque où il y avait déjà plusieurs passagers. C'était leur procurer un vrai plaisir.

Un brave vieillard, assis à côté de moi, entama la conversation et Théodore me traduisit ses paroles.

« Tous les hommes sont égaux, seulement les langues diffèrent, dit-il.

— Le soleil luit pour tout le monde, lui répondis-je par une locution chinoise, que j'avais apprise par cœur.

— Et dans votre pays, y a-t-il un pareil soleil ?

— Non seulement un pareil, mais c'est le même. »

Le Chinois parut tout étonné, mais convaincu.

« Et la lune, l'avez-vous aussi chez vous ?

— C'est la même lune qui luit aussi chez nous. »

Il resta encore tout étonné, mais il parut douter. Ne veut-il pas nous flatter ? pensa-t-il.

Je voyais la foule amassée qui m'attendait sur la rive ; on criait à tue-tête : « *Yan-jen-na! Yan-na!* » Tout le monde était joyeux, on eût dit qu'ils attendaient un ami absent depuis plusieurs années, et qu'ils allaient pouvoir le serrer dans leurs bras.

Je descendis avec Théodore et la foule nous suivit en criant. « Il arrive ! il arrive ! »

J'allai voir les temples qui m'attiraient par la beauté de leurs toits ; on me laissa entrer partout, sans même me demander de l'argent, comme cela se fait dans les villes où l'on connaît déjà les Européens.

Cependant, dans la cour d'un temple, une porte fut brusquement fermée à mon nez. D'où je tirai la conclusion qu'il fallait rebrousser chemin, mais immédiatement la porte fut entr'ouverte, et le *hechan* (prêtre), clignant malicieusement de l'œil, en désignant la foule, m'invitait par signes à me glisser dans l'entre-bâillement de la porte. L'affaire n'était pas commode, car, dans des cas pareils, la foule cherche toujours à enfoncer la porte. Je réussis tout de même à passer, avec cinq ou six individus de ma nombreuse suite. Ceux-ci triomphaient en riant aux éclats, mais la porte aurait été certainement enfoncée, si on ne leur avait fait la promesse que je sortirais immédiatement.

Le temple était sombre et pauvre comparativement à ceux que j'avais vus et ne présentait aucun intérêt particulier, si ce n'est le toit, qui était très joli. Dans la cour, les prêtres étaient occupés à tordre des fils de soie. De ce temple, j'allai dans un autre, toujours accompagné d'une foule qui occupait l'étroite ruelle dans toute sa largeur. Sur leur chemin, ces individus renversaient les tables et les paniers des marchands et même ceux des passants ; de là cris, injures et disputes. Dans ce temple, je désirai apprendre la signification des inscriptions peintes sur des planches, qu'on porte ordinairement dans les processions. Mais Théodore n'était pas lettré et le prêtre non plus, du moins il faut le croire, puisqu'il n'a pu donner aucune explication. Peut-être Théodore ne l'a-t-il pas compris, et n'a pas voulu l'avouer ? Je n'ai pu également obtenir l'explication de divers signes symboliques exhibés aussi dans les processions, mais qu'on garde d'ordinaire dans les temples. Ils sont assujettis à de longues perches et présentent les objets les plus divers, tels que : couteau, hache, main, pinceau, main tenant une boule de couleur rouge, main tenant un pinceau, melon doré, tête de dragon, etc.

Je contemplais aussi la finesse de la sculpture des portes, des corniches, des solives soutenant la scène du théâtre, le tout exécuté avec le soin le plus minutieux ; diverses scènes et des épopées entières y étaient peintes. L'expression de certaines figures est admirable, quoique parfois comique. Sachant combien l'art de la sculpture en ronde bosse est prisé chez eux, je cherchai à savoir le prix du travail. Eh bien ! la journée d'un sculpteur se paye 20 kopecks par jour, nourriture comprise. Ce qu'il y a de bon, c'est que, la sculpture s'exécutant avec lenteur, le travail est assuré ainsi pour un temps assez long.

Je fus très étonné de voir dans quelques boutiques de la rue principale, des marchandises européennes, verreries, montres, savons, pastilles de menthe, bougies, aiguilles anglaises, cotonnades, etc. Tout cela, il est vrai, était en petite quantité, car il y a tels de nos produits qu'il est difficile d'écouler en Chine, comme, par exemple, le savon, dont les Chinois ne se servent jamais, et les bougies, qui sont chères et auxquelles ils préfèrent les chandelles à cause de leur bon marché.

Les bateliers, voyant que je me dirigeais vers eux pour repasser la rivière, m'offraient chacun leur barque ; les passagers aussi qui y avaient déjà pris place, m'engageaient à aller auprès d'eux ; et au moment du départ, la foule me salua par des cris répétés qui rappelaient notre hourra !

Le courant nous a entraînés beaucoup plus loin que l'endroit où étaient amarrés nos bateaux. Je descendis pour traverser à pied le village qui était là, puis je me disposai à faire le dessin d'une maisonnette construite avec une charpente de bois et des briques non cuites. Immédiatement on m'apporta un banc, et tous les habitants du village se groupèrent autour de moi ; ils me firent ensuite la conduite jusqu'au bateau.

Un vent favorable nous permit de faire en peu de temps une trentaine de *li*, et nous nous arrêtâmes pour attendre un de nos bateaux qui était en retard.

J'allai voir les environs et me rencontrai encore avec des Chinois, ce qui commençait à m'ennuyer : je les connaissais suffisamment et ne les regardais plus, tandis que pour eux j'étais toujours une nouveauté, une primeur, de sorte qu'à chaque pas c'était une nouvelle foule. Cette fois, ils discutaient entre eux pour savoir si je comprenais ou non le chinois : « *Ta-doun-de* » (il comprend), disaient les uns ; « *Ta-bou-doun-de,* » disaient les autres ; puis ils faisaient des réflexions sur ma barbe, disant que j'étais encore bien jeune pour la porter.

Soit exprès, soit involontairement, ils commencèrent par se pousser, se bousculer, et les cahots arrivaient jusqu'à moi. J'étais au bord d'un précipice assez profond, et je me souvins avoir entendu un jour à Han-Keou un Chinois exprimer à son collègue un vif désir de pousser dans l'eau « les diables étrangers ». Il est vrai que, chez les Chinois, il y a loin des paroles aux faits. Mais, pour éviter tout malheur, je m'en allai vers une maisonnette de bambou, auberge d'hiver qu'on bâtit pour cette saison au bord de l'eau ; elle était tenue par une femme, fait rare en Chine, mais qui arrive avec le consentement et l'autorisation du mari.

20 janvier. — Beau temps, calme et chaud. Le thermomètre marque 11° Réaumur. La rivière s'élargit de plus en plus ; le courant est moins rapide, les bords sablonneux s'abaissent graduellement.

21 janvier. — Matinée froide et brumeuse. La rivière présente la surface d'un lac énorme.

Les bateliers poussaient le bateau à l'aide de gaffes, lorsqu'une petite brise se fit sentir, et les Chinois enchantés commencèrent à invoquer les esprits. De temps en temps ils levaient la tête vers le ciel en criant d'une manière particulière ; ils invoquaient l'aide du dieu du vent pour pouvoir marcher sous voiles, mais le dieu du vent resta sourd à leurs invocations ou bien il n'était pas d'humeur à les satisfaire.

22 janvier. — Belle journée. L'arrêt de midi eut lieu près du village de Chaï-Yan, qui, par son importance commerciale et sa population, pouvait passer pour une ville.

Les environs de ce village présentent une plaine immense coupée par des canaux qui reçoivent l'eau d'un étang artificiel fermé par deux écluses opposées, dont la première s'ouvre lors des hautes eaux du printemps pour faire passer l'eau de la rivière dans le réservoir, et la seconde fait passer l'eau dans les canaux d'irrigation.

23 janvier. — Rien de particulier.

24 janvier. — Matinée froide. Le sol est couvert de givre, ce qui me rappelait mon pays natal. Des hérons volent au bord de l'eau; des milliers d'oies sauvages passent dans les airs.

Je suis suffisamment familiarisé avec le Han-Kiang, qui présente cette particularité, d'avoir en été un lit beaucoup plus large qu'en hiver. Dans cette dernière saison, ses bords consistent en une alluvion déposée par les hautes eaux d'été; en été, l'eau arrive jusqu'aux digues qui suivent parallèlement la rivière de chaque côté à une distance souvent très grande du lit d'hiver. L'espace entre les deux lits est cultivé par les Chinois, qui réussissent à y faire quelques récoltes. Ils construisent aussi au bord de l'eau des baraques provisoires où l'on vend le pain, le chauffage et le vin aux bateliers, afin qu'ils n'aient pas à courir aux villages, qui sont très éloignés. La quantité de sable et d'argile que l'eau dépose en été au fond de la rivière, la rend d'année en année moins profonde; par conséquent, l'eau, qui s'élève en été à trente pieds au-dessus de son niveau d'hiver, tend à prendre un espace plus large, et les riverains sont obligés d'élever la hauteur des digues. Ceci a lieu insensiblement, mais constamment; ainsi les digues qui préservent actuellement des inondations seront insuffisantes dans quelque cinquante ans, et alors il faudra élever des remparts. C'est une lutte perpétuelle avec l'eau, qui existe aussi sur le fleuve Jaune; en hiver, la rivière semble couler dans une auge dont les bords sont justement ces remparts élevés, derrière lesquels se trouve la plaine, dont le niveau est beaucoup plus bas que celui de la rivière dans la saison d'été.

Il arrive quelquefois qu'une digue se rompt, malgré toutes les précautions et la surveillance des fonctionnaires spéciaux (généraux des digues); alors l'eau descend comme un torrent dans la plaine, submerge tout sur son passage et occasionne de grands malheurs.

C'est la veille du premier de l'an, la plus grande fête des Chinois; on se prépare partout à la fêter dignement. A notre grand regret, nous passerons cette fête, non dans une ville, mais sur nos bateaux, dans un endroit désert, au milieu de nos pauvres bateliers. Un vent favorable leur permet de marcher à la voile, et de pouvoir ainsi se consacrer aux préparatifs de la fête et à l'accomplissement de leurs devoirs religieux.

« L'honorable maître » de notre bateau, comme on les appelle (*lao-bañ*), et de son nom Tan-Tchen-Koueï, avait conquis dès le premier jour toute notre sympathie ; et notre estime pour lui ne fit depuis que grandir. Agé d'une quarantaine d'années, peut-être un peu plus, de taille moyenne, il avait une figure ordinaire, mais franche et bonne. Il travaillait durement, mais sans se plaindre jamais de son sort ni des hommes ; il était pauvre et n'admettait pas qu'il en pût être autrement, sans jamais souhaiter pour lui autre chose que ce qu'il avait. Bref, Tan-Tchen-Koueï était un de ces hommes dont l'exemple peut servir à tous ceux qui, ayant des vicissitudes dans leur vie, n'auraient point le courage de les supporter. Il ne connaissait aucun découragement ; toujours calme et gai, toujours d'humeur égale, et poli autant avec nous qu'avec sa famille ou son ouvrier, n'ayant pour tout bien que son bateau, qu'il traînait de Han-Keou à Fan-Tcheng et de Fan-Tcheng à Han-Keou, chargé de marchandises ou transportant des passagers, il travaillait du matin au soir pour gagner à la sueur de son front de quoi nourrir dix bouches ; il était un tendre époux et un excellent père.

Ce pauvre homme, artiste dans l'âme, se souciait plus que ses collègues des autres bateaux, d'orner dignement sa barque pour la fête, de lui donner un aspect plus solennel et plus agréable pour sa famille. Abandonnant le gouvernail à sa seconde fille, il se mit à balayer, puis à laver son bateau ; tout fut nettoyé, décoré de verdure, de chandelles et de papiers de couleur. Il s'habilla lui-même à neuf, quoique ses vêtements de fête fussent aussi modestes que ceux de tous les jours. Et quand tout fut terminé, il monta sur le devant du bateau avec un plateau d'offrandes : pain, viande de porc cuite, coq rôti, friture de poisson et tasses avec du riz, de l'eau et de l'eau-de-vie. Ayant posé ce plateau sur le pont, il alluma plusieurs chandelles, brûla un paquet de papier, fit partir quelques fusées et se prosterna à terre à plusieurs reprises. Il prit ensuite quelques petites portions de chacun des plats, les jeta à l'eau et y vida les tasses de riz, d'eau et d'eau-de-vie. Tout cela fut fait pieusement et avec conviction.

Le bateau continuait toujours sa course rapide, fendant l'eau qui écumait ; le soleil lançait ses rayons sur ce travailleur pauvre, mais honnête, qui adressait son humble prière au Créateur de l'univers. Je l'observais avec intérêt et me disais : Pourquoi donc sa prière ne serait-elle pas exaucée, ne vaut-elle pas autant, et plus, que la prière d'un chrétien malhonnête ? Il priait comme ses parents le lui avaient appris.

Les prières terminées, il alla reprendre le gouvernail ; je lui demandai la permission de faire le dessin de sa petite cage décorée, ce à quoi il consentit immédiatement. Il regardait tour à tour soit mon dessin, soit son pauvre luxe, et je crus apercevoir sur son visage une expression de tristesse. Je craignis qu'il ne pensât que je dessinais par raillerie, j'aurais voulu le tranquilliser à cet égard, lui dire beaucoup de choses, mais, tout ému, je ne pus composer la moindre phrase.

Bientôt nous nous arrêtâmes devant le village de Tan-Gouan, où tout le monde se préparait pour la fête. Tout commerce cessait pour trois jours, ce qui était fâcheux, car nous n'avions pas de provisions faites d'avance, ayant l'habitude de trouver partout ce dont nous avions besoin.

Plusieurs autres bateaux étaient également amarrés en cet endroit; il y avait en outre une barque militaire habitée par un mandarin fonctionnaire de la police fluviale. A la tombée de la nuit, tous les bateaux allumèrent des lanternes; partout on brûlait du papier, on faisait partir des fusées et des pétards. Le ciel était couvert et la nuit sombre; on ne voyait rien, à part les feux et les lanternes suspendues aux mâts. Les cuisines étaient très animées : on y préparait le manger du lendemain, on tuait les coqs et l'on aspergeait de leur sang le papier qu'on brûlait ensuite en l'honneur de tel ou tel dieu. Le bruit des gongs remplissait l'air; les deux bateaux militaires tiraient des coups de fusil et des coups de canon. Vers minuit tout rentra dans le silence, on eût dit que tout le monde était plongé dans le sommeil le plus profond ; mais, à minuit juste, un coup de canon tiré du bateau militaire vint annoncer le premier jour de l'année. Les prières et les saluts recommencèrent, puis les félicitations dans l'ordre suivant : des jeunes gens aux vieillards, des personnes du même âge et enfin des vieillards aux jeunes gens; puis on se mit à table. Ouvrant la petite fenêtre qui donnait dans le compartiment de mon propriétaire, je le priai d'accepter comme souvenir quelques cadeaux : je lui offris un couteau et un rasoir; aux femmes je donnais des ciseaux, quelques paquets d'aiguilles et des boutons, et aux enfants je distribuais des bonbons enveloppés dans des papiers à vignettes. Ces cadeaux inattendus leur firent grand plaisir. Toute la nuit, les Chinois restèrent à table, mangeant, buvant et causant.

25 janvier. — Premier de l'an. Il eût été très intéressant de passer cette journée dans une ville ; à Han-Keou on nous avait conseillé d'y rester ou de tâcher d'arriver dans une ville quelconque située sur les bords du Han. Mais ce qui est très intéressant pour les uns ne l'est guère pour d'autres; du reste, de « graves affaires d'État » nous préoccupaient.

Ici sur l'eau, près d'un petit village, en compagnie d'une vingtaine de bateaux et par un mauvais temps, il n'y avait aucune distraction. Le vent soufflait avec violence, accumulant dans notre cabine une masse de sable qui recouvrait d'une couche épaisse tous les objets; blottis dans un coin, nous cherchions à tuer le temps par la lecture, lorsqu'un soldat du bateau militaire entra dans notre cabine en faisant une révérence.

Théodore l'accompagnait, tenant une carte de visite du mandarin, et il demanda si nous voulions le recevoir.

« Mais certainement, faites entrer. »

Et, disant cela, nous nous mîmes à l'entrée pour le recevoir d'après les règles de l'étiquette chinoise.

Le mandarin, en habit de parade, grimpa dans la cabine, où il resta courbé, ne pouvant pas faire autrement. Il leva les mains et ferma les yeux; il ne disait mot, et sa physionomie exprimait la timidité et la peur. Toute cette mimique faisait partie du cérémonial, assez pénible pour ceux qui n'y sont point habitués.

Nous l'invitâmes à prendre place; mais il continuait toujours à rester courbé, ayant toujours l'air d'avoir peur de nous et n'osant pas s'asseoir. Nous nous assîmes les premiers; il en fit autant, toujours en tremblant. Or cet homme, en dehors des visites officielles, était des plus simples et non timide.

La conversation était difficile ; cependant il fallait causer, car il eût été maladroit de rester sans rien dire. Nous lui exprimâmes notre regret du mauvais temps qui empêchait tout le monde de se divertir, et aussi d'être privés de passer cette journée dans une ville ; il répondait toujours « *scha* » (oui). Après quelques autres questions sur sa famille, sur le lieu où il avait passé ce jour l'année dernière, on lui offrit du thé, du tabac et des bonbons. Heureusement pour nous, il s'apprêtait à partir; mais, d'après la politesse chinoise, il fallait le prier de se rasseoir. Se levant, il recommença ses grimaces : les yeux baissés, il avait l'air de nous supplier, puis de trembler, et nous le regardions en silence.

« Asseyez-vous, je vous en prie, lui dis-je ; faites-nous le plaisir de vous asseoir. »

Il n'attendait que cette formule et il sortit en marmottant des compliments ; mais sur le pont, nouvel arrêt. Nous étions là pour le reconduire et nous le saluions avec beaucoup de zèle. Quant à lui, immobile et impassible devant nous, il avait l'air d'attendre nos ordres et de nous barrer le chemin pour nous empêcher de le suivre plus loin. Nous redescendîmes alors dans la cabine et il put partir la conscience tranquille.

Ce cérémonial ne s'applique pas dans la vie ordinaire et journalière, mais il ne faut pas s'imaginer qu'en Chine il n'y a pas de règle de politesse. C'est tout le contraire, vous n'y trouverez pas un homme désobligeant. Adressez-vous au premier venu que vous rencontrerez dans la rue, il vous répondra toujours ou satisfera à votre demande avec l'amabilité d'un homme du monde.

Halte de l'expédition à Tan-Gouan.

Après le départ du mandarin, nous donnâmes l'ordre à notre Cosaque de préparer la soupe, faite d'ordinaire dans la cuisine de notre *lao-bañ* par son « estimable mère ». Pour aujourd'hui, nous avons essuyé un refus absolu, parce que le maître, disait le Cosaque, viendra lui-même nous inviter à partager le pain et le sel, et qu'un dîner a été préparé tout exprès pour nous, car c'est une grande fête, et il était de leur devoir de nous régaler. Effectivement, une minute après, Tan-Tchen-Koueï vint lui-même nous inviter très sincèrement à accepter son dîner, nous priant de ne pas lui faire l'injure d'un refus, car, quoi qu'il en soit, disait-il, ils se considèrent lui et sa famille comme des êtres humains.

Nous aimions beaucoup notre propriétaire ; refuser son dîner eût été le chagriner, et pour rien au monde nous n'eussions voulu lui être désagréable.

« Nous dînerons, nous dînerons ; on peut servir, » lui répondîmes-nous.

D'habitude notre dîner se bornait à un seul plat de viande au riz ou de soupe, mais en quantité suffisante pour calmer notre appétit féroce. Les Chinois, comme on sait, préparent une petite quantité de chaque mets, d'où l'inquiétude de ne pas avoir notre compte au banquet du pauvre batelier. D'autre part, sans être bien délicats, nous n'étions pas sans appréhension sur la propreté du manger préparé dans des conditions aussi mauvaises. Enfin, la fenêtre s'ouvrit, Tan-Tchen-Koueï passa au Cosaque le plateau avec le dîner et nous fûmes honteux de nos soupçons : au lieu de notre unique plat de riz, nous avions une poule cuite, de la viande de porc avec tranches de bambou, de la friture de poisson, du porc rôti, des pains de formes diverses, des pâtés de viande, des côtelettes rondes, encore du porc à la sauce et un carafon d'eau-de-vie. A la vue de ce dîner, nous nous rappelâmes involontairement un certain monsieur qui durant une semaine nous avait nourris de soupe claire et de lard en disant : « Nous ne pouvons aller largement. »

La plupart de ces plats étaient excellents et en telle quantité, qu'à nous trois nous ne pouvions tout manger.

Par reconnaissance, nous fîmes cadeau de trois mille sapèques à notre propriétaire et de bonbons aux enfants.

Après le dîner, les soldats du bateau militaire vinrent nous présenter leurs félicitations ; ils étaient onze ; les deux premiers seulement entrèrent dans la cabine en faisant leurs saluts et pliant le genou ; les autres, rangés sur le pont, répétèrent les génuflexions. Nous leur donnâmes cinq mille sapèques, tout en regrettant de ne pas pouvoir être plus généreux, comme il eût convenu à des officiers russes ; mais l'argent distribué par nous était le nôtre propre, et non celui des fonds de l'expédition, comme cela aurait dû être. Nous étions honteux, mais que faire ?

Toute la journée les bateliers, les ouvriers, les soldats se rendaient les uns chez les autres, emplissant les petites cabines, échangeant leurs souhaits, goûtant la mangeaille préparée la veille, buvant du thé et du vin, causant et bavardant plus qu'à l'ordinaire; mais pas un d'eux ne s'enivra dans le sens russe du mot, c'est-à-dire que personne ne fit tapage et ne souleva de disputes. Les enfants, habillés de vêtements ouatés, furent descendus à terre pour y jouer, ils faisaient partir des pétards à tour de rôle. Ces pétards étaient placés dans de petits tubes de cuivre qui volaient en éclats. Je trouvai l'amusement dangereux pour des enfants de quatre ou cinq ans, mais les Chinois ont l'habitude de leur donner ces sortes de jouets. En me promenant sur le bord, je remarquai que pas un des bateaux n'était orné avec autant de goût que celui de notre batelier Tan-Tchen-Koueï.

26 janvier. — Il neige. Le vent contraire nous force à passer ici encore une journée.

Quoique chaudement vêtu, j'avais les pieds gelés, et pour les réchauffer j'allai me promener. Près du village où je me dirigeais, les jeunes gens jouaient à la balle. Aussitôt qu'ils m'aperçurent, le jeu cessa; ils se groupèrent autour de moi en m'examinant ainsi que mes vêtements. Ils soulevaient les pans de ma fourrure; je leur fis de même. L'un d'eux me montra sa petite casquette, et comme j'avais sur moi une casquette anglaise pliante, je la transformais instantanément en baschlyk. Un Chinois prit sa tresse en la faisant valoir devant moi ; je cherchai à attirer son attention sur ma moustache et ma barbe.

Puis je commençai à jouer avec les enfants, courant après eux et les laissant courir après moi, ce qui fit grand plaisir aux petits comme aux grands. L'un des garçons, âgé de douze ans environ, que je cherchais à attraper, prit peur pour de bon et s'enfuit au village en poussant des cris. Sa peur le rendit très drôle et me fit rire de bon cœur ainsi que tous les assistants.

Ensuite je leur dessinai avec ma canne, sur le sable, un Chinois, un cheval et un dragon. Un garçon y traça trois hiéroglyphes et me demanda si je les comprenais.

« Non, je ne comprends pas, » lui dis-je.

— *Tiañ, Di, Jen* (ciel, terre, homme), m'expliqua-t-il, et me désigna du doigt en prononçant le dernier mot.

— Je ne suis pas un homme, mais un diable étranger, » dis-je.

Tous les grands firent des signes de négation avec leurs mains et crièrent d'une voix :

Barque militaire devant Tan-Gouan.

« Aïe, aïe, aïe ! non, non ! homme ! brave homme.

— Les vôtres m'appellent diable étranger.

— Aïe, non ! ce n'est pas vrai. Il n'est pas possible qu'ils l'aient dit. »

D'autres vinrent du village et me posèrent des questions, toujours les mêmes, auxquelles j'avais appris à répondre en chinois. Elles avaient trait à mon âge, à ma nationalité, et aussi d'où j'arrivais et ce que je vendais.

Le garçon dont j'ai parlé plus haut revint du village en se cachant derrière les autres ; je courus après lui et je le rattrapai ; alors il leva ses mains jointes en demandant pardon, ce qui faisait éclater de rire les autres.

Aujourd'hui aussi on brûla du papier sur les bateaux et l'on fit partir beaucoup de pétards. La barque militaire tirait des coups de canon.

27 janvier. — Il gèle. Il est vrai qu'il n'y a qu'un degré de froid, mais à l'air cela se sent ; les bateaux se couvrent d'une couche de givre. Pas une âme dehors, tous restent cachés dans leurs maisons ou leurs bateaux, qu'on a recouverts de nattes pour se garantir du froid. Il n'est point question de continuer le chemin.

28 janvier. — Même temps. Les Chinois attendent le retour de la chaleur et enlèvent la glace des bateaux, pour qu'en fondant elle ne coule pas à l'intérieur.

Nous avons fait 25 *li*, et, quoiqu'il ne fût pas bien tard, nous nous arrêtons, car les hommes ne peuvent point tirer la corde à cause de la glace qui recouvre le sol. Nous ne sommes pas loin de la grande ville d'Añ-Liu-Fou, mais on ne l'aperçoit point de la rivière.

29 janvier. — Encore un arrêt par suite du mauvais temps. La glace commence à fondre et l'eau, qui s'infiltre à l'intérieur du bateau, tombe sur nos lits, sur la table, partout enfin. C'était désagréable, mais impossible à éviter.

30 janvier. — Les bateliers eux-mêmes commencent à s'ennuyer, ils décident d'avancer, mais sont forcés de s'arrêter bientôt, le sol est trop glissant.

31 janvier. — Le vent s'est calmé, le ciel s'est éclairci ; il y a 13° Réaumur au soleil.

En route ! Jamais nous n'avons rencontré un nombre aussi considérable de bateaux, retenus probablement par le mauvais temps de ces derniers jours. Les voiles relevées pour les sécher au soleil, ils s'avançaient majestueusement par rangées ou par groupes et donnaient à la rivière une grande animation. La neige fondue coulait en ruisseaux dans la rivière comme chez nous au printemps.

Des pêcheurs se promenaient sur l'eau dans un genre de bateau tout particulier, et auquel il m'est difficile de trouver un nom : deux cuves réunies par une petite solive à laquelle est fixée une traverse qui maintient le tout en équilibre ; un petit banc est assujetti à la solive ; le pêcheur s'assoit dessus, abaissant ses jambes dans l'une des cuves, et manœuvre avec une rame.

La rivière est toujours large, mais ses rives commencent à être plus élevées, et les pauvres bateliers qui tirent la corde sont obligés de grimper et de descendre des collines ; ils glissent et tombent assez souvent.

On rencontre quelques rapides. La corde d'un de nos bateaux s'étant rompue sur l'un d'eux, il fut emporté assez loin par le courant avant qu'on eût réussi à l'arrêter.

1er février. — 20° Réaumur au soleil. Les bords de la rivière deviennent de plus en plus élevés; on voit au loin des montagnes et à leurs sommets des pagodes.

Ces temples, déjà isolés du monde par leur situation, sont encore entourés de murs.

« Ah ! si je pouvais séjourner quelques jours dans l'un de ces monastères, dis-je à Matoussowsky.

— Comment ? avez-vous donc oublié les affaires de l'État, plus sérieuses que vos monastères ? » me dit-il en riant.

Aujourd'hui encore nous rencontrons beaucoup de bateaux; pas un ne passe sans que les Chinois témoignent de leur étonnement à la vue des *yan-jen*. La plupart de ces bateaux n'étaient pas plus grands que les nôtres ; toutefois il y en avait quelques-uns de grandes dimensions chargés de marchandises; sur l'un d'eux, je comptai à la poupe jusqu'à vingt-trois hommes en train de dîner, et à la proue une dizaine de têtes passaient à travers l'ouverture pour nous regarder.

2 février. — Nous approchons de la ville d'I-Tcheng-Sian, qui est à un kilomètre du fleuve. Sur la rive gauche, un rocher granitique très escarpé; une carrière y est pratiquée pour l'extraction des meules.

Nous nous y arrêtâmes pour passer la nuit; deux Cosaques, Théodore et un soldat, auxquels je me joins, partirent chercher des provisions. Nous traversâmes des champs de fèves et de petits pois, et je fus étonné de la quantité de corbeaux et de pies qui s'y trouvaient. En général, les oiseaux sont bien tranquilles en Chine; ils ne connaissent pas le fusil, et j'ai remarqué à plusieurs reprises leur étonnement quand ils voyaient un des leurs tué ou blessé. Ils voltigent autour sans comprendre pourquoi l'oiseau tué ne les suit plus, et ne se doutent guère du danger qui les menace. Un coup part, les oiseaux changent tout bonnement d'arbre, et vous pouvez de nouveau les approcher. Cependant il y a des espèces plus prudentes, qui se tiennent toujours sur le qui-vive.

Voici les faubourgs de la ville d'I-Tcheng-Sian et sa muraille; voici la porte d'entrée surmontée d'une tour, comme d'habitude. Un canal suit l'enceinte, un pont de pierre, d'une seule arche donne accès à la porte.

Les enfants qui jouaient près du canal nous aperçurent les premiers et donnèrent le signal de notre arrivée. Une foule bruyante nous attendait à l'entrée et nous suivit. La rue, étroite, était aussi sale que celles de toutes les villes chinoises, et la foule aussi passionnément curieuse qu'ailleurs; les physionomies exprimaient autant de satisfaction et de joie que de curiosité, et la bousculade devenait de plus en plus forte. Le soldat chinois s'en alla avec les Cosaques faire les provisions; j'allai avec Théodore dans le *ya-min*, siège de la police locale, pour expédier une lettre à Fan-Tcheng, où devaient nous attendre nos deux interprètes. Théodore entra dans une maison pour changer un morceau de lingot d'argent en monnaie, je l'attendis en dehors, derrière une rampe de bois et je m'appuyai contre le mur. Le flot montant toujours, car chacun voulait me voir de près, la rampe céda devant la poussée, se brisa en morceaux, et quelques gamins qui étaient montés dessus tombèrent à terre. Ils criaient tous, les uns de contentement, les autres parce qu'ils étouffaient; par-ci par-là on se disputait sérieusement les places. Je continuais à rester calme et sérieux, quoique de temps en temps je ne pusse m'empêcher de rire. Les Chinois, qui avaient remarqué le mouvement de mes lèvres, commençaient à rire bruyamment. Quelqu'un de la foule jeta sur moi un morceau de pain, je ne parus pas le remarquer.

Sur ces entrefaites, Théodore vint me rejoindre et nous allâmes plus loin. Des messagers nous précédaient en courant et annonçant la nouvelle de l'arrivée d'un *yan-jen*, invitant le monde à sortir et à ne pas manquer l'occasion de voir un étranger.

Ceci se voit dans tous les pays quand il arrive quelque chose d'extraordinaire, mais aucun peuple ne dépasse assurément les Chinois dans l'art de brailler de satisfaction. Suivis de cette foule, nous arrivâmes dans le *ya-min*, petit édifice pauvre et sale, où tout était vieux, même les employés qui s'y trouvaient. L'un d'eux avait grande envie de causer avec moi; il avait la certitude que je connaissais parfaitement leur langue, mais que je paraissais, sans savoir pourquoi, n'y rien comprendre.

Après la remise de la lettre à un fonctionnaire d'ordre inférieur, nous suivîmes la rue pour sortir de la ville par une autre porte. Sur notre chemin se trouvait un arc de triomphe tombant en ruines, mais très pittoresque.

Personne des habitants ne savait en quel honneur il avait été élevé. Partout, du reste, il y a de ces monuments dont la signification est inconnue. Voici encore un temple en ruines, dont la cour silencieuse est couverte d'herbe; le réservoir y était vide, la porte condamnée, et personne n'y entre, excepté les oiseaux et les chauves-souris qui s'y sont installés.

« Quel est ce temple ?

— Celui du grand Koun-Fou-Tzy, » me répondirent quelques voix dans la foule.

Voilà plus de deux mille ans qu'on prononce ce nom, et il est certain qu'on ne l'oubliera jamais.

Je voyais aussi au-dessus des portes des maisons quelques cartes de visite suspendues là depuis le premier de l'an par des visiteurs. Le soleil se couchait déjà lorsque nous nous trouvâmes à la porte de la ville, et les gens qui nous suivaient ne se risquèrent point à aller plus loin, de peur de trouver la porte fermée et d'être ainsi forcés de passer la nuit dehors.

La foule diminuait et nos deux derniers compagnons se retirèrent à la sortie, non sans nous avoir salués profondément. J'appris que ceux-ci étaient des agents de police qui avaient l'ordre de nous escorter, et qui le firent de manière que je ne me suis pas aperçu de leur présence.

Beaucoup d'Européens qui tiennent les Chinois comme fort soupçonneux envers les étrangers pourraient voir dans ce fait un espionnage; je ne suis pas de leur avis sur ce point : je n'y vois qu'une attention délicate, que les nations civilisées devraient imiter.

3 février. — Les bords de la rivière sont aujourd'hui aussi animés que les grandes rues de nos villes. On voit partout des piétons et des cavaliers, voire même des palanquins. Ailleurs, hommes et enfants restent couchés ou assis sur l'herbe. Je vois beaucoup d'individus habillés de blanc, couleur de deuil; d'autres n'avaient que des turbans blancs, mais je n'ai pu apprendre la cause de tout ce deuil; une épidémie quelconque avait peut-être augmenté la mortalité dans ce pays.

Un vent favorable nous permettait d'aller à la voile; cependant, la rivière étant peu profonde, nous échouâmes sur un banc de sable. C'est sur ces bancs que nous avons vu les Chinois procéder au lavage du sable aurifère, et, sachant par l'ouvrage du baron Richthofen qu'on en trouve encore plus haut, nous ne nous arrêtâmes pas pour examiner le procédé.

4 février. — Nous arrivons à Fan-Tcheng, sur le Han, ville des plus importantes par son commerce. C'est ici que nous devons rejoindre nos deux interprètes, quoique Théodore nous affirme avoir appris qu'ils étaient

Vue des villes de Fan-Tcheng et de Siang-Young-Fou.

partis pour Han-Keou, après avoir vainement attendu notre arrivée ou du moins une lettre du chef. Ce n'était qu'un bruit, mais il pouvait être vrai ; nous pouvions nous croiser, par exemple, la nuit ou pendant un de ces jours où le mauvais temps nous retenait dans nos cabines. Peut-être aussi s'agissait-il d'autres personnes que de nos interprètes.

Nous apercevons déjà les faubourgs de la ville et, à côté, le camp de la garnison, avec son mur d'enceinte surmonté de tourelles et de kiosques ornés de piques et de drapeaux en l'honneur de notre arrivée. Plus loin se développait un long et solide quai en pierre avec une belle pagode et une rangée de légères maisonnettes; là où le quai se terminait, ces maisonnettes étaient élevées sur des fondations de pierre. Des cartes de papier rouge étaient collées avec diverses inscriptions, dont voici la signification : la couleur rouge indique que tout va bien dans la maison, et les inscriptions sont des souhaits divers pour soi-même ou sa maison, soit des invocations, des prophéties d'un sens obscur, ou enfin des avis flatteurs, comme, par exemple, « le grand-père, le père et le fils, tous trois académiciens ».

Sur la rivière, toute une flottille de bateaux et de radeaux de bambou. Sur le bord étaient entassés beaucoup de bois à mâts et de planches épaisses qui servent à faire des cercueils. La foule se meut à droite et à gauche, occupée à toutes sortes de travaux, et point n'est besoin de chercher, leur pauvreté et leur misère frappent les yeux.

Il est évident que tout le monde, connaissant d'avance notre arrivée, s'était ramassé au bord de l'eau. Nous voilà les uns en face des autres à nous regarder avec une égale curiosité.

Bientôt les plus courageux commencèrent à grimper sur nos bateaux. Si l'on en chassait une dizaine, quinze autres venaient les remplacer; nous fûmes donc forcés de nous faire protéger par le bateau militaire. Les mesures prises ne furent point efficaces, car ils réussirent, en choisissant un moment propice, à arriver tout de même auprès de nous. Ce n'est pas par raillerie qu'ils agissaient ainsi, l'envie, la curiosité les poussaient malgré eux.

Théodore fut envoyé en ville à la recherche d'un logement et des interprètes. En attendant son retour, je me mis à dessiner sur le pont la vue du quai, lorsqu'une pierre de la grosseur d'un œuf vint tomber à mes pieds ; je la mis à côté de moi, de manière que tout le monde la vît. Dans la foule, on causa beaucoup de cette pierre (*chi-toou*), et cette attaque grossière ne se renouvela pas.

Théodore revint en nous apportant la carte de visite du mandarin de la localité; il nous adressait des excuses de ne pouvoir personnellement nous rendre visite à cause du deuil auquel l'obligeait la mort récente de l'empereur. Cette nouvelle nous préoccupa, car, le jeune empereur étant mort sans héritier, on pouvait s'attendre à des désordres ou à une guerre civile. Nous avions appris précédemment qu'il était malade de la petite vérole ; mais on le disait mieux, le jour de la crise étant passé. Il paraît qu'à cette occasion l'un des médecins de la cour brûla pour plus de 1500 roubles de paquets de papier d'offrande.

A la suite de Théodore vinrent quatre soldats de police en blanc, c'est-à-dire en deuil, pour nous protéger contre la foule. Quant à nos interprètes, ils étaient réellement partis pour Ilan-Keou, et Andreïewsky nous avait laissé une lettre pour nous avertir d'être très prudents, « par suite, disait-il, de la haine toujours croissante des Chinois contre les Européens, de mauvais cas m'étaient arrivés ». Cette nouvelle ne pouvait produire sur nous aucun effet, le personnage était de ceux qui font d'une mouche un éléphant.

On se décida à garder les mêmes bateaux jusqu'à Lao-Ho-Keou, pour les échanger dans cette ville contre d'autres plus propres à la navigation dans la partie supérieure du Han. Le bateau militaire nous quittant ici, il fut remplacé par un autre dont le mandarin vint nous faire visite ; c'était un jeune homme originaire de Hou-Nañ ; nous lui offrîmes des bonbons et des cigarettes, qu'il tourna longtemps dans ses doigts sans savoir qu'en faire, et il fallut lui montrer comment on s'en sert.

Tout était donc prêt pour aller plus loin, mais il nous fallait attendre les interprètes.

6 février. — Temps froid et sombre. Il tombe du grésil, les bateaux sont couverts de nattes. Pas un curieux ne stationnait au bord de l'eau, et jamais le baromètre de la curiosité chinoise n'était tombé si bas.

Notre Cosaque nous annonce que, Sosnowsky ne voulant pas continuer la route dans les mêmes bateaux, il en a loué un seul plus grand, où tout le monde pourra prendre place. Quant à nos bateliers, ils étaient congédiés ; ces pauvres gens étaient au désespoir.

Matoussowsky, invité à se rendre auprès du chef, revint en confirmant ce qui nous avait été dit par le Cosaque. Nous allâmes voir ce bateau, qui en effet était grand, mais peu approprié à nos occupations, et pour le moment nous ne décidâmes rien.

Les fêtes du premier de l'an durant deux semaines dans les villes, il était difficile de se procurer des provisions. Nous allâmes dîner en ville, accompagnés de notre Cosaque et d'un agent de police, auquel nous dîmes de nous conduire dans un restaurant convenable et peu éloigné.

Les rues étaient pleines d'une boue noire et gluante, nous glissions à chaque pas ; et, à part quelques gamins qui nous suivaient, il n'y avait personne

Fan-Tcheng. — Constructions sur les rives du Han.

dehors. C'est ici seulement, et nulle part ailleurs, que j'ai vu des Chinois porter des sabots, qui consistent en une semelle de bois sur deux supports, et ressemblent plutôt à un petit banc (comme un jouet d'enfant) qu'à des galoches ; le bout est en cuir verni. Cette chaussure, peu commode, fait un bruit épouvantable.

L'agent de police nous indiqua une pauvre auberge où beaucoup d'ouvriers mangeaient du lard, des légumes et du vermicelle ; d'autres prenaient du thé. Le Cosaque expliqua à l'agent que nous voulions quelque chose de plus convenable. Celui-ci eut l'air de comprendre et nous conduisit plus loin. Après une longue course, il nous indiqua une autre auberge en disant : « Voici la meilleure hôtellerie qui soit ouverte aujourd'hui. Les autres sont fermées à cause de la fête. » Elle différait peu de la première, mais, craignant d'amasser la foule par notre présence, nous fîmes la commande du dîner qu'on devait nous apporter sur le bateau.

Chemin faisant, j'aperçus à travers une porte ouverte une grande cour et, au fond, des portes avec grillages ; j'allais demander ce qu'était cette maison, quand des Chinois qui étaient là nous invitèrent à entrer. Nous traversâmes la première cour, où, sur les côtés, il y avait des logements ; nous entrâmes dans une autre, toujours sans savoir où nous étions et quel était le but de celui qui nous conduisait ; enfin nous devinâmes un restaurant.

« Peut-on manger ?

— On le peut, on le peut, » nous dirent les Chinois, et ils nous conduisirent dans une chambre, tandis que l'agent de police, resté dans la rue, maintenait la foule avec son gourdin. Il n'en est pas moins vrai que plusieurs individus, préférant soumettre leur dos aux coups de l'agent, réussirent à passer et s'installèrent dans une chambre voisine de la nôtre.

Le dîner se fit attendre. Il était composé de viande de porc rôtie à l'ail et avec divers condiments, de viande de porc froide en tranches, de hachis de poule froide salée, de viande de mouton salée aux choux, d'une pâte épaisse comme du mastic et d'une soupe qui avait bien l'air d'eau de vaisselle ; de plus, devant chacun de nous, on avait posé un carafon de vinaigre.

Nous avions bien dîné tous les trois et même quatre, car nous fîmes manger l'agent de police.

« Combien le tout ?

— Pas de prix, il ne faut pas faire de prix, nous répondit le maître du restaurant ; ce que vous voudrez suffira. Il ne voulut point en démordre, ne cessant de répéter : Ce que vous voudrez. On lui donna 1000 sapèques.

— Cela suffit-il ?

— Cela suffit, cela suffit! » et il nous remercia en joignant ses mains sur la poitrine. Du reste, il paraissait vraiment satisfait; quant à nous, nous ne trouvâmes point le dîner cher : un rouble et demi pour quatre.

Les Chinois qui étaient dans la cour s'empressèrent d'annoncer dans les rues la nouvelle que les étrangers avaient fini de dîner et s'en retournaient chez eux.

Chemin faisant, nous entrâmes dans quelques boutiques où il y avait des marchandises de provenance étrangère : verres, montres, lampes, bougies, allumettes, etc. Nous y vîmes même des draps de fabrication russe, de la lustrine noire et autres étoffes.

Dans l'après-midi, en revenant d'une promenade, nous trouvâmes au bord de l'eau une foule immense qui paraissait fort animée. Notre Cosaque nous expliqua que l'on causait du grand bateau loué par Sosnowsky et où l'on transportait en ce moment les bagages. Les Chinois avaient appris que ce bateau devait nous conduire jusqu'à la ville de Han-Tchang-Fou, et que les anciens bateliers, qui avaient été retenus pour aller jusqu'à Lao-Ho-Keou, restaient en plan et n'étaient pas contents, car ils perdaient leur temps et leur argent, et peut-être trouveraient-ils difficilement des passagers pour Han-Keou. Ils savaient qu'un acompte était donné au nouveau batelier, dont la barque était absolument impropre à la navigation sur le Han supérieur. Ils s'étonnaient que le propriétaire se risquât ainsi à la légère, et se moquaient de lui en prédisant sa perte. Ils cherchaient, par tous les arguments possibles, à nous faire comprendre le danger qui nous menaçait.

« Vaut mieux perdre votre acompte, disaient-ils, que de perdre tout. »

Notre *lao-bañ*, averti qu'il va nous conduire plus loin, vint à son tour nous prier, en s'appuyant sur l'avis d'hommes compétents, de chercher à expliquer à nos collègues que le nouveau bateau ne passerait pas plus de deux cents verstes.

Il était clair que cette insistance ne pouvait être que très sincère, car personne n'avait dans l'affaire aucun intérêt, ni de gain ni de perte, et les anciens bateliers, seuls intéressés, ne soufflaient mot.

Nous allâmes rapporter tout ceci à Sosnowsky, qui, du reste, avait été prévenu lui-même ; mais il s'était donné pour règle qu'il fallait écouter les Chinois le moins possible et même faire tout le contraire de ce qu'ils conseillaient. Cette règle était-elle bien sage ? Nous pouvions en douter. Quant à Matoussowsky et à moi, nous refusâmes formellement de passer sur le grand bateau et nous gardâmes l'ancien.

7 février. — Le bateau militaire s'en retourne à Han-Keou. Le mandarin vint faire ses adieux, et reçut de Sosnowsky une aiguière et une cuvette en papier mâché. Il la renvoya en faisant observer qu'il ne savait point à quoi cela peut servir et qu'il n'en avait pas besoin ; mais le soldat-messa-

ger fit entendre que son maître serait bien content d'avoir autre chose, une montre, par exemple.

Le mandarin vint aussi dans notre cabine ; nous le remerciâmes de ses bons soins et lui offrîmes nos portraits en photographie, et, sur sa demande, je décorai de dessins sa cuvette de carton ; puis nous nous quittâmes à jamais.

Le soir, me promenant avec Matoussowsky, nous rencontrâmes dans les rues des enfants portant des lanternes aux formes les plus étranges : têtes monstrueuses d'hommes, oiseaux, poissons, dragons, etc. L'un d'eux avait une roue de papier d'un mètre de diamètre environ, qui tournait à l'aide de l'air chaud. D'autres jouaient aux dés des œufs rouges, comme chez nous aux fêtes de Pâques. C'étaient encore les dernières réjouissances du premier de l'an.

8 février. — Aujourd'hui nous eûmes la visite d'un chef militaire du camp de Fan-Tcheng, homme très aimable, mais beaucoup moins communicatif que tous ceux dont nous avons fait jusqu'ici la connaissance.

Je lui demandai s'il avait déjà rencontré des étrangers.

« Non, jamais, répondit-il.

— Et qu'est-ce qui vous frappe le plus dans notre extérieur ?

— Les vêtements collants et la barbe.

— Pourquoi vos compatriotes ne vont-ils pas à l'étranger ? Il est très utile d'aller étudier la vie des autres peuples.

— C'est agréable et utile, j'en conviens, mais c'est trop loin, et puis il fait froid chez vous.

— Faites des chemins de fer, et n'ayez pas peur du froid, nous avons des logements bien chauffés.

— Si l'empereur m'envoie, j'irai avec plaisir ; moi-même je ne le peux, je suis au service. »

Sur notre demande de nous faire visiter le camp, il nous invita à aller immédiatement avec lui, ce qui fut accepté. Le camp n'était pas bien éloigné ; il avait deux portes et était entouré d'un rempart de terre. Les soldats, rangés dans la cour, faisaient l'exercice sur commandements en langue anglaise (du moins ils le disaient, car il eût été difficile de le deviner).

A notre entrée, ils présentèrent les armes avec ensemble. On courut chercher le chef du camp, qui sortit entouré de ses officiers et nous invita, selon l'usage, à entrer dans sa chambre de réception. Contrairement aux villes, qui sont malpropres, tout dans ce camp était rangé, tenu avec soin et en ordre ; les baraques des soldats étaient également propres, mais quelques-unes étaient pleines d'une épaisse fumée qui occasionnait des maux d'yeux très fréquents chez les soldats.

Nous fîmes cadeau d'une carabine au chef du camp, ainsi que nous l'avait demandé Li-Houn-Tchang à Tien-Tsinn, et nous lui expliquâmes le moyen de s'en servir. Sur notre demande, une cible fut posée et nous invitâmes les officiers à essayer l'arme. L'un s'y refusa, l'autre fit partir un coup d'une manière qui indiquait clairement qu'il n'avait pas la moindre idée du tir à la cible ; parmi les soldats, il y en avait quelques-uns qui tiraient passablement à une distance de deux ou trois cents pas. Ce côté essentiel de l'art militaire est absolument faible chez les Chinois ; il serait toutefois très facile de le leur apprendre.

Dernier jour de fête. Le soir on entendait le bruit de la ville ; on voyait allumer des feux sacrés, et sur quelques bateaux les hommes priaient levant les yeux et les mains au ciel.

9 février. — Suivant mon habitude, j'allai dessiner suivi de la foule. J'entrai dans une cabane de bambou, dont la porte était ouverte. L'intérieur, composé d'une seule pièce, me parut assez intéressant, et je me disposais à en faire le croquis, lorsqu'une bonne vieille femme qui s'y trouvait seule, parut d'abord déconcertée en voyant devant elle un inconnu et un étranger, et commença par se couvrir la figure ; mais, lorsque la foule menaça par des poussées successives de démolir sa cabane, elle se précipita brusquement à la porte, et tint aux curieux un discours très énergique qui les fit reculer. Elle n'en continua pas moins à leur parler en défendant son asile. Jamais et nulle part je n'ai vu une femme parler comme elle avec la vitesse d'une vraie machine et sans aucune interruption. C'est une particularité propre aux Chinoises, quand elles sont en colère.

Je pris peur moi-même en regardant les faibles parois de la cabane et, pour calmer cette bonne femme, je m'empressai de quitter sa maisonnette.

Plus loin, dans une ruelle, je m'arrêtai pour admirer l'amas de toits d'un pâté de maisons construites sans aucune symétrie ; je n'aurais pu en prendre le dessin, à cause de la foule qui m'entourait de tous côtés, si deux soldats armés de gourdins n'étaient venus à mon aide en éloignant les curieux. J'appris plus tard que ces soldats appartenaient à l'escorte de la barque militaire qui allait nous accompagner dans notre prochain voyage.

Aujourd'hui nous eûmes la visite du chef du camp, de l'aide de camp du commandant supérieur de l'armée et de plusieurs officiers subalternes. Plusieurs d'entre eux ayant appris ma qualité de médecin me consultèrent pour diverses maladies et principalement pour des maux d'yeux ; je leur promis des médicaments. Ils s'exprimaient en termes peu flatteurs sur le compte de leurs médecins, et nous manifestaient leurs regrets de ne pas avoir des médecins étrangers (*yan-daï-fou*).

Mon escorte habituelle dans les rues. (Page 210.)

« Mais vous pouvez avoir de bons médecins parmi vous ; seulement, il faut fonder des écoles, car, pour être médecin, il faut étudier cinq ans. »

Sosnowsky me soutint en ajoutant que la médecine n'est pas chose facile, que, chez nous, les médecins étudient autant que les officiers. Je crois qu'il me prenait aussi pour un mandarin ignare..... tout peut arriver par distraction. Avant de partir, les officiers nous invitèrent chez eux. En attendant, aujourd'hui nous avions à répondre à une invitation d'un négociant musulman. Il était en effet le descendant de musulmans émigrés du Turkestan oriental, et qui sont devenus Chinois sous tous les rapports, excepté sous celui de la religion, qu'ils ont gardée. Ils se marient avec des Chinoises, marient leurs filles aux Chinois, et ont absolument la même manière de vivre. Il n'en est pas moins vrai qu'une sourde hostilité qui régnait toujours entre musulmans et Chinois, se termina par l'extermination des premiers ; peu d'entre eux échappèrent au massacre et continuèrent de vivre en paix. Il y a aussi des musulmans parmi les mandarins au service de l'État.

Le maître de la maison, âgé d'une soixantaine d'années, était un homme maigre ; il avait les cheveux blancs ; ses paupières lui couvraient les yeux, et pour regarder il levait la tête, comme font les gens qui ont l'habitude de porter les lunettes près des narines.

En nous saluant, il nous prenait les mains dans les siennes et les portait vers son cœur.

De la boutique on nous fit entrer, par la porte de derrière, dans une petite cour, et de là dans la salle de réception, presque entièrement obscure, car la lumière n'y pénétrait que par une toute petite ouverture pratiquée au plafond. Immédiatement, on nous invita à nous mettre à table, et Théodore eut à ce sujet à soutenir une longue discussion avec le maître de la maison, pour savoir qui allait s'asseoir le premier.

Un seul interprète pour quatre personnes ne pouvait guère suffire ; aussi, quand l'un de nous parlait, les autres n'avaient qu'à manger. Les fils et les neveux du négociant avaient essayé en vain à plusieurs reprises d'entrer en conversation avec nous, mais personne ne se sentait à l'aise.

Le dîner, à la mode chinoise, était excellent ; il y avait entre autres plats des crêpes pareilles aux nôtres, qu'on ne mange qu'une fois par an, les treizième, quatorzième et quinzième jours de la première lune ; mais alors tout le monde doit en manger, depuis l'empereur jusqu'au dernier des mendiants, qui s'en procurent n'importe comment. Ceux qui ne peuvent les faire chez eux s'en achètent au dehors. Cependant personne ne put nous expliquer si cet usage avait quelque signification religieuse.

10 février. — Aujourd'hui notre expédition s'est augmentée d'un nouveau membre. L'un des soldats du bateau militaire qui retournait à Han-Keou, dans lequel il remplissait les fonctions de cuisinier, aima mieux partir avec nous, en la même qualité, que de continuer à servir l'État. Si je parle de ce fait sans grande importance, c'est pour montrer la facilité avec laquelle un soldat chinois abandonne l'armée quand il lui plaît : s'il veut partir, il s'en va trouver son chef immédiat pour lui faire part de sa résolution. C'est bien ; on lui fait payer sa solde, remettre l'habillement, et le voilà libre. Et juste le jour de l'entrée de ce cuisinier à notre service, nous reçûmes du chef du camp, sans savoir pourquoi, des poules vivantes, de la viande de mouton, du pain et des noix. Peut-être avait-il appris que notre nourriture était bien maigre. Notre chef lui fit remettre à son tour deux bouteilles de vin de Champagne, que nous avions reçues de nos compatriotes.

Le temps passe et nous attendons toujours le retour de nos interprètes. Chaque jour j'allais faire un tour dans la ville et toujours seul, car Théodore avait l'ordre de se trouver auprès du chef, « en cas de besoin. » Les habitants s'étaient aussi habitués à moi et m'appelaient « peintre étranger » ou « peintre d'au delà les mers ». Mon crayon ou « pinceau étranger » les préoccupait plus que ma personne.

Les femmes elles-mêmes, sans me suivre comme les hommes et les enfants, se mettaient aux portes de leurs maisons aussitôt qu'elles entendaient crier : « Il passe, il passe, » et me regardaient un peu confuses avec autant de peur que de curiosité. Aussitôt que je me disposais à dessiner, la foule se groupait autour de moi, chacun cherchant à avoir la meilleure place, d'où souvent naissaient des désagréments, des disputes et des rixes.

Passant ce jour en compagnie de ma nombreuse suite, j'aperçus au loin, dans une ruelle, des fils jaunâtres suspendus à un cadre ; je les pris pour des écheveaux de fil de soie. Je m'approchai et m'aperçus que ce n'était que du vermicelle. Je m'arrêtai pour examiner de près cette singulière fabrication : un châssis, posé verticalement, est garni à sa partie supérieure de petites tiges de bois auxquelles on attache des anneaux de pâte ; la planchette inférieure, également garnie de petites pointes, est mobile : on peut la soulever et la descendre à volonté. Supposez cette planche tout en haut, les pieux entrent dans les anneaux de pâte ; à mesure qu'on l'abaisse, la pâte s'allonge en fils minces, et, quand elle arrive tout en bas, le vermicelle est fait, il est même saupoudré de la poussière de la rue. On enlève ce vermicelle et l'on accroche en haut d'autres anneaux de pâte, puis on soulève la planche inférieure, et ainsi de suite. Vous voyez que c'est simple et n'exige ni beaucoup de soins, ni de grands frais.

Préparation du vermicelle et pétrissage du pain.

A côté de ce fabricant était installé en pleine rue un boulanger qui pétrissait sa pâte d'une manière originale. Sur une table basse ou sorte de large banc, appuyé contre le mur de la maison du boulanger, on jette un gros morceau de pâte; puis le boulanger, assis à l'extrémité d'une perche de bambou, dont l'autre bout est fixé dans le mur de la maison, commence à sautiller sur son bambou, en avançant et en reculant, et toujours de manière que son bâton écrase ou presse la pâte, jusqu'à ce qu'elle soit bien remuée.

Au moment où je me disposais à rentrer, plusieurs Chinois de ma suite insistèrent auprès de moi pour me conduire du côté opposé. De leurs discours, je n'ai pu comprendre que les mots *hao-kan* « bon à voir ». — Je me laissai conduire, à leur grande satisfaction ; ils étaient ravis que nous les eussions compris. Bientôt j'aperçus au-dessus de la porte de la ville un temple d'une architecture assez remarquable. Je me mis en mesure d'en prendre le dessin, sans perdre de temps ; mais la foule toujours grossissante m'en empêcha, malgré les efforts de mes voisins pour me faire une petite place. On commença par me bousculer, puis deux fois des poignées de sable me furent même envoyées. Il est vrai qu'un blâme sévère suivit cet acte grossier ; mais, craignant que ces plaisanteries ne tournassent à l'injure et à la violence, comme cela arrive dans les foules, je pris le parti de m'en aller. Je fus obligé aussi de remettre très sévèrement à sa place un Chinois qui s'était permis de me taper deux fois sur l'épaule.

11 février. — Aujourd'hui nous devons assister aux manœuvres de l'armée, qui ont lieu sur notre demande.

A neuf heures du matin, un messager du camp vint nous avertir que tout était prêt, et qu'on n'attendait que nous pour commencer. Mais notre chef se fit attendre jusqu'à onze heures, ce qui nous fut très désagréable, d'autant plus que les Chinois sont le peuple le plus exact de la terre.

En arrivant au camp, nous trouvâmes tous les mandarins réunis sur une place, mais pas un d'entre eux n'était en uniforme ; de plus, le chef du camp était absent. J'appris plus tard que ce dernier, fatigué de nous attendre, s'en était retourné chez lui, donnant l'ordre aux officiers de changer de costume. Il était évident qu'ils se trouvaient froissés de notre sans-gêne ; personne ne vint à notre rencontre, et nous fûmes reçus très froidement.

Les soldats de cette garnison, qui étaient armés de fusils à piston, avaient été formés par des instructeurs européens. Il n'en est pas moins vrai que leurs manœuvres et leurs évolutions étaient incompréhensibles pour moi ; c'est à Sosnowsky d'en donner la description détaillée et l'appréciation. Les manœuvres terminées, je visitai les baraques du camp construites en bambou : parois, toits et cloisons, tout était en bambou. Chaque lit était entouré de rideaux pour préserver les hommes des piqûres des cousins, moustiques, araignées, scorpions et autres insectes.

Ces braves Chinois, qui avaient déjà oublié notre conduite du matin, nous invitèrent à un dîner préparé exprès pour nous.

Le chef du champ y vint aussi ; tous furent aimables et gais. Sachant que nous ne nous servions point de bâtonnets, ils avaient préalablement envoyé chercher nos couverts, que nous fûmes très étonnés de trouver sur la table. Après le dîner, on nous apporta pour la bouche, comme aux autres convives, des tasses d'eau chaude avec des chiffons gris ; nous refusâmes de nous en servir, disant que cela ne se faisait point chez nous.

Les logements des mandarins consistaient en une seule chambre, meublée d'un lit, d'une table, d'une malle et de quelques chaises. Tous avaient quelques pots de fleurs, quelques inscriptions sur les murs et des cartes de la Chine, mais d'origine chinoise. Tel était aussi le logement du chef, où nous allâmes, et, pendant la conversation, je vis les mandarins aller à tour de rôle se coucher pour fumer leur pipe d'opium.

L'un d'eux, maigre, jaune, les joues creusées, fuma devant moi neuf pipes de suite. Il avouait mal faire, mais ne pouvoir abandonner cette habitude, car, aussitôt qu'il cessait, il souffrait cruellement. Cet officier me priait de lui indiquer un soulagement ; il me faisait pitié, mais je n'y pouvais rien. Si j'avais dû rester ici quelque temps, j'aurais essayé tout de même un traitement. J'ai pu me convaincre, d'après son récit, que l'opium ne lui procurait point le sommeil, ni ces rêves qu'on raconte ; tout au contraire, après avoir fumé, il devenait plus actif et plus gai.

Les Chinois nous questionnèrent sur la Russie, son ciel, le temps qu'il y fait, les villes, les produits de l'industrie autres que le drap, etc. Ils demandèrent quels étaient les appointements des officiers, et notre chef, qui n'aimait point ces sortes de questions, leur répondit qu'un officier comme lui avait de douze à quatorze mille roubles d'argent. Les Chinois se regardèrent en ayant l'air de dire : « Voilà de beaux appointements. »

Ce jour, j'eus pas mal de consultations à donner, et j'invitai les malades à venir chercher chez moi les médicaments. Quant aux demandes de portraits, je refusai formellement, n'ayant point de temps pour les faire.

Nous passâmes ainsi, par un temps splendide, toute la journée au camp ; mais, la nuit, la tempête se déchaîna et se prolongea jusqu'au matin.

12 février. — Mauvais temps toute la journée.

13 février. — Le mauvais temps continue. Nous eûmes la visite du fils du négociant musulman qui nous avait invités à. dîner quelques jours auparavant. Aussitôt entré, ce jeune homme ôta ses souliers et resta en chaussettes. Myope, il portait des lunettes qui ne valaient pas grand'chose ; par malheur, je n'en avais pas du tout ; et je conseille à tous les voyageurs d'en avoir une provision : cela peut être précieux.

Table d'un mandarin au camp.

14 février. — Le temps s'est remis. Nos bateliers voudraient bien partir, ils s'ennuient. Nous ne pouvons pas cependant nous en aller sans nos interprètes. Et les affaires ? On ne s'en inquiétait guère. Et les échantillons de toute espèce qui nous étaient confiés par les négociants de Kiachta, restaient enfouis dans nos malles ; on ne les avait pas fait voir aux négociants chinois.

J'allai visiter un joli temple construit sur le mur d'enceinte, à l'endroit où ce mur s'avance dans la rivière comme un promontoire ; le portier en ferma immédiatement la porte derrière moi, pour que je pusse tout admirer seul et à mon aise. Au pied du mur, les travailleurs fourmillaient, poussant des cris comme à leur habitude ; de temps à autre, je regardais à travers les embrasures, pensant réellement qu'un malheur quelconque était arrivé, mais il n'y avait rien d'extraordinaire : on traînait de la rivière des troncs de bambou amenés ici comme des radeaux. D'autres charriaient de la paille abandonnée au public. Les femmes lavaient tranquillement du linge.

Je restai assez longtemps à écouter une dispute entre une bonne vieille et son adversaire, que je ne pouvais apercevoir, mais dont les répliques produisaient un terrible effet sur la vieille. Cette bonne femme se mettait en colère, criait, frappait des pieds et sautillait sur place. La querelle durait depuis assez longtemps ; je n'y comprenais rien, mais elle m'intéressait par son comique et par l'intonation des voix de ceux qui y prenaient part ; ils parlaient chacun, à leur tour, après avoir silencieusement écouté la partie adverse. Je n'ai pu attendre la fin de cette discussion, mon attention ayant été attirée par les sons d'un instrument de musique que j'entendais non loin de moi. Le gardien me prit par la manche et me conduisit dans une petite pièce, dépendante du temple, où jouait l'artiste. Celui-ci, à ma vue, se leva précipitamment pour me saluer, m'invita à prendre place et m'indiqua un fourneau plein de charbons ardents en guise de chaufferette. Après l'en avoir remercié, je le priai de continuer à jouer, et, pour faire son éloge, je lui montrai le médius de ma main droite.

« Eh non ! pas bien, » me dit-il en faisant un signe négatif avec sa main.

Son instrument, peu ingénieux, appelé par les Chinois *er-tzyn*, c'est-à-dire à deux cordes, consistait en deux segments de bambou, l'un plus long et plus gros que l'autre, réunis entre eux à angle droit ; le premier servait de griffe ou de touche, l'autre de résonnateur ; deux cordes de soie et l'archet passé entre elles, voilà l'instrument. Le musicien promenait doucement l'archet ou le faisait marcher avec vitesse, et arrivait ainsi à tirer de cet instrument les sons les plus divers. On eût cru entendre une voix lointaine chanter une chanson, un motif chinois, ou bien un acteur répéter son rôle en traînant les paroles ; l'instrument imitait les pleurs, le sifflement et le ramage d'un oiseau. Je n'en pouvais croire mes yeux ni mes oreilles, et je continuais à l'écouter avec un véritable plaisir. Je ne sais combien de temps j'aurais passé auprès de cet artiste, si je n'avais dû rejoindre mes collègues qui allaient rendre visite au chef militaire (*ti-dou*), dans la ville de Siang-Young-Fou, située sur la rive opposée du Han, en face de Fan-Tcheng.

Deux mandarins vinrent nous chercher; on prit deux soldats de la jonque militaire, pour maintenir l'ordre dans la foule en cas de besoin, et l'on partit. L'un de ces mandarins avait à la tête et sur la figure plusieurs cicatrices, suites de blessures reçues dans une bataille avec une bande de brigands qui avaient commis un grand nombre de crimes, et dont le chef avait eu l'intention de prendre Pékin et de s'emparer du trône. Il fut complètement battu, sa bande dispersée, et lui-même se sauva et disparut. J'ai oublié le nom de ce brigand.

La ville de Siang a l'aspect d'une forteresse : le quai s'élève au-dessus de l'eau à une hauteur de trois mètres; il est en granit, et construit en forme d'escalier; les marches sont cependant si étroites, que c'est avec peine qu'on peut y poser le pied. Ce quai donne sur une petite plate-forme qui suit le mur d'enceinte de la ville. En 1268, Houbilaï-Han, le fondateur de la dynastie mongole, mit le siège devant cette ville, lequel dura cinq ans.

La rue que nous suivions, qui aboutissait à la porte de la ville, était aussi étroite et aussi sale que celles des autres villes chinoises. Les habitants se tenaient par groupes aux portes de leurs maisonnettes pour nous voir passer, et beaucoup nous suivirent.

La maison du gouverneur militaire n'était pas bien éloignée. Nous traversâmes quatre cours absolument désertes et nous entrâmes dans une petite pièce, où il n'y avait personne. C'était contraire à l'usage des Chinois, qui viennent d'habitude au-devant des visiteurs; les mandarins qui nous avaient accompagnés déclarèrent que leur chef s'habillait. Mais j'appris plus tard que cette réception avait été concertée d'avance comme une revanche de notre retard de deux heures au camp; on nous fit sentir combien il est désagréable de se faire attendre, même moins de deux heures. Nous traversâmes encore quelques cours et plusieurs pièces, et dans la dernière l'un des Chinois présents nous arrêta en se désignant lui-même du doigt comme le gouverneur. Portant tous le même costume, les Chinois ont l'usage de se désigner ainsi, autrement on ne saurait à qui s'adresser.

La chambre où nous étions contenait pas mal de meubles européens : une couchette à côté du *kang*, deux pendules, une de cheminée, l'autre suspendue au mur, quatre candélabres couverts de globes de verre; c'étaient des cadeaux donnés par des Anglais de Chang-Haï. Une table-bureau paraissait de fabrication européenne. Quant au gouverneur, il était un personnage très curieux. Agé d'une quarantaine d'années, grand et fort, il n'avait point le type chinois; de plus, il avait déjà des cheveux assez longs, car, après la mort de leur empereur, les mandarins, en signe de deuil, ne se rasent point la tête, et cela pendant un temps déterminé. Il portait sa calotte sur le côté, pas en arrière. Ses manières n'étaient pas non plus celles d'un Chinois mandarin; il ne serait pas impossible qu'il eût cherché à imiter quelque Européen de sa connaissance.

Il fut photographié par notre collègue, et pendant les préparatifs je réussis à dessiner pour moi son portrait.

Pendant le dîner, il se montra très aimable et nous demanda à plusieurs reprises si les plats chinois nous plaisaient bien. Le général nous donna aussi quelques détails sur le séjour de nos interprètes à Fan-Tcheng; ils s'y étaient trouvés sans un sou, et par conséquent personne n'avait voulu ni les loger ni les nourrir. Il leur avait donné cent roubles pour les aider. Il nous dit que l'un d'eux s'était toujours promené avec un fusil et qu'il avait fait peur aux habitants, mais que, par la suite, ils s'y étaient habitués et avaient fini par se moquer de lui. Il nous donna encore d'autres détails très désagréables à entendre et qu'on aurait pu éviter si les conseils donnés avaient été suivis, tandis que maintenant il fallait subir la honte des suites de l'imprévoyance du chef.

Celui-ci affirma au général qu'il lui rembourserait l'argent donné aux interprètes; de mon côté, je le remerciai de son récit, qui était une preuve de ses excellentes dispositions envers nous.

Peu après le dîner, nous le quittâmes; il nous reconduisit jusqu'à la seconde cour, un second mandarin jusqu'à la troisième et un autre jusqu'à Fan-Tcheng.

Après notre retour, l'interprète Théodore vint nous avertir, Matousowsky et moi, qu'il allait nous quitter et retourner à Han-Keou. Il ne voulut pas nous dire la cause de ce départ inattendu, et ne consentit pas non plus à rester, malgré notre offre d'augmenter ses appointements et de le faire manger à notre table, et non avec les Cosaques. Tout ce que nous pûmes obtenir de lui, ce fut qu'il attendît au moins le retour d'Andreïewsky et de Siui.

Ainsi le meilleur de nos interprètes nous quittait! Qu'allons-nous faire?

15 février. — A dix heures, visite du *ti-dou*, qui reçut de nous le surnom de « Brigand ataman », à cause de ses manières déliées. Il se rendait au camp de la cavalerie et priait d'y envoyer le photographe, pour faire son portrait à cheval. De son côté, le chef de ce campement nous invitait à dîner.

L'installation de ce camp ne valait pas celle du camp de l'infanterie. Les logements des officiers et des soldats étaient plus petits et moins propres. Beaucoup d'hommes souffraient de maux d'yeux, ce qui provenait sans doute des bûchers qu'ils allumaient à l'intérieur pour se chauffer ; je m'étonnai, en effet, de les voir rester dans des chambres pleines de fumée épaisse et âcre qui faisait venir les larmes, et produisait dans la gorge une amertume qu'on ressentait toute la journée. La nourriture des soldats consiste en riz et en légumes ; on sert rarement de la viande.

Le commandant de la cavalerie, assez âgé et grêlé, était visiblement un grand naturaliste-amateur ; il avait parterres de fleurs, aquariums avec diverses plantes aquatiques et toute une volière d'oiseaux d'espèces rares : alouettes, cailles, sansonnets, étourneaux, perdrix, faisans, etc. Les pigeons avaient un colombier spécial, divisé en trente compartiments, un pour chaque paire.

Pendant le dîner, notre « Brigand ataman » commandait et donnait des ordres comme chez lui ; il avalait une grande quantité de tasses de vin fort. Pour la première fois, je vis servir après dîner de l'eau pour laver la tête, la figure et les mains.

Nous exprimâmes le désir de rencontrer un jour en Russie nos nouveaux amis, à quoi le *ti-dou* répondit qu'il avait peur des longs voyages et n'aimait point la mer. Si je viens un jour chez vous, nous dit-il, ce sera à cheval.

Grand amateur de chevaux, il avait un excellent trotteur à l'amble, et sur notre demande il ordonna de le seller. Le dîner terminé, nous passâmes dans l'une des chambres du chef du camp ; je pris une pipe et commençai à préparer l'opium ; ce que voyant, notre « Brigand ataman » me dit : « Pas bien, pas bien, ce n'est pas ainsi ; » et, prenant la pipe de mes mains, il me montra comment je devais procéder.

« Vous fumez ? lui demandais-je.

— Non, » me dit-il, d'un ton qui ne laissait aucun doute ; mais, quelques minutes plus tard, il alluma et fuma une pipe, pour me faire voir comment on s'y prenait.

En ce moment, on vint l'avertir que sa monture était prête. Il sortit vivement en nous faisant signe de le suivre ; il monta à cheval et disparut en un clin d'œil. Son cheval, petit et fort, filait comme une flèche et jouait des jambes ; son cavalier était assis dessus aussi aisément que sur une chaise. Il fit ainsi plusieurs tours et descendit en nous jetant un regard qui semblait dire : « Assez comme cela. »

« Mon cheval est-il bon ? » fit-il.

Je lui montrai le doigt de main droite et il parut satisfait de l'éloge.

Nous rentrâmes, et la conversation continua. Il s'informa du chiffre d'hommes de l'armée russe, et Sosnowsky lui répondit : « Un million en temps de paix, et trois millions en temps de guerre. » Puis notre chef entra dans des détails insignifiants, qu'il leur était difficile de comprendre.

16 février. — On sait que les Chinois dressent les cormorans à la pêche, et depuis longtemps je cherchais l'occasion d'observer de près cette pêche. Aujourd'hui au matin, en montant sur le pont, j'aperçus deux Chinois dans une barque avec ces oiseaux ; je les hélai et leur proposai de me prendre avec eux, ce à quoi ils consentirent avec plaisir et ils m'aidèrent à passer dans leur barque.

Cinq cormorans étaient là perchés sur un morceau de bois couvert de paille. Attachés par une patte et ayant au cou un anneau de paille, ils regardaient l'eau et avaient l'air de se dire : « Il est temps de commencer. » La barque remonta la rivière à une grande distance, puis on la mit en travers en la laissant descendre le courant. Les Chinois détachèrent leurs oiseaux ; quelques-uns des cormorans se jetèrent à l'eau tout seuls, d'autres y furent poussés sans gêne, mais tous suivirent la barque en faisant des plongeons. Les cormorans nagent vite et par soubresauts, plongent à une assez grande profondeur et restent longtemps sous l'eau.

Leur propriétaire les stimulait par des mots ou des exclamations, et il me semblait qu'ils comprenaient leur maître. S'ils revenaient sur l'eau sans butin, ils n'avaient pas l'air contents, soufflaient avec force et grognaient comme des chiens.

En voici un qui revient avec une carpe assez grande ; les pêcheurs poussent des cris de joie et s'empressent d'aller à l'aide du cormoran, qui tient ferme le poisson dans son bec crochu, malgré les efforts de la carpe pour recouvrer la liberté. Le cormoran tâche de pousser la tête du poisson dans sa gorge, pour l'avaler avant qu'on le lui prenne ; mais le pêcheur saisit son oiseau d'une main par le cou, et de l'autre lui retire la carpe, puis rejette le cormoran dans l'eau. Évidemment celui-ci savait d'avance qu'il en serait ainsi ; il ne montra pas de mauvaise humeur, secoua la tête, rinça son bec à plusieurs reprises, pour perdre le goût de son butin, et recommença à plonger.

Ils revenaient ainsi assez souvent avec des poissons ; quand c'était un petit, ils l'avalaient, mais l'anneau qu'ils portaient au cou empêchait qu'il ne passât dans leur estomac ; les Chinois l'attrapaient, lui faisaient rendre le poisson et le renvoyaient continuer sa besogne. Si à ce moment on en apercevait un autre portant un poisson, le premier retenu dans la barque attendait que l'opération fût finie et restait tranquille. Si le poisson était

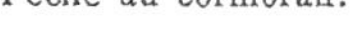

Pêche au cormoran.

bien petit, on le leur laissait dans la gorge, quelquefois même deux ou trois, pour les retirer tout d'un coup. Parfois il arrivait que le poisson pris était volumineux ; alors immédiatement un cormoran allait aider son compagnon ; ils le tenaient ainsi à deux. D'autres fois ils se querellaient entre eux et grognaient ; il leur arrivait aussi de laisser échapper leur proie, ils replongeaient du coup, mais presque toujours sans succès.

Les uns pêchaient avec entraînement, d'autres avec mollesse, malgré les excitations du maître : « O-ho, O-ho ! Err-go, Err-go ! Aïe, gaï-gaï-i ! Aïe-éou ! » et autres exclamations de ce genre. Le pêcheur se fâchait, criait, sautillait sur son banc et finissait par se faire obéir du paresseux.

Après une heure de cette pêche, on fit reposer les *loou-sy*, ou *lou-tzy*, comme ils appellent les cormorans. On les retira de l'eau en les remettant à leurs places ; ils respirèrent bruyamment, leurs becs ouverts, puis commencèrent à se secouer, à déplier les ailes en les maintenant relevées comme des voiles, pour se sécher, et se grattèrent la tête. Pendant le repos, on ne leur donne rien à manger, car ils ne pêchent que quand ils ont faim. Une demi-heure après, le travail recommença, et cette fois celui qui apportait un grand poisson en recevait un petit en récompense ou comme encouragement. Les cormorans ne s'éloignaient jamais de leur barque ; en un certain endroit où nous nous trouvâmes avec plusieurs autres barques de pêcheurs, ces cormorans reconnaissaient bien la leur, et les Chinois savaient aussi distinguer leurs individus, ce qui me paraissait très difficile.

La séance finie, les Chinois me reconduisirent à mon bateau et m'invitèrent à choisir le meilleur poisson ; mais, ici comme ailleurs, ils ne voulurent point faire de prix. Je leur donnai 500 sapèques, près de trois francs ; ils s'en trouvèrent très satisfaits.

Il ne m'a pas été donné de voir une chasse au canard, ce qui est très original. Voici ce qui m'a été raconté à ce sujet. Dans les endroits où les canards sauvages se rassemblent après le coucher du soleil, les Chinois jettent sur l'eau plusieurs citrouilles vides, qui se maintiennent à la surface. Les canards envisagent d'abord ces objets avec méfiance, mais finissent par s'y habituer, et nagent à côté sans y faire attention. C'est alors que le chasseur se met dans l'eau, ayant une ceinture au corps et la tête enfoncée dans une citrouille percée de deux petits trous pour pouvoir regarder. Il reste ainsi, plongé jusqu'au cou, à attendre l'arrivée des canards, qui nagent par-ci par-là, sans soupçonner le danger. Lorsqu'un canard s'approche trop près du chasseur, celui-ci l'attrape par les pattes, le tire de l'eau, lui tord le cou et l'accroche à sa ceinture. Les canards, qui ont aussi l'habitude de plonger, ne s'aperçoivent pas de la disparition d'un ou de plusieurs des leurs et ne fuient que quand ils voient l'homme se lever de l'eau.

Voilà ce nouveau mode de chasse : sans chien, sans fusil, il n'y a qu'à passer dans l'eau une ou deux heures. Mais je répète que je n'ai pas eu l'occasion de voir ce curieux spectacle.

17 février. — Enfin nos interprètes sont arrivés. Théodore en fut content ; il pouvait nous quitter. J'essayai encore de le retenir, mais en vain.

Nous aussi, nous allons partir de Fan-Tcheng, où, au lieu de deux jours, nous avons passé deux semaines.

Le propriétaire de notre bateau courut en ville chercher des provisions et nous conseilla d'en faire autant, car à partir d'ici les villages deviennent rares. Nous achetâmes également une certaine quantité de petites glaces, de boutons de cuivre, d'aiguilles, des allumettes-bougies, pour distribuer tout cela en petits cadeaux aux riverains. J'étais heureux d'aller plus loin, et en même temps je quittais avec regret les pauvres cabanes du quai de Fan-Tcheng, les braves gens qui se rassemblaient journellement devant nos bateaux, et même un malheureux chien qui avait pris l'habitude de venir chaque matin nous demander à déjeuner.

Nous quittâmes la ville avec un vent favorable, par conséquent voiles déployées : Matoussowsky et moi sur notre ancien bateau, et le reste de la compagnie sur le nouveau, qui devait se perdre en route. Une jonque militaire nous accompagnait. On s'arrêta à peu de distance de la ville, parce qu'on n'aurait pu atteindre l'arrêt ordinaire avant la nuit.

18 février. — Belle matinée ; ciel pur, le soleil chauffe comme en été.

Nous partons, nos bateliers marchent vite, mais la grande barque reste en arrière et bientôt nous la perdons de vue. La rivière est large, son courant calme ; elle occupe un espace énorme qui se confond au loin avec l'horizon. Les bords de la rivière, d'abord plats et sablonneux, deviennent plus élevés et rocheux, le calcaire prédomine. On y voit des grottes creusées, et sur une proéminence penchée, un temple qui paraît devoir s'écrouler quelque jour, malgré un épais mur de briques qui soutient le rocher. Le danger n'en est pas moins grand, car l'eau des sources creuse incessamment la base.

Au coucher du soleil, nous nous arrêtâmes au village de Pou-Heou, et Matoussowsky se mit à mesurer la vitesse du courant de la rivière. Les habitants ne s'attendaient pas à cette visite, et sur le moment ils furent stupéfaits. Mais, la peur et l'étonnement passés, ils vinrent nous causer. Nous leur répondîmes en russe, et la conversation se termina ainsi. Le sol du bord de l'eau, argileux et très escarpé, rendait la montée presque impraticable. Les Chinois nous tendirent leurs mains pour nous aider à grimper. Plus loin, je voyais un arbre avec des gousses desséchées qui tenaient aux branches, mais placées si haut, qu'il m'était impossible de les atteindre. Un Chinois monta dans l'arbre, détacha une branche, mais ne la jeta pas; il la prit entre ses dents, descendit, et me la remit, sans « oser accepter les remerciements » que je lui adressais. N'est-ce pas une preuve de leur délicatesse?

En revenant vers le bateau, je pensais à la descente qu'il fallait effectuer sur ce rivage argileux et escarpé. Mais lorsque j'approchai du petit sentier, j'aperçus avec surprise qu'on y avait creusé des marches commodes.

Ne sachant quel était le brave qui s'était livré à ce travail, je les remerciai tous pour leur attention délicate et leur offris de l'argent, qu'ils refusèrent obstinément. Malgré moi, je pensais à notre Europe, avec ses « pourboires » français, ses *Trinkgeld* allemands et ses « pour le petit thé » russes, qu'on exige pour le moindre service.

La nuit était tombée et le bateau n'arrivait point; nous en parlâmes à notre batelier, qui répondit qu'on s'était probablement arrêté ailleurs pour passer la nuit. Nous nous couchâmes. Au milieu de la nuit, un vacarme épouvantable nous réveille; le Cosaque écoute et nous annonce que le chef s'était arrêté à cinq verstes d'ici, et qu'il envoie deux soldats à notre recherche avec ordre de nous faire rebrousser chemin. Les soldats ne sont point contents qu'on les fasse marcher la nuit, et grondent le batelier de s'être tant dépêché.

« Eh bien! dis au batelier de se mettre en route, et aux soldats qu'ils montent sur le bateau. »

Mais le batelier refusa très nettement de marcher la nuit. « Je suis responsable, disait-il, de vous comme de ma famille. Pendant le jour, nous ne pouvons avancer qu'avec difficulté à cause des bancs de sable, des pierres et des rapides; comment voulez-vous donc que je marche la nuit? Faites ce que vous voudrez, je ne bougerai pas, et du reste pourquoi faire vingt *li* inutilement. »

Les soldats comprenaient ce qu'il y avait de juste dans ces paroles; ils criaient parce qu'on les avait dérangés la nuit et privés de sommeil. Aussi nous les invitâmes à passer la nuit ici; mais, n'osant désobéir à leur chef, ils repartirent.

19 février. — Belle journée. Ciel serein, air calme.

Nous attendons toujours les autres bateaux; ils arrivent enfin et passent devant nous pour se mettre à la tête.

Le pays devenait de plus en plus montagneux et la masse de la population plus intense. D'après ce qu'on voyait sur le Han, il n'était pas difficile de croire que la population de l'Empire chinois s'élève à trois cents millions, car les villages se succédaient sans interruption, soit au bord même de la rivière, soit à une certaine distance de l'eau. Tous ces villages sont entourés d'arbres qui forment pour ainsi dire un bois immense sous l'ombre duquel s'abritent les maisonnettes dans un désordre pittoresque.

La rivière à son tour est très animée : voici des barques qui marchent de ville en ville chargées de marchandises, d'autres ne transportent que des passagers, ailleurs on ne fait que passer la rivière d'une rive à l'autre, et partout naviguent des barques de pêcheurs.

Aujourd'hui encore, le grand bateau resta bien en arrière ; nous décidâmes de nous arrêter à un endroit où l'on procédait au lavage du sable aurifère. Neuf Chinois y travaillaient quand notre arrivée inattendue vint les déranger et leur fit peur. Leurs visages semblaient dire : « Adieu notre or, il n'en restera rien ; heureux si nous nous en retirons nous-mêmes sains et saufs. » La présence de notre batelier qui nous accompagnait leur rendit un peu de courage. Nous leur demandâmes de nous montrer leur or et leur mode de lavage, à quoi ils répondirent qu'ils n'avaient point d'or, et qu'ils ne faisaient que commencer. Cependant, quelques minutes plus tard, ils reprirent confiance sur l'assurance que nous n'avions aucune mauvaise intention et que nous ne leur prendrions rien. L'un d'eux nous apporta alors une boîte avec deux petits morceaux d'or de la grosseur d'un petit pois.

C'était de l'or fondu. L'or naturel qu'on nous montra sur un plateau présentait des cristaux fins comme du sable.

Moyennant une redevance insignifiante, mais que je n'ai pu connaître au juste, le gouvernement loue par parties le sol où l'eau dépose le sable aurifère. Les fermiers délimitent par des pieux les terrains qui leur sont concédés et s'y installent avec leurs compagnons ou leurs ouvriers.

Le lavage s'opère de la manière suivante. On enlève avec des bêches la couche supérieure de sable, qui ne contient jamais d'or ; ceci fait, on retire les cailloux roulés par l'eau jusqu'à la profondeur d'un demi-mètre, pour en remplir des paniers qu'on pose au-dessus d'un plan incliné creusé dans dans toute sa largeur et garni de chéneaux. L'eau qu'on verse dans le panier, passant entre les cailloux, enlève le sable et les parcelles d'or qui s'y trouvent et qui, plus lourdes que le sable, s'arrêtent ou se déposent dans les chéneaux, tandis que le sable tombe dans un plateau qu'on soumet avec beaucoup de précaution à un second lavage.

A l'aide de pinceaux, on enlève les parcelles d'or des chéneaux. Le procédé est donc bien simple. Un ouvrier peut laver ainsi en une

journée vingt-cinq pouds (près de mille livres) de cailloux et de sable ;
en moyenne, il en retire de l'or pour une valeur de sept kopecks ; le plus
heureux peut arriver à en extraire pour vingt-sept kopecks (un peu plus
d'un franc).

Ce ne sont pas là assurément nos mines d'or, et l'on ne peut guère distinguer
un chercheur d'or de n'importe quel autre pauvre campagnard. En Russie,
on ne se chargerait même pas d'une telle exploitation ; mais les Chinois y travaillent volontiers, d'autant plus que cela se fait en hiver, quand les travaux
des champs sont arrêtés et qu'il est très difficile de trouver de l'ouvrage.

Lavage du sable aurifère déposé par le Han-Kiang.

Si le Han-Kiang donne peu d'or, en revanche c'est une mine inépuisable, car depuis des siècles ses eaux charrient la même quantité de ce métal
précieux.

Après avoir remercié les Chinois, nous retournâmes sur le bateau, et le
fermier principal nous reconduisit à une certaine distance, probablement
par reconnaissance pour notre honnêteté.

Nous partîmes plus loin, mais, comme l'autre bateau restait toujours en
arrière, il fallut bientôt s'arrêter de nouveau, afin d'éviter aux soldats une
nouvelle promenade nocturne.

Ici la navigation devenait plus difficile à cause des bancs de sable où les
bateaux échouaient assez souvent, et il était très pénible de les dépla-
cer. De distance en distance, ou plutôt dans les endroits dangereux, il

y avait des bateaux de la police fluviale, commandés chacun par un mandarin.

20 février. — La rivière se partage en deux bras, contournant une grande île basse et sablonneuse. Nos bateaux suivirent le bras gauche, avançant à l'aide de la corde ou de gaffes qu'on appuyait au fond, et quelquefois sous voiles. La compagnie était nombreuse, une vingtaine de barques à poupe fortement relevée marchaient avec nous. Les ouvriers appuyant leurs gaffes poussaient des gémissements à fendre le cœur. Nous aperçûmes de loin la ville de Houang-Houa-Sienn, située à deux verstes de la rivière, ainsi que son mur crenelé, sa porte et sa tour à toit recourbé. Enfin, nous nous arrêtâmes à Lao-Ho-Keou, grand village commercial, où il nous fallut changer de bateau, car notre Tan-Tchen-Koueï, en homme consciencieux, refusa formellement d'aller plus loin, ne connaissant plus la rivière.

# CHAPITRE VII

La ville de Lao-Ho-Keou. — Les malades et les consultations. — Changement de bateaux.
— Une foule grossière. — Le Han supérieur. — Montagnes et rochers. — Les ouvriers
haleurs. — La ville d'Yun-Yang-Fou. — Un artiste chinois. — Premiers rapides. —
Fabrique de papier. — La ville de Sin-Añ-Fou. — Un jeune homme superstitieux. —
Les houillères. — Passage d'un rapide dangereux. — Ville de Tsy-Yan-Siañ. — Premier
accident. — La ville de Che-Tsouen-Chien. — Tordage de cordons.


**20 février** (*Suite*). — Le Han entre dans les montagnes et change de
caractère d'une manière tranchante.

Nous jetâmes l'ancre devant la ville de Lao-Ho-Keou, où il y avait déjà
une grande quantité de barques. En moins de cinq minutes la foule s'as-
sembla, et aussitôt vinrent deux hommes de police armés de gourdins, qui
se postèrent près du bateau et mirent un terme à la curiosité du public,
qui savait bien que le gourdin du policeman est sans pitié. J'allai avec
Matoussowsky faire un tour dans cette ville, en attendant l'arrivée de nos
collègues ; les hommes de la police nous accompagnèrent, l'un marchant
devant nous, l'autre par derrière.

Ils étaient très aimables, mais réellement zélés outre mesure ; leurs cannes,
pas trop grosses heureusement, ne restaient pas en repos une seule minute.
Les policemen chassaient la foule, avertissaient ceux qui étaient encore
éloignés de nous de s'écarter et de laisser le passage libre ; les moins vifs
ou les plus curieux recevaient des coups sans merci ; les agents criaient très
fort, et à eux deux ils faisaient autant de bruit que la foule.

Tout cela est de mise lors du passage d'un mandarin, mais ne pouvait
nous plaire ; aussi je les priai de ne pas battre leurs compatriotes. « Yes! »
me répondit le Chinois, qui avait la prétention de comprendre l'anglais, quoiqu'il ne sût que le *Yes!* Il pensait peut-être que nous parlions anglais, et
répétait souvent « Yes! yes! » même quand on ne s'adressait pas à lui.

Les rues de la ville ne présentent rien de particulier ; elles sont étroites, sales et puantes ; bientôt nous retournâmes à notre bateau. Le quai, les créneaux du mur de la ville, tout était rempli de monde. Les Chinois avaient appris que j'étais médecin, et plusieurs malades me furent amenés pour être guéris.

Je ne sais pourquoi certains voyageurs parlent de la méfiance des Chinois envers les médecins étrangers.

La plupart des malades amenés ici étaient affectés de maladies externes, heureusement pour moi, car je n'avais pas besoin de recourir à un interprète ; quant aux médicaments, j'en avais une bonne provision. Mais, pour les maladies internes, il n'était pas aussi facile de s'entendre, puisque je n'avais personne avec moi pour me servir d'interprète. A la nuit, la foule se dispersa et nous préférâmes rester à bord que d'aller loger en ville.

21 février. — Journée d'été. 17°,8 Réaumur à l'ombre, 28°,2 au soleil.

Le chef du nouveau bateau militaire qui doit partir avec nous de Lao-Ho-Keou vint nous rendre visite. J'allai de mon côté chercher un nouveau bateau. Tous ceux que je voyais ne me plaisaient pas trop, mais il n'y avait pas de choix, et j'arrêtai l'un d'eux moyennant deux cents roubles (huit cents francs), pour un parcours de mille verstes, sans que nous ayons à nous occuper de quoi que ce fût. Ce serait au batelier à trouver des ouvriers, à les nourrir et à les payer ; les gages d'un ouvrier étaient de 8000 sapèques, près de dix roubles, pour tout le voyage.

A mon retour sur le bateau, je trouvai un grand nombre de malades qui venaient me consulter. Les maladies prédominantes étaient : des affections cutanées (gale et teigne), des maux d'yeux, des maladies d'estomac et des rhumatismes. J'étais tout disposé à leur venir en aide et j'avais une grande provision de médicaments, comme je viens de le dire, mais je n'avais pas d'interprète attaché à ma personne ; les deux qui nous accompagnaient restaient avec le chef ou partaient avec le photographe quand celui-ci allait prendre des vues. J'avais besoin d'un interprète qui pût traduire avec fidélité ce que j'avais à prescrire aux malades, mais non pas comme Siui qui ne comprenait rien. Une fois, je le chargeai de dire à un malade dont les cils rentraient sous les paupières, de les arracher, et de se servir du médicament que je lui donnais. Celui-ci traduisit : « Va-t'en te débarbouiller, puis revient chercher le médicament. » Il faut l'avouer, des deux interprètes, l'un ne savait pas un mot de chinois, l'autre pas un mot de russe ! Voilà les interprètes d'une expédition « commerciale et scientifique » !

Quand je ne pouvais me faire comprendre à l'aide d'un dictionnaire ou de notre Cosaque, j'étais forcé de renvoyer les malades sans secours. Ceux-ci ne voulaient rien entendre ; ils m'assiégeaient de plus en plus, et il

La ville de Lao-Ho-Keou.

fallait éloigner le bateau du bord, ce qui ne servait à rien, car on m'amenait les malades à l'aide de barques.

De pauvres mères, avec leurs enfants, pleuraient et s'inclinaient devant moi ; il y avait tant de douleur dans leurs prières, qu'il ne m'était point possible de les renvoyer sans les avoir consolées. Des scènes déchirantes avaient lieu ; les malades étaient portés sur les bras pour attirer mon attention ; on m'appelait, on gémissait, chacun tâchait d'arriver le premier. Je perdais la tête. « Seigneur, disais-je, pourquoi ne puis-je pas, comme le Christ, les guérir d'un mot ? » Chacun se plaignait de son mal, ou montrait son malade ; on me prenait par les pans de mon habit, ou l'on me touchait légèrement des doigts. J'entends encore ces voix suppliantes : « *Loié ! Daï-fou, da-ien-na* (Seigneur ! Docteur, grand seigneur !) » Hélas ! je n'ai pu soulager que ceux dont le mal était visible et n'exigeait pas d'explications verbales ; quant à l'emploi des médicaments, j'avais appris quelques phrases pour le leur expliquer.

L'homme est partout le même : ainsi, parmi tous ces malheureux et ces malades, il se glissait de mauvaises gens simulant une maladie, dans l'unique but de pouvoir nous regarder de près. Ceux-ci étaient chassés impitoyablement à l'instant même, sans distinction de classe ou de profession.

On m'adressait parfois des demandes très curieuses ; une femme, par exemple, me montra la paume de sa main pour l'informer si elle ne serait pas malade un jour et des moyens d'éviter toute maladie. Ce fait prouve que leurs médecins ne se gênent pas pour donner de pareilles consultations. Des femmes me demandaient des médicaments pour avoir des enfants, d'autres pour ne plus en avoir ; certains me priaient de les rendre plus braves [1].

Quelques mauvais sujets se permettaient des familiarités : l'un d'eux voulut retirer le cigare de ma bouche, pendant que j'examinais ses yeux ; je le frappai sur la main ; il perdit son audace et fut hué par la foule. Du reste on m'avait prévenu de ne leur permettre aucune liberté, parce qu'ils perdent immédiatement tout respect, comme font en général les gens sans éducation. Être fier et peu abordable, voilà le plus sûr moyen d'être respecté par tout le monde en Chine. La foule est partout sauvage et grossière, capable de faire ce qu'aucun séparément n'oserait entreprendre.

---

1. Les médecins chinois donnent à cet effet des os de tigre, du fiel d'un brigand exécuté, etc. Un missionnaire anglais, Ch. Pitton, prétend qu'en guerre les Chinois mangent le foie et le cœur de leurs ennemis pour devenir braves. Je ne sais si c'est vrai.

Toute la journée fut employée en consultations pour les malades. Vers le soir vint notre nouveau domestique chinois; il devait aider le Cosaque qui me servait d'interprète et ne pouvait tout faire. Ce Chinois, nommé Tjchou, vint offrir lui-même ses services; il ne fixait pas d'appointements, ce qui est, il me semble, habituel en Chine, mais il demanda 200 sapèques ou cinq roubles pour acheter un habillement convenable; quant à ses gages, il laissait à notre appréciation de les fixer selon son mérite.

Nous consentîmes donc à le prendre; il courut en ville, et revint tout de neuf habillé pour faire les salutations d'usage en se mettant à genoux, et s'inclinant trois fois devant chacun de nous, même devant notre Cosaque.

22 février. — Temps splendide. 17° Réaumur à l'ombre.

Nous changeons de logement, c'est-à-dire de bateau. Ce bateau, quoique plus spacieux et plus profond que le précédent, était beaucoup plus vieux, plus sale, imprégné d'une odeur de fumée; les insectes et les araignées y pullulaient; il y avait même des souris.

Après un nettoyage complet, on procéda par la poudre de pyrèthre à l'extinction de ces hôtes inutiles; on mit à terre des nattes neuves et l'on recouvrit d'indienne le plafond et les parois : le logement parut alors assez habitable. Le propriétaire du bateau avait l'air d'un brave homme; son premier aide, qui était lettré et intelligent, nous plaisait aussi; on pouvait donc espérer que tout serait pour le mieux.

23 février. — Aujourd'hui, départ de Lao-Ilo-Keou. Comme notre bateau n'était pas encore prêt (le mât manquait), nous invitâmes Sosnowsky à partir sans nous attendre, ce qu'il fit dès l'aube. Malheureusement, il ne laissa point d'ordres à la police, et nous restâmes seuls.

Mal nous en prit, car la populace, s'étant aperçue qu'il n'y avait plus personne pour nous protéger, devint plus hardie. Mendiants, malades et simples curieux assiégèrent le bateau; le désordre fut tel, que je me refusai absolument à donner des consultations.

A un certain moment, je me trouvai seul sur le bateau avec la femme et les enfants du propriétaire.

Au bord de l'eau, la conversation était très animée; en prêtant attentivement l'oreille, je pus saisir de quoi il s'agissait : « Il est seul maintenant, disait-on, il ne faut pas craindre d'aller le trouver. »

J'aperçus en effet sur le pont un certain nombre de personnages, les uns bien mis, les autres déguenillés, qui regardaient dans la cabine. D'abord je les priai très poliment de me laisser tranquille; ils ne tinrent pas plus compte de mes observations que s'ils n'avaient rien entendu.

Je montai sur le pont et leur parlai d'un air sévère, tout en les reconduisant jusqu'à terre ; ils partirent lentement et en ricanant. Je continuai à rester sur le pont, quand plusieurs pierres furent lancées sur le bateau ; l'une d'elles m'atteignit à l'épaule ! « Que faire ? pensais-je ; une autre peut me frapper à la tête ; descendre dans la cabine, c'est reculer. » Je me décidai donc à rester jusqu'à ce que la foule se calmât.

A peine étais-je rentré dans la cabine que de grands cris et des rires se firent entendre ; une vingtaine d'individus avaient sauté sur le pont et cherchaient à pénétrer chez moi. Mon sang-froid les exaspérait ; j'étais sous le coup d'une violente colère, mais je continuais à rester calme et à écrire. Ils m'adressèrent la parole, m'offrant de leur acheter du pain ou des noix et me tiraillant par mes vêtements. Quand je faisais un mouvement, ils reculaient de quelques pas pour revenir à la charge une minute après, me montrant en ricanant leurs yeux, leurs têtes, comme s'ils étaient malades ; quelques-uns cherchaient à descendre dans la cabine. Je me levai brusquement et, adieu courage, ils sautent à l'eau et s'enfuient. Pour mettre fin à cette plaisanterie, je retirai mon revolver de son étui et le posai à côté de moi ; aussi pas un seul n'osa approcher, mais ils continuaient à crier en se tenant à distance.

Ceux qui étaient vraiment malades vinrent près du bateau ; je leur expliquai que, tant qu'on me jetterait des pierres, je ne donnerais de médicaments à personne. Ces pauvres gens s'en retournèrent avec chagrin, et la foule parut comprendre qu'elle avait eu tort de m'insulter. J'étais profondément ému et fort persuadé que, si j'avais eu un interprète, tout ceci ne serait pas arrivé et qu'au lieu d'injures j'aurais reçu des remercîments.

Une autre réflexion me fut également suggérée : c'est qu'on avait bien fait de suivre les conseils du père Palladius et de Matoussowsky, en entrant en relation avec les autorités locales ; sans quoi, non seulement il n'y aurait pas eu moyen de travailler, mais encore le danger eût été grand, car, à la moindre occasion, une collision aurait pu avoir lieu et se terminer mal.

Avant de partir, nous fîmes notre dernier repas sur l'ancien bateau, et nous quittâmes avec peine cette honnête famille, qui, elle aussi, s'était habituée à nous. Longtemps ils nous suivirent des yeux. Adieu pour toujours, braves gens !

Les habitants de Lao nous voyant partis se dispersèrent aussi ; quelques gamins eurent l'audace de nous poursuivre et de nous injurier. Le batelier devait nous rejoindre plus bas, et, lorsqu'on s'arrêta pour l'attendre, j'eus le temps de prendre la vue d'une partie du village et de la flottille qui était sur la rivière. Nous voyant arrêtés, les habitants des rives sautèrent dans de petites barques, et, faisant force de rames pour nous voir de plus près, ils abordèrent sans gêne notre bateau, comme s'ils avaient été invités. Notre Cosaque les repoussa à coups de gaffe.

24 février. — Le nouveau batelier ne vaut décidément pas notre ancien ami Tan-Tchen-Koueï ; autant l'autre était travailleur et habile, autant celui-ci est lourd et paresseux. Il ne connaissait ni la rivière ni ses environs, ce qui était très désagréable, surtout pour Matoussowsky, qui avait compté sur lui pour avoir les divers renseignements dont il avait besoin.

Des montagnes plus hautes les unes que les autres bordent la rivière. Le sol est sablonneux ou argileux, jaune rougeâtre ; on voit aussi des rochers nus. La rivière est peu profonde, beaucoup de bancs de sable rendent la navigation difficile, et le travail des haleurs devient très fatigant, tant à cause des sables que de la rive escarpée à travers laquelle passe le sentier, qu'on ne peut suivre que grâce aux marches creusées dans les rochers.

Aujourd'hui nos pauvres ouvriers ont été obligés de gravir des rochers ou de descendre dans des ravins, absolument comme des chamois. Le propriétaire, qu'on appelle ici *taï-goun* (le nom de *lao-bañ* est même considéré comme une injure), ne bougeait pas du pont de la journée ; il était occupé à confectionner un câble en bambou. Ces câbles ont plus de résistance ; du reste le frottement des cordages ordinaires contre les rochers, et aussi la force du courant rendent impossible l'emploi de ces derniers.

25 février. — Nous voici donc dans les montagnes coupées sur une grande étendue par le Han. L'horizon est de plus en plus limité ; on aperçoit des temples au sommet des montagnes. En beaucoup d'endroits, des pierres de formes et de couleurs variées émergent de l'eau. Il règne dans cette région un silence absolu, que troublent parfois les cris des haleurs, semblables aux gémissements des malades et répétés par l'écho.

L'introduction des bateaux à vapeur dans ce pays serait un grand soulagement pour ce pauvre peuple, condamné à ce rude labeur. Il redoute cependant ce progrès, car le halage est le seul travail qui lui procure des moyens d'existence. Ces gens préfèrent encore ce pénible métier qui fatigue leur poitrine, leur écorche bras et jambes, et met leur vie en danger, mais qui leur donne un morceau de pain ainsi qu'à leur famille. Laissons aux économistes le soin de résoudre cette question : Faut-il remplacer le travail manuel par un travail mécanique ?

Nous nous arrêtons à la ville de Tziun-Tjoou ou Tzyn-Tjou, située sur la rive droite du Han, qui ici change son nom en celui de Tzyn-Ho. Le bateau du chef s'y trouvait.

26 février. — La rivière décrit de nombreux méandres et forme ainsi comme un lac entouré de montagnes. Ce paysage rappelle un peu la Suisse, avec cette différence qu'ici la population est beaucoup plus considérable et, quelque déserte que paraisse la contrée, on voit partout sinon des habitations ou des hommes, du moins les traces du travail de l'homme.

Dans les ravins et sur les pentes des montagnes, les habitants élèvent des murs verticaux et remplissent ensuite les intervalles de terreau; ils

Vue prise dans le Han supérieur.

établissent ainsi des terrasses, vrais champs en miniature. Regardez à la lorgnette et vous les verrez, par-ci par-là sur les montagnes, bêcher la terre, sarcler des jardins, labourer les champs : ce panorama se développe sans discontinuer sous les yeux du voyageur.

Notre bateau échouait souvent sur des bancs de sable; il était alors curieux d'observer notre batelier venant en aide aux haleurs perdus dans les montagnes. Laissant de côté son interminable câble, il prenait une longue gaffe de bambou, à pointe ferrée, l'enfonçait au fond de la rivière et, appuyant les pieds sur le bord du bateau, il se jetait brusquement en arrière, de manière à toucher du dos le pont du bateau; à ce moment il poussait un cri strident, comme si on lui eût appliqué un fer rouge, puis se relevait pour recommencer la même manœuvre, jusqu'à ce que le bateau fût remis à flot. Alors, avec un calme parfait, le sourire sur les lèvres, il reprenait son câble.

Les méandres du fleuve devenaient de plus en plus fréquents; les montagnes et les rochers avaient à la fois un caractère grandiose et sauvage; des pierres énormes saillaient de l'eau dans toute la largeur de la rivière. Tous ces blocs de rochers sont schisteux et présentent les nuances les plus diverses, bleu, vert et violet; ils sont couverts de mousses et de lichens. Bien qu'ils paraissent inaccessibles, il existe cependant des sentiers très étroits que suivent les haleurs; ils serpentent à travers des rochers, montant et descendant. Souvent j'éprouvais un vif sentiment de frayeur à la vue de ces pauvres gens qui grimpaient, sautaient, montaient, au péril de leur vie. L'un d'eux glisse-t-il, le voilà lancé dans l'espace; mais rassurez-vous, il trouve toujours moyen de s'accrocher, il se relève et continue à tirer le cordage. D'un autre côté, le câble s'accroche aux pierres, et à chaque instant il faut le soulever ou l'abaisser, le surveiller, pour qu'il ne soit pas coupé. Voilà certes de véritables travaux forcés, et, quoi qu'il en soit, les pauvres Chinois m'ont tout l'air d'accomplir leur besogne avec plaisir. Les ouvriers se partagent la tâche : les uns traînent le câble, les autres font en sorte de le préserver de tout accident. Du bateau, je constatais attentivement leur grande habileté, et au bout de quelques jours je cessais de craindre pour eux; tout au contraire, j'avais acquis la certitude que rien de fâcheux ne pouvait leur arriver.

Cependant il y a des endroits que ces hommes-cerfs ne peuvent franchir; dans ce cas, ils roulent le câble, montent sur le bateau pour prendre les rames, gagnent le bord opposé, en sautant à terre les uns après les autres, déroulent le câble et regrimpent sur la montagne. Quand du bateau on les aperçoit sur les hauteurs, on dirait de petits points mouvants.

Quel triste sort que celui de ces travailleurs! Mais le peuple, en Chine (je ne parle que des travailleurs), ne se plaint jamais du sort; la jalousie lui est inconnue, il est entièrement fataliste et croit que son sort est tel par la seule raison qu'il ne peut être autrement.

Pour la halte de nuit, ils s'accroupissent sur le sable et fument tranquillement des pipes de tabac graisseux, en attendant le souper. Puis, au moyen d'une voile, ils dressent une tente sur le pont et se couchent.

Dans ma promenade sur le rivage, je vis quelques maisonnettes, qui paraissaient être suspendues aux rochers, comme des nids d'oiseaux dans les montagnes. La terre est gratuitement distribuée par le gouvernement; les Chinois s'y installent et la cultivent. Je vis aussi des fours à plâtre avec

Vue de la ville d'Yun-Yang-Fou. (Page 241.)

des cabanes pour les ouvriers. En fait d'animaux, je n'ai vu dans cette région que des chauves-souris.

27 février. — Aujourd'hui j'aperçois la première hirondelle, messagère de la saison printanière ; les oiseaux chantent dans les montagnes, et les arbres se couvrent de feuilles. Mais le printemps ne possède pas ici le même charme que chez nous ; en effet, en Chine, il succède pour ainsi dire à l'automne, et non pas aux rigueurs de l'hiver. Le printemps est une belle saison pour le naturaliste collectionneur. Malheureusement, nous n'avons pas le temps de nous arrêter à ces bagatelles ! Nous ne faisons halte que pour nous livrer au sommeil ou visiter les grandes villes.

Nous approchons d'Yun-Yang-Fou, et je ne sais pourquoi notre arrivée fut saluée par un coup de canon, tiré d'un bateau de guerre. Cette ville, située sur la rive gauche du Han, est entourée par un mur d'enceinte, en dehors duquel se trouvent plusieurs rangées de petites maisons construites en gradins ; c'est ce qu'on appelle le faubourg.

Notre arrivée ayant été annoncée depuis longtemps, le signal parti du bâtiment de guerre mit tout le monde sur pied. Une foule immense se trouvait sur la plage, faisant entendre des rires et des cris ; les uns sautaient, d'autres faisaient des pirouettes, tout le monde témoignait une grande joie, comme si leur bonheur eût dépendu de notre présence. Une grande quantité de barques venant de la rive droite traversaient la rivière, les unes cherchant à accoster nos bateaux, les autres débarquant leurs passagers sur la plage ; ces nouveaux venus augmentaient encore la foule qui nous attendait.

Dans aucune ville, je l'avoue, je n'ai vu une aussi grande affluence de curieux. Il y avait là plus de dix mille personnes, les yeux fixés sur un seul point. Leurs pommettes saillantes, leurs bouches béantes, offraient un spectacle aussi curieux pour nous que nous pour eux. Des agents de police étaient venus pour nous protéger contre la foule. Sans perdre de temps, je hélai une petite barque et descendis la rivière jusqu'à un point bien situé pour faire le dessin du quai. Les agents, très obligeants, m'accompagnaient et me soutenaient sous les bras, comme un évêque, quand je montais sur la barque, ou que j'en descendais.

28 février. — Nous recevons la visite de deux mandarins de la localité. La conversation étant impossible, il fallait les amuser en leur montrant diverses bagatelles qui pussent les intéresser. A la vue de ma couverture, de mon sac de voyage et de mes dessins, ils tombèrent en extase.

Accompagné de Matoussowsky, je visitai la ville, dont les rues étaient sales et pleines de boue produite par des pluies récentes ; les soldats qui nous accompagnaient se mirent en devoir de nous soutenir dans les rues, où l'on glissait à chaque pas. La ville n'a rien de curieux, si ce n'est un petit temple contenant la statue d'un dieu, très ancienne, disait-on. Cette statue, faite d'argile et d'étoupe, est assez régulière, et son costume rappelle celui des anciens guerriers. Je me disposais à en faire un croquis, lorsque les spectateurs m'apportèrent un banc et se placèrent à mes côtés. Un nommé Tchen me fut présenté comme artiste; il était muet et très laid de figure; je l'invitai à prendre place près de moi et commençai à dessiner. Tous ceux qui m'entouraient faisaient mon éloge; le pauvre artiste surtout exprimait son admiration par des sons inarticulés et par des saluts profonds. Je ne sais quel sentiment il éprouvait, mais ses yeux étaient pleins de larmes.

Mon dessin terminé, il se plaça en face de moi, et me contempla comme une divinité. Il s'aperçut que je désirais fumer, il me prit la main avec respect, et nous conduisit, mon compagnon et moi, dans sa chambre. Là il nous fit asseoir et nous offrit du feu. Je le priai de me montrer ses dessins, il se mit à rougir, et refusa par un signe de tête. Mais, sur mon insistance, il m'apporta un morceau d'étoffe plié comme nos cartes géographiques, et, l'ayant ouvert, il me fit voir quelques scènes qu'il avait dessinées; suivant la coutume chinoise, les personnages étaient très petits, et au-dessous du dessin il y avait un texte explicatif. Je lui adressai des compliments, mais il hocha la tête et, en me désignant, il leva le médius de sa main droite, signe de l'admiration qu'il avait pour moi.

Quand nous partîmes, il nous reconduisit, et fit signe à la foule de me témoigner le plus grand respect. Il resta longtemps immobile; il nous suivait des yeux, et nous faisait des salutations comme s'il eût quitté de vieux amis.

En rentrant, nous passâmes par le cimetière, où toutes les tombes étaient uniformément construites en pierre et en forme de ïourtas (tentes). Avant de partir, nous eûmes de nouveau la visite du mandarin commandant en chef la garnison de la ville; il était accompagné de ses trois enfants, un garçon et deux petites filles, qui n'étaient pas le moins du monde timides.

A partir de cet endroit, les montagnes semblent s'éloigner des bords de la rivière, dont le courant devient moins rapide. Nous sommes obligés pour avancer de nous servir de gaffes; l'une d'elles blessa un gros poisson qui se débattit longtemps à la surface de l'eau. L'un des Cosaques se jeta à la nage pour s'en emparer, mais il ne put y réussir. Les villages se suivent sans interruption, et nous nous arrêtons en face de l'un d'eux pour y passer la nuit. Quelques Chinois du village vinrent nous voir, en se tenant timidement à distance.

Quai de la ville d'Yun-Yang-Fou. (Page 241.)

Je me promenais de long en large : quand j'allais de leur côté, ils reculaient, et par contre, si je m'éloignais d'eux, ils avançaient; allais-je droit à eux, ils se sauvaient comme si j'avais été le diable, et ne revenaient plus.

1ᵉʳ mars. — Ciel couvert; vent fort; 10° Réaumur. La rivière devient moins large, le courant est plus rapide. Des blocs de granit et de schiste émergent à la surface de l'eau. Beaucoup de bateaux descendent la rivière; ils sont montés par des Chinois qui, assis sur le pont, l'air pensif, ne s'occupent pas de ce qui les environne. Notre embarcation dépasse un bateau qui s'arrête près de la rive; un Chinois descend dans la cabine, un autre reste couché sur le dos, en train de mâcher quelque chose; celui-ci regarde en l'air, et par hasard jette les yeux sur notre bateau : sa physionomie change instantanément. Le premier moment d'étonnement passé, il appelle son collègue pour lui faire voir un *yan-jen*. Ils se demandent s'ils sont sous le coup d'un rêve, et ils manifestent tous deux une grande joie ; ils annoncent cette nouvelle à tous ceux qui sont à proximité.

Nous sommes obligés de nous arrêter de nouveau pour attendre le second bateau, resté en arrière comme à l'ordinaire. Matoussowsky descend avec le Cosaque pour mesurer la largeur de la rivière ; quant à moi, j'arrache quelques plantes et je prends des échantillons de roches. A mon retour, je trouvai quelques Chinois installés sur le pont du bateau, mais ils se tenaient convenablement; je compris qu'une discussion avait lieu entre eux au sujet de mon cigare : ils se demandaient si je fumais du tabac, et s'il était fort ou doux. Après avoir senti la fumée, ils furent d'avis que je fumais des feuilles de tabac étranger, très fort. Je donnai un cigare à l'un d'eux, qui en fut très content; ayant essayé de fumer, il toussa beaucoup et le passa à un autre ; ils fumèrent tous en toussant jusqu'aux larmes, et répétant « tabac très fort ». Le cigare me fut enfin remis, car ces braves gens se figuraient que j'allais continuer à le fumer.

Après avoir classé les plantes que j'avais recueillies, je redescendis à terre. Je vis, à l'aide de mes jumelles, une pagode élevée au milieu d'un bosquet. Elles excitèrent l'admiration des Chinois ; ceux qui se trouvaient présents témoignèrent une grande envie de s'en servir. Je me prêtai à leur désir, et tous regardèrent avec une joie enfantine ; ils furent très étonnés qu'une même paire de lunettes pût rapprocher ou éloigner les objets, les faire voir plus grands ou plus petits. Ces habitants des campagnes étaient très convenables, comme tous les Chinois, quand ils ne sont pas nombreux. En effet, les habitants du Céleste Empire sont tout autres lorsqu'ils sont en foule, que lorsqu'ils se trouvent isolés.

Sur le pont du bateau, je retrouvai d'autres Chinois et, chose étonnante, des enfants, parmi lesquels plusieurs petites filles, qui d'ordinaire se montrent très sauvages.

L'une d'elles, nommée Siao-Biarr, était hardie, délurée, et montrait une pointe de coquetterie. Je voulais faire son portrait, mais je craignis qu'elle ne consentît pas à poser devant moi, ou du moins à rester tranquille. Je me décidai à l'inviter à s'asseoir et je lui fis part de mon intention : « Asseyez-vous, asseyez-vous, Siao-Biarr, asseyez-vous, » lui dirent ses compatriotes.

Elle consentit, et les assistants, trop zélés, l'enlevèrent et la portèrent presque sous mon nez, ce qui ne me permettait pas de dessiner plus facilement. La jeune fille elle-même se trouvait intimidée de se voir en face « d'un diable étranger » ; elle baissa les yeux, et je fus obligé de lui répéter à plusieurs reprises :

« *Kan-ouo* (Regardez-moi).

— *Kan-lé* (J'ai regardé), » répondait-elle chaque fois, et de nouveau elle baissait les yeux.

Au bout de quelques minutes, elle était fatiguée, faisait des grimaces, tout en frappant de son petit pied et laissant échapper des paroles de mécontentement. Je lui fis comprendre que son portrait serait bientôt terminé. Les Chinois riaient aux éclats et répétaient: « *Siao-Biarr, i-ho-yan* (La même image). » Je voulais lui faire un petit cadeau, mais elle s'enfuit du bateau, de crainte, sans doute, d'être encore retenue.

Ses parents allaient à Han-Keou et s'étaient arrêtés ici pour passer la nuit ; son père, négociant, était originaire de la province de Sse-Tchouan, dont les habitants, d'après le voyageur baron Richthofen, étaient doués d'un rare bon sens et n'avaient pas de préjugés à l'égard des étrangers.

Dans la soirée arriva le bateau de guerre ; son commandant vint nous visiter sans aucun but déterminé. En entrant dans la cabine, il fit le salut militaire sans prononcer une parole et commença l'inspection de nos effets, palpant, flairant chaque objet, toujours en silence, et montrant par signes son contentement. Si je ne l'avais entendu parler précédemment, j'aurais pensé qu'il était muet ; par ses gestes, il rappelait le singe. Cette minutieuse inspection terminée, il prit congé de nous. A la nuit, nos retardataires arrivèrent, et nous nous décidâmes à coucher en cet endroit.

2 mars. — Ciel couvert. Il pleut. Dans les montagnes on voit des trous noirs ; on nous explique que ce sont des cavernes creusées dans le roc, où jadis les ermites allaient passer leur existence dans la solitude, fuyant les tentations de ce bas-monde. Quelle confiance faut-il ajouter à ces récits, je

ne saurais le dire, car je n'ai pu vérifier moi-même la traduction de notre Cosaque.

Le temps pluvieux empêchait que les plantes de mon herbier ne séchassent ; elles se couvraient de moisissures, se noircissaient, et quelques-unes étaient complètement perdues. L'humidité du bateau détériorait les objets enfermés dans les malles, le riz ne valait plus rien, le tabac se moisissait, et le papier se tachait.

Nous avancions tout doucement, ce qui permettait à Matoussowsky de lever des plans ; des renseignements sur le Han nous furent donnés par le lamaneur et traduits par notre Cosaque, déjà bien avancé dans la connaissance du chinois, par suite de l'emploi fréquent de cette langue, et par l'étude du dictionnaire dont je lui avais fait cadeau. Il rendait plus de services à Matoussowsky qu'à moi, car mon art exigeait la connaissance des finesses de la langue. Il était très amusant dans le choix de ses expressions ; ainsi il disait : « A la dixième lune, l'eau de la rivière s'assoit sur le sol, et son jeu le plus fort est dans la septième et la huitième lune. »

Le fameux bateau de notre chef avançait avec lenteur ; il restait toujours fort en arrière, ce qui nous permettait de temps en temps de descendre à terre pour collectionner, travailler et dessiner.

Ce soir, le mandarin du bateau militaire et l'un de ses soldats vinrent entendre toucher de l'harmonium. Ils regardaient cet instrument de tous côtés en se cognant la tête l'un contre l'autre. Le premier me montrait son doigt en signe d'éloge, mais sans rien dire, selon son habitude ; il essaya de jouer, pour comprendre la construction de l'instrument. Je conseille aux voyageurs d'emporter avec eux quelques-uns de ces instruments, qui peuvent servir de cadeaux très recherchés.

3 mars. — Premiers rapides. L'écho des montagnes répète le bruit de l'eau qui se brise contre les écueils. Sur la rivière, beaucoup de bateaux : les uns remontent le courant dans la même direction que nous ; les autres descendent le Han. Il y avait des bateaux chargés de marchandises, tirés par dix et douze hommes ; d'autres étaient mus à l'aide de rames énormes, dont chacune est manœuvrée par cinq ou six rameurs. Ils chantent en travaillant ; un soliste dit les couplets d'une voix traînante et triste, et le chœur répond au refrain par le cri *Huo-â !* que l'écho répète mille fois dans les montagnes et les ravins.

Les villages deviennent plus nombreux, les maisons sont mieux bâties, la végétation est plus riche, des arbres et des buissons sont plantés autour des habitations et les ombragent. Les sommets et les pentes sauvages des montagnes sont parsemés de temples et de fermes, ce qui anime le paysage. Les

arbres sont couverts de fleurs. Bref, ce coin isolé du monde, où nous
allâmes nous reposer, nous offrit un charmant paysage. A la tombée du
jour, de petits points lumineux brillant en différents endroits sur les hauteurs indiquaient la présence des habitants.

4 mars. — Mauvais temps. Il fait très froid.

Les soldats descendent souvent à terre et suivent le bateau à pied pour se
réchauffer. Mon attention est attirée par la piété profonde de l'un d'eux, sentiment peu commun chez les Chinois. Devant chaque temple, — et ils ne sont
pas rares aujourd'hui, — il faisait des génuflexions et semblait vouloir montrer ses sentiments religieux. Mais bientôt je pus me convaincre que c'é-
tait un fieffé coquin et un pillard. En Chine, comme chez nous, les passants
ont l'habitude de déposer leur offrande dans les temples. Le pieux voleur
ne manquait pas de mettre son obole; mais immédiatement il saisissait par
la tresse le pauvre Chinois qui y habitait, et le traînait ainsi sans aucune
raison. Il l'accusait de n'importe quoi et, pour couper court à l'affaire, il
exigeait de ce pauvre diable le payement de quelques dizaines ou centaines
de sapèques en échange d'une seule qu'il avait offerte aux dieux. Ce fait se
répéta plusieurs fois, avant que je misse un terme à sa conduite par la menace de le dénoncer à son chef. Tout confus et plein de crainte, il cessa sa
dévotion.

Nous nous arrêtâmes ensuite devant la petite ville de Baï-Ho-Sian, sur la
rive droite du Han, la plus belle et la plus pittoresque des villes que j'aie
vues en Chine. Située au pied d'une montagne, elle s'étend en amphithéâtre
sur l'un des versants, et de l'autre elle descend dans le ravin. Elle est
entourée d'un ancien mur d'enceinte crénelé qui serpente à travers les iné-
galités du sol et supporte une pagode à trois étages d'une très belle architecture. Mais les villes de Chine sont construites de telle façon que pour les
admirer il faut les regarder de loin ; lorsque vous vous en approchez, tout
charme s'évanouit.

Ayant appris qu'on resterait quelques heures dans cette ville, j'allai, accompagné d'un homme de police, voir ce ravin qui présente un aspect très
pittoresque par l'absence absolue de symétrie ; les maisonnettes y sont construites sans aucun plan, d'après la seule fantaisie de leurs propriétaires :
si l'on éprouve, à un moment donné, le besoin de faire une porte, on la
fait ; — veut-on avoir un balcon, on l'exécute ; de même pour un escalier.
Il y avait des maisons à cinq étages, et chacun avait son propre escalier placé en dehors. D'autres habitations, appuyées contre la montagne,
avaient une porte à chaque étage, laquelle donnait directement sur le
sentier.

Vue générale de Baï-Ho-Sian.

5 mars. — La navigation devient de plus en plus difficile, par suite des rapides. Les bateaux de guerre ne vont pas plus loin ; en échange, on nous adjoint huit soldats à pied pour suivre sur la rive nos deux bateaux.

Au milieu des rapides, il nous était impossible d'avancer avec le même nombre d'ouvriers ; il fallut se faire aider par les riverains. Ces braves habitants y étaient contraints par les soldats ; ils n'avaient aucune envie de tirer la corde, mais ils n'osaient pas désobéir, et le premier qui se permettait une observation était saisi par sa longue tresse, traîné de vive force et récompensé par des horions. De semblables scènes nous étaient très désagréables, mais nous n'avions pas à nous en mêler. Les aides provisoires, après avoir traîné notre bateau, reçurent 500 sapèques ; ils parurent satisfaits et partirent pour aider le second.

Aujourd'hui nous fîmes notre entrée dans la province de Cheñ-Si ou plutôt Chañ-Si, mots qui signifient « à l'ouest des montagnes », contrairement au nom de Chañ-Toung « à l'est des montagnes ». On l'appelle « Cheñ-Si » pour la distinguer d'une autre province du nord du même nom. Les limites de la frontière sont marquées de chaque côté de la rivière par des dalles de pierres portant des inscriptions.

6 mars. — Préparatifs particuliers en vue du passage d'un rapide dangereux ; nous le voyons déjà devant nous. En cet endroit, la rivière tombe en cascade, l'eau bouillonne, écume et se brise contre les écueils.

Les haleurs gravissent rapidement les montagnes ; le câble, attaché au haut du mât, se tend et le bateau commence à avancer. Les manœuvres sont déjà loin derrière le rapide, tandis que nous en approchons à peine. Enfin, il est franchi heureusement, et nous continuons à marcher rapidement. Nous sommes quatre sur le bateau. Matoussowsky, qui se couche de bonne heure et se lève tôt, appelle le Cosaque et lui donne l'ordre de se mettre en route. Les mariniers sont déjà réveillés ; on entend marcher, on ramasse la voile, qui sert de tente pendant la nuit ; tout le monde commence à causer et à tousser. Nous ouvrons la porte de la cabine, l'air frais y pénètre en même temps que la lumière. Le domestique Tjchou sert le thé, puis on se met au travail. Une boîte posée à l'entrée de la cabine sert de table ; Matoussowsky s'y installe avec la boussole et tous ses instruments ; il prend des notes sur les environs. Mon compagnon, travailleur infatigable, ne prenait pas une minute de repos. Il avait toutes les qualités nécessaires : intelligence, expérience, amour du travail, et exécution scrupuleuse de son devoir. Je me plais à lui rendre cette justice. Le Cosaque l'assiste en qualité d'interprète ; il demande au lamaneur Van tous les renseignements nécessaires.

Jusqu'à Lao-Ho-Keou, nous avions eu notre ami Tan-Tchen-Koueï, connaissant la localité maintenant nous avons Sin-Van, simple ouvrier, mais lettré, très intelligent, connaissant parfaitement le pays. Il indiquait les noms des villages, les principales industries des habitants et nous donnait toute sorte de renseignements. Quand il avait quelque doute, il prenait immédiatement des informations auprès des habitants. Le Cosaque mesurait la profondeur de la rivière.

Notre domestique Tjchou, ancien haleur et rameur, n'avait pas perdu l'habitude de son métier; aussitôt qu'il était libre, il aidait ses anciens camarades avec sa gaffe, ou bien blanchissait le linge sur le pont. Van surveillait la marche du bateau et tenait le gouvernail avec une rare dextérité. Le propriétaire ne quittait pas de la journée son interminable câble.

Quant à moi, je procédais au séchage de mes plantes. Malheureusement, je ne pouvais augmenter ma collection que lors des arrêts du soir, ou de ceux de midi, consacrés au repos des ouvriers; je les priais alors de m'apporter les plantes, les rameaux fleuris, les herbes qu'ils pourraient rencontrer sur leur route. Il en était de même des oiseaux, car je ne pouvais chasser que rarement, et encore ne pouvais-je tuer que ceux qui se tenaient sur les bords de la rivière; je les empaillais moi-même. Nous ignorions complètement le mode d'existence de ceux de nos compagnons qui se trouvaient sur le second bateau; nous n'avions même pas le temps de les voir. C'est ainsi que chaque jour apportait son contingent de matériaux et de renseignements, peu importants, il est vrai; ces renseignements auraient pu être plus exacts, si, au lieu de passer notre temps à fumer des cigarettes, nous l'avions employé à travailler, ce qui ne nous a pas empêchés d'accuser les Chinois d'avoir gêné nos travaux.

7 mars. — Rien de particulier.

8 mars. — Nous nous arrêtons pendant le jour près du village de Tjchan-Tjcha-Ba. Van nous apprend que les habitants de ce village s'occupent en grande partie de la fabrication du papier avec le produit d'un arbre nommé *koou-schou* (*Aralia papyrifera*); il nous offrit même de nous faire voir cette industrie. Nous gravîmes le bord de la rivière, qui était très élevé, et nous nous dirigeâmes vers une petite maisonnette tapissée de papier blanc à l'extérieur, entourée d'un petit jardin plein de verdure toute fraîche, et d'un petit potager. Derrière le jardin s'élevait un mur soutenant la terrasse de la maison voisine, et qui supportait elle-même des jardins dans lesquels se trouvaient des pêchers, des fraisiers et d'autres arbres fruitiers couverts de fleurs. Sur le versant de la montagne s'étendaient des mai-

Fabrication du papier. (Page 255.)

sonnettes avec leurs terrasses, leurs jardins et leurs parterres. Des groupes de Chinoises artistement coiffées causaient entre elles assises par terre.

Nous franchîmes la clôture de la première maisonnette, où tout était proprement entretenu, et nous aperçûmes un Chinois qui travaillait sur le perron. Ce fils de l'Empire du Ciel eut vraiment peur de notre apparition inattendue; il devint pâle, ou plutôt blanc comme sa robe de chambre; à vrai dire, il y avait de quoi : nous comprîmes sa surprise. Né au milieu de ses montagnes, cet homme ne les avait jamais quittées, il avait toujours vécu dans la compagnie de ses voisins, passant son temps à soigner ses fleurs et à travailler, et se réveillant le matin avec la certitude qu'il ne verrait rien autre chose que ce qu'il avait vu la veille. Avait-il seulement songé un seul instant aux pays étrangers et à leurs habitants? Il travaille tranquillement, quand tout à coup il aperçoit deux hommes devant lui, arrivés on ne sait d'où. Je vous assure qu'à sa place j'aurais eu peur. Je ne sais comment la scène se serait terminée, si Van, voyant son émotion, n'eût cherché à le calmer. Il lui expliqua qui nous étions, ce qui nous amenait, et le Chinois, rassuré, nous invita très poliment à entrer.

La fabrique de papier, si l'on peut appeler ainsi cette maisonnette, consistait en deux pièces et occupait en tout cinq ou six ouvriers. Bien simple est le procédé par lequel le ligneux ou l'écorce de l'*Aralia* se transformait en papier fin comme la soie.

L'écorce, broyée avec de la chaux, est d'abord cuite assez longtemps au four; ensuite on bat la masse avec un marteau, puis on l'aplatit en larges bandes, qu'on roule et qu'on coupe en petits ronds (absolument comme un saucisson). Tous ces morceaux sont broyés dans un mortier au moyen d'un marteau mécanique, de construction primitive, jusqu'à ce qu'ils forment une seule masse en forme de pâte. Cette pâte est déposée dans un bassin d'eau, où elle se dissout. Alors on prend des tamis en bambou, dont les fibres, très fines, sont disposées parallèlement; on plonge le tamis dans le bassin et on le soulève : l'eau coule à travers, et la pâte qu'elle contenait se dépose à la surface en une couche très fine. On retourne le tamis en l'appliquant sur une feuille de papier, à laquelle adhère la nouvelle feuille; une nouvelle couche vient se superposer à la première, et ainsi de suite. Quand on arrive à mille, on soumet le tout à une pression pour le séchage, et le papier est prêt; il s'appelle *koou-pi-tjy*, c'est-à-dire « papier de l'écorce de l'arbre Koou-Schou ».

En Chine, il y a de nombreuses sortes de papiers, dont les feuilles diffèrent par la forme, la grandeur, la solidité, la couleur et les matières qui servent à les fabriquer. Quant au procédé, il est unique, que le papier soit confectionné avec du bambou, du coton, des chiffons de soie, des plantes herbacées, des poils ou même avec les intestins d'animaux.

Notre visite terminée, nous remerciâmes l'aimable maître de la maison, et nous remontâmes sur le bateau pour aller plus loin. Mais en ce jour notre voyage ne fut pas long; un violent vent contraire força les mariniers à cesser le travail. Je sortis avec mon fusil et je tuai une très jolie pie chinoise (*Urocissa Sinensis*). En arrivant, je fus très étonné de me voir suivi par un soldat de notre convoi. Je ne savais que penser : obéissait-il aux ordres que ses chefs lui avaient donnés pour me protéger contre la curiosité de ses compatriotes, ou était-ce une surveillance de la police, à laquelle je ne croyais pas beaucoup, n'ayant jamais eu l'occasion de remarquer quoi que ce soit?

Matoussowsky et le Cosaque étaient endormis depuis longtemps; je contemplais de mon lit, par la fenêtre ouverte, le calme d'une nuit chaude, à laquelle un beau clair de lune prêtait son éclat, quand quelqu'un frappa à la porte. Cette visite de nuit était un événement extraordinaire. C'était Tjchou, notre domestique. Ne comprenant pas ce qu'il me disait, je réveillai le Cosaque, pour savoir ce que désirait Tjchou. Il m'expliqua qu'il venait nous avertir de nous tenir sur nos gardes et d'avoir les revolvers prêts, car sur la rivière il y avait des brigands, qui quelques jours auparavant avaient pillé un bateau et assassiné les passagers. Il nous prévint que, si les soldats du convoi sonnaient de la trompette, il faudrait se lever, et se préparer à la défense.

Nous suivîmes ce conseil; les revolvers furent chargés et nous nous recouchâmes, sans retrouver le sommeil, car une attaque nocturne pouvait être réellement dangereuse.

9 mars. — La nuit s'est passée tranquillement, personne n'est venu troubler notre repos.

Aujourd'hui nous abordons devant la petite ville de Sin ou Siun-Yan-Sian, située sur un plateau peu élevé, qui semble jeté là par hasard au milieu de hautes montagnes. Vue de la rivière, cette ville présente trois terrasses ou étages arrondis en forme d'amphithéâtre, ce qui la rend très originale et lui donne la forme d'un hémicycle.

Un autre fait curieux, c'est l'absence presque absolue de bateaux amarrés au bord de la ville; on n'en comptait pas plus d'une dizaine. J'appris plus tard qu'ils se réfugiaient tous dans la petite rivière Sin-Ho, qui contourne la ville, à cause du courant très violent du Han dans cet endroit. La navigation est difficile et nous fûmes obligés de remonter très loin à l'aide de la corde et de passer la rivière au moyen des rames; mais alors le courant

Navigation à travers les rapides. (Page 259.)

nous entraîna de nouveau, et il fallut remonter en se servant encore de la corde avant de pouvoir amarrer.

La ville, étagée sur une colline, ne présente rien de particulier : maisonnettes bien petites, trois temples peints en rose, une tour et, au sommet de la colline, au centre de la ville, un bosquet d'arbres vert foncé.

Peu d'habitants se décidèrent à venir nous voir, car la ville était assez éloignée du Han, et, pour arriver au lieu de notre campement, il fallait traverser le Sin-Ho. Ceux qui vinrent étaient des gens grossiers : ils nous riaient au nez, nous appelaient « diables étrangers », etc. Malgré cette réception, je me disposais à aller en ville, lorsqu'on vint me prévenir qu'on n'attendait pour partir que l'arrivée d'un courrier qui nous suivait avec des lettres.

Il est curieux de constater avec quelle rapidité se répandent en Chine les nouvelles, malgré l'absence du télégraphe. Je me demande, par exemple, comment on a pu savoir qu'il devait arriver ici un courrier de Han-Keou chargé de nous remettre des lettres et des paquets ? Ne serait-ce pas une supposition ? Mais les Chinois disaient avec certitude : « Il va venir immédiatement, il n'est pas loin. » Le courrier arriva en effet avec des lettres de Russie, expédiées par mes aimables compatriotes de Han-Keou. Dans l'Empire du Milieu, il n'y a pas de poste; toute la correspondance officielle s'expédie par des estafettes relayées d'un point à un autre, quelquefois par un seul et même courrier chargé de les porter à des distances considérables; l'argent et les lettres arrivent à destination avec une rare exactitude. Des personnes domiciliées depuis longtemps en Chine m'affirmaient n'avoir pas vu de cas où l'objet ainsi expédié, lettre, paquet ou argent, eût été égaré ou perdu. On loue ces postillons de hasard dans des bureaux particuliers, faisant office d'établissements de poste et qui se chargent de la correspondance privée; des sommes considérables d'argent ou des objets précieux peuvent être confiés sans hésiter à ces gens. Il n'y a pas eu d'exemple de perte ou de détournement.

Tel est le fait, dont je laisse à d'autres le soin de tirer profit.

Nous prîmes le courrier sur le bateau, avec l'intention de le réexpédier le lendemain, après avoir préparé notre correspondance.

10 mars. — Encore un rapide, presque une cascade, tant est sensible la chute de l'eau. Les haleurs sont sur les montagnes, tirant le câble de bambou; le bateau avance si doucement qu'il semble rester en place. Et cependant il marche; peu à peu le rapide reste en arrière, et bientôt le bateau remonte de nouveau le courant. Sur les montagnes, j'aperçois pour la première fois des ruines éparses, vestiges de châteaux forts ou de forteresses;

elles ont été témoins de cette époque terrible où la guerre civile, chassant les habitants de leurs maisons, les obligeait à chercher un refuge sur ces endroits inaccessibles, dans des forts construits par les habitants.

11 mars. — Temps chaud. L'aspect du pays change complètement : les montagnes disparaissent, les bords de la rivière sont couverts de sable et de cailloux. Le lit du Han devient très large ; sur la rive droite s'étend le faubourg de Sin-Añ-Fou, puis apparaît la ville elle-même avec son mur, que dominent les toits de plusieurs temples ; derrière Sin-Añ-Fou, encore les montagnes couronnées de groupes d'arbres et de troncs nus et élevés qui de loin ont l'aspect de véritables colonnes. Nous nous arrêtons en face de la ville, sur la rive gauche, et une foule de Chinois du village voisin descendent sur notre bateau. On les chasse, et ils partent sans montrer le moindre mécontentement. Parmi eux se trouvait un jeune homme de dix-huit ans, bien mis et d'une physionomie très agréable. Il demanda si nous avions des « lunettes étrangères » à vendre, c'est-à-dire des jumelles, et s'informa de notre genre de commerce. On lui expliqua que nous n'étions point des commerçants ; il en exprima tous ses regrets. Je lui proposai de faire son portrait ; il y consentit immédiatement ; je me mis à l'œuvre, et le portrait était presque terminé, quand de la foule on l'interpella ; très ému, il se leva brusquement et, sans jeter un coup d'œil sur son image, partit précipitamment du bateau. Je pensais qu'il reviendrait, qu'on l'avait simplement appelé pour une affaire urgente, et je ne m'inquiétais plus de lui, le portrait étant presque terminé.

Tout à coup il arrive à l'improviste dans des dispositions tout à fait contraires ; ce n'était plus le jeune homme poli de tout à l'heure, c'était un fou furieux.

« Donne-moi mon portrait, donne-le-moi ! » criait-il, sous le coup d'une vive émotion. « Donne, donne le portrait immédiatement, vite donne-le-moi, j'en ai besoin, je veux le prendre. »

Il se pendait à mes vêtements, il voulait entrer de force dans la cabine, et faisait tant de vacarme, qu'il fallut le maintenir en lui prenant les mains.

Il demandait en suppliant que je lui rendisse son portrait, pour le montrer, disait-il, à son père et le rapporter ensuite. Je lui fis répondre que j'en ferais une copie, qu'il aurait le lendemain matin. Peine perdue ! Le jeune homme se débattait, criait, disant qu'il ne descendrait pas du bateau tant qu'il n'aurait pas son portrait.

« Mais donnez-le-lui donc et envoyez-le au diable, » me dit Matoussowsky en colère. C'était une scène très désagréable, mais je ne voulais pas me défaire de ce portrait, qui était sur ma table dans la cabine. Le jeune

Ville de Sin-Añ-Fou.

homme, profitant d'un moment favorable, se précipita dessus, et il allait l'enlever, quand je réussis à lui saisir la main ; alors le Cosaque, le soulevant dans ses bras comme s'il eût été un enfant, le porta dehors.

« Je vais partir, je vais partir, laisse-moi, » dit-il.

Le Cosaque le déposa sur le pont, où se trouvait justement le propriétaire du bateau, avec qui il entama une conversation mystérieuse, après laquelle, quelque peu tranquillisé, il descendit du bateau et disparut dans la foule.

Je fis demander au batelier de quoi il était question ; il raconta que la foule avait fait peur à ce jeune homme, en lui disant qu'il mourrait infailliblement, si le portrait restait entre les mains du monsieur étranger, et qu'il lui avait demandé si réellement il devait mourir. « Je lui ai répondu, ajoutait le *taï-goun*, qu'on s'était moqué de lui, et il s'est calmé. »

L'énigme fut ainsi expliquée. La crainte d'une mort prochaine quand on fait faire son portrait, existe aussi parmi certaines populations de l'Europe. En Chine, j'avais déjà fait quelques portraits, mais c'était la première fois qu'une scène de ce genre avait lieu.

Nous étions toujours en face de Sin-Añ-Fou, attendant le bateau du chef, lorsqu'un agent de police vint demander qui nous étions, notre nombre, et où nous allions. Il désirait savoir si nous étions ces étrangers qu'on attendait depuis quelque temps, et il s'informait du nombre des voyageurs, afin de nous faire préparer des logements en conséquence.

Nous le priâmes de remercier les autorités de la localité, lui disant qu'il était inutile de disposer des logements pour nous, puisque nous n'avions pas l'intention de demeurer en ville.

Nos collègues arrivèrent peu de temps après, et nous passâmes tous sur la rive opposée, où nous attendaient une multitude de gens grossiers et féroces, qui prenaient d'assaut nos bateaux et nous obligeaient à les tenir à une certaine distance du rivage pour nous garer des pierres et des poignées de sable qu'on nous jetait.

Dans cette foule, j'aperçus tout à coup Ma, le neveu du négociant musulman de Fan-Tcheng, chez lequel nous avions dîné ; il sauta sur les épaules du premier venu qui était pieds nus et qui le transporta ainsi sur notre bateau. Ma nous expliqua, à notre grand étonnement, qu'il était invité par Sosnowsky à nous accompagner jusqu'à Siu-Tjoou, et peut-être plus loin, comme connaissant la localité ; puis il nous quitta pour aller voir le chef.

Le lendemain matin, il revint nous saluer, et me proposa d'aller visiter la ville, éloignée, dans la saison des eaux basses, d'une demi-verste de la rivière; elle en est séparée par une plage couverte de sable et de cailloux.

Un rempart de terre haut et solide défend la ville contre les inondations d'été; le mur d'enceinte le domine, et un escalier de pierre conduit à la porte; quand on passe sous cette porte, il faut descendre un autre escalier pour arriver dans la rue principale, dont le niveau est beaucoup plus bas que la terrasse supérieure du rempart.

La rue principale, droite et étroite, avait un aspect des plus pittoresques : de jolies boutiques comme façade, de beaux toits, une quantité d'enseignes suspendues, et cette foule d'hommes munis d'ombrelles, tout cela présentait un tableau original de la vie chinoise.

Dans cette rue, je rencontrai un vieillard qui marchait en criant; il faisait des gestes, menaçait de sa canne à droite et à gauche. Était-ce pour exciter ses compagnons à me faire un mauvais parti, me demandai-je. Cependant personne ne l'écoutait, personne ne faisait attention à lui. La foule qui nous suivait parut l'étonner, son regard tomba par hasard sur moi, il leva sa canne, et le coup qui m'était destiné alla frapper Ma à la tête.

« Vous a-t-il fait du mal? demandai-je à ce dernier.

— Ce n'est rien, répondit-il, c'est un vieillard qui est fou, et qui vit ici depuis longtemps. »

Ou ce fou était réellement peu dangereux, ou bien il était absolument sans famille, puisqu'il se promenait librement dans les rues. En Chine, où il n'y a point de maisons d'aliénés, la famille est responsable des dommages causés par un fou. Dans certains cas, cette responsabilité est très grande, puisqu'un assassinat commis par un fou entraîne la peine de mort.

Nous traversâmes la ville dans toute sa longueur. A l'extrémité, au-dessus du mur, s'élevait une belle tour; au moment où nous voulûmes y pénétrer, on ferma la porte à notre nez, et en même temps on nous cria : « Entrez vite! » Nous nous glissâmes à l'intérieur, et la porte fut fermée; on ne voulait pas laisser entrer la foule. J'y rencontrai quelques vieillards, deux prêtres du temple et plusieurs personnes de leurs amis.

Je leur permis de palper mes vêtements, et, m'asseyant sur une chaise, je commençai à dessiner une vue de la rue principale; en bas, la foule poussait des cris terribles; toutefois on ne remarquait ni menaces ni colère; c'était la conversation habituelle de ces gens. Levant la tête, ils s'aperçurent que je dessinais; il n'y eut plus moyen de les retenir, ils se jetèrent sur la porte, exigeant qu'on l'ouvrît. La police eut beau les menacer de coups de bâton, rien n'y fit; mais, comme la porte n'était pas bien solide, les prêtres du temple jugèrent prudent de ne pas prolonger la résistance et ils cédèrent. La populace se précipita à l'intérieur en poussant des cris sauvages. Un autre se serait peut-être effrayé; moi, qui connaissais suffisamment la foule pour ne pas m'émouvoir de ce brouhaha, je restai calme.

Bien que je ne veuille point paraître me prévaloir de mon courage, je conseille à ceux qui voyagent en Chine de prendre pour règle de circuler sans armes au milieu de la foule; une arme serait non seulement inutile, mais encore nuisible. Perdre patience, saisir son revolver, à quoi bon? Il ne serait pas possible de sortir vainqueur d'une pareille lutte, et tirer un ou plusieurs coups serait gâter son affaire. J'ai remarqué que la foule garde, au contraire, un certain respect pour un homme désarmé et se trouve flattée de la confiance qu'on veut bien lui accorder, en se promenant comme chez des amis. Je regardais donc tranquillement ces braillards qui accouraient vers moi, sachant d'avance qu'ils se disputeraient une place pour mieux voir, lors même qu'ils devraient en venir aux coups, mais que je ne courais aucun danger.

Quelques minutes plus tard, cinq hommes de police en grande tenue vinrent se placer autour de ma chaise; ils étaient envoyés par les autorités pour me protéger; ils menaçaient de leurs gourdins tous ceux qui voulaient s'approcher trop près de moi, et même parfois les menaces étaient suivies de coups.

Ma alla voir Sosnowsky. Il était déjà bien tard et nous étions sur le point de nous coucher, quand ce jeune homme revint inopinément chez nous dans un état de surexcitation extrême. Ne pouvant rien saisir de ses paroles, nous fîmes venir le Cosaque, qui nous expliqua que le chef ne voulait point le prendre, prétextant qu'il ne l'avait point engagé et qu'il n'avait pas besoin de ses services, tandis que Ma soutenait, au contraire, qu'on l'avait invité, et que c'est pour ce motif qu'il avait quitté sa place et dépensé son argent pour venir nous rejoindre; que, ne pouvant plus rentrer chez lui, il était « *sans visage* », c'est-à-dire honteux de ce que les étrangers l'aient engagé et chassé ensuite, etc. La scène était pénible et désagréable; nous n'étions en état ni de le consoler ni de nous disculper, car sa colère et ses plaintes étaient, paraît-il, dirigées aussi bien contre nous que contre notre chef.

13 mars. — Il y a un an que j'ai quitté Pétersbourg, et me voici au milieu de la Chine centrale, me promenant dans les rues de Sin-Añ-Fou sous un parasol, accompagné de soldats chinois chassant devant eux une foule de braillards.

Je fus alors témoin, ainsi que Matoussowsky, d'une scène comique. Passant dans la rue, nous vîmes sortir précipitamment d'une maison un pauvre diable assez âgé et à demi nu, sautillant et pirouettant absolument comme un jeune veau, et se parlant à lui-même : « Il faut que je voie aussi les hommes étrangers, disait-il; moi aussi je les verrai, » puis il sautait avec plus d'entrain, emporté par l'idée de rencontrer des étrangers; il ne s'aperçut guère qu'il dansait devant nous, nous cherchant devant lui, quand nous étions derrière.

La foule et les agents de police se moquaient de cet homme. Tout à coup il demande : « Où sont-ils donc ces étrangers? » Un agent le frappe alors de sa canne de bambou sur son dos nu, en disant : « Voilà les hommes étrangers, regarde vite. »

Il se détourne et, ne s'attendant point à nous voir d'aussi près, il change tout à coup. Il eut peur, et l'on eût dit qu'il se trouvait en face de deux tigres prêts à s'échapper : il perdit sa belle humeur, son agilité, restant immobile, tout pâle, la bouche béante.

Les « hommes étrangers » ne purent s'empêcher de rire en passant devant le Chinois, qui disparut dans la foule.

Matoussowsky alla lever le plan de la ville, tandis que moi je me promenais et dessinais les édifices les plus intéressants. Une pluie fine ne cessant de tomber, il m'était impossible de travailler sans parapluie; et mes nouveaux amis se mirent à mon service avec un grand zèle. Ils apportèrent leurs chaises, tinrent au-dessus de moi mon parasol ou me couvrirent des leurs.

Sin-Añ-Fou se compose de deux villes bien distinctes : l'ancienne, Tziu-Tjen, plus rapprochée de la rivière, et la nouvelle, ou Sin-Tjen, plus éloignée. Je fis le tour de la première, en suivant la plate-forme du mur d'enceinte, pavée de carreaux et bien entretenue. Je n'ai pu visiter la seconde, dominée par une belle tour située au centre.

De retour sur le bateau, j'y retrouvai la même foule, compacte, mais plus tranquille et plus respectueuse que la veille, sans doute grâce à l'énergie des hommes de police. Parmi ceux-ci, j'en remarquai un vieux, d'une ressemblance frappante avec Napoléon III. Homme énergique et même brutal, il suffisait seul à maintenir la foule en respect : le premier qui s'approchait du bateau était aspergé d'eau; tel autre recevait une grêle de coups de canne, ou était saisi par sa tresse et traîné au poste de police. Bref Napoléon III ne restait pas une minute en repos.

14 mars. — Nous partons de Sin-Añ-Fou par un temps affreux. Pluie et vent. Par bonheur, le vent était favorable; on voguait sous voiles, et comme les soldats du convoi ne pouvaient nous suivre, nous les fîmes monter sur le bateau.

Plate-forme du mur d'enceinte et temple d'un club à Sin-Aï-Fou.

J'avais déjà remarqué à plusieurs reprises la familiarité qui existe, en dehors du service, entre les soldats et leurs mandarins; aussi je ne fus point étonné du peu de respect qu'ils nous témoignaient. Ces *tigres intrépides* de l'armée chinoise étaient assis ou couchés. Dans des poses impossibles, sur le dos, les pieds levés en l'air et le pantalon relevé au-dessus des genoux, ils se grattaient les jambes avec acharnement; ils étaient galeux et venaient à tour de rôle me demander de les guérir; je donnai à chacun d'eux une ration d'onguent soufré, en leur expliquant la manière de l'employer. Certes, ce sont des détails peu intéressants, mais caractéristiques.

Notre présence ne les gênait guère; ils chantaient ou jouaient à pile ou face; de là des disputes et un vacarme épouvantable.

Bientôt le vent s'apaisa, on reprit le câble; cependant la pluie continuait toujours, et les pauvres haleurs, nu-pieds et la plupart nu-tête, ne pouvaient guère se réchauffer. Nous nous arrêtâmes bientôt, par pitié pour nos bateliers; mais ils n'y gagnèrent rien, car, n'ayant point de quoi se couvrir, ils tremblaient de froid et toussaient.

15 mars. — Même temps affreux. Forte pluie. Le lamaneur annonce une crue de quatre *tji* (environ deux archines, ou un mètre et demi). L'eau devient jaune et trouble.

16 mars. — Encore mauvais temps. Profitant du retard que subissait le bateau de notre chef, nous allons étudier le procédé d'extraction de la houille, qui se pratique dans les montagnes. Après avoir fait une vingtaine de pas dans la galerie de la mine, nous fûmes obligés de rebrousser chemin, à cause des ténèbres; les ouvriers étaient absents et nous n'avions pas le temps de les attendre. Son exploitation dure depuis soixante-dix ans; sa longueur est de huit *li* ou quatre verstes. On charge la houille dans de petites voitures d'osier et à deux roues; l'ancienneté de la mine est attestée par deux profondes ornières creusées dans le roc par les roues. A l'entrée de cette caverne, on voit couler un ruisseau très limpide, qui recouvre d'un dépôt aussi jaune que l'ocre tous les objets qui se trouvent sur son passage. Le Chinois, homme très aimable, qui nous y avait conduits, nous indiqua sur la rive opposée une mine de houille jadis exploitée et qui prit feu par suite d'une imprudence : l'incendie souterrain aurait duré trois ans; en cet endroit la montagne est percée du haut en bas de grands trous noirs.

Nous prîmes quelques échantillons de cette mine, et l'examen nous fit reconnaître de l'anthracite de bonne qualité.

17 mars. — Temps clair. Les rapides deviennent de plus en plus fréquents et difficiles à franchir; à chaque instant il faut recourir aux rive-

rains. Les sites sont admirables. Des broussailles et des bosquets de bambou couronnent les montagnes; quantité d’arbres absolument inconnus; le ramage des oiseaux se fait entendre du matin au soir. — En somme, vaste champ pour l’activité d’un naturaliste.

Le bateau de notre chef n’avance qu’avec la plus grande peine : toujours en retard. Cela nous permet, à notre grande satisfaction, de nous arrêter de meilleure heure, et à moi de recueillir des plantes, de faire la chasse aux oiseaux. Les habitants de la contrée étaient d’un caractère paisible, tous très aimables et serviables. Ainsi, par exemple, au village de Yan-Ho, petit coin charmant où tout respire le bien-être et le bonheur, j’allai dans les montagnes par un petit sentier; les Chinois, voyant que je ramassais des fleurs, commencèrent à en cueillir et à me les apporter; puis, ayant remarqué que j’arrachais des plantes avec leurs racines, ils grimpèrent sur des collines escarpées et m’apportèrent toutes sortes de plantes et de rameaux d’arbres, qui n’étaient pas à ma portée. Ils me donnaient sur certaines plantes des explications que je n’ai pu comprendre, m’indiquant probablement leurs propriétés médicinales ou leur emploi comme aliment, ou les superstitions dont elles étaient l’objet, fait très fréquent en Chine.

Dans ce même village, Van me montra un temple, nommé Mi-Tjy-Doun; il me raconta qu’il était construit à l’endroit où, dans l’antiquité, avait coulé une source d’eau avec du riz. « Aujourd’hui, ajouta-t-il avec regret, il n’y a plus de source pareille. »

Je continuai à me promener aussi librement que chez moi, à travers les propriétés particulières, tirant sur les oiseaux que je rencontrais près des maisons ou dans les champs. Quelques Chinois m’accompagnaient, très intrigués par mon fusil, qui abattait les oiseaux, même les petits, à de grandes distances ou au vol. Aussitôt que je commençais à viser, ils se bouchaient les oreilles et se détournaient ; le coup parti, ils se mettaient à courir après l’oiseau en vrais chiens de chasse. C’est ainsi qu’ils m’apportèrent quelques pièces que je n’aurais pu aller chercher moi-même, car il m’eût fallu franchir des haies vives, grimper et contourner divers obstacles. Après avoir cherché la blessure des oiseaux, quelquefois cachée par les plumes, sans qu’une goutte de sang fût apparente ils étaient disposés à croire à la force magique du fusil, qui pouvait tuer par le seul bruit de la détonation. Ils me firent de grands éloges de mon arme, ainsi que « de ma main ferme et de mon coup d’œil juste ».

J’allai aussi observer les rizières, disposées en étages, qui dans cette saison ressemblent plutôt à de petits étangs couverts de plantes aquatiques.

Quand on veut préparer des champs pour les cultiver en rizières, la tâche principale de l'agriculteur consiste à y amener l'eau de manière qu'elle puisse arroser les autres champs en commençant par le plus élevé et descendre en cascade aux terrasses inférieures.

Le soir, je retournai vers le bateau. Celui de Sosnowsky était arrivé, et les habitants du village, réunis sur la place, exprimaient leur étonnement, non pas de voir des étrangers, mais un *ma-yan-tchouan*[1]. Jamais de leur vie, ils n'avaient vu dans leurs parages pareil bateau. Malgré l'heure avancée, ils continuaient à le considérer avec étonnement. « Oh ! pas bon « ce bateau ; il ne vaut rien pour notre rivière. Nous sommes étonnés qu'il « soit arrivé jusqu'ici ; comment ferez-vous pour aller plus loin ? » Ils conseillaient de l'abandonner et d'en prendre un autre. Inutile d'ajouter que ces conseils ne furent point suivis par notre chef.

18 mars. — Passage d'un rapide qui nécessite l'aide de trente hommes du village.

Un nouveau câble est attaché au sommet du mât, et celui dont on s'est servi jusqu'ici est mis à sa base. Les manœuvres sont divisées en deux escouades : les uns suivent la rive droite, les autres, la rive gauche. Le nouveau câble de bambou était celui qui avait occupé tous les instants de notre *taï-goun*.

Devant le rapide, on fit une halte pour laisser respirer les haleurs, mais ils maintenaient tout de même le bateau. Enfin, au signal du pilote, on se mit à l'œuvre avec le refrain habituel. Le bateau avançait tout doucement, la proue en l'air, fendant l'eau, qui écumait et bouillonnait. Que deviendrions-nous, si les cordages venaient à se rompre ? La barque, emportée par le courant, se briserait infailliblement contre quelque pierre. La rivière n'était pas très large et l'on pourrait facilement atteindre la terre à la nage, quitte à recevoir quelques contusions. Mais la crainte de perdre nos bagages nous inspirait des appréhensions sérieuses.

Nous voici hors de danger. Notre bateau s'arrête pour permettre aux haleurs d'aider au passage du bateau du chef, ce qui se fait à tour de rôle. Par curiosité, nous assistons à la manœuvre : notre Van, une gaffe à la main, commandait les hommes. La femme du propriétaire, petite et maigre, mais intelligente et énergique, du rivage transmettait les ordres, travaillant et surveillant elle-même. A mon grand étonnement, le propriétaire de notre bateau se mit au gouvernail ; chacun travaillait de toutes ses forces, avec le zèle habituel aux Chinois.

---

1. *Tchouan* signifie « bateau », et l'on donne le nom de *ma-yan* aux bateaux d'une construction particulière.

Le propriétaire, il faut lui rendre cette justice, ne cherchait jamais à se prévaloir de son titre, et, voyant la supériorité de son aide Van, il se soumettait toujours à celui-ci dans la conduite de son bateau. Il exécutait sans observation tous les signaux que Van lui indiquait de la main.

Sosnowsky, selon son habitude, était descendu à terre et surveillait le travail, encourageant les uns, gourmandant les autres, et donnant des ordres. Malheureusement pour lui, personne ne l'entendait ou ne le comprenait. Tout le monde avait fait son devoir : le bateau passa le rapide aussi heureusement que le nôtre, toutefois après avoir pris un peu d'eau, de sorte que quelques effets dans la cale furent détériorés. C'était un premier avertissement.

Notre bateau arriva de bonne heure à la ville de Tsy-Yan-Siañ, où nous fîmes halte pour attendre le second, toujours en retard. Cette fois son câble s'était rompu ; il ne dut son salut qu'à un autre bateau, contre lequel il se heurta, non sans l'endommager ; et, sans l'habileté du Cosaque, qui réussit à l'arrêter avant le rapide, il se serait infailliblement brisé.

La ville de Tsy-Yan-Siañ est située sur la rive gauche du Han, non loin de l'embouchure de la rivière Jin-Ho ou Rin-Ho, aux eaux vertes et limpides. Les habitants vinrent nous ennuyer, grimpant sur le bateau, marchant sur la planche posée entre le bateau et le rivage. Notre domestique Tjchou, fatigué de les chasser à tous moments, retira la planche juste au moment où l'un des Chinois posait le pied dessus ; il le poussa même. L'autre, furieux, s'écria : « Frappez-le, » et la foule se mit à crier : « Frappez-le, frappez-le. » Tjchou reçut une pierre, et la multitude se porta vers le bateau avec l'intention de punir son compatriote. Il me suffit de me montrer pour que leur colère se changeât en peur ; ils se dispersèrent de tous côtés. Quelques minutes après, ils revinrent de nouveau.

De la rive opposée, une barque chargée de passagers essaye d'aborder notre bateau ; le Cosaque les en empêche en criant en russe : « Kouda ! kouda ! » ce qui veut dire : « Où allez-vous ? Par où ? » La foule se réjouit de ces mots, et comme une seconde barque s'approchait de nous, des Chinois crièrent à gorge déployée : « Kouda ! kouda ! » en se tenant les côtes à force de rire.

19 mars. — Apprenant qu'on reste ici toute une journée, je me décide à aller voir la ville, accompagné d'un agent de police. On y arrive par un sentier bordé de maisonnettes bâties sur des tréteaux. Par endroits, ce chemin se transformait en un escalier de pierre.

Après avoir dépassé la partie habitée de la montagne, je m'élevai beaucoup plus haut et je contemplai le beau paysage qui se déroulait à mes pieds.

Vue de la ville de Tsy-Yan-Siañ, prise le soir.

18

« Qu'il fait bon de vivre ici, pensais-je. En sera-t-il ainsi lorsque la civilisation y aura pénétré ? Les habitants continueront-ils à garder la simplicité de leurs mœurs et leur vie patriarcale ? »

Je gravis la montagne encore plus haut ; à peine eus-je fait deux cents pas que devant moi apparut une nouvelle ville, avec son mur, ses tours, ses temples, etc. Je ne soupçonnais guère son existence ; ce n'était que le quartier supérieur de Tsy-Yan-Siañ. J'y entrai, à la grande satisfaction des femmes et surtout des enfants.

Au bateau, une trentaine de clients m'attendaient ; le bruit de l'arrivée d'un médecin étranger s'était répandu. Mais, ayant l'expérience de l'inutilité des consultations médicales, à cause de mon ignorance de la langue chinoise, je me bornai à donner des conseils à ceux dont le mal était externe et n'exigeait point d'examen.

20 mars. — En avant ! nous traversons un rapide, et Van fait arrêter le bateau pour attendre celui du chef, qui mettra du temps à franchir le rapide. Prenant mon fusil, je me dirige vers les montagnes, où je tue un petit oiseau (*Suthora Webbiana*, Gray), dont le chant très original comprend deux intonations : la première, prolongée et sourde, comme si elle venait de loin ; la seconde, brève et forte, mais plus élevée de trois tons que la première.

Le sentier suivait parallèlement le bord de la rivière, et dans les endroits escarpés il était creusé en escalier. A un moment donné, je franchis une centaine de marches et m'approchai du bord de la terrasse ; j'aperçus alors la scène suivante : Sosnowsky et ses compagnons, sur le bord de l'eau en face du bateau, regardaient traîner les caisses et les malles, qu'on ouvrait l'une après l'autre pour en retirer le contenu et l'étaler par terre. Ou le fond du bateau était percé, ou le bateau avait pris l'eau par le haut. Je me hâtai de rentrer, et j'appris de Matoussowsky qu'on resterait ici aujourd'hui, demain, tant que les objets mouillés ne seraient pas séchés.

21 mars. — Belle matinée. Temps calme.

Notre bateau était séparé du lieu de l'accident par un promontoire élevé qui nous empêchait de voir ce qui s'y passait. Notre Cosaque, qui y était allé, nous apporta la nouvelle que des huit ouvriers haleurs quatre s'étaient enfuis.

« Comment, enfuis, pourquoi ? — Parce que hier ils ont traîné les bagages toute la journée, sans qu'on leur eût laissé une minute pour manger. Ils pensaient au moins qu'on les payerait pour la peine ; mais, n'ayant rien reçu, ils sont partis. — Et le chef, que pense-t-il faire ? Ce n'est pas avec quatre hommes qu'il ira plus loin ? — Le batelier veut aller en ville chercher des ouvriers; mais, dit-il, il a besoin d'argent pour en louer d'autres et n'en possède pas. Le chef ne veut pas lui en donner : ce n'est pas son affaire, dit-il. »

Nous étions à quatre verstes de Tsy-Yan-Siañ. J'avais assez de temps devant moi pour aller faire un tour dans les montagnes. D'habitude, un soldat du convoi m'accompagnait, mais je viens d'apprendre que les soldats sont aussi rentrés en ville, parce qu'ils ne possédaient ni argent ni munitions, et avaient pensé que notre chef leur aurait donné à dîner, ou leur aurait proposé une paye. N'ayant reçu ni l'un ni l'autre, ils partirent chez eux, promettant toutefois de revenir.

C'était très désagréable, et nous donnâmes à notre Cosaque l'ordre de compter tous les jours 100 sapèques à chaque soldat du convoi, sans s'inquiéter s'ils en avaient besoin ou non, et sans préjudice de ce qu'on leur donnerait au moment où ils nous quitteraient.

En réalité, ce soin ne nous regardait pas, mais nous craignions que les soldats ne revinssent pas et ne nous permissent pas ainsi de réparer l'indifférence du chef à leur égard.

Bientôt vint l'interprète Andreïewsky, avec l'ordre du chef d'aller à Han-Tchong-Fou, dernier point de notre voyage sur le Han. Quant à eux, ils retournaient à Tsy-Yan-Siañ pour se rendre de là, par terre, à Han-Tchong-Fou.

« Comment par terre, répliqua Matoussowsky; entre ces deux villes, il n'y a pas de grande route, mais seulement un sentier pour les piétons. Il faudra vous rendre à Ha-In-Siañ, où il y a un chemin. Quant à nous, comment irons-nous sans passeports et sans convoi? Du reste, je vais expliquer l'affaire au chef. » Et il partit. « En ce qui concerne les passeports et les soldats du convoi, c'est mon affaire, lui dit Sosnowsky; quant au chemin, vous vous trompez fort, il est inscrit dans mon livre de notes avec l'indication de la paye du passage; et vous me racontez qu'il n'y en a point! »

Connaissant l'homme et l'inutilité des discussions, Matoussowsky ne souffla mot.

Les Chinois cherchaient aussi à persuader Sosnowsky de changer de projet et à cet effet déléguèrent un Cosaque, qui s'attira une réprimande sévère et revint tout penaud. Ce qui fut dit fut fait; les voilà partis.

Après leur départ, j'allai avec Van dans les montagnes pour herboriser et collectionner des insectes. Van m'affirmait qu'il y avait dans la contrée beaucoup de faisans dorés et que nous en trouverions dans les montagnes. Nous fîmes la rencontre d'un Chinois qui avait réellement deux peaux de faisans; il voulut bien me les vendre pour 60 sapèques (7 kopecks environ). Van s'en retourna alors sur le bateau, et je continuai à herboriser près d'un

Tsy-Yan-Siañ. — Temple et jardin.

village très propre, avec de nombreux jardins fertiles en orangers, en palmiers en éventail, en bananiers, etc. Les habitants travaillaient dans les rizières; voyant que je ramassais des plantes, ils se mirent à m'aider avec beaucoup de zèle, comme de vrais botanistes; si je tuais un oiseau, ils couraient le chercher et me l'apportaient.

Tout à coup j'entends crier les enfants « *Tou! Tou!* » et ils me montrent un lièvre qui filait vers la montagne. Un coup partit, et le lièvre fut tué; ils me l'apportèrent en triomphe.

« Mange-t-on cet animal chez vous? — On mange, on mange! »

Je leur donnai donc ce lièvre et je retournai sur le bateau.

Le temps était chaud et, quoique la température de l'eau ne marquât que 13 degrés, je me baignai. Les Chinois me regardaient avec effroi; ils ne se baignent qu'à partir du mois de juin et ne sont pas grands amateurs de ce plaisir.

Le Cosaque nous annonce le retour des nôtres; ils sont encore loin, dit-il, mais les Chinois le savent déjà.

En effet, vers le soir, nous vîmes le large bateau de Sosnowsky contourner le promontoire. Les Chinois se moquaient et riaient en eux-mêmes; la situation de nos collègues n'était pas commode après tant de discussions; aussi, par délicatesse, nous renonçâmes à demander à Sosnowsky pourquoi il n'avait pas pris le grand chemin inscrit dans son livre avec mention de la dépense.

22 mars. — Nous continuons à remonter la rivière. Un nouveau rapide se présente, et les soldats amènent huit hommes d'un village voisin pour nous aider, en leur promettant une récompense. Quand notre bateau eut franchi le rapide, nous fîmes donner quelque argent à ces gens. Mais notre chef prit la chose tout autrement; il commanda au batelier de les payer, l'autre ne voulut rien donner, et les Chinois s'en retournèrent mécontents.

La chaleur était étouffante, un brouillard épais était suspendu dans l'air. Les haleurs s'arrêtaient souvent pour apaiser leur soif avec du thé. Vers le soir, une forte averse nous obligea à faire halte. Les ouvriers arrangèrent une tente avec une voile, la couvrirent de nattes et se couchèrent. Ils dorment sans chemises et ne se couvrent pas, comme nous, de couvertures, mais ils en font des sacs, dans lesquels ils s'enfoncent, la tête ou les pieds en dehors. Quand deux individus s'installent dans le même sac, l'un a la tête dedans et les pieds dehors, l'autre passe les pieds dans le sac et a la tête dehors, Avant de se livrer au sommeil, ils fument de l'opium. S'apercevant que j'étais devant eux, les haleurs furent confus et cherchèrent à cacher leurs pipes, comme s'ils avaient eu peur d'être punis. Je les tranquillisai à cet égard et les invitai à continuer. A mon grand regret, je vis Van lui-même fumer l'opium.

23 mars. — Belle journée. Air pur après la pluie de la nuit. On rencontre quelques plantations de thé, mais peu importantes.

Au village de Hañ-Vañ-Tchen, arrêt pour chercher des provisions. Je descendis avec mon fusil; une vingtaine de Chinois qui étaient là aperçurent le *tchian* (fusil) et se dispersèrent de tous côtés; mais, le premier moment de peur passé, ils revinrent et, chemin faisant, me posèrent des questions sur mon pays, mon âge, mon nom, le prix du fusil, etc. Ayant tué un oiseau (*Motacilla sulphurea*), je rentrai au campement pour procéder à la préparation de la peau; ils étaient étonnés qu'un « monsieur » (*da-jen*) s'occupât lui-même d'une telle besogne. Une longue discussion s'éleva entre eux pour savoir si mes ciseaux et mes scalpels étaient en acier ou en argent; de grands éloges furent décernés au travail étranger, qui était supérieur au travail chinois. L'un des Chinois, voyant les peaux d'animaux que j'avais préparées, courut chez lui pour m'en apporter deux de loutre; après avoir demandé 6000 sapèques, il me les céda pour 1000.

Ce soir, à l'arrêt près du village de Sse-Ouo, il m'a été donné d'assister à un accident qui eût pu se terminer d'une manière bien triste.

La petite fille de notre batelier, âgée d'un an, tomba dans l'eau; elle en fut retirée à la minute, mais la scène se passa vraiment à la chinoise. Voyant glisser l'enfant dans l'eau, je me jetai vers elle en poussant un cri. Mais l'un des haleurs qui causait avec un autre se baissa tranquillement et, sans cesser sa conversation, saisit l'enfant, la passa à sa mère, qui la mit sur ses genoux, tout en continuant à s'entretenir avec son mari. Je fus frappé de ce sang-froid. L'idée d'un infanticide me passa par la tête, et cependant, si cette femme avait voulu réellement se défaire de son enfant, les occasions ne lui eussent pas manqué.

Tout le monde a entendu parler de l'infanticide en Chine, principalement dans les familles pauvres, ou dans les familles qui n'ont que des filles, qu'on jette soi-disant dans l'eau. Je dois avouer n'avoir jamais rencontré un cadavre d'enfant pendant mon long voyage sur l'eau; je n'ai même jamais entendu parler de ce fait, et cependant j'ai vu beaucoup de familles pauvres et besogneuses.

L'un des Cosaques vient nous avertir que le 25 mars, jour de l'Annonciation, on chantera les matines sur le bateau du chef, et nous invite à y assister.

24 mars. — Aujourd'hui je dessinai les portraits de deux soldats de notre convoi et celui du pilote Van, que j'aimais et estimais. Cet homme, vif et actif malgré ses cinquante-trois ans, se distinguait par son intelli-

Pêcheurs dans le Han supérieur. (Page 283.)

gence et son adresse; rien ne lui échappait : avec ses petits yeux presque fermés, il voyait tout. Dès le premier jour, il produisit sur nous une bonne impression, et depuis je le pris en amitié.

On s'arrêta pour passer la nuit dans un endroit absolument sauvage et désert. Les montagnes étaient escarpées et dépourvues d'habitations; on nous annonçait dans ces parages la présence de brigands, et l'on nous conseillait de tirer quelques coups de feu pour les effrayer. Les coups se répercutèrent dans les montagnes comme un roulement de tonnerre. « *Schan-inn* (voix des montagnes), » me dit Van, pour me tranquilliser, croyant sans doute que j'avais peur. Eh! peut-être bien que j'aurais eu peur, si un personnage invisible eût tiré un coup de fusil.

Notre Cosaque fut appelé sur l'autre bateau pour assister aux vêpres, célébrées par Sosnowsky, et l'invitation d'assister le lendemain aux matines nous fut renouvelée.

25 mars. — De grand matin, le Cosaque vient apporter l'ordre du chef de ne se mettre en route qu'après les matines. Les ouvriers répliquent qu'il faut se hâter, que la rivière devient très difficile et qu'après tout on peut faire la prière en marche. L'argument parut satisfaisant, et l'on nous laissa partir.

Le fleuve était en effet très agité : Van surveille les écueils, cherche à les éviter, et les lamaneurs suivent le sentier dans la montagne, courbés en deux, s'accrochant aux broussailles et sautant d'une pierre sur l'autre. Les soldats, couchés sur le pont, se chauffent au soleil; l'un d'eux m'écrit en chinois le nom des plantes que j'ai ramassées.

Les riverains travaillent dans leurs champs, à l'ombre des bosquets de bambous; d'autres pêchent, employant un procédé qui m'était inconnu : ils jetaient dans l'eau des paquets d'herbes ou de rameaux retenus par une ficelle; le petit poisson se glisse dedans, et il suffit de tirer brusquement le paquet par la ficelle pour amener au bord de l'eau l'herbe et le poisson qui s'y trouve. Un autre procédé est encore plus ingénieux : dans un endroit peu profond, mais où le courant est très fort, on renverse un vieux bateau hors de service, le fond tourné contre le courant; l'extrémité immergée est remplie de grosses pierres pour l'empêcher d'être emporté. L'eau dans le bateau est calme, et le poisson, une fois entré dans ce réservoir, ne cherche pas à s'échapper; de temps en temps les Chinois viennent à cet endroit et retirent à la main le poisson qu'ils y trouvent.

26 mars. — Ville de Che-Tsouen-Chien, entourée d'un mur avec tours. Aussitôt que nos bateaux furent amarrés, j'allai avec un agent dans la ville. Elle est située sur un plateau qui longe la rivière et ressemble à toutes les

villes de la Chine, avec les mêmes habitants, aussi curieux qu'ailleurs. Je
fis d'abord le dessin d'une tour et j'allai plus loin, lorsque mon attention
fut attirée par un établi, près duquel travaillait une grande et forte femme,
proprement mise et assez jolie. L'établi, qui lui servait à fabriquer des
lacets de fil de coton bleu, était posé sur deux petites tables à tiroirs et couvert d'un rideau de toile en guise de toit. Le mécanisme était assez compliqué, mais ingénieux.

Je m'arrêtai pour voir cette femme à l'ouvrage et pour dessiner l'ensemble;
elle n'était pas gênée du tout par ma présence, et son travail marchait avec

Tordage de cordons.

rapidité; les lacets confectionnés étaient égaux, lisses et forts. Tournant la
manivelle, elle mettait en œuvre neuf fils, trois par lacets; elle obtenait
ainsi d'un coup trois lacets de près de deux archines (un mètre et demi) de
longueur chacun, et cela en moins d'une minute.

Les curieux qui m'accompagnaient ne pouvaient pas comprendre pourquoi je faisais le dessin de l'établi, mais ils étaient contents de voir le portrait de la femme (*niui-jen*), le dessin de la table (*tchjo-tzy*) et des fils (*siañ*).
Tout cela fut examiné, compris et annoncé aux autres : « Tout a été dessiné
et dessiné avec fidélité. » La Chinoise elle-même paraissait très flattée d'avoir
attiré l'attention de l'étranger. Je ne la quittai pas sans lui acheter quelques-
uns de ses lacets.

Tour de la ville de Che-Tsouen-Chien.

En continuant mon chemin, je fis la rencontre d'un Chinois très bien
mis, et je remarquai le respect que la foule lui témoignait; il vint à moi
en me saluant; l'homme de police me le présenta en disant *da-jen* (grand
monsieur). C'est ainsi que les inférieurs traitent leurs mandarins, sans prononcer leurs noms ni leur dignité.

Le personnage était chef de district et musulman.

Il me prit sous le bras et nous continuâmes à marcher ensemble en
échangeant quelques phrases banales. Il m'invita à prendre le thé chez lui,
me demanda un dessin en souvenir de ma visite et me fit cadeau de deux
pots de fleur. Quand je rentrai sur le bateau, les fleurs étaient déjà apportées,
et, une demi-heure après, le mandarin vint lui-même nous rendre visite
accompagné de sa fille, âgée de sept ans. Il avait été précédemment chef
à Lañ-Tcheou-Fou, district situé sur le chemin de Khami, occupé de
son temps par les insurgés, mais aujourd'hui tout à fait calme. La jeune
fille reçut de nous une boîte de bonbons, des ciseaux et un morceau de
savon.

27 mars. — Quoique les habitants de Che-Tsouen-Chien eussent conseillé
de changer le bateau contre deux autres mieux appropriés à la navigation
de cette partie du Han, et bien que le propriétaire eût lui-même demandé
de ne pas aller plus loin, on se décida à continuer le voyage sur le même
bateau.

Il faisait déjà nuit lorsque notre Cosaque fut mandé par Sosnowsky. Celui-
ci s'étant aperçu aujourd'hui, pour la première fois, qu'on mesurait la profondeur du Han, lui demanda : « Fait-on tous les jours des sondages? »
Cette question était tout aussi déplacée que s'il avait demandé au Cosaque
si je continuais à dessiner? Sur sa réponse affirmative, il ajouta : « Eh bien!
fais attention qu'on ne les oublie pas. »

Par bonheur, notre Cosaque était assez intelligent pour comprendre que
ces mesures étaient prises sans les ordres du chef.

28 mars. — Belle matinée. Air pur et frais.

Au moment du départ, on nous pria d'attendre, parce que le propriétaire
du bateau refusait de louer les ouvriers à son compte; Sosnowsky se mit
donc à la recherche de mulets et abandonna le bateau. Nos ouvriers ne furent pas fâchés de se reposer un peu; l'un d'eux s'étala au soleil sur le sable
et chanta le *tchy-fañ*, c'est-à-dire le manger. Ne le questionnez pas sur sa maison, car il n'en a pas; l'été, le soleil le brûle; l'hiver, il tremble sous ses
haillons qui ne le préservent ni du vent ni du froid. Ne le questionnez pas
sur son manger, il ne connaît que le riz, et les légumes au lard comme
extra; il boit de l'eau bouillante dans laquelle on a fait infuser des feuilles

quelconques, qu'il appelle *tcha* (thé). Cependant regardez-le, voyez ses muscles, ses os, sa poitrine, ses dents : homme de bronze et grand travailleur !

Notre propriétaire, d'habitude silencieux, se sent brave devant le *taïgoun* de l'autre bateau. Tout est en ordre chez lui : ouvriers, bateau et voiles. Il affirme que, sans l'autre bateau, notre voyage serait déjà terminé.

Enfin vient l'ordre du départ.

« Eh bien ! les mulets sont-ils loués ?

— Quels mulets ? on continue la route en bateau, répond le Cosaque.

— Alors on a loué des hommes ?

— Je n'y puis rien comprendre, » nous dit-il.

Nous aussi, nous ne pouvions et n'avions pas le droit de comprendre quoi que ce fût.

Au moment du départ arrivent trois mandarins, dont l'un est porteur d'une sonde en fer ; ils entament avec le chef une conversation des plus animées, qui dégénère en véritable tumulte. Des deux interprètes, le premier ne comprenait mot, le second n'était pas capable de traduire en russe. Enfin on parvint à comprendre que les fonctionnaires nous prenaient pour des marchands contrebandiers cherchant à passer en fraude nos marchandises.

Il aurait suffi de leur montrer nos passeports, délivrés par les autorités chinoises ; mais Sosnowsky, en homme entêté, ne le voulut pas, d'où une scène très désagréable.

Les mandarins exigeaient la revision de nos bagages. Nous les priâmes de passer sur notre bateau et de voir par eux-mêmes, pour se convaincre que nous n'étions point des négociants. La politesse et le calme changèrent immédiatement le caractère de l'entretien ; ils jetèrent un coup d'œil dans notre cabine et déclarèrent que nous pouvions partir en paix.

Sosnowsky était toujours devant son bateau, entouré de Chinois tout étonnés qu'un *ma-yan-tchouan* se hasardât dans ces parages. Nous l'entendions crier contre le batelier, sans pouvoir deviner ce qu'il avait résolu de faire. Le Cosaque, resté sur le pont, nous annonça alors que tout le monde rentrait dans le bateau et qu'on nous suivait, et il ajouta : « Tous les Chinois affirment que ce bateau ne pourra jamais arriver à Han-Tchong-Fou. — Le chef le sait-il ? — Mais oui, il le sait ! Il a peur lui-même ; avant chaque rapide il descend à terre ; il n'en a pas traversé un seul en bateau.

— Et que dit-il alors ? — Ce n'est rien, répond-il, ça passera, je vais commander moi-même. On a marché jusqu'à présent, on marchera tout aussi bien. »

Aujourd'hui j'ai recueilli quelques plantes pour mon herbier : des lis

(*Wistaria Chinensis*) et des roses de Chine ; j'en avais pris une telle quantité, que je pus en décorer notre cabine, à la grande satisfaction de nos Chinois, tous amateurs de fleurs.

Les rochers sauvages et escarpés font bientôt place à des pentes douces où le sol est fertile et cultivé. Nous voyons encore des chercheurs d'or. De nombreuses espèces d'oiseaux auraient permis à un naturaliste de composer ici une riche collection ornithologique.

Le bateau du chef, quoique resté en arrière, arriva le soir sans avoir éprouvé aucun accident, ce qui nous inspira quelque confiance. Et qui sait ? peut-être arriverons-nous heureusement au terme de notre voyage sur le Han.

# CHAPITRE VIII



Depuis deux mois et demi nous remontons la rivière, qui s'élève insensiblement au-dessus du niveau de la mer. Dans cette saison, l'eau est basse, tous les écueils se voient très distinctement, et l'on peut dire que la navigation est moins dangereuse que pendant la saison des hautes eaux.

29 mars. — Après avoir franchi plusieurs rapides, nous nous arrêtons de bonne heure. « Plus loin, affirmait Van, sur un espace de soixante *li*, il n'y a pas d'endroit convenable pour une halte. »

Les riverains, très aimables, viennent nous offrir du pain, des poules, des œufs, des fruits secs et des sucreries faites avec de la pâte, du sucre de riz et des graines de sésame. Je ne trouvais pas mauvais ces bonbons ; je les mangeais même avec un certain plaisir, faute de mieux.

Grande animation dans notre camp : on visite les bateaux, les câbles ; on se prépare à l'événement extraordinaire du passage du plus formidable des rapides du Han, nommé Loun-Tan.

30 mars. — Dès l'aube, tout le monde est debout. Notre bateau devait marcher le premier ; les ouvriers du second bateau et d'autres Chinois appelés à notre aide s'étaient divisés en deux escouades, les uns sur la rive gauche, les autres sur la rive droite ; chacune de ces deux escouades avait son câble, assujetti au bas du mât ; un troisième était attaché au sommet, pour servir en cas de besoin. Sin-Van à la proue, d'une main tient une gaffe, tandis que, levant l'autre bras, il est prêt à donner le signal du départ, car le bruit des flots empêche d'entendre le moindre mot. Quelques hommes munis de gaffes se tiennent sur le pont pour la manœuvre.

Enfin Van, après avoir jeté un dernier coup d'œil, donne le signal, et les haleurs commencent à avancer; nous approchons tout doucement du rapide, puis nous y entrons.

Nous sommes entourés de vagues écumantes, qui viennent frapper les parois du bateau et le secouent; elles tournent, bondissent, cherchent à pénétrer dans l'embarcation, à la briser en morceaux, comme pour punir son audace de s'aventurer au milieu d'elles. A un certain moment, le bateau parut rester en place, j'eus peur; je regrettai de ne pas avoir fait débarquer tout ce que nous avions de précieux. Mais il était trop tard, et si les câbles venaient à se rompre, tout serait perdu : notes, cartes, herbier, oiseaux empaillés, dessins, minéraux, échantillons du sol, tout serait emporté par le courant ou irait au fond de l'eau... Le temps me parut bien long.

Van, en vrai professeur de navigation, comme nous l'avions surnommé, restait calme et grave. Le bateau, avait-il dit, lui inspirait toute confiance; les flots bouillonnants ne pouvaient atteindre son bord supérieur; il avait préalablement examiné les câbles et répondait de leur solidité. Le bruit était si fort, que je n'entendis pas un mot de ce que Matoussowsky me criait à l'oreille. Le tableau ne manquait ni de grandeur ni d'intérêt.

Il me semblait que Van recherchait les endroits les plus dangereux pour le passage, mais personne n'aurait osé lui donner de conseils, ou même lui faire une observation; chacun avait pleine confiance en lui.

L'émotion m'avait fait oublier de marquer l'heure à laquelle nous entrâmes dans le rapide; il me semble cependant que nous mîmes un quart d'heure à le traverser. Enfin le terrible Loun-Tan resta derrière nous, et nous pûmes naviguer dans une partie de la rivière relativement calme. Après avoir franchi environ un quart de verste, on amarra le bateau derrière un promontoire, sur la rive gauche, et tout le monde se mit en route pour aider à passer le bateau du chef; Van et le *taï-goun* partirent, ainsi que Matoussowsky et moi; le Cosaque seul resta pour garder notre embarcation.

« Le *ma-yan-tchouan* ne passera pas, » dit Van, chemin faisant, avec un signe de main négatif. Il prononçait ainsi un arrêt de mort, bien pénible pour nous.

En ce moment, un bateau de marchandises franchissait le rapide; derrière lui avançait lentement celui de Sosnowsky. Une vingtaine d'hommes tiraient les câbles. Sosnowsky, selon son habitude, était descendu avec Siui; les autres étaient restés sur le navire. Saisis d'une crainte terrible, nous suivons des yeux l'embarcation : elle est déjà au milieu du rapide, les flots se brisent contre sa poupe large et plate; ils font pencher le bateau d'un côté et de l'autre ; les mouvements deviennent de plus en plus forts ; une vague le frappe avec tant de force qu'elle le fait chavirer à tribord ; l'eau y pénètre, et tout le monde se jette sur le côté gauche, qui s'élève à mesure que le côté droit s'enfonce davantage. La résistance du bateau devenant plus forte, les câbles se rompent successivement.

Le lecteur se figure peut-être que l'embarcation fut aussitôt emportée comme une flèche par le courant. Il n'en fut rien : le bateau, renversé sur le côté, se mit en travers de la rivière et descendit lentement ; à un certain moment, la poupe se rapprocha du rivage ; l'interprète, le photographe et le Cosaque Pawlow en profitèrent pour sauter à terre. Je vois encore le propriétaire du bateau enlacer sa femme dans ses bras, se préparant à la mort. Le Cosaque Stepanow, qui paraissait ne pas croire au danger, et le Chinois qui tenait le gouvernail continuèrent à descendre.

Je courus vers eux avec Matoussowsky, sans nous rendre compte de l'inutilité de cette course, car chacun de nous, ayant perdu toute présence d'esprit, regardait inconscient, courait et n'entreprenait rien..... Le bateau ainsi emporté était déjà réduit en morceaux ; il s'inclinait de plus en plus, jusqu'à ce qu'il se retournât entièrement ; heureusement les quatre personnes eurent le temps de se mettre dessus. Le pont submergé se brisa avec fracas contre les pierres, et tous les bagages tombèrent à l'eau ; malles et valises furent entraînées par le courant.

Une fois le premier moment de stupéfaction passé, on commença à agir ; le Cosaque Pawlow se déshabilla et se jeta à la nage pour rattraper le bout du câble, afin d'arrêter le bateau : vains efforts. De la rive opposée, la même tentative fut faite avec plus de succès par un Chinois qui, après de nombreux efforts, réussit à saisir le câble et à l'amener à terre, où d'autres essayèrent de le maintenir ; mais il se rompit en plusieurs endroits, par suite de la grande résistance du bateau. Le Cosaque Stepanow, resté sur le bateau, retira de l'eau l'extrémité du second câble, le saisit entre ses dents et se jeta à la nage vers un endroit où le courant était plus faible ; puis, sautant sur le rivage, il l'assujettit à une pierre et le maintint fortement. Le bateau ainsi arrêté fut attiré vers le bord de l'eau avec les trois personnes sauvées miraculeusement.

« C'est fait, me dit Matoussowsky ; les prédictions se sont accomplies, les conseils des Chinois ont été dédaignés, voilà la punition, et quelle punition ! Tout est perdu et l'expédition est terminée ; il ne nous reste qu'à rentrer honteusement chez nous. En attendant, allons voir ce qui est sauvé et ce qui est perdu ; c'est indispensable, me comprenez-vous ? »

Le bateau avait été repêché sur la rive opposée ; il fallait retourner sur

Le naufrage.

le nôtre et passer la rivière; chemin faisant, je fus frappé de la longueur du rapide, qui m'avait paru beaucoup moins grande pendant la traversée; elle était de plus d'une verste (1067 mètres). Sautant d'une pierre sur l'autre et marchant dans l'eau, nous arrivâmes bientôt jusqu'aux débris du bateau naufragé; sur le rivage, j'aperçus deux coqs attachés l'un à l'autre, échappés par miracle au désastre, et quelques objets complètement trempés. Le malheureux propriétaire du bateau, silencieux et immobile, l'œil sombre et farouche, regardait dans l'espace; sa pauvre femme, assise près de lui, sanglotait amèrement.

Sosnowsky nous apercevant : « Grâce à Dieu, dit-il avec un calme parfait, les papiers sont sauvés!

— Quels papiers? demanda Matoussowsky étonné.

— Les renseignements commerciaux et les notes générales sur la Chine. »

La conversation en resta là. Il s'agissait bien de notes générales sur la Chine! Nous étions tristes et honteux; mais Sosnowsky n'avait aucune inquiétude. On eût dit qu'il avait désiré ce malheur. Bientôt il commença à donner en russe des ordres aux Chinois, qui n'y comprenaient rien. Le Cosaque Stepanow était dans la rivière, occupé à retirer du bateau renversé les boîtes qui y étaient restées.

C'eût été le moment de dire au chef : « Vous voyez bien que les Chinois avaient raison et que vous auriez dû suivre leurs conseils. » Mais à quoi bon?

Le chef commandait et criait : il criait après Siui, qui ne comprenait pas, et après le Cosaque Stepanow, homme intelligent et zélé. — « Pourquoi fais-tu l'imbécile, lui disait-il, retourne le bateau et retire les malles. »

C'était facile à dire : « retourne le bateau, » dans lequel quinze hommes pouvaient prendre place avec leurs bagages. Il cria ensuite après le gros cuisinier, qui ne comprenait pas davantage, puis, se tournant vers nous, il dit d'un air de reproche : « Vous auriez dû au moins m'envoyer votre Cosaque Smokotnine.

— Il garde le bateau et nous sommes venus vous aider. — Aider à quoi? Smokotnine au moins m'aurait servi d'interprète; je ne peux pas donner d'ordres. »

C'était avouer que les deux interprètes que le chef avait sous la main ne valaient rien. Je retournai vers le bateau et envoyai le Cosaque. Matoussowsky était resté pour voir ce qu'on pourrait arracher au naufrage et pour se rendre compte de la gravité de notre malheur. Je me mis à empailler les oiseaux que j'avais tués le matin, occupation toute mécanique heureusement, car je n'étais guère disposé à travailler en face du désastre qui nous accablait. Mes idées se portaient vers l'avenir, vers l'inconnu, puis vers le présent. Voilà la famille du batelier ruinée pour toujours; son bateau, tout à la fois sa demeure et son unique moyen d'existence, n'était plus. Notre argent, nos armes et nos munitions, la poudre, tout était sous l'eau. Comment faire?

Dans la soirée, Matoussowsky revint. Ai-je besoin de répéter notre conversation? il est facile de deviner quel en était le sujet.

Nous envoyâmes aux naufragés de quoi dîner : de la viande au riz, du thé, du sucre et aussi des bougies, du tabac et d'autres objets de première nécessité. Les communications entre notre bateau et l'endroit où se trouvaient les naufragés étaient difficiles; aussi nous voulions repasser le rapide avec notre bateau, mais les Chinois s'y refusèrent. Assez tard dans la nuit, notre Cosaque revint également; il nous annonça que Van avait trouvé des plongeurs dans les villages voisins; malgré tous les obstacles qu'on leur suscitait, ils réussirent à retirer de l'eau quelques objets. C'était seulement pour montrer leur savoir; les Chinois avaient prévenu que, si on ne leur promettait pas une bonne récompense, ils pourraient bien trouver l'argent sans le dire et se partager plus tard le butin. Il fallut donc leur promettre cent roubles pour chaque caisse. Après une longue discussion, Sosnowsky consentit.

Aussitôt les plongeurs commencèrent leurs opérations à l'endroit où le bateau avait chaviré. Avec de longues gaffes, ils sondaient le fond, et dès qu'il leur semblait avoir rencontré quelque chose, l'un d'eux plongeait. Une fois au fond, si l'objet était lourd, il l'accrochait à la gaffe et donnait le signal, à l'aide d'une corde, de tirer la gaffe avec l'objet qu'il soutenait; les objets légers étaient remontés par le plongeur. Ils avaient déjà retiré une caisse d'argent (300 livres), un fusil, un revolver qui fonctionnait aussi bien que s'il n'était jamais tombé dans l'eau, toutes les boîtes de cartouches, le plomb, quatorze liasses de sapèques, quelques sacs de riz, etc.

Le Cosaque ne tarissait pas d'éloges sur l'habileté des plongeurs et s'exprimait à ce sujet d'une manière très originale.

« Eh! Votre Noblesse, je n'ai jamais encore rencontré d'aussi habiles *souffleurs*, coquins; l'un d'eux plonge et disparaît, nous restons, nous attendons et nous nous disons : C'est fini, mon petit Chinois, tu ne fumeras plus d'opium. Eh non! le voilà de retour, mais c'est à peine s'il revient à lui; un peu plus, et il aurait rendu son âme à Dieu. « Demain, ajoutait-il, « nous reviendrons et chercherons encore. » Et c'est entre les écueils, qu'ils plongent, où l'eau bouillonne! Seigneur Dieu! soupirait le Cosaque, quel malheur! et combien d'avertissements; mais on n'y faisait pas attention.

Ils vont bien rire, les petits Chinois. Ils se moquent maintenant à l'écart. »

31 mars. — Dès le matin je me rendis au campement de nos malheureux naufragés. Tout ce qu'on avait pu sauver était amoncelé sur le rivage ; il fallait du temps pour faire sécher les divers objets dispersés çà et là et les préserver d'une plus complète détérioration. Les quinze caisses de Tiumen pour les appareils photographiques, les échantillons de diverses marchandises offerts par les négociants de Kiachta : draps, fourrures, peaux, étoffes, étaient dans un état déplorable. On apercevait dans ce désordre très pittoresque les caisses de thé offertes par nos compatriotes de Han-Keou, parmi lesquelles une qui nous appartenait, mais Sosnowsky s'était refusé à nous la livrer ; aujourd'hui le tout était perdu. Ici on voyait un tas de livres, peu intéressants sans doute, car le chef s'était plaint à plusieurs reprises de ne pas avoir de quoi lire. Là, des étoffes de soie, cadeaux des mandarins, dont quelques-unes nous appartenaient, à Matoussowsky et à moi, et avaient été accaparées par notre chef ; du linge, des chaussures, des vêtements, des boîtes à musique et sans musique, des boîtes de conserves, divers objets destinés aux mandarins : lanternes magiques, objets en papier mâché, chromolithographies, etc. Plus loin, des instruments de physique ; là, une caisse avec de l'argent (l'autre fut retirée plus tard), des cartouches, des tentes, qui servaient aujourd'hui de gîte : en un mot, un vrai bazar, mais dans quel état. Parmi les objets perdus, il y avait des lingots d'argent pour une valeur de deux cents roubles, quarante livres de poudre et les passeports délivrés par le gouvernement chinois.

Tout le monde était occupé au déballage et au séchage des objets sauvés. Après avoir contemplé ce triste spectacle, je m'en retournai, regrettant la perte de temps à laquelle nous condamnait cet arrêt forcé.

1er avril. — La pluie dure toute la journée, ce qui va nécessairement prolonger notre séjour ici ; en attendant, nos provisions s'épuisent, il faut envoyer au loin pour se procurer de quoi manger.

Après le dîner, j'allai rôder en emportant mon fusil. Pendant cette promenade, je pus me convaincre des difficultés que les haleurs devaient éprouver à tirer la corde : des deux côtés de la rivière, il n'y avait que des blocs de rochers infranchissables. Les Chinois des environs n'y viennent que dans le jour, ou avec des lanternes ; si la nuit les surprend et qu'ils n'aient aucune lumière, ils se couchent et passent la nuit sur place. J'arrivai ainsi jusqu'à un village, où ma présence fut accueillie avec un visible plaisir par les habitants, et principalement par les femmes, qui se moquaient de « l'homme étranger ».

Il est possible que j'aie été ridicule dans mon costume européen, car, aux yeux des Chinois, un Européen est toujours ridicule, qu'il soit en habit, en uniforme ou même en chemise. Du village je descendis un sentier qui conduisait à la rivière, et je remarquai plusieurs rapides, situés à peu de distance les uns des autres ; en outre, des pierres énormes émergeaient de l'eau. J'étais suivi de trois Chinois, qui, dans les passages difficiles, me soutenaient obligeamment et sans le leur demander. Mon fusil surtout semblait les préoccuper.

Je tuai un alcyon (*Alcedo Bengalensis*) aux belles plumes bleues, très recherchées par les femmes pour leurs parures. Je dois ajouter que les Chinois ne tuent jamais les alcyons (*tzei-tzou*) ; ils les prennent dans des pièges, leur arrachent quelques plumes, puis leur rendent la liberté ; c'est une véritable contribution qu'ils imposent à cet oiseau. Ces plumes se vendent au poids de l'or, ce qui n'est pas bien cher, car elles sont excessivement légères.

La journée était bien avancée, et le soleil couchant éclairait les montagnes de la rive opposée. Je m'étais éloigné du bateau d'environ quatre verstes, et mes aimables compagnons m'engagèrent à regagner la station sans perdre de temps. Le conseil était bon ; en effet, lorsque j'arrivai, il faisait déjà nuit. Notre Cosaque, qui vint un peu plus tard, nous annonça que les plongeurs avaient reçu, le jour même, les 200 roubles promis pour le sauvetage. Ils avaient encore retiré un fusil, la poire à poudre et quelques menus objets. Les appareils photographiques n'étaient point détériorés, grâce aux caisses de Tiumen.

Le chef voulut bien remercier le Cosaque pour ses services. « S'il avait appris à Han-Keou, ajouta-t-il, qu'il connût ainsi le chinois, il lui aurait fait apprendre à le lire et à l'écrire, afin qu'il pût devenir un interprète accompli. »

2 avril. — Rien de particulier à signaler.

3 avril. — Le propriétaire de notre bateau et ses ouvriers commencent à se plaindre de ce long arrêt et des dépenses qu'il occasionne. On leur fait dire que toutes leurs dépenses seront remboursées par nous. Nous-mêmes, nous en avons assez ; les vivres sont rares ; puis, notre chef, ayant perdu toute sa vaisselle, a fait enlever la nôtre, quoiqu'elle ne lui appartînt pas exclusivement ; il nous est même impossible de faire du thé, et il faut tout emprunter au batelier.

Ces deux derniers jours, le thermomètre marquait à l'ombre 26° Réaumur. Les Chinois, pour échapper aux rayons ardents du soleil, se couvrent de chapeaux de paille à larges bords. Ils jouent aux cartes (étroites et qui rappellent les dominos), accroupis autour d'une pierre qui leur sert de table. Les trois enfants du propriétaire, complètement nus, courent dans le sable et jouent en imitant les haleurs traînant le bateau, qui est représenté par une petite boîte attachée à un fil.

Le soir, nous demandons au Cosaque, dès son retour, si les bagages sont emballés.

« Rien n'est fait, nous dit-il, nous n'avions pas d'ordres, et le chef s'est occupé toute la journée de l'instrument. Ce n'est que le soir qu'on a remué quelques objets; tout est sec. On aurait pu emballer et partir. Les Chinois se demandent ce qu'ils font sur la plage, s'ils veulent installer un commerce, et ils se moquent d'eux. »

4 avril. — Dernier jour d'arrêt. Après une halte forcée de quatre jours, un bateau a été loué, et tout le monde s'y est installé; il est plus petit que le nôtre. Il y a longtemps qu'on aurait dû en changer et en prendre un autre à Che-Tsouen-Chien, où le batelier nous avait suppliés de ne pas aller plus loin. Nous y aurions gagné, et le malheureux n'aurait pas été réduit à cet état. On lui laissa en partant, à lui et à sa famille, trente roubles, bien que son bateau en eût coûté quatre cents.

Je ne veux pas décrire la scène déchirante qui se produisit, quand ces pauvres gens ruinés restèrent seuls sur la rive, au milieu des débris de leur bateau. Quoique le malheur provînt pour une bonne part de leur propre faute, je crois qu'ils garderont un mauvais souvenir des Russes. Il faut avouer que nous n'avons pas bien agi.

5 avril. — Ciel couvert. Petite pluie fine. Nous sommes prêts, et à onze heures nous apercevons de loin le bateau du chef. Sosnowsky suivait à pied le bord de la rivière; derrière on portait les boîtes des appareils photographiques. Une fois le rapide passé, le bateau s'arrêta pour prendre à son bord notre chef, très prudent.

On arriva bientôt devant un autre rapide, que j'avais vu trois jours auparavant, et qui était beaucoup plus difficile et plus dangereux que celui de Loun-Tan. Je me souviens d'un voyageur, le Père Lecomte, qui dit quelque part qu'après avoir parcouru en dix ans douze mille lieues à travers toutes les mers du globe, il n'avait jamais couru d'aussi grands dangers que pendant les dix jours qu'il passa sur les rivières de la Chine. Tout exagérée qu'elle est, cette comparaison donne une idée des difficultés qu'on y peut rencontrer.

Cinquante hommes manœuvraient pour faire passer notre bateau à travers ce rapide, qui s'appelle Bie-Tan. Les uns tiraient les câbles, les autres travaillaient sur le bateau à l'aide de gaffes; deux hommes étaient au gouvernail, et le commandant en chef se tenait sur le toit de notre cabine.

La scène était assez curieuse. Le bruit de l'eau et les cris des hommes faisaient un terrible concert; on sentait qu'il se passait quelque chose de grave et de grandiose.

Trois rapides furent ainsi passés sans accident; nous vîmes un bateau naufragé chargé de tabac.

Un messager, expédié de Han-Kcou il y a vingt et un jours, vint nous rejoindre pour nous apporter des nouvelles de nos compatriotes.

On s'arrêta devant le temple Van-E-Miao, où tous les propriétaires de bateaux sont obligés en passant de déposer une offrande de 300 sapèques, et reçoivent une quittance imprimée, détachée d'un livre à souche; ce n'est donc rien moins qu'un impôt du fisc, auquel on cherche à donner un caractère religieux.

6 avril. — Les bateliers se hâtent d'en finir avec les rapides, de peur que les pluies ne fassent monter l'eau; les pierres étant complètement immergées, le passage devient plus dangereux. A chaque rapide le chef descend du bateau « pour donner ses ordres de loin ». Quant à moi, j'avais pleine confiance dans notre Van, toujours calme, toujours courageux, capable de rassurer même la plus craintive des femmes. Il voyait tout, suivait les moindres mouvements des câbles, et au moyen de sa gaffe de bambou repoussait le bateau loin des pierres. Quand le rapide était franchi, il s'asseyait, prenait sa pipe et fumait tranquillement, comme s'il n'avait rien fait de la journée. Il ne faisait entendre ni plaintes, ni gémissements de fatigue, ni vantardise.

Enfin nous avons franchi le dernier rapide, les montagnes s'éloignent, les bords de la rivière commencent à perdre leur caractère sauvage; on aperçoit des pâturages, des champs, des villages et des digues semblables à celles que j'ai déjà décrites; la rivière devient plus large; il n'y a plus de dangers, mais les eaux sont basses.

7 avril. — A mesure que nous avançons, le tableau change : les montagnes disparaissent peu à peu à l'horizon, la rivière arrose des plaines e des champs cultivés. Les habitations ne sont pas rares, les animaux domestiques, chevaux et mulets, paissent; les bœufs rappellent la race du Tyrol. Ce paysage nous procure un grand soulagement, après la vue quotidienne des montagnes et des rochers arides.

Nous arrivons à la ville de Yan-Sien, située à quelque distance de la rivière, et où j'allai accompagné d'un homme de police peu expérimenté. Non seulement il ne sut pas maintenir la foule qui m'entourait de tous côtés, mais par moments il disparaissait lui-même, me laissant seul. Je l'envoyai au *ya-myn* (administration municipale) pour y chercher deux autres agents.

J'entrai dans un temple avec la foule qui m'avait suivi ; les enfants grimpèrent sans cérémonie sur les têtes et les bras de leurs dieux, pour mieux me voir ; puis je retournai au bateau, où quelques malades attendaient mon retour. A la porte de la ville je retrouvai mon homme de police ; il m'accompagna jusqu'au bateau, où je donnai quelques consultations.

8 avril. — Ordre du chef de ne pas partir, car il n'a pas terminé sa correspondance et ses rapports, qu'il va expédier à Han-Keou, en profitant du retour du messager qui nous a rejoints il y a quelques jours.

9 avril. — Départ à quatre heures de l'après-midi, après que le messager eut reçu le rapport sur le naufrage du bateau.

Il m'a été donné de lire la copie de ce document, vrai travail littéraire, qui avait exigé beaucoup de temps. Il commençait ainsi : « Nous avons été éprouvés par un malheur sérieux, » et à la suite de ce préliminaire venait tout le récit du voyage à partir de Han-Keou. Le chef appelait ce genre d'exposition : « faire mousser le public, » et il nous conseillait très sérieusement de faire toujours ainsi, dans le cas où nous aurions l'intention de publier quelque chose.

Donc après « l'épreuve sérieuse » venait la description du Han, de l'artère de l'État, le Yan-Tze-Kiang et de la « diagonale » dont l'étude était l'un des buts de l'expédition. Ensuite il était question des « reliefs créés par la nature », des « rochers escarpés, hérissés comme une forêt dans les nuages », des cataractes et des rapides de nom et d'aspect différents, dont le nombre était de 360 (Matoussowsky, qui avait porté sur ses cartes tous les rapides, n'en avait compté que 80). Les traits caractéristiques des habitants étaient décrits de la manière suivante : « Les habitants du Hou-Pe ont la tête carrée en boîte et le nez aplati en bêche, ils nous empêchaient de faire des observations astronomiques, » etc.

Enfin le rapport parlait de l'épreuve sérieuse, c'est-à-dire du naufrage, des ouvriers qui s'étaient dispersés, des pilotes qui, après avoir passé la rivière à la nage, désertèrent, des membres de l'expédition qui, esclaves du devoir, n'avaient eu qu'une idée, sauver tout ce qui pouvait être utile au gouvernement, du Cosaque Stepanow, qui, méprisant la mort, avait disputé aux éléments terribles ce qui nous restait, etc.

Le Han redevient très large, mais peu profond ; son lit sablonneux se voit partout, et l'on peut passer la rivière à gué sans avoir de l'eau au-dessus des genoux.

En face d'Yan-Sien se trouve un grand village, Tian-Bao-La, caché par les digues. Le mouvement entre ces deux points est continuel ; deux grandes barques passent non seulement les habitants, mais aussi les palanquins, et

même les chevaux et les mulets. Les blés mûrissaient ici, comme chez nous
au mois de juillet.

Nos bateaux n'avancent que lentement, ils échouent souvent sur des
bancs de sable.

10 avril. — Dans ces parages il y a plusieurs fabriques de briques et de
tuiles, car l'argile est de bonne qualité. Le procédé de la fabrication des
briques est très simple, celui des tuiles est plus compliqué. On y fait aussi
dans des formes en bois, des ornements divers pour toits, corniches et autres
parties du bâtiment. L'argile, de couleur ordinaire à l'état cru, prend une
nuance grise ou jaunâtre après la cuisson.

Aujourd'hui nous avons rencontré un radeau de bambou qui descendait la
rivière. Le Chinois qui le conduisait était couché sur le dos, la tête couverte
de son chapeau de paille, et dormait sans se soucier de la marche de son
embarcation flottante. Notre Van l'aspergea d'eau; le Chinois leva un peu
la tête, puis sans mot dire se tourna sur le côté et se replongea dans son
sommeil.

Voici un affluent du côté gauche du Han, le Sin-Schouï-Ho, dont l'embouchure est ensablée; il offre cette particularité, que sa rive gauche est
absolument plate et sablonneuse, tandis que la rive droite est très élevée et présente d'énormes blocs de granit, ce qui n'empêche pas que les
pentes de ces collines soient cultivées : il y a des champs de froment, de
pavot, etc.

La navigation sur le Han devenait très difficile par suite de la faible profondeur des eaux. Après que les bateliers eurent cherché en vain un passage
un peu commode, on fut obligé de traîner le bateau sur le sable.

Nous approchons de la ville de Tchen-Kou-Sian; les bords de la rivière
sont plus animés; une quantité de bateaux larges et plats y étaient amarrés,
attendant le moment où l'eau serait assez haute pour qu'ils pussent se
mettre en route. Il était midi quand nous nous arrêtâmes; j'allai immédiatement voir la ville, distante du Han d'un quart de verste (270 mètres
environ) et entourée de jolies fermes. On y arrive par une route très ancienne, pavée de dalles de granit et de porphyre; autrefois elle devait être
magnifique, mais aujourd'hui elle est usée, et de profondes ornières y ont
été creusées par les roues des brouettes.

A l'entrée de la ville, je trouvai des mendiants en très grand nombre; ils
ont des figures d'agonisants. J'étais accompagné d'une foule compacte de
teigneux et de galeux qui se serraient contre moi, exhalant une odeur de
musc, d'ail et d'opium. Aussi je pressai le pas; mais, apercevant un bel arc
de triomphe tout en granit, avec sculptures ornementales, je ne pus résister

Halage de bateaux et rencontre d'un radeau.

au désir de le dessiner. Il me fallait deux heures pour exécuter ce travail,
— deux heures en société de crasseux et de malades, qui tout le temps posaient leurs doigts sur le papier et me cachaient la vue avec les larges bords
de leurs chapeaux de paille. Il est vrai qu'aussitôt que je frappais de mon
crayon l'un de ces chapeaux, la foule criait à l'individu de l'ôter. Il était
évident que personne n'avait l'intention de m'empêcher de travailler,
mais ce rassemblement me gênait inconsciemment.

Près d'une des portes de la ville se trouve un théâtre : on entendait les
sons de la musique et la voix des acteurs ; ceux-ci, ayant remarqué la présence d'un « monstre étranger », m'adressèrent quelques plaisanteries qui
mirent la foule en liesse. La poussée devint si forte, qu'il n'y eut plus
moyen de résister, et je fus porté avec mes voisins hors de la porte ; je craignais pour les nombreux enfants, qui pouvaient être étouffés dans cette
cohue.

Deux de nos ouvriers haleurs nous ont quittés ici ; ils sont venus faire
leurs adieux. « Et où irez-vous dans cette ville étrangère ?

— Il y a des hôtels, disent-ils ; on paye 70 sapèques par jour pour le logement et la nourriture, et puis nous trouverons de l'ouvrage. »

11 avril. — Le niveau des eaux rend la navigation très difficile. Les
ouvriers, le propriétaire, les soldats, notre domestique Tjchou et le Cosaque
travaillent de toutes leurs forces à faire avancer d'un mètre le bateau ; après
quoi ils se reposent ; puis nouvel effort, nouveau progrès, et ainsi de suite.
Bref, c'était une véritable navigation sur terre ; le bateau du chef avait
même plus de difficultés que le nôtre, parce qu'il était trop chargé
d'hommes et de bagages.

Un Chinois qui suivait la rivière, nous ayant aperçus assis sur le bateau,
nous salua de la manière la plus gracieuse en ôtant son chapeau, ce qui ne
se fait jamais en Chine. Nous répondîmes à son salut. Se mettant alors sur
les épaules de l'un de nos ouvriers, l'inconnu se fit transporter sur le bateau
et nous demanda en chinois : « Êtes-vous Français ? — Non. — Anglais ?
— Non plus. — Russes ? — Oui. » C'étaient les Russes qu'il s'attendait le
moins à rencontrer.

La conversation ne pouvait guère continuer en l'absence momentanée du
Cosaque ; le Chinois ne s'en mit pas moins à bavarder, et par ses paroles je
pus comprendre qu'on nous attendait depuis longtemps à Han-Tchong-Fou,
que nos logements y étaient préparés et que l'argent envoyé de Pékin y était
arrivé. Voyant que nous ne le comprenions pas, il nous montra une croix
qu'il portait au cou, — il était donc chrétien. Il portait avec lui une sacoche ; il en sortit plusieurs livres chinois qu'il me montra. Sur ces entre-

faites, le Cosaque revint et alors nous apprîmes qu'il était médecin et qu'il y avait treize ans qu'il avait embrassé le christianisme ; c'est depuis lors qu'il se livrait à l'étude de la médecine ; en ce moment même il se rendait chez un malade.

Matoussowsky le questionna sur notre itinéraire à travers le Khami, il nous donna des renseignements peu favorables sur la sécurité de ce chemin. J'aurais bien voulu causer avec lui de notre science, mais le Cosaque comprit lui-même qu'il lui était impossible de traduire en chinois les questions que je posais. Je pus cependant apprendre qu'en Chine on soigne la gale par des médicaments internes, fort nombreux, mais généralement peu effectifs. En nous quittant, il nous dit au revoir, car, habitant Han-Tchong-Fou, il comptait y revenir sous peu, et nous continuâmes notre marche comme des tortues.

Se faire porter en palanquin est déjà peu agréable, mais se faire traîner sur le sable dans un bateau, c'était inouï. Malgré soi, on se demandait pourquoi nous restions sur nos bateaux, quand il était si facile de faire le reste du chemin à pied ; qu'avions-nous à étudier ? Mais ce n'était pas notre affaire, et puis le voyage était payé d'avance jusqu'à Han-Tchong-Fou.

12 avril. — Il fait très chaud. Depuis deux jours un brouillard intense obscurcit les rayons du soleil, semblable à un disque rouge.

Le travail est aussi pénible aujourd'hui qu'hier, et quelquefois il faut creuser le sable pour faire mouvoir le bateau. Jamais je n'ai vu de chevaux travailler comme nos ouvriers, et cependant ils ne se plaignent, ni se mettent en colère ; tout au contraire : quand ils se reposent après avoir fait avancer le bateau d'un quart de mètre, ils causent entre eux et rient aux éclats, comme s'il n'y avait rien.

Par bonheur, Han-Tchong-Fou n'est pas loin ; déjà nous apercevons son faubourg, Chi-Pa-Li-Pou. Beaucoup de monde de tous côtés ; les uns passent la rivière à gué, d'autres suivent les bords du Han ; des porteurs traînent leurs marchandises sur des palanches ou sur des appareils spéciaux très commodes pour cet usage, car la charge y est proportionnellement partagée à la partie supérieure du dos. Quatre porteurs traversent la rivière avec un palanquin ; une dame fortement fardée y est assise, elle fume sa pipe et nous examine avec curiosité ; elle ne baissa pas les stores quand je dirigeai sur elle mes jumelles.

Miracle ! on déploie les voiles, l'eau avait monté subitement et le vent était favorable ; nous voilà partis avec une vitesse que je commençais à oublier. Le batelier avait même l'espoir d'atteindre avant la nuit le terme du voyage ; mais, à la nuit, il fallut s'arrêter, et Van se mit à la recherche d'un endroit assez profond pour amarrer sans échouer sur un banc de sable.

Au même moment j'aperçus au loin un homme qui cheminait au bord de la rivière ; il était vêtu à l'européenne ; nous nous demandions qui il pouvait être, charmés d'une pareille rencontre ; notre illusion ne fut pas longue ; cet étranger n'était autre qu'un de nos compagnons de voyage, l'interprète, qui s'était rendu à pied à Han-Tchong-Fou. Nous montrant un paquet, il s'écria : « la poste ! » et demanda si le bateau du chef était bien éloigné.

« Il est encore loin, montez avec nous, en attendant qu'il arrive.

Sillon creusé dans le fond de la rivière.

— Je ne demanderais pas mieux, mais je crains de recevoir une réprimande.

— Quelle réprimande ? Il ne vous attend pas sur place ; il nous suit. Montez vous reposer, puis vous dînerez avec nous, et après le thé, si le bateau n'est pas encore arrivé, nous vous laisserons partir. »

Une petite barque l'amena à notre bateau ; aux diverses questions posées par nous sur la ville, sur notre logement, sur la population, il ne put répondre, tant il était affamé ; il avala plusieurs œufs à la coque sans attendre le sel, et le thé sans sucre, disant qu'il s'était habitué à boire le thé sans sucre, car il n'en avait point à lui, et on ne lui en donnait pas de celui qui était destiné à l'expédition. « Eh ! est-il besoin de parler de sucre,

disait-il, nous mourons de faim ; une poule est partagée entre huit personnes ; vous comprenez qu'il n'y a pas de quoi apaiser sa faim. » La
crainte d'encourir des reproches lui fit quitter au plus vite notre bateau,
qui fit halte pour la nuit ; c'était la dernière que nous passions dans la
cabine qui depuis bientôt deux mois nous servait d'habitation.

Il faisait chaud comme en été ; les canards sauvages, les bécasses et
autres oiseaux remplissaient l'air de leurs cris.

13 avril. — Premier jour de Pâques. La plus grande fête de notre pays ;
journée tout à fait ordinaire pour nous. Bien au contraire, nous eûmes
en ce jour plus de soucis, à cause du déménagement du bateau dans la
ville.

A sept heures du matin, le bateau s'arrêta pour la dernière fois. Il fallait faire
les paquets, transporter les lits et tous les bagages sur des brouettes envoyées
de la ville, distante d'une verste et demie. Enfin tout est enlevé ; le bateau
reprend son ancien aspect, vide et sale ; nous prenons congé du batelier et de
sa famille, auxquels nous nous étions habitués et, après avoir dit adieu à
la rivière Han, nous suivîmes à pied les brouettes, dont les roues grinçaient
et gémissaient d'une manière épouvantable ; nous étions accompagnés de nos
haleurs, qui portaient tous quelques-uns de nos bagages.

Han-Tchong-Fou avait souffert l'année précédente d'un tremblement de
terre, dans lequel beaucoup d'habitants avaient trouvé la mort. L'espace
qui sépare la ville de la rivière est couvert de maisonnettes et de champs
cultivés ; il y a des champs de pavots en fleurs, de safran sauvage (*Cartha-
mus tinctorius*) et d'ail. Ce qui est digne d'attention, c'est le soin avec lequel
tout est arrangé et entretenu ; la forme, la disposition des couches dans les
semailles indiquent le souci de l'artiste horticulteur ; ainsi il y a des couches
carrées, d'autres triangulaires, etc. ; ces diverses dispositions sont nécessaires pour que certaines plantes, par exemple le pavot, soient en plein
soleil, d'autres, comme l'ail, à l'ombre, etc.

La rue du faubourg est si étroite que deux brouettes ne peuvent s'y
croiser ; des groupes de femmes se tenaient aux portes pour nous voir
passer. Mais voici la porte de la ville, haute, grandiose et très ancienne ;
dans sa longue existence elle a dû voir bien des événements ; doublée de
fer, elle a dû résister à de nombreux ennemis, mais parfois aussi elle en a
laissé pénétrer. Lors de l'insurrection des Taï-pings, les rebelles entrèrent
dans la ville, après un siège de huit mois ; en traversant les rues étroites, je
me représentais les terribles scènes, le carnage, toutes les horreurs de la
guerre, dont elles furent le théâtre.

Deux jeunes Chinois proprement mis, fendant la foule, s'approchèrent de

Entrée de la ville de Han-Tchong-Fou.

nous ; ne pouvant se faire comprendre, ils firent le signe de la croix. Il m'est difficile de traduire l'impression que ce simple geste produisit sur moi ; au milieu de cette foule d'étrangers, avec lesquels je n'avais rien de commun, ce seul signe sans autre explication me disait : « Je suis ton frère. » Ils nous prirent sous leur protection et nous conduisirent jusqu'à la porte de la maison qui nous était destinée. De tout ce qu'ils nous racontèrent, j'ai pu comprendre qu'il y avait dans la ville d'autres Chinois chrétiens et que l'un d'eux savait parler le latin (*houa*).

Notre interprète, que je croyais encore sur le bateau, se trouvait déjà dans la cour de la maison où entrèrent les brouettes chargées de nos bagages. Il nous annonça qu'on se proposait de passer ici deux ou trois semaines, afin de pouvoir faire les réparations nécessaires aux objets endommagés lors du naufrage.

Cela signifiait que nous resterions sur place pendant six semaines : il fallait donc s'arranger pour le mieux.

Neuf chambres en tout étaient destinées aux membres de l'expédition ; les trois nôtres étaient au fond de la cour, par conséquent en face de la porte ; les six autres se trouvaient dans les bâtiments latéraux. Mais pouvait-on appeler chambres de petits trous sordides et sombres, qui avaient plutôt l'air de hangars ou de poulaillers ? Pas de plafond, et le vent pénétrait à travers le toit ; pas de plancher, des murs couverts de poussière, de toiles d'araignées et de moisissures. Les scorpions, les cloportes, les araignées et les souris s'y étaient installés depuis longtemps. Les fenêtres, très petites, grillées et fermées avec du papier en guise de vitres, donnaient si peu de lumière, qu'en plein jour on ne pouvait lire sans bougie. Le tout sentait le renfermé et était humide. Il y avait des lits et des matelas semblables à ceux des pénitenciers des petites villes de province. Vraie prison en un mot ; voilà l'inconvénient de louer soi-même des logements. Mais il ne faut pas croire que cette installation soit commune aux habitants de Han-Tchong-Fou, ce n'était qu'un malheureux coin, comme on en trouve partout ; on l'avait loué parce que la location n'était pas chère. Fallait-il chercher un logement ailleurs ? Nous ne le pensâmes pas ; nous supporterons toutes les incommodités, quoiqu'on eût pu les éviter, car ici tout était à bon marché.

Nous choisîmes l'une de ces chambres, qui paraissait plus propre, et procédâmes à notre emménagement, pour la rendre habitable autant que possible ; il y avait toutefois dans ce logement un agrément, commun à toutes les maisons chinoises, c'était la fraîcheur qui y régnait constamment, malgré la chaleur du dehors, intolérable même à l'ombre.

Après les premiers arrangements, nous envoyâmes chercher à dîner au restaurant ; les haleurs déchargèrent nos bagages dans une autre chambre et vinrent faire leurs adieux. Je n'avais pas eu de relations avec ces gens, mais, quoiqu'il en fût, j'éprouvai de la peine à les voir partir. Nous ne pouvions nous comprendre, et cependant ils avaient cherché à deviner mes désirs et avaient exécuté avec empressement tout ce que je voulus. Comme Européen, comme fils de la civilisation de l'Occident, je n'osais croire à leur désintéressement, sentiment qui est tourné chez nous en ridicule. Je supposais donc que, s'ils se montraient aimables et bons avec moi, c'était dans l'espérance d'une récompense ; mais ils ne témoignèrent jamais de mécontentement de ce que leurs petits services n'étaient pas payés. Non, ces pauvres ouvriers étaient réellement sincères, étrangers à la cupidité, et ils me rendaient des services tout à fait désintéressés. Malheureusement je n'ai pu rien leur dire de ce que j'aurais voulu ; ils promirent de venir nous voir s'ils ne trouvaient pas d'ouvrage sur un autre bateau.

Le chef vient d'arriver avec le reste du convoi, et tout le monde s'occupe activement de l'installation. Les Chinois chrétiens revinrent avec deux autres nous apporter une lettre d'un missionnaire italien, le Père Vidi, de Vérone, qui saluait notre arrivée dans les termes les plus aimables, nous annonçait en même temps qu'il habitait la localité depuis huit ans et exprimait le désir de faire notre connaissance. Cette lettre, écrite en latin, me fut envoyée par Sosnowsky, avec prière de répondre au révérend père, ce qui fut fait. Puis nous continuâmes le déballage, la porte fermée, au grand désappointement de la foule, qui l'aurait défoncée, si elle n'avait été gardée par des soldats de la police.

Après dîner, j'allai jeter un coup d'œil dans la ville, accompagné de deux agents, dont l'un me précédait et l'autre me suivait. Les bonnes grâces des autorités locales ne se bornèrent pas là ; on nous avait envoyé un dîner copieux et très bien préparé.

Les rues voisines que je pus parcourir étaient assez larges, toutes pavées ; j'y ai vu quelques ateliers, un moulin et plusieurs temples ; la population, d'après ma première impression, était calme et paisible.

14 avril. — Il a été décidé, dans notre propre intérêt, de faire visite aujourd'hui même aux autorités. Donc nous nous rendons en grand uniforme, et suivant le cérémonial connu du lecteur, dans le *ya-myn* où habitait le chef de la province (*tchi-fou*). Son salon de réception consistait en une grande pièce, avec des fenêtres nombreuses, moitié garnies de papier, moitié vitrées, ce qui constitue un certain luxe. Le chef, petit vieillard courbé, aux yeux noirs et vifs, portait le deuil de son empereur, c'est-à-dire

vêtu de blanc et sans bouton à son chapeau. Après les présentations d'usage, il nous fit asseoir aux places d'honneur et prit près de lui les deux interprètes.

La conversation se tenait ainsi : Sosnowsky s'adressait à Andreïewsky : celui-ci traduisait les paroles du chef dans le dialecte de Kiachta à Siui, et ce dernier les répétait en chinois. Les deux interprètes s'entendaient mal ; le vieux Siui, peu intelligent, traduisait souvent à sa manière, et plusieurs fois il reçut des reproches grossiers, dont il ne se formalisait guère. Le chef (*tchi-fou*) comprit cependant le récit du malheur qui nous avait atteints, et exprima tous ses regrets au sujet des pertes subies, mais il ne souffla mot d'une indemnité, à laquelle je m'attendais.

Puis on servit le thé et l'on commença à fumer. Le vieillard causait toujours, et tout le monde riait sans savoir pourquoi ; il nous donna toutefois des renseignements rassurants sur la suite de notre voyage.

La deuxième visite fut pour le chef militaire (*tzoun-binn*). Même récit du naufrage et même regret de la perte des objets, qui nous privait du plaisir de leur offrir des cadeaux.

Ensuite nous nous rendîmes chez le préfet ou gouverneur (*dao-taï*), vieillard édenté, qui me rappelait par sa physionomie et ses manières nos vieux fonctionnaires civils.

Demande : « Quel âge avez-vous ? soixante ans ? » Sur quoi nous lui répondîmes que nous pourrions être ses fils. Il n'en voulut point convenir ; par politesse, nous insistâmes, et ainsi de suite.

De là, quatrième visite chez le chef du district (*tchi-siañ*), pour lui conter nos malheurs.

Pendant qu'on servait le thé, Sosnowsky posa cette question : « Quel thé vient de Tsy-Yan-Siañ, n'est-ce pas le noir ? Y a-t-il à Han-Tchong-Fou du thé *baï-ho* ? » Le chef du district répondit qu'à Tsy-Yan-Siañ il n'y avait point de thé noir, et très peu de thé *baï-ho* à Han-Tchong-Fou.

Je ne sais pourquoi, mais ces deux réponses ne furent point du goût de notre chef.

« Comment non ! Que me raconte-t-il ? je sais positivement qu'il y en a. Tu en as acheté toi-même, » dit-il en se tournant vers Siui.

Celui-ci reprit : « Moi, je n'en ai point acheté ; j'ai dit : il n'y a pas de thé noir. »

A la suite de ce malentendu s'engagea une discussion violente, et j'ai lieu de croire que notre hôte se demandait pourquoi ces étrangers étaient venus se quereller chez lui.

On criait contre le vieux Siui, qui était tout abasourdi : « Quel interprète tu es, lui dit Andreïewsky ; tu ne dois pas ajouter du tien ; si l'on dit noir, répète noir, quand même tu saurais que c'est vert. »

A notre rentrée, cette question du thé revint sur le tapis, mais Siui, se souvenant des paroles d'Andreïewsky, confirmait tout ce que disait Sosnowsky, à la grande satisfaction de celui-ci. Cependant le chef du district était déjà venu nous rendre visite et attendait à la porte d'entrée dans son palanquin. L'ardeur de la discussion le fit oublier ; il partit sans nous voir. On s'aperçut trop tard de la maladresse commise, et Siui fut envoyé pour présenter nos excuses.

15 avril. — Visite du *tchi-fou*, auquel on raconte de nouveau nos malheurs, en ajoutant que les pertes subies ne nous permettaient pas de recevoir les mandarins comme nous l'aurions voulu, car nous étions ruinés, mais que nous les remercions de leurs bons soins, etc.

Le mandarin répondit que tout le monde nous aiderait dans la mesure du possible. En effet, sous l'influence du triste récit de nos malheurs, ils commencèrent par nous envoyer des canards rôtis, des poules cuites, du pain, etc. Néanmoins nos malheurs n'étaient pas grands : nous étions pourvus de tout ce qu'il fallait, et à notre arrivée nous avions trouvé une bonne provision d'argent, envoyé de Pékin ; mais l'effet moral du naufrage se faisait sentir : c'est ainsi que Siui, envoyé avec des cadeaux chez les mandarins, racontait à l'un d'eux que nos pertes montaient à 40 000 roubles.

« Pourquoi mentir, lui dit Sosnowsky, nous n'avons pas perdu 40 000 roubles. »

Après notre installation définitive, Sosnowsky chercha à recueillir des renseignements sur l'insurrection des Toun-Gan. C'est pourquoi il donna l'ordre de lui trouver quelque vieillard parmi les habitants de la ville, car, disait-il, tout vieillard est une chronique vivante. Cette chronique vivante habitait même notre maison, je crois, en qualité de portier : vieux, il l'était, mais il fut impossible de tirer de lui quoi que ce fût.

La question m'intéressant, j'assistai à l'interrogatoire.

Le voilà assis ; on lui sert du thé et on le questionne à l'aide des deux interprètes.

« Eh bien ! frère Siui-Siancheñ, lui dit Andreïewsky, fais attention, traduis bien et n'ajoute rien du tien. Demande-lui s'il connaît le mot *Toun-Gan?*

— *Ten-Gan*, je connais, reprend le vieux, mais *Toun-Gan*, non.

— C'est la même chose, répliqua Sosnowsky, il n'y a qu'une différence de prononciation. Qu'il me dise seulement si le mot *Toun* signifie « Orient », c'est tout ce qu'il me faut.

— *Toun* signifie « Orient », dit le vieillard.

— Très bien. Maintenant demande-lui s'il connaît les Salars et les Sifans ; que sont ces peuples ; leurs femmes portent-elles des pantalons ou des jupes, et pendant la guerre les Sifans étaient-ils les alliés des Toun-Gan ou des Chinois ? »

Le vieillard répondit à quelques-unes des questions, mais il n'avait pas la moindre idée de l'étymologie. S'étant un peu enhardi, il continua à bavarder à tort et à travers, se contredisant parfois ; il faut aussi avouer qu'on lui posait des questions difficiles, par exemple : si le tombeau de Fou-Si, l'un des plus anciens empereurs de la Chine, était dans cette ville : ou bien on l'interrogeait sur les peuplades Miao-Tzy et Daldy, et leur organisation politique, sur le commerce local des marchandises de provenance russe ou tibétaine, etc. Vu l'inutilité de cet interrogatoire, je n'assistai plus aux suivants.

16 avril. — Visite du Père Pie Vidi, missionnaire de Vérone, qui vint avec un Chinois chrétien du nom de Tjchan. Le père était encore jeune et pouvait avoir au plus trente-cinq ans ; ses mains tremblaient et sa marche n'était pas sûre ; habillé comme un Chinois, il avait la tête rasée et portait une longue tresse artificielle. Depuis sept ans il habite la Chine et doit bien la connaître, mais il était difficile de s'entendre avec lui, car il ne connaissait aucune langue, à part l'italien, et moi j'éprouvais une grande difficulté à m'exprimer en latin. Il disait beaucoup de bien du peuple chinois, vantait son amour du travail et sa bonté, mais il reprochait beaucoup de présomption à la classe intelligente et surtout aux petits fonctionnaires.

Il nous questionna sur le but de notre voyage, et dissimula mal la crainte que lui inspiraient nos chemins de fer de l'Est ; il voulut savoir s'ils étaient éloignés du pays de Kouldja. Sept ans passés en Chine ne l'avaient pas rendu étranger à la politique européenne et aux préoccupations de l'Occident sur les destinées de l'Orient. Peut-être aussi s'intéressait-il à Kouldja à cause de la disparition d'un missionnaire qui, il y a trois ans, s'était rendu dans ce pays. En tout cas, il était sincèrement content de se rencontrer avec des Européens, et il nous invita à dîner pour le lendemain.

17 avril. — La mission catholique était assez éloignée de la ville ; n'ayant pas de chevaux, nous dûmes nous faire porter dans des palanquins. Les deux Chinois chrétiens déjà connus du lecteur nous accompagnèrent, sans compter les agents de police, deux pour chaque palanquin.

Les porteurs marchaient vite et en cadence, et, malgré le balancement imprimé au palanquin, je pus prendre quelques notes concernant divers objets du commerce de détail, qui se vendaient dans les boutiques et sur des tables placées dans les rues que nous traversons : sel en morceaux ou en poudre, cotonnades, légumes, médicaments, cordes, boutons, instruments de musique, noix, lunettes, éventails, poterie, selles, vaisselle de cuivre, peignes, clous, boîtes, fèves, ouate, vermicelle, radis, rubans, oiseaux, pâtés, chaussures, huile de thé (*tza-you*), canne à sucre, viande de porc, chandelle, vêtements, gelée de petits pois (*doou-fou*), chanvre, poivre rouge en gousses, riz, tresses de cheveux, sucreries, etc., le tout sur un parcours d'une demi-verste.

Au bruit et au mouvement de la ville succéda le silence des champs ; après un très court parcours, nous rencontrons encore un village suburbain, puis de nouveau des champs, et encore un village avec des boutiques en si grand nombre, qu'on se demande où peuvent être les acheteurs là où chacun est marchand.

Parmi les blés cultivés ici, il faut mentionner le froment et l'orge; il y avait aussi des champs de pavots aux fleurs multicolores, de fèves, de radis, de safran. Les cabanes d'argile aux chaumes de paille rappelaient celles des hameaux russes. Beaucoup de petits temples; des tumulus avec des dalles de pierre portant des inscriptions désignaient clairement les cimetières musulmans, car les Chinois des campagnes n'ont pas de cimetières communs et enterrent leurs morts dans les champs, à proximité de leurs maisons. La plaine était arrosée par de nombreux canaux, indispensables pour la culture du riz.

La maison de la mission était bâtie dans le style chinois, mais plus spacieuse, plus confortable; elle était proprement entretenue. Nous allâmes à l'église, où en ce moment se disait la prière : sur le côté gauche, douze Chinoises à genoux, et sur le côté droit vingt-cinq hommes chantaient de toute la force de leurs poumons. S'informer du nombre des chrétiens indigènes n'eût pas été délicat, mais il me semble que les affaires de la mission ne progressent guère, que le christianisme en Chine est plutôt nominal que réel et qu'on ne l'embrasse que par intérêt.

Nos visites terminées, nous commençâmes à vivre chez nous. Le temps, à part quelques journées de pluie, restait clair et chaud, et il était curieux de voir au mois d'avril quelques fruits déjà mûrs, comme les cerises, les abricots et le *Pi-ba* (*Eriobotria Japonica*).

Levés de bonne heure, nous prenions le thé dans la cour; nous travaillions dans l'une de nos petites pièces, où personne ne venait nous déranger et où régnait une grande fraîcheur. Cependant j'avais réussi à trouver un singulier cabinet de travail, ce qui n'est possible qu'en Chine : c'était l'un des temples de la localité, ou plutôt la cour du temple.

Temple de Fou-Miao. (Page 319.)

Matoussowsky et moi, nous emportions livres, cahiers, encrier, et tout ce qu'il fallait pour dessiner ; un soldat de police se chargeait de ma chaise pliante, de mon parasol, et nous voici en route vers le beau temple de Fou-Miao, dont j'avais grande envie de faire le dessin. Nous approchons, la foule nous suit ; je dis tout bas au soldat de ne laisser pénétrer personne dans la cour. « *Schi*, » me dit-il. A la première porte il nous laissa passer, et se posant résolument devant le passage il crie à tue-tête à la foule : « N'avance pas, n'avance pas, il est défendu de laisser passer qui que ce soit ; » et en même temps il fait tourner en l'air un gourdin. Le vacarme fait sortir les habitants des maisons voisines aussi bien que les prêtres attachés au temple. Le soldat crie à ces derniers : « Vite, fermez la porte ! Ne laissez passer personne ! Aussitôt que je serai entré, fermez la porte. »

Les trois prêtres courent à la porte, la ferment en laissant un tout petit espace pour le soldat, qui s'y glisse et avec lui trois ou quatre heureux, qui sur-le-champ reçurent chacun un soufflet, mais qui n'en furent pas moins fiers d'avoir réussi à entrer. Ils savaient bien qu'on ne les chasserait pas, car une centaine d'autres seraient entrés à leur place.

La foule braillait et secouait la porte, puis elle se calma. « Grâce à Dieu, me dis-je, les voilà partis ; » mais l'homme de police devina de quoi il s'agissait et courut à toutes jambes à travers les cours pour fermer une porte donnant du côté opposé.

Voilà comment nous réussîmes à rester seuls. Je priai un prêtre de m'apporter un tabouret et une tasse d'eau, ce qui fut fait à l'instant, puis par politesse on nous servit du thé. Je retournai au temple à plusieurs reprises, jusqu'à ce que mon dessin fût terminé. Je voulus alors récompenser par un don d'argent un vieillard auquel j'avais causé bien des dérangements. Il refusa net d'accepter l'argent, m'apporta un éventail en soie, et avec de profonds saluts me supplia de lui faire en souvenir un « dessin étranger ». Ce pauvre vieux, qui avait déjà un pied dans la tombe, se préoccupait d'un petit dessin sur son éventail. J'accédai avec plaisir à sa demande et je lui dessinai le Palais d'hiver avec la colonne d'Alexandre, en lui expliquant que c'était la maison de notre Huan-Di (empereur). Il suffisait de voir la satisfaction qu'il éprouva, pour rejeter toute croyance à l'avidité du peuple chinois et à son amour du gain.

Je ne réussissais pas toujours à pouvoir travailler dans le calme ; souvent la foule s'engouffrait dans les cours où j'entrais, malgré les coups de gourdin des hommes de police. Portant toujours le costume européen, aussitôt que je me montrais dans la rue j'étais suivi par la foule ; des Chinois en faction à la porte de notre maison regardaient à travers les fentes pour voir ce qui s'y passait et, en vrais messagers, ils annonçaient, dans le voisinage, que nous nous apprêtions à sortir, et bientôt le médecin et l'artiste étranger fut connu de tous les habitants. « *Laï-le! Laï-le!* (Il vient! il vient!) », criait-on dans les rues en m'apercevant; tous ceux qui étaient libres accouraient, et chacun m'offrait ses services pour porter quelque chose de mes objets.

Un jour, tandis que j'allais au temple Tchen-Houa-Miao, que par hasard j'avais découvert la veille pendant ma promenade, la foule avait réussi à pénétrer dans la cour, malgré les gourdins des soldats qui voulurent me faire passer derrière la porte grillée séparant le temple de la cour. Mais cette grille, peu solide, n'aurait pu résister aux efforts de la foule, et on l'ouvrit au public. Les femmes seules, assez nombreuses cette fois, restèrent derrière la grille.

Ce jour-là, dans le temple, on célébrait une fête et il y avait un service religieux. La scène que je viens de décrire se passait précisément pendant le service; la foule ne faisait aucune attention aux prêtres prosternés devant les idoles et chantant aux sons d'une affreuse musique. Les individus qui m'entouraient causaient à haute voix de mes habits, de mes bottes, de mes crayons, s'extasiant, faisant des éloges, tandis que d'autres se bousculaient et se disputaient les places, et même se livraient à un véritable pugilat; ces derniers étaient impitoyablement mis à la porte, surtout par respect pour moi. Les hommes de police, cherchant à maintenir le calme dans la foule, faisaient des évolutions avec leurs gourdins, qui accrochaient les lanternes ou autres objets religieux. Voilà la piété chinoise! Plus tard ils allumèrent leurs pipes, ce que voyant je pris une cigarette, et l'un des prêtres me présenta un cierge de l'autel pour l'allumer en disant : « Excellent tabac aromatique, » et il continua son service. Deux Chinois bien mis, qui sans être des prêtres paraissaient commander dans le temple, firent apporter une table pour moi et servir du thé.

Quoique les temples chinois ne m'aient jamais inspiré un sentiment de respect, je dois avouer que, pendant le service, je ne me sentais pas à l'aise en dessinant assis, la tête couverte et la cigarette à la bouche; les Chinois n'y faisaient point attention, ils n'avaient aucun respect pour le lieu, leurs idoles, les prêtres et le service religieux. Ce peuple braillard, cette musique de flûtes, de clarinettes, de cymbales de cuivre, etc., me donnaient sur les nerfs. C'était un véritable enfer en miniature; ajoutez un amas de couleurs et d'objets divers : planches encadrées avec des inscriptions, miroirs, fleurs, arbrisseaux, divers signes symboliques, tels que mains, couteaux, têtes de dragon, bannières attachées à de longues perches

Service dans le temple de Tchen-Houan-Miao.

et rangées de chaque côté de l'autel. Sur des tables, des soucoupes avec des bonbons et des pâtisseries, et, à côté, des poupées en papier de couleur ou dorées, figurant des membres décédés des familles, des chandelles allumées, d'autres paquets de chandelles enveloppés dans du papier jaune, constituant les offrandes des fidèles.

Le service terminé, les prêtres se placèrent sur un rang devant ma table, me tournant le dos; ils s'inclinèrent profondément à plusieurs reprises et partirent. Ce fut pour moi un soulagement; je pus continuer mon travail avec plus de calme. Si quelqu'un se postait devant moi, un signe suffisait pour l'écarter; on lui criait d'un ton impératif: *Schan-Kaï! Schan-Kaï! aïe-eou* (de côté, de côté!).

Après un séjour de deux semaines à Han-Tchong-Fou, j'avais lié déjà connaissance avec beaucoup de personnes; tout le monde me saluait dans la rue, l'un parce que je lui avais fait cadeau d'un bout de crayon, d'une feuille de papier ou d'une vignette insignifiante, mais très précieuse aux yeux des Chinois; un autre, parce que j'avais acheté dans sa boutique quelque bagatelle, ou que j'avais échangé avec lui quelques mots, et ainsi de suite. Du reste, nous avions beaucoup de visiteurs; c'étaient des marchands qui venaient offrir divers objets, des malades demandant des consultations; d'autres apportaient des montres ou des boîtes à musique pour les réparer. Sosnowsky se chargeait toujours de ces réparations, et, après avoir gardé l'objet pendant quelques jours, il le remettait tel quel, au grand désappointement des Chinois, qui en conclurent que le chef ne se connaissait en rien.

Certains demandaient qu'on fît leur portrait; chose curieuse, ce n'était pas pour eux-mêmes, mais pour se voir dessinés. Ils préféraient le dessin à la photographie, car, disaient-ils, « ce n'est pas malin, quoique ce soit incompréhensible ». Cependant il semble que la photographie eût dû les intéresser davantage, tant à cause du procédé que du résultat acquis.

En rentrant, un soir, j'aperçus un Chinois de haute stature, que sa longue robe de chambre faisait paraître encore plus grand. Après l'avoir salué, je le priai de vouloir bien se placer contre le mur, afin de mesurer sa hauteur. Il me comprit et le fit volontiers : il mesurait deux archines et dix verschoks (1 mètre 90 cent. environ).

« N'avez-vous pas rencontré un grand Chinois ? me demanda le Cosaque à mon retour.

— Je l'ai vu ; pourquoi ?

— C'est qu'il est venu offrir ses services. Voilà un Chinois! Je n'en ai pas encore rencontré d'aussi intelligent. Notre Van est un brave garçon, mais celui-ci est tel, que je ne sais comment l'apprécier. J'ai essayé de causer avec lui, et il attrapait tous les mots au vol, sans me laisser finir. « Je sais, « je comprends, » disait-il, et il expliquait tout. Un tel homme n'est pas à dédaigner ; nous n'en trouverons nulle part de meilleur. En voilà un Chinois ! » continuait notre Cosaque en soupirant. « Il reviendra demain, vous causerez avec lui, vous le verrez : bel homme, ne fume pas d'opium et officier par-dessus le marché ; il a deux grades, mais cela ne fait rien, me racontait-il, « je puis tout faire, seller et déseller les chevaux, faire la « cuisine, blanchir le linge, je peux tout. »

Curieux personnage, pensai-je, officier qui blanchit le linge et fait la cuisine.

Il était évident que nous avions besoin d'un homme intelligent pour nous donner les renseignements nécessaires, pour nous inscrire ponctuellement en Chinois les réponses aux questions posées, qui devaient être traduites ensuite en Russie. Nous avions retenu le pilote Van, mais celui-ci, excellent « professeur de navigation », était tout à fait insuffisant sur la terre ferme ; il le sentait lui-même et nous conseillait d'en chercher un autre.

En effet, le Chinois en question revint le lendemain ; il apportait une réponse très satisfaisante à une question que lui avait posée Matoussowsky, en guise d'examen. Nous décidâmes de le garder, même pour tout le voyage, si c'était possible.

Son nom était Tan, mais, comme officier, nous l'appelions *monsieur* Tan (Tan-Loe). Ses appointements furent fixés à vingt-cinq roubles par mois (cent francs) ; nous n'avions pas à nous occuper de lui, car il avait même son cheval.

Ce Tan-Loe était pour nous un vrai trésor : d'une grande intelligence, bien élevé, honnête, poli et très aimable, il se chargeait de tout et ne croyait pas s'abaisser. Il était marié et vivait dans une certaine aisance ; ce n'est donc pas par besoin qu'il entrait à notre service, mais pour s'instruire auprès des étrangers ; il voulait visiter les pays éloignés et était décidé à aller en Russie, laissant sa maison, sa femme et son enfant, une fille de cinq ans, et ne demandant qu'une chose, qu'on lui facilitât et qu'on lui garantît le retour dans sa patrie. Tan devint donc notre compagnon et notre aide. Tout le temps que nous restâmes dans la ville, il continua à demeurer chez lui, venant régulièrement le matin prendre nos ordres, faire les commissions et les achats ; devinant nos occupations spéciales, il nous indiquait lui-même dans nos promenades ce qu'il y avait d'intéressant à visiter. C'est ainsi que, grâce à lui, j'ai pu voir une usine de salpêtre, dont je n'avais même pas soupçonné l'existence.

Le maître de l'usine, averti de ma visite, la veille par Tan, se mit gracieusement à ma disposition et m'expliqua le procédé, bien simple d'ailleurs, de l'extraction du sel et du salpêtre. On les retire des gravats des vieilles maisons en ruines. Les gravats, ramassés en grande quantité, sont délayés dans l'eau contenue dans des fosses carrées en maçonnerie, percées à leur partie inférieure d'un orifice pour l'écoulement du liquide dans une autre fosse ronde située au-dessous de la première; on remplit des chaudières de cette eau qu'on fait bouillir. L'eau bouillante passe par un tuyau dans une cuve, d'où on la distribue dans des terrines en bois.

Le salpêtre se dépose en cristaux à la surface, et le sel s'obtient au moyen de l'évaporation après l'enlèvement du salpêtre. Une dizaine d'ouvriers étaient occupés à ce travail. Telle était l'usine. Je ne pus me faire expliquer combien de sel et de salpêtre on obtient d'une quantité donnée de gravats.

Une autre fois, Tan me fit visiter une manufacture de statues d'idoles. On les fabrique dans un temple, à la place même qu'elles doivent occuper. Les sculpteurs étaient absents; cependant je pus me faire une idée de cette fabrication. On les sculpte sur bois, qu'on enduit ensuite d'argile mêlée d'étoupe : les idoles que j'ai pu voir étaient à peine commencées, mais elles permettaient de juger du talent de l'artiste, bien mieux que sur des statues terminées, qui pèchent par l'abus des détails et deviennent hideuses à cause des couleurs voyantes dont on les recouvre et des physionomies terribles qu'on cherche à leur donner.

Près de ce temple se trouvait une école; elle se composait d'une grande salle, bien éclairée, ouverte d'un côté sur la cour, dont la séparait un grillage très mince. Les tables sont appuyées contre le mur avec de petits bancs pour un ou deux élèves. Une douzaine d'écoliers présents répétaient leur leçon à haute voix et en se balançant. Les deux instituteurs, assez âgés, vinrent à ma rencontre et m'invitèrent à prendre place sur une chaise. Je m'excusai de ne pas pouvoir m'entretenir avec eux et commençai à faire le dessin de l'établissement.

Les enfants continuaient à apprendre leurs leçons en jetant de temps en temps un regard sur moi. La crainte d'une punition les empêchait de me jouer quelque mauvais tour : leurs maîtres étaient là. Les punitions sont les mêmes que chez nous : on tire les oreilles aux écoliers, on leur donne la férule, et devant moi il y en eut un qui fut mis à genoux.

Cependant il est impossible de leur secouer le toupet, car ils n'en ont pas; les enfants portent une ou plusieurs petites tresses. La plupart de ces petits avaient l'air maladif, quelques-uns cependant étaient dodus. L'un de ces derniers, âgés de six ou sept ans, m'intriguait beaucoup par son air sérieux ; assis en face de la porte, il suivait du doigt sur son livre les hiéroglyphes, les prononçait à haute voix, puis les répétait par cœur. Il ne daigna pas me regarder ; une fois son regard se porta sur moi avec indifférence, et plutôt par hasard, comme s'il avait examiné les tableaux suspendus aux murs. Je cherchais à le faire rire en lui faisant une grimace, mais ce fut en vain. Mon dessin fini, je m'approchai de lui et lui demandai son âge ; j'employai exprès le mot *gao-schou*, qui se dit des vieillards, au lieu de *tzi-souï*, lorsqu'on s'adresse aux enfants et aux adultes.

Ce *gao-schou* fit rire les instituteurs, mais le petit me répondit d'un air sérieux : « Sept, » et l'indiqua sur ses doigts. Faisant son éloge, j'ajoutai « qu'il suivrait le grand chemin », selon l'expression chinoise, c'est-à-dire qu'il ferait son chemin.

« *Hao-va-tzy* (bon garçon), » me dirent ses maîtres, et ils lui donnèrent l'ordre de me faire *tzo-i* (la révérence). Le petit sortit de son banc, se mit devant moi joignant ses petites mains, qu'il souleva au-dessus de sa tête et s'inclina. A peine étais-je sorti qu'il avait regagné sa place, continuant à apprendre sa leçon, toujours en se balançant.

Que deviendra ce petit bonhomme ? Nous ne le saurons jamais, quand même il arriverait au rang de premier ministre, ce qui n'est pas impossible ; il serait d'autant plus difficile de le savoir que les Chinois changent de nom plusieurs fois dans leur vie.

En Chine, il n'y a point d'année scolaire ; pas de vacances non plus ; l'école reste constamment ouverte, du lever du soleil jusqu'à dix heures du matin ; puis les enfants s'en vont déjeuner ; ils rentrent vers midi et travaillent jusqu'à cinq heures. En été, il n'y a pas de classe l'après-midi ; par contre, les enfants en apprentissage vont à l'école du soir. On reçoit les enfants à toute époque de l'année, car chaque écolier apprend indépendamment des autres. Il n'y a pas de classes en commun, mais le maître cherche à instruire plusieurs élèves à la fois afin de gagner du temps.

Un enfant entre à l'école, le maître lui explique les premiers hiéroglyphes, et le petit répète les mots à haute voix, jusqu'à ce qu'il les connaisse d'abord sur son livre, puis par cœur, et ainsi de suite. Les livres d'étude sont les mêmes pour tout l'empire. Valent-ils quelque chose ? je n'en sais rien ; mais cette uniformité dans l'instruction scolaire est propre à rattacher en un tout la population immense du plus ancien empire du monde. Depuis qu'un des élèves de Confucius a composé le livre qui sert de manuel pour l'instruction primaire, tout Chinois lettré a passé plusieurs années de son enfance à se balancer devant cet ouvrage. Ainsi donc, dans une école,

Une école à Han-Tchong-Fou.

chacun *crie* sa leçon ; le maître attentif écoute la lecture de l'un ou de l'autre, et corrige ceux qui prononcent mal.

L'écolier qui sait sa leçon vient trouver le maître, fait plusieurs révérences (*tzo-i*), pose son livre sur la table, lui tourne le dos et commence à réciter ce qu'il a étudié. On lui donne alors à apprendre d'autres versets, jusqu'à ce qu'il ait appris les 178 vers contenus dans le *San-Tzy-Tzyn ;* après quoi il passe au second manuel, *Sy-Schou,* ou les quatre livres classiques, puis au *Tzynn,* ou les cinq livres sacrés; l'instruction générale est alors terminée.

Pour donner au lecteur quelque idée du contenu de ces livres, je dois dire que le premier est une espèce d'encyclopédie commençant par ces mots : « Lors de sa création, l'homme fut un saint ; » puis on parle de la nature de l'homme d'aujourd'hui ; de la nécessité de l'éducation et de l'instruction ; des diverses méthodes d'instruction ; de l'importance des devoirs envers la société ; des trois flambeaux; des quatre saisons de l'année, des cinq éléments et des cinq vertus (la philanthropie, la justice, la possession d'un bien propre, l'esprit et la vérité); des six espèces de blé ; des six classes d'animaux domestiques; des sept vices; des huit notes de musique; des neuf degrés de parenté; de l'histoire universelle et de l'ordre de succession des dynasties. On y donne en exemples les personnages illustres de l'antiquité et les honneurs auxquels ils sont arrivés par leur travail ; on raconte comment l'un d'eux n'ayant point de papier, écrivit sur des troncs de bambou ; comment un autre avait passé sa tresse autour d'une solive pour maintenir sa tête quand le sommeil le prenait ; comment, dans le même but, un troisième s'était enfoncé une alêne dans le côté, etc.

Voici quelques passages qui peuvent donner une idée générale de l'esprit de ces livres :

Sur l'importance de la tranquillité de l'esprit : « Il faut d'abord connaître le but auquel on tend et décider ensuite de quelle manière on doit agir. Après avoir décidé comment on doit agir, on arrive à la tranquillité de l'esprit. Quand on est arrivé à cette tranquillité, on peut jouir d'une quiétude que rien ne saurait troubler. Arrivé à cette parfaite quiétude, on peut réfléchir et porter un jugement sur la nature des choses. Grâce à cette idée sur la nature des choses et par la réflexion, on arrive à la perfection désirée, » etc.

Ou encore : « Le devoir est égal pour tous, aussi bien pour l'homme le plus haut placé que pour celui de la plus basse condition. Se corriger et se perfectionner soi-même, telle est la base la plus solide de tout progrès et de tout développement moral.

« Celui qui, voyant que grâce à lui son pays est bien gouverné, n'en devient pas plus fier, est par cela même plus grand et plus magnifique.

« Celui qui, voyant son pays privé d'un bon gouvernement, reste fidèle à la vertu jusqu'à la mort, devient plus grand et plus magnifique. »

Je n'eus point l'occasion de visiter d'établissements d'instruction supérieure.

Il n'y a point d'écoles de filles, et les femmes restent illettrées, à peu d'exceptions près. Il faut remarquer que ce n'est point par principe que les femmes sont privées d'instruction, mais parce qu'elles ne peuvent consacrer plus de dix ans à leur instruction (de sept à dix-sept ans), temps insuffisant pour s'initier aux principes exposés par les auteurs dans leurs ouvrages. Les femmes qui ont pu arriver à l'instruction supérieure sont très considérées par leurs concitoyens. La littérature chinoise a aussi des représentants du beau sexe ; elle compte des femmes philosophes, des femmes poètes et des femmes savantes.

La condition de la femme en Chine ne paraît pas enviable à un observateur étranger ; cependant il n'est pas difficile de s'apercevoir qu'elle s'accommode facilement à son existence. Et j'arrivai à la conclusion précédente à la suite de mes observations sur quatre femmes qui résidaient dans la même maison que la nôtre. Cette maison appartenait à un petit fonctionnaire, du nom de Tjou, qui l'habitait avec sa famille. Il avait deux femmes, une fille et une bru, femme de son fils aîné. Les femmes restaient toujours confinées dans leur petite cour, située derrière notre logement, excepté l'épouse aînée de Tjou, qui sortait quelquefois. Au bout de quelque temps, en ma qualité de médecin, j'eus mes entrées dans leur domicile ; à la fin, elles s'habituèrent à moi, et continuaient, malgré ma présence, à travailler, à coudre, à cuisiner, à soigner les enfants, ou simplement à causer entre elles. La femme aînée de Tjou, robuste et de haute taille, déjà assez âgée, était d'un caractère grave. Elle avait une forte voix de basse, et nos Cosaques ne l'appelaient pas autrement que « madame la Générale ».

On aurait pu la considérer comme la mère de Tjou, car les Chinois, qui ne portent ni barbe ni moustaches, paraissent toujours plus jeunes que leur âge réel. La « Générale » menait son mari, toute la famille et la maison. Tjou était assez borné et illettré, quoiqu'il eût un grade subalterne ; mais il était fonctionnaire militaire, et l'on n'exige pas beaucoup d'instruction des militaires. Cela ne sert à rien, disent-ils ; un soldat qui se distingue peut monter en grade sans examen, même sans savoir lire et signer son nom ; de brillants états de services peuvent mener loin, et en effet nous avons connu plus tard des mandarins à bouton rouge absolument illettrés.

Ainsi donc la femme de Tjou était le chef et la terreur de la maison. Tout le temps elle fumait la pipe, grognait ou gourmandait sa rivale, sa bru ou son mari ; les deux pauvres femmes pleuraient même quelquefois. Elle gratifiait aussi son second fils, garçon de dix ans, de petits coups de sa chibouque de bambou sur la tête, mais légèrement, car il était son favori ; cette punition lui était infligée pour désobéissance ou lorsqu'il demandait trop souvent à manger. Maîtresse dans la maison, elle s'occupait spécialement de la cuisine et du blanchissage du linge. La « Générale » conservait toujours son air sévère ; cependant je l'ai vue

Portrait de « madame la Générale ».

quelquefois de bonne humeur ; alors elle cherchait à jouer, elle me causait, mais je ne pouvais comprendre ce qu'elle disait ; parfois même elle me poussait doucement avec sa pipe, pendant que je faisais le dessin de leur cour.

Les deux autres dames n'avaient pas le type chinois, et si je les avais rencontrées, par exemple, en Russie, je ne les aurais jamais regardées comme des Chinoises. Elles ont toutes posé pour leur portrait, mais contre leur volonté, par ordre de Tjou, devenu mon ami ; il fit entendre à sa seconde femme et à sa bru de se tenir tranquilles devant moi aussi longtemps qu'il serait nécessaire. La première, très jeune, myope et flegmatique, parut indifférente et continua à coudre pendant la séance ; la seconde faisait la moue et grognait entre ses dents. Quant à la demoiselle, elle avait peur de n'être pas dessinée, et demandait quand je ferais son portrait. Je réussis à faire en cachette le portrait de « madame la Générale », que personne n'osait commander. Je viens de dire que ces femmes n'avaient point le type chinois ; elles ressemblaient plutôt, autant par leurs manières que par leur malpropreté, à ces femmes de chambre qu'on rencontre dans nos campagnes. La jeune fille avait ses petites mains galeuses, et probablement tout le corps, car pendant la séance elle passait souvent la main sous ses vêtements et se grattait le corps sans pitié.

Je passai toute une matinée à faire le dessin de leur petite cour, privée de soleil et d'air frais, tellement elle était étroite, et assombrie par les toits et les auvents ; remplie de miasmes, elle exhalait une odeur infecte, et sans mon cigare, je n'aurais pu y séjourner. Il n'est pas étonnant que dans ces conditions la santé des habitants laisse à désirer.

Ce jour-là ils dînèrent devant moi ; le repas était attendu avec impatience par le petit garçon, qui ne cessait de demander : « Ma, allons-nous bientôt manger ? » La « Générale » ne répondit rien ; le petit renouvela sa demande. « Je ne te donnerai rien à manger, » dit la « Générale » ; mais son fils devait bien connaître le sens de ces mots. Quand le dîner fut prêt, il reçut le premier sa tasse de riz avec quelques fèves, des légumes et un morceau de lard. Il avala d'un trait le riz bouillant, pour obtenir à temps une seconde portion. Les dames mangeaient tout aussi gloutonnement, s'aidant de leurs bâtonnets, l'une assise sur le seuil de la porte, l'autre debout ; la « Générale » seule avait une chaise.

Un singe, attaché dans un coin de la même cour, eut aussi sa portion de riz, qu'il enfonça dans ses bajoues, d'où il le faisait sortir ensuite peu à peu avec ses doigts.

L'insuffisance de cette nourriture était évidente ; aussi la nuit ils se levaient régulièrement pour manger. J'entendais bouillir la graisse ou le beurre ; on eût dit qu'on rôtissait un bœuf. Quelquefois même on se levait deux fois, mais rarement.

En attendant, on réparait et l'on nettoyait les effets de nos collègues, on triait les diverses espèces d'échantillons de thé achetés ici. Le chef terminait ses rapports sur notre voyage, sur nos occupations, sur divers renseignements commerciaux, principalement sur le commerce du thé.

La dégustation des diverses espèces de thé de la localité amena une discussion sur un sujet qui ne souffre pas de discussion, *sur les goûts ;* mais nous étions d'accord avec le chef sur ce point, que le thé de l'endroit, quoique d'excellente qualité, ne se rapprochait guère de ceux employés en Russie, et qu'il était inutile d'en parler, parce qu'il n'arriverait jamais chez nous, sa production étant absolument insignifiante. Nous n'avons même pas vu de plantations dans les environs.

C'était dans la province de Sse-Tchouan, où nous allions entrer, que nous devions trouver une grande abondance de produits naturels, voir une magnifique capitale, un peuple sympathique et admirer les plus beaux paysages. Mais tout à coup nous apprîmes que notre itinéraire était changé ; ce n'était plus dans le Sse-Tchouan, vers le sud, que nous devions diriger nos pas, mais vers le nord-ouest, c'est-à-dire vers la Russie.

« Pourquoi ? » demandâmes-nous. Nous ne pûmes obtenir d'autre réponse que celle-ci : « Je le trouve inopportun. » Du reste, à quoi bon récriminer ? Ce n'était pas la première fois qu'on changeait de plan ; la capitale de la province de Schen-Se, la ville de Sin-Añ-Fou, avait aussi été laissée de côté.

Voici ce que le chef écrivait dans son rapport au sujet de cette province : « Il suffit de causer quelque peu avec le premier Chinois venu qui a voyagé dans la province de Sse-Tchouan, immédiatement sa physionomie s'anime, et donne à comprendre quelles impressions éveille en lui le souvenir de son voyage ; c'est sous les couleurs les plus brillantes qu'il dépeint le pays, sa nature, ses produits, ses richesses naturelles et ses habitants actifs et entreprenants, » etc.

Il est probable que, cette fois, les interprètes s'étaient bien conduits en traduisant les renseignements sur le Sse-Tchouan, et un voyageur qui n'y aurait jamais mis les pieds peut s'écrier : « Je suis réellement étonné des richesses de ce pays ! » Nous aussi, nous étions étonnés, mais pour d'autres raisons.

Je demandai à Sosnowsky la permission de faire une excursion dans les montagnes. « Très bien, me dit le chef, qu'avez-vous besoin de rester ici ? Je solderai même vos dépenses sur la caisse extraordinaire de l'expédition. » Je le priai alors de me laisser emmener notre Cosaque comme aide et comme interprète, mais il ne voulut pas y consentir, et l'excursion ne put aboutir.

Je continuai à rôder dans la ville, recueillant dans les jardins des plantes ou des insectes. Je vis tout ce qui était digne d'intérêt, comme, par exemple, une galerie dépendante d'un temple, où sont représentées diverses scènes des souffrances de l'enfer. Je me souvenais en effet d'avoir lu, dans mon enfance, une description de la Chine, où tous les supplices et toutes les tortures auxquels on soumet les criminels étaient racontés en détail : je revis toutes ces scènes dans cette galerie.

On sait qu'en Chine les crimes sont punis de mort et qu'on exécute les

condamnés de trois manières : par étouffement en deux temps, pour laisser
à l'âme le temps de sortir du corps ; par décapitation et par écartellement,
comme, du moins, beaucoup d'auteurs sérieux le prétendent. Ces trois

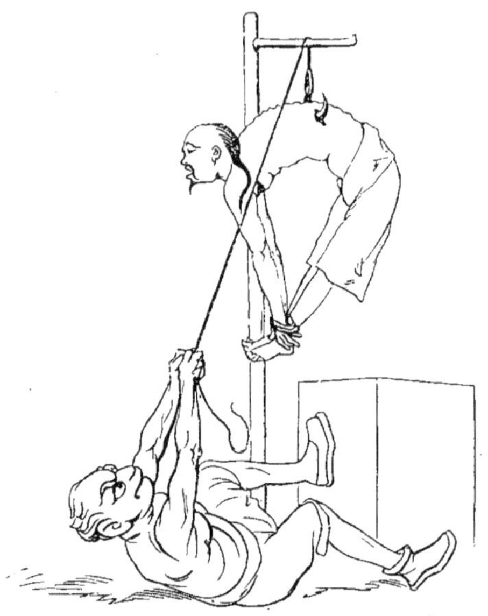

Représentation d'un supplice de l'enfer dans la galerie d'un temple de Han-Tchong-Fou.

genres de mort ne sont rien en comparaison des horreurs de cette galerie :
tel criminel est cuit vivant dans une chaudière ; ailleurs une femme est
moulue entre deux pierres ou pulvérisée dans un mortier ; plus loin encore

Représentation d'un supplice de l'enfer dans la galerie d'un temple de Han-Tchong-Fou.

un homme est scié en deux, etc. Quoique mal exécutés, ces tableaux ne
peuvent être regardés avec indifférence. Les physionomies des torturés
expriment tantôt la terreur ou la souffrance portée à son plus haut degré,
tantôt l'indifférence ou le calme. Les dieux qui assistent à ces exécutions

sont aussi diversement représentés : les uns ont l'air de ne pas faire attention à ce qui se passe autour d'eux et portent ailleurs leurs regards ; les autres sont sévères et menaçants ; quelques-uns, repoussants et affreux.

Parmi ces dieux, ces bourreaux, ces condamnés, il y a un ordre de personnages, intermédiaires ou rapporteurs, représentés quelquefois portant des têtes humaines suspendues à leur épaule, comme une sacoche de voyage. D'après la croyance populaire, ils doivent être assez puissants dans l'autre monde, car on leur fait de nombreuses offrandes, telles que chandelles allumées ou aspersion de leurs têtes avec le sang des animaux sacrifiés, principalement des coqs, ou encore en enduisant d'huile leurs lèvres.

On voit encore des décapités adresser des prières aux dieux et porter leurs têtes attachées sur le côté par les cheveux.

De nombreux visiteurs venaient chez nous ; c'étaient ou des marchands, ou des malades. Le médecin chrétien que nous avions rencontré sur le Han n'oublia pas non plus de venir nous voir.

Connaissant l'importance de l'examen du pouls dans la science médicale chinoise, je priai mon collègue de me montrer comment se fait cet examen et de me donner son opinion sur l'état de ma santé. Le médecin prit ma main, appuya trois doigts sur mon avant-bras, et, fermant les yeux, procéda à l'examen. Pendant dix minutes au moins, il pressa ses doigts, les changeant de place, allant du haut en bas, me touchant légèrement comme s'il jouait du violon, puis resta pensif.

Tous ces attouchements, cette figure pensive, cet air mystérieux, doivent en effet influencer le malade, d'autant plus s'il est ignorant. Pendant que mon collègue, les yeux fermés, cherchait à deviner ce qui se passait dans mon corps, je disais en moi-même : « Tu es un charlatan, mon ami, si sans aucune foi tu agis pour tromper ton prochain ; mais si réellement tu as confiance dans ton savoir, rien que par l'examen du pouls, tu ne connais pas grand'chose dans la science médicale. » L'examen fini, il me déclara que mon corps était dans un état normal. Il eût été intéressant de l'entendre définir la maladie, dans le cas où il y en aurait eu une. Quelle confiance peuvent inspirer à un médecin des prétentions comme celle-ci : pouvoir diagnostiquer, d'après le pouls d'une femme, si elle aura un fils ou une fille !

C'est grâce à l'ignorance du public que les médecins chinois, vrais charlatans, peuvent exister et réussir dans leurs affaires. J'étais curieux de savoir combien chez eux se payent les visites de médecin ; j'appris que le prix d'une visite, ou « argent pour le cocher », comme ils disent, est de 10 à 50 kopecks (de 40 centimes à 2 francs) ; le plus haut prix est de 2 roubles (8 francs).

Un jour, je reçus la visite d'un autre médecin, déjà âgé, le plus célèbre de la ville, me dit-on. Il m'amenait son petit-fils, malade depuis deux mois, en me priant de le soigner, car il avouait n'avoir pu rien faire lui-même, malgré les médicaments qu'il lui avait administrés. Le garçon avait à la hanche un profond abcès, n'exigeant qu'un coup de bistouri ; et que le grand-père qui l'avait soigné par des moyens internes, était étonné de n'avoir pas réussi. Je lui proposai de faire l'opération, à laquelle il consentit sur-le-champ, ce qui est une preuve de grande confiance dans un médecin étranger. L'opération fut faite dans la cour, et le garçon devint plus calme, car il ne souffrait plus. Quelques jours plus tard, il vint me voir avec son grand-père ; il était presque entièrement guéri, et m'apportait une provision de cadeaux : thé, fruits, pâtisseries et gâteaux. Le vieillard se prosterna jusqu'à terre, me prodiguant des éloges et m'exprimant toute sa reconnaissance ; je n'ai pas bien compris ce qu'il me disait ; il est probable que les phrases habituelles de remerciements aux médecins n'étaient point oubliées : « Vous reconnaissez les maladies comme un esprit. Vos bienfaits au monde sont comme le retour du printemps, vous êtes le rival de Ho et de Houen » (célèbres médecins de l'antiquité). Il partit, pensant peut-être que les médecins étrangers sont aussi puissants dans toutes les maladies.

J'avais de nombreux clients dans cette ville, où j'acquis de la célébrité et la considération générale. Tout le monde me connaissait, et les malades, sachant que je n'acceptais point d'argent, cherchaient à me témoigner leur gratitude par des cadeaux, le plus souvent en denrées alimentaires ; on m'apportait aussi des poules vivantes. Quelques-uns me les envoyaient d'avance, se proposant de venir ensuite à la consultation.

L'un de mes clients, un mandarin, vint un jour m'inviter à aller avec lui à une représentation théâtrale donnée, près d'un temple, à l'occasion d'une fête locale. Je crois avoir dit qu'en Chine il n'y a point de troupes fixes ; les acteurs voyagent d'un endroit à l'autre, par troupes ou sociétés, sous diverses dénominations bruyantes ou amusantes, comme « Bonheur, Société bénie, Société de la célèbre Apparition ». Ils donnent des représentations dans les riches maisons privées, ou sur les scènes, près des temples, les jours fériés. Nous étions accompagnés de deux agents de police, qui nous frayèrent un chemin à travers la foule des spectateurs debout, assis ou accroupis. On entrait sans payer. Mes voisins commencèrent par m'entourer, mais les agents les chassèrent en criant à tue-tête. L'ordre ne pouvait être troublé, car il n'existait pas ; les spectateurs se promenaient, causaient, s'étiraient, suçaient des cannes à sucre, fumaient la pipe ; le bruit ne cessait pas dans ce parterre à ciel ouvert. Il est probable que c'est pour cette raison que la musique théâtrale est si criarde, elle seule peut couvrir le bruit du public.

Je regardais la scène sans rien comprendre de la pièce ; je ne voyais rien d'intéressant dans ces têtes grimées d'une manière hideuse, dans les gestes et les gambades de ces comédiens, ainsi que dans les mouvements de leurs poignets, très déliés chez les Chinois en général et particulièrement chez les acteurs, ce qui les rend propres à toutes sortes de mouvements.

Les musiciens étaient placés au fond de la scène ; quand la marche de la pièce n'exigeait pas qu'ils jouassent, ils se mettaient à fumer leurs pipes, à sucer des cannes à sucre et à boire du thé, ce qui n'empêchait pas les acteurs de se batailler, de se livrer à leurs amours, de se suicider ou de prononcer des monologues solennels. Pas de toile, pas de décorations, pas d'entr'actes ; la pièce était jouée, du commencement à la fin, sans interruption, et les changements de tableaux s'opéraient devant le public. Si, par exemple, on avait besoin de représenter une flamme, un Chinois montait sur la scène, vidait dans l'air un paquet de poudre inflammable et y mettait le feu avec du papier. Dans la cour, on avait disposé des tables à thé sous des tentes et sur le parvis même du temple ; en face de la scène, des barbiers rasaient avec acharnement. Suivant les idées des Chinois, le plaisir du théâtre est beaucoup plus sensible si en même temps on se fait raser ou peigner la tresse. Je montai dans la galerie du pourtour pour essayer de faire un dessin d'ensemble, mais l'amour de l'art est si vif chez les Chinois, qu'ayant aperçu mon album ouvert, ils se poussèrent en masse de mon côté et me forcèrent à partir.

Le lendemain, cette troupe fut invitée par notre chef pour être photographiée. Elle comptait vingt membres. Les acteurs apportèrent leurs costumes dans des caisses et se travestirent comme sur la scène, puis ils furent photographiés. Le prix convenu pour la demi-journée qu'ils passèrent chez nous était de 5000 sapèques (cinq roubles environ). Outre cette troupe, nous eûmes l'occasion de voir des chanteurs ambulants : un vieillard et deux filles. Mais jamais je ne vis en Chine ni acrobates ni prestidigitateurs ; il paraît, du reste, qu'ils sont rares et peu habiles.

D'autres personnages s'adressaient à nous comme solliciteurs : les uns demandant à être promus à un grade supérieur, d'autres avec des plaintes ou avec prière de les défendre devant le tribunal. Il ne faut pas croire qu'ils agissaient par naïveté ; ce qui donna lieu à ce malentendu, c'est probablement le bruit répandu sur la puissance de Sosnowsky. Celui-ci aurait raconté qu'il lui suffisait de dire un mot à Djoun [1] pour que ce dernier, prenant

---

1. Il paraît que c'était un gouverneur, mais je ne saurais dire où il s'était rencontré avec Sosnowsky.

sur-le-champ un bouton, décorât l'individu en faveur duquel il aurait parlé. Les lanternes posées à l'entrée de notre maison n'étaient pas non plus étrangères à cette croyance à la toute-puissance de notre chef. Ces deux lanternes, commandées par le chef, portaient selon l'usage, en grosses lettres, le nom et les qualités du locataire; c'est probablement par erreur qu'on y inscrivit le titre de *tziann-tziunn*, c'est-à-dire de « gouverneur général », ce que les Chinois prirent pour de bonne monnaie.

Enfin une troisième circonstance a pu induire en erreur les habitants : l'apparition, un beau jour, de Siui avec un bouton bleu à son chapeau. Le vieux Siui n'était qu'un simple commis de magasin, et le voilà promu tout à coup au grade de colonel! C'était par inadvertance qu'on lui avait posé ce malencontreux bouton.

Notre propriétaire, pauvre d'esprit, demanda aussi à être promu à un rang supérieur, et Sosnowsky le lui promit, comme une chose très facile pour lui, mais seulement dans la ville de Lan-Tcheou. Ce n'est pas au chef seul qu'on adressait ces demandes, mais aussi à nous, comme faisant partie de sa suite; chacun nous priait d'intercéder auprès de lui, et l'on nous offrait divers cadeaux, tels que pièces d'étoffe de soie, safran du Tibet, thé, nids d'hirondelles, etc. Nous redoutions ces suppliques, et sans chercher à savoir de quoi il s'agissait, nous congédiions les solliciteurs et donnions l'ordre au Cosaque de ne pas les recevoir et de leur expliquer que nous étions sans influence dans leur pays.

Les autorités locales se demandaient quand nous quitterions la ville et nous interrogèrent plusieurs fois à ce sujet. Vers la fin de notre séjour, ils recommencèrent à nous gratifier de bons dîners; quelquefois on en envoyait deux à la fois. Ces envois se faisaient d'une manière très originale : le repas était composé de plusieurs dizaines de plats ou plutôt de tasses rangées sur un plateau, en forme de boîte peu profonde; plusieurs hommes le portaient à travers la ville sur des palanches; si une volaille rôtie entrait dans la composition du repas, elle était piquée au bout d'une fourche énorme levée en l'air et portée, comme une fourche, à la suite des premiers domestiques : moyen très amusant et bien nouveau d'offrir un canard rôti.

C'est de la même manière qu'on nous fit parvenir les lingots d'argent (*youan-bao*) envoyés de Pékin. Il y en avait près de cent livres. Deux soldats nous les apportèrent sur une palanche, au milieu de laquelle était suspendue, comme pour nos balances, une planche, sur laquelle se trouvaient les boîtes contenant l'argent, recouvertes de deux rameaux de grenadier aux belles fleurs ponceau. La couleur rouge, en général, est en Chine l'emblème de la joie, du bonheur; on l'emploie aussi pour exprimer toutes sortes de bons souhaits.

Si les mandarins s'inquiétaient beaucoup du jour de notre départ, c'était afin de prendre d'avance toutes les mesures indispensables pour notre sécurité dans le voyage à venir.

Le départ fut enfin fixé au 19 mai; le 16, nous allâmes faire nos visites d'adieu. Elles furent courtes : elles consistaient en remerciements récités par Andreïewsky en dialecte de Kiachta, que Siui répétait en chinois: « Le chef m'ordonne de vous remercier pour votre aide et secours, pour le pain,

Dîner envoyé par les autorités chinoises.

pour le sel, pour le logement, pour tous les soucis, pour le louage des chevaux à bon marché, etc. »

Ces paroles étaient répétées uniformément par Siui, auquel Sosnowsky avait dit : « Eh bien, Siui-Sianchen, parle toi-même, c'est toujours la même chose. »

Notre caravane partit à cheval. Pour les bagages on loua des mulets. Toutes les caisses, toutes les boîtes étaient préalablement pesées et leur poids inscrit; ensuite la totalité du poids était divisée en parties égales, pour que chaque mulet fût chargé d'une même quantité de bagages.

Le départ, fixé au 19 mai, n'eut lieu que le 20. On se rendait au nord, dans la province de Hañ-Sou. Nous étions nombreux : notre propriétaire, invité par Sosnowsky; deux serviteurs loués par lui, dont l'un, serrurier habile, avait manifesté l'intention de se rendre en Russie pour se perfectionner dans son art; le grand Tan-Loe et notre domestique Liu-Ba; puis un homme loué exprès par nous pour porter la boîte avec les notes, les renseignements et mes dessins, ce qui présentait plus de sécurité. Enfin je ne dois pas oublier un singe offert au chef par notre propriétaire, probablement en vue de la promotion promise à Lan-Tcheou; un perroquet, dont un malade m'avait fait cadeau, et un écureuil acheté encore pendant le trajet sur le Han par notre photographe et qui, après avoir fait naufrage sur le rapide de Loun-Tan, avait été repêché par hasard avec la porte de la cabine, à laquelle il s'était attaché.

# CHAPITRE IX



Nous avions à traverser la partie Nord-Ouest de la Chine proprement dite et le vaste désert de Mongolie, pour rentrer en Russie ; nous allions quitter le bassin du Yan-Tze-Kiang, traverser la chaîne de montagnes Tzing-Ling-Schan, pénétrer dans le bassin d'un autre grand fleuve, le Houang-Ho (fleuve Jaune), couper cette vallée à hauteur de la ville de Lan-Tcheou-Fou, franchir une autre chaîne de montagnes au nord de cette vallée, puis suivre le plateau de l'Asie centrale jusqu'à la chaîne des monts Célestes, derrière lesquels se déroulent les steppes qui atteignent les montagnes du système de l'Altaï.

20 mai. — Le soleil se lève ; le ciel est pur, pas le moindre nuage ; les pluies récentes ont rafraîchi l'air.

La petite cour de notre maison est très animée : on procède aux derniers emballages ; grand bruit et remue-ménage : les uns donnent des ordres en russe, que les Chinois écoutent sans comprendre, d'où colère des premiers et étonnement des seconds, qui ne savent pas ce que l'on veut d'eux ; ici on règle les derniers comptes et divers payements, là on écrit des lettres ; les uns emballent les dernières caisses, les autres, tout prêts, attendent tranquillement en fumant leur pipe, ou se désaltèrent avec du thé.

Malgré l'heure matinale, il fait déjà chaud ; on se met à l'ombre comme on peut. On opère enfin le chargement. Les voituriers portent tous de larges chapeaux de paille ; les officiers et les soldats qui doivent nous accompagner sont prêts ; comme les chevaux étaient sellés et que Matoussowsky et moi étions prêts, nous nous décidons à partir, pour laisser plus de place aux autres.

Huit hommes de police nous accompagnent à pied ; ils portent nos effets ; nous voici dans la rue. La foule est tranquille et respectueuse, les personnes de connaissance nous disent adieu ou agitent les bras. Nous avons déjà passé la ville et le faubourg, nous sommes au milieu des champs de froment ou de cotonnier ; les rizières ont l'aspect de vastes miroirs couchés sur terre, car on vient de les inonder, et par endroits les travailleurs ont de l'eau jusqu'aux genoux ; ailleurs on bat le blé absolument comme chez nous, par petits groupes.

On pouvait embrasser d'un coup d'œil toute la plaine de Han-Tchong-Fou, célèbre par sa fertilité aussi bien que par le chiffre de sa population ; les Chinois l'appellent le *Paradis*, paradis, mais pas pour tous, car je remarquai que la plupart des habitants ont l'air maladif ; beaucoup en effet souffrent de maux d'yeux ou sont presque aveugles. Cette plaine immense est émaillée de fermes, de villages, de jolis temples ; partout des groupes d'arbres et principalement de palmiers (*Chamærops*), de pêchers et d'abricotiers ; de nombreux canaux aux rives verdoyantes arrosent la plaine dans toutes les directions ; de petits ponts en pierre sans rampes livrent passage aux voyageurs.

Bientôt nous nous arrêtons pour que nos collègues aient le temps de nous rejoindre. Enfin nous sommes au complet : quatre soldats portent dans un palanquin le mandarin qui se rend avec nous jusqu'à la prochaine ville ; ils marchent même plus vite que nos chevaux ; plus loin s'avance un convoi de huit hommes en uniforme, porteurs d'armes semblables à des hallebardes ou à des lances, puis seize autres hommes de la police ; enfin une caravane de trente mulets chargés de nos bagages. Les conducteurs marchent à côté de leurs bêtes ; hâlés et couverts de poussière, ils s'éventent de leurs éventails, comme nos dames. L'un des soldats porte mon perroquet, un autre conduit le petit singe de Sosnowsky : le pauvre animal se fatigue bientôt, et le soldat le prend dans ses bras.

La caravane continuait à avancer malgré une chaleur torride ; le temps ne devint supportable que lorsque le soleil se cacha derrière les montagnes. Nous approchions d'un grand village, où nos logements avaient été préparés d'avance par les Chinois ; tout le monde était content de pouvoir se reposer après une journée de bousculade et de fatigue. Il n'en fut pas ainsi, au désenchantement général, car le chef fit savoir qu'on ne s'arrêterait qu'au village prochain, éloigné encore de quinze verstes. Les Chinois essayèrent en vain de protester, disant que cet ordre dérangeait toutes les mesures prises d'avance dans notre intérêt.

Bon gré mal gré, il fallut marcher ; avant la tombée de la nuit nous passâmes à gué un ruisseau assez large, puis le Han, notre vieille connaissance, qui en cet endroit n'est ni large ni profond, ce qui n'interrompt point la navigation des bateaux.

Le village où nous devions faire halte est déjà loin derrière nous; il fait nuit, nous sommes bien fatigués et nous marchons toujours. Enfin on arrive devant l'autre village, entouré d'un mur; mais par malheur il n'y a aucun asile, et il faut en chercher un; pour ne pas passer la nuit dans la rue, on se dirige vers une cour d'auberge à la suite de nos mulets.

Les Chinois qui nous accompagnaient, mécontents du dédain avec lequel on avait accueilli leurs bons services, ne s'inquiétèrent guère de savoir ce que nous allions devenir; ils s'éclipsèrent tous dans les ténèbres, et il est certain qu'ils réussirent à se caser mieux que nous. Je restai longtemps à cheval au milieu de la cour, où chacun s'occupait de ses affaires, sans faire attention à nous; enfin Tan prit mon cheval et m'indiqua où je devais aller, ajoutant : « Maison mauvaise, pas bonne du tout. »

J'entrai sous une espèce de hangar aux murs noircis par la fumée, éclairé par une veilleuse et à moitié rempli de paille jusqu'au toit. L'autre moitié était occupée par un *kang*, assez vaste pour une vingtaine de personnes. Une table et deux tabourets furent apportés ; on acheta des œufs et l'on fit du thé, puis il fallut s'étaler sur le *kang*, qui avait peut-être servi la veille à des gens d'une propreté douteuse. Les Chinois de notre suite durent sans doute se moquer de nous... Les débuts de notre voyage sur terre ne sont pas brillants ; quelle en sera la fin ?

21 mai. — Je me lève de bonne heure ; nos soldats étaient déjà présents. Voulant gagner du temps, j'en prends trois que j'avais connus à Han-Tchong-Fou et je pars. Mes compagnons marchent bien, malgré la chaleur; ces jeunes gens imberbes, en chapeaux de paille à larges bords, dans leurs vastes vêtements, ressemblaient plutôt à des femmes qu'à des militaires.

Même plaine qu'hier, fertile en céréales; vastes champs de pavots : je remarque des entailles sur la plupart des têtes, pour extraire l'opium. La route est bordée de beaux arbres ou d'arbrisseaux ; on pouvait se croire dans l'allée d'un parc.

« Voici Mian-Sian, » me dit l'un de mes compagnons. — J'aperçus à travers les branches d'un groupe d'arbres, au pied d'une montagne, un mur d'enceinte, des toits de maisons et une tour d'une dizaine d'étages. Nous arrivâmes bientôt au faubourg de la ville, où étaient préparés les logements. On m'indiqua la chambre que je devais occuper avec Matoussowsky.

Quel contraste! Autant le hangar d'hier était sale et désagréable, autant le logement d'aujourd'hui est propre et commode. Fenêtres collées de papier neuf, lits bien propres, table et petits bancs étroits, comme ils le sont généralement en Chine. Mon collègue dormait. Je m'occupai de ranger les plantes ramassées pour mon herbier et j'allai faire un tour dans la ville.

Voici le mur d'enceinte tout gris, avec sa grande porte ; je pensais entrer dans une rue étroite et animée, mais je ne trouvai qu'une vaste place, cachée par les herbes et couverte de tas de briques cassées et de gravats de plâtre : c'était le premier monument de la guerre civile. Le mur d'enceinte seul est resté debout, et de toute la ville pas une maisonnette n'a été épargnée. L'incendie, allumé par les insurgés musulmans, avait détruit dans l'espace de quelques heures l'ouvrage de plusieurs siècles. Déjà dix ans (1874) se sont écoulés depuis la destruction de la ville de Mian-Sian ; les habitants ont abandonné l'ancien emplacement et reconstruit la ville *extra muros*, que j'avais prise pour un faubourg ; dans l'ancienne ville, ils cultivent le maïs, le froment et d'autres céréales.

C'est ici que fut changée notre escorte : les soldats vinrent faire leurs adieux et leurs génuflexions ; ils reçurent chacun huit kopecks et s'en retournèrent à Han-Tchong-Fou.

22 mai. — Nous approchons des montagnes, qui sont cultivées jusqu'aux sommets ; beaucoup de ces champs sont disposés en terrasses. Le sol est argileux, du jaune rougeâtre au vert grisâtre.

Sur notre chemin nous rencontrons quantité de petits villages protégés par l'ombre d'arbres séculaires, ce qui ajoute encore à la beauté du paysage. Je mentionnerai seulement un petit village situé le long de la rivière Pei-Ma-Ho, caché dans la verdure des peupliers et des grenadiers. Un petit moulin à eau y fonctionnait ; je m'arrêtai pour contempler cette vie calme d'une poignée d'hommes, inconnus du monde entier et ignorant ce monde, auquel ils s'intéressaient fort peu. Ce moulin paraissait en pleine activité : les femmes étaient occupées à blanchir le linge, d'autres en train de piler du froment dans de petites tasses pour les besoins du ménage. Plus loin deux hommes avaient suspendu à un arbre un porc, après l'avoir tué, et le frappaient sans merci avec des bâtons, pour en rendre, d'après ce qui me fut raconté, la chair plus délicate et plus légère. On y voyait aussi des poules et des poulets, des canards, des vaches, des chiens et des truies avec leurs cochons de lait, qu'on peut bien comparer aux petits Chinois âgés de deux ou trois ans et allaités encore par leurs mères, fait assez général en Chine. Je me rappelle justement avoir vu en ce lieu deux enfants qui, après avoir tété, se sont mis à courir et à jouer.

Le chemin montait peu à peu, et bientôt nous nous trouvâmes entourés de montagnes; la contrée n'en était pas pour cela plus déserte. A chaque pas on rencontrait des Chinois coiffés de chapeaux de paille à larges bords, chaussés de souliers également en paille; tous munis de parasols ou plutôt de parapluies, car ils les portaient pliés sur l'épaule : leurs vêtements de dessus et leur sac à tabac y étaient accrochés.

La montée et la descente des montagnes étaient facilitées par des gradins taillés dans le roc. Partout la nature offrait un spectacle splendide, et la végétation luxuriante attirait par sa beauté; mais, à mon grand regret, il m'était impossible de m'arrêter. Ramassant à la hâte ce que je pouvais, je restais en arrière de la caravane, que j'étais ensuite obligé de rejoindre par une marche forcée, fatigante pour mon cheval, et même pour les soldats de mon escorte, qui n'avaient pas le temps de se reposer et de manger.

Ces gradins qu'il fallait gravir à cheval me rappelaient ceux de Gouan-Goou; les mêmes dangers se présentaient et le moindre faux pas pouvait précipiter le voyageur avec sa monture au fond des précipices. Enfin nous parvînmes sans accident au sommet de la montagne, où à l'ombre d'une riche végétation s'élevait un temple dont le portique formait une saillie avec son auvent; il fallut passer dessous, car il n'y avait pas de sentier pour le contourner. Le plafond de l'auvent est soutenu par des colonnes en bois peintes des couleurs les plus voyantes. Dans le temple, il n'y a qu'une seule idole, et à côté d'elle une cloche que le *hechan* attaché au temple fait retentir aussitôt que quelqu'un passe devant, l'invitant ainsi à déposer une offrande. Au moment de mon passage, il se trouvait dans le sanctuaire un autre prêtre, albinos aux yeux rouges, qui cherchait à éviter la lumière. A peine nous étions-nous éloignés du temple, que la descente commença. Dans les villages comme dans les maisonnettes isolées que je rencontrais sur mon chemin, je fus frappé de l'absence du vrai type chinois chez les habitants; les paysans aux figures hâlées me rappelaient les villages de Russie, tant ils ressemblaient à nos Iwans et à nos Pierres.

Les soldats mes compagnons me regardaient ramasser toute espèce d'objets, sans en comprendre la raison ; mais bientôt ils furent entraînés eux-mêmes et m'aidèrent de bon cœur dans ma besogne. Il en fut de même des étrangers : ainsi, ayant aperçu une plante inconnue sur une pente de la montagne plus élevée que le sentier, je cherchais en vain à l'atteindre ; quelques Chinois se reposaient en cet endroit, l'un d'eux grimpa vivement sur le rocher, arracha la plante et me l'apporta avant que j'aie pu l'en prier. Cette attention d'un simple villageois, comme bien d'autres dont j'eus maintes preuves, ne pouvait m'inspirer que de la sympathie. L'obscurité approchant, il fallait me hâter de rejoindre mes compagnons.

Le village où nous devions passer la nuit n'avait point de logements préparés pour nous, car, d'après le calcul des Chinois, cette halte aurait dû avoir lieu dans une autre localité. On réussit cependant à caser le chef et sa suite dans une maison ; mais il n'y avait point de place pour Matoussowsky et pour moi ; nous nous mîmes donc à la recherche d'un asile, qui fut trouvé assez rapidement, grâce à l'activité de Tan.

La chambre, noircie par la fumée, était malpropre ; le parquet était usé, et pour tout ameublement il n'y avait qu'une table et un banc. Mais un bien plus grand inconvénient, c'est que la famille du propriétaire logeait auprès de nous ; nous n'en étions séparés que par une vieille natte trouée, suspendue au plafond, et pour ainsi dire nous habitions tous la même pièce. Que faire et où chercher mieux par la nuit et par la pluie ? Il fallut se résigner à rester. Tan-Loe nous éclairait avec une lanterne, empruntée à un passant qui un moment s'était arrêté en badaud ; celui-ci réclama sa lanterne ; le propriétaire, n'ayant pas de quoi nous éclairer, alluma un paquet de copeaux, mais la fumée épaisse et âcre nous aurait étouffés, si nous ne l'avions renvoyé. Il chercha à réparer sa maladresse en nous apportant une lanterne fumante et puante ; il fut chassé de nouveau. Nous fûmes plongés dans les ténèbres jusqu'à ce qu'on eut retiré nos bougies des bagages. Alors, avec la curiosité propre à tout voyageur, je m'approchai de la natte pour voir ce qui se passait de l'autre côté : Spectacle attristant ! la plus profonde misère y régnait : deux enfants presque nus gisaient malades par terre ; la mère en portait un troisième dans ses bras ; une vieille femme difforme, probablement la grand'mère, tenait une pipe entre ses dents ; quelques tas de chiffons, pas de chaises, pas de lit ! Nos bougies allumées, la vieille à son tour s'approcha de la natte pour examiner les gens que le ciel leur envoyait par cette nuit de pluie. La fatigue et la pluie nous avaient disposés au sommeil, mais j'avais encore à préparer un oiseau (*Genicus tancolo*, Gould) et à ranger les plantes recueillies dans la journée ; je ne savais quelle résolution prendre, quand l'interprète vint nous avertir qu'on avait l'intention de photographier, le lendemain, les environs et qu'on ne se mettrait pas en route avant huit heures. Cette nouvelle me décida à me coucher immédiatement.

23 mai. — Je suis réveillé à cinq heures du matin par le bruit des grelots et les cris des conducteurs, prêts à partir. Le temps est mauvais, la pluie continue ; ne pouvant photographier les « vues de la nature », comme disait notre interprète, on avait donné l'ordre de se mettre en route. Je n'eus donc pas le temps de ranger mes plantes et fus obligé de jeter l'oiseau. Il n'y avait pas moyen de travailler dans de telles conditions.

Le chemin côtoyait toujours les montagnes; nous nous élevâmes à de grandes hauteurs, sans atteindre toutefois le sommet de la chaîne qui sert de ligne de démarcation entre le bassin du Yan-Tze-Kiang, au sud, et celui du Houan-Ho, au nord.

Voici le mur crénelé de la petite ville de Lo-Yan-Siañ sur la pente de la montagne, et un peu plus loin, sur une colline, une tour énorme semble vouloir toucher le ciel. Nous passons à gué une petite rivière aux flots limpides comme du cristal, puis nous gravissons une terrasse qui longe le mur. Cette petite ville avait subi le même sort que Mian-Sian. Après avoir passé les portes et pénétré à l'intérieur, il me semblait plutôt être sorti de la ville; l'emplacement où elle s'élevait était couvert d'herbes; quelques champs de froment et une dizaine de maisonnettes construites depuis la guerre, voilà tout !

« En Chine, il n'y a pas de villes sans murs d'enceinte; en revanche, il y a des murs sans villes, » me dit Matoussowsky.

En effet, les murs étaient bien conservés, même les escaliers, dans les parties où la muraille suit la pente de la montagne, ainsi que les temples et les casernes. La garnison était-elle insuffisante pour défendre la ville contre l'ennemi? S'est-elle défendue jusqu'à la mort? Je n'en sais rien. Toutefois les Chinois ont pu se convaincre que les fortifications sont sans grande importance dans la défense d'une ville, et, quand la faim force les assiégés à ouvrir les portes, il n'y a aucun moyen de salut ou de fuite devant un ennemi victorieux et excité par la résistance. Voilà pourquoi ils reconstruisent maintenant leurs villes en dehors des anciennes enceintes.

Quand j'entrai dans le faubourg, ou plutôt dans la ville construite à mi-côte, un des soldats me désigna la maison où des logements avaient été préparés pour nous. Une grande foule stationnait à l'entrée, et l'agent de police crut de son devoir d'avertir ses compatriotes de mon arrivée, mais si vivement et en poussant de tels cris, qu'on eût pu penser qu'arrivant au galop j'allais écraser une dizaine de curieux.

Les Chinois prirent peur et se jetèrent de tous côtés; malgré moi, j'éclatai de rire. Tout le monde, revenu de la première frayeur, en fit autant, excepté un Chinois qui dans sa fuite était tombé dans une mare d'eau et se secouait en grommelant.

24 mai. — Il pleut toujours. Nous partons sans connaître la longueur de l'étape d'aujourd'hui, par conséquent nous ne savons comment disposer de notre temps.

Le pays est splendide, la végétation riche, le sol bien cultivé, et cependant la population est pauvre; les maisonnettes, recouvertes d'ardoises, ont un aspect misérable. Les habitants de la localité s'occupent aussi de la fabrication du papier d'écorce d'*Aralia* et de l'extraction de la houille.

Ayant rencontré non loin du chemin une grande et belle maison, entourée d'un haut mur, qui contrastait singulièrement avec les cabanes des environs, j'eus envie de la visiter. Mais comment faire ? La grande porte cochère était fermée. En Europe, c'eût été difficile, et je me souviens qu'à Rudesheim, sur le Rhin, je me suis vu fermer la porte au nez par une Allemande qui logeait dans les ruines d'un vieux château et ne m'a pas permis d'y jeter un coup d'œil. Je me risquais donc à envoyer un de mes gardes demander la permission. Il revint m'annoncer qu'on priait le « *monsieur* » d'entrer, et, prenant mon cheval par la bride, il nous conduisit par l'escalier sur la terrasse qui conduisait à la porte d'entrée. Le maître de la maison, assez âgé, vint à ma rencontre, m'invitant à passer ; il me suivit, ainsi que deux domestiques qui apportèrent aussitôt deux tasses de thé, l'une pour moi, l'autre pour leur maître. Je lui exprimai mon désir de visiter de plus près son installation ; il y consentit immédiatement, et m'introduisit dans sa maison, me montrant plusieurs petites cours avec des habitations, dont les portes et les fenêtres étaient fermées, à mon grand regret. Tout y était frais, les dorures brillaient d'un grand éclat ; les planches avec inscriptions à côté des portes, de nombreuses étagères avec pots de fleurs, tout était propre et agréable à l'œil, mais sans vie : « absence de femme, absence de vie ; » tout aurait pris un autre aspect si une femme s'était montrée pour prendre part à la conversation. Enfin il m'emmena dans son cabinet, m'invitant à me reposer ; mais je n'étais pas fatigué, et, comprenant qu'il n'y avait plus rien à voir, puisqu'il ne me montrait plus rien, je me disposais à partir. Un de ses domestiques lui dit alors quelques mots à l'oreille, et le propriétaire me pria de la manière la plus gracieuse de lui laisser un souvenir de ma visite, par exemple un dessin, qu'il garderait toujours. Cette demande me plut ; je me fis donc donner un pinceau et de l'encre de Chine, et indiquant un mur : « Peut-on ? dis-je. — On peut, on peut ! » répondit-il, joignant les mains en signe de respect et visiblement satisfait. Je lui dessinai un paysage de montagnes, avec une rivière et un bateau à vapeur, et sur un autre mur mon portrait. Il me présenta ses remerciements et ses saluts et je partis, l'abandonnant à ses réflexions sur ma visite étrange et inattendue.

J'arrivai au village de Tié-Tchann, où mes compagnons étaient déjà installés. Le photographe prenait des vues, Matoussowsky traçait sa carte, le chef avait terminé sa besogne et se préparait au sommeil. Après

Vue prise à Lo-Yan-Siañ.

m'être réconforté et avoir bu du thé, je me disposai à préparer les peaux de deux oiseaux tués dans la journée et à ranger mes plantes dans du papier sec.

Cela me prit pas mal de temps ; le propriétaire de la maison et son domestique ne s'étaient point couchés, probablement par politesse, et moi j'attendais leur départ avec impatience, car ils ne cessaient de fumer et de cracher par toute la chambre. Enfin ils partirent ; le domestique revint m'apporter une tasse de soupe au riz ; je la refusai, tout en le remerciant ; du reste cette soupe ne valait pas grand'chose.

25 mai. — Belle matinée. Temps clair.

Partis de bonne heure, nous continuons notre marche ascendante par de petits sentiers creusés dans les rochers. La pente est tellement sensible, que, si par hasard on glissait, il n'y aurait pas moyen de s'arrêter, et les sentiers sont si étroits, que je me demande encore comment on fait quand deux caravanes allant en sens contraire s'y rencontrent.

Nous atteignons aujourd'hui le sommet de la chaîne qui sert de ligne de démarcation naturelle entre les bassins des deux grands fleuves de la Chine.

Là s'élève un temple habité par plusieurs prêtres, dont j'enviais le sort, car je serais resté volontiers quelque temps avec eux, l'endroit étant des plus intéressants au double point de vue de la science et du pittoresque. Mais rien n'était fait pour nous émouvoir, et, chose impardonnable, on alla plus loin. Je m'arrêtai cependant quelques minutes en contemplation devant ces vallées et ces montagnes si bien cultivées, dont les sommets, à neuf mille pieds au-dessus du niveau de la mer, sont couverts de fermes. — Après avoir ramassé quelques plantes, je descendis dans un ravin arrosé par une petite rivière, et où nos soldats étaient assis à l'ombre d'un arbre ; ils m'expliquèrent qu'il fallait se reposer, car nous devions gravir de nouveau une haute montagne. En effet, bientôt commença une nouvelle ascension ; le chemin suivait le bord de la montagne, la profondeur du précipice est telle, qu'on ne peut regarder sans avoir le vertige. Une assez grande rivière, le Ta-Ho, baigne le pied de cette montagne, du sommet de laquelle j'aperçus des ruisseaux, petits affluents du Ta-Ho, roulant leurs flots d'émeraude, les pentes des montagnes avec leurs sommets plats couverts de verdure, et des champs de froment, ainsi que des pâturages. Le blé était mûr, on le moissonnait devant moi. Un peu plus loin, je vis en partie la petite ville de Pei-Fei-Siañ, située sur le Ta-Ho ; des Chinois traversaient la rivière pour se rendre à un grand village commerçant situé de l'autre côté du Ta-Ho.

Comme tout paraissait petit ! hommes, maisons et barques étaient encore à une grande distance ; aucun bruit n'arrivait jusqu'à moi, — ce qui semblait étrange au premier abord pour une ville chinoise. — L'air était calme et la chaleur insupportable ; j'étais persuadé que nous nous arrêterions dans cette ville jusqu'au lendemain, et je me proposais, après un repas, de m'y rendre avec mes couleurs et du papier. — Je me hâtai et je pénétrai bientôt dans la ville de Pei-Fei-Siañ, cherchant des yeux, sans la trouver, la maison où mes compagnons auraient pu s'arrêter ; je demande et j'apprends qu'ils se sont en effet arrêtés pour déjeuner, mais qu'ils sont partis plus loin. J'en conçus un vif dépit. Bientôt je rencontrai au bord de la rivière Matoussowsky, le Cosaque, Tan-Loe et les soldats occupés au lever des plans. Matoussowsky me confirma les paroles du Chinois.

« Personne ne nous pousse. Pourquoi se dépêcher ? Pourquoi sommes-nous ici ? Est-ce pour dire en Russie que nous avons traversé la Chine d'un bout à l'autre ? — Eh oui ! me dit mon collègue, visiblement ému, nous sommes bien tombés dans « *le scientifique et le commercial* » ! J'étais épuisé par la chaleur et par la soif, il m'était impossible d'avancer. Je me fis faire du thé et envoyai en ville chercher de quoi manger. La soif et la faim furent apaisées, mais les quelques tasses de thé chaud que j'avais avalées produisirent une si forte transpiration, que les forces me firent défaut. Après avoir pris quelques croquis, j'allais cependant continuer mon chemin pour rejoindre « *les explorateurs scientifiques de la Chine* » et éviter le reproche d'être la cause de « *l'arrêt général* », lorsqu'un des soldats se tourna vers moi et dit : « Monsieur le docteur, » (ils savaient que j'étais médecin), et il me montra une femme à genoux qui s'inclinait profondément devant moi. — Elle avait la main et l'avant-bras enflés jusqu'au coude ; la souffrance devait être terrible ; quelques coups de bistouri suffisaient pour produire instantanément un soulagement. Mais l'opération pouvant exiger plus de temps qu'il n'en faut ordinairement, et étant très pressé, je refusais, bien à contre-cœur. La pauvre femme et son mari se remirent à genoux devant moi et me supplièrent de les secourir ; la malheureuse arrosait la terre de ses larmes. « Il arrivera ce qui pourra, me dis-je, le chef sévère ne me fera pas fusiller. » Je demandai ma boîte d'instruments, mais le soldat qui la portait était parti depuis longtemps. J'ordonnai de m'apporter des chiffons propres, de la toile cirée et de l'eau, et avec mon canif je pratiquai l'opération, devant une foule attentive. L'opération réussit à merveille ; le pansement appliqué, la malade se trouva soulagée. Son mari et elle me témoignèrent la plus vive reconnaissance, et les spectateurs me montrèrent leurs doigts en répétant : « Bon grand monsieur ! — grand docteur! » J'avoue cependant que c'est avec crainte que je m'étais décidé à opérer devant une foule ignare et peut-être hostile à un étranger.

Je sautai sur mon cheval et de la foule j'entendis une dizaine de voix réclamer mes soins.

« Excusez-moi, je ne le puis pas, je n'ai pas le temps. » — Ils continuaient à gémir : « Aidez-nous, vous avez le temps. » Leurs cris me fendaient le cœur. Je partis triste et déconcerté de Pei-Fei-Siañ.

J'entrai dans un ravin où coule une rivière dont je n'ai pu apprendre le nom ; elle passe entre deux chaînes de montagnes semblables à des colonnes soutenant le ciel. Ses bords étaient garnis de beaux arbres et leur ombre abritait la route. Beaucoup d'oiseaux gazouillaient dans la verdure, d'autres se jouaient sur l'eau ; au milieu de cette vie de la nature, un spectacle m'offrit tout à coup un singulier contraste : aux branches d'un frêne se balançaient des cages avec des têtes humaines. Je l'avoue, la vue de ces têtes aux yeux fermés ne produisit sur moi aucun effet, et les Chinois les regardaient avec une indifférence absolue. Un passant me mit au courant de l'affaire : deux jeunes gens à peine âgés de vingt ans avaient attaqué en plein jour deux marchands, les avaient pillés et assassinés. Saisis par les habitants avant d'avoir pu se sauver, ils furent livrés à la police et condamnés à mort ; leurs têtes furent exposées à l'endroit même où le crime avait été commis.

Dans la soirée, j'arrivai au village de Ta-Ho-Dian, où mes compagnons s'étaient installés pour passer la nuit. Devant la porte cochère, une foule de curieux était tenue en respect par le singe de Sosnowsky, qui remplissait son rôle de gardien bien mieux que les agents de police. Le logement, préparé d'avance, était vaste, commode et propre, et le souper envoyé par le chef de la ville de Hoï-Siañ, distante de vingt-cinq verstes, se composait de quinze plats.

26 mai. — Rien de plus beau qu'un voyage à travers les montagnes, mais rien de plus fatigant, surtout pour les porteurs, car les soldats, qui marchent à pied, ne portent pas de fortes charges et peuvent se reposer souvent dans les auberges qu'ils rencontrent sur leur chemin.

J'entrai dans l'une de ces auberges pour boire du thé. La maison, petite, ouverte sur la rue, se composait d'une pièce meublée de deux ou trois tables et de quelques bancs ; au fond, la cuisine et quelques cabinets pour ceux qui ne veulent pas frayer avec le public ; sur le feu, qu'un Chinois âgé et maigre entretient en faisant marcher le soufflet, bout une marmite d'eau. L'aubergiste, qui est aussi le cuisinier de l'établissement, était occupé à préparer des portions de vermicelle commandées par mes soldats. Voici comment procédait cet artiste culinaire : il prenait un morceau de pâte préparée, le roulait en bande sur la table et, le prenant par les deux bouts, il l'étendait en un ruban de toute la longueur de ses bras; puis, le saisissant par le milieu pour le plier en deux, il l'étirait encore de la même manière, et ainsi de suite; au bout d'une minute, il avait entre les doigts un paquet de vermicelle. De ce paquet il frappait la table, les fils se séparaient et la portion était prête. Ensuite il jetait le vermicelle dans la marmite d'eau bouillante, d'où un autre cuisinier le retirait au bout de deux minutes, au moyen de deux bâtonnets, puis en remplissait les tasses, y ajoutait un bouquet d'herbes, une pincée de poivre rouge et y versait un peu d'un liquide de couleur rouge et de goût aigre; le plat avait l'aspect d'une soupe aux écrevisses et coûtait 12 sapèques. Les soldats, selon l'usage, m'invitèrent à goûter avant de manger, puis se mirent à avaler le vermicelle tout bouillant, sans le laisser refroidir. J'en demandai une portion pour goûter, mais je ne pus manger cette soupe aigrelette, qui brûlait la gorge. J'ai oublié d'ajouter que sur la table il y avait de la cassonade dont les amateurs saupoudraient leurs mets. Les soldats après avoir mangé allumèrent leurs petites pipes, qu'ils fumèrent avec autant de plaisir qu'ils en avaient eu à absorber la soupe au vermicelle. Nous continuâmes notre route et nous arrivâmes à la ville de Hoï-Siañ, située dans une vallée et entourée de rizières et de jardins. Les soldats, qui marchaient déshabillés, revêtirent leurs habits pour faire leur entrée en bonne tenue. Je rencontrai dans la rue un mandarin porté dans un palanquin; nous nous saluâmes. Peu après je me croisai avec un autre mandarin à cheval, qui descendit aussitôt qu'il m'aperçut et m'examina sans bouger. Je ne pouvais faire autrement que de descendre et je le priai de remonter; il me fit la même invitation, et après une lutte de politesses mutuelles, le Chinois remporta la victoire.

Le drapeau russe flottait au-dessus de la porte d'une maison devant laquelle se tenait en silence une foule respectueuse; j'entrai dans la cour; mes compagnons y étaient déjà installés; plusieurs agents de police et quelques Chinois s'y promenaient : ces derniers se donnaient l'air d'être venus pour leurs affaires et non par curiosité. Nous reçûmes la visite du gouverneur (*tchi-siañ*) et celle d'un autre mandarin; le dîner fut offert par le chef de district et séparément pour les deux logements. Je le remerciai particulièrement de cette attention. — Je ne sais comment en général on récompensait les mandarins pour les services qu'ils nous rendaient si délicatement; mais ce jour-là on envoya... pour souvenir... un faisan tué dans la journée. Que faire? Le naufrage de Loun-Tan en était la cause.

27 mai. — On dirait réellement que l'ennemi nous poursuit et nous oblige

Route entre Pei-Fei-Siañ et Tzing-Tchoou.

à une marche forcée. Au petit jour on vient nous réveiller avec ordre de partir. Si de Pétersbourg on avait pu observer notre zèle dans l'accomplissement de notre tâche, dans nos recherches géographiques sur le pays parcouru, dans nos renseignements sur le commerce, on nous aurait bien récompensés. Ce sont les Chinois, dit-on, qui empêchent le travail, et puis il paraît qu'on avait dit : « Il suffit que vous puissiez rentrer vivants pour que l'expédition compte comme ayant obtenu un résultat. »

Pour la première fois en Chine, je vis vendre, dans cette ville, des craquelins semblables à ceux de Russie. J'y ai remarqué aussi une parure originale faisant partie de la coiffure des femmes : c'était un petit bateau de corne peint en noir, d'un demi-mètre environ de longueur, assujetti aux cheveux par de grandes épingles.

28 mai. — Nous rencontrons fréquemment des villages sur les sommets des montagnes. Ils sont entourés de murs et ont l'aspect de véritables fortins. Ce sont des agglomérations fraîchement formées par les habitants sur les hauteurs, en prévision d'une nouvelle invasion de l'ennemi. Cependant dans la vallée les villages sont très nombreux, et au moment où je traversais l'un d'eux, je vis une vieille Chinoise s'approcher de moi et me tendre un morceau de papier plié ; c'était un mot laissé par notre interprète, qui me priait de venir en aide au fils de cette femme, mordu par un loup, il y avait cinq ans déjà, et dont la blessure n'était pas encore cicatrisée. Je descendis de cheval et suivis la femme vers une maisonnette ombragée par des tilleuls séculaires et des poiriers. On m'amena le garçon ; il portait à la figure une énorme balafre qui suppurait et avait probablement été négligée. Après avoir donné les médicaments nécessaires et expliqué de mon mieux la manière de s'en servir, je fus reconduit avec maints saluts et remerciements. J'entre dans le village de Mou-Li-Tchen. Un Chinois tout de neuf habillé, en chapeau de parade, vient à ma rencontre et sans mot dire prend mon cheval par la bride, et le conduit dans la cour d'une maison. Je le laisse faire ; les Chinois présents gardent un silence respectueux ; j'entends seulement ces mots « docteur étranger ».

Matoussowsky était déjà attablé dans la cour, où je fus conduit en triomphe ; en descendant de cheval, je lui dis : « Nous voyageons comme ces héros errants des contes ; partout sur notre chemin de braves gens nous offrent à boire et à manger et des logements avec le coucher, comme par l'ordre d'une fée bienfaisante.

— Cette idée m'était venue à moi aussi ; mais je suis triste, comme si je devais être mangé moi-même.

— Ne parlez pas de cela ; oublions le chagrin pour quelques heures.

— Eh bien, oublions. Supposons que nous ne sommes que deux à voyager, et comme nous avons déjà travaillé aujourd'hui, mettons-nous à manger. »

Cette fée bienfaisante, c'étaient les autorités locales et les habitants, auxquels on transmettait d'avance l'ordre de tenir prêt ou le thé, ou le déjeuner. Dans ce village ce fut le préposé qui nous reçut, probablement aux frais de la commune, et certainement avec la conviction que les frais seraient remboursés. Le déjeuner était modeste : œufs et pommes de terre nouvelles, puis le thé ; cela suffisait ; le principal ne consiste-t-il pas à n'avoir pas besoin de nous inquiéter de chercher la nourriture, et trouver à notre arrivée déjeuner et dîner prêts ?

Les habitants de ce village sont maigres, timides et en haillons. Ce pauvre peuple fatigué et malheureux est loin de ressembler à ces Chinois gras et bien mis qu'on dessine sur les boîtes à thé ou les vases et autres objets de provenance chinoise. Le maître de la maison reçut de nous quelques bagatelles et se prosterna deux fois. Lorsque, au moment de partir, nous le remerciâmes par quelques bonnes paroles, il se jeta à nos pieds, au point de nous rendre honteux. Il est vrai que c'est l'usage, consacré chez eux depuis des siècles, absolument comme chez nous une poignée de main.

A mesure que nous avançons, les hauteurs paraissent de plus en plus peuplées, et les villages, haut perchés, deviennent le principal objet de mes observations. Je n'attendais qu'une occasion pour y monter.

29 mai. — Nous passons par des endroits très pittoresques, à travers une forêt pleine d'oiseaux et d'insectes. Un arrêt d'un jour en cet endroit, et j'aurais formé une collection nombreuse et variée, presque sans bouger de place. Notre voyage peut être comparé à ces étapes de prisonniers en Russie, obligés tous les jours de faire un parcours fixé à l'avance, ou encore à ces pérégrinations de mendiants vagabonds et aveugles : manger et dormir, faire quelques visites, recevoir quelques honneurs, telle était notre vie, telle était notre seule distraction.

Nous marchons au pas avec Matoussowsky, rencontrant souvent des ruines dans la vallée et des villages nouvellement bâtis aux sommets des montagnes. Nous voyons encore deux têtes dans des cages, l'une déjà ancienne, l'autre toute récente d'un homme de trente ans environ.

30 mai. — Les montagnes s'abaissent, c'est au plus si l'on peut les considérer comme des collines. Nous avons passé les contrées montagneuses. La physionomie du pays change subitement : le silence et le vide succèdent aux vallées pleines de vie, que nous laissons derrière nous. Je les regrette. Maintenant les champs sont déserts ; de loin en loin nous apercevons un homme la bêche à la main ou conduisant une charrue traînée par une paire de bœufs.

Les champs sur les pentes des collines sont disposés en terrasses horizontales; sur les pentes verticales on aperçoit des orifices noirs, espèces de cavernes qui ne sont du reste que les habitations d'un genre particulier. Dans les villages, beaucoup de jardins fruitiers, sans mur de clôture, attirent mon attention; la guerre y avait laissé des traces, partout des ruines. Souvent d'un village il n'est resté que la moitié; par contre, les cimetières

Entrée d'une maison particulière à Tzing-Tchoou.

se sont agrandis, fait facile à observer, car une grande quantité de tombes de fraîche date sont venues s'ajouter tout d'un coup aux anciennes.

Voici, par exemple, un grand mur carré, telle est d'habitude la clôture d'un grand village; la porte est ouverte, vous entrez : pas une maison, pas un homme; l'herbe recouvre le sol, une dizaine de tombes, et c'est tout! La moitié des habitants gisent sous terre; les autres se sont retirés dans les montagnes pour y fonder un nouveau village.

J'avance lentement accompagné de mes dix soldats, et vers le soir j'arrive à la ville de Tzing-Tchoou, où mes compagnons m'avaient précédé. Les habitants se hâtent de sortir dans la rue pour voir encore un « homme étranger » ; ils crient : « il arrive, il arrive, » et courent au plus vite. La rue que je traverse est assez jolie dans son genre, grâce aux arbres et aux façades de quelques temples.

Je fus agréablement surpris de la propreté de notre logement : murs fraîchement collés de papier blanc, meubles noirs en laque, chambres propres, vaste cour également propre et couverte de toile blanche pour nous garantir du soleil ; gens de service propres, polis et prévenants, dîner magnifique : voilà avec quelles attentions nous fûmes accueillis par les habitants. Ces bonnes conditions nous disposaient à nous arrêter quelques jours dans cette ville, sous prétexte d'observations astronomiques ; on décida donc de faire visite le lendemain aux autorités.

Les visites étaient annoncées pour une heure de l'après-midi, mais, suivant notre habitude, nous ne pûmes nous rendre que chez quatre mandarins, laissant ainsi les autres passer la journée dans une attente inutile.

Nous nous fîmes porter, en grand uniforme, dans cinq palanquins, accompagnés de soldats et précédés de quelques fonctionnaires subalternes. La première visite fut pour le *dao-taï* (préfet ou gouverneur); celui-ci, après nous avoir fait attendre longtemps à la porte, fit dire par son domestique qu'il n'était pas chez lui. Il était clair que ce n'était pas la vérité et qu'il ne voulait point nous recevoir. Après avoir reçu cette leçon de politesse, bien méritée, nous allâmes chez le *tchi-siañ* (chef du district), qui nous fit attendre aussi à la porte, mais enfin il vint à notre rencontre dans la cour, selon l'étiquette chinoise. Il nous fit asseoir aux places d'honneur ; prenant lui-même des deux mains les tasses de thé du plateau, il les levait d'abord au-dessus de sa tête, puis les passait devant chacun de nous ; après quoi il s'assit, et attendit que nous entamâmes la conversation. Le lecteur sait en quoi elle consistait : c'était le récit habituel du naufrage ; toutefois on le pria de nous faire voir la maison de Confucius, qui aurait habité dans cette localité 500 ans avant J.-C. Il nous répondit qu'elle se trouvait dans une autre ville du même nom située dans la province de Hou-Pé ; quant à la tombe de l'empereur Fucius, il ne put nous la désigner, ce qui du reste n'est pas étonnant, cet empereur ayant régné 3000 ans avant notre ère.

Le mandarin, homme d'esprit, jugea nécessaire de manifester son étonnement que des étrangers connussent Confucius et Fucius ou Fou-Si. Nous l'étonnâmes encore davantage en énumérant quelques-unes des dynasties qui ont régné en Chine.

« D'après quels livres, nous demanda-t-il, avez-vous appris à connaître notre pays ? — D'après les ouvrages anglais, français, allemands et russes, » lui répondit Sosnowsky.

Matoussowsky, à ce moment, me fit un signe de l'œil, qui voulait dire : « Et nous, nous croyions que le chef ne connaissait aucune langue étrangère. »

Puis Sosnowsky donna son opinion sur les ouvrages chinois qui traitent de la Russie, faisant l'éloge des uns, conseillant de ne pas même lire les autres.

Ensuite nous nous rendîmes chez le chef de l'armée locale. Ce pauvre général, qui nous avait attendus toute la journée, n'était certes pas un homme méchant, il nous reçut immédiatement.

Malgré le proverbe : Il ne faut pas se fier aux apparences, cette fois le proverbe se trompait, car ce général était si simple et si ignare, qu'il ne savait même rien de sa spécialité ; l'un de ses aides de camp ne lui laissait rien dire, répondait pour lui ou lui dictait les réponses. Sosnowsky demanda, par exemple, combien de fois par semaine les soldats changeaient de linge ; le mandarin chercha la réponse comme un écolier qui ne sait pas sa leçon, et lorsque enfin il ouvrit la bouche, son aide de camp avait déjà répondu. A cette question : comment l'armée de Li-Tchoun-Tan avait-elle manœuvré contre les musulmans? l'aide de camp répondit : « *Da-jeñ bou-tchi-dao* (le général ne le sait pas), » et ainsi de suite. Cela me fit supposer que ce général pouvait bien n'être qu'un simple soldat travesti en général pour la circonstance, ce qui se fait quelquefois en Chine, m'a-t-on dit. Il me semble que l'aide de camp avait pour mission d'empêcher le mandarin de lancer quelque grosse bêtise. A peine étions-nous de retour, que le *dao-taï* vint nous rendre visite juste à l'heure qu'il avait annoncée, nous donnant ainsi une leçon et un exemple d'exactitude ; il passa chez nous une demi-heure environ et entendit le récit du naufrage, que nos interprètes auraient déjà dû connaître par cœur et qui cependant était toujours la cause de discussions entre eux. Siui ayant raconté que nous avions perdu tabac, sucre et bougies, Andreïewsky lui dit vivement : « Personne ne te charge de raconter ce qui a été perdu. Dis tout bonnement : beaucoup de choses ont été perdues. »

Siui tout abasourdi reprit : « Ce ne sont pas les bougies et le tabac que nous avons perdus, mais des objets de prix. »

J'étais très curieux de savoir quelle impression les mandarins emportaient de nous à la suite de ces entrevues ; notre rôle de muets m'était si pénible, que j'étais réellement satisfait quand ces visites prenaient fin. Aussitôt après le départ du *dao-taï*, j'allai en ville avec Tan-Loc et je fus surpris de voir une femme à cheval couverte d'une épaisse voilette noire. Le Chinois qui menait le cheval par la bride était coiffé d'un chapeau de parade, c'est-à-dire d'un chapeau de paille de forme conique avec une houppe rouge.

Deux routes conduisent de Tzing-Tchoou à Lan-Tcheou-Fou : l'une carrossable, si l'on peut s'exprimer ainsi, l'autre, beaucoup plus directe, pour les cavaliers ou les caravanes seulement. Sosnowsky avait décidé d'abord de suivre la première, se fondant sur la nécessité d'examiner cette route que suivent les négociants avec leurs marchandises. Puis, au point de vue de l'histoire naturelle, il était intéressant de se rapprocher un peu de l'Ouest, vers les frontières du Tibet ; en outre il était préférable de transporter nos bagages dans des chariots, car cela coûtait moins cher. La différence de temps n'était que d'une journée. Absolument d'accord avec le chef sur tous les points, nous étions contents de visiter une contrée aussi intéressante que peu connue. Mais voilà qu'aujourd'hui, sans aucune raison, le chef a changé d'avis ; il prétend qu'il est inutile d'aller à Houn-Tcheng-Fou, et qu'en suivant cette route il faut traverser la rivière Veï-Ho, dont les eaux, très hautes après les dernières pluies, peuvent nous retenir longtemps ; de plus il avait calculé que la route des caravanes nous ferait économiser vingt roubles (80 francs).

Cependant il jugea nécessaire de nous consulter avant de prendre une résolution ; tous nous opinâmes pour le premier projet. Matoussowsky soutenait même, d'après des renseignements particuliers, que la différence de prix était en faveur de la grande route. La résolution définitive à prendre fut remise au lendemain.

Le lendemain je rangeai mon herbier, occupation qu'aurait pu remplir un Cosaque, si j'en avais eu un à ma disposition ; cela m'aurait permis de relever par le dessin un plus grand nombre de sites. Malheureusement le chef ne cherchait pas à utiliser mon talent, quoiqu'il me rendît justice. Ainsi, par exemple, aujourd'hui pendant que j'étais en train de faire le dessin de la cour de notre maison, Sosnowsky me dit : « La rapidité avec laquelle vous travaillez est étonnante ; vous avez le coup d'œil juste, vous saisissez bien la forme et la couleur. »

Il revint ainsi à plusieurs reprises, soupirant fréquemment et paraissant triste. « Vous avez l'air ennuyé ; seriez-vous malade ? — Non, rien, je me porte bien, seulement je m'ennuie, et puis le chemin ne sera plus gai. Eh ! voilà que j'oublie encore de remonter le chronomètre. Pourvu qu'on arrive à Lan-Tcheou le plus vite possible. — Qu'y a-t-il donc de particulier à Lan-Tcheou ? Évidemment c'est intéressant, comme toute ville inconnue, et puis après ? — Oh non ! Cette ville rentre dans le cercle de notre in-

fluence commerciale. C'est le point le plus important de notre voyage... »
A ce moment un messager du *dao-taï* vint interrompre notre conversation, et je ne pus apprendre en quoi consistait l'importance de Lan-Tcheou.
Ce messager apportait les cadeaux du gouverneur et des remerciements pour
le pistolet et la boîte de cartouches que j'avais offerts, puisque Sosnowsky
gémissait de n'avoir rien à donner. Il nous envoyait un sabre chinois, une
caisse de thé, plusieurs espèces de fruits secs, une grande quantité de sucre
candi, etc.

Après dîner, j'allai en ville pour dessiner plusieurs points intéressants.
Dans la rue je fus entouré d'une foule de gens; les agents de police, malgré
mes prières et mes ordres de ne frapper personne, faisaient tourner avec
zèle leurs gourdins à droite et à gauche.

La poussière et la puanteur m'étouffaient ; un bruit épouvantable me brisait
la tête; ajoutez la chaleur, et vous comprendrez aisément qu'il me fut impossible de travailler.

Je rentrai à la maison, où l'on chargeait nos bagages sur des chariots. Au
moment de mon arrivée sous la porte cochère, un agent maladroit et brutal,
cherchant à chasser les Chinois, de son bâton frappa un passant à la tête;
il lui brisa ses lunettes, dont les éclats le blessèrent au visage, légèrement
par bonheur. Le malheureux saisit l'agent par la manche pour le conduire
au *ya-myn;* je réussis à rétablir la paix ; après avoir lavé les blessures du
pauvre Chinois, j'y appliquai un emplâtre, puis je bandai l'œil, et, pour
remplacer les lunettes cassées, je lui offris un *liang*[1]; l'agent fut privé de la
récompense que j'avais l'habitude de donner à ceux qui m'accompagnaient.

1. Once d'argent dont la valeur varie selon les provinces et même les villes.

# CHAPITRE  X



3 juin. — On s'est décidé à suivre la grande route. Nos bagages sont chargés sur les voitures, nous quittons Tzing-Tchoou, accompagnés d'une foule
compacte ; la porte de sortie de la ville avait été pavoisée de drapeaux en
notre honneur. Cette ville n'a point souffert de la guerre, grâce à une nombreuse armée réunie pour sa défense, mais les environs offraient l'aspect
de la plus grande désolation. Tous les villages que nous rencontrons ont été
brûlés et ruinés, les jardins fruitiers restent sans clôture et les arbres dans les
rues ne présentent que des troncs desséchés ; dans ces ruines, aucune âme
vivante. Après plusieurs heures de marche, nous arrivons devant un village,
qu'il faut traverser et dont la porte d'entrée est pavoisée de drapeaux qui
flottent au vent ; les soldats me font remarquer qu'on les a mis en l'honneur de notre arrivée. Deux Chinois en chapeaux de parade nous attendaient : ils s'agenouillèrent et nous saluèrent profondément ; plus loin,
nous sommes accueillis par une troupe d'habitants en armes, dont l'un,
faisant fonction de porte-enseigne, tenait un étendard. Après les salutations d'usage, nous fûmes invités à nous reposer et à déjeuner dans une
maison appropriée pour la circonstance, et, lorsque après le déjeuner nous
partîmes plus loin, les mêmes personnages qui nous avaient reçus nous
reconduisirent jusqu'à la porte du village et nous firent leurs adieux en
se prosternant de nouveau. Pauvres gens !

Pendant que mon collègue s'occupait du lever des plans, je partis en
excursion avec mon fusil ; je tirai sur un *Ibis Nippon*, que je blessai seulement. Cet oiseau est très fort, et mon fusil n'était chargé que de plomb. Mais,

au bruit du coup, des milliers d'oiseaux, cachés dans les branches des arbres, au lieu de fuir, se perchèrent sur les branches inférieures, me regardant avec indignation et se concertant sans doute, on l'eût cru, sur le moyen de me chasser. Je remarquai beaucoup de pies bleues à tête noire (*Pica cyanea*), d'étourneaux ou sansonnets (*Sturnus cineraceus*) et de tourterelles (*Turtur Sinensis*). Il était évident que pour eux ce coup de fusil était une nouveauté qui ne leur inspirait aucun sentiment du danger. Il ne serait pas impossible que ces oiseaux n'eussent jamais vu un être humain, car le bosquet est assez éloigné de la route, et du village qui s'y trouve il ne reste que quelques murs avec des fresques représentant de grands personnages de l'antiquité la plus reculée, qui avaient l'air de contempler pensifs l'œuvre criminelle de la destruction.

De retour auprès de mon collègue, nous partîmes et arrivâmes ensemble à un village où étaient déjà nos voitures de bagages. Les conducteurs et les soldats vinrent nous demander où nous nous disposions à passer la nuit; nous-mêmes nous n'en savions rien et Sosnowsky était parti à la chasse.

Je profitai de cette occasion pour faire une excursion dans un village de montagnes, chose que je me proposais depuis longtemps. Tan-Loe et moi, nous gravîmes le sentier en spirale d'une colline conique jusqu'à la porte d'un mur, où nous laissâmes nos chevaux, car cette porte était trop basse pour les faire passer. Derrière le mur, un autre sentier conduisait au village même, situé au sommet de la colline. La vue de ce village et de ses habitants produisit sur moi l'impression la plus pénible; jamais je n'avais vu un aussi triste tableau de la misère la plus profonde; les cabanes en bousillage étaient d'autant plus facilement comparables à des étables, que les animaux, ânes et cochons, les habitaient avec les hommes; une odeur âcre de fumée remplissait les ruelles; les habitants, à l'air maladif, étaient à peine couverts de sordides haillons. Voilà dans quelles conditions ces malheureux passent leur existence, sans autre souci que celui de ne pas mourir de faim d'un jour à l'autre.

Les habitants de ce village étaient au nombre de 170, y compris les femmes et les enfants. Ils se nourrissent des produits de leurs champs dans la vallée, où ils descendent journellement et où ils s'approvisionnent également d'eau. Ils sont très sauvages : les hommes se cachèrent d'abord, mais, quand Tan leur eut expliqué qui j'étais et dans quel but je venais, ils s'enhardirent un peu, et trois d'entre eux nous firent même la conduite. Combien y a-t-il de ces malheureux dans la contrée? Leur nombre est insignifiant comparativement à ce qu'il était avant la guerre.

Je rentrai dans le village de la plaine : dans toutes les maisons on préparait le souper; les rues étaient pleines de fumée, car les Chinois ont l'habitude de diriger les tuyaux des cheminées sur le côté du mur et non vers le toit, comme chez nous. Sosnowsky étant de retour donna l'ordre du départ, quoique la soirée fût déjà avancée et que les voitures fussent restées en arrière. Les Chinois montrèrent une rare prévoyance : du village le plus prochain ils envoyèrent à notre rencontre dix hommes porteurs de torches faites d'herbes sèches; mais, comme ils n'étaient point prévenus que nous allions y passer la nuit, on désigna une maison où nos éclaireurs nous conduisirent. Les deux petites chambres où nous fûmes introduits étaient remplies de fumée; il y faisait sombre, et comme nos bagages étaient encore loin, il fallut se passer de literie, de bougie et de thé et se coucher sur les feutres, dans l'obscurité, sans se déshabiller.

4 juin. — Nous nous levons assez tard, nous attendons toujours nos bagages; une heure, deux heures, pas de voitures. Nous avons une grande envie de prendre du thé et nous n'en avons pas; enfin on en trouve un peu chez les habitants, ainsi que de la cassonade qu'un de nos conducteurs apporte dans le mouchoir qu'il lie autour de sa tête.

Après le thé, je prépare les oiseaux tués la veille par Sosnowsky (*Ibidorhyncha Struthersii; Ardea cinerea; Ibis Nippon; Sterna hirundo, Himantopus candidus*); Matoussowsky travaille à son journal, et le chef part pour la chasse. Pour moi, j'étais toujours content d'une halte, parce que mes collections s'augmentaient à mesure, mais pour mes collègues c'était une perte de temps; l'avance de la nuit fut donc absolument perdue aujourd'hui. Le retard des voitures inquiétait le chef; quelque malheur était-il arrivé, pillage, attaque ou agression? Cette idée le tourmentait à ce point, qu'il revint sur ses pas accompagné de l'interprète et d'un Cosaque. Ils rencontrèrent le convoi et apprirent en même temps la cause du retard, qui n'était autre que la surcharge des voitures : les mulets en effet ne pouvaient avancer qu'avec peine. Ce n'est qu'à six heures du soir que les dernières voitures arrivèrent; les conducteurs se disposaient déjà à faire reposer leurs pauvres bêtes, et moi-même je cherchais un coin quelconque dans la cour pour y passer plus commodément la nuit, quand l'interprète vint nous avertir de la part de Sosnowsky, reparti pour la chasse, de nous mettre en route sans l'attendre, et qu'il nous rattraperait.

L'étape était de trente-cinq verstes. N'en voulant pas croire nos oreilles, nous fîmes répéter trois fois l'ordre à Andreïewsky. Alors les Chinois vinrent nous trouver; ils se jetèrent à nos genoux, demandant grâce, sinon pour eux, du moins pour leurs pauvres bêtes. Leurs plaintes nous attendrirent, le cœur se serrait, mais que pouvions-nous faire? Il fallait partir. Voyant que

Habitations souterraines entre Ti-Dao-Tchoou et Lan-Tcheou.

leurs prières n'aboutissaient à rien, ils cherchèrent à nous expliquer que, si on les forçait à partir immédiatement, le lendemain ils seraient encore plus en retard et qui, pis est, ne pourraient plus marcher du tout, car leurs mulets tomberaient en route. Ces raisons nous paraissaient justes ; mais le chef était absent et où le chercher ? Décider nous-mêmes, c'était violer la discipline, usurper les droits d'autrui ; nous savions bien le résultat que cela pouvait amener. Nous nous risquâmes à rester... Les autres détails seraient sans intérêt pour le lecteur... Nous passâmes donc une seconde nuit dans ce village.

5 juin. — Nous entrons de nouveau dans les montagnes ; devant nous se déroule une contrée de *loess*[1] avec ses champs disposés en terrasses et un grand nombre d'habitations souterraines, véritables villages creusés dans le sol, quelquefois sur deux rangées ou étages, mais toujours de manière que les habitations de l'étage supérieur se trouvent dans les interstices des habitations de l'étage inférieur. Cette vie dans les cavernes présente un phénomène aussi rare que curieux.

A l'approche d'une montagne, vous apercevez d'abord sur ses pentes des lignes parallèles horizontales ou un peu inclinées ; ce sont des terrasses artistement construites et couvrant toute la montagne ; chacune de ces terrasses s'appuie contre un ressaut vertical, au-dessus duquel se trouve une autre terrasse avec son ressaut vertical et communiquant par des escaliers avec les terrasses supérieure et inférieure. Sur ces pentes verticales on remarque des orifices noirs, que de loin on peut comparer aux trous des tanières de belettes et qui représentent les portes ou les fenêtres de ces habitations souterraines. J'étais frappé de l'absence d'êtres humains et j'appris que les habitants de ces cavernes n'avaient pas été non plus ménagés par les insurgés. Quelques-unes de ces habitations, lors de notre passage, étaient en réparation, et la vue de ces hommes en mouvement rappelait une troupe de fourmis en train de reconstruire leurs fourmilières. On y fabriquait des briques, on creusait de nouvelles tanières, on cherchait à réparer les anciennes, on élevait des colonnes, et au milieu de tous ces travailleurs les enfants, insouciants, couraient tout nus, ou nous regardaient passer avec indifférence, en jouant des doigts sur leurs lèvres roses, ne connaissant rien du triste passé et ne s'inquiétant guère de l'avenir.

Les rencontres intéressantes étaient assez rares. Mentionnons cependant celle d'une dame assez jolie aux yeux noirs très vifs, mais fardée outre mesure ; elle était portée dans un palanquin par quatre domestiques et accompagnée d'un homme, probablement son mari, marchant à pied à ses côtés.

---

1. Sol d'un genre particulier se rapprochant de l'argile, mais possédant des caractères propres.

En nous apercevant, ils s'arrêtèrent tous et d'un air curieux nous suiviren
longtemps des yeux. Quelle était cette dame, d'où venait-elle, où se rendait
elle? Je n'en sais rien. Rencontre d'un instant et séparation pour tou
jours, chose tout à fait ordinaire dans la vie.

Huit *li* nous séparaient de la ville de Fou-Tzieng-Sieñ; il s'en fallut de peu
que je n'eusse terminé en ce lieu mon voyage et mon existence, car je failli
tomber dans un ravin des plus profonds. J'arrachais une plante au bord du
précipice, quand je sentis la terre céder sous mes pieds; heureusement on
réussit à me retenir par le bras. « Mon heure n'est pas encore venue, »
pensais-je profondément ému par le bruit sourd de la chute de la terre au
fond du ravin où j'avais manqué de descendre malgré moi. Les soldat
ne furent pas moins effrayés que moi; longtemps encore après l'accident il
en étaient émotionnés, et depuis lors, toutes les fois que j'allais cueillir un
plante, deux d'entre eux m'accompagnaient comme des bonnes d'enfan
et me tenaient par les bras ou par mes habits, même dans les endroit
où il n'y avait aucun péril.

La route devient de plus en plus animée : on rencontre des piétons, de
bêtes de somme et des chevaux ; le long du chemin, des femmes vendent un
espèce de bouillie épaisse et aigre, que les conducteurs mangent avec de
petits pains de froment; eux paraissaient savourer ce mets, moi je n'eus pa
le courage de le goûter, car je ne me fiais pas à sa propreté. — Au somme
d'une colline, nous vîmes une grande plaine entourée de montagnes de tou
côtés, couverte d'ifs, de peupliers pyramidaux, de mûriers, de thuyas
d'ormes et aussi de nombreux villages en ruines. On y voyait aussi la vill
de Fou-Tzieng-Sieñ avec ses murailles et ses tours. Bientôt nous somme
dans cette ville aux maisonnettes étroitement entassées les unes contre le
autres, au milieu d'une foule houleuse et bruyante. Arcs de triomphe
jolies tours, temples, maisons, étoffes de diverses couleurs suspendues prè
d'une teinturerie, comme des drapeaux le jour d'une grande fête dans un
ville d'Europe, tout y est pittoresque et attrayant. Fou-Tzieng-Sieñ, qui n'
pas été atteinte par la guerre civile, m'a paru une des plus jolies petite
villes de la Chine; j'y aurais volontiers passé une journée. Mais Sosnowsky
ayant déjà pris du repos après le déjeuner, était sur le point de partir au
moment de notre arrivée; il nous pria de ne pas nous attarder. « Il fal
lait, disait-il, parcourir encore aujourd'hui cinquante *li!* « Pourquoi «
*fallait* »? Personne ne le savait et nous n'avions qu'à obéir.

La maison où nous reçûmes l'hospitalité était décorée d'étoffes et d
lanternes, les chambres richement arrangées, tous les meubles et le *kan*
couverts de housses de drap rouge brodé de soie, des tableaux peints au

murs ; dans la cour, vaste et propre, mandarins et soldats en grand uniforme.

Je n'y restai guère plus d'une demi-heure, j'y rencontrai deux Chinoises
à cheval, très bien mises et couvertes d'épaisses voilettes noires ; les femmes
des classes pauvres marchaient dans la rue la tête découverte ; elles étaient,
du reste, peu nombreuses ; à notre sortie de la ville, une foule composée exclusivement d'hommes nous reconduisit. Dans les environs de Fou-Tzieng-
Sieñ s'élève un temple très intéressant, Fou-Ye-Miao, avec une énorme
statue en bronze de Bouddha, placée à une grande hauteur dans un enfon-
cement de la montagne. Deux heures auraient suffi pour y aller, mais
on passa outre sans y faire attention et je ne pus l'examiner que de loin à
travers une longue-vue.

Dans la plaine, les villages se succèdent sans interruption, la plupart récemment reconstruits, entourés de champs et plantés d'arbres en si grande
quantité que la vallée a l'aspect d'un grand jardin. Parmi les nombreuses
espèces d'oiseaux qu'il me fut donné d'observer, je mentionnerai : les
pigeons, les tourterelles, les faisans, les sansonnets, les pies bleues, les hup-
pes. Au nord-est, les montagnes environnantes sont défrichées ; celles du côté
opposé, constituées par du grès rouge, absolument nues, ont l'aspect de tours
rondes de dimensions gigantesques.

Ayant traversé à pied sec le lit d'un canal bordé de digues fort élevées
au-dessus du sol, nous gravissons une colline, d'où nous apercevons un
affluent du Fleuve Jaune, le You-Ho aux flots argentés. Les pluies récentes
avaient grossi ses eaux et il était impossible de le franchir ; il fallait
donc encore faire un détour à travers les montagnes. Le sentier serpentait
en zigzags, et quelquefois côtoyait les précipices ; mais ces montagnes, peu
élevées, ressemblaient plutôt à de hautes collines, toutes cultivées jusqu'aux
sommets.

Route animée : beaucoup de voyageurs, piétons, porteurs, femmes à cheval et caravanes de bêtes de somme. Je tue plusieurs perdrix d'une grande
espèce (*Caccabis magna*), décrite pour la première fois par M. Prjewalsky.

Derrière les collines le tableau change : à leur base, au-dessous des masses
de grès rouge, se déroulent comme une vaste tente la verdure et l'ombre des
bosquets, des fermes groupées au nombre de trois ou quatre, des rizières
cachées sous une nappe d'eau, et qui, semblables à un miroir, reflètent les
objets environnants ; les villageois en chapeaux de paille, à moitié nus, travaillent par groupes ou isolés dans les jardins et dans les rizières ; les uns
creusent des fossés autour d'arbres qui paraissent être plantés dans des

vases de terre ; les autres, promenant une roue le long des champs, creusent une ornière destinée à faciliter l'écoulement de l'eau.

C'était la partie basse du village de Sañ-Schi-Li-Pou ; l'autre partie est située à une certaine distance sur la montagne ; ces deux endroits n'ont rien de commun. Dans la partie haute, pas un arbre, pas de verdure, rien qu'une masse de cabanes de la couleur de l'argile.

Il faisait nuit ; la pleine lune éclairait cette belle vallée plongée dans un profond silence ; ma pensée me représentait le tableau de la guerre barbare qui peu de temps auparavant avait désolé cette contrée : il me semblait voir les figures féroces des uns et la terreur des autres ; je revoyais et les incendies, et les habitants désarmés cherchant le salut dans la fuite, et les adieux des mères à leurs enfants, des maris à leurs femmes, des enfants à leurs parents. Des témoins oculaires racontent que la faim forçait ces malheureux à dévorer les cadavres ! Ces événements étaient tout récents ; combien d'habitants de cette belle plaine sont ensevelis dormant du sommeil éternel ; combien de maisons et de jardins sont privés à jamais de leurs locataires !

Malgré la fatigue qui m'accablait, aussi bien que les soldats mes compagnons, lorsque je fus arrivé au lieu de halte, avant de me coucher, je passai encore quelques heures à préparer et à ranger le maigre butin de la journée. Voilà comment se faisait l'expédition « scientifique et commerciale » à travers des pays inexplorés jusqu'à ce jour.

6 juin. — Même route à travers la plaine avec ses villages, ses temples, ses bosquets et ses jardins. Dans les champs, les céréales viennent bien et le chanvre y est splendide.

J'entrai dans le village de Lao-Myñ, où sur la place, près d'un temple, était réunie une foule compacte, poussant de grands cris, malgré la représentation théâtrale qui y avait lieu. Comme il me fallait traverser cette foule pour continuer mon chemin, mes gardiens se mirent en devoir de la faire circuler ; frappant les uns avec leurs tresses, crachant à la figure des autres, ruant des pieds, ils parvinrent enfin à me frayer un passage, et si vivement que les Chinois, occupés par la représentation, n'eurent pas le temps de s'apercevoir de la présence d'un étranger parmi eux. J'avais déjà passé de la place dans une rue voisine, lorsque le bruit de mon arrivée se répandit ; tous coururent après moi, mais les soldats se retournant vivement opposèrent leurs gourdins au flot tumultueux, et les Chinois se rejetèrent en arrière ; par suite de cette brusque volte-face, plusieurs d'entre eux tombèrent par terre, risquant d'être écrasés. Ces sortes de scènes m'étaient très désagréables ; je m'attendais toujours à une explosion de colère, comme pour venger sur moi ces coups et ces accidents ; mais cette fois encore il n'en fut rien, et la foule, au lieu de témoigner du mécontentement, se mit à rire aux éclats en excitant les soldats : « Roulez, roulez, frappez-les ! »

Les soldats me demandèrent alors la permission d'aller dîner dans une auberge ; je restai seul, et pour me garantir du soleil j'entrai dans une boutique. Pas un Chinois ne vint se moquer de l'étranger ; les visages que je voyais devant moi exprimaient la curiosité, la peur et l'étonnement. Au retour des soldats, je partis ; la rue était presque exclusivement occupée par des femmes, à l'air maladif et maigres. Assises sur des petits bancs, au seuil de leurs maisons, elles travaillaient, et il me semblait apercevoir pour la première fois tricoter des chaussettes ; je me trompe peut-être, car je n'ai jamais vu en Chine que des chaussettes cousues semblables à celles des hôpitaux russes ; d'autres vendaient des aliments, je vis de petites tables avec du pain et de l'argent, dont les propriétaires étaient absents ; on ne s'en inquiète pas davantage, tant la confiance est grande et les voleurs rares.

Après avoir rejoint, puis dépassé le convoi de nos bagages, dont les chevaux et les mulets étaient exténués de fatigue à force de traîner de trop lourdes charges sans jamais se reposer, j'arrivai le soir dans la ville de Nine-Youan-Sian. Des faubourgs de cette ville il ne reste rien, si ce n'est une tour informe, mais de solide construction. Mes collègues étaient en conversation avec le chef du district, homme d'âge moyen, très vif, délié et grand causeur, sans aucune affectation ; il n'avait point le type du fonctionnaire chinois. Il était assis en face de notre chef, les deux interprètes se tenant près de lui, ainsi qu'un autre petit fonctionnaire chinois, qui se grattait tout le temps sans miséricorde.

Ces entretiens, toujours les mêmes, m'intéressaient peu ; je m'en allai donc dans la cour pour procéder à la préparation de plusieurs oiseaux tués dans la journée (*Erythropus amurensis, Turtur viticolis, Sturnus dauricus, Milvus melanotis*).

Quand le mandarin fut parti, on m'apporta les restes froids du dîner ; je mangeai, puis me livrai au repos, après trois nuits passées sans me déshabiller.

7 juin. — Dès l'aube, tout le monde est sur pied. Le chef et sa suite partent les premiers ; je restai avec Matoussowsky, tous deux dans la cour, moi préparant mes oiseaux, lui prenant note des divers renseignements sur la contrée fournis par les habitants et traduits par le Cosaque. De temps en temps, une dizaine de Chinois entraient dans la cour et nous regardaient en silence ; à tour de rôle, d'autres venaient. Plus tard on m'apprit que le portier de la maison avait organisé une exhibition de nos personnes et,

moyennant quelque argent, il laissait pénétrer dans la cour ses compatriotes par petits groupes.

Du point culminant de la route, serpentant à travers la montagne, on voyait la plaine arrosée par la rivière You-Ho, sur les bords de laquelle étaient huit villages ruinés de fond en comble ; chacun d'eux avait un rempart carré en terre, semblable à une citadelle, avec tourelles, construites non au-dessus du rempart, mais faisant saillie, comme si elles y étaient accrochées. Ces fortins avaient été construits par les survivants de la guerre civile, ou par les immigrants. Arrivés dans la plaine, nous traversâmes d'abord le You-Ho, puis le Nâñ-Ho, rivière très rapide, mais peu profonde, car nos chevaux n'avaient de l'eau que jusqu'aux genoux. La plaine n'avait déjà plus l'aspect animé que nous avions observé jusqu'à présent ; elle était déserte. Peu de champs, de vastes espaces couverts d'herbe basse et de petits arbrisseaux d'*Iris tectorum*, dont les feuilles, flexibles et tendres, mais très fortes, servent aux Chinois à tresser des souliers bons et solides, portés par la classe pauvre. Le sol argileux est entrecoupé de couches horizontales de galets, qu'au premier coup d'œil on prendrait pour d'anciennes murailles. Les habitations sont construites en briques non cuites, ou tout simplement en argile singulièrement propre à cet usage. — Second passage du You-Ho, dont la rive gauche baigne le pied des montagnes nettement stratifiées et dont les couches horizontales forment un plan incliné de 45 degrés.

Halte de nuit dans un village, où nous trouvons un souper envoyé de Houn-Tcheng-Fou, ville que nous visiterons demain.

8 juin. — Nous arrivons, par un temps de pluie et de vent, à Houn-Tcheng-Fou, dont la tour énorme s'aperçoit de loin. Le mur d'enceinte de cette ville, lequel est en briques cuites, a une épaisseur extraordinaire ; la saillie dans laquelle est pratiquée la porte, supporte une tour grandiose ; l'aspect extérieur fait supposer à l'intérieur une belle et riche cité peuplée et animée. Erreur! On entre sur une place énorme et silencieuse, couverte de ruines ; par-ci par-là quelques misérables cabanes, des pans de mur isolés, des vestiges de portes et de tours.

Le spectacle de cette dévastation, le cri du coucou, le mauvais temps, tout cela produit sur nous une impression des plus pénibles ; jamais on ne ressuscitera cette ville morte, jamais elle ne reprendra sa splendeur et son importance d'autrefois. Et cependant qui sait? En Chine, on est capable d'arriver à tout, vu la patience et la ténacité du peuple.

Nos logements étaient préparés dans un bâtiment de l'État, où les jeunes gens passaient leurs examens pour l'obtention des diplômes. Cet édifice occupait un emplacement considérable et se composait d'un grand nombre de

logements disposés tout autour des cours. La première cour était vide ; c'est
là que s'entassèrent nos voitures de bagages ; dans la seconde, de chaque
côté d'un sentier pavé de dalles, il y avait plusieurs rangées de bancs, couverts comme ceux que j'ai vus dans quelques églises luthériennes. Quand
j'entrai dans la première cour, deux soldats prirent mon cheval par la
bride, le conduisirent à travers les cours, lui faisant gravir les trois marches
du perron, passer la porte de séparation entre la deuxième et la troisième cour, et dans la quatrième ils m'invitèrent à descendre et à entrer
dans notre logement, composé de trois belles pièces, hautes, propres et
claires. Je profitai de cette excellente occasion pour ranger mes plantes, et
j'aperçus avec peine que la plupart étaient pourries, par suite de l'impossibilité de changer plus souvent le papier qui les enveloppait et qui aurait dû
être très sec. La perte était irréparable et résultait de la marche continuelle
de notre expédition.

Pendant le dîner, Sosnowsky se mit à parler des cadeaux à faire aux
autorités locales ; n'ayant rien de présentable à offrir, il se proposait d'envoyer à chacun des mandarins de trois à cinq roubles ; il nous demanda
notre avis. Selon nous, cette façon d'agir eût blessé ces personnages, d'autant plus qu'on ne pouvait offrir une somme si minime. Finalement on
tomba d'accord et l'on décida d'offrir pour les pauvres de Houn 60 000 sapèques (50 roubles) ; Sosnowsky ajouta.... et pour la pagode.... Va pour la
pagode, c'est également une maison de Dieu.

9 juin. — Je pensais qu'on s'intéresserait quelque peu aux événements
dont Houn-Tcheng-Fou avait été le théâtre pendant la guerre, mais
j'appris qu'on se disposait à partir le jour même. Il n'y avait qu'à charger
les chevaux et les mulets. On voulait en louer au meilleur marché possible,
et cela dans une contrée ruinée, où il n'y a presque pas de bêtes et où ceux qui
en ont ne tiennent pas beaucoup à les louer à bon marché par crainte de
les fatiguer, et peut-être bien de les perdre. Il fallut donc marchander, d'où
des mécontentements contre les autorités et les Chinois en général, qui
« étaient des fainéants de premier ordre et seulement propres à fumer
l'opium et à manger ». Enfin on put partir ; la malheureuse ville nous
reconduisit avec tous les honneurs ; les drapeaux flottaient aux portes, la
musique militaire jouait au haut des murs, une trentaine de soldats placés
sur deux rangs se tenaient en armes à la sortie de la ville.

Triste chemin à travers la plaine déserte plantée d'arbres et d'arbrisseaux,
couverte de troncs d'arbres abattus, sur lesquels avaient poussé de nouveaux
rejetons. Voilà deux semaines que nous marchons à travers des ruines
amoncelées et abandonnées ; les quelques habitants qu'on rencontre sont

des plus misérables. Les champs ne sont plus cultivés, à part quelques petits lambeaux de terre produisant du froment et des pois, semés par les soldats de la garnison locale.

Ces garnisons, assez nombreuses, sont casernées le long du chemin dans des fortins, pour préserver le pays d'une nouvelle invasion des musulmans. Les chefs des garnisons, prévenus de notre passage, viennent partout à notre rencontre avec drapeaux, musique et salves. Un dîner nous attendait vers le milieu de l'étape; nous fîmes la connaissance d'un officier, du nom de Liu, qui avait précédemment habité Han-Keou, dont il parlait avec enthousiasme; il se félicitait d'avoir connu des Européens, et se plaignait de l'existence triste et monotone qu'il menait ici, soupirant après les dames aux petits pieds. Il nous affirmait que le pays était tranquille, délivré des brigands et des insurgés et ajoutait : « Ne craignez rien, nous vous reconduirons jusqu'aux frontières de votre pays. »

Il m'exprima ensuite l'espoir de me rencontrer un jour à Han-Keou, que j'aurais certainement le désir de revoir, maintenant que je savais les Chinois un peuple doux et hospitalier.

A la brune, nous arrivâmes à un camp fortifié, où l'on nous fit la même réception solennelle. Deux généraux, quatre officiers, des soldats et des habitants vinrent à notre rencontre avec des lanternes pour nous conduire jusqu'au camp fortifié sur la montagne. Pendant le souper, on s'entretint des Dun-Gans, de la même façon que précédemment, c'est-à-dire avec « *la chronique vivante* » dont j'ai parlé.

Un officier nous conduisit, Matoussowsky et moi, dans notre logement, composé de deux petites pièces. Nous voulions terminer notre besogne journalière; nous en fûmes empêchés par le général, qui vint s'informer si nous étions bien installés et si nous n'avions besoin de rien. Il examina nos divers objets, nos armes et nos montres, qu'il voulait emporter pour les montrer à quelqu'un, et s'intéressa beaucoup à notre manière d'écrire.

10 juin. — Contrairement à notre habitude, on ne se hâte pas de partir dès le matin, ce qui nous permet de travailler. A chaque instant, des soldats venaient nous regarder; sans cérémonie ils s'approchaient de nous, et tout en restant tranquilles ils nous soufflaient dans les oreilles, avaient des renvois formidables et se grattaient sans pitié.

Vers midi vint l'ordre du départ pour une étape de quatre-vingts *li*, auxquels on en ajouterait encore quinze, si le temps le permettait. Agréable perspective! Tout un détachement de soldats à cheval accompagnait le chef.

Herborisant à droite et à gauche, chassant les oiseaux, j'étais resté bien en arrière de mes collègues, lorsque j'aperçus un groupe de cavaliers venant à ma rencontre. C'était le détachement qui avait accompagné Sosnowsky. Chose étrange, les Chinois, d'ordinaire si aimables, passèrent devant moi en faisant la moue, sans même me regarder; il me sembla même en entendre quelques-uns grommeler entre leurs dents. Je ne cherchai pas à connaître la cause de ce mécontentement. Il est probable qu'officiers et soldats avaient compté, mais en vain, sur une récompense en argent ou en objets « étrangers ».

On s'arrêta pour passer la nuit sous un hangar de petit village, qui avait sans doute servi d'écurie. Grâce à Tan-Loe, je parvins à arranger un dortoir sous un auvent qui donnait sur la rue, en enlevant la porte cochère, qu'on posa sur deux bancs et nos matelas dessus. Les Chinois du village, peu nombreux du reste, s'extasièrent de cet aménagement. Nous étions déjà couchés, qu'ils étaient encore là causant à mi-voix, tâtant nos couvertures, nos draps et nos oreillers; ils n'oublièrent pas d'examiner nos bottes, et faisaient de grands éloges de tous les objets. Ils partirent seulement lorsque, éteignant la bougie, je leur souhaitai le bonsoir, leur annonçant par là qu'il était temps de dormir.

11 juin. — Nous nous levons avec l'aurore; nous buvons à la hâte une tasse de thé et nous suivons notre chef, parti au grand trot, selon son habitude, forçant ainsi les malheureux soldats à courir après lui. La chaleur est accablante; pour se garantir du soleil, nos soldats se fabriquent des couronnes de rameaux d'if.

La route parcourue aujourd'hui est déserte; on ne voit même pas de ruines, il est probable qu'avant la guerre la contrée n'était pas plus habitée; parmi les oiseaux, je remarque le *Fregilus graculus* au bec rouge, ainsi que des faisans.

La chaleur avait amené un orage, et j'arrivai avec Matoussowsky juste à temps devant une maisonnette isolée, qui nous donna abri, non seulement à nous, mais aussi à nos chevaux. C'était la misère même : les animaux partageaient le logement de leurs maîtres, des cochons de lait et des poules s'y promenaient. Le maître de la maison n'en fut pas moins charmé de cette visite inattendue; il avait appris que j'étais médecin, et justement sa femme souffrait d'un mal d'yeux, causé par la fumée dont les maisons chinoises sont habituellement remplies. Comme cette maladie (blépharite chronique) est partout répandue en Chine, j'avais toujours sur moi les remèdes nécessaires pour les distribuer à l'occasion. L'enfant de ce Chinois était en convalescence de la petite vérole.

L'averse passée, nous nous remîmes en route vers la ville de Ti-Dao-Tchoou, qui pendant la guerre fut le centre d'action de l'insurrection musul-

mane. On nous indiqua la muraille de leur camp fortifié, et à côté le cimetière musulman avec des tombes en forme de pyramides ou de petites
chapelles ; l'une d'elles était recouverte d'un petit tonneau. Quant au mur,
il était bien conservé, sans avoir pu défendre la ville, qui était ruinée ; on
travaillait alors à sa reconstruction, et c'est un temple nouvellement bâti
qui nous donna asile.

12 juin. — L'étape d'aujourd'hui n'a pas été aussi triste, aussi déserte
que celle d'hier : de belles prairies, de magnifiques champs d'orge et de
froment, des villages déjà reconstruits ; les habitants n'avaient pas la
physionomie maladive et souffreteuse que nous étions habitués à voir constamment depuis quelques jours, quoique beaucoup portassent des traces de
variole, principalement les femmes.

Après toute une journée de marche, nous étions bien fatigués, surtout
les soldats du convoi. Ceux-ci, maigres et petits, parlaient un dialecte particulier ; aussi nous ne pouvions guère nous comprendre, tandis qu'avec
les autres Chinois j'étais à même de tenir la conversation. Il faisait nuit
et nous nous étions égarés ; mais un Chinois voulut bien nous remettre sur
la bonne voie. Enfin nous arrivâmes à un camp, où l'on devait passer la
nuit ; mes collègues y étaient déjà ; j'allai retrouver Matoussowsky, installé
dans une petite pièce désignée pour nous deux. C'était une chambre de
passage, et les soldats ne se gênaient guère pour aller et venir. Dans la pièce
voisine, ils fumaient leur opium, criaient à gorge déployée et se conduisaient librement avec nous, pensant sans doute que nous étions les domestiques des « messieurs » casés plus avantageusement dans un logement,
où il y aurait eu cependant de la place pour tous. Mais, pour des causes
inconnues, notre chef tenait à observer l'étiquette ou la discipline ; c'est
pourquoi il occupait tout seul une chambre.

Nous trouvâmes notre chef fort en colère. Il nous raconta que le
gouverneur général de Lan-Tcheou avait envoyé vers nous deux mandarins.

« Figurez-vous, disait-il, qu'ils ne sont pas venus à ma rencontre, lors de
mon entrée dans le camp ; et puis, l'un d'eux, qui n'avait à son chapeau
qu'un bouton de cuivre, c'est-à-dire un mandarin d'un rang subalterne,
s'est montré très arrogant et très hautain. Il criait fort, se prévalait de sa
parenté avec le gouverneur général, fumait sa pipe et se permettait de me
tutoyer. Il entra ici dans ma chambre, ce bouton de cuivre, — nous racontait
le chef, — avec un autre, et me désignant du doigt il demanda : « Est-ce là
« Sosnowsky ? » Puis sans invitation il s'assit à la première place et entama la
conversation. « Le gouverneur général m'a chargé, me dit-il, de te faire savoir

« qu'à Lan-Tcheou vous serez tous logés par le gouvernement; il vous fait
« demander si vous le voulez ou si vous préférez loger à l'hôtel. » Je lui répondis que je m'en remettais absolument à la décision du gouverneur. Et lui,
me mettant le couteau sur la gorge, reprit : « Dis où tu veux loger ? » Je
lui répétai encore : c'est à la volonté du gouverneur général. Mais il en
revenait toujours à sa question. »

En effet, cette conduite d'un petit fonctionnaire était étrange, tout aussi
bien que ses questions, après toutes les réceptions solennelles qu'on nous
avait faites; c'était une énigme, et nous demandâmes au chef la permission
de faire connaissance avec ces mandarins. Il y consentit, et se tournant vers
l'interprète : « Tu leur parleras ainsi, dit-il : comme le gouverneur général
vous a envoyés pour m'accompagner, il est probable qu'il s'intéresse aussi
à mes collègues, vous ne ferez donc pas mal de leur rendre visite; c'est ce
que tu leur diras. »

La conversation sur la conduite du « bouton de cuivre » se prolongea pendant tout le souper, puis nous rentrâmes, attendant les mandarins. « Vien-
dront-ils ou non ? Peut-être sont-ils couchés, » et après un quart d'heure
d'attente nous nous couchâmes. Un soldat vint bientôt avec leurs cartes de
visites, et demanda si nous pouvions recevoir les mandarins. Nous n'avions
pas envie de nous lever et de nous habiller : nous fîmes donc nos excuses
et remîmes la visite au lendemain.

Mieux aurait valu les recevoir et causer un peu, car de la nuit il me fut
impossible de fermer l'œil, à cause des allées et venues des soldats, qui
étaient sans aucune attention pour leurs confrères les soldats étrangers, car
c'est ainsi qu'ils nous considéraient.

13 juin. — Partis du camp à la hâte, nous n'avons pas le temps de faire
connaissance avec le « bouton de cuivre ». Triste chemin à travers une
contrée montagneuse, habitée par une population peu nombreuse et des
plus misérables. Il nous est encore donné de voir deux cages avec des têtes
de criminels. A la descente des montagnes, le tableau change tout à coup :
la vallée du Fleuve Jaune se développe à nos pieds avec sa belle végétation;
la population, plus dense, habite en grande partie des cavernes, creusées
dans les endroits où le sol est à pic, soit tout au fond des ravins, soit à une
certaine hauteur. C'est tout un monde souterrain, un monde à part, vivant
par communautés ou par familles séparées.

14 juin. — Aujourd'hui nous devons faire notre entrée à Lan-Tcheou-Fou,
grande et riche ville, chef-lieu de la province de Kañ-Sou.

Un ciel gris et une pluie fine ne nous engagent point à partir de bon
matin, d'autant plus que la distance qui nous sépare de Lan-Tcheou n'est

pas grande. Cependant le chef, plus pressé encore qu'à l'ordinaire, partit aussitôt après le déjeuner. Je restai avec Matoussowsky ; nous nous livrons à nos occupations habituelles, et nous ne nous mettons en route qu'à deux heures de l'après-midi.

Le temps nous permet de visiter quelques-unes des habitations souterraines, que nous rencontrons en grand nombre, et de nous rendre compte de l'existence de leurs habitants. Nous pénétrons d'abord dans une petite cour entourée d'un mur de terre glaise, et où l'on remise le foin, le bois de chauffage, etc., où sont aussi parqués les animaux domestiques ; quelques-unes de ces cours sont plantées d'arbres ; des tables, des bancs, des fourneaux et des crèches sont creusés dans le sol. L'habitation présente un orifice extérieur avec une porte en bois ; un second orifice plus petit sert de fenêtre, tandis que quelques autres trous donnent passage aux tuyaux de cheminées. A l'intérieur, une chambre assez claire communique par une porte avec une autre pièce. Lorsque les chambres se suivent le long du côté extérieur, elles sont toutes éclairées par des fenêtres ; mais, si elles sont disposées dans la profondeur de la montagne, elles ne reçoivent de lumière que par la porte. A part quelques ustensiles de ménage ou de travail, il n'y a point de meubles ; le *kang* et la table sont taillés dans le sol, cette dernière toujours près de la fenêtre pour la commodité du travail ; un autre caractère de ces habitations, c'est que le poêle est également creusé dans la terre. Dans les parois, on pratique quelquefois des renfoncements en guise de placards ou d'armoires, voire même une crèche pour l'âne, qui, dans la demeure que nous visitâmes, vivait en société avec ses maîtres. Ailleurs on creuse des espèces de fosses pour les veaux, les cochons et les poules. Mais les plus aisés ont un local à part pour les animaux, et quelquefois une entrée particulière ; quand il n'y a qu'une entrée, les animaux traversent les chambres habitées par leurs maîtres. Il y a des habitations creusées à deux ou trois mètres au-dessus du niveau du sol ; un escalier mène alors à un perron, protégé par un auvent en terre ; pour préserver les marches de l'usure, on les recouvre de pavés ou de pierres taillées.

On le voit, la construction de ces habitations n'exige aucun matériel, si ce n'est la porte, qui est en bois, et le grillage de la fenêtre ; une agréable fraîcheur y règne en été, et en hiver elles jouissent d'une douce chaleur. Je n'y ai point remarqué d'humidité, et l'air y est meilleur que dans la majeure partie des maisons obscurcies par une épaisse fumée : les habitants paraissent se bien porter. L'expérience sans aucun doute a prouvé la supériorité de ces habitations, car certains voyageurs prétendent que des millions d'hommes en Chine habitent ces cavernes, principalement dans la vallée du

Fleuve Jaune. Du reste la population de cette contrée a été exterminée d'une manière effrayante ; j'ai vu des villages entiers creusés dans le sol absolument vides et abandonnés.

La route qui conduit à Lan-Tcheou suit un ravin entre deux rangées de montagnes, qu'on aurait pu croire taillées à pic par la main de l'homme : particularité du sol connu sous le nom de *loess*, qui se fend très facilement suivant la direction verticale, mais qui présente une grande résistance dans le sens horizontal. Par suite, on peut voir souvent des arcs et des colonnes naturelles. A travers ces ravins, et bien au-dessus de nos têtes, passent des conduits d'eau pour l'irrigation des champs situés à des hauteurs telles, que nous ne pouvons les apercevoir du fond du ravin.

La contrée reprenait son aspect animé : les villages se succédaient, on rencontrait des piétons, des voitures et des caravanes. Je vis aussi des mulets porter de longues et grosses poutres d'une manière originale : à travers la petite selle est introduite une double corde à deux nœuds de chaque côté, dans lesquels on fait passer les poutres ; le mulet se trouve donc entre ces deux poutres comme entre des brancards, et il porte sa charge assez facilement.

Le ravin s'élargit peu à peu ; sur les pentes des montagnes se distinguent çà et là les toits de temples suburbains, au milieu de l'épaisse verdure des jardins. Voici le mur d'enceinte de Lan-Tcheou, qui à droite s'appuie contre la montagne et à gauche se perd dans le ravin. Pendant que Matoussowsky lève le plan du ravin, j'entre dans une rue de la ville extérieure, et aussitôt j'entends crier : « *Yan! yan-jeñ!* » (homme étranger), et les voilà tous quittant leurs boutiques et se rassemblant autour de moi. Mon compagnon vint bientôt me rejoindre avec sa suite, puis nous partîmes ensemble à travers des rues pittoresques et pleines de vie, à ma plus grande joie, car depuis longtemps je ne voyais que des ruines. Voici de beaux temples anciens, avec leurs toits et leurs corniches artistement travaillés ; voici encore des arcs de triomphe, des treillages, etc., et la foule houleuse, à laquelle je m'étais habitué et que j'étais heureux de retrouver encore.

Nous arrivons à la ville intérieure, au mur de laquelle sont suspendues cinq cages avec les têtes d'insurgés Dun-Gans exécutés récemment, témoignage de la sévérité des lois chinoises. Personne n'a l'air d'y faire attention. L'effervescence est extrême sur notre passage ; elle prouve que les habitants n'ont jamais vu d'étrangers. Moi-même je suis des yeux avec intérêt cette foule qui se bouscule, hurle, se meut dans des nuages de poussière, franchit tous les obstacles, renversant les objets placés sur son passage, tombant les uns sur les

autres ; il suffit de voir une fois dans sa vie de telles scènes pour ne jamais
en perdre le souvenir.

Ma première impression sur cette riche et populeuse ville fut assez
favorable et me rappela les plus beaux quartiers de Pékin.

Un peloton de cavalerie vint à notre rencontre et, faisant demi-tour à
gauche, nous précéda pour nous guider vers notre logement, logement de
l'État ou particulier, nous n'en savions rien encore, et lorsque enfin l'escorte
tourna dans une ruelle, la foule ne se hasarda point à nous suivre, car là
était la résidence du gouverneur général. Bientôt nous fûmes sous une porte
cochère, puis dans une cour vaste et propre. Dans une seconde cour, des
soldats saisirent les brides de nos chevaux et les conduisirent jusqu'à la porte
de la troisième cour, que nous traversâmes à pied. Une chambre partagée
en deux par une cloison nous était destinée ; une autre grande pièce devait
servir de salon commun aux membres de l'expédition. L'ameublement de
notre logement était très simple : des lits grossiers en bois, deux vieilles
tables, deux tabourets avec coussins ; les murs étaient noirs, le parquet en
carreaux de briques ; la fenêtre, collée de papier que j'arrachai immédiatement, donnait dans une petite cour, où sur un fourneau on faisait bouillir
de l'eau ; deux ormes et de hautes murailles, tel était le paysage que nous
avions devant nous.

L'un des Cosaques vint nous avertir que le chef était allé chez le gouverneur général, quoiqu'il ne voulût pas d'abord s'y rendre le jour même ;
mais le gouverneur aurait insisté pour qu'il vînt le plus vite possible.

Cela nous parut étrange ; connaissant les habitudes des Chinois, nous
pensions qu'il serait venu le premier nous faire visite et n'aurait pas exigé
que nous nous rendissions chez lui à peine descendus de cheval. C'était
énigmatique. Le Cosaque ajoutait : « Il est vrai que l'uniforme du chef avait
été préparé d'avance. » Mais pour nous qui connaissions l'amour-propre du
chef et son habitude de se faire attendre, lors même d'une visite annoncée,
cette affaire de l'uniforme préparé n'était point un argument.

Une heure après, Sosnowsky revint ; il y avait longtemps que nous l'a-
vions vu de si belle humeur. Il nous confirma lui-même que le gouverneur
avait insisté pour qu'il vînt immédiatement, « qu'il nous attendait avec
impatience, que c'était un excellent vieillard, de beaucoup d'esprit, très
instruit et, ce qui est le principal, homme d'affaires ».

« Tout est possible, » pensais-je, quoique, avec nos moyens de conversation, il me semblât difficile de pouvoir du premier coup juger un homme
d'une façon définitive.

« Il n'aime pas à causer trop, continua le chef, il ne dit point de sottises,

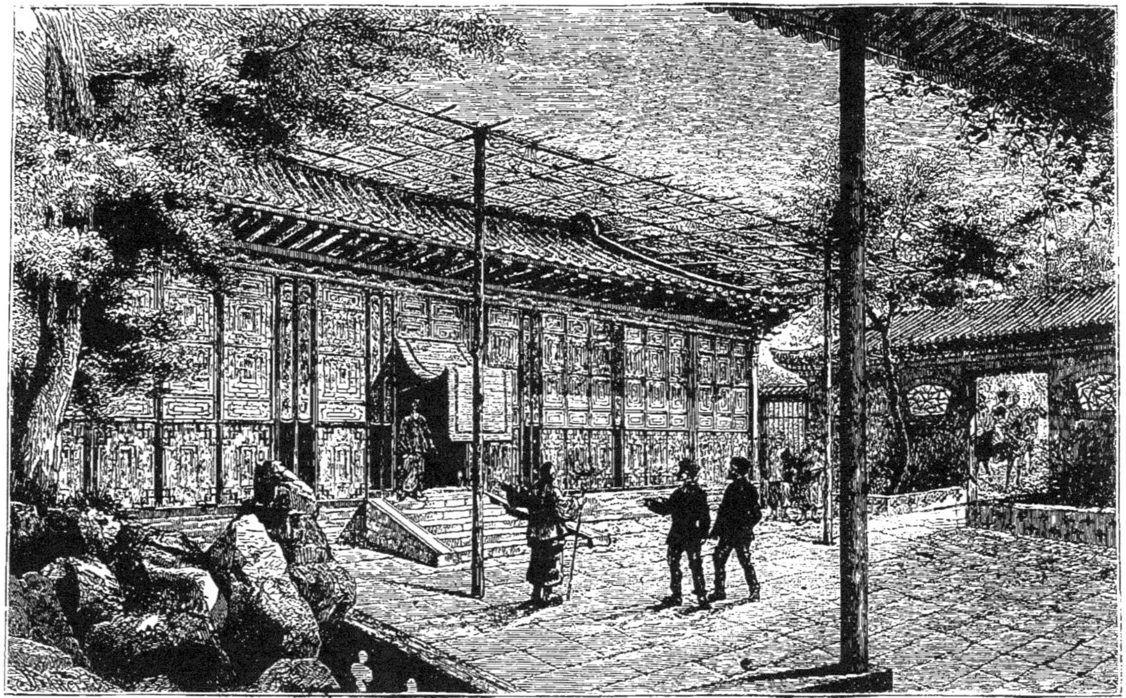

Logement de l'expédition à Lan-Tcheou.

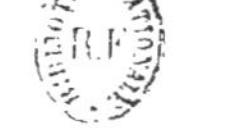

mais va droit au but ; c'est ainsi que j'ai pu arranger du coup une affaire. Excellent vieillard, s'écria-t-il ; voilà les hommes qu'il nous faudrait à la frontière. J'arrive, nous causons de ceci, de cela, puis tout à coup il me dit :

— Vous êtes nos voisins et de vieux amis ; donnez-nous donc des preuves de votre amitié, fournissez-nous du pain pour notre armée, car, bien que nous en ayons en quantité suffisante, il est impossible de l'amener ici ; et pour vous, le transport ne coûtera presque rien. Quant au prix, nous payerons ce que vous demanderez ; de l'argent, nous en avons, mais ce n'est pas avec de l'argent qu'on nourrit les soldats.

« — Nous sommes en mesure de vous fournir du pain, mais cela reviendra cher. Voulez-vous à raison de 30 roubles la *tchetvert* [1] ?

« Et il me répondit :

« — Je le veux bien.

« Voilà l'affaire conclue ; je m'engage à lui fournir pour commencer vingt-cinq mille *tchetverts* à raison de 30 roubles chacune ; voyez-vous, quelle belle affaire ! »

Je ne me suis jamais entendu, cette fois pas plus que les autres, aux questions commerciales, qui m'intéressent fort peu ; cependant je me mêlai à la conversation :

« Et ne craignez-vous pas, dis-je, de vous charger de cette commission ? Que ferez-vous, par exemple, si vous ne trouvez pas les moyens de transport, ou si les blés sont trop chers ? Puis aurez-vous le temps de vous occuper de cette affaire au retour ? Le compte rendu de l'expédition, et tant d'autres choses...

— La cherté du pain ! interrompit Sosnowsky, mais c'est pour cela que j'ai indiqué le prix de 30 roubles ; dans notre district de Semipalatinsk, nous en avons tant, que nous ne savons qu'en faire ; pour ce qui est des moyens de transport, ils ne manquent pas ; il s'agit d'écrire un mot aux Kirghizes, et j'aurai plus de chameaux qu'il n'en faudra. »

En parlant des Kirghizes et du district de Semipalatinsk, le chef s'anima et nous fit part de son influence sur les tribus et de la confiance qu'on avait en lui dans cette contrée.

Matoussowsky l'interrompit. « J'admets, dit-il, que cette opération procure des bénéfices énormes ; mais, en somme, au point de vue politique, ce n'est pas à nous de leur donner du pain. Maintenant, grâce à Dieu, la tranquillité règne sur notre frontière ; pas de pillages, pas de massacres entre Chinois et musulmans. Fournissez-leur des vivres, ils amèneront ici leur armée,

---

1. Tchetvert, mesure russe (2 hectolitres 097).

la guerre recommencera et la question de Kaschgar et celle de Kouldja reparaîtront de nouveau. N'agissez donc pas ainsi, dans notre intérêt et dans celui de l'humanité ; vous vous souviendrez de mes paroles : ce pain amènera une nouvelle effusion de sang.

— Que me racontez-vous, repartit Sosnowsky ; je connais, moi, les affaires des frontières ; n'est-ce pas à Semipalatinsk que je fais mon service ; permettez-moi donc de juger les intérêts de l'État. C'est par cela même que nous ouvrirons des relations commerciales sur cette route. Une fois que nos caravanes y auront passé, le chemin sera ouvert.

— Pour le pain, oui, et seulement autant qu'on en aura besoin ; mais, une fois que leurs semailles seront faites, ils ne voudront plus du vôtre, surtout à ce prix. Réfléchissez et vous serez d'accord avec moi que l'affaire est mauvaise pour nous. Je conviens qu'il y aura des bénéfices, mais l'intérêt de l'État ne consiste pas à faire gagner un ou deux négociants. Vous ferez mieux d'abandonner l'affaire, de la refuser sous un prétexte quelconque, ou de ne promettre que sous certaines conditions. »

Sosnowsky ne voulut point en démordre et termina la conversation, disant que Matoussowsky n'avait point l'expérience des affaires, qu'il ne connaissait rien de nos relations politiques et commerciales avec la Chine, et qu'enfin c'était en dehors de sa compétence.

Puis il nous lut les lettres reçues de notre ambassade de Pékin. Elles nous annonçaient le triste sort de l'expédition anglaise du colonel Brown et l'assassinat du consul Margery, dont la tête avait été exposée dans une cage. Cette nouvelle n'était point faite pour nous égayer, surtout notre chef, qui avait la « responsabilité morale de tous les membres de l'expédition ».

# CHAPITRE XI



15 juin. — Aujourd'hui, nous devons nous présenter chez Tzo-Tzoun-Tan, fonctionnaire du plus haut rang (ils ne sont que six pour tout l'empire chinois).

Nous sommes tous en grande tenue, même les Cosaques. Le gouverneur général habitant la même maison, il n'y avait que quelques cours à traverser pour arriver devant un emplacement exhaussé, comme les scènes de nos concerts d'été dans les jardins, mais ayant une tout autre destination : c'est là que Tzo prenait place pendant les jugements. Pour tout ameublement, il n'y avait qu'une table recouverte d'un drap rouge, plusieurs chaises, une cassette avec le sceau impérial, placée sur un piédestal peint en rouge ; de cette salle originale une porte à droite donne accès dans la pièce de réception, où deux mandarins nous firent pénétrer. Longue et étroite, cette chambre est meublée de quelques chaises, séparées par de petites tables ; la place d'honneur est un *kang* placé au fond ; des inscriptions et des dessins de monuments anciens décorent les murs.

Tzo-Tzoun-Tan, non seulement ne vint pas à notre rencontre, comme l'avait fait son collègue, Li-Da-Tchen, gouverneur des provinces Hou-Pé et Hou-Nan, mais encore il se fit attendre longtemps. C'était d'autant plus impoli que notre chef lui avait déjà fait visite la veille, aussitôt après son arrivée. Enfin, les mandarins restés près de la porte nous dirent à l'oreille, d'un air mystérieux : « Il vient, » et prirent des poses respectueuses. Notre chef nous avait rangés aussi d'après nos grades en face de la porte, où apparut bientôt le gouverneur, accompagné de douze mandarins en uniforme ; quant à lui, il n'avait que son chapeau de parade. Petit et assez gros, il pouvait avoir soixante ans, et par sa physionomie il me rappelait un peu le prince de Bismarck, mais, au lieu d'être blond et d'avoir les yeux bleus, il était brun. Sa barbiche se composait de trois poils ; les moustaches étaient plus fournies. Dans ses mouvements, il y avait de l'affectation, calculée peut-être pour produire une plus forte impression ; il me semble que son but ne fut pas atteint. En entrant, il fit un salut général presque imperceptible et s'arrêta, comme étonné par quelque chose d'imprévu ; sans rien dire, il avança encore d'un pas et s'arrêta en nous regardant. L'un des mandarins lui présenta la liste des visiteurs, qu'il prit tout doucement, la tenant pour la lire de toute la longueur de ses bras, comme font les vieillards.

Il prononça le nom du chef et le montra du doigt, comme pour dire : Celui-ci, je le connais ; — ensuite il prononça un autre nom et leva les yeux sur la personne désignée, et ainsi de suite. Il regardait chacun comme s'il avait à faire un choix parmi nous. Puis, sur place, il se mit à apprendre nos noms par cœur, ce qui était difficile, et s'embrouilla avec *So*, *Pia*, *An*, etc.

Nous étions toujours debout ; quand il eut fini de m'examiner, je dis à mes collègues : « Eh bien ! messieurs, asseyons-nous, je vois qu'il n'a pas l'intention de nous inviter à prendre place. » Sans comprendre mes paroles, Tzo en saisit le sens ; il s'écarta de la porte et nous pria de passer ; il nous suivit tout doucement, s'arrêtant à chaque pas et paraissant nous comparer entre nous. Que nous devions être ridicules dans cette comédie ! D'où venait cette drôle de réception ? Pourquoi cette conduite étrange ? Nous prenaient-ils pour des personnages insignifiants, comparativement à sa haute dignité ? C'est bien possible, car les Chinois, ignorant tout ce qui concerne les étrangers et leurs mœurs, ne peuvent se faire une idée des personnes avec qui ils ont affaire. Il me sembla qu'il était très embarrassé de savoir s'il devait nous inviter tous à nous asseoir, ou seulement Sosnowsky. Il continuait à nous examiner d'un air sérieux et en silence, souriant parfois sans aucune raison ; cette scène où le seul acteur était Tzo-Tzoun-Tan, dura bien dix minutes.

Pour sortir de cette situation pénible, je m'assis le premier et invitai mes collègues à en faire autant, afin de montrer au général que nous n'étions pas les domestiques du chef, mais des *personnes gradées*. Cet acte délia la langue de Tzo, qui immédiatement nous invita à prendre place, s'assit le dernier et fit servir le thé. Il entama la conversation en nous disant qu'il connaissait la différence entre les Chinois et les étrangers, comme par exemple en ce qui concerne notre manière de lire et d'écrire, ce qu'il pa-

raissait vouloir indiquer en suivant du doigt sur un livre imaginaire et prononçant : « Tou-tou, tou-tou-tou! Tou-tou, tou-tou-tou! » Il nous demanda
si nous savions parler et lire le chinois, et sur la réponse que quelques-uns
de nous avaient appris un peu, il nous fit subir un examen, mais d'un air
aimable et souriant.

La visite fut assez longue; on voyait que Tzo désirait faire avec nous
plus ample connaissance; avant de nous quitter, il examina encore nos
uniformes, s'intéressant aux détails, et demanda à Sosnowsky pourquoi
j'avais aux épaulettes de la graine d'épinards, tandis que lui n'en avait
point. Le chef lui expliqua que cela dépendait de la différence du service.
Et dire que jusqu'à présent j'avais pensé que la graine d'épinards aux
épaulettes indiquait un grade supérieur, sans distinction du ressort de
service.

A notre tour, nous attendions la visite de Tzo, nous basant sur les précédents; mais notre attente fut vaine : non seulement il ne nous fit pas de
visite officielle, mais encore il n'envoya personne pour l'excuser. En un
mot, cette réception avait été blessante pour notre amour-propre. Tout le
monde le voyait et le sentait.

Le soir, après sa promenade habituelle, Tzo vint nous voir avec sa suite,
mais sans aucun apparat; ce n'était pas délicat de sa part; nous le comprîmes tous; cependant quelques-uns, et Sosnowsky notamment, cherchaient
à excuser l'homme à cause de son âge. Il passa chez nous une demi-heure
à peu près, et exprima dans la conversation son étonnement que nous n'eussions pas visité la ville de Si-Añ-Fou, si proche de notre chemin, affirmant
que nous avions beaucoup perdu de ne pas avoir vu cette belle cité, très
remarquable au point de vue historique, comme ancienne capitale de la
Chine, et aussi sous le rapport du commerce.

Tout le temps qu'il passa chez nous, sa suite se tint debout derrière son fauteuil, paraissant l'écouter avec attention; quand il se leva, on lui présenta
sa canne à pomme d'or; il prit congé, promettant de venir passer les soirées
avec nous. Deux mandarins de sa suite le soutinrent sous les bras, lorsqu'il
descendit l'escalier, frappant les marches de sa canne, et en bas deux soldats l'attendaient avec des globes-lanternes en soie blanche ornés de lettres
rouges indiquant ses dignités. Nous le reconduisîmes jusqu'à la première
porte de la cour, où, après maintes politesses de part et d'autre, nous nous
quittâmes. Si peu que nous avions pu comprendre de sa conversation, il
était facile de remarquer que Tzo était un homme d'esprit et instruit pour
un Chinois. Il devait être éloquent et entraînant, si l'on en juge par son
débit animé, par le jeu de sa physionomie et par ses gestes. Nos impressions

sur lui étaient très différentes : les uns soutenaient qu’il était foncièrement bon, les autres qu’il ne fallait pas trop s’y frotter.

16 juin. — La journée se passe en visites aux autorités locales, sans que j’aie pu apprendre quels étaient ces personnages. Nous voilà partis à cheval à travers les rues de Lan-Tcheou, à la grande satisfaction des habitants, qui peuvent nous contempler à loisir. Les Chinois courent, sautent, rient aux éclats, crient comme des fous; la bousculade est indescriptible et la poussière intense.

Des six mandarins chez lesquels nous nous sommes rendus, un seul nous reçut. A la porte des cinq autres *ya-myn*, les serviteurs vinrent au-devant de nous avec force génuflexions, se prosternant jusqu’à terre et expliquant que leur « grand monsieur » ou était malade, ou absent. Ce qu’il y avait de vrai ou de faux dans ces récits, je n’en sais rien; toujours est-il qu’il n’était pas naturel que tous fussent malades ou absents le même jour, malgré l’annonce de notre visite. C’était désagréable et incompréhensible, car jusqu’à ce moment on ne nous avait reçus nulle part de cette façon.

Les visites officielles étant terminées, j’interromprai mon journal en cet endroit et je parlerai en général de la ville et de l’existence que nous y avons menée.

Les journées s’écoulaient sans aucun souci, dans un logement frais; le dîner et le souper étaient apportés à l’heure ; nous avions un personnel nombreux à notre disposition et du temps à loisir.

Lan-Tcheou est une grande ville; il est difficile de s’y orienter, mais dès le premier jour j’avais observé une pagode très élevée, sur une colline, d’où l’on pouvait embrasser d’un coup d’œil toute la ville. Accompagné de Tan-Loe et d’un soldat pour nous guider, je me dirigeai à cheval vers la porte du nord, en face de laquelle un pont formé par vingt-quatre barques était jeté sur le Fleuve Jaune. Lan-Tcheou est situé sur la rive droite du fleuve Houang-Ho, terrible par ses inondations, et d’une largeur de deux verstes en cet endroit (2 kilomètres 134 mètres), et dont le parcours d’ici jusqu’à son embouchure est de 1130 lieues. L’eau n’est pas jaune, comme le ferait croire son nom, mais très trouble, couleur d’argile, par suite de la grande quantité de terre qu’elle enlève sur son passage.

La force du courant est manifeste ; il suffit de considérer le pont, qui n’est point droit, mais forme un zigzag en S, parce que les barques sur lesquelles il est jeté n’étant pas maintenues avec des ancres, la force du courant les pousse en avant. Ces barques sont assujetties par deux fortes chaînes et quatorze câbles, d’une épaisseur d’un quart de mètre chacun, la plupart faites en fibres du palmier *Chamærops*. Les extrémités des chaînes et des câbles sont

assujetties sur les deux rives à des colonnes en pierre profondément en-
foncées dans une position inclinée. Je ne sais pourquoi les Chinois ne re-
courent point aux ancres pour fixer leurs ponts, car, avec le mouvement
continuel des pontons, on ne peut obtenir une base solide, et le pont de Lan-
Tcheou est tout bonnement affreux. Quoique je ne sois pas bien craintif, je
ne me sentis point en sûreté en le traversant. Poutres et planches sont jetées
d'un ponton à l'autre, et quand on passe dessus, elles dansent comme les
touches d'un piano; il faut faire attention à chaque pas du cheval, pour
éviter les trous. Un balancement continuel est produit autant par le courant que par la charge des hommes, des chevaux et des voitures. Les Chi-

Pont sur le fleuve Jaune, à Lan-Tcheou.

nois s'en accommodent fort bien; quant à moi, j'avais bien peur d'être forcé
de prendre un bain dans le Houang-Ho, si le pont était venu à se rompre. J'a-
jouterai que les Anglais avaient proposé la construction d'un pont en pierre;
mais, la compagnie demandant quatorze ou seize millions de roubles, ce
prix ne fut point accepté par le gouvernement chinois.

Sur la rive gauche, nous nous mîmes à gravir à pied par des sentiers
tortueux le rivage à pic, passant d'un temple à un autre; plusieurs temples
sont en effet dispersés sans symétrie dans la montagne. La fatigue et un
vent violent m'empêchèrent d'atteindre le point culminant où s'élevait la
pagode. Mais de l'endroit où je me trouvais, il était facile d'embrasser la
vallée, les montagnes environnantes, le fleuve, qui faisait une courbe dans

sa partie inférieure, et plusieurs îles verdoyantes, la muraille partageant la ville en deux parties, les arcs, les temples aux toits verts, jaunes ou bleus, la masse des maisons, et les jardins des temples et des édifices publics. Les environs déserts avaient été dévastés par l'ennemi; toutefois l'ensemble présentait un tableau attrayant et intéressant.

Après avoir pris une esquisse générale de la contrée, je repassai le pont et je continuai à longer le mur, me dirigeant vers la machine élévatoire, quand mon cheval, effrayé par un objet étrange, se jeta de côté. C'était une espèce de vessie faite d'une peau de bœuf entière et fortement gonflée d'air, dont on se sert pour la navigation, notamment pour le transport des marchandises. On les attache les unes aux autres de manière à former un radeau, dont le principal avantage est une grande force de résistance aux chocs, par suite de l'élasticité de la peau. A mon grand regret, je ne pus voir de près comment s'opère le chargement d'un pareil radeau.

La machine élévatoire est également très originale : elle consiste en une énorme roue, dont une partie, plongée dans l'eau, est mise en rotation par le courant. Elle peut tourner ainsi jour et nuit, d'un bout de l'année à l'autre, comme un vrai *perpetuum mobile,* sans qu'on ait besoin de la surveiller. Douze auges assujetties à la circonférence se remplissent d'eau à mesure qu'elles plongent, et arrivées à l'extrémité opposée elles déversent cette eau dans un réceptacle communiquant avec le conduit qui traverse le mur de la ville et amène l'eau dans de nombreux bassins. L'inconvénient de la machine ne se fait sentir que lors de la saison des eaux basses; la roue ne marche plus et la ville reste privée d'eau; dans ce cas, des hommes portent l'eau de la rivière au réceptacle, travail immense, possible seulement en Chine, mais toujours peu coûteux. Il y a quelques années, une machine élévatoire à vapeur avait été construite par des étrangers, mais elle ne fonctionne plus; des pièces s'y étaient dérangées, et personne n'avait été à même de la réparer.

L'un des plus beaux bassins de la ville se trouve justement dans l'une des cours de la maison du gouverneur général; tout le monde a le droit d'y aller puiser de l'eau, et du matin au soir c'est un va-et-vient continuel de porteurs avec des seaux ou des tonneaux sur de petites voitures traînées à bras ou par des chevaux. Une galerie entoure de trois côtés le bassin ; une table et plusieurs chaises y sont placées. Dans cette galerie on pratique journellement une cérémonie, à laquelle il m'a été donné d'assister. A mon retour, je rencontrai justement le général Tzo, qui avec sa suite revenait de sa promenade habituelle. Je le saluai très poliment, mais sèchement, cherchant à m'éclipser aussitôt. Le général me retint en demandant « *Houa-lé?* »

Machine qui sert à élever l'eau à Lan-Tcheou.

(avez-vous dessiné?) et, voyant mon album, il demanda la permission d'y jeter un coup d'œil. Il reconnut le site, fit l'éloge du dessin et m'invita à l'accompagner au bassin.

« Tout vous intéresse, vous voulez tout voir, dit-il, vous ferez le dessin du bassin, » et nous partîmes bras dessus, bras dessous. Arrivés dans la galerie, nous nous assîmes, mais les hommes de sa suite restèrent debout. L'un des mandarins posa devant le général un grand panier rempli de petits pains ; un autre, se tournant vers un groupe de petits enfants des deux sexes, leur donna l'ordre d'avancer. Se mettant sur un rang, sans se bousculer et se disputer, ceux-ci approchèrent d'un pas lent vers la table ; « Avancez donc ! » leur dit Tzo, avec un sourire plein de bonhomie. Les enfants s'étant approchés, chacun d'eux fit un *ko-toou* (salut profond), jusqu'à terre, reçut un pain des mains du général, fit un autre salut moins profond, le *tzo-i*, puis, tous ayant passé à gauche de la galerie, gagnèrent la cour et partirent chez eux. Il y en avait de tout petits, entièrement nus, amenés par leurs frères ou par leurs sœurs et qui, n'ayant aucune idée de l'importance du personnage, se présentèrent devant le général sans faire de salut. « *Ko-toou, ko-toou,* » leur disait Tzo en riant, et les pauvres enfants, joignant leurs petites mains, s'inclinaient profondément et n'avaient plus la force de se relever. Cette scène me plut comme trait de leur vie nationale : il y a là quelque chose d'antique et de simple ; nous autres Européens, nous avons perdu ces mœurs ; en Chine, la distance qui sépare le haut dignitaire des enfants du pauvre peuple disparaît.

Le lendemain, je me proposais d'aller dans un temple, à l'intérieur de la ville, pour la voir à vol d'oiseau et marquer les endroits que je voudrais dessiner ; mais une invitation officielle à déjeuner chez le général me força de remettre l'affaire à un autre moment.

Ce jour-là, dès le matin, chacun de nous reçut une nouvelle invitation sous enveloppe rouge, collée avec une bande de papier également rouge, sur laquelle était inscrite notre adresse ; une feuille de papier rouge pliée en trois portait l'invitation, que l'aide de camp Schi nous expliqua : « Tzo-Tzoun-Tan invite un tel à aller manger chez lui, tel jour et à telle heure. » C'était pour dix heures. Il fallait revêtir l'uniforme et partir au plus vite. Cette fois Tzo vint à notre rencontre jusqu'à la porte de la salle du tribunal déjà décrite. Lui-même et tous les personnages de sa suite étaient en uniforme ; il avait donc compris enfin qu'une réception solennelle ne blesserait en rien sa dignité. Nous dûmes traverser une autre cour et trois portes avant d'arriver à la salle à manger, où la table était mise et où quatre domestiques se tenaient habillés de soie couleur orange pâle, et en chapeaux de parade. La salle à manger, toute petite, était encore partagée en deux parties égales par une espèce de cintre ; chaque partie avait des niches avec fenêtres et un *kang*, couvert de livres et de papiers. Près de la porte, j'aperçus toute une collection de cannes, dont Tzo, grand amateur, se sert dans ses promenades, puis, sur une petite table, le fameux cadeau offert par notre chef; sans l'avoir vu, nous en avions entendu parler par l'un des Cosaques, qui l'estimait deux cents roubles. C'était un paysage sous cloche, où les montagnes en carton, couvertes de sable et de cailloux, étaient représentées avec beaucoup d'art ; la mousse indiquait les arbres; il y avait un moulin à vent dont les ailes pouvaient être mises en mouvement ; en bas des maisonnettes, une rivière en papier bleu portait un bateau avec mâts et voiles, pouvant aussi être mis en mouvement; au fond de ce tableau de carton, une boîte à musique ; le tout pouvait avoir trois quarts de mètre de longueur.

« Vous voyez, dit-il à Sosnowsky aussitôt que nous fûmes entrés, voici votre cadeau ; je l'ai posé à la place d'honneur dans ma chambre. » Et il remercia encore en souriant de la manière la plus gracieuse; il était visible que ce cadeau, chose ordinaire en Europe, lui faisait plaisir. J'avais également remarqué sur une console placée presque au plafond une cassette jaune avec un dessin représentant un dragon ; le général nous expliqua qu'elle contenait un habillement de l'empereur, qui le lui avait offert comme marque de faveur toute particulière.

La table en laque noire, sans nappe ni serviettes, n'avait que des couverts et de petits plats avec les entrées habituelles en Chine : friandises, fruits frais coupés en tranches, fruits secs et confits dans du sucre (comme ceux de Kiew), gelées de fruits, et à côté, selon la coutume chinoise, du gibier et du poisson salé. Le tout artistement arrangé sur de petits plats, en pyramides. Chaque couvert comprenait deux soucoupes en porcelaine et deux petites tasses, une fourchette d'argent à deux dents et deux bâtonnets en ivoire. Six tabourets, couverts de housses bleues et de coussins rouges, étaient disposés autour de la table.

D'abord Tzo procéda à l'accomplissement de la cérémonie qui précède le repas : au signal donné, un domestique s'approcha du général, portant un plateau avec de petites tasses et une théière remplie de vin. Tzo prit une tasse, qui fut remplie de vin par le domestique, puis, se tournant vers nous, prononça le nom de notre chef; un aide de camp du général indiqua à Sosnowsky sa place, en lui disant à l'oreille : « Ne vous asseyez pas avant que Tzo invite tout le monde à le faire. » Tzo souleva la tasse au-dessus de sa tête en la tenant des deux mains et, s'approchant solennellement de la place indiquée, la posa devant le couvert. Il souleva ainsi au-dessus de sa

Cérémonie précédant le repas chez le gouverneur Tzo.

tête toutes les pièces du couvert pour les remettre à leur place, poussa le tabouret de la main et fit semblant de l'épousseter. Élevant encore les mains au-dessus de sa tête, il s'inclina profondément devant Sosnowsky et lui désigna de la main sa place, où celui-ci resta debout.

La même cérémonie eut lieu pour chacun de nous avec la même solennité et le même sérieux ; quand nous fûmes tous placés, Tzo, s'approchant de son tabouret, nous invita à nous asseoir ; après une lutte de courtoisie, nous fûmes vaincus, et Tzo, qui était sans doute décidé à nous frapper par son amabilité et sa politesse, prit place le dernier.

Un domestique lui attacha une serviette sur la poitrine ; mais quelle serviette ! un vrai torchon de cuisine de toile grossière, à liteau bleu et blanc ; en même temps, il plaça sur la table un morceau de toile blanche plié en quatre et un cure-dent en ivoire. Un autre domestique posa devant chacun de nous des petits papiers pliés en quatre en guise de serviettes. Tzo prit sa tasse de vin, se leva, nous salua et nous invita à boire ; nous en fîmes autant, puis il commença à nous servir chacun, avec ses bâtonnets, un petit morceau de bonbon, de fruit, de gibier et de poisson salé ; enfin il nous pria de nous servir nous-mêmes.

Après ce hors-d'œuvre, on apporta la soupe aux nids d'hirondelles et toute une série de plats, dont je ne me souviens plus ; il y en avait à peu près cinquante : viandes rôties, viandes cuites à l'eau ou à l'étouffée, sauces, mélanges de toutes sortes, en général d'un goût exquis. Le maître de la maison servait d'abord à chacun de nous un peu de chaque plat, nous invitant ensuite à nous servir nous-mêmes. Les plats apportés successivement restaient sur la table, tant qu'il n'y avait plus de place pour en mettre d'autres ; alors on les remplaçait, et cela à plusieurs reprises. Les petites tasses à vin étaient toujours pleines.

S'étant aperçu que nous ne buvions pas beaucoup de vin, le général demanda si nous ne désirions pas du vin étranger. Nous lui répondîmes qu'il nous était plus agréable de boire du vin chinois et le priâmes de garder le vin d'Europe pour ses amis.

« Non, dit-il, je le bois moi-même et j'en reçois constamment. » Puis il donna l'ordre à son domestique d'en apporter. Celui-ci revint avec un plateau portant une cave en verre poli de fabrique européenne, encadrée de bronze doré et contenant deux carafons et six verres en cristal.

« *Lin-ven,* » nous dit le général, ne pouvant pas prononcer *Rheinwein* (vin du Rhin). Il le buvait lui-même avec un vrai plaisir et nous demanda si ce vin était bon et si la cave nous plaisait ; il était content de montrer qu'il avait du vin et des cristaux européens. Il s'excusa de n'avoir point pour le moment de *chan-pan-tzu* (*tzu* veut dire vin, vin de Champagne), que les Européens aiment beaucoup, ajouta-t-il.

Le dîner se prolongeait et Tzo causait toujours. Il me fut difficile de retenir de cette conversation, à l'aide d'interprètes, tout ce qui fut dit; je dois reproduire toutefois l'opinion du général sur le cœur des hommes de différentes nations.

« Les hommes des grandes puissances, dit-il, ont le cœur droit, et les hommes des petits pays ont le cœur courbé, » et pour le démontrer il tendait ou pliait son index. Il nous questionna aussi sur quelques puissances européennes, autres que la Russie, qu'il connaissait de nom : In-tchi-li (Angleterre), Fa-lian-si (France), I-ta-li (Italie), Pou-lius (Prusse) et Toul-si (Turquie). Il avait une idée vague de la politique européenne, et il nous questionna sur les rapports des puissances entre elles, leurs forces respectives, leurs alliances; il fut très content d'apprendre que l'Angleterre est toujours hostile à la Russie, qu'elle cherche toujours à nous nuire et à soutenir nos ennemis. C'était la confirmation de son idée. Pour lui, il ne pouvait pas en être autrement, et pour exprimer la courbure du cœur anglais, il plia tout à fait son doigt.

Ensuite il chercha à faire une comparaison entre la Chine et la Russie, et nous demanda qui resterait vainqueur en cas de guerre entre ces deux pays. Nous nous récriâmes contre cette idée : « Quelle guerre entre nous, nous devons rester amis. — C'est évident, je le pense ainsi, répliqua Tzo, mais cependant je voudrais bien avoir votre opinion, puisque vous avez vu notre armée ; à partie égale, qui serait vainqueur? »

Nous répondîmes évasivement, qu'il était probable que les forces resteraient égales, car l'armée chinoise est plus nombreuse, mais les Russes plus forts et mieux armés, et la bravoure est la même chez les deux peuples. Tzo ne se contenta pas de cette réponse, il nous pria d'exprimer franchement notre opinion, laissant de côté tout sentiment de délicatesse qui nous commanderait de lui dire des choses aimables. Alors Sosnowsky lui répondit qu'en cas de guerre la Russie aurait le dessus. Il adressa la même question à Matoussowsky et à chacun de nous successivement. Il reçut la même réponse, que les Russes vaincraient les Chinois.

Le vieillard ne s'attendait point à cette réponse ; il devint pensif et triste ; dans sa simplicité il était convaincu que la Chine est en état de tenir tête à la Russie et même de la vaincre. Je le plaignais ; il me semblait que peut-être il nourrissait quelque projet contre nous.

Après le dîner, qui avait duré six heures, on servit le thé pour « faire descendre le manger », et l'aimable gouverneur général avait des renvois qu'on devait entendre de la cour. C'est du reste le premier dignitaire aussi peu gêné que nous ayons vu.

D'après les usages, en sortant de table, nous prîmes immédiatement congé du général, le priant de ne pas se déranger pour nous reconduire, ce à quoi il ne voulut point consentir, et il sortit avec nous, s'arrêtant à chaque pas dans la cour pour causer. Il nous parla d'un Français qui, après avoir servi dans l'armée chinoise, était retourné à Paris et lui avait fait parvenir un souvenir, que Tzo envoya chercher : c'était un magnifique chronomètre en or de l'Exposition de 1872 (?), ce qui était indiqué sur la cuvette, à l'extérieur de laquelle était en émail un chapeau de mandarin à bouton rouge avec plumes de paon. Le rusé vieillard, feignant d'en ignorer la valeur, questionna chacun de nous, à notre tour, pour avoir notre opinion ; lorsqu'on lui en eut fait l'éloge, il nous expliqua que cette montre coûtait près de mille roubles, puis il se mit à rire d'une voix de basse, sans aucune raison apparente.

Aussitôt rentrés, un mandarin vint de la part du général réclamer l'étui du cadeau fait par le chef; cela nous mit dans l'embarras, mais on se tira d'affaire en disant qu'il avait été perdu lors du naufrage; puis la conversation roula sur Tzo, dont Sosnowsky était extasié.

Quand j'allais en ville pour dessiner, accompagné de quatre soldats, un jeune garçon de douze ans, fils d'un mandarin de la suite de Tzo, venait souvent me rejoindre. Bègue et méchant, il me révoltait par son mauvais caractère; il profitait de la situation influente de son père pour faire du mal impunément. Quelquefois il venait nous voir, mais se conduisait très poliment par peur ; pour les soldats et le peuple, c'était un véritable tyran. Dans la rue, il ordonnait aux soldats de frapper sans aucune raison et paraissait s'ennuyer quand leurs gourdins restaient en repos. Lorsque je dessinais et que la foule qui m'entourait se tenait tranquille, il cherchait noise au premier venu, pleurait de rage s'il rencontrait de la résistance et ordonnait aux soldats de frapper le malheureux, ce qui le faisait rire.

Son père était cependant un excellent homme et ignorait sans doute la conduite de son fils, gâté par les domestiques, qui cherchaient à lui plaire par peur ou par intérêt.

Un jour, entendant des cris insolites accompagnés d'un étrange récitatif, je sortis vivement de ma chambre et je courus à l'endroit d'où ils partaient. C'était un pauvre petit soldat qui avait encouru une punition, qu'on était en train de lui faire subir ; le petit vaurien était là, regardant l'un et l'autre avec un air de satisfaction. Le soldat, couché la face contre terre, maintenu par deux soldats, assis sur ses pieds et sur ses épaules, était frappé avec une baguette de bambou par un troisième, qui comptait les coups en chantant : « I, liañ ; sañ, sy ; ou, liu ; tzi, pa ; tziu, schi ; schi-i ; schi-err ; schi-sañ, » et ainsi de suite, c'est-à-dire : un, deux ; trois, quatre ; cinq, six, etc. Le commandant était présent à l'exécution. La baguette n'était pas bien grosse et les coups pas bien féroces, mais, à force de frapper, le sang commençait à paraître ; le gamin sautait de joie, et j'aurais bien voulu qu'il fît connaissance avec le bambou. L'exécution s'arrêta ; on venait de compter cent, et c'était le troisième. Le commandant cria : « *Tzaï-da* (Frappe encore), » et le soldat de recommencer : un, deux, trois, quatre, etc. Je m'approchai du chef et demandai pardon pour le malheureux ; ma prière fut prise en considération. « *Bou-yao-ta* (Il ne faut pas frapper), » dit-il ; je le remerciai et m'en retournai, non sans jeter un coup d'œil sur le vaurien, qui me regardait avec colère, pour avoir interrompu son amusement. « Que deviendra ce féroce enfant ? pensais-je ; heureusement qu'en Chine le mérite personnel a plus de valeur que l'influence d'un père ; il n'ira pas loin. »

Tous les habitants de Lan-Tcheou me connaissaient déjà, et c'est avec plaisir que je me voyais toujours entouré pendant mon travail. Tel pour mieux voir grimpait sur un arbre, tel autre se couchait à plat ventre sur un toit et suivait ainsi d'en haut mon travail ; jamais personne ne me fît rien de désagréable ; les enfants même cherchaient à jouer avec moi ; une seule fois seulement un petit vaurien me cria : « Diable étranger ! »

A mon retour à la maison, je trouvais souvent Tzo-Tzoun-Tan, qui venait sans cérémonie souper et causer avec nous. Dans ces circonstances, on apportait d'avance des chandeliers d'argent, de fabrication européenne, avec des bougies. C'était l'annonce de sa visite. Un soir, j'arrive ; tout le monde était à table et Tzo me demande de lui montrer ce que j'avais dessiné pendant la journée ; il regardait, et faisait des éloges, quoiqu'il ne comprît pas grand'chose à l'art du dessin. Par contre les gens de sa suite, qui restaient debout derrière son fauteuil, dévoraient des yeux mon dessin, mais, n'osant rien dire en sa présence, me montraient leurs doigts et faisaient des signes de tête approbatifs. Ce jour-là, Tzo nous questionna longuement sur l'empereur de Russie, sur sa prestance, sa taille, sa manière de vivre, s'il se montrait au peuple, et il fut très étonné d'apprendre qu'il se promenait même à pied.

Il était curieux de connaître les mœurs de nos fonctionnaires et demanda s'ils violaient les lois ; Sosnowsky répondit que cela arrivait rarement, car les journaux dénoncent les abus ; et il recommandait la publicité comme

L'auteur dessine entouré de la foule à Lan-Tcheou.

le meilleur moyen de tenir les fonctionnaires dans le respect des lois. Tzo s'intéressait aussi à l'art militaire, à la philosophie, à la manière de vivre des Russes ; il voulait peut-être faire étalage de ses connaissances des pays étrangers, mais il était plutôt ignorant de toutes ces choses, ce qui du reste n'était pas étonnant.

Notre chef, au contraire, nous étonnait par ses réponses aux questions du général. Ainsi, par exemple, Tzo demanda : « Depuis combien d'années existe le monde pour les Russes ? »

Sosnowsky répondit : « sept mille trois cents..... » Le général sourit et, se tournant vers ses mandarins, fit une observation que nous ne pûmes saisir, mais qui les fit sourire en silence ; puis il reprit : « Mais notre empire date de plus loin. »

De mon côté, je dis à Sosnowsky que c'est de la chronologie biblique, mais que, d'après les données scientifiques, il faut supposer.....

« Qu'est-ce que vous me racontez sur les données de la science, répliqua Sosnowsky ; c'est une théorie à laquelle aucun homme instruit n'ajoute foi. »

Je n'avais qu'à me taire. Tzo passa à d'autres questions : « Mange-t-on chez les Russes de la viande de cheval ? »

— Très peu.

— Et l'anthropophagie existe-t-elle encore en Russie ?

— Oui, elle existe, dit Sosnowsky, mais dans peu d'endroits. »

Nous ouvrîmes de grands yeux, pensant qu'il parlait pour rire. Mais l'interprète se mit à traduire ses paroles.

« Pourquoi lui faire croire ce qui n'est pas, et lui donner une drôle d'idée de la Russie. Où donc chez nous mange-t-on des hommes ? me récriai-je avec Matoussowsky.

— Comment, répliqua le chef, vous ne savez même pas cela, et les *Samoyèdes*[1], les connaissez-vous ? Apprenez donc mieux votre géographie...

— Pardon, *Samoyède* n'est pas un mot russe.....

— Que me racontez-vous ?

— Et pourquoi donc induire en erreur un mandarin chinois qui aura...

— Laissez-moi donc, je vous en prie. Vous avez la passion de la contradiction, rien que pour faire de l'opposition. » Et se tournant vers l'interprète : « Traduisez ce que je viens de dire, autrement nous n'en finirons jamais. »

Lorsque dans la suite je rencontrais Tzo-Tzoun-Tan, ou l'un des mandarins de sa suite, j'avais toujours dans l'idée que ces gens-là se figuraient

---

1. Samoyèdes, peuplade du nord de la Sibérie, des mots *sam* « soi-même » et *yèd* « mangeur ». Ils n'ont jamais été anthropophages.

que j'étais aussi natif de l'un de ces rares pays où l'on mange de la chair humaine, et que c'était peut-être uniquement par politesse qu'il ne me demandait pas quel est le goût du *jeñ-de-joou*. Oh ! que j'étais curieux de savoir ce que Tzo pensait de nous, depuis la soirée du 20 juin.

Les jours se passaient et il n'était point question du départ. Notre chef s'ennuyait, et cependant il remettait le départ à trois jours, à deux jours et encore à quatre jours. Tout ce qu'il y avait à voir avait été vu : une fabrique de fusils, une fonderie de canons avec machines à vapeur et pas un ouvrier étranger dans l'établissement. Nous avions vu aussi les grandes manœuvres de l'armée. Je ne dirai rien de ces questions par trop spéciales, laissant à Sosnowsky le soin de les traiter ; je ne parlerai des manœuvres qu'au point de vue extérieur et pittoresque.

Le 21 juin, bien avant le lever du soleil, nous fûmes réveillés par le son des tambours et des trompettes militaires, et au premier moment je crus qu'on battait la générale pour marcher contre l'ennemi, qui serait venu la nuit mettre le siège devant la ville.

Les troupes se rendaient au champ de manœuvres dès le matin. Nous ne tardâmes pas non plus à nous apprêter pour le départ, quoique Sosnowsky trouvât plus convenable de ne partir qu'à la suite de Tzo. Sans juger de ce qui était plus convenable, je regrettai de ne pouvoir être au camp au moment de l'arrivée du général. Quoi qu'il en soit, il fut décidé de partir après les salves de canon annonçant l'arrivée de Tzo sur le champ de manœuvres. Nous attendions en vain ces coups de canon, et à leur tour les mandarins accouraient chez nous à chaque instant pour s'informer si nous étions partis.

Voilà trois coups de canon : Tzo est parti et le chef nous informe que dans un quart d'heure nous nous mettrons en route. A peine étions-nous dehors, que Sosnowsky nous laissa et s'en alla au galop, suivi d'un Cosaque ; nous continuâmes de marcher au trot jusqu'au champ, éloigné de la ville de trois verstes. Sur la droite étaient massés les soldats dans une plaine bornée d'un côté par les montagnes et de l'autre par l'enceinte de la ville, supportant un haut bastion. Sur la gauche, de front, s'élevait un pavillon à trois terrasses, vers lequel nous nous dirigeâmes. La terrasse du milieu était destinée aux grands dignitaires ; c'est probablement là que nous prendrons place. Je m'attendais déjà à y voir installés Sosnowsky et Tzo, mais, à mon grand désappointement, je n'aperçus que quelques mandarins inconnus, qui firent même semblant de ne pas nous voir. Nous cherchions en vain des yeux Sosnowsky et Tzo ; l'aide de camp de ce dernier vint au-devant de nous et, nous prenant par les bras, nous conduisit à la terrasse. Là, un

peu confus et rougissant, il nous indiqua nos places sur la terrasse du côté
gauche, près d'une table où déjà se trouvait Sosnowsky, qui cherchait par
son exemple à nous encourager. L'aide de camp nous invita à prendre place,
mais timidement, comme s'il se fût attendu à un refus de notre part.

« Comment, dis-je, à la dernière place, avec les musiciens? Je ne resterai pas ici. Pour qui nous prend-on? Ici ce n'est pas comme à la maison; nous sommes en présence de l'armée et de la foule. »

Matoussowsky me soutint; Sosnowsky était d'accord avec nous, je continuai donc sur le même ton et je conseillai ou de revenir sur nos pas, ou
d'aller nous asseoir sur la terrasse du milieu, à côté de Tzo, et d'attendre
qu'ils essayassent de nous déloger.

L'aide de camp, sans comprendre le russe, devina de quoi il s'agissait et
s'éclipsa.

« Eh bien! messieurs, rentrons chez nous ou allons prendre des places
convenables. Avez-vous vu Tzo-Tzoun-Tan? Comment vous a-t-il reçu?
demandai-je à Sosnowsky.

— Tzo-Tzoun-Tan n'est pas encore arrivé; il a fait dire qu'il viendrait
tout à l'heure. » A ce moment des cris retentirent: « *Laï-lé! laï-lé!* (il
arrive) » et tout le monde de s'agiter.

L'affaire était claire. Le rusé Chinois nous avait trompés; les coups de
canon entendus n'étaient qu'un faux signal. Nous voulions qu'il vînt à notre
rencontre, et lui voulait nous faire assister à son arrivée. En effet sa situation
était assez difficile : était-ce à lui, vieillard et gouverneur général, de venir
au-devant de nous? D'autre part il était impoli de ne pas le faire. Il ne
nous restait donc qu'à protester en quittant le champ de manœuvres, mais
Sosnowsky trouvait que ce n'était pas commode.

Les soldats, sur deux rangs, formèrent la haie jusqu'au pavillon, et Tzo
apparut, précédé d'un groupe de cavaliers et de deux bourreaux, — sym-
bole indispensable du pouvoir d'un haut dignitaire, — qui prirent place de
chaque côté du chemin, en s'appuyant sur leurs gourdins.

Tzo montait un superbe cheval à l'amble; il portait des vêtements jaunes
et un chapeau noir (semblable à la coiffure des femmes du peuple russe,
nommée *kokoschnik*); quatre mandarins fermaient la marche à une certaine distance. Il s'arrêta devant le pavillon, l'air grave, les sourcils froncés :
on voyait qu'il avait conscience de sa haute dignité et de son importance.
Deux mandarins l'enlevèrent dans leurs bras de dessus sa monture, et il
gravit quelques marches vers la plate-forme, où les mandarins se tenaient
debout, pleins de respect, prêts à exécuter les ordres du chef suprême du
pays. Il les salua et, regardant à droite et à gauche, eut l'air de chercher

quelqu'un ; il faisait semblant de ne pas nous voir, quand à une verste on nous distinguait par nos uniformes ; enfin il nous aperçut, parut tout joyeux et nous salua avec un aimable sourire. Sur ce, il pénétra avec trois généraux sur la terrasse du milieu, où en outre il y avait encore trois chaises vides, probablement préparées pour nous, sans qu'on vînt nous inviter. Nous gardâmes nos places sur la terrasse de gauche, à une table particulière.

« Partons maintenant, » dis-je à Sosnowsky. — « Pourquoi offenser le vieillard, répond le chef, c'est par l'ignorance de nos usages qu'il a ainsi agi ; je n'y puis voir aucune intention blessante. » Si le chef n'en voit pas, pensais-je, c'est qu'il n'y en a pas ; et je pris place à la table. Immédiatement on apporta du thé et des pâtisseries, mais tout cela ne nous faisait point oublier l'injure faite et supportée par nous en silence. Quoiqu'il y eût un peu de notre faute, d'après moi, il n'était cependant pas possible de subir cette humiliation devant tout le public ; mais il se peut que ma passion pour l'opposition m'eût fait voir l'affaire tout autrement.

Lorsque Tzo se fut assis, les mandarins à bouton rouge, à bouton bleu et autres vinrent successivement lui faire le salut, et alors commencèrent diverses manœuvres d'infanterie et de cavalerie qui se prolongèrent pendant trois heures, avec des intervalles de repos. Après l'armée vinrent les enfants, des garçons de dix ou douze ans, au nombre de quinze ou vingt, que Tzo prétendait instruire dans l'art militaire. Ce petit corps de cadets s'appelle *Youï-Bine*. L'un des mandarins voisins de Tzo fit l'appel, et chacun d'eux sortant des rangs criait : « *Kan-ouo*, » c'est-à-dire : « Regarde-moi, » puis retournait à sa place. Ils firent aussi des exercices de gymnastique et de tir à l'arc ou avec de petits fusils, le tout accompagné de gambades de clowns et de grimaces d'acteurs chinois. Tzo avait l'air de s'intéresser à cette petite troupe ; il faisait des observations, distribuait des éloges et plaisantait. Il paraît même que ces enfants reçoivent une paye. Quand les guerriers-marionnettes eurent fini leurs gambades, on s'exerça au tir avec de singuliers fusils, qui n'avaient que le canon et témoignaient de la dérision impitoyable des Anglais, qui leur avaient vendu de vieux fusils dépareillés et sans bois. Je les avais vus dans l'arsenal, mais je ne me figurais pas qu'on pût s'en servir pour le tir. Le chien n'était pas sur le côté, mais dessus et sans détente ; on l'abat par la pression d'un ressort placé sur le côté, le soldat tient ce fusil des deux mains, l'appuie contre son corps et l'ajuste, en regardant sur la gauche du canon ; puis il presse le ressort et le coup part.

Cette courte description suffit pour faire comprendre quel résultat on obtient avec de pareils fusils et dans quel état se trouvent les mains des malheureux soldats.

J'ai vu également le tir à la cible au moyen des mêmes fusils, mais chargés à poudre, et non à balle. Et quelle cible ! Un anneau d'un demi-mètre de diamètre dans lequel se balance un rond de cuir assujetti à un bâton de la hauteur d'un homme. Le tireur se place à cinq ou six pas de cette cible, et si le coup fait balancer le rond de cuir, il est considéré comme bon. Dans de telles conditions, la plupart des soldats tiraient de côté sans pouvoir mettre en mouvement le rond de cuir. Et Tzo-Tzoun-Tan voulait savoir qui serait le vainqueur en cas de guerre ! Que j'aurais voulu en cet instant lui faire voir un soldat russe ! Il aurait été tout de suite fixé.

Les manœuvres terminées, l'aide de camp du général vint nous inviter à déjeuner dans le pavillon même ; mais l'insulte faite par cet « excellent vieillard » nous fit refuser l'invitation et nous nous retirâmes.

Pour me distraire, j'allai avec Tan-Loc visiter les boutiques et acheter quelques objets pour ma collection ethnographique. Les boutiques sont assez bien garnies ; mais les prix, comparativement à ceux de la Chine centrale, sont trois fois plus élevés. On vendait même quelques objets de provenance européenne : bougies, savon, bonbons, aiguilles, verreries et même des montres et des étoffes. Pendant cette promenade je vis également un cadavre, gisant par terre dans la rue et couvert d'une couverture sale. Le propriétaire de la boutique près de laquelle avait eu lieu l'accident était au désespoir, car, d'après les lois chinoises, il était responsable de tout homme décédé sur son terrain ou près de sa maison. Il est évident que dans des cas pareils on n'accuse point le propriétaire d'être le coupable, mais il est de son devoir de faire connaître et d'expliquer la cause et les circonstances du décès. L'affaire est portée devant le tribunal ; on menace, on intimide, le tout dans le but d'extorquer de l'argent. Des faits terribles surviennent quelquefois ; un voyageur raconte le cas d'un mendiant qui, voulant se venger d'un riche négociant, lequel lui avait refusé de l'argent, alla voler l'enfant d'une famille vivant dans de mauvais termes avec ce négociant, l'apporta à la boutique, le tua et se sauva le laissant là. Une mendiante retenue d'avance comme témoin soutint que l'enfant avait été tué par le négociant. D'où un procès qui se termina par l'acquittement du prévenu, mais aussi par sa ruine complète, car il avait dépensé toute sa fortune jusqu'à la dernière sapèque.

Le mort paraissait exténué par la maladie et était d'une maigreur extrême ; je fus très étonné de l'indifférence des passants devant ce cadavre ; ils n'y faisaient aucune attention. A quoi attribuer cette indifférence ? A la dureté du cœur, peut-être aux conséquences de la loi, qui leur fait éviter tout mourant comme un être dangereux, ou encore à l'habitude de voir fréquemment les vagabonds terminer leur triste existence au milieu de la rue.

La crainte d'un procès produit ce résultat, que, lorsqu'un Chinois voit un malade tomber près de sa maison, loin de lui porter secours, il l'invite à s'éloigner, à aller mourir au milieu de la rue, ce que ce dernier ne refuse jamais, s'il a encore sa présence d'esprit et la force de se traîner.

Un **soir que** Tzo-Tzoun-Tan soupait avec nous, je lui demandai la permission de visiter la prison de la ville. Il s'étonna de cette demande et me pria de répéter la question, croyant avoir mal compris. « Quelle envie de voir ces ordures; il ne fait pas bon par là, dit-il; toutefois, si vous le désirez absolument, je donnerai des ordres pour qu'on vous y conduise et qu'on vous fasse tout voir. »

Le lendemain je sortis avec Tan-Loe, qui comprenait mon parler chinois et qu'à mon tour je comprenais mieux que n'importe quel autre Chinois. Nous arrivâmes devant une maison dont l'extérieur ne ressemblait en rien aux bâtiments européens du même genre. Nous y fûmes reçus par le mandarin gardien en chef, vieillard sec, sévère, acerbe et un peu grossier dans ses manières ; il nous accueillit avec dépit, le prenant de haut avec nous; ce n'est que lorsqu'il apprit que j'étais médecin, qu'il devint beaucoup plus aimable, car, souffrant d'une maladie d'estomac, il eut l'idée de me consulter. Après cette consultation, il nous confia à l'un des employés de la prison, qui nous conduisit dans une petite rue où il ouvrit une porte fermée à clef. Au fond d'une cour était une autre porte, également fermée à clef, que le gardien referma immédiatement après notre entrée dans la seconde cour, qui était assez vaste et entourée d'un rempart de terre, avec des bâtiments séparés dont toutes les portes étaient ouvertes. Dans la cour, les prisonniers se promenaient ou restaient assis; seulement au fond, sur la terrasse d'un petit temple, un prisonnier isolé était assis sur son lit.

« Le gouverneur, » me dit à l'oreille l'employé. C'était un homme de haute taille, à figure expressive; sa longue chevelure en désordre tombait sur ses épaules, une barbe noire longue et épaisse lui couvrait la poitrine et en même temps la chaîne qui, entourant son cou, descendait le long du corps, puis, se partageant en deux branches, allait jusqu'aux pieds. Il aurait été intéressant d'apprendre quel était le crime de ce gouverneur ; j'ai pu comprendre seulement qu'il était coupable de mauvaises dispositions prises pendant la guerre. Il avait le type musulman, mais on m'affirma qu'il était Chinois.

Tan expliqua à l'ex-gouverneur qui j'étais et ce qui m'amenait en Chine et dans cette prison ; voilà deux ans qu'il était aux arrêts et avait l'air d'avoir oublié le passé. Il m'était pénible de le voir debout devant moi ; c'est avec peine que je pus le décider à se rasseoir, et je pris place sur son lit, à côté de lui. Ce prisonnier ne se plaignait pas de son sort, mais d'une maladie d'estomac (gastralgie chronique) ; je promis de lui envoyer des médicaments. Il est bien triste de voir un homme dans cette position, surtout quand sa culpabilité est douteuse. Déjà deux ans de fer ! Et ne pas savoir quand et comment le châtiment prendra fin ? Je le saluai et allai plus loin.

Près du mur se tenaient quatre Doun-Gans, deux adultes et deux enfants de quatorze à quinze ans ; les deux premiers, enchaînés comme le gouverneur, avaient en outre les poignets enfermés dans un bracelet double, de sorte que leurs mains étaient croisées et que tout mouvement devenait impossible : ils ne pouvaient que plier les coudes. Les enfants n'avaient pas de chaînes ; étaient-ils moins coupables ou trop jeunes ? je n'en sais rien. C'étaient les derniers musulmans survivants de la ville de Siu-Tchoou-Fou ; pour tout crime, on reprochait aux deux garçons celui de leur père et de leur oncle, qui avaient été les chefs des insurgés à Si-Nine-Fou, quand les Chinois de cette ville furent massacrés par les musulmans. Tous les deux avaient été exécutés, et il aurait mieux valu que leurs enfants eussent péri avec eux que de rester captifs toute leur vie. En effet, le gardien nous expliqua qu'on les tenait enfermés par précaution, pour qu'ils ne puissent jamais venger leur père et leur oncle. Enfermés depuis trois ans, ils passent leur temps dans une oisiveté absolue, car on ne leur apprend rien et on ne leur donne aucune occupation.

Certains bâtiments étaient habités en commun par plusieurs prisonniers ; les chambres y étaient assez vastes, mais sombres, car elles n'étaient éclairées que par la porte, qui, ouverte toute la journée, se fermait pour la nuit ; elles étaient absolument vides : ni tables, ni chaises, ni lit, ce qui me parut être une mesure cruelle, car les Chinois sont habitués dans leur intérieur aux lits et aux chaises.

Aussitôt que je m'approchais d'un prisonnier, il se prosternait devant moi et se mettait à genoux ; c'est dans cette posture qu'il répondait à mes questions. Il était très difficile de les faire lever ; quand je leur adressais une autre question, ils s'agenouillaient de nouveau pour répondre ; le règlement est sans doute formel à cet égard.

L'emprisonnement cellulaire n'existe point ; les prisonniers vivent par groupes sans distinction de classe ; c'est ainsi que dans un compartiment, parmi des prisonniers de basse condition se trouvait un mandarin,

ancien chef ayant commandé cinq camps. Bien connu par sa bravoure, il
donnait libre carrière à ses passions, non seulement en pays ennemi pendant la guerre, mais aussi dans son propre pays en pleine paix. Ayant appris
que, par suite de nombreuses plaintes, il allait être traduit en jugement
il avait pris la fuite et était resté caché on ne sait où, pendant trois ans
il n'y avait guère que quelques jours qu'il avait été pris et jeté en prison

D'une physionomie ordinaire et défigurée par la petite vérole, il étai
enchaîné avec un autre individu qui n'était ni prisonnier ni criminel
mais soldat de la police, chargé de le surveiller. « Cela va bien, pensai-je
il lui sera impossible de laisser échapper son collègue de chaîne. » Deux
fois par jour on changeait le gardien. Ce mandarin, m'a-t-on dit plus tard
était aussi accusé de trahison, et l'on attendait de Pékin sa condamnation à
mort ; il devait être écartelé, et cette nouvelle produisit sur moi une telle
impression, que longtemps après je me le représentais encore au momen
où l'on s'apprêtait à lui arracher les membres.

Les prisonniers étaient au nombre de cinquante, vieillards et enfants
le plus jeune, fils du chef des insurgés dont j'ai parlé plus haut, avait neu
ans. Un respectable vieillard était emprisonné sur le soupçon qu'il con
naissait l'endroit où était caché l'argent d'un négociant assassiné dans l
voisinage de sa ferme. Les autres étaient coupables de pillage, de coups
ou tout simplement soupçonnés de ces crimes et délits.

De là on me conduisit dans une autre division de détenus pour déli
moins importants : plus de chaînes, la réclusion est moins sévère, mais l
situation des prisonniers n'est guère meilleure ; la malpropreté est suffisant
pour ruiner la santé de ceux qui respirent l'atmosphère viciée de la prison
Trente-cinq personnes étaient entassées dans un petit espace, où dans u
coin l'on déposait toutes les ordures et l'on vidait toutes les eaux sales
Quand j'eus dépassé la grille d'entrée, non seulement mon odorat souffrit jus
qu'à me donner des nausées, mais les gaz répandus dans l'air me firent veni
les larmes aux yeux. Les prisonniers avaient l'aspect des plus misérables
les uns couverts de haillons, les autres presque nus montraient leur corp
d'une malpropreté effrayante ; la plupart étaient anémiques, quelques-un
gonflés comme des hydropiques ; des taches scorbutiques couvraient les pied
de certains, et presque tous avaient mal aux yeux. Devant moi on leur dis
tribua du gruau de froment au lard, que je goûtai ; ce mets était bie
cuit, épais, salé et avait bon goût ; on leur donne trois fois par jour soit d
gruau, soit du riz, et du thé à volonté. De là je me rendis dans un bâtimen
tout neuf, où je fus reçu par un autre mandarin, jeune et poli, qui me f
voir les instruments de torture ou de punition employés en Chine.

D'abord, la baguette de bambou, *siao-pañ-tzy*, qu'on tient par le bout le plus mince pour frapper avec l'autre extrémité sur les cuisses un nombre de coups qui peut s'élever jusqu'à plusieurs centaines. Cette punition peut être appliquée même à des mandarins à bouton rouge.

Le *beï-houa-tiao-tzy*, constitué par trois baguettes de bambou de l'épaisseur d'une plume d'oie chacune, et entourées d'une corde. Cette verge élastique sert à frapper sur le dos, punition terrible et douloureuse, qu'on applique aux gens sans grade.

Le *tziuï-pa-tzy*, manche en bois au bout duquel sont attachés ensemble deux morceaux de cuir en forme de langue. Cet instrument sert principalement à punir les femmes pour médisance ; on les frappe sur les lèvres ; toutefois cette peine peut être appliquée d'une manière très humiliante aux fonctionnaires d'ordre inférieur : le coupable agenouillé pose la tête sur les genoux du bourreau, qui est assis sur un banc et frappe sur les joues avec ce morceau de cuir. L'instrument est peu ingénieux, mais il paraît qu'il est très douloureux et fait enfler les joues et les lèvres des malheureux qui y sont soumis.

Le *gouañ-gouañ-tzy*, instrument simple, mais terrible par son effet, consiste en deux baguettes de la grosseur de deux doigts ; à l'extrémité de l'une d'elles est un nœud, qu'on passe aux orteils du coupable, de manière qu'il ne puisse glisser ; le pied ainsi maintenu, avec la seconde baguette on frappe le condyle. Tan-Loe, qui a eu l'occasion d'assister à l'application de ce supplice, me racontait que l'os est rapidement mis à nu, sans que pour cela on cesse de frapper. Cette punition s'applique aux hommes du peuple pour pillage et aussi pour l'enlèvement d'une femme mariée.

Autre instrument, un banc avec un dossier vertical à l'extrémité, dans lequel est ménagé un orifice. Le coupable, à moitié déshabillé, s'assied dessus et s'appuie au dossier ; on passe sa tresse dans l'orifice et on l'attache de manière à rendre impossible le moindre mouvement de la tête ; les bras pendants sont également attachés un peu en arrière, et les jambes reposent sur le banc. Quelquefois on laisse le coupable dans cette position pendant vingt-quatre heures et davantage.

Les planches carrées dont j'ai déjà parlé quand il me fut donné de voir des individus soumis à la punition de la cangue, se placent au cou ; elles sont réservées aux individus condamnés pour vol ou pour coups, qui les gardent un temps plus ou moins long, un mois et davantage. La tête reste emprisonnée jour et nuit dans ce collier, et dans la journée on expose les condamnés au pilori.

Enfin, un dernier instrument est une espèce d'établi, dans lequel le cou-

pable se met à genoux sur une planche, et quelquefois sur une chaine posée
sur cette planche, les bras étendus et passés dans les trous des planches
latérales, la tresse assujettie à la planche de derrière et les pieds attachés
au-dessus des talons.

Comme on peut en juger, il n'était guère agréable de visiter tous ces instruments barbares ; mais je m'étais promis de voir le plus possible, et je demandai moi-même à examiner le couteau ou la faux qui sert à la décapitation et qu'on remplit de mercure pour lui donner plus de poids ; puis la
colonne et les planches sur lesquelles on procède à l'écartellement ou à la
strangulation. Je demandai aussi à visiter la prison des femmes ; on me
répondit qu'il n'y en avait point.

Un jour, Sosnowsky nous annonça qu'il envoyait en Russie le Cosaque
Pawlow porteur de documents. « Je ne suis pas en peine de lui, disait-il ; les
Chinois le reconduiront à leur compte d'étape en étape, et il fera le voyage
comme un grand seigneur. »

Dès lors il ne fut plus question que du départ de Pawlow ; le contrat pour
la fourniture de pain promise par notre chef fut écrit en double ; ce document est trop curieux pour que je n'en cite pas les termes.

« Le capitaine d'état-major général Sosnowsky de la grande puissance
de Russie, le Tzoundy militaire et gouverneur de tout le pays de l'ouest
de la grande puissance de Chine, Tzo,

« Conviennent de ceci : Vu l'expédition militaire contre les Tartares dans
la Chine occidentale, d'où nécessité de nourriture ;

« Le capitaine Sosnowsky, mû par un sentiment d'étroite amitié pour la
Chine, se charge de fournir aux Chinois du pain, à raison de trente roubles
la *tchetvert*, mais avec promesse de baisser le prix au cas où il ne serait pas
trop élevé dans le district de Zaïssan. »

Puis Pawlow se mit en route avec vingt roubles pour trois mille verstes
il est vrai que les Chinois se chargeaient de tout. Avant de partir, le
Cosaque alla saluer Tzo, qui lui donna une somme de soixante roubles
(240 francs).

Tzo-Tzoun-Tan avait pris l'habitude de venir souper chez nous tous les
deux jours et de passer la soirée à causer. Il parlait couramment, comme
s'il lisait, et je regrettais beaucoup de ne pouvoir saisir ses discours comme
je l'aurais voulu. Il devait cependant savoir que nous ne comprenions
rien de ce qu'il disait ; peut-être appartenait-il à cette classe de causeurs
qui parlent pour eux sans s'inquiéter qu'on les comprenne ou non.

Ces conférences n'étaient interrompues que par le souper, toujours
copieux et très bien préparé. Tzo mangeait avec appétit ; c'est lui qui

en faisait les frais, il s'écriait : « *Tchi-Tché-ghé! Hao!* (Mangez ceci! C'est bon!) » Quant à moi, ce n'est pas au manger que je pensais; je cherchais à deviner ce qu'il racontait, car l'interprète, secoué et grondé à chaque instant, s'embrouillait dans ses traductions et, je le pense, maudissait en lui-même son sort. Du reste le chef défendit par la suite de traduire ce que disait Tzo : « Vous l'écrirez plus tard et me le communiquerez, » disait-il.

Un soir, Tzo se mit à discuter sur les religions; il parlait avec colère des missionnaires et des Chinois qui embrassaient le christianisme, disant que ceux qui avaient changé de religion ne devaient plus rester en Chine. « Tu as embrassé une autre religion, va-t'en du pays, on n'a plus besoin de toi ici. » Il parlait avec respect de Confucius qu'il mettait au-dessus de Ya-Sou (Jésus); il ne pouvait convenir qu'on pût pardonner à ses ennemis.

« Ne vaut-il pas mieux pardonner à celui qui vous a frappé, par exemple? demandai-je.

— Non, il vaut mieux le frapper, » repartit Tzo.

Au moins il était franc; nous autres, au contraire, ne cherchons-nous pas à nuire même à ceux que nous appelons nos amis?

« Ya-Sou, dit-il, était un grand docteur; nous avons Confucius, qu'avons-nous besoin de Ya-Sou? »

Puis la conversation tomba sur les sciences naturelles et leurs applications. Il n'en connaissait pas grand'chose et ne voulait pas en savoir davantage.

« Nous n'avons point besoin de télégraphes ni de chemins de fer : les premiers amèneront la corruption du peuple, les seconds le priveront de travail et le feront mourir de faim. »

Un autre jour, il parla des apparitions surnaturelles, entre autres des dragons volants.

« Il y en a de grands à tête jaune et de petits. Moi-même j'en ai vu un qui dirigeait son vol vers un temple qui lui était consacré. » En prononçant ces paroles, il nous fixait pour voir quelle impression elles avaient produite sur nous.

— Avez-vous eu peur?

— Comment peur! s'écria-t-il tout étonné et comme offensé. Voir un dragon, c'est un grand bonheur, et il était beau. Se tournant vers Sosnowsky, il ajouta : En voit-on, chez vous?

— Non, répondit le chef; chez nous ce sont les anges qui volent. » Et pour expliquer ce mot intraduisible, il montra sur lui comment ils sont faits.

De cette manière Tzo s'enrichit d'un nouveau renseignement sur la

Russie ; il savait maintenant que chez nous vivent des anthropophages et que des anges voltigent.

La conversation prit bientôt une tournure moins abstraite.

« Il est évident que vous êtes tous mariés, » dit le général ; et sans attendre la réponse, il continua : « Comment avez-vous laissé vos femmes pour si longtemps ? »

Il fut très étonné d'apprendre qu'un seul de nous était marié ; il ne voulut pas le croire, tant que Sosnowsky ne lui eut pas affirmé que chez nous il n'y a que les paysans et les marchands qui se marient de bonne heure. Ce renseignement lui déplut ; il se trouva comme dépaysé et, changeant de conversation, il demanda à voir quelques-uns de nos effets. Il s'intéressa beaucoup aux instruments de chirurgie, à l'harmonium, au microscope et surtout au fil magnétique.

Un soir, il nous invita pour le lendemain au tir à la cible. Moi seul je m'y rendis avec un Cosaque, Tan-Loe et deux mandarins, qui avaient reçu l'ordre de nous accompagner. C'était de grand matin, et déjà partout en ville les fourneaux des cuisines étaient allumés, d'où une fumée épaisse dans les rues, comme s'il y avait eu un incendie. Cela provient, ainsi que je l'ai déjà fait remarquer, de ce que les cheminées n'aboutissent point sur le toit comme chez nous, mais sur le côté du mur. J'expliquai aux Chinois que là était la cause principale de leurs maux d'yeux ; ils en convenaient, mais ne pouvaient me donner la raison du maintien de cette coutume nuisible. Je suivais un chemin à travers des champs et des plantations de tabac, qui passe pour être le meilleur de toute la Chine[1] ; ensuite je longeai un grand cimetière placé au milieu des ruines de la dernière guerre. Enfin nous aperçûmes au loin une tente bleue et plusieurs canons placés sur un rang : c'était le champ de tir. Le chef de l'arsenal, originaire de Canton, vint à ma rencontre et me conduisit sous la tente, où l'on servit le thé ; quelques autres mandarins s'y trouvaient déjà ; ils se mirent à examiner ma personne, mes vêtements, mon porte-cigare, mes crayons et l'agenda où je prenais des notes. Ils auraient volontiers passé leur journée sans se déranger ; aussi, pour mettre un terme à la curiosité des artilleurs chinois, je leur proposai de nous rendre au tir. Le chef de la fonderie me montra quatre canons d'acier rayés se chargeant par la culasse, et sortant de ses ateliers. Ces pièces, fabriquées avec beaucoup de soin, étaient de divers calibres, le plus grand était un canon de 9 ;

---

1. Le tabac de Chine est de bonne qualité, mais il possède un arome désagréable pour ceux qui n'en ont pas l'habitude. On ne le mélange jamais avec l'opium. Le tabac à priser, en poudre impalpable, est en usage dans les hautes classes, mais pas dans le peuple.

le modeste directeur de la fonderie, me prenant sans doute pour un connaisseur hors ligne, n'acceptait aucun éloge, n'ayant confiance ni dans sa propre science, ni dans ses capacités, et confessait la supériorité des Européens. Il contemplait son œuvre avec amour, tant que le canon n'était pas chargé, mais, aussitôt que la charge y était introduite, il s'enfuyait au loin.

A peine la cible était-elle mise en place qu'on commença à charger le plus gros des canons, tandis que leur père, le directeur de la fonderie, se réfugiait sous la tente. Les soldats travaillaient avec adresse et n'étaient pas craintifs; je restai sur place, mais un mandarin me saisit par le bras, cherchant à m'entraîner au loin sous la tente, sous prétexte qu'on pouvait mieux voir sans entendre de près le bruit du canon. Je le remerciai, et voulus rester; il ne me le permit pas, ne voulant point que j'exposasse ma vie, si le canon venait à éclater, et, s'étant bouché les oreilles de ouate, il m'entraîna de force vers un rempart; heureusement qu'il s'arrêta là, car il aurait pu en effet me conduire derrière le rempart.

Le coup partit, et le canon n'éclata pas ; plusieurs coups furent tirés du même canon et des autres, ainsi que d'un petit *fauconneau*, que les soldats maintenaient avec des bâtons ; en général le tir n'était pas mauvais, excepté pour la dernière pièce, qui ne valait rien par elle-même. Le tir terminé, il fallut de nouveau aller sous la tente pour avaler quelques tasses de thé sans sucre, pendant que les mandarins continuaient à me regarder comme un prodige.

De là j'allai voir les prisonniers de guerre, les musulmans, Doun-Gans, derniers survivants de plusieurs millions de leurs concitoyens exterminés par les Chinois. Je m'étais préparé à voir quelque chose de terrible; je fus trompé dans mes prévisions. Ces prisonniers de guerre sont logés dans un temple et suffisamment libres pour pouvoir sortir dans la rue voisine. Ils sont au nombre de vingt-six, en grande partie des femmes et des enfants. Les Chinois les appellent Tchan-Toou (têtes longues) ou Tchan-Moou (cheveux longs). Le Cosaque Smokotnine, qui avait connu leurs compatriotes à Kouldja, pouvait causer facilement avec eux dans la langue kirghize. Nous apprîmes qu'ils étaient de Khami et que la nouvelle de l'arrivée des Russes à Lan-Tcheou leur était connue. Les bonnes vieilles, et il y en avait plusieurs, se figuraient que je pouvais leur faire obtenir le pardon et le retour dans leur pays; elles pleuraient, se jetaient à mes pieds, me suppliant d'intercéder en leur faveur.

« Elles sont persuadées, me disait le Cosaque, que vous donnerez des ordres pour les faire reconduire à Khami; elles n'ont qu'une seule pensée :

partir et partir. » Je restai à écouter leurs lamentations, n'osant pas leur
dire que ce n'était pas mon affaire et qu'il m'était impossible de remédier
à cet état de choses.

Intercéder auprès de Tzo pour ces vieillards, pour ces enfants, j'en avais
bien envie, mais je connaissais les sentiments de Tzo envers ses ennemis,
et j'eus l'occasion d'en faire l'expérience ; voici dans quelle circonstance.
Quand j'allai visiter les prisons avec Tan-Loe, celui-ci y rencontra un individu de sa connaissance, enfermé depuis trois ans. Il avait frappé son pale-
frenier, qui tomba malade et mourut ; cette mort fut attribuée aux coups.
Tan le connaissait comme un honnête homme et me pria d'intervenir
auprès du gouverneur général, invoquant les trois années passées en prison.
J'hésitai longtemps, ne voulant pas me mêler de cette affaire ; mais, sur les
instances de Tan, je me hasardai un soir après le souper à lui présenter ma
supplique en faveur du prisonnier.

« De qui parlez-vous, de quel prisonnier ? » me dit-il.

Tan, qui était là à la porte, se jeta aux pieds du général et, restant à
genoux, lui expliqua l'affaire.

« Qu'est-ce que cet homme ? » s'écria Tzo en colère, quoiqu'il le connût
bien pour être notre compagnon de voyage et qu'il lui fût difficile du reste
de ne pas remarquer un homme de cette taille.

« Fais attention, toi, qu'on ne te mette pas aussi en prison... Examinez
l'affaire et voyez ce qu'il demande, » ajouta-t-il, sans donner d'ordre précis
à qui que ce fût. Et furieux il partit immédiatement. Cette scène avait
produit un effet très désagréable ; on sentait la puissance d'un autocrate
capable de briser qui lui déplairait.

Un jour, en rentrant, je trouvai deux mandarins inconnus, dont l'un
à bouton rouge, ce qui du reste arrivait assez souvent. Ces messieurs venaient par curiosité examiner nos personnes et nos occupations. Ce bouton
rouge d'aujourd'hui était d'une rare naïveté ; après les saluts d'usage, il se
mit à me toucher les cheveux, les oreilles, les ongles, les doigts ; puis, riant
tout haut de satisfaction, il dit à son collègue : « Absolument les mêmes
que nous, regarde toi-même. » Et il lui présentait ma main. N'étant pas en
mesure de causer avec eux, je laissai de côté les règles de la politesse,
m'excusai de ne pas avoir de temps et les priai de repasser dans un moment
plus opportun. Ils ne se formalisèrent guère de cette conduite. Je les infor-
mai que Tzo m'attendait pour faire son portrait, ce qui leur fit grand plaisir,
et tous deux me suivirent.

Tzo-Tzoun-Tan m'attendait en effet en habits de parade ; je le plaçai
devant moi et commençai à peindre. Une dizaine de mandarins étaient

Portrait du gouverneur général Tzo-Tzoun-Tan.

réunis derrière moi et discutaient à mi-voix sur la ressemblance du portrait. J'avais à peine tracé le premier trait :

« Pas de ressemblance, » disait l'un.

« Eh ! que c'est mauvais ! Pas ressemblant du tout, » ajoutait un autre, supposant sans doute que je ne le comprenais pas.

« Ce n'est pas possible, c'est très difficile, » répétait un troisième.

« Il ne devrait pas dessiner du tout, » concluait un quatrième; et ainsi de suite.

Mais bientôt ils changèrent d'opinion et rirent de satisfaction ; plus le portrait avançait, plus leur étonnement grandissait. Tzo ne put se retenir, il quitta sa place et vint regarder; il fut très satisfait, mais fit deux remarques : sur son portrait il paraissait plus jeune, disait-il, et je n'avais point dessiné les plumes de paon à deux yeux qu'il avait à son chapeau, plumes qui descendent en arrière, et qu'il est impossible de voir quand on regarde de face. Mais Tzo ne voulut rien comprendre et me supplia de marquer sur son portrait ce signe de sa haute dignité.

J'expliquai l'impossibilité de le faire et, ne voulant pas me compromettre, je ne le fis point. Quand le portrait fut achevé, Tzo et les mandarins se mirent à l'examiner de près et de loin, ou simplement ou en se faisant une lorgnette de leurs mains. Enfin Tzo fit apporter son binocle, un microscope et un stéréoscope, pour regarder au moyen de ces trois instruments.

Il était d'abord convenu que le portrait serait pour moi ; le général me pria de le lui laisser.

« Mais il est précieux pour moi, lui dis-je, comme souvenir. »

Alors il me demanda de lui en faire une copie, pour l'envoyer à l'un de ses amis. Je ne pus lui refuser et quand, le lendemain, la copie terminée, je portai les deux portraits en lui donnant à choisir, il ne se décida pas à déterminer seul son choix; il fit venir une vingtaine de personnes, qui à l'unanimité lui indiquèrent le portrait original comme étant le meilleur. Tzo en fut charmé, il le suspendit dans son cabinet et de temps en temps allait le voir ; mais il ne pouvait se consoler de l'absence des plumes (*linn-tzy*), et je suis convaincu qu'elles furent ajoutées plus tard par quelque artiste chinois.

Cependant il fallait penser au départ et avant tout chercher des voitures de louage. Il n'y en avait pas dans le pays ; mais grâce à Schi, l'aide de camp du gouverneur, celui-ci fit encore une concession en nous fournissant gratuitement des voitures de l'administration.

Sur ces entrefaites, le même Schi nous apporta une nouvelle grave et désagréable : les insurgés Doun-Gans, commandés par Bi-Yan-Hou, se

seraient approchés de la ville de Barkoul, et la guerre avec les Chinoi
aurait recommencé. »

Cette nouvelle consterna Sosnowsky, comme « moralement responsable »
Il perdit courage et, se prômenant toute la journée dans sa chambre d'u
coin à l'autre, cherchait les moyens de sortir de cette situation fâcheuse.
résolut de s'arrêter dans la ville de Sou-Tcheou et d'attendre la fin de l
guerre, en changeant d'itinéraire et laissant de côté les villes de Pi-Tchar
Tourfan, Ouroumtzy et Manas.

Quoi qu'il en soit, le départ de Lan-Tcheou était décidé. Un aide de cam
de Tzo vint avec deux domestiques qui portaient sur un grand plateau u
monceau d'objets divers : c'étaient des cadeaux d'adieux.

Sosnowsky se trouva tout confus; il remercia par quelques phrases entre
coupées : « Dites à Tzo-Tzoun-Tan combien nous sommes reconnaissants, qu'
nous est très agréable, seulement que moi..... si ce n'était le naufrage...
Mais aussi pourquoi toute une montagne?.... Du reste je lui enverrai de
cadeaux de Russie, » et ainsi de suite. Frappé cependant de cet amas d
dons, il pria l'interprète de s'enquérir s'ils étaient destinés à lui seul ou s'i
devaient être distribués entre toute la compagnie. L'aide de camp bégay
ne sachant que répondre, puis il fit dire que c'était pour lui tout seul
partit. Une heure après, il revint dans notre chambre, apportant des cadeau
à Matoussowsky et à moi : quatre pièces de soie, quatre rouleaux de papie
avec sentences écrites de la propre main de Tzo, et deux rouleaux petits
lourds, qui contenaient, à notre grand étonnement, deux cents roubles cha
cun. Ce pourboire inattendu, on pense bien, ne pouvait être accepté. Nou
remerciâmes pour les rouleaux aux inscriptions, comme un précieux sou
venir, mais nous refusâmes net la soie, en ayant déjà acheté plusieurs pièce
quant à l'argent, nous pensions, dîmes-nous, que le général voulait nou
faire injure par cet envoi, que nous en étions bien fâchés, n'ayant mérit
en rien un pareil affront. L'aide de camp fut prié de rendre l'argent à Tz
et de lui expliquer que chez nous on ne donne de l'argent qu'aux domes
tiques, absolument comme chez eux.

Schi, voyant notre émotion, essaya d'arranger l'affaire, disant que c
argent n'était point envoyé comme cadeau, mais pour être distribué par nou
en route aux Chinois pour leurs petits services, par exemple aux soldats q
nous accompagnaient. Dans ces paroles il y avait une allusion très clai
à notre parcimonie; on donnait en effet des pourboires minimes, et que
quefois même on n'en donnait pas. Mais cela dépendait de notre chef, q
en avait fixé le chiffre, et nous ne devions rien ajouter de notre part, c
qui du reste empêchait parmi les soldats les discussions ou les jalousies.

Schi continuait à nous prier de ne pas faire injure au général en refusant l'argent.

« Nous n'avons pas l'intention de faire de la peine à Tzo, disions-nous, mais il ne faut pas non plus qu'il nous en fasse. Dites à Tzo que Pia et Ma ne sont pas des domestiques, mais des messieurs. »

Le chef, qui de la chambre voisine entendait cette conversation, vint nous trouver, nous conseillant de ne pas commettre une telle *absurdité* et d'accepter l'argent. Il affirmait que tel est l'usage en Chine, où l'on offre de l'argent même à de hauts fonctionnaires. Nous fîmes une concession et gardâmes les pièces de soierie, pour les donner aux Cosaques, nous refusant formellement d'empocher l'argent. Sosnowsky eut le bon goût de ne pas insister sur ce point, et Schi partit avec les quatre cents roubles.

Pendant le dîner, l'affaire des roubles revint sur le tapis. Sosnowsky chercha à démontrer qu'il n'y avait pas de quoi s'offenser :« Boïarsky et Andreiewsky, répétait-il, ont reçu chacun cinquante roubles; il les ont acceptés sans se fâcher; j'admets que deux cents roubles ne forment pas une forte somme, mais on ne les trouve pas tous les jours sur son chemin.

— Et pourquoi ne vous a-t-il pas envoyé de l'argent à vous aussi ?

— Cela revient au même : parmi les objets chinois que j'ai reçus, je viens de trouver le chronomètre en or qu'il nous a montré, ainsi que le service en cristal. Si vous le voulez, il est tout aussi impoli d'offrir à un Européen des objets européens.

— Certainement, et vous voyez que vous en êtes offensé, et vous les avez probablement renvoyés, car c'est blessant pour notre amour-propre, d'autant plus que nous sommes ici des personnages officiels.....

— Il est évident que j'aurais dû les renvoyer, mais j'ai réfléchi qu'en le faisant je pouvais offenser le vieillard. Il a tant fait pour nous. »

Qu'avait-il fait? Je cherchais vainement à rassembler mes souvenirs, lorsque Schi revint avec les fameux rouleaux, disant que le général, nous les ayant destinés, ne pouvait plus les reprendre. « C'est à vous, et vous pouvez en faire ce que vous voudrez.

— Dans ce cas, jetez-les dehors, dis-je en élevant la voix; donnez-les à qui bon vous semble, aux pauvres, mais qu'il n'en soit plus question. » Comme il voulait rapporter au général que nous demandions que l'argent fût distribué aux pauvres, nous lui dîmes : « Vous pouvez le faire dans le cas où vous accepterez de nous également cinquante roubles pour les pauvres. »

Sur ce, Schi sortit. Nous étions d'avis, Matoussowsky et moi, d'ajouter une somme égale de deux cents roubles, mais, n'ayant point le droit de disposer des sommes extraordinaires de l'expédition, il nous aurait fallu sacrifier cette somme de notre poche, ce qui était difficile.

Après le dîner je jetai un coup d'œil sur les cadeaux offerts à Sosnowsky : il y avait des caisses de thé de toute espèce, des paniers avec nids d'hirondelles, des paniers de safran tibétain très cher, des boîtes en laque des plus délicates, tout un monceau d'étoffes de soie, et parmi ces objets le fameux service de cristal et le chronomètre brillaient au premier rang.

L'aide de camp revint encore une fois ; au lieu d'enlever l'argent qu'il avait laissé, il rapportait encore cent vingt-cinq roubles pour nos Cosaques et nos serviteurs chinois. De cette manière tout le monde se trouvait gratifié. Cependant nous parvînmes, avec Matoussowsky, à persuader notre chef de renvoyer l'argent ; ce qu'il fit, sans y ajouter quoi que ce fût.

Tzo consentit à le reprendre et à le distribuer selon notre désir ; il nous fit complimenter sur la bonté de notre cœur et notre magnanimité. Du moins c'est ce qu'on nous dit ; peut-être qu'il n'en sut rien et crut que l'argent avait été accepté par nous.

Notre chef était d'accord avec nous pour renvoyer aussi la montre et le service ; « mais, disait-il, tout est déjà emballé ; allez donc les chercher ».

Il n'y avait point de doute que dans l'envoi de ces cadeaux, qui est d'usage, il n'y eût eu une pensée secrète. Tzo avait probablement risqué d'envoyer la montre et le service, pensant que ces deux objets lui seraient rendus. Il devait même être convaincu qu'il en serait ainsi, mais il se trompa dans ses calculs, et, s'il nous avait donné une rude leçon, il en reçut lui-même une aussi rude qui lui coûtait cher et le privait d'un souvenir précieux.

Pour dissiper ma mauvaise humeur, j'allai dessiner dans le jardin attenant à la maison du gouverneur général. Presque tous les voyageurs parlent avec enthousiasme des jardins chinois et les décrivent sous les couleurs les plus attrayantes. J'avoue que de tous ceux que j'avais vus, aucun ne produisit sur moi une grande impression ; pas un seul ne répondait à l'idée que je m'en étais faite d'après les descriptions et les dessins. Ils me plaisaient par leur originalité et leur commodité, mais voilà tout, je n'éprouvais aucune jouissance. Il en fut de même ici : le jardin occupait un vaste espace, divisé par les vestiges de la Grande Muraille, qui le traversait ; la première partie constituait le jardin fruitier, l'autre le jardin des fleurs. Malgré ses sentiers pavés de briques, ses bassins, ses ponts et ses kiosques, ses arcs et ses portes en formes de théières ou de cruches, ce jardin mérite à peine ce nom, tant il est pauvre en arbres, en verdure et en fleurs. Pas d'ombre, pas de petits sentiers perdus dans la verdure, pas de gazon, de parterres, de fleurs : c'est

Jardin du gouverneur général.

que le maître n'est pas amateur de fleurs; il n'y vient jamais : la vie y manque et je n'y rencontrai que quelques soldats oisifs.

Quoi qu'il en soit, ayant choisi une vue, je commençai à dessiner; les soldats s'en aperçurent et, sans que je les en eusse priés, m'apportèrent une petite table et du thé; eux-mêmes, postés derrière moi, suivaient mon travail, discutant sur mes crayons et mes couleurs. Le dessin leur plut et les fit rire de contentement.

Je visitai aussi le club de Tzien-Si, comme l'un des plus remarquables établissements de Lan-Tcheou par sa grandeur et sa richesse. Sa disposition

Portes dans le jardin du gouverneur général.

est semblable à celle des temples dont j'ai déjà parlé : plusieurs cours plantées d'arbres, théâtre, temple et habitations, le tout d'une grande beauté et d'une grande richesse, principalement les toits, en tuiles jaunes, grises et bleues. Les prêtres attachés au temple de ce club me connaissaient et me recevaient toujours avec autant de respect que de plaisir.

Dans un quartier éloigné de la ville il y avait un temple d'où l'on jouissait d'une vue magnifique sur les environs de Lan-Tcheou, et que je voulus également dessiner. Le *hechan* ou prêtre m'était aussi connu, et comme les autres il me demanda un petit dessin. Il m'apporta du papier de Chine, sur lequel on ne peut dessiner, mais il me toucha par ses prières; me prenant par la main, il me conduisit dans un endroit très clair du temple, donnant sur la terrasse et, m'indiquant un mur propre et blanc, il me présenta des pinceaux et de l'encre de Chine, en me saluant profondément. Une heure après, il se prosternait de nouveau, me remerciant et me montrant ses deux médius. Pendant ce temps, la foule était maintenue en bas par les soldats, car elle savait déjà que sur un mur du temple il y avait un dessin représentant la mer, des montagnes et un bateau à roues de feu (bateau à vapeur), et voulait absolument voir le *dessin étranger*. On laissa entrer ces gens après mon départ, et leur empressement fut tel, que personne ne me suivit dans la rue: par curiosité ou par amour de l'art? je pense plutôt que c'est ce dernier sentiment. Le lendemain Tan-Loe me raconta que ce temple ne désemplissait pas du matin au soir; tout le monde désirait admirer le dessin. En Chine, il est facile à un artiste de se faire une renommée.

En dehors de la ville il y avait plusieurs temples entourés de bosquets : j'en visitai trois. Le mur qui entourait l'un de ces temples était couvert de fresques représentant une suite de scènes tirées sans doute de quelque épopée. Le tableau commence à la gauche de la porte d'entrée, fait le tour de la cour et se termine à droite de la même porte. Je regrettai infiniment de n'avoir personne près de moi qui pût m'expliquer le sujet de ce tableau. Je regrettai également de ne pouvoir disposer de nos appareils photographiques, qui depuis longtemps étaient devenus en quelque sorte la propriété particulière de Sosnowsky; lui seul s'en servait pour les reproductions. Je voulais prendre le dessin de ce mur, mais je n'en eus pas le temps, et ce travail présentait une réelle difficulté, car il aurait fallu dessiner à la manière chinoise, sans perspective et copier, par exemple, des mains ou des pieds monstrueux.

Autant qu'il m'a semblé, le sujet représentait l'incarnation de Bouddha et l'histoire de son développement, la création de l'homme, sa vie, paisible d'abord, mais suivie d'une période de guerres et de calamités, et enfin des scènes de la vie d'outre-tombe. D'abord, c'était le chaos précédant la création du monde et l'incarnation de la divinité ; plus loin, au milieu de ce chaos, un cercle suspendu dans les nuages portait au centre une tache en spirale. A côté, un autre cercle, placé également au milieu des nuages, mais dont la spirale était remplacée par un tout petit Bouddha, assis à la turque, la main étendue, comme s'il bénissait le monde. Dans un troisième cercle, le même Bouddha, flanqué de deux autres personnages plus petits. Puis la scène représentait les hommes, bons et honnêtes, jouissant de tous les bonheurs et vivant dans la contemplation; plus loin, des scènes de guerre entre les hommes, puis entre les hommes et les dieux, et les punitions par le feu, les armes et par l'eau que du ciel les divinités versaient de vases en peaux de tigres. Toute une série de scènes incompréhensibles se passait au milieu des montagnes, des nuages, des plaines, sur l'eau ou sur la terrasse des maisons, dans les jardins et dans l'intérieur des maisons. Les personnages de ces scènes étaient représentés volant dans les nuages ou se faisant traîner par des chevaux de couleur rose à crinière verte, ou dans des palanquins attelés de dragons, ou dans des chariots conduits par des bœufs; d'autres montaient des cigognes ou des oiseaux fabuleux. Les accessoires de ces scènes, d'un caractère symbolique, sont difficiles à expliquer : par exemple, des nuages de fumée noire sortant de dessous terre, et dans ces nuages cinq têtes de dragons, posées comme des fleurs sur de longues tiges.

Tzo avait cessé subitement ses visites depuis le jour où il avait envoyé les cadeaux. Quelques jours se passèrent sans qu'il vînt chez nous ou qu'il envoyât quelqu'un. La veille du départ, nous nous rendîmes chez le général pour lui faire nos adieux. Il fut convenu que pendant cette visite chacun de nous, à tour de rôle, lui exprimerait, en termes polis, le regret d'avoir été offensés, Matoussowsky et moi, par l'envoi de l'argent, et Sosnowsky, par l'envoi de la montre et du service en cristal. Le chef devait parler le premier, quoiqu'il me fût difficile de comprendre comment il pouvait se considérer comme offensé, puisque, au lieu de renvoyer la montre et le service, il les avait emballés au plus vite.

Le gouverneur général nous reçut dans la même salle que lors de notre première visite. Il portait le chapeau d'uniforme et une robe en soie blanche; une autre en soie jaune était retenue à la taille par une ceinture à boucle d'argent artistement façonnée; enfin une espèce de mantille noire transparente recouvrait ses épaules. Il s'excusa de ne pas être venu nous voir depuis quelques jours à cause d'une indisposition, et réellement il avait changé; il cherchait à être affable, ayant sans doute appris notre mécontentement au sujet de ses cadeaux-pourboires. Sosnowsky commença son *speech* du ton le plus aimable, remerciant le général de sa bonté, de sa cordialité et de son hospitalité, et poursuivit ainsi : « Je le répète encore une fois, ces objets européens étaient inutiles..... » puis, faisant un geste de la main et se tournant vers nous, «... du reste, laissons cela ; ce n'est pas le moment ni l'endroit d'en parler ; il n'est pas nécessaire de discuter sur des bagatelles. » De cette manière Tzo reçut seulement nos remerciements; il les accepta comme une dette payée; puis on causa de choses indifférentes. Cette fois Tzo nous fit entendre qu'il considérait sa patrie, sinon supérieure, du moins égale à n'importe quel pays du monde, et ce trait me disposa en sa faveur. Faisant le parallèle entre la Chine et les pays étrangers, il ajouta que si les Européens s'illustrent par des découvertes nouvelles, les Chinois découvrent du nouveau dans leur antiquité même, dans leurs écrits, qui sont loin d'être connus et mis au jour. En nous quittant, il s'invita pour le soir même à dîner chez nous.

En effet ses domestiques vinrent bientôt procéder aux préparatifs, et à leur suite le général vint en uniforme avec ses aides de camp. La cérémonie des couverts et des salutations eut lieu comme la première fois, et cette fois encore c'était lui qui nous régalait. Jamais l'idée ne nous était venue de l'inviter à dîner, ce qui était facile, il n'y aurait eu qu'à faire venir un cuisinier de la ville; mais, entraînés par nos occupations «scientifiques et commerciales», nous oubliâmes les usages du pays et les règles de la politesse. Jamais on ne lui avait offert quoi que ce fût, excepté du sucre, que Matoussowsky et moi lui offrîmes à sa grande satisfaction, car il avouait n'en avoir jamais vu d'aussi ferme et d'aussi blanc.

Le dîner, encore plus copieux que d'habitude, se prolongea assez longtemps; tout le monde était rassasié, que Tzo mangeait encore. La conversation n'était pas en train, chacun se sentant mal à l'aise; on avait beau rire et gesticuler, tout était inutile. Ne pouvant supporter cette situation, je me levai et, prétextant auprès de Tzo une indisposition, je le priai de me laisser partir. Il exprima ses regrets, sans chercher à me retenir.

Le 10 juillet, notre logement, d'habitude silencieux, s'était subitement animé : domestiques, soldats et conducteurs emportaient les bagages, allaient, venaient, se bousculaient. Les Chinois de notre connaissance nous faisaient leurs adieux; mes clients demandaient des conseils et des médicaments pour l'avenir; de nouveaux malades, qui avaient appris seulement la veille mes cures miraculeuses, arrivaient avec les anciens.

Le départ était fixé pour le matin, mais nous ne fûmes prêts qu'à une heure. Nous avions acheté des chevaux de selle, de peur de ne pas en trouver sur notre chemin; mais, le photographe et l'interprète n'en ayant point, Sosnowsky demanda deux chevaux à l'administration, qui les lui envoya; il fallait des selles, le chef en fit demander deux au général à titre de prêt; celui-ci lui en fit cadeau. Pendant que nous attendions le signal du départ, les domestiques avaient déjà envahi nos chambres pour les balayer et les nettoyer. Je ne sais si c'est l'usage en Chine de se hâter de la sorte ou si c'était l'impatience et la satisfaction de nous voir partir. Les physionomies des mandarins et des soldats me démontraient clairement que le logement gratuit, la nourriture de quinze personnes pendant un mois et les cadeaux de Tzo ne devaient pas être considérés comme un témoignage de leur amitié.

Tzo ne revint plus nous faire ses adieux, et refusa, sous prétexte de maladie, de nous recevoir, malgré le désir exprimé par notre chef. C'est l'aide de camp Schi qui s'occupait de tout, un gros bonhomme qui pendant notre séjour avait rempli auprès de nous avec un grand zèle le rôle de commissionnaire. Pour ses bons offices il reçut un dessous de vase en toile cirée, un pot de pommade et un petit œuf en os avec une petite chaîne de grains de verre. Que voulez-vous, toujours le fameux naufrage!... Du reste on promit de lui envoyer toutes sortes de cadeaux de Russie. Matoussowsky et moi lui remîmes cent roubles pour les distribuer aux cuisiniers, palefreniers, domestiques et soldats attachés à notre service.

Nous voilà partis, je ne dirai pas sans regret en ce qui me concerne. Il m'en coutait de me séparer de l'excellent Schi, de mes malades et des soldats; et eux aussi m'exprimaient leurs regrets comme ils le pouvaient, ou peut-être seulement mon illusion me le faisait croire. Aucune démonstration ne fut faite en notre honneur; pas un coup de fusil, pas un drapeau; personne de la part du gouverneur, pas un des mandarins ne vint nous accompagner aux portes de la ville, comme cela se fait d'habitude en Chine. Beaucoup de bienfaits; point d'honneur. Quelle en était la cause? Je la passerai sous silence : « Tel en pâtit qui n'en peut mais, » avions-nous le droit de dire Matoussowsky et moi.

Ainsi s'acheva la première période de notre voyage, et l'exclamation habituelle du chef : « Quand arriverons-nous à Lan-Tcheou? » fut remplacée par cette autre : « Quand arriverons-nous à Zaïssan? »

# CHAPITRE XII



10 juillet. — Nous traversons le pont déjà connu du lecteur, et nous suivons la rive gauche du Houang-Ho à travers les montagnes, dépourvues de végétation ou couvertes par endroits d'une herbe grisâtre. Plus loin nous traversons des champs de cotonniers en fleurs, d'autres de melons, de pastèques et de courges, avec huttes de paille pour les gardiens ; des jardins fruitiers, abondants en pêchers et en abricotiers. Le long du chemin se succèdent les ruines nombreuses d'anciens villages et de villages-fortins. Voici encore une cage suspendue avec une tête de supplicié. Le chemin longe l'ancienne Grande Muraille, qui est réduite ici à un simple rempart de terre, remarquable seulement par sa longueur. Ce fameux monument historique touche à la fin de son existence, et avant quelques années l'eau et l'air auront achevé leur œuvre de destruction. Le Fleuve Jaune, très large et très rapide, est couvert d'un brouillard bleuâtre, principalement à sa rive droite. Nous le quittons bientôt pour toujours, tournant à droite dans un ravin triste et désert, où de temps en temps nous apercevons quelques rares maisonnettes isolées ; je plaignais de tout mon cœur les habitants condamnés à passer là leur existence.

Sosnowsky était parti au grand trot, comme d'habitude, et nous étions restés seuls avec le Cosaque et Tan-Loc. Il faisait presque nuit quand nous arrivâmes à un endroit où le chemin se bifurquait ; nous ne savions quelle route choisir. Nous prîmes à gauche ; mais bientôt nous nous arrêtâmes, ignorant s'il fallait poursuivre le chemin ou retourner sur nos pas. Entendant au loin le bruit de nos voitures et les cris des conducteurs qui nous suivaient, nous fûmes fixés, et nous pénétrâmes la nuit dans le village de Yuï-Tzia-Van, où nos collègues étaient déjà installés. Assis autour d'une table, ils discutaient. Je m'approchai, pensant qu'il était question de notre voyage à venir ; pas du tout : le chef racontait l'histoire d'un personnage important qui, arrivant le matin chez lui, attendait son réveil au pied du lit pour lui faire signer les papiers de service, et comment lui, Sosnowsky, infligeait des réprimandes très sévères à divers fonctionnaires ; c'était, vous le voyez, très intéressant.

11 juillet. — Aujourd'hui, même paysage qu'hier : la contrée, cependant, est un peu plus peuplée ; les villages ne sont pas bâtis dans la vallée, mais au sommet des montagnes, sur les pentes desquelles on aperçoit bon nombre d'orifices d'habitations souterraines qui me paraissent abandonnées. Presque pas d'oiseaux, même dans les champs, peu nombreux du reste, et semés d'orge, de froment et de *Brassica campestris*, plante d'où l'on extrait de l'huile ; par contre, une assez grande quantité de lézards et de marmottes qu'on voyait courir à travers les arbrisseaux, poussant une espèce de sifflement monotone. Terrible ennui d'aller au pas, sans pouvoir se distraire ! Un orage menaçait et nous fit hâter la marche ; nous réussîmes à arriver à temps à Ti-Tzia-Pou. Dans une rue de ce grand village nous vîmes un énorme tronc d'arbre desséché, scié dans sa partie supérieure et dépouillé de son écorce ; à son sommet et sur les côtés il supportait de petites chapelles en briques, avec des figurines de dieux ; il y en avait quatre, dont une dans l'intérieur même du tronc.

12 juillet. — Le paysage change. La route est tracée sur un plateau vaste, bien peuplé et cultivé ; à part quelques fermes isolées, on y voit des villages de construction récente, postérieure à l'invasion des Doun-Gans ; ils sont tous fortifiés, c'est-à-dire entourés d'un haut rempart de terre avec tourelles aux coins ; une seule porte y est pratiquée et les habitants vivent cachés aux yeux de tous.

La pluie n'a pas cessé de la journée et le sol est fortement détrempé. La halte de nuit a lieu dans la petite ville de Pinn-Fann-Sian. La fraîcheur de la nuit, ou plutôt le froid, témoignait d'une élévation considérable au-dessus du niveau de la mer.

13 juillet. — Avant de quitter la ville, je monte sur le mur d'enceinte pour examiner la vue de la plaine qui se déroule au nord. Jadis elle a dû être peuplée ; maintenant il n'y a que des ruines. A droite, la Grande Muraille serpente à travers les collines. Chemin faisant, je rencontre beaucoup de piétons et de cavaliers, et, pour la première et unique fois, je vois un Chinois blond. Du reste, les habitants du pays que nous traversons n'ont

point le type chinois; ils n'en portent pas le costume et me rappellen
plutôt les paysans de nos campagnes.

Tous très aimables, ils n'étaient point curieux; cette conduite me donn
à réfléchir sur les causes de cette absence de curiosité. Le souvenir de
désastres récents leur inspirait-il cette crainte en présence d'un inconnu
Peut-être, et c'est pourquoi ils cherchaient à passer inaperçus, fuyant, s
tenant à l'écart le plus possible. Tel quittait la route pour les champs et
s'arrêtant au loin, attendait que je fusse passé; un autre, qui causait ave
ses compagnons de route, cessait la conversation et gardait le silence tan
que je ne les avais pas dépassés; un troisième, descendant de sa monture
poussait son âne hors de la route, quoiqu'elle fût assez large pour nou
laisser passer tous deux.

Le chemin se rapprochait de la Grande Muraille et je pus examiner er
détail ce souvenir gigantesque de l'antiquité. J'ai déjà dit que ce monumen
est à moitié ruiné et s'amincit de plus en plus, surtout dans sa partie supérieure; dans certains endroits même, il n'existe plus du tout; dans d'autres
au contraire, il est assez bien conservé. En passant près des ravins, il se
bifurque et forme une cour où peuvent tenir à l'aise trois ou quatre cents
personnes; la partie du mur qui touche au ravin est surmontée d'une tour
avec embrasures; mais bien peu de ces tours se sont conservées jusqu'à nos
jours. Un fossé suit parallèlement la muraille.

La faune et la flore de la contrée sont assez riches. Je m'attendais à un
arrêt d'une heure ou deux pour recueillir quelques échantillons : vain
espoir, rien n'était digne de notre attention, et l'on poussa plus loin.

La chaleur était étouffante; nous nous proposions, Matoussowsky et moi,
de nous reposer dans le prochain village et d'y prendre du thé, lorsque en
passant dans une rue nous vîmes la porte d'une maison parée d'étoffe rouge
en guise de tentures; il était facile de deviner que nous étions la cause de
cette décoration. En effet, un Chinois vint nous souhaiter la bienvenue au
nom des habitants du village et nous invita à entrer dans la maison pour
déjeuner et nous reposer. Cela tombait juste à point, car nous avions faim;
mais qu'il était désagréable de se remettre encore à cheval et de continuer à
se traîner jusqu'à la nuit!

La plaine en cet endroit tourne à l'ouest et est arrosée par une petite
rivière; son horizon est fermé par de grandioses montagnes, dont les crêtes
sont couronnées de neige (Tzy-Liañ, d'après la carte de Williams). Le long
du chemin, à de petites distances l'un de l'autre, se trouvent des piquets de
deux ou quatre soldats, qui montent la garde à tour de rôle sur de petites
tours d'argile. Ils remplissent le rôle du télégraphe, et les signaux se trans-

mettent d'une tour à l'autre au moyen de signaux avec un drapeau noir ; mais aujourd'hui ces drapeaux ont une autre destination : ils sont agités pour nous saluer au passage. Triste fonction et triste existence ! Sonder sans cesse l'espace dans l'attente de l'arrivée possible de l'ennemi.

Près du village de Tcha-Kou-I, où nous devions passer la nuit, nous rencontrâmes quatre cavaliers, que de loin je reconnus être d'une autre

Arbre desséché portant de petits temples, à Ti-Tzia-Pou. (Page 433.)

race que les Chinois. Je priai Tan-Loe de leur demander qui ils étaient. Ils nous dirent appartenir à la nation des Fañ-Tzy, ou Si-Fañ, ou Tangout ; ils habitent la province de Kan-Sou et payent une redevance au gouvernement de la Chine ; autrement vêtus que les Chinois, ils laissent pousser leurs cheveux et ne portent point de tresses, parlent une langue particulière, ont leur écriture propre, mais connaissent le chinois. Je les priai de venir le lendemain matin pour que je fisse leurs portraits ; ils y consentirent.

Dans le village, pour tout logement nous trouvâmes une étable, mais nou
nous décidâmes à coucher dehors; encore fûmes-nous incommodés par l
fumée des bûchers sur lesquels les Chinois préparaient leur souper, c
empêchés de dormir par une drôle de conversation entre Sosnowsky et l
vieux Siui, dans le dialecte de Kiachta : il s'agissait des métis d'un bœu
mongol sauvage et d'une vache domestique.

« Si le mâle est un yak (bœuf mongol) et la femelle une vache ordinaire
comment seront les petits? demandait le chef.

— Je pense qu'ils seront bons, » disait Siui.

Dans quel sens ces petits seraient-ils *bons?* je n'en sais rien. Toutefoi
cette conversation comique nous faisait rire aux larmes, chaque fois qu
nous nous la rappelions.

14 juillet. — Nous étions dans les environs des montagnes où pousse l
rhubarbe (*taï-houan*), et je demandais aux Chinois s'ils ne connaissaient pa
quelqu'un qui s'occupât de la récolte et du commerce de cette racine. Ils
me désignèrent un spécialiste, dont je cherchai à tirer quelques renseignements avec l'aide du Cosaque.

Ce Chinois avait été trois fois à Kiachta avec des caravanes de trois à
quatre cents chameaux chargés de rhubarbe qu'il vendait aux Russes; mais
il ne put m'en déterminer le prix, car il l'échangeait contre del'or, de l'argent et des fourrures; cependant il prétendait avoir fait un bénéfice d'un
rouble par *guine* (environ une livre et demie), c'est-à-dire de 72 000 roubles
sur tout le chargement, ce qui me paraît douteux. Ce Chinois avait pu
être riche jadis, mais il n'en avait plus l'air.

C'était l'insurrection des musulmans qui avait amené la cessation de
l'envoi des caravanes à Kiachta, et non pas les malentendus des fournis-
seurs chinois avec les acheteurs russes. La rhubarbe se trouve à deux jours
de chemin de la station de Tcha-Kou-I; elle croît à l'état sauvage sur les
plateaux, dans les montagnes, dans les endroits humides; il n'y a point de
plantations régulières. La plante atteint une hauteur de deux *sajènes* (4 mètres 26 centimètres environ) ; ses fleurs sont blanches. Les racines sont
*rameuses* et s'enfoncent profondément dans la terre; c'est aux mois d'août
et de septembre qu'on les arrache, quand les feuilles commencent à se
faner. On recherche principalement les racines qui ont plusieurs années,
car fraîchement enlevées de terre, elles sont tendres, succulentes et de couleur jaune. Les Chinois distinguent les racines mâles des racines femelles,
et préfèrent les premières, qui sont plus lourdes et plus succulentes.

On enlève l'écorce, qui est noire et fine; on coupe la racine par morceaux
et on la fait sécher à l'intérieur des maisons. Tout le monde a le droit de

récolter la rhubarbe ; le gouvernement se réserve de percevoir un impôt sur les marchandises importées qui sont le produit de la vente. La meilleure rhubarbe est celle de Si-Nine-Fou, puis celle de Lian-Tcheou, de Lan-Schañ et celle de Schan-Fann-Tzeï-Tzy, à trois jours au sud de Lian-Tcheou. Les médecins chinois la prescrivent aussi comme médicament, et le prix d'un *guine* sur place est de 300 sapèques.

Les deux Tangouts rencontrés la veille tinrent parole ; ils vinrent poser pour leurs portraits et reçurent chacun un morceau d'argent de la valeur de 50 kopecks (2 francs), sur lequel ils ne comptaient guère.

Mais tout cela m'avait pris du temps : il fallait me presser. Le chemin montait toujours et l'horizon s'élargissait au fur et à mesure; l'air était froid et le soleil ne chauffait pas du tout. Au nord-ouest, de hautes montagnes aux crêtes neigeuses fermaient la plaine. Le long du chemin se succèdent des ruines de villages, dont l'un paraissait plutôt une ville. Cette ville était ruinée de fond en comble : il n'y restait rien que des ossements et des gravats; la porte d'entrée, comblée de pierres, donnait à l'ensemble l'aspect d'une vaste tombe de plusieurs milliers d'hommes.

Il était temps de déjeuner; nous nous arrêtâmes devant un misérable hameau, où nous ne pûmes rien trouver, pas même de l'eau bouillante; personne ne voulait même nous entendre : on se détournait en nous priant très poliment de poursuivre notre chemin. Au-dessus de ce hameau, sur une colline, s'élevait un fortin dont le mandarin, monté sur la plate-forme du mur, nous envisageait avec curiosité ; un soldat vint nous annoncer que nos collègues y avaient déjeuné et étaient partis. Personne ne nous invitant, nous dûmes nous inviter nous-mêmes, laissant de côté toute sorte d'amour-propre et de délicatesse.

Il est évident qu'on aurait pu nous fermer la porte au nez; on ne le fit point, le mandarin nous reçut très sèchement, avec un visible mécontentement; on nous apporta cependant de l'eau bouillante pour faire le thé, de l'eau-de-vie, du jambon et du pain, et nous déjeunâmes devant une bande de soldats et d'officiers, qui nous contemplaient, puis nous payâmes le domestique qui nous avait servis. Le mandarin, qui s'intéressait beaucoup à mon papier et à mes crayons, reçut de l'un et de l'autre, devint plus aimable et nous reconduisit jusqu'à la grande porte du fortin.

Un peu plus loin, nous atteignîmes le point le plus élevé de tout notre voyage, le passage *Ou-Sou-Linn*, ou *Ou-Chi-Linn*, situé à 10 900 pieds au-dessus du niveau de la mer. Les montagnes, en granit rougeâtre, présentaient un spectacle grandiose. Le temps était couvert, la pluie tombait de plus en plus fort, et il fallait se hâter pour ne pas être surpris par l'ouragan qui menaçait. Nous arrivâmes à temps dans une espèce d'étable qui devait nous donner un abri pour la nuit.

15 juillet. — Nous voici sur le côté nord des montagnes. Autant de ruines que sur le côté sud; on remarque cependant des villages en reconstruction, et nous rencontrons de nombreuses voitures chargées de bois, amené sans doute de loin, car je n'en apercevais point autour de moi. Les piétons et les cavaliers que nous rencontrions avaient l'air bien malheureux; ils étaient hâlés et couverts de haillons sales. J'en ai vu deux qui mangeaient de la farine dont ils emplissaient leur bouche par poignées.

Les soldats de notre convoi étaient armés de piques et de fusils; si leurs piques ne valaient pas grand'chose, les fusils ne valaient rien. Un fusil n'avait pas de baguette; le chien d'un deuxième ne pouvait être armé; dans un troisième, on pouvait armer le chien, mais non lâcher la détente; des cartouches, aucun n'en avait; c'était donc pour la forme qu'ils traînaient leurs fusils.

L'étape de ce jour n'était que de quarante-cinq *li;* il faisait encore jour à notre arrivée à Gou-Lan-Sian, situé au pied des montagnes. Ces dernières, qui jusqu'alors avaient caché l'horizon, s'élargissaient peu à peu en découvrant la plaine appelée *Siao-Gobi* (le petit Gobi), qu'il nous faudra traverser.

Gou-Lan-Sian est une petite ville ancienne et pauvre; elle a réussi à échapper au désastre général de la guerre civile. Aussitôt après dîner, je fis, accompagné d'un agent de la police, une promenade autour de la ville, en suivant la plate-forme du mur d'enceinte, chassant devant moi des moutons qui y broutaient l'herbe et que je ne pouvais tourner, à cause du peu de largeur du mur. A part quelques vieux temples, rien n'attirait l'attention. Je pris toutefois deux croquis en présence d'un certain nombre de Chinois, qui se conduisaient convenablement, mais pas assez, puisque mon policeman se crut obligé de cracher à la figure de quelques-uns de ceux qui cherchaient à s'approcher trop près de moi.

16 juillet. — Nous quittâmes Gou-Lan-Sian par une chaleur accablante; aussi les rues de la ville étaient absolument désertes. Figurez-vous la position des soldats qui marchaient à pied à côté de nous, quelques-uns portant même nos menus objets! A part les soldats, bon nombre de Chinois, voire même des enfants, nous accompagnaient, car, chassés de leur pays par l'ennemi, depuis la guerre ils vivaient là où le hasard les conduisait, sans perdre l'espoir ni le désir de rentrer un jour chez eux; ils n'attendaient qu'une occasion quelconque pour exécuter leur projet. Notre passage leur parut favorable et ils se joignirent à notre caravane, quelques-uns

comme porteurs, d'autres remplaçant les soldats qui aimaient mieux rester chez eux que de faire une promenade inutile; d'autres encore comme simples compagnons de route. Arrivés au but, ils nous quittaient après avoir reçu une gratification pour les quelques petits services qu'ils nous avaient rendus.

Je ne sais plus où s'était attaché à moi un petit garçon de quinze ans environ, malheureux, grêlé, très laid, mais très zélé; pendant trois ou quatre jours il avait porté quelques-uns de mes objets et, pensant qu'il resterait à Gou-Lan-Sian, je dis au Cosaque de le payer, même un peu plus que les autres.

« On le payera plus tard en une seule fois, me répondit le Cosaque; ce gamin est *transparent*.

— Comment *transparent?*

— C'est-à-dire qu'il ira avec nous tout le temps, jusqu'à Han-Tcheou, et, si ces messieurs le veulent, ajouta-t-il, il nous accompagnera en Russie, car il n'a qu'un oncle, chez lequel il se rend, père de famille et bien pauvre, et il ne voudra pas probablement le garder. »

Ce garçon continua donc à nous suivre; le surnom de *Transparent* lui est resté. Habillé comme un mendiant, il marchait nu-tête et ruisselait de sueur en courant après nous. Je donnai l'ordre au Cosaque de lui acheter dans la prochaine ville un chapeau, des souliers et un vêtement; en attendant, pour garantir du soleil sa tête rasée, je lui donnai une serviette, qu'il accepta avec reconnaissance, et continua son chemin, la serviette blanche nouée autour de sa tête, comme en signe de deuil, selon la mode chinoise.

Toujours des ruines. J'en prends tellement l'habitude, qu'il me semble que le monde entier s'est transformé en ruines et que de ma vie je n'ai rien vu d'autre.

À trente *li* de Gou-Lan-Sian se trouve le village de Schan-Tha-Pou, entouré d'un rempart de terre avec quatre portes. Les habitants nous offrent bien à propos le déjeuner et le thé. Avant de quitter ce village, j'allai, avec Matoussowsky, le Cosaque et Tan-Loc, passer quelques instants à l'ombre des arbres dans la cour d'un temple d'une haute antiquité, au milieu de laquelle s'élève un autel en fonte très original; l'inscription, déchiffrée par Tan, portait que cet autel avait été édifié la première année du règne de Tzian-Louñ, que plusieurs écrivains nomment le Louis XIV de la Chine.

Bientôt nous pénétrons dans un autre village, Tzyn-Bian, ruiné de fond en comble, et qui nous paraît absolument abandonné; cependant l'aboiement d'un chien nous annonce la présence de quelques habitants. En effet nous apercevons deux Chinois, dont l'un en chapeau de parade; ils viennent nous saluer en pliant un genou et nous invitent à les suivre. Parmi ces ruines il se trouvait une maison récemment reconstruite, petite mais propre, appartenant à l’administration ; elle était destinée à recevoir et à abriter les mandarins de passage pour affaires de service.

Notre entrée réveilla Sosnowsky, qui, après avoir dîné, se reposait de ses occupations fatigantes, telles que la recherche de renseignements sur l’état passé et présent du pays. Ce qui nous étonnait, c’est qu’il était impossible de savoir quand il travaillait ; on le voyait passer son temps à réparer l’*odomètre* cassé et à inscrire les indications de cet instrument, qui ne pouvaient être d’une grande exactitude.

Après m’être lavé avec de l’eau chaude, selon l’usage chinois, je dînai et j’allai contempler les ruines. Je n’ai vu qu’une seule maison, à part celle de l’administration; des colonnes de fumée m’indiquaient qu’il devait y avoir d’autres habitations. Une trentaine de Chinois, hommes et enfants, s’étaient réunis autour de moi; ils souffraient tous sans exception de maux d’yeux, et je leur en expliquai la cause. Ils comprirent que j’étais *daï-fou* (médecin), et se trouvèrent d’accord avec moi. Il m’arrivait souvent, quand je m’adressais à un groupe d’hommes, qu’un ou deux seulement me comprenaient et se chargeaient de répéter aux autres mes paroles. Je ne me suis pas rendu compte pourquoi les uns me comprenaient, tandis que les autres ne saisissaient pas ce que je disais.

Pendant la nuit que je passai en cet endroit, mon sommeil fut interrompu par le bruit continuel du plafond, fait de papier huilé et tendu sur un grillage de bambou : au moindre mouvement de l’air, il se soulevait et s’abaissait comme s’il eût respiré, et occasionnait un bruit semblable au froissement des jupes fortement empesées; mais ce n’était pas tout : deux souris se battaient au-dessus, grattaient le papier de leurs griffes, et je m’attendais à chaque instant à les voir tomber dans la chambre ou sur mon lit.

17 juillet. — Le parcours d’aujourd’hui n’offre rien de particulier à signaler, si ce n’est un bon nombre de petits villages nouvellement reconstruits et fortifiés, occupés par les survivants de la guerre. Restés chez eux après la disparition de l’ennemi, les Chinois, semblables aux fourmis, ont procédé à la réédification d’habitations propres à les mettre plus à l’abri du danger; dans la journée ils vont travailler dans les champs et reviennent passer la nuit dans leurs fortins, barricadant solidement l’unique porte du mur de terre glaise qui entoure leurs demeures.

J’ai vu aussi, chose excessivement rare en Chine, un champ de pommes de terre, ainsi qu’un chameau, indice précurseur des steppes de la Mongolie. Plus tard nous aperçûmes les hautes et fines pagodes de Lian-Tcheou-Fou, que de loin on peut prendre pour des colonnes, puis les tours et

Ville de Youn-Tchen-Siañ. (Page 444.)

enfin le mur même de la ville. Les nombreux cimetières qui entourent la ville offrent aux regards des monuments d'une grande originalité ; ils ressemblent à des *ïourtas*, ou à des arcades qui se suivent et forment une longue ligne pittoresque.

Au-dessus de la porte d'entrée, sur le mur d'enceinte de Lian-Tcheou-Fou, s'élève comme d'habitude un grand temple consacré aux dieux protecteurs de la ville ; la première rue qui aboutit à cette porte est large, pleine de poussière, et aussi de peuple qui nous regardait avec curiosité. Presque toutes les maisonnettes ont des boutiques de détail ; mais en outre, devant chaque maison se tiennent des marchands de fruits, principalement de pommes et de haricots. Chose très rare en Chine, beaucoup de femmes s'y occupaient de la vente. Je croyais être déjà à l'intérieur de la ville, quand une nouvelle enceinte me fit comprendre que nous étions encore dans la ville extérieure (*vaï-tchenn*), et qu'il fallait franchir la porte d'un autre mur en briques pour pénétrer dans la ville intérieure, ou (*li-tchenn*). Autre rue, également large, pavée et garnie de trottoirs ; une foule compacte, très émue de l'arrivée d'étrangers, se presse autour de nous. La rue, assez jolie, est plantée d'arbres, possède de belles boutiques, et présente dans le fond un arc de triomphe à trois arcades, etc., ce qui ne laisse pas de lui donner un aspect pittoresque. Hommes, ânes et poules font un vacarme épouvantable ; des porteurs d'eau cherchent à se frayer un chemin vers un puits ; plus loin un prisonnier au carcan est exposé au public ; à côté, un prestidigitateur cherche vainement à attirer l'attention des curieux, qui n'ont plus d'yeux que pour nous.

La rue est croisée au milieu par une autre, à angle droit, et de ce carrefour on peut voir les quatre portes de la ville intérieure. Enfin, après avoir traversé plusieurs rues et ruelles, nous arrivons à la maison où l'on avait préparé notre logement. La porte cochère était décorée d'étoffes de couleur rouge et bleue ; dans la cour, des soldats en chapeaux tout neufs maintenaient la foule ; la maison, neuve et propre, n'était pas bien grande.

Sosnowsky, déjà réveillé, vint au-devant de nous ; il nous annonça qu'on partait le lendemain de grand matin et nous pria de ne pas nous attarder.

Comment ! nous voilà dans une ville connue jusqu'alors de nom seulement, et nous n'y resterons même pas un jour, entrant par une porte, sortant par une autre, sans nous intéresser davantage aux curiosités de la ville. Qu'est-ce que cela signifie, à la fin ? Pourquoi sommes-nous venus en Chine ? Je demande encore : « On part donc demain ? — Oui, oui, demain matin, et il faut se dépêcher. » Je fais observer qu'un jour il nous faudra rendre compte de l'emploi de notre temps ; le chef me répond qu'une journée passée dans une ville amène des dépenses inutiles, et que du reste aucune affaire ne nous y retient. « J'ai envoyé Siui en ville, me dit-il ; dans une demi-heure il m'apportera tous les renseignements nécessaires ; » et pour changer la conversation il me raconta avoir chassé deux loups sous les murs mêmes de la ville, ce qui me fut confirmé par les Cosaques.

18 juillet. — Il faut partir et nous manquons de tout ; on envoie à chaque instant demander aux autorités locales de nous fournir ce qu'il faut. Pendant que Matoussowsky faisait des levers de plans, je mesurais déjà hors de la ville la porte nord : elle avait neuf pas de largeur et cinquante de longueur ; c'était par conséquent la mesure de l'épaisseur du mur. Nous avons parcouru en ce jour soixante *li*.

19 juillet. — Même chaleur qu'hier. A l'horizon on aperçoit les *montagnes du sud* (Nañ-Schañ ou Lañ-Schañ). Arrivés dans le village de Sañ-Schi-Li-Pou [1], nous ne trouvons même pas chez les habitants une bouillotte pour faire du thé. « Vit-on bien ici ? demandai-je à un Chinois.

— Oui, mais il n'y a presque rien à manger ! »

Alors il ne manquait pas grand'chose ! Et cette réponse fut faite d'un ton naturel, sans aucune plainte.

Trois heures après, nous étions devant la ville de Youn-Tchen-Siañ, dont la partie extérieure ou faubourg, entourée d'un rempart de terre, est en ruines ; la ville intérieure n'a point souffert de la guerre. La rue principale, très large, était exceptionnellement propre, phénomène rare en Chine ; mais l'air y était infect. Les habitants se recommandent bien mal à nous : grossiers et insolents, ils se moquent de nous, sans dire d'injures il est vrai ; ils nous prennent pour des Anglais. Quant à moi, j'étais peu sensible à leurs mauvaises dispositions et je me promenais très tranquillement dans les rues ; ils me regardaient comme un monstre, un peu avec mépris, un peu avec curiosité, mais toujours avec crainte ; à la fin nous fûmes amis.

L'air de ma chambre à coucher était si malsain, que je fus pris d'une indisposition et allai me coucher dans la chambre du chef. Il me fut impossible de fermer l'œil à cause du bruit que faisaient les conducteurs de nos voitures ; je me demandai à quel moment ces gens se reposaient et je m'étonnai de leurs interminables conversations, que malheureusement je ne pouvais comprendre.

20 juillet. — L'étape d'aujourd'hui n'est pas bien longue ; j'eus donc du temps devant moi et je profitai de l'occasion pour voir la ville.

Aussitôt dans la rue, j'aperçus deux beaux temples et une grande tour, à

---

1. Les Chinois ont l'habitude de donner aux villages le nom des villes du voisinage en y ajoutant les mots : *li*, verste ou mesure de longueur, et *pou*, village. Par exemple : Sañ-Schi-Li-Pou, village distant de dix *li* de la ville de Sañ ; Sañ-Schi-Ou-Li-Pou, village distant de quinze *li* de la ville de Sañ.

Maisons fortifiées.

un carrefour, le tout d'une assez belle apparence ; j'en fis le dessin, puis je montai sur la tour, dont la porte était ouverte, pour voir la ville à vol d'oiseau. Elle était très régulièrement bâtie, avec des rues larges et propres ; beaucoup de jardins d'ormes et de peupliers ; plusieurs tours surmontaient le mur d'enceinte, et parmi elles il y en avait une particulièrement remarquable couverte d'un toit rond.

En rentrant, je remarquai dans la cour d'une maison une porte et une fenêtre grillagée d'un dessin très original. Je dois dire que ces grillages, très variés, attiraient depuis longtemps mon attention, et n'avait été notre course précipitée, j'aurais réuni une belle collection de dessins d'ornement chinois. Cependant je réussis à en prendre quelques-uns ; et quand le temps me faisait défaut, barbouillant de noir une feuille de papier, je l'appliquais sur le grillage : j'obtenais ainsi une copie fidèle et de grandeur naturelle. Le papier chinois, solide quoique délicat, se prêtait parfaitement à ces reproductions comme aussi à la copie des inscriptions sur les murs, les pierres et les monuments.

N'ayant pas sur moi de ce papier, je priai l'un des Chinois d'aller m'en acheter ; il le fit vivement, et quand je leur expliquai mon projet, ils coururent chercher un tabouret, pour que je pusse atteindre la fenêtre plus facilement ; ils le maintinrent tant que dura mon travail et me demandèrent pourquoi j'agissais ainsi. Je leur répondis que, le dessin étant très beau, je tenais que ma maison eût une fenêtre semblable. Cela leur fit plaisir et les flatta et, pour rehausser davantage le mérite de leur ville, ils me firent savoir que l'artiste était un menuisier de la ville ; quelques-uns coururent même le chercher et me l'amenèrent. Je lui fis tous mes compliments, qu'il ne voulut point accepter par modestie ; pour lui laisser un souvenir, j'arrachai une feuille de papier de mon livre de notes, sur laquelle je crayonnai mon portrait, et je la lui offris. Les spectateurs me reconnurent sur le dessin et poussèrent des cris de satisfaction ; quant au menuisier, il se mit à courir au galop, suivi d'un grand nombre de Chinois. Si je mentionne ces détails, c'est pour montrer qu'en Chine il est toujours facile d'attirer la foule, qui au début ne dissimulait pas ses sentiments de méfiance ou d'hostilité.

Plus loin, je rencontrai un groupe de mandarins à pied, portant des chapeaux d'uniforme, excepté un, qui paraissait le plus âgé et marchait nutête, malgré le soleil brûlant. S'il avait le droit de rester découvert, quand les autres avaient leurs chapeaux sur la tête, c'est qu'il était supérieur en grade. Il se tourna vers moi, demandant à voir mes dessins et, sans attendre ma réponse, avança la main pour prendre mon album. Je le retins très poliment, disant en russe que je ne savais pas à qui j’avais l’honneur de parler. Ils me comprirent et me présentèrent leur chef en disant *da-loe* (grand seigneur). C’était le préfet de la ville; après les saluts d’usage, il se mit à examiner mes dessins.

Il est vraiment étonnant de voir combien les Chinois s’intéressent à l’art du dessin. Celui-ci reconnut les édifices de la ville; il promenait sur le papier son doigt, armé par bonheur d’un ongle énorme qui n’y laissa pas de traces ; en attendant, je me mis à faire son portrait. Il s’en aperçut, se raidit tout en gardant un sourire ironique, et ne bougea plus. Quelques éclats de rires partis de la foule qui bavardait furent immédiatement réprimés par des signes, comme on le fait en présence d’un personnage important.

« Assez ! » dis-je après avoir fini, et le mandarin se jeta avec curiosité sur son portrait, puis me pria de le lui remettre. Je le lui laissai à regret et je reçus mille remerciements. Au même moment je fus rejoint par Matoussowsky, Tan et le Cosaque qui menait mon cheval ; l’aimable mandarin me reconduisit jusqu’à la porte de la ville, portant soigneusement son portrait comme une image religieuse.

Me voici de nouveau en route, ramassant des plantes et faisant la chasse aux papillons qui voltigeaient autour des canaux d’irrigation.

Comme les jours précédents, un violent orage allait encore nous assaillir, et il n’y avait pas moyen de trouver un abri; mon ombrelle fut rompue par un coup de vent, et de grosses gouttes commencèrent à tomber; le soldat et le gamin dit *Transparent* s’étaient déjà réfugiés sous un mur pour se garantir du vent et de l’averse; je les suivis. Ce mur ne nous abritait presque pas, et je craignais qu’un coup de vent ne le renversât sur nous. Rarement j’ai vu pareil orage : les éclairs sillonnaient les nues sans interruption, les coups de foudre se succédaient rapides et violents; les deux Chinois étaient trempés, et mon pauvre cheval, ruisselant d’eau, avançait la tête sous mon parapluie pour garantir ses oreilles. Une demi-heure après, le temps s’éclaircit, le soleil recommença à briller, et, pataugeant dans la boue, nous pûmes rejoindre nos voitures de bagage, puis arriver dans un village en ruines, où un logement nous avait été réservé dans la nouvelle maison de l’administration, qui servait de station.

21 juillet. — Rien de particulier. La halte de nuit eut lieu dans le village de Sia-Kou, qu’on commençait à peine à relever de ses ruines. Nous fûmes reçus dans une maison attenant à la tour de garde. Toute la nuit on entendit battre le tambour, retentir les trompes, sonner la cloche, tirer des coups de canon. A quelle occasion? Je ne pus me l’expliquer, l’ennemi ayant complètement disparu de la contrée.

22 juillet. — Nous partons après le déjeuner. L'orage de la nuit avait refroidi le temps ; les malheureux enfants que je voyais dans la rue tremblaient de froid ; quelques haillons couvraient à peine leurs épaules, aussi je me demandais comment ils passaient l'hiver.

Le chemin traverse une vallée entourée de montagnes ; pour notre sûreté, on nous adjoignit un piquet de cavalerie. Notre sûreté ? Ce n'est pas le mot propre, c'était plutôt pour celle du chef, qui partait au grand trot en avant, nous laissant seuls et abandonnant nos bagages à la merci du sort.

Vers le milieu de notre étape, nous trouvâmes une maison fortifiée dont les locataires avaient reçu l'ordre de nous servir à dîner. C'était une excellente occasion de visiter en détail ce genre d'habitation. Pour rehausser cette réception solennelle, les pauvres habitants de cette maison avaient orné la porte d'entrée d'un vieux morceau de soie rouge. Des cloisons divisaient l'intérieur en plusieurs compartiments, ayant chacun sa destination. Un vieillard venu à notre rencontre nous invita à entrer dans la maison, dont la porte, fermée par une dalle de pierre, était assujettie au linteau et se mouvait, à cause de son poids, avec beaucoup de difficulté ; on la fermait à l'intérieur au moyen de deux solides verrous. Après avoir traversé plusieurs couloirs et quelques cours, nous entrâmes dans la chambre qui nous était réservée.

Le vieillard nous pria de prendre place et s'occupa du dîner, qu'on servit immédiatement. Il avait soixante-dix-huit ans. Véritable « chronique vivante », on aurait pu apprendre de lui des détails intéressants sur les derniers événements, s'il avait été plus intelligent et plus communicatif ; ce sont nos personnes qui l'intéressaient pour le moment, et particulièrement les cheveux blonds de Matoussowsky, qu'il toucha à plusieurs reprises, de même que son fils, âgé de quarante ans, qui nous servait à dîner. Je lui demandai la permission de visiter toute sa maison, ce dont il fut très flatté, à ce qu'il parut. Je montai avec son fils sur le mur d'enceinte, d'où l'on voyait l'établissement, vrai labyrinthe de cours et de passages. Le mur, suffisamment large, avait un parapet de deux *archines* de hauteur du côté extérieur et des meurtrières pour le tir en cas de siège ; en certains endroits on avait amoncelé de grosses pierres, pour les lancer sur l'assiégeant, s'il en était besoin.

J'appris de mon guide que la maison, comme toutes celles du même genre, n'appartenait point à un seul propriétaire, mais à une communauté de plusieurs familles ; dans cette maison, il y en avait quatre, comprenant trente-deux personnes, et le vieillard, que je prenais pour le propriétaire, n'était que le doyen de la colonie. Chaque famille possédait sa cour et sa maison distincte des autres, et de plus un compartiment pour les ouvriers et les animaux domestiques. La construction avait duré trois ans et coûté 6000 roubles (24,000 francs).

Je me mis à dessiner la maison en présence de quelques habitants qui avaient grimpé sur le mur, et telle est la passion du dessin chez eux, que le vieillard asthmatique, se traînant avec peine, y vint aussi me prier de lui laisser un dessin pour souvenir. Je ne refusais jamais de satisfaire à ces sortes de demande : je lui dessinai quelque chose dans le genre d'un chemin de fer et d'un bateau à vapeur. Il en fut très satisfait et je me demandai en moi-même s'il vivrait encore assez longtemps pour contempler la réalité de ma vignette. A l'heure actuelle, il ne doit plus être de ce monde, mais mon petit dessin, j'en suis certain, existe toujours, et s'il arrive à un voyageur russe de passer par là, il le trouvera avec la signature de son compatriote.

Vers le soir apparurent au loin, au pied de montagnes bleuâtres, les tourelles et les murs de Schañ-Dan-Siañ, et, à côté, une forteresse dont les murs de briques et les tours élevées aux angles lui donnaient un aspect menaçant.

L'entrée de la ville me réservait une surprise : au lieu d'une rue, je trouvai devant moi un jardin sur la gauche, avec un ruisseau très rapide qui coulait sous une arche du mur; une rue n'ayant de maisons que sur le côté droit longeait ce petit ruisseau. Peu de monde dehors ; il est vrai que ce n'était que la ville extérieure. Bientôt nous traversâmes la porte de la ville intérieure, plus populeuse, plus animée, et présentant un des meilleurs types d'une jolie ville chinoise.

23 juillet. — Sosnowsky, qui m'avait refusé la permission de prendre un interprète à mon compte, avait recueilli ici un garçon de dix ans. « Il nous suit comme un chien, » me disait-il. Ce garçon reçut le nom étrange de *Pa-Schi-Sy*, ce qui veut dire « quatre-vingt-quatre ». Il me déplut dès le premier abord, et en effet ce n'était qu'un voleur, qu'on fut obligé d'abandonner plus tard à Khami.

Tan me montra non loin du chemin un groupe de peupliers et de jolis temples; il m'avertit qu'en cet endroit se trouvait une statue intéressante du dieu Fou ou Da-Fo-Ye; en effet, j'aperçus bientôt par-dessus les arbres une énorme tête, puis toute la statue, représentée assise sur une chaise. Elle était en terre glaise d'une des collines du voisinage, et pouvait avoir plus de huit *sajènes* (17 mètres) de hauteur. Les toits des temples environnants n'atteignaient pas les genoux de la divinité; au point de vue artistique, elle n'avait aucune valeur : la tête, sans cou, s'enfonçait dans un

Entrée de la ville de Schañ-Dan-Siañc.

torse excessivement long, qui, pris séparément, avait l'air d'un cylindre légèrement aplati ; les bras, d'une longueur démesurée, et les doigts de la main droite, posés sur le genou, avaient l'air de morceaux de bois. C'est donc plutôt par sa difformité que cette œuvre était curieuse.

24 juillet. — La pluie, qui était tombée toute la nuit, continue encore. Les habitants nous avertissent de nous tenir sur nos gardes, car, disent-ils,

Statue colossale du dieu Da-Fo-Ye.

il y a des bandes de brigands dans les environs ; cette nouvelle avait consterné notre chef, « moralement responsable pour tous » ; il perdit courage. « Dieu ! mon Dieu ! — répétait-il en se promenant d'un coin à l'autre de la chambre, — pourvu que nous puissions arriver à Khami. » Un détachement de l'armée, au dire des Chinois, devait nous attendre dans cette ville. (Sosnowsky, en effet, avait demandé qu'on envoyât à notre rencontre un détachement de soldats ; mais cela n'eut pas lieu.)

D'abord déserte et couverte de pierres, la vallée que longeait la route
devenait de plus en plus animée, grâce à l'abondance de l'eau, à mesure que
nous avancions. Les ruisseaux et les canaux d'irrigation qui la coupent en
tous sens permettent de cultiver le sol, et l'on y remarque de vastes champs
L'eau des canaux tombe avec fracas par-dessus les écluses comme une cascade; ailleurs j'observai des sources d'eau vive.

Nous approchons de la ville de Han-Tcheou; voici d'abord le cimetière
avec ses monuments, puis des maisonnettes isolées, nouvellement reconstruites, dont les habitants accourent à toutes jambes vers nous. Ils rient aux
éclats de satisfaction, surtout les femmes, toujours prêtes à se moquer
comme je l'avais du reste remarqué dès le commencement du voyage. Nous
entrons dans la ville par la porte du sud, entourée comme d'habitude d'un
mur particulier en demi-cercle attenant au mur d'enceinte principal; dans
l'intervalle des deux murailles s'élèvent plusieurs temples. Dans toutes les
rues et ruelles, une grande quantité d'arbres, principalement des peupliers
on croirait la ville située dans un parc.

Sosnowsky, n'ayant pas accepté le logement, en fit chercher un autre
signe d'un arrêt de quelque durée dans cette belle cité. En attendan
une décision, je m'assis dans la cour avec Matoussowsky, et par hasard
j'appris alors seulement que nous étions précédés, depuis Lan-Tcheou, [par
trois mandarins qui avaient la mission de nous préparer partout nos logements et de pourvoir à notre nourriture.

Je fis alors leur connaissance : le premier, Tchou, mandarin à bouton
de général, d'une quarantaine d'années, était un homme très aimable; le
second, Pinn, jeune homme laid, mais très sympathique, et le troisième
Ho, grêlé, silencieux et peu communicatif.

On vint nous proposer pour logement un temple, celui de Fañ-Tching-
Miao, situé près de la porte de l'est et assez éloigné du point où nous étions
nous nous y rendîmes à pied, suivis de tout notre convoi, à travers des rue
et des places vides, couvertes d'herbe, et nous arrivâmes au susdit temple
qui était loin de valoir le logement que nous quittions. A peine installé, j'alla
en ville accompagné de deux agents de police; je montai sur le mur et me
dirigeai vers le sud. Devant moi, au loin, émergeait à l'horizon la chaîne
de montagnes Nañ-Schañ, dont les crêtes étaient couvertes de neige; à
mes pieds se déroulait le panorama de la ville, avec ses groupes de maisons,
ses étangs couverts de roseaux, ses temples remarquables par leurs dimensions et ses jardins de peupliers, d'ifs pleureurs, d'ormes et d'autres arbres.
On voyait s'élever au-dessus des maisons une pagode à quatre étages
(*Tan-Ta*), édifice très ancien construit en bois, ainsi qu'un monument en

Ville de Han-Tcheou.

pierre, ressemblant à une carafe ou à un vase, et dont je n'ai pu apprendre la destination; je distinguais parfaitement les cours des maisons et le temple où nous étions logés, devant lequel stationnait la foule.

Parmi les édifices dignes de remarque, je notai cinq ou six temples, dont l'un élevé sur l'île d'un étang, et un club situé dans la rue aboutissant à la porte du sud. C'est vers cette porte que, descendant du mur, je dirigeai mes pas, et comme il se faisait tard, je priai les agents de me reconduire par le chemin le plus court; prenant par une rue de traverse, nous nous engageâmes dans une allée de roseaux, *Arundo phragmites*, entre deux étangs transformés en marais puants et malsains. A la porte du temple, je trouvai encore une masse de curieux, cherchant à voir dans l'intérieur à travers la porte entr'ouverte.

Bientôt on nous apporta le souper, envoyé par le chef de la ville et à peine suffisant pour nous; les Cosaques et les domestiques restèrent à jeun, quoiqu'il eût été facile de leur en faire venir d'un restaurant. Mais Sosnowsky ne le voulut pas, préférant laisser son monde sans manger; « car, disait-il, les Chinois ne manqueraient pas d'apprendre qu'ils n'ont pas donné assez, puisqu'on enverrait chercher ailleurs de la nourriture. » De cette manière on agissait avec délicatesse et en même temps on observait les règles de la plus stricte économie.

25 juillet. — Belle matinée. Je la passai dans l'intérieur du temple à ranger mon herbier et à préparer deux oiseaux tués la veille (*Saxicola leucomela* et *S. Morio*). Dans la journée, la chaleur devint si forte, qu'il n'y avait pas moyen de bouger de place, et si ce n'avait été le regret de ne rien rapporter d'une ville que nous étions les premiers à visiter, loin d'aller me griller au soleil, je me serais reposé à l'ombre.

Je sortis accompagné de deux agents. Une foule oisive et impatiente attendait la sortie des « hommes étrangers »; à ma vue elle se réjouit. Au moins pour eux l'attente de plusieurs heures, par une telle température, n'avait pas été sans résultat. Je restai un quart d'heure sur une terrasse, laissant les Chinois me contempler à l'aise; ils suivaient avec attention le moindre de mes mouvements et échangeaient leurs impressions sur ma personne. Quant à moi, j'étais frappé de leur aspect maladif et de leur pauvreté; tous ressemblaient à des mendiants.

Je descendis de la terrasse, suivi de mes deux agents, qui pour tout vêtement n'avaient que des souliers aux pieds et un pantalon d'une largeur extraordinaire; l'un d'eux s'éclipsa aussitôt, me laissant avec son collègue, vieillard presque aveugle. Celui-ci, du reste, n'avait pas besoin de voir clair; armé d'un long fouet, il possédait ce qu'il fallait pour un bon guide à travers les rues de la ville; en effet, il manœuvrait bien son arme et maintenait la foule à distance; mais la chaleur accablante fatiguait le pauvre vieux et il faiblissait visiblement. Tout à coup un jeune homme d'environ vingt ans parvint, à la force du poignet, à se frayer un chemin jusqu'à nous. Presque aussi nu que le vieillard, ne portant qu'un large pantalon bleu, il faisait voir ses biceps très développés et sa poitrine d'hercule. C'était le fils de l'agent; il venait remplacer son père. Après avoir plié le genou devant moi, en signe de salut, il prit le fouet et envoya son père se reposer.

Arrivé à une terrasse au bord d'un étang, je dépliai ma chaise, plantai mon parasol et me proposai de dessiner. Les Chinois prévoyant mon intention, chacun chercha à occuper la meilleure place, mais le garçon les dispersa sans pitié; tous paraissaient redouter le jeune agent comme le feu, et ils n'osèrent plus trop s'approcher de moi. Le jeune homme, soit par zèle, soit par besoin de mouvement, ne prenait pas une minute de repos; il frappait à droite et à gauche sans aucune merci, sans nécessité et sans observer s'il m'empêchait ou non de travailler. Je le calmais autant que possible; mais une minute après il se jetait sur ses compatriotes comme un tigre; les Chinois murmuraient, se mettaient en colère, mais obéissaient. Je craignais que, perdant patience, la foule ne tournât sa colère contre moi, cause principale des coups reçus; mais tout se termina sans accident.

Le départ de Han-Tcheou fut fixé au lendemain.

27 juillet. — Brusque passage de la ville-parc dans une contrée sablonneuse, déserte et dépourvue de toute végétation. Le sable sec et mouvant est si brûlant qu'on ne peut même le toucher du doigt; je vois des lézards, grands amateurs de la chaleur, étalés nonchalamment, la bouche ouverte, et respirant avec peine. Heureusement ce désert n'était pas très étendu, et bientôt nous entrâmes dans une zone de prairies pleines de verdure, mais où il y avait fort peu de voyageurs. Un mandarin suivait le même chemin que nous; appelé à Sou-Tcheou par ses fonctions, il s'y rendait, accompagné d'un seul domestique et d'un petit chien.

Ce n'est qu'à la vingt-cinquième verste que nous rencontrons un village; nous faisons halte dans une petite boutique, en attendant qu'on nous fasse bouillir de l'eau pour le thé. A ce propos, je ferai observer qu'en Chine, quelque petit et pauvre que soit un hameau, on y trouve toujours une petite boutique où les habitants se fournissent de tous les objets de première nécessité. Une autre particularité : quelle que soit l'agglomération, il y a toujours beaucoup plus d'habitants qu'on ne le supposerait au premier abord.

C'est ce que nous remarquâmes encore ici; pendant que nous attendions notre eau, le boutiquier reçut la visite d'au moins une dizaine d'acheteurs. Presque nus, pauvres et sales, ils étaient sans façons. L'un vient, faisant semblant de ne pas nous remarquer, et présente au boutiquier, sans rien dire, une petite tasse avec quelques pièces de monnaie; celui-ci, également en silence, place la monnaie dans une boîte, remplit la tasse d'huile et la rend à l'individu. Cependant l'acheteur, qui n'était venu que pour nous regarder, ne s'empressait guère de sortir; mais le boutiquier ne l'entendait pas de cette oreille : « Sors, sors, va-t'en, » répétait-il en faisant des signes pour l'inviter au respect.

Après le départ de celui-ci arrivèrent trois soldats; ils cherchèrent à s'asseoir sur le même banc que nous; ils furent chassés tout de suite.

Nous fîmes encore vingt *li* à travers un beau pays aux vertes prairies, aux nombreux cours d'eau, plein de bosquets, d'allées plantées d'arbres et de jardins abandonnés d'anciens villages ruinés, etc.

Nous arrivons la nuit au village de Scha-Ile; on nous héberge dans un temple dont la cour était très étroite et les chambres très exiguës. Dans l'une d'elles, voisine de la nôtre, un incendie se déclara pendant la nuit. Heureusement que tout le monde ne dormait pas encore, et l'on réussit à l'éteindre dès le début; autrement il m'eût été donné de voir un incendie en Chine; du reste, il paraît que les Chinois se comportent très courageusement avec le feu. Si les incendies sont si rares dans le Céleste Empire, il est probable que cela provient de la rareté de l'ivrognerie : les fumeurs d'opium, comme je l'ai déjà dit, ne perdent pas la raison, comme les ivrognes.

28 juillet. — L'étape d'aujourd'hui est de cinquante verstes. Grande chaleur. Parmi les canaux d'irrigation aux eaux verdâtres qui traversaient le chemin, un surtout était suffisamment grand pour nous permettre de prendre un bain ; le thermomètre marquait dans l'eau 13 degrés Réaumur, et le bain nous rafraîchit pour quelques heures.

Le dîner eut lieu au village de Fou-I-Tcheng. Sosnowsky, qui y avait passé bien avant nous, avait laissé l'ordre de se dépêcher pour parcourir encore quarante *li;* nous nous hâtâmes donc et partîmes au plus vite sans nous reposer. Le chemin traversait des prairies entrecoupées de marais et de petits lacs, demeures des bécasses, qui alors se tenaient sur leurs gardes; il était évident qu'en passant nos collègues leur avaient fait la chasse, et en effet j'en reçus ce jour-là quatre qui avaient été tuées par le chef.

Nous nous croisâmes aussi avec de nombreux coulies, portant des fardeaux sur des palanches. Ce nom leur vient de deux mots chinois : *hou* « louer », et *li* « force »; le mot *hou-li* signifie « pour le travail ou pour la peine », c'est-à-dire « paye pour le transport ». Ici les porteurs, contrairement à ceux de la Chine centrale et de la Chine orientale, ne crient point en cadence quand ils portent une charge. C'est avec peine que je regardais ces machines vivantes grâce auxquelles tous les objets de première nécessité et même de luxe sont répandus dans tout l'empire. Pénible besogne, surtout par un soleil brûlant !

Les sables se présentent aujourd'hui comme des îlots au milieu de la belle plaine arrosée par la rivière Heï-Ho, et couverte de villages. Du reste, le sol de la contrée variait continuellement ; les zones de sable et de terreau se succédaient alternativement.

Nous voyageons, fatigués, exténués, la peau brûlée par le soleil, échangeant de temps en temps quelques paroles.

« *Transparent* (le garçon chinois) nous a trompés, me dit le Cosaque.

— Il s'est enfui ?

— Non ; mais il exprime le désir de retourner dans son pays natal. Tout d'abord, c'est en Russie qu'il voulait aller : prenez-moi ou ne me prenez pas, disait-il, je vous suivrai, car je n'ai pas de famille. Et voici que maintenant il veut partir. Son village est à dix *li* d'ici.

— Eh bien ! qu'il y aille ; nous ne pouvons le retenir de force. Je le regrette, nous nous étions habitués à lui. »

Nous avons déjà observé de pareils faits ; il n'y avait pas à en chercher la cause. Avec nous, *Transparent* avait l'existence facile, personne ne le rudoyait ; il n'était soumis à aucun ouvrage pénible ; il avait de quoi manger, n'allait même pas à pied, puisque je lui faisais monter mon cheval de rechange. Il fit ses adieux, nous saluant chacun trois fois jusqu'à terre, puis partit à pied. On lui donna un peu d'argent, qui ne devait pas lui être utile, puisqu'il ne pouvait rien trouver sur son chemin. Je le regardai s'éloigner en réfléchissant à son triste sort : il arrivera chez un parent quelconque, ayant une nombreuse famille, qui ne voudra point se charger d'une *bouche* inutile ; si même il ne le chasse pas, son existence n'en sera pas moins pénible..... Bientôt il disparut dans les steppes.

Nous fîmes notre entrée dans la ville de Koou-Taï-Siañ par un clair de lune. Des Chinois envoyés à notre rencontre avec des lanternes passèrent devant nous sans nous apercevoir ; il fallut les arrêter et leur demander notre chemin. Un temple nous offrit un asile ; nos collègues s'y étaient déjà installés ; ils avaient bien soupé, sans penser à nous, et il fallut attendre deux heures, avant qu'on nous apportât à manger. Bien repu, étalé commodément sur son lit, notre chef, sans s'inquiéter si ses compagnons avaient faim ou non, entama alors une discussion sur la chauve-souris comestible de Du

Ruines de Sou-Tchou. (Page 464.)

Halde, qui, comme il l'avait appris, n'est point une chauve-souris, mais un oiseau à tête et à cou longs.

29 juillet. — Tout ce que je puis dire de Koou-Taï-Siañ, c'est que cette ville a échappé à la destruction générale, et que ses habitants sont très paisibles.

Notre chemin est encore coupé de canaux et de petits marais, où l'on voit rôder des hérons. Les Chinois de ce pays sont la plupart affligés de goitre, beaucoup ont des tumeurs à la tête, au cou, à la figure ; je laisse à d'autres voyageurs le soin d'en déterminer la cause, me contentant de signaler le fait. Un pauvre paysan menait une voiture de pommes à la ville ; les soldats de notre escorte l'accostèrent avec l'intention d'en « acheter sans argent »; j'eus beaucoup de peine à les empêcher de commettre un pareil délit.

Arrivé à Heï-Tchañ pour y passer la nuit, je m'occupai d'abord de préparer les oiseaux tués dans la journée, puis je me couchai, sans pouvoir m'endormir, à cause de la chaleur et de l'orage qui faisait trembler notre pauvre maisonnette.

30 juillet. — Au moment du départ survient *Transparent*, ce qui nous fait un véritable plaisir. Il nous raconte qu'il n'a trouvé personne de sa famille dans son village et que, ne sachant plus où vivre, il est fermement résolu à nous suivre en Russie ; le Cosaque Smokotnine consent à le prendre chez lui comme ouvrier ; de cette manière, l'avenir de *Transparent* fut assuré.

Nous continuons notre route à travers une vallée arrosée par la rivière Heï-Ho, parsemée de petits lacs et de marais abondants en gibier.

Matoussowsky s'arrête près d'un vieux temple en ruines pour en lever le plan ; j'en profite pour visiter une tour en terre d'une hauteur de cinq à six *sajènes* (12 mètres environ), qui sert de poste d'observation. Il ne me fut pas facile d'en atteindre le sommet, car l'escalier de terre glaise était usé ; grâce aux soldats du poste, qui me soutinrent ou me montèrent, j'arrivai jusqu'au haut. Il y avait deux misérables chambres, l'une claire, avec un poêle et un *kang*, l'autre sombre. Le *kang* était couvert d'un vieux feutre troué, et, à part une petite lampe pour fumer l'opium, on n'y voyait plus rien. L'opium, ce fléau des Chinois, avait pénétré même ici ! Le poste est constamment occupé par quatre soldats, qui sont relevés tous les cinq jours. Il serait difficile d'y séjourner davantage, car cette existence au milieu d'un désert peut être considérée comme une déportation.

En cet endroit le Heï-Ho fait une courbe vers le nord-est. Nous entrons dans une région de sables mouvants ; la plaine présente un aspect désolé. C'est au milieu de ce triste pays que se trouve le hameau Schi-Ho, qui paraît absolument perdu. De chaque côté du chemin sont dix cabanes,

sans un arbre, sans le moindre arbrisseau ; et cependant, dans ce coin oublié
de Dieu, les hommes passent toute leur existence sans espérer quelque
chose de mieux et sans même s'inquiéter de quoi que ce soit. Je doutais que
nous y pussions trouver de l'eau, tant était grande la sécheresse autour de
nous ; mais il y avait un puits, dont l'eau, d'un goût salé, ne nous empêcha
pas de faire du thé pour calmer notre soif. Bientôt après, nous remontâmes
à cheval et nous allâmes nous faire rôtir au soleil : on s'habitue à tout,
même à la chaleur. J'ai fait l'essai de divers habillements, et je crois qu'un
vêtement en toile avec une casquette de même étoffe est ce qu'il y a de plus
commode pour la saison des chaleurs dans les steppes. La chaussure de cuir
ne vaut rien ; les habitants portent des souliers de coton, ou des chaussures tressées de cordon.

Pour la première fois je vis le *Podoces Hendersoni*, cet oiseau des steppes
qui court avec rapidité sur les rochers et se cache souvent derrière l'arbrisseau à piquants nommé *Lycium rutheniacum*, dont les baies à pulpe vio-
lette sont utilisées par les Chinois pour la teinture.

31 juillet. — Triste pays ; mon journal s'en ressent et devient peu intéressant. Aujourd'hui encore nous voyons sur notre chemin pas mal de
ruines et un piquet d'alarme de dix hommes, qui est relevé tous les dix
jours. On leur fournit les vivres ; quant à l'eau, ils vont eux-mêmes la chercher à dix verstes de distance. Nous dînons dans une maison particulière,
peu éloignée de la ville de Sou-Tcheou, dont le mandarin vint à notre rencontre dans la soirée. L'entrevue fut comique, comme d'habitude, puisqu'on
ne pouvait pas s'entendre. Du reste ce mandarin parlait un dialecte particulier, et nos domestiques eux-mêmes le comprenaient mal.

1er août. — Étape de vingt verstes jusqu'à la ville de Sou-Tcheou, dernière
grande ville de la Chine proprement dite. Les environs sont cultivés et ar-
rosés de cours d'eau. Toutes les cinq verstes, nous rencontrons un petit
camp militaire, et une quinzaine de cavaliers avec fanions viennent au-
devant de nous, pour nous acccompagner jusqu'au camp suivant, et ainsi
de suite.

En approchant des faubourgs de la ville, on observe des villages entiers
en ruines. Rien, absolument rien, n'est resté debout ; partout des tas de
pierres, des pans de maisons et de temples, des débris de statues d'idoles.
Les seuls monuments qui aient échappé à la destruction sont les monuments funéraires élevés, à la suite de la guerre de 1872, en mémoire des
malheureux habitants de la ville exterminés pendant le siège. Le temple
qui s'élève au-dessus de la porte d'entrée est également à moitié détruit, et
quand nous entrâmes dans la ville, le plus triste spectacle s'offrit à nos yeux :

Ruines aux environs de Sou-Tcheou.

tout était rasé, le silence de la mort planait là où jadis fut la ville de Sou-Tcheou.

On peut se figurer ce qui s'y était passé lors de la prise de la ville par les musulmans d'abord et plus tard par les Chinois. On rapporte que l'usage est le même chez les uns et chez les autres : quand une ville est prise, ils passent tous les habitants au fil de l'épée, sans égard à l'âge et au sexe. J'aurais été très curieux de connaître les causes et le but de cette guerre, car les musulmans, considérés dans certains endroits comme rebelles, punis de mort ou détenus en prison, continuent dans d'autres villes à cohabiter avec les Chinois; ils vivent en paix avec eux, quelques-uns exercent même diverses fonctions, d'autres s'occupent de commerce. Ils ont leurs clubs et leurs temples particuliers. Je laisse l'explication de ces faits à d'autres voyageurs, qui auront sans doute plus de loisirs pour étudier ces problèmes historiques.

Telle était la ville extérieure (*vaï-tchenn*); quant à la ville intérieure (*li-tchenn*), elle aussi avait souffert, mais elle ne présentait pas le même aspect de désolation : il y avait beaucoup de boutiques dans la rue principale; les habitants étaient assez nombreux.

Pendant que Sosnowsky recevait un mandarin à bouton bleu, je vaquais à mes occupations et je travaillais au son d'une musique du voisinage. On célébrait un service funèbre, mais la musique, loin d'être lugubre, aurait pu égayer l'homme le plus triste. Je ne pus résister à la tentation de pousser jusqu'à l'endroit où avait lieu la cérémonie; un public nombreux, laissant au clergé le soin des processions et des psalmodies, causait, fumait, riait sans qu'on sût pourquoi. Le temple était bien pauvre, les prêtres eux-mêmes avaient l'air malheureux, ce qui produisait un contraste frappant avec la foule joyeuse. Je m'étonnais du caractère de ce peuple; je ne saurais trop comment le qualifier : est-ce gaieté, légèreté ou indifférence ?

Immédiatement je fus entouré, mais on ne cherchait pas à m'empêcher d'écouter la musique; dans l'orchestre, je distinguai bientôt un violon, dont jouait un véritable artiste, et une forte voix chantant une chanson qui me rappelait l'une de celles que j'avais entendues l'année précédente en Mongolie. Le violon soprano qui accompagnait le chanteur imitait assez bien la voix d'une chanteuse chinoise; ce duo pouvait être écouté avec plaisir, malgré les clarinettes, les sifflets et autres instruments; mais, je le répète, en général cette musique s'accordait mal avec la triste cérémonie des prières des morts.

Nous passâmes deux jours dans cette ville; le temps restait couvert et froid, le vent violent, surtout la nuit. Quelques-uns des mandarins de la ville envoyèrent des cadeaux à notre chef, qui les reçut, sans leur offrir quoi que ce fût à titre de gracieuseté, et cependant nous avions encore pas mal d'échantillons de marchandises de Kiachta. Il ne leur fit même pas de visite. J'étais honteux et fâché de le voir accepter des dons de gens malheureux et pauvres, comme l'étaient les habitants de cet endroit.

Avant le départ on nous annonça qu'il était impossible de trouver gratuitement des mulets et des voitures : un homme inexpérimenté en aurait fait louer, mais l'homme d'expérience se met en colère et crie qu'il ne bougera point, tant qu'on ne lui en aura pas fourni. Tout fut donc trouvé : excepté des chevaux de selle, mais en échange on nous donna une voiture.

Le lecteur se souvient peut-être d'un petit officier chinois qui nous avait logés chez lui à Han-Tchong-Fou et qui nous accompagna dans l'espoir d'être promu à un grade supérieur et de retourner chez lui après sa promotion. Quoique absolument illettré, il était doué d'un grand bon sens pratique au point de vue commercial : acheter quelque chose à bon marché, le revendre cher ailleurs, était son affaire ; du reste c'était un homme bon et tranquille. On pouvait parfaitement se passer de lui, il le savait bien, et n'était aux petits soins pour notre chef que dans l'attente de son grade. Sosnowsky, s'étant convaincu à Lan-Tcheou qu'il ne pourrait rien lui faire obtenir, le laissa cependant nous accompagner plus loin. Mais à Sou-Tcheou il lui fit dire qu'il n'avait pas besoin de lui, qu'il n'était bon qu'« à fumer l'opium » et qu'il eut à nous quitter. En même temps il lui fit compter trente roubles, le priant de le laisser tranquille, car il voulait dormir.

On peut se figurer le désespoir du malheureux Tjou, à la suite de cette subite détermination ; plus d'espoir de grade et de profit dans la fourniture du pain, autre promesse de Sosnowsky, et il était à deux mille verstes de son domicile, dans une contrée ruinée ! Il se mit à pleurer en recevant la fatale nouvelle. Les autres Chinois attachés à notre service, qui s'étaient souvent moqué du brave homme, prirent cette fois son parti et cherchèrent à le consoler. Deux de ses compatriotes, le serrurier dont j'ai déjà parlé et qui avait l'intention d'aller en Russie pour se perfectionner dans son métier, et un autre domestique, vinrent trouver Sosnowsky, demandant leur compte, car ils allaient nous quitter. C'était une surprise bien désagréable : d'un seul coup être privé de deux hommes zélés, et d'une incontestable utilité. Le chef essaya de les retenir ; mais, règle générale, quand un Chinois se met quelque chose dans la tête, il est inutile de chercher

Service funèbre.

à le dissuader. « Nous partons avec Tjou, faites notre compte, » disaient-ils, effrayés qu'un jour on ne les renvoyât comme bons seulement « à fumer l'opium ». Ils reçurent chacun dix-huit roubles et déclarèrent que c'était insuffisant, ayant à peine de quoi payer leur chaussure, pour rentrer chez eux; ils demandèrent donc à établir un compte sérieux. On leur répondit alors qu'ils avaient reçu de Tzo un pourboire de trente roubles, ce qui était suffisant.

Le souvenir des récits sur le caractère vindicatif des Chinois me fit craindre quelque malheur; il n'en fut rien, à part les larmes du premier et une espèce de mélancolie concentrée des autres.

4 août. — C'est au son des trompes et accompagnés d'un détachement de soldats, que nous quittâmes la ville de Sou-Tcheou. Nous avions à parcourir trente verstes jusqu'à Tzia-Youï-Gouañ, dont le mur d'enceinte avec ses tours était visible à la distance de cinq verstes. Un mandarin à cheval vint à notre rencontre; il était précédé d'un domestique, également à cheval, portant une ombrelle ou un parasol d'un genre particulier, bordé d'une frange, marque de sa dignité. Un autre domestique, parti avant son maître, nous rejoignit plus tôt; descendant de cheval, il fit une révérence et nous présenta une carte de visite sur papier rouge. Le mandarin, qui arriva ensuite, mit aussi pied à terre pour nous saluer; il fut invité à remonter à cheval et nous entrâmes ensemble dans la petite ville de Tzia-Youï-Gouañ. Cette place forte, — elle passait pour telle, — n'avait point l'aspect militaire; on n'y voyait pas de canons, pas même de soldats; les rues y étaient étroites, les maisons petites, et les habitants avaient l'air pauvres et malpropres; ils nous regardaient passer, les uns en se moquant de nous, les autres au contraire en nous indiquant respectueusement le chemin à suivre.

Arrivés à destination, nous trouvâmes Sosnowsky assis à côté du mandarin chef de la ville, tous deux gardant un silence absolu, car notre chef, ayant toujours deux interprètes à sa disposition, n'avait rien appris de la langue chinoise. Il fut très content de nous voir : « Voilà une heure et demie, nous dit-il, que nous sommes en face l'un de l'autre, sans rien nous dire. » Les interprètes étaient restés en arrière; il fallut donc essayer de nous expliquer le mieux possible.

Je posai quelques questions au mandarin; j'appris qu'il était dans la ville depuis neuf ans. Il se plaignit de la pauvreté du pays, de son existence monotone et de l'ennui qu'il éprouvait. Il m'affirma que la ville avait 50 000 habitants, ce dont je doutais fort; quant à la garnison, il n'en connaissait pas le chiffre. Ce mandarin, homme assez âgé, était très préoccupé de sa toilette; vêtu de satin, il avait sur la poitrine deux carrés d'étoffe bordés d'un galon d'or dont les broderies représentaient des cigognes. Chaque fois qu'on lui parlait, il se levait à moitié.

Après le dîner, j'allai voir la prétendue forteresse de Tzia-Youï-Gouañ, accompagné d'un soldat et d'un petit nombre de curieux. L'indifférence des habitants à la vue d'un étranger m'avait étonné, car avant nous cette ville n'avait été visitée par aucun voyageur; mais j'appris ensuite que l'ordre avait été donné de ne pas « ennuyer les étrangers ».

Au milieu de la ville s'élevaient trois tours; celle du milieu était particulièrement remarquable par ses portes et ses fenêtres grillagées, que de loin on pouvait croire faites de fils de fer; elle était hexagonale, à trois

Extrémité de la Grande Muraille.

étages, et dominait les environs de Tzia-Youï-Gouañ qui, en général, étaient tristes, sans vie; le sol jaune ou gris, sans végétation; pas de verdure, pas un arbre, pas un ruisseau. Je mentionnerai seulement la chaîne de montagnes Nañ-Schañ ou Lañ-Schañ, au sud-ouest, dont les crêtes sont couvertes de neiges éternelles.

Je me dirigeai ensuite vers la porte du nord, opposée à celle par laquelle nous étions entrés.

Elle était fermée par un cadenas, mais le gardien s'empressa de nous l'ouvrir, et quand nous fûmes sortis, il la referma immédiatement. Ce règlement n'avait pas de raison d'être; en effet, de quelle utilité pouvait être ce simple cadenas? Ce n'était qu'un ancien usage.

La Grande Muraille, après avoir contourné la ville, se prolongeait vers la chaîne du Nañ-Schañ et se terminait à la rivière Si-Ho ; il aurait été intéressant de visiter ce point, éloigné de quinze verstes, mais je n'en avais pas le temps.

Je rentrai en ville par la même porte du nord, aussitôt soigneusement cadenassée par le portier, qui paraissait accomplir un acte d'une importance capitale.

# CHAPITRE XIII



5 août. — Escortés par trois cents soldats, cavaliers et fantassins, et au son des trompes, nous quittons la Chine proprement dite pour entrer dans la Mongolie, que nous avons traversée un an auparavant.

Huit jours de chemin nous séparaient de Añ-Si, dernière ville à la limite sud du désert de Gobi. Mais d'ores et déjà on pouvait se demander : « N'est-ce pas ici que commence le désert ? » Pouvait-il en effet y avoir contrée plus déserte et plus triste que celle où nous étions ?

Notre caravane, assez nombreuse, avait un certain air martial, grâce aux soldats armés de piques ; aussi les rares voyageurs que nous rencontrions nous regardaient-ils avec une peur mal dissimulée.

Nous déjeunâmes dans les ruines d'un camp occupé cependant par des soldats. Tout y était pauvre, sale, couvert de la poussière amenée par un vent violent, qui soufflait depuis le matin.

Nous nous arrêtâmes, pour y passer la nuit, dans le village de Houï-Houï-Fou (ce nom signifie : « village musulman »). C'était une véritable oasis, située dans une gorge de montagnes, ombragée par des tilleuls séculaires et arrosée par un ruisseau limpide ; la vue de ce village reposait agréablement l'œil et procurait un vrai plaisir, après une journée de voyage à travers le désert.

6 août. — Les fantassins qui nous avaient accompagnés retournent à Tzia-Youï-Gouañ, tandis que les cavaliers doivent se rendre avec nous jusqu'à Añ-Si

Rien de particulier à signaler. Le pays présente un peu plus de variété ; le chemin traverse des landes au sol fortement pénétré de sel ; de temps à autre, de petites prairies où les voyageurs font reposer leurs animaux.

L'arrêt de nuit eut lieu dans le village de Tchi-Tzinn-Pou, où des logements nous étaient préparés dans la maison de l'administration, dont le gardien ou locataire, vieillard très sympathique, s'était coiffé, pour nous témoigner son respect, d'un chapeau de paille à pompon rouge.

Pendant le dîner il essaya de s'entretenir avec nous et nous donna à entendre qu'il avait accompagné notre *homme*, le Cosaque Pawlow, jusqu'à Añ-Si. Il comptait peut-être recevoir une gratification pour ce service ; on lui dit en effet « merci ».

7 août. — Le même vieillard, pendant le déjeuner, répète encore qu'il a accompagné Pao-lo-we ; nous prions notre Cosaque, qui en même temps est notre trésorier, de lui donner 1000 sapèques. Le pauvre vieux fut tout heureux d'une gratification, à laquelle il ne s'attendait plus. — Au moment du départ, un petit mandarin de la localité vint nous reconduire. En dehors de la ville, le long du rempart, je remarquai toute une rangée d'exhaussements uniformes, que je voyais pour la première fois. Le mandarin auquel j'en demandai l'explication me répondit que c'étaient des tombeaux. En effet, à travers des ouvertures de la terre, on apercevait des cercueils. Si je mentionne ce fait, c'est que je n'avais vu nulle part en Chine de semblables tombes. Mettre le cercueil par terre et le recouvrir d'une couche d'argile, était-ce une inhumation temporaire dans l'attente du transport du corps au pays natal, ou de l'inhumation définitive, que les Chinois aiment à retarder le plus longtemps possible, d'un an, de deux et quelquefois davantage ?

La contrée présente un contraste frappant par la variété des spectacles simultanés. Ainsi à notre gauche, le désert, une chaîne de collines dénudées ; à notre droite, des villages ombragés par des tilleuls et des ifs, des champs et une prairie arrosée par une rivière (Ta-Ho), du blé en gerbes ou encore sur pied. Ces contrastes se présentaient comme un rêve ; les oasis apparaissaient et disparaissaient comme des songes.

Plus loin, un village en ruines · pas une âme vivante, pas une cabane ; la mort, rien que la mort, et par terre, sur des monceaux de briques, quelques débris de statues d'idoles : c'est tout ce qui restait d'un temple. A la sortie de ce village qui était sur notre route, je vis avec surprise quelques enfants jouant dans le sable ; à notre vue, ils s'enfuirent, sans doute pour communiquer la nouvelle à leurs parents, car deux Chinois, sautant par la fenêtre d'une maisonnette, se mirent à nous regarder avec peur et curiosité. Ce

furent les seuls habitants que nous vîmes, il est probable qu'il y en avait
d'autres dans l'oasis. Je me demandais pourquoi ceux-ci s'étaient établis
dans ce coin ; ils avaient même décoré de fresques leur pauvre cabane.
Je leur jetai une liasse de sapèques. « *Do-sie, do-sie !* (Beaucoup merci), »
me dit l'un d'eux, mais il n'alla la chercher que lorsque je me fus éloigné.

Dans ce désert nous étions souvent témoins de tourbillons et victimes du
mirage. Les premiers s'élevaient en plusieurs endroits à la fois, comme
des colonnes de fumée, et parcouraient le désert en tournoyant[1]. Les mirages,
vrai trompe-l'œil, représentaient soit des lacs avec des îles, soit des marais
couverts de roseaux, soit toute une mer avec ses promontoires. Je dois
avouer qu'ils n'avaient rien d'attrayant pour moi ; je les comparais à des
discours éloquents, mais trompeurs.

A la porte de la ville de Youï-Myñ-Siañ, nous fûmes reçus par un mandarin à bouton de cuivre et par quelques soldats. La rue que nous traversâmes était remplie de monde. J'y fis une courte promenade, en compagnie
d'un bon nombre d'habitants, tous convenables ; le premier qui se permettait de rire tout haut était immédiatement rappelé à l'ordre.

La ville de Youï-Myñ-Siañ avait échappé aux désastres de la guerre. Par
quel hasard ? C'est ce que je n'ai pu apprendre. Ses rues sont droites ; les
maisonnettes, en argile, sont recouvertes de toits plats, d'où émergent les
tuyaux des cheminées, contrairement à ce que j'avais vu jusqu'alors dans
les villes de la Chine.

Dans la soirée, nous eûmes la visite du mandarin de l'endroit, qui s'excusa
de ne pas nous recevoir comme il le voudrait, car le pays était pauvre et
ruiné. Ce n'étaient que des phrases de politesse, attendu qu'il savait bien nous
avoir fait une réception convenable, au delà même de nos souhaits.

8 août. — Les mandarins qui nous avaient accompagnés depuis Sou-
Tcheou vinrent nous faire leurs adieux avant de s'en retourner. L'usage
exigeait qu'on leur fît quelques cadeaux pour leur dérangement et les bons
soins qu'ils nous avaient prodigués. Il n'en fut rien.

Nous partîmes après le déjeuner, avançant pas à pas, contrariés par un
vent très violent. Nous fûmes rejoints par un mandarin à lunettes bleues
accompagné de deux domestiques, qui nous suivit sans nous parler, sachant
d'avance que toute conversation était impossible. Peu après, un autre mandarin vint à notre rencontre en présentant une carte de visite ; mais, voyant
qu'il ne pouvait venir à bout de se faire comprendre, il repartit au galop.

---

1. L'un de ces tourbillons était très intéressant. Une colonne de sable soulevée dans les airs
prit la forme d'un entonnoir ou d'un cône renversé dont la pointe touchait le sol et la base s'élevait
vers le ciel, dans une position un peu inclinée, laissant émerger à son centre un long noyau, comme
le pistil d'une fleur.

C'était un envoyé du camp militaire, situé à proximité du village de San-Dao-Ho, où nous fîmes notre entrée au milieu d'une double haie de soldats portant des fanions. Le chef de ce camp, à bouton de général, vint à notre rencontre et nous invita à dîner. Il pouvait avoir de vingt-cinq à trente ans, portait un vêtement jaune, signe de services distingués, était d'un extérieur agréable, de manières très distinguées et d'une exquise politesse ; il inspirait de la sympathie à première vue.

Le dîner eut lieu dans une petite chambre : la table, placée entre deux *kangs*, occupait tout l'espace libre, et les officiers subalternes venus en curieux cherchaient à se caser dans les petits coins. Après le dîner, on apporta des coussins, des pipes et tous les appareils indispensables pour fumer l'opium. Le général nous invita à fumer du « grand tabac » (*da-yañ*), c'est ainsi qu'il appelait l'opium. J'en fumai deux pipes, à la satisfaction des Chinois ; la première me fit même plaisir et je pensais en ce moment à Tzo, qui nous avait affirmé que dans les provinces de son ressort il n'y avait ni fumeurs ni opium. « Désignez-moi un seul endroit où l'on cultive le pavot, où un homme fume l'opium, » répétait-il sans cesse. Cependant, d'après les rapports sur le commerce intérieur de la Chine, la province de Kan-Sou exporterait de l'opium dans les autres parties de l'empire, et cet opium serait le meilleur et le plus cher, après celui de l'Inde.

Le jeune général, qui souffrait d'un mal d'yeux, avait été prévenu de la présence d'un médecin parmi les membres de l'expédition ; il me consulta ; malheureusement je ne pus remédier à son mal, mais je lui donnai quelques conseils.

9 août. — Rien à signaler.

10 août. — Si les matinées sont fraîches, la chaleur est accablante dans la journée. Traversant à gué un ruisseau, nous laissâmes nos chevaux apaiser leur soif à volonté ; la fraîcheur de l'eau plut au mien, qui se disposait à se coucher pour prendre un bain, et c'est à peine si j'eus le temps de l'en empêcher.

Nous arrivâmes le soir, très affamés, à Siao-Van-Pou ; le chef ne nous permit pas de nous mettre à table tant que ses amis, le photographe et l'interprète, ne furent pas arrivés ; cependant, quand nous étions en retard, Matoussowsky ou moi, on s'inquiétait fort peu de notre absence.

11 août. — La ville de Añ-Si-Tcheou apparaît au loin comme une ligne droite avec des tours aux extrémités. Le mirage nous la faisait voir située au milieu d'un lac, des eaux duquel émergeait le mur d'enceinte, qui s'y réfléchissait.

Un détachement de soldats commandés par un mandarin à cheval vint à notre rencontre. La carte de visite du chef de la ville nous fut présentée, et après un échange de politesses, nous entrâmes ensemble dans la ville.

Añ-Si avait souffert de la guerre, c'était connu ; mais le tableau de la destruction dépassa mon attente. De cette grande ville il ne restait qu'un monceau de pierres, des pans de murs et des temples en ruines. Au centre de ce vaste emplacement, quelques anciens habitants, survivants ou nouveau-venus, avaient construit des cabanes ; mais, à part ce petit carré, il n'y avait rien que de l'herbe en abondance.

Notre logement, bien modeste, consistait en deux pièces, l'une claire, et l'autre sombre, ne recevant de lumière que par la porte ; aussi, pour donner plus de lumière et d'air, j'arrachai le papier de la fenêtre. En fait de meubles, il n'y avait qu'un poêle et un *kang*, couvert d'un feutre blanc imprégné d'une forte odeur désagréable. Nous demandâmes une table et un banc ; on nous les apporta.

L'installation terminée, on manda les mandarins Tchou et Pinn pour avoir leur avis sur les mesures à prendre en vue de la traversée des steppes. Ils nous supplièrent de ne nous inquiéter de rien, disant qu'ils se chargeaient de tout, qu'ils avaient des tentes et des provisions pour tout le monde. « Ne vous inquiétez pas, répétaient-ils, nous trouverons partout de l'eau et du fourrage pour les chevaux et les mulets, et le voyage s'effectuera sans accident. »

Je ne doutais pas de leur sincérité, mais je pensais avec Matoussowsky qu'il était bon de se prémunir contre toute éventualité ; par conséquent, nous donnâmes l'ordre à notre Cosaque d'acheter des provisions pour notre propre escorte, composée, à part nous deux, du Cosaque et de trois Chinois. De Añ-Si jusqu'à Khami il y a dix jours de chemin. Deux cent cinquante petits pains furent commandés et un mouton acheté. Pour la conservation de la viande, nous employâmes le procédé usité depuis longtemps dans la contrée ; on fait passer les morceaux de viande fraîche dans de l'eau salée bouillante, puis on les fait sécher au soleil pendant un ou deux jours. Cette viande se conserve très bien sans être hermétiquement fermée, même par les plus grandes chaleurs. Nous en avions fait l'expérience.

Ces précautions une fois prises, je résolus de visiter la ville, si peu intéressante qu'elle fût en ce moment, mais absolument inconnue des Européens ; certains géographes même mettaient en doute son existence. Nous y passâmes deux jours : les habitants y étaient encore assez nombreux. Il est certain que tôt ou tard la ville disparaîtra sous le sable poussé constamment du désert ; à l'intérieur la partie nord présentait déjà d'immenses amoncellements de sable, formant des collines, et tout habitant aisé cherche à

Le désert de Gobi. (Page 481.)

garantir sa maisonnette par un rempart de terre. J'ai même observé la manière très simple dont ils construisent ces remparts : on marque un carré avec quatre pieux, entre lesquels on passe des perches ou des planches de façon à former une espèce de boîte, qu'on emplit de terre; on foule celle-ci avec les pieds ou avec une grosse pierre, jusqu'à ce qu'elle soit bien tassée ; puis une nouvelle couche de terre est ajoutée, et ainsi de suite. Il est probable que toute la Grande Muraille a été élevée de cette façon.

La veille du départ, un brave vieillard du nom de Tchann, notre futur vivandier, nous fut présenté; il devait nous précéder la nuit, avec la cuisine et les provisions de bouche. Il avait voyagé souvent à travers le Gobi et promettait de pourvoir au nécessaire.

14 août. — Nous voici pour neuf jours dans le *Grand-Désert*, ou désert de Gobi, dont la chaîne de montagnes Tiañ-Schan forme la limite nord; cette vaste contrée est absolument inculte et inhabitée, à l'exception de quatre oasis; le sol y est essentiellement rocailleux, le sable ne se rencontre que par endroits ou îlots isolés.

En chemin de fer, de Añ-Si à Khami, on aurait pu faire la traversée en douze heures, et avec nos *troïkas* en deux jours au plus. Mais les caravanes comme la nôtre avancent pas à pas. Aux environs de Añ-Si on voyait encore de l'herbe clairsemée par-ci, par-là ; bientôt elle disparut tout à fait, et dans la vaste plaine on n'aperçut que des cailloux. Les mirages avaient reparu, mais si faibles, qu'il fallait une bonne dose d'imagination pour voir des choses ayant à peine quelque ressemblance avec les objets que ces mirages étaient censés représenter. Une couche épaisse de poussière blanche comme de la farine nous recouvrait, ainsi que nos bagages et nos chevaux ; pas une seule plante, pas un seul insecte, rien pour s'occuper, rien pour se distraire.

Un point blanc apparut à l'horizon : c'était la tente dressée par notre cuisinier Tchann, près des ruines d'un ancien poste ou d'une station. Selon l'usage, il présenta à chacun de nous une tasse d'eau fraîche, mais trouble, et peu après on dîna. Le manger est chose secondaire dans le désert; on désire avant tout boire, toujours boire, et le puits fut bientôt épuisé; l'eau apportée pour faire du thé était absolument trouble.

Un vent violent gonflait notre tente et éteignit la bougie; nous nous couchâmes de bonne heure. Je commençais à sommeiller lorsque la tente fut enlevée par un coup de vent; il fallut se résigner à passer la nuit à la belle étoile et je ne pus fermer l'œil. Tout dans le camp était plongé dans le silence; plus tard j'aperçus une lanterne, c'était le vivandier Tchann qui partait avec sa cuisine.

15 août. — Partis de bonne heure, nous avons rencontré dans la journée une caravane de chameaux, campée dans un petit pré à proximité d'une mare d'eau. L'arrêt de nuit eut lieu près de la source Beï-Tan-Tzy, où nous trouvâmes une caravane du gouvernement chinois. Plus de dix tentes bleues y étaient dressées; on préparait le manger au-dessus des feux; d'autres Chinois se promenaient presque entièrement nus en mangeant du vermicelle avec leurs bâtonnets; les chevaux et les chameaux, au nombre de trois cents, se tenaient ensemble, quelques-uns broutaient les arbrisseaux durs et piquants qui couvraient le sol.

J'allai voir la source où chacun venait puiser de l'eau : large d'une archine et profonde d'une demi-archine, cette source était inépuisable, grand bienfait dans le désert! Mais telle est la malpropreté des Chinois, qu'ils y reversaient l'eau qu'eux ou leurs animaux n'avaient pas bue. Il fallait réellement souffrir de la soif pour se décider à boire. La caravane partit bientôt, préférant voyager la nuit, pour éviter la chaleur du jour. Tchann servit le dîner : lard aux fines herbes, œufs au lard, riz cuit à l'eau et radis au vinaigre. Comme on peut en juger, le dîner n'était pas bien hygiénique; et, pensant que nos domestiques seraient encore plus mal servis, je donnai l'ordre au Cosaque de faire la soupe pour lui, son collègue et nos trois serviteurs.

16 août. — Dans le désert, les sources sont la seule chose digne d'intérêt. Aujourd'hui, près des ruines d'une station, nous avons rencontré une source dont l'eau, fraîche et claire, avait un faible goût de soude. Quoiqu'elle se trouvât dans une fosse profonde, les chevaux reconnurent la présence de l'eau et se portèrent d'eux mêmes du côté de la fosse.

Plus tard nous arrivâmes à une autre source, Da-Tchuañ-Tzy, où nous pensions passer la nuit; mais le chef, qui voyageait dans une charrette, était resté en arrière; il fallait donc l'attendre pour savoir à quoi nous en tenir. Il dormait dans sa voiture et personne n'osait le réveiller. Ce n'est qu'après le dîner qu'il donna l'ordre de poursuivre la route.

Le soleil étant couché, Matoussowsky ne pouvait plus travailler et n'était guère content; à un endroit, le chemin se bifurquant, nous expédiâmes l'un de nos soldats à la recherche d'une source par le chemin qui allait à droite, et suivîmes nous-mêmes la route de gauche. Tout à coup retentit un coup de fusil. Qu'y a-t-il? une attaque ou un signal? L'un de nos soldats déchargea le sien pour répondre. « *Hao!* (bien), » cria le soldat au loin.

« Y a-t-il une source par là? — *Mo-schuï!* (pas d'eau), » répondit-il.

Le Cosaque du chef galopa vers nous.

« Avons-nous passé à côté d'une source? — Non; c'est le chef qui m'envoie en avant pour préparer le thé ; je croyais que vous étiez à la source ; » puis, en soupirant, il ajouta : « J'ai prêté au Tzar le serment de servir l'État avec fidélité, donc je dois servir. » Ce fut la seule plainte qu'il laissa échapper dans le cours du voyage.

Ne sachant que faire et où chercher une source, nous fîmes halte, et tout le monde se disposa au repos. On entendait au loin les clochettes des mulets, le bruit des roues et les cris des conducteurs, tout aussi fatigués que leurs bêtes. Toute la caravane se réunit et Sosnowsky de sa voiture demanda au Cosaque si le thé était prêt. « Il n'y a pas d'eau, » répond celui-ci. D'où reproche général à « tous les imbéciles qui ne savent même pas trouver un puits ». La caravane poussa plus loin ; nous cherchâmes en vain nos chevaux ; ils s'étaient égarés et nous fûmes obligés de partir à pied.

Arrivés à la source, nous trouvâmes notre tente toute prête et le thé préparé ; mais, l'eau du puits étant sulfureuse, il n'était pas possible d'en avaler une tasse, à moins d'y ajouter une bonne quantité de gouttes de menthe. Nous nous couchâmes à trois heures du matin sans manger et sans que j'aie pu préparer les deux rongeurs du genre *Gerboise* qui avaient été tués dans la journée.

17 août. — De grand matin notre Cosaque part avec deux soldats à la recherche des chevaux. Ils les retrouvèrent sans brides ; les objets que j'avais mis dans les poches de la housse manquaient également : mon livre de notes, la boîte aux couleurs, le bocal à esprit-de-vin où je jetais les insectes, tous ces objets étaient perdus.

Sur ces entrefaites, les mandarins vinrent trouver le chef, pour lui démontrer l'impossibilité de faire des étapes comme celle d'hier. « Aujourd'hui, disaient-ils, il y aura deux sources sur notre chemin : la première à quinze verstes d'ici, l'autre à soixante verstes. Il faut s'arrêter à la première, où il y a même de l'herbe en quantité suffisante pour les bêtes ; mais, si l'on veut aller jusqu'à la seconde, on se mettra encore en retard ; les bêtes seront exténuées et ne pourront plus avancer. — Je verrai plus tard, répondit Sosnowsky ; pour le moment, il n'y a pas à discuter. »

Je partais avec la certitude qu'on s'arrêterait au premier puits et que j'aurais assez de temps devant moi pour faire aujourd'hui le travail de la veille, prendre des notes, classer des plantes et dessiner quelques vues du Gobi, mais Matoussowsky m'affirma le contraire : « J'ai l'honneur de vous annoncer que vous aurez le plaisir de faire encore quarante-cinq verstes à cheval, jusqu'à la source suivante, quoique cette oasis, au dire des Chinois, abonde en eau et en pâturages. Les mandarins sont encore venus supplier le chef ; les conducteurs ont demandé aussi qu'on épargnât leurs

pauvres bêtes; on les a renvoyés..... » En prononçant ces mots, Matoussowsky devint pensif.

Nous continuâmes donc notre chemin par un soleil brûlant. La chaleur
était d'un genre particulier : sans affaiblir le corps ni provoquer de transpiration, elle était brûlante; la figure et les mains en souffraient principalement. Quelquefois un nuage passait sur le soleil et produisait de l'ombre;
instantanément on se sentait soulagé, comme par un bain froid. Les mulets
ne pouvaient plus traîner leurs voitures, quelques-uns étaient dételés et attachés derrière la charrette.

Il faisait nuit lorsque nous aperçûmes une lumière au loin; un coup de
fusil nous avertit que nous n'étions pas loin de la station. La voiture avec
les victuailles était restée bien en arrière; tout le monde avait faim et les
mandarins n'étaient pas contents : « Tout le monde est fatigué, les mulets
sont épuisés, beaucoup de voitures sont restées en arrière : ce n'est pas
bien, pas bien, » disaient-ils. Et je les approuvais en moi-même. Nos
chevaux avaient mangé les nattes de bambou qui recouvraient les voitures (!), et les malheureux mulets n'avaient aucune nourriture, puisqu'on
ne s'arrêtait pas aux petites oasis. Tout le monde murmurait contre le
chef.

18 août. — Nous réussissons à préparer le dîner à nos frais, en utilisant
nos provisions; le Cosaque du chef et l'interprète Andreïewsky furent invités
à cette petite fête. Ils nous affirmaient n'avoir mangé dans quelques villes
précédentes que du jambon desséché, offert par les Chinois. Tchann avait
bien des poules et deux moutons; mais, n'ayant jamais le temps de cuisiner, il se décida à donner un mouton au chef, et nous amena l'autre :
« Faites-en ce que vous voudrez, » dit-il; nous refusâmes de l'accepter. Les
Chinois, mandarins et soldats, manifestaient ouvertement leur mécontentement; quelques-uns même se comportaient avec grossièreté.

Sosnowsky ayant réussi aujourd'hui à tuer un mulet sauvage (*ye-lo-tzy*),
je courus avec quelques soldats chinois pour dépouiller l'animal, dont ils se
proposaient d'enlever la viande. Mais je dus renoncer à mon projet, car il
se faisait tard, et les soldats, après avoir taillé chacun un bon morceau de
viande, repartirent joyeux. Ils chantonnaient, heureux d'avoir du *joou*
(viande), qu'ils feraient rôtir, car le *joou* a bon goût; l'un d'entre eux promit de m'en faire goûter. L'heure n'était pas encore très avancée, quand
nous arrivâmes à la source. Les soldats montrèrent la viande à leurs collègues, et ceux-ci sellèrent aussitôt leurs chevaux et partirent chercher
leur part. Le soldat m'apporta, selon sa promesse, un morceau de cette
viande; elle avait bon goût, mais était dure.

Chacun était content du repos qu'on nous octroyait, mais se demandait en soi-même, avec inquiétude, si tout à coup le chef n'allait pas donner le signal du départ.

La route parcourue aujourd'hui était absolument granitique et parsemée d'éclats d'une pierre noire, très dure, au son métallique.

19 août. — Le désert change d'aspect : nous avions à franchir un groupe de collines granitiques taillées à pic et ombragées ; plus loin nous atteignîmes une station naturelle du Gobi, nommée Beï-Tzy-Tzy-Taï. C'était un petit pré arrosé par un ruisseau, qui formait plus loin un marais. Aucune des caravanes qui traversent le Gobi ne passe devant cette oasis sans s'y arrêter ; nous y trouvâmes en effet une caravane chargée de blé, qui se

Halte dans le Gobi.

rendait à Khami. Nous y restâmes une heure, pour donner le temps aux mulets de brouter l'herbe.

Le reste de la journée, nous n'avons rien observé, si ce n'est des mirages. Le soir, on campa pour la nuit près d'un ruisseau nommé Po-Tzy-Tziuan. La soirée était belle et tout le monde de bonne humeur ; je charmais les Chinois en jouant sur l'harmonium l'air de la chanson chinoise *les Douze fleurs*. Le troisième mandarin, Ho, se décida même à descendre de sa voiture pour écouter ma musique ; quant aux deux autres, nous étions de vieux amis. Quoique d'un haut rang, ces deux mandarins pourraient servir de modèles à beaucoup de fonctionnaires européens pour leur affabilité envers leurs inférieurs.

Aujourd'hui ils ont exprimé le désir d'aller un jour visiter « notre Pékin » (Saint-Pétersbourg). Nous leur demandâmes ce qu'ils désiraient qu'on leur envoyât de Russie, quand l'occasion se présenterait. Après une longue discussion, ils tombèrent d'accord sur un article : c'est notre drap qui les tentait le plus.

20 août. — Septième journée du voyage dans le Gobi. J'ai observé quelques pieds de peuplier (*Populus diversifolia*), deux oiseaux : un corbeau et l'hermite (*Shyrraptes paradoxus*), ainsi que deux espèces de lézards. J'ai vu aussi quelques cadavres de chameaux; aussitôt que ces animaux ne sont plus en état de suivre les caravanes, on les abandonne et ils meurent dans de terribles souffrances.

Nous nous arrêtâmes pour la nuit dans une petite oasis dont la source porte le nom de Ou-Toun-O-Tzy; une autre caravane de plus de cent chariots y était déjà campée. Un petit ruisseau traversait ce pré; son eau fraîche et limpide n'était-elle pas la cause de la mort des chameaux dont les cadavres gisaient en assez grand nombre sur ses bords? Ou peut-être, ces pauvres bêtes, exténuées par la soif, s'étaient-elles traînées jusque-là pour y terminer leur triste existence? Près du ruisseau, quelques ormes desséchés, privés de leur écorce, semblaient prouver qu'il y avait dans le désert d'autres voyageurs que les Chinois, car ceux-ci aiment beaucoup les arbres.

Contrairement aux nuits précédentes, qui étaient fraîches, celle d'aujourd'hui était d'une chaleur étouffante. Je dois ajouter que la nuit une forte odeur de soufre s'exhalait de la source de cette oasis.

21 août. — Tout le monde était debout bien avant le lever du soleil, car nous avions à faire une étape de soixante-dix verstes avant d'arriver à une source.

Le Gobi se présentait de nouveau comme une mer sans rivages; aussi me sembla-t-il toute la journée ne pas avoir parcouru plus d'une verste. Au loin on apercevait la même montagne qu'hier et dont la crête était blanche de neige. Les Chinois ne savaient pas son nom, mais elle me parut dépendre de la chaîne des monts Célestes. Aujourd'hui on la voit avec plus de netteté. « C'est là-bas que nous passerons la nuit, » dit un Chinois, en me montrant une petite colline qui paraissait ne pas être bien éloignée; mais ce ne fut que vers le coucher du soleil que nous aperçûmes une petite vallée couverte d'herbe et d'arbrisseaux; il y avait même des arbres. Il faut avoir traversé un désert pour comprendre le contentement qu'on éprouve à la vue de la verdure. Cette oasis, arrosée par le ruisseau Err-Goou, jouissait d'un autre attrait : c'était une toute petite cabane habitée par deux Chinois, le père et le fils. Je me proposais d'aller voir au plus vite ces habitants du désert, quand ils vinrent eux-mêmes nous offrir des pastèques et des melons; ils les vendaient seize kopecks la pièce. Je demandai à ces ermites s'ils s'étaient établis en cet endroit de leur propre volonté ou s'ils avaient été déportés. Ils m'affirmèrent être venus d'eux-mêmes, car on leur permettait de cultiver la terre sans aucune redevance. Triste existence ! Je n'en aurai pas moins passé avec eux un ou deux jours.

22 août. — Avant de partir, je fis une promenade le long du ruisseau. Quoique assez large, il se trouvait caché par les rameaux des églantiers, des pieds de menthe et de la cuscute ; je comptai sur ses bords seize cadavres de chameaux.

Après deux heures de chemin, nous apercevons par-dessus les collines un bouquet de peupliers argentés. Un bosquet dans le désert, était-ce un rêve ? Dans cette oasis, tout était plein de vie : des champs de froment et des jardins avec des pastèques et des melons, enfin une petite cabane habitée par trois Chinois, dont le plus âgé s'empressa d'accourir à notre rencontre ; il se demandait peut-être si la présence de ces étrangers n'était pas un rêve. Il nous offrit de ses melons, que nous acceptâmes en les faisant payer par notre Cosaque au même prix que ceux de la veille. Chose étonnante ! mes collègues ne daignèrent même pas descendre de voiture ; ils s'arrêtèrent une minute et partirent plus loin.

En me promenant dans cette oasis, je sentis tout à coup une odeur de cadavre en décomposition : elle provenait d'un chameau qui gisait à quelques pas de la hutte. Ce cadavre, loin d'incommoder les habitants, leur était même très précieux, car il leur fournissait une grande provision de viande, que l'on voyait sécher au soleil, suspendue par tranches longues et minces ; du reste il leur aurait été difficile d'enlever et d'enterrer une masse aussi volumineuse. Notre pieux Cosaque les traita de lâches ; toutefois il est permis de penser que ce n'était pas par excès de luxe qu'ils mangeaient la chair d'une bête morte.

Au sommet de la montagne rocailleuse près de laquelle s'étendait l'oasis, je vis les ruines d'un temple musulman (*houmbar*) et à sa base celles d'un temple chinois, Err-Goou-Miao : fait très original. Par qui, pourquoi et quand ont-ils été construits ? Aujourd'hui ces ruines représentant deux pays ennemis, paraissent se demander pourquoi les deux nations se sont exterminées mutuellement, et quel a été le résultat de cette terrible effusion de sang, dont le désert de Gobi même avait été le théâtre ?

Au crépuscule, je vis voler des oiseaux, signe de la proximité d'une source ; en effet, un peu plus loin, j'aperçus une terrasse verdoyante et deux de nos soldats, qui se tenaient près de leurs chameaux, la pique à la main. Je presse mon cheval, et Matoussowsky, assis sur les ruines d'une maison, me crie de loin : « Allons, dépêchez-vous !

— Qu’y a-t-il ? Le feu ? où ?

— Il n’y a pas de feu ; tenez, mangez une tranche de melon et remettez-vous en route. Le chef a jugé nécessaire de continuer la marche, car l’eau de cette source ne lui plaît pas, et personne ne sait où gît la plus prochaine source. »

Je pensais d’abord qu’il plaisantait, mais je fus obligé de me rendre à l’évidence. Alors je voulus me convaincre par moi-même si réellement l’eau de cette source était mauvaise. Le puits, plus grand que tous ceux que nous avions vus dans le Gobi, était même garni de bois, ce qui se voyait pour la première fois. L’eau, fraîche et propre, sentait un peu le soufre, sans en avoir le goût ; le prétexte n’était donc pas sérieux. Il fallait cependant se remettre à cheval et partir. Au même moment arrivèrent nos voitures de transport, et les conducteurs, ne soupçonnant rien, se dirigèrent vers le puits, en criant joyeusement à leurs mulets : « Encore un peu, encore un peu, encore deux pas, » et les pauvres bêtes faisaient des efforts pour faire ces deux pas et se reposer ensuite. Le cœur serré, nous leur annonçâmes qu’il fallait aller plus loin. Ils nous suivirent en nous maudissant, et il y avait de quoi. Je partis au plus vite en avant pour ne pas voir ni entendre les coups de fouet qui s’abattaient sur le dos des pauvres bêtes. Nous parcourûmes trois ou quatre verstes avant d’arriver à la nouvelle source. Le convoi ne vint que bien plus tard. L’eau du puits était épuisée ; il fallut attendre un bon moment avant qu’il se remplît de nouveau.

23 août. — C’est aujourd’hui que nous entrerons dans la ville de Khami. Après dix verstes de marche, nous vîmes les ruines du village de Houan-Lou-Gan ; cinq verstes plus loin, celles du village de I-Ko-Schoou. Autour de ces ruines, l’herbe était haute, et montait jusqu’au ventre des chevaux qui y paissaient.

Comme d’habitude, le chef était parti en avant ; nous restâmes seuls, Matoussowsky et moi, quand un détachement de soldats vint se placer derrière nous ; deux d’entre eux nous précédèrent en qualité de guides. Ainsi escortés, nous arrivâmes dans la cour d’une maisonnette, où un mandarin à bouton rouge nous invita à entrer et à nous mettre à table ; nos collègues avaient déjà déjeuné.

Ce déjeuner, envoyé de Khami, était bien suffisant ; on le servit dans une vaisselle très originale, faite en peau vernie ; on l’eût crue en bois. C’est à Si-Añ-Fou, ancienne capitale de la Chine, qu’on fabrique cette vaisselle.

Un autre mandarin à bouton bleu nous fut présenté comme chef civil de Khami ; il avait longtemps servi à Chang-Haï, où il avait connu beaucoup d'Européens et adopté leurs manières. Quant au général à bouton rouge, je le soupçonnais de n'être qu'un faux général affublé pour la circonstance d'un chapeau à bouton rouge. Mes soupçons ne firent que grandir lorsqu'il m'apprit avoir accompagné de Khami à la ville suivante notre Cosaque Pawlow, auquel le commandant de Khami avait accordé un pourboire de cent roubles, ainsi que ce général le disait lui-même. Selon moi, il n'était qu'un faux mandarin ; du reste les Chinois ont quelquefois recours à cette supercherie.

Dans l'après-midi, nous entrâmes dans l'oasis de Khami et, après avoir traversé à gué un ruisseau, nous passâmes devant les ruines d'un village, Schi-Li-Pou, et devant un cimetière également bouleversé ; partout ici on observe les traces de la guerre ; maintenant ces ruines sont à moitié ensevelies sous le sable. Dans l'oasis s'étend un îlot sablonneux de la largeur de cinq verstes ; le vent soulevait le sable par masses si épaisses qu'il était impossible de voir clair ; nous réussîmes à nous garantir en nous réfugiant dans l'ancienne Khami, ville tellement ruinée de fond en comble, qu'il était difficile de se faire une idée de son état avant la guerre.

La ville neuve n'était, à proprement parler, qu'un camp de l'armée chinoise. Un officier nous y attendait ; il nous invita à entrer dans la maison, où nous trouvâmes le même fonctionnaire civil que le matin et l'aide de camp du chef militaire. Les mandarins de notre avant-garde y étaient aussi. Tout le monde prit place autour d'une table ronde ; les mets étaient servis dans des vases d'argent, et non pas dans des tasses de porcelaine comme en Chine. L'ameublement de la chambre présentait un mélange de produits des industries européenne et asiatique. On y voyait des candélabres chinois avec bougies, des cuillères, des fourchettes et des couteaux. Le dîner était copieux, sans parler des pastèques et des melons de Khami, qui sont renommés dans toute la Chine ; à vrai dire, on peut les comparer à ceux de nos serres chaudes.

Le thé qui suivit le dîner était servi à la russe, dans un *samovar* de Toula, et cette surprise me fit plaisir, d'abord parce que cela me rappelait la Russie, puis parce qu'il est toujours agréable de voir les produits de son pays à l'étranger.

Notre logement avait été installé dans la maison même du général Tchan, fonctionnaire ayant à son chapeau des plumes de paon à deux yeux (il n'y en a que six de ce rang dans toute la Chine). Tchan était l'ami intime de Tzo ; il passait pour jouir d'une grande force physique et était célèbre comme tireur. Il nous fit dire qu'il n'osait pas nous déranger le jour même, mais qu'il nous attendrait le lendemain. Toutefois, Sosnowsky jugea nécessaire de se rendre tout seul le soir même chez le général. Nous passâmes donc la soirée avec les trois mandarins nos campagnons de voyage, et nous fîmes la connaissance d'un Indien nommé Houa-Li, attaché à l'armée chinoise comme professeur de tir. Il était originaire de Bombay, parlait un dialecte anglais, avait tenu un bureau de tabac dans une ville de la Chine, et, après s'être ruiné, s'était décidé à se faire instructeur dans l'armée. Il fut très content de notre rencontre, d'autant plus que, ne sachant pas écrire, il me pria de lui composer une lettre pour sa famille, qui n'avait pas reçu depuis longtemps de ses nouvelles, et s'offrit à être mon guide pendant notre séjour à Khami.

Nous nous couchâmes dans des lits en fer et, avant de nous endormir, nous entendîmes dans la pièce voisine une discussion entre Sosnowsky et le photographe au sujet des cadeaux à faire au général Tchan. Le photographe trouvait inutile de donner le service en cristal de Tzo, car ce dernier pourrait l'apprendre. Quoi qu'il en soit, le service fut envoyé, ainsi qu'une glace, des rubans, etc.

Je n'ai rien à dire de la visite rendue par nous tous le lendemain à Tchan, si ce n'est qu'en parlant de lui il se touchait du doigt le nez et non pas la poitrine, comme nous le faisons. Le général, homme poli, un peu timide, me plut tout de suite.

Un séjour d'une semaine à Khami me permit de visiter en détail cette oasis.

Située à quarante verstes de la branche sud de la chaîne de Tiañ-Schan, l'oasis est préservée des vents du nord, et le sol est assez fertile sur un espace de cinq verstes carrées ; bien arrosée par deux grands ruisseaux, elle est cultivée sur presque toute sa surface. Le froment, le millet, le sarrasin, le maïs, les pastèques, les melons, les citrouilles, la vigne, les arbres fruitiers, tout pousse ici en quantité suffisante pour les besoins des habitants, et si dans ces derniers temps la production a diminué, c'est que la population est aussi moins forte, ainsi qu'on peut en juger par le nombre des maisons en ruines des trois villes de l'oasis, qui se trouvent à proximité l'une de l'autre, mais chacune avec un mur d'enceinte particulier ; il y a en outre quelques villages, hameaux, fermes ou maisonnettes isolées. Voici les noms de ces trois villes : Houï-Tchen, ville musulmane ; Lao-Tchen, la vieille ville, et Syn-Tchen, la ville neuve.

La ville neuve, construite après la guerre, ne présente rien de remarquable. L'ancienne ville est habitée par la garnison. Mais la ville musulmane m'intéressait plus que les autres : maisons, temples, cimetières, habitants, tout y était à voir ; c'est pourquoi je m'y rendais tous les jours. Ce

Vue intérieure de la ville de Khami.

n'était plus l'ancienne ville d'avant la guerre, pleine de richesse et d'aisance, où tous « vivaient en rois », comme me l'affirmait un vieillard. Actuellement, il n'y a plus que des ruines, des pans de murs et des maisonnettes fraîchement reconstruites. Le caractère le plus frappant de cette ville, et qui la distingue des villes chinoises, c'est qu'il n'y a pas une seule boutique, ni même traces d'anciennes, comme si le commerce n'y avait jamais existé.

Les habitants musulmans se donnent eux-mêmes le nom de *Tarantchas* ou *Hamyl-Louk;* ils parlent une langue qui se rapproche beaucoup de celle des Kirghizes, et nos Cosaques, qui connaissaient cette dernière, pouvaient facilement s'entretenir avec les Tarantchas.

Les habitants de l'oasis ne sont pas nombreux ; je m'étonne même qu'ils aient pu échapper au massacre. Il est vrai que les survivants sont réduits à la misère la plus complète, mais cette misère ne saute pas aux yeux, comme celle des villes chinoises. Ces musulmans présentent un type remarquable ; les femmes sont beaucoup plus jolies que les Chinoises, et pas sauvages comme ces dernières ; hommes et femmes portent des turbans en forme de mitre ou de couronne, brodés d'or et d'argent.

Toutes les maisons y sont construites de briques non cuites et sur un plan uniforme. Le palais des princes de Khami, élevé sur un remblai voisin de l'unique porte de la ville, domine toutes les autres maisons. La cour du palais, assez vaste, plantée d'arbres et pavée, rappelle le style chinois; c'est là que nous descendîmes de cheval pour monter quelques marches et entrer dans la seconde cour, où l'on aperçoit une partie du palais avec ses murs endommagés; il n'y a plus de toit, et dans un coin on voit un gros tas de briques. A l'intérieur, tout est brisé, cependant quelques salles sont bien conservées, et comme en somme elles se ressemblent toutes, on pouvait se faire une idée de ce qu'était ce palais, composé de soixante chambres. On était en train de le reconstruire; plusieurs pièces étaient déjà achevées, entre autres la salle du palais.

Quand j'y pénétrai, un Chinois était occupé à la décoration des corniches. Je lui demandai s'il ne désirait pas que je lui dessinasse quelque chose; le peintre et quelques vieillards qui m'avaient accompagné dans le palais, accueillirent ma proposition avec plaisir, et me présentèrent le pinceau et les couleurs, qui à mon grand regret ne valaient rien. Je peignis au-dessus de la porte d'entrée un panier de fleurs, lequel, quoique de très médiocre exécution, fut admiré. « Nous le soignerons, me dit un vieillard, et nous rapporterons au prince que c'est vous qui l'avez fait. »

Pour le moment, ce prince habitait dans la ville neuve un logement que l'administration chinoise lui avait assigné; je pensai plutôt qu'il était aux arrêts, car, lorsque je me présentai chez lui, il me fut répondu qu'il était malade. Il est possible que les Chinois aient voulu empêcher notre entrevue.

Si la salle du palais ne présente rien de particulier, le paysage qu'on voit des fenêtres est splendide : on aperçoit en bas non seulement la ville, mais les environs, les maisonnettes éparpillées dans l'oasis, et dans le lointain les crêtes neigeuses du Tiañ-Schan... Quelle douce existence on devait mener ici au milieu des tapis, des divans, des soieries et du confortable oriental ! Aujourd'hui tout est silencieux et vide. Je parcourus les chambres du palais, dont quelques-unes étaient encore toutes noires de la fumée de l'incendie. Dans une des petites cours, je remarquai un orifice carré; on m'expliqua que c'était l'endroit où jadis l'on déposait les trésors et l'argent des princes. Quand les Chinois s'étaient emparés de la ville, tout avait été pillé.

« Partout la même chose, » pensai-je.

Je passai ensuite dans le vaste jardin du palais, qui n'avait point les prétentions des jardins chinois ; c'était principalement un jardin fruitier, il y avait de beaux pommiers, des noyers, des abricotiers, des poiriers, voire même de la vigne. Parmi les autres arbres, je distinguai le peuplier argenté pyramidal, les ifs pleureurs, les ormes et les mûriers, particulièrement remarquables. Ce jardin, comme les autres de la ville, avait échappé à la destruction. Il en était de même des temples musulmans, nommés *houmbar* ou *mest-tzit;* ce dernier terme paraît plutôt se rapporter aux minarets, tours carrées en briques non cuites, et qui ne sont ni peintes ni blanchies, quelques-unes même n'ont pas de toit. Quant aux temples proprement dits (*houmbar*), ils ont une ou plusieurs cours pavées de dalles et des galeries de pourtour couvertes et soutenues par des colonnes sculptées. A l'intérieur s'élève également une colonnade peinte de couleurs voyantes, et les murs portent des inscriptions tirées du Coran. J'y remarquai une étrange particularité : c'est une abondante provision de cornes de divers animaux, entassées dans des cours ou attachées aux grillages, ou bien suspendues aux toits. Il est évident que ces cornes doivent avoir quelque signification, ignorée non seulement de moi, mais probablement aussi des prêtres. Je dois ajouter qu'on n'y tient pas beaucoup, puisqu'il m'a été permis d'en choisir et d'en emporter à volonté.

Le lendemain, je fis la connaissance du mollah principal, homme intelligent, instruit à sa manière, hospitalier et très aimable; malheureusement la conversation entre nous ne fut pas facile, soit en chinois, soit à l'aide de

Ruines du palais des princes de Khami.

l'Indien Houa-Li, qui ne savait pas beaucoup d'anglais. Yousoup Ahoun [1]
était un homme de soixante-dix ans, de taille au-dessus de la moyenne,
d'une physionomie très agréable et aux traits réguliers. Toutes les fois que
j'allais dans la ville musulmane, je lui rendais visite, et d'autres personnages
âgés assistaient à nos entrevues. Il me questionnait beaucoup sur la Russie,
sur ses négociants, sur ses produits, et exprimait le désir de voir les
Russes faire le commerce des draps, du maroquin, de l'acier, de la passe-
menterie, etc. J'ajouterai que mes objets en caoutchouc l'intéressèrent
vivement, et quand je lui fis cadeau de ma bouteille et de mon coussin, l'un
et l'autre en gutta-percha, il éprouva une joie tout enfantine.

Temple musulman de Khami.

Yousoup entamait des conversations religieuses et riait de bon cœur quand
je lui parlais de Dieu le Père et Dieu le Fils. Il me fit quelques questions sur
l'empereur, dont il connaissait le nom, « sur la plus grande ville de la
Russie », sur les études, les tribunaux, etc. Et tout en causant, il me régalait
de fruits, de thé au lait et parfumé de jasmin, et une fois même il m'invita
à dîner; sa bru et sa petite-fille assistaient également au repas.

En général, à Khami les femmes sont parfaitement libres, ce qui est une
exception dans le monde musulman.

Je demandai à faire les portraits de Yousoup et de sa famille; ils y con-

1. Le mot *Ahoun* correspond à notre « Monsieur »; ainsi Yousoup ne m'appelait pas autrement que
Paul-Jacques Ahoun.

sentirent. Au jour indiqué, je les trouvai tous en habits de fête ; les femmes en satin, de riches turbans sur la tête, etc. ; Yousoup lui-même avait revêtu une robe de chambre en satin bleu et s'était coiffé d'un turban blanc ; tous portaient des galoches par-dessus leurs chaussures, quoiqu'il fît chaud et sec. Je les remerciai d'avoir bien voulu poser, et Yousoup m'exprima toute sa reconnaissance pour cet honneur, comme aussi pour les petits cadeaux que j'avais faits à ces dames. Il joignait ses mains et les pressait contre sa poitrine.

Les habitants de Khami, en général, furent très convenables et serviables ; je ne sais s'il en aurait été ainsi avant la guerre, quand la ville était populeuse.

Il me reste à dire quelques mots du cimetière musulman attenant à la ville et dont une grande partie est occupée par des caveaux. A côté de ce cimetière commun se trouve la sépulture des princes de Khami ; c'est un grand monument surmonté d'un dôme. La façade de ce caveau princier, tournée vers l'occident, a la forme d'un bouclier. A l'intérieur plusieurs cercueils posés par terre sur deux rangs sont entièrement couverts de plâtre.

Enfin, je fis deux portaits du général Tchan, l'un pour lui, l'autre pour moi. C'était un moyen de soutenir l'honneur de l'expédition, ruinée par le naufrage de Loun-Tan. Comme je lui demandais pourquoi il tenait tant à avoir son portrait dessiné, l'ayant déjà en photographie, il me répondit : « La photographie est chose commune ; partout il y en a beaucoup, mais fort peu de dessins. » Tout le monde trouva le portrait « *sian-de-heñ* » (très ressemblant), et le général ordonna de l'encadrer et de le mettre sous verre. Comme il n'y avait ni cadre ni verre, Tchan ne fut pas embarrassé pour si peu ; séance tenante il fit démonter une glace et en gratter le tain. Tous les officiers furent invités à aller voir « le général Tchan dessiné », puis ils vinrent me prier de faire également leurs portraits.

Pendant ce temps, Sosnowsky composait une lettre pour Tzo : voici à quelle occasion. Notre chef avait fait de la fourniture du pain une affaire privée, mais le malin Tzo en avait informé officiellement son ministre des affaires étrangères, et de Pékin une lettre fut envoyée à Khami, dans laquelle on demandait l'accomplissement de la promesse : il fallait donc répondre, chose simple, si nous avions eu des interprètes sérieux ; mais, avec Siui et Andreïewsky, l'affaire présentait des difficultés insurmontables. Andreïewsky, interrogé par télégraphe s'il voulait faire partie de l'expédition en qualité d'interprète, avait accepté sans connaître un mot de chinois, pensant qu'il ne serait que le deuxième ou le troisième interprète ; quant à Siui, « représentant d'une sérieuse maison de commerce », on lui avait demandé :

« Voulez-vous avoir tant par mois et nous accompagner ? — Je le veux bien.
— Alors venez. »

En effet, comment traduire en chinois la lettre du chef, puisque l'un des interprètes ne connaissait pas le russe et l'autre le chinois ? Comment faire traduire par Siui des phrases comme celles-ci : « Combien je regrette en « ce moment de ne pas connaître la langue chinoise pour vous exprimer « dans votre langue tous les sentiments de reconnaissance que j'em- « porte dans ma patrie ! » et : « Tzo-Tzoun-Tan, illustre guerrier et non « moins fameux comme administrateur ! quelle joie pour moi si notre

Le gouverneur militaire de Khami.

« contrat pour la fourniture du pain peut contribuer à rendre ton nom plus « glorieux ! »

Sosnowsky, voulant quand même traduire sa lettre, avait réuni une con- férence, composée des deux interprètes, des deux mandarins Tchou et Pinn, de Tan-Loe et de notre Cosaque. A travers la mince cloison de notre chambre nous entendîmes, Matoussowsky et moi, pendant trois soirées de suite, l'explication des mêmes phrases : « De la profondeur de mon âme ; « respire la sainte vérité ; large hospitalité ; le nom glorieux de Tzo ; merci, « encore une fois merci, » etc.

La scène était des plus comiques ; le mandarin Tchou riait aux éclats comme un fou, et nous aussi nous ne pouvions nous en empêcher, mais notre rire était mêlé d'amertume.

# CHAPITRE XIV



30 août. — Tout est prêt pour le départ. Je faillis perdre alors mon compagnon Matoussowsky, qui s'était permis de manquer à la discipline, en exigeant que nos voitures fussent couvertes de nattes. Cela était en dehors de ses attributions ; s'il ne fut pas mis aux arrêts, c'est que personne ne pouvait le remplacer pour le lever des plans.

Avant de nous remettre en route, nous allâmes en corps faire nos adieux au général Tchan, qui nous attendait depuis le matin. Il nous dit mille choses aimables que nous ne pûmes comprendre ; il affirma exprimer non seulement ses propres sentiments, mais aussi ceux de toutes les personnes qui nous accompagnaient dans notre voyage. Il me remercia particulièrement pour son portrait et nous reconduisit jusqu'à la dernière porte du camp, honneur qu'on ne rend qu'aux personnages de haute distinction.

L'Indien Houa-Li nous accompagnait à cheval, ainsi que trente soldats armés de fusils rayés Snyder. Toute la caravane se composait de douze voitures et de huit mulets.

De l'oasis de Khami nous pénétrâmes de nouveau dans le désert rocailleux, limité par la chaîne du Tiañ-Schan ; nous savions que nous sortirions du Gobi le lendemain.

Sosnowsky était resté seul à Khami, sans qu'on sût pourquoi. A quatre verstes de notre point de départ, nous aperçûmes une double rangée de soldats armés de piques ornées de touffes de crin rouge ; de nombreux drapeaux flottaient au vent. Six salves de coups de feu accueillirent notre arrivée ; les officiers se mirent à notre suite pendant que nous défilions devant les rangs. Cette nouvelle surprise du général Tchan nous embarrassait fort. Il était de notre devoir d'exprimer notre reconnaissance et je chargeai Houa-Li de transmettre aux officiers nos vœux pour l'armée chinoise et nos souhaits de les voir toujours victorieux. Un peu plus loin Houa-Li nous quitta et nous continuâmes tristement notre chemin. Des mirages, tel était le seul spectacle qui s'offrait à nos yeux !

Au crépuscule, nous atteignîmes les premières collines du Tiañ-Schan ; la lune éclairait notre marche à travers un ravin où résonnait le doux murmure d'un ruisseau. Bientôt nous fîmes halte dans une vaste auberge de village ; nos trois mandarins y étaient déjà, avec deux autres, Li et Ta, qui devaient nous escorter jusqu'à Barkoul.

Demain nous franchirons le Tiañ-Schan.

31 août. — Nous partons de grand matin. Après avoir dit un dernier adieu au Gobi, nous nous dirigeons vers le nord pour entrer dans une gorge profonde. Quel contraste avec la plaine d'hier ! Dans ce ravin il y avait des ifs, des ormes, des peupliers, des églantiers, et partout se faisait entendre le ramage des oiseaux. La route, large mais mauvaise, grimpe en serpentant, et à mesure que nous montions, les arbres devenaient plus rares. Cependant les pentes septentrionales étaient couvertes d'une forêt épaisse, où prédominaient le mélèze et le genévrier, arbrisseau rampant. Nous continuâmes à monter sans arrêt et nous atteignîmes bientôt la région des neiges qui recouvrent la pente nord. Malgré le soleil, l'air était froid ; un vent glacial et pénétrant se mit à souffler. La profondeur de la neige n'était pas partout la même : dans certains endroits il y en avait si peu qu'on voyait l'herbe la plus basse ; ailleurs les hautes plantes herbacées étaient presque entièrement cachées ; mais cette neige était toute récente, ainsi que le prouvait une grande quantité de papillons et d'insectes gisant par terre engourdis par le froid ou complètement gelés.

Tout au sommet de la montagne, nous trouvâmes un vieux temple chinois, trois *iourtas* et une cabane avec une petite cour gardée par quatre soldats chinois, qui avaient mission de fournir asile aux voyageurs pour la nuit. Comme il faisait encore jour, on décida d'aller plus loin et l'on entreprit la descente de la pente nord de la montagne. Il faisait froid sur la crête, quoique le thermomètre marquât + 11° R. ; habitué à une température de 30° R., je ne pus résister à ce brusque changement et je rentrai dans la cabane.

Pour bien faire, il aurait fallu y passer la nuit, tant à cause des *iourtas* dressées exprès pour nous, que pour laisser le temps d'arriver aux voitures de bagages restées en arrière, par suite des difficultés du chemin. Enfin l'expédition n'avait-elle pas à rendre compte au monde entier de son passage à travers ces montagnes inconnues ? Il était donc nécessaire de connaître plus en détail la localité, sans parler du plaisir d'observer à une hauteur de 9000 pieds le coucher et le lever du soleil. — Comment ! la destinée nous a poussés là où aucun voyageur n'avait mis le pied, et, dédaignant cette chance, nous poussons plus loin !

Nous commençâmes à descendre à pied, tenant nos chevaux par la bride, par un chemin large et commode, où presque partout trois et même quatre voitures pouvaient marcher de front. A mesure qu'on descendait, la température s'élevait. Quel constraste ! Là-bas sur la montagne, la neige, le ciel gris et le vent glacial du nord ; — ici dans la plaine, le soleil luit, l'air est calme, le ciel serein. Le soleil couchant jetait ses derniers rayons roses et violets sur les cimes neigeuses, mais dans la plaine il faisait déjà sombre. Nous arrivâmes la nuit au poste de Schi-Ou-Li-Tchouan-Tzy, situé sur le plateau. Ce n'était qu'une simple cour d'auberge, qui ne comprenait que deux petites cabanes à une seule chambre chacune, c'était tout. On y avait dressé quatre tentes, la première pour le chef, la seconde pour les mandarins, et les deux dernières pour les soldats. Nous avions bien notre tente à nous, mais elle était dans une des voitures restées en arrière. Je me rendis auprès du chef et, faisant le salut militaire, je lui demandai quelles étaient ses dispositions en ce qui nous concernait; il chargea son aide de camp, le photographe, de nous conduire vers les cabanes du poste, nous permettant d'en choisir une. Je n'osais mettre les pieds dans la première, petite, sale et pleine de fumée : un Chinois dormait, un autre fumait tranquillement sa pipe d'opium, le malheureux ! et un troisième se préparait à allumer du feu pour faire sa cuisine. La seconde, plus grande et plus propre, était occupée par les soldats, qui, au nombre de six, étaient couchés sur deux *kangs*. Un coin de la chambre nous fut cédé pour nous trois, Matoussowsky, le Cosaque et moi. Les soldats fumaient tranquillement l'opium, et nous prenant pour des camarades, ils nous offrirent leurs pipes. Notre Cosaque eut pitié de nous; il alla de son propre mouvement trouver le mandarin pour lui exposer que les « messieurs » étaient mal logés et lui demander un des abris des soldats; celui-ci ayant appris que nous étions aussi des « messieurs », quoique subordonnés au chef de l'expédition, accourut présenter ses excuses et, nous invitant à entrer un moment dans sa tente, il donna les ordres nécessaires pour nous préparer une tente.

1<sup>er</sup> septembre. — Nos dernières voitures n'arrivèrent qu'à midi. Comme il y avait 130 *li* (55 verstes) à parcourir jusqu'à la ville de Barkoul, le chef décida de rester ici jusqu'au lendemain matin, afin de faire tout le parcours en une seule journée. N'ayant rien à faire, je fis la revision de mes collections : je trouvai les bocaux brisés en morceaux, et les insectes réduits en poussière.

2 septembre. — Nous nous levons bien avant l'aube, car l'étape est longue. Nous suivons toujours la même vallée resserrée entre deux chaînes de montagnes : la chaîne Li-Houa-Tchan-Tzy à gauche et la chaîne Doun-Schañ, Naryn-ker en langue mongole, à droite. Cette vallée était alors tout à fait déserte; les champs, cultivés jadis, étaient abandonnés, et nulle part on ne voyait d'habitation.

Le soleil se couchait déjà lorsque nous aperçûmes au loin le mur de la ville de Barkoul avec ses quatre tours; aucun autre monument ne s'élevait au-dessus de la muraille. A notre droite se trouvait une au-berge, où le mandarin Li nous attendait. Après avoir conduit nos collègues dans la ville, il était revenu à notre rencontre. Li nous fit entrer dans la maison, où le propriétaire nous offrit du pain et des concombres, probable-ment pour se procurer le plaisir de nous examiner. Ensuite nous partîmes pour la ville neuve, ou ville mandchoue, dont le rempart en terre, ruiné en plusieurs endroits, longe la route. Le silence le plus absolu régnait dans cette cité : c'était un vaste cimetière plutôt qu'une ville, ou un vaste chaos de ruines. A une petite distance de la ville mandchoue s'étend la ville ancienne, ville chinoise (*Han-Tchen*), au-dessus de la porte de laquelle était suspendue une cage, non pas cette fois avec une tête, mais avec une paire de bottes [1]. La ville chinoise ne présentait pas l'aspect triste de la ville mandchoue; il y avait quelques jolis temples, des tours devant lesquelles étaient élevés des autels, ainsi que devant les maisons apparte-nant à l'administration. Les rues que nous traversâmes étaient remplies de fumée et de poussière; les habitants nous regardaient avec étonne-ment; quelques-uns même ne se privaient pas de rire à nos dépens. Arrivés devant la maison où nous devions loger, le mandarin Li nous prit, Matoussowsky et moi, par le bras et nous conduisit à la chambre où se trouvaient déjà nos collègues et le chef de la ville de Barkoul, nommé Van. Ce fonctionnaire avait eu quelques relations avec les Européens et cherchait à nous imiter, sans y parvenir.

Van nous indiqua la place où avait couché le Cosaque Pawlow, place d'honneur occupée aujourd'hui par Sosnowsky; il nous raconta que le

---

1. Il est d'usage en Chine que, quand un fonctionnaire aimé de ses administrés change de poste, on lui demande de laisser en souvenir la chaussure qu'il porte aux pieds au moment de son départ. Le sens de cet usage est que l'homme est parti, mais qu'il a laissé des traces de son passage.

détachement de soldats qui l'avait accompagné fut attaqué au retour par des brigands, qui tuèrent un soldat et réussirent à enlever dix-sept chevaux (étrange proportion !).

La nuit était très froide. Je me demandais comment les Chinois passent l'hiver, qui doit être très rigoureux à cette hauteur de 7000 pieds, dans des maisons dont les parois sont des cloisons. Il paraît qu'ils portent jour et nuit des fourrures.

3 septembre. — En visitant la ville de Barkoul, je remarquai une particularité : les femmes et les jeunes filles s'y promènent librement dans les rues, sans montrer cette timidité si générale chez le beau sexe en Chine. Leur type est le même ; la coiffure très soignée, toutes portaient des fleurs et des épingles dans les cheveux.

C'est à Barkoul, avant-dernière ville de la Chine, que j'ai pu étudier l'emploi de la journée d'un mandarin : Van avait passé la nuit dans la même chambre que nous, couché sur le *kang* du milieu, séparé des autres par une cloison. S'étant levé de bonne heure, il sortit dans la cour, où on lui apporta une cuvette d'eau chaude avec un chiffon ; il s'accroupit et s'essuya la figure et les mains avec ce chiffon trempé dans l'eau. Après un déjeuner assez copieux, il se traîna d'un coin à l'autre, nous ennuyant par ses questions sur toutes choses; il touchait à tout, il se permit même de dévisser mon revolver (je dois dire qu'il connaissait la manière de démonter et de remonter les armes). Je ne sais si c'est notre présence qui l'empêchait de travailler, mais ce jour-là il ne fit rien et personne ne vint le voir.

J'ai mentionné à plusieurs reprises la familiarité qui existe en Chine entre les maîtres et leurs domestiques. J'ai raconté comment, durant nos visites à de hauts personnages, le bas peuple et les domestiques se permettaient de s'introduire dans la salle de réception pour regarder les « hommes d'au delà les mers », et quoiqu'ils se tinssent à l'écart, ils n'en avaient pas moins l'air d'être sans gêne. J'ai observé un autre fait tellement opposé au précédent, que je ne sais comment les concilier. Ainsi, dans la même chambre où les fonctionnaires inférieurs se prosternaient devant Van, ses domestiques se promenaient en toute liberté, comme chez eux, que Van fût présent ou non. Par exemple je montrais à Van quelque chose d'intéressant; son domestique, sale et déguenillé, se penchait sur le dos de son maître pour mieux voir lui aussi; et Van lui-même, s'il était frappé de quelque chose, se tournait vers son domestique pour lui faire partager ses impressions. Van s'étant ensuite absenté, ses serviteurs se promenèrent dans les chambres, s'arrêtant pour nous regarder travailler, etc. Une heure plus tard, un coup de canon les avertit du retour de leur maître, et les voilà qui courent vers la porte, poussant des cris désespérés : « *Laï-le! Laï-le! Da-jen laï-le!* » (il arrive, le maître arrive!); les uns se cachent, les autres se rangent dans la cour et, quand leur maître passe, ils le saluent jusqu'à terre. Une minute après, ils fraternisaient de nouveau ensemble et le domestique se penchait sur le dos de son maître. Étranges usages, consacrés par les siècles!

Van était un grand amateur d'armes, de chevaux, de sellerie et de harnachement de luxe. Il me montra son équipage, ses mulets de haute taille, ses harnais, ses brides, dont une coûtait près de 2000 roubles. Il me fit voir aussi ses fusils à tir rapide de chasse et de guerre, et même un fusil Winchester à seize coups. Mon fusil à double coup lui plut beaucoup, et il me demanda de le lui vendre. Je lui en fis cadeau, à sa grande satisfaction ; il chercha ce qu'il pouvait bien m'offrir et, ayant appris que j'avais vendu mon cheval et que je cherchais à en acheter un autre, il m'offrit l'un des siens, trotteur, pas grand mais vif. Van s'était réellement attaché à moi ; il ne me quittait pas de la journée, m'interrogeant à tout propos, comme le fameux Yan de Pékin. Mes instruments de chirurgie l'intéressèrent vivement ; il avait entendu parler de diverses opérations, même de l'opération césarienne. Ayant aperçu quelques portraits dans ma collection de dessins, il me pria de faire le sien, en ajoutant « *quoique tout petit* », pensant probablement que plus le portrait est petit, plus il est facile à faire. Il y avait des Chinois qui en m'adressant la même demande ajoutaient « *un seul seulement* ».

Ah! sans le fameux naufrage, je ne lui aurais pas donné mon fusil ni fait son portrait.

4 septembre. — Van nous gratifia de plusieurs pièces d'étoffes, de comestibles, jambons, rôtis, et d'eau-de-vie. Au départ de Barkoul, notre caravane se composait de neuf chariots et de trente chameaux. Trente soldats à cheval, armés de piques et de fusils à mèche, nous escortaient. Nous avions pour compagnon un nouveau mandarin, nommé Li, homme très sérieux sachant inspirer la confiance au premier abord.

A peine hors de la ville, nous fîmes halte près d'un temple, pour visiter un monument dont les Chinois ne parlent qu'avec respect et qui date de trois mille ans. Dans la cour de ce temple se trouve un petit kiosque en grillage, couvert de tuiles et un peu incliné ; ce kiosque sert, pour ainsi dire, de couvercle au monument, nommé Tzinn-Tchan-Beï, qui n'est autre chose qu'une pierre (néphrite, *youï* en chinois) d'un peu moins de deux mètres de hauteur, de près d'un mètre de largeur et un demi-mètre d'épaisseur ; sous terre cette pierre s'élargit et prend la forme d'un champignon renversé.

L'un de ses côtés est poli. Il y a trois mille ans, le célèbre capitaine Tchan
y grava une inscription portant la liste de ses victoires. Les Chinois
font des modèles de ce monument, qu'ils vendent par tout l'empire;
nous en reçûmes chacun un exemplaire de la part des mandarins Tchou
et Pinn, qui nous affirmèrent qu'il n'est pas mauvais de le posséder chez
soi, comme sauvegarde contre l'incendie. Ils avaient l'air d'y croire très
sincèrement.

C'est en cet endroit que ces deux mandarins et Ho nous quittèrent pour
rentrer à Lan-Tcheou. Les adieux eurent lieu sous une tente, selon l'usage
des Chinois; l'émotion m'empêcha de leur exprimer comme je l'aurais
voulu toute ma reconnaissance pour leurs bons soins. Ils restèrent longtemps
sur la route à nous regarder, agitant leurs chapeaux qu'ils avaient appris à
retirer comme les Européens. Quelle impression emportaient-ils de nous
autres? C'est alors que j'aurais voulu entendre leur conversation.

Nous passâmes la nuit dans les ruines du village de Kou-Heï-Tchouan,
d'abord sous une tente placée dans la cour d'une maisonnette, puis, chassés
par le froid, nous allâmes dans une chambre petite et sale.

5 septembre. — Aujourd'hui nous avons à notre droite le lac salé Barkoul, entouré d'un anneau blanc de sel, qui s'était déposé sur le rivage, et en
face de nous des champs de froment déjà mûr, des prés jaunis, des villages,
des maisons isolées; les environs étaient déserts; nous n'avons rencontré
que deux voitures, chargées de gerbes et attelées de vaches. Le sol argileux
était parsemé de cailloux et creusé de tanières de marmottes. J'ai observé
aussi quelques antilopes.

Arrivés, Matoussowsky et moi, au poste de Leï-Tchouan, où nous devions
passer la nuit, nous assistâmes à la conversation suivante entre Sosnowsky et Li :

« J'ai entendu raconter, disait le chef, qu'à la troisième étape il y a des
brigands. Ils peuvent nous attaquer.

— Non, il n'y a pas de brigands, » répondait Li avec calme et en souriant, pensant sans doute qu'on voulait se moquer de lui.

« Demandez-lui donc de combien de *li* est l'étape de demain.

— De soixante.

— Et celle d'après-demain?

— De quatre-vingts.

— Et ne peut-on pas faire ces deux étapes en un seul jour, afin de laisser
de côté l'endroit où se trouvent les brigands, car il y en a positivement.

— Il n'en est pas besoin; ne craignez rien, il n'y a pas de brigands;
croyez-moi, je connais la contrée.

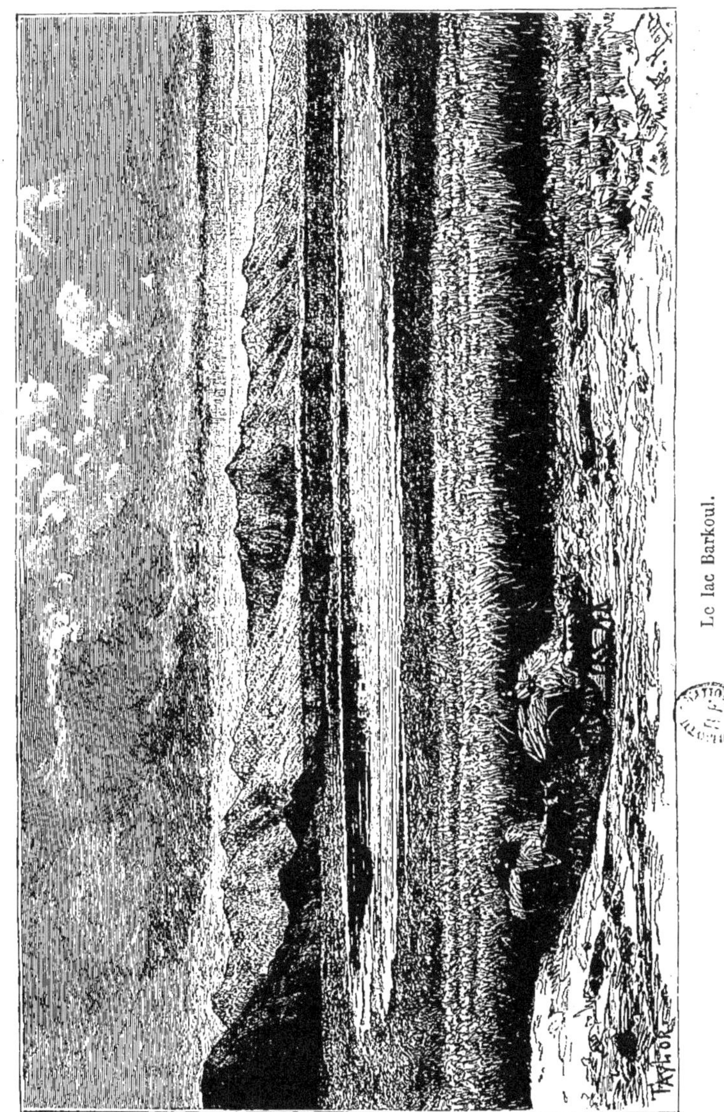

Le lac Barkoul.

« — Que me raconte-t-il? Il n'y a pas de brigands? Je sais qu'il y en a, et c'est pour cela que je juge nécessaire de passer la station sans nous y arrêter.

— Je pense le contraire, repartit Li, car, lors même qu'il y en aurait, il vaut mieux s'arrêter de bonne heure, se fortifier pour la nuit et être prêts à repousser l'attaque ; mais voyager la nuit, c'est justement offrir l'occasion de nous attaquer et d'enlever nos chameaux.

— Ne pourrions-nous pas faire les deux étapes avant la tombée de la nuit? reprit Sosnowsky.

— Je pense que c'est possible, mais les brigands, s'il y en a, ne resteront pas sur place ; ils pourront nous suivre et nous attaquer à la première occasion. »

Comment s'est terminée la conversation, je ne le saurais dire, car, mon collègue et moi, nous allâmes nous coucher sous la tente.

Les feux étaient allumés dans la cour, les hommes causaient, le soldat de garde frappait sur son *lo*, les chameaux hurlaient de mécontentement, et bientôt tout fut plongé dans le silence. Je fus réveillé par le bruit des pas de chevaux, et j'entendis ces mots : « Il est arrivé, il est arrivé, Van est arrivé, avec trente cavaliers. »

En effet dans la soirée le bruit s'était répandu de la prochaine arrivée de Van, qui nous accompagnerait jusqu'au point où nous rejoindrions un autre détachement envoyé de Hou-Tcheng à notre rencontre.

6 septembre. — Le matin nous cherchons partout Van et nous apprenons qu'il n'y est pas, mais qu'il avait envoyé trente hommes de renfort commandés par un officier.

Sosnowsky était parti pour la chasse avec un Cosaque, et personne ne savait ce qu'il avait décidé. Les soldats venus de Barkoul avaient fait 160 *li* sans aucune halte, et leurs chevaux, fatigués, avaient besoin de repos ; aussi les mandarins s'étaient entendus pour faire une courte étape, mais sans souffler mot de leur résolution.

Le chemin traversait les steppes, dont le sol, imprégné de sel, n'est pas recouvert par l'herbe dans toute son étendue, comme cela se voit dans nos prés, mais seulement par places. Ces steppes me rappelaient nos marais desséchés, couverts d'herbe seulement par endroits.

Au coucher du soleil nous aperçûmes avec un vif plaisir notre camp, car rien n'est plus agréable que de s'étendre sur un lit après une journée passée à cheval. Mais nous étions étonnés qu'on se fût décidé à rester ici ; nous apprîmes que les mandarins s'étaient formellement refusés à aller plus loin, prétendant qu'ils étaient responsables des chevaux du gouvernement, et qu'il était impossible de leur faire parcourir 100 *li* sans leur donner à manger.

Ils avaient raison.

Les nuits étaient bien fraîches et nos trois singes ne pouvaient supporter le froid. L'un d'eux m'appartenait; je le pris sous ma tente, où au moyen d'une natte je lui arrangeai une hutte.

Le singe satisfait me témoigna sa reconnaissance par un cri d'un genre particulier.

7 septembre. — La nuit se termina tranquillement et l'on oublia les brigands; le danger était passé, puisque notre chef, qui avait passé à cheval toute la journée d'hier, était remonté en voiture.

Encore les singes. Il y en avait un vieux qui était chargé de garder la caisse de l'expédition; caressant avec les uns, méchant avec ceux qui l'agaçaient; ce singe s'acquittait fort bien de son rôle de gardien. On le mettait sur le dos du chameau qui portait les boîtes où était déposé notre argent; le pauvre animal souffrait des mouvements imprimés par « ce navire du désert », se jetait d'un côté ou de l'autre, s'appuyait la poitrine contre la boîte et rongeait sa chaîne.

Je fus réellement content quand, deux jours après, la mort mit un terme aux souffrances de cet animal; il n'était en effet au pouvoir de personne de soulager le pauvre singe, cela aurait été faire de l'opposition.

L'arrêt eut lieu au milieu des ruines du village de Tzy-Tzy-Teï-Tzy. D'autres Chinois se rendant à Barkoul s'arrêtèrent aussi au même endroit pour y passer la nuit; ils occupaient un temple assez bien conservé, surtout à l'intérieur, où il y avait cinq idoles, trois assises et deux debout. Dans cet édifice consacré à la prière, les Chinois avaient attaché leurs chevaux aux colonnes, allumé des feux et faisaient bouillir de l'eau dans de petites marmites; l'autel était transformé en table de cuisine, la fumée remplissait le temple, et les Chinois se préparaient à souper et à se coucher.

L'ordre fut donné de tenir prêts nos revolvers, et toute la nuit les Chinois tirèrent des coups de fusil.

8 septembre. — Aujourd'hui le chemin traverse des montagnes, peu élevées il est vrai, mais pleines de brigands, à ce qu'il paraît. Je fus prévenu par le Cosaque, qui me dit : « Les Chinois prétendent que par ici dans chaque trou il y a des brigands. Ne restez pas en arrière; vous irez chercher quelque petite herbe, et l'on vous enlèvera. »

Le pays était désert et triste, la végétation pauvre; il différait peu de certaines parties du Gobi; mais on rencontrait plus souvent de l'eau. Je m'arrêtai avec Matoussowsky dans le vaste temple d'un village en ruines, nommé

Bo-Schañ-Tzy, où nous déjeunâmes d'un peu de viande de mouton froide et de biscuits trempés dans du thé froid. Tout en mangeant, j'examinais les idoles et les fresques, qui représentent des scènes d'un sens obscur, mais dont les personnages étaient pleins d'expression et de vie.

Arrivés la nuit aux ruines de Ta-Schi-Toou, nous allions nous coucher, quand les brigands, toujours invisibles, vinrent de nouveau troubler notre repos. Le mandarin Li était allé sur une colline pour jeter un coup d'œil sur les environs, et Sosnowsky fit partir deux coups de fusil en l'air, pour les tenir en respect. « Si l'on nous attaque la nuit, disait-il, réunissez-vous tous dans cette cour. » Une vive émotion s'était emparée de lui, mais réellement sans aucune raison, car Li restait calme et tranquille. Du reste il y avait en cet endroit un poste permanent de dix soldats avec autant de chevaux ; il était évident que les brigands, s'il y en avait eu, les auraient attaqués depuis longtemps et auraient enlevé leurs chevaux.

Je dois ajouter que le voyageur Prjewalsky avait exploré la même contrée en compagnie de trois hommes seulement, et nous, nous étions quatre-vingts, nous avions des carabines à tir rapide, des revolvers à six coups, et les Chinois, outre leurs piques et leurs fusils à mèche, avaient une bonne provision de flèches. Disposant de tels moyens, on pouvait voyager en toute sécurité et dormir la nuit sans crainte d'une attaque ; il suffisait de poster quelques factionnaires ; le faisait-on ? cela était en dehors de mes attributions.

9 septembre. — Aujourd'hui, après avoir parcouru 120 *li* sans accident, on s'arrêta à l'ancien village de Sañ-Go-Tchouañ-Tzy, situé dans une prairie. Nous y installons notre camp à l'abri des pans de murs restés debout. Sosnowsky occupe un temple avec le photographe et l'interprète, moi une tente avec Matoussowsky et notre Cosaque ; le vieux Siui, « Transparent », Tan et Ma sont dans une autre. Les Chinois, comme d'habitude, causèrent très tard dans la nuit ; les factionnaires firent beaucoup de tapage avec leur sonnerie, et les feux restèrent allumés tout le temps. Avant que nous fussions couchés, le mandarin vint nous avertir que Sosnowsky voulait absolument aller plus loin pour éviter les brigands, mais que lui cherchait à l'en dissuader ; nous fûmes de son avis. Li partit et ne revint plus ; il avait donc réussi à convaincre notre chef de l'inutilité de cette marche nocturne.

10 septembre. — La veille, le Cosaque m'avait apporté le singe mort.

Je m'apprêtais à le dépouiller dès le matin, lorsque Matoussowsky, entrant sous la tente, me dit : « Allons, on bat la générale dans le camp. » Pensant qu'il plaisantait, je ne fis aucune attention à ses paroles.

« Je parle très sérieusement, ajouta-t-il ; tout le monde s'apprête à la défense ; il paraît qu'une bande de Doun-Gans se trouve dans le voisinage et qu'on s'attend à une attaque. »

En effet je vis dans le camp tout le monde courir aux armes et chacun prendre sa place. Voitures et chameaux étaient réunis dans la cour, les piques se hérissaient, les armes blanches étaient retirées du fourreau. Je ne vis cependant ni Li ni Sosnowsky, personne ne commandait, l'ennemi était invisible. Matoussowsky n'avait pas vu non plus les brigands et n'avait rien pu apprendre sur leur compte. Quoi qu'il en soit, j'abandonnai mon travail et, appelant notre domestique, je commençai à me laver les mains ; celui-ci avait une peur terrible ; du doigt il me montra une colline : « Voilà les brigands... ils viennent... ils viennent ici. »

En effet sur cette colline, éloignée d'une verste, j'aperçus plusieurs cava-liers armés de piques ; d'autres à pied menaient par la bride leurs chevaux et un chameau ; ils étaient tout au plus dix ou quinze ; marchant au pas, ils descendaient tout doucement la colline et paraissaient être plutôt de simples voyageurs que des brigands.

« Ils ne sont que dix, et puis ce chameau ?

— C'est l'avant-garde, me répond Ma, les autres sont cachés derrière la montagne. On dit qu'ils sont nombreux. S'ils vont à pied, c'est pour nous tromper, ils mènent un chameau comme s'ils étaient des voyageurs. »

C'était probable ; je n'avais aucune raison pour croire le con-traire ; du reste ce n'était pas le moment de demander des éclaircis-sements, il fallait s'apprêter à l'action. Tan avait déjà enlevé la tente ; mon assiette de soupe et ma tasse de thé se trouvèrent mises par terre au milieu des ordures de la cour. J'avalai la soupe et le thé ; j'allumai un cigare et, prenant mon fusil et mon revolver, je me rendis dans la cour, qui avait pris l'aspect d'un camp fortifié. Chacun portait une arme quel-conque, ne fût-ce qu'un couteau ; l'arc et les flèches donnés par Van à Barkoul servirent d'armes à Tan-Loe. Tout le monde voulait se défendre.

Nous attendons. L'ennemi aperçu sur la colline avait eu le temps d'ar-river, et l'on ne voyait personne. En face de la cour, de l'autre côté de la route, il y avait un temple : le photographe et l'interprète s'y tenaient armés de carabines et de revolvers.

« Prêts à la défense, leur dis-je.

— Ils ne sont pas loin, — reprend Andreïewsky, moitié avec satisfaction, moitié avec peur, — ils viendront tout à l'heure.

— Ils viendront ! qui ?

— Les brigands, la bande de Doun-Gans. »

C'était une véritable énigme : tout le monde attendait les brigands, et personne ne les avait vus. Les deux mandarins seuls étaient sans armes ; ils avaient l'air tranquille, mais ennuyé, comme le sont des subordonnés attendant leur chef, mais non comme des chefs qui auraient à lutter dans un instant avec l'ennemi.

Je cherchais Sosnowsky pour le questionner ; je ne le vis nulle part et je commençais à croire que quelqu'un s'était moqué de nous.

« Expliquez-moi donc ce qui se passe, je vous en prie, dis-je à Matoussowsky, vous qui connaissez les steppes et avez pris part à des rencontres avec les Kirghizes ; qu'y a-t-il ?

— Mais moi non plus je n'y comprends rien.

— Il faut le demander au chef. Où est-il ? l'avez-vous vu ?

— Je l'ai vu, mais je ne lui ai rien demandé, pensant que tout s'expliquerait de soi-même, et je ne sais où il est maintenant. »

Le chef se fit voir bientôt portant sa courte fourrure, malgré le beau temps. Il avait l'air défait et souffrant ; il allait de l'un à l'autre, prononçant quelques paroles banales, passait des voitures aux chameaux, des chameaux à son cheval, appelait le Cosaque ou l'interprète, voulait parler sans pouvoir prononcer un mot. Mon œil de médecin avait observé sa pâleur et le tremblement convulsif de ses lèvres, et cela au moment où lui, le chef, devait se montrer calme et ferme, prouver qu'il connaissait son affaire et savait donner des ordres. C'était le moment de commander ; tout le monde n'avait qu'à obéir et à exécuter ses ordres : nous avions un chef quand il n'en fallait pas, et maintenant qu'on en avait besoin d'un, il n'y en avait point. Comment faire au moment de l'attaque ? Cette pensée me donna le frisson.

En attendant, les uns s'ennuyaient, les autres murmuraient, quelques-uns sommeillaient sur place. On eût dit un tableau vivant, que nous étions chargés de représenter, tableau de hardis guerriers, prêts à repousser l'ennemi. Malheureusement l'ennemi était absent.

Je m'aventurai sur la route, pour chercher à découvrir l'ennemi ; Sosnowsky m'arrêta :

« Restez tous ensemble, messieurs, et en cas d'attaque réunissez-vous dans ce temple. »

Je repris ma place auprès des autres et machinalement je me tournai vers le temple, espèce de grand kiosque ouvert, ou plutôt de petite scène de théâtre ; il n'aurait servi à rien si, par exemple, les brigands avaient attaqué le camp par le flanc ou s'étaient mis à piller nos voitures.

« Peut-être les brigands se feront-ils attendre toute la journée, » pensai-je. Je crus donc pouvoir essayer de terminer le dépouillement de la peau du singe. J'allai chercher l'animal et commençai mon travail, lorsque dix minutes plus tard tout le camp se mit en mouvement, comme réveillé d'un long sommeil ; on décida de partir.

« En avant ! — Tzoou ! — Yaba ! » crièrent Russes, Chinois et Mongols, sans qu'on sût qui donnait les ordres, ou peut-être sans qu'on attendît des ordres.

Au moment où tout le monde se mit en marche, j'entendis le chef prononcer quelques paroles entrecoupées : « Eh bien !... dis... que... c'est égal... qu'on parte... Ou plutôt dis... C'est-à-dire que... Voilà, quoi...! »

Ainsi, la bataille de Sañ-Go-Tchouañ-Tzy n'eut pas lieu. Mais que s'était-il passé ? je n'ai pu l'apprendre, et personne ne le savait ; je suppose que seul le mandarin Li devait connaître le mystère, car tout le temps il avait conservé son calme et n'avait pas eu l'air de croire au danger. Il se pourrait bien qu'il nous eût joué un tour pour mettre à l'épreuve notre courage.

Le chef se remit de son émotion et recommença à donner des ordres : trente soldats à l'avant-garde, trente à l'arrière-garde, et que personne ne s'amuse en route ; puis il suivit la caravane.

Cependant Matoussowsky, par la nature de son travail, devait s'arrêter souvent ; je ne le quittai pas ; nous sommes restés cinq en arrière, et personne ne s'en aperçut. En regagnant la caravane, nous apprîmes de nos soldats deux faits qui expliquaient en partie l'affaire. D'abord les soldats nous racontèrent qu'au dernier arrêt deux chevaux avaient disparu du camp pendant la nuit et que plusieurs Chinois avaient affirmé, tout effrayés, avoir vu une bande de Doun-Gans ; qu'en conséquence Sosnowsky avait dû prendre des mesures de précaution. Quant aux cavaliers que j'avais vus descendre de la colline, c'était un piquet envoyé là pour la nuit par le mandarin Li et qui rentrait au camp. C'était donc une panique puérile, et les deux chevaux s'étaient égarés eux-mêmes, car les Chinois les cherchèrent de tous côtés, espérant les retrouver. Li, responsable des chevaux, était contrarié et tout le monde paraissait ennuyé.

Tout à coup se souleva dans le lointain un nuage de poussière ; sans doute des cavaliers qui se portent au galop à notre rencontre. Sosnowsky devint pâle comme la mort et les soldats se mirent à crier : « Tirez ! tirez ! courez après ! tournez ! »

Notre chef se mit à prononcer de nouveau quelques paroles entrecoupées, Matoussowsky s'étant aperçu de sa peur, alla vers lui : « C'est un troupeau de chevaux sauvages, dit-il ; vous pensiez que c'étaient les brigands. »

Il n'y a pas mal de chevaux sauvages dans le pays, mais aujourd'hui particulièrement on en rencontrait à chaque instant, ainsi que des moutons, des mouflons, des antilopes et des gazelles. Tous ces animaux broutaient l'herbe et rôdaient à quelques pas du chemin, sans comprendre le danger qui les menaçait. Aujourd'hui même, j'ai tiré sur une gazelle sans l'atteindre, mais elle ne bougea point ; je manquai mon second coup, la gazelle s'éloigna de vingt pas et recommença à brouter ; je ne la tuai qu'au troisième coup, quand elle passa devant moi avec deux autres. Une autre fois, ce n'est qu'à la septième balle que je tuai une gazelle. Cette indifférence au bruit d'un coup de fusil me parut étrange, d'autant plus que les gazelles s'effrayent facilement.

On devait se reposer au village de Youañ-Tchouañ-Tzy et laisser manger les chevaux et les chameaux ; mais un contre-ordre du chef changea le plan : il fallait continuer la marche. Les soldats et les conducteurs murmuraient ; le pré était assez riche en herbe et les animaux mouraient de faim. « J'ai vu bien des marches, dit le Cosaque, et j'y ai même pris part, mais je n'ai jamais rien vu de pareil. Dans une marche, on fait un détour de cinq et de dix verstes pour un pâturage comme celui-ci ; jamais on ne passe devant. On s'arrête pour deux, trois heures, même pour la nuit, et les chevaux, ayant une nourriture suffisante, ne cherchent pas à abandonner le camp.

— C'est vrai, reprit son camarade.

— Chez nous, continua le premier, hommes et chevaux n'avaient jamais faim et tout marchait bien. Un homme envoyé en avant préparait le manger et le thé ; quand on arrivait, tout était prêt. Ici il en est tout autrement.....

— Cela se passait toujours comme cela, c'est vrai, » répliqua son collègue.

C'est au village de Mou-Li-Hé qu'on s'arrêta le soir. Situé près d'un bosquet de peupliers, il était plus grand que la plupart de nos villes de district ; à en juger par les ruines, cette petite ville devait être aussi gaie que jolie. Aujourd'hui il n'y a personne au milieu de ces cours et de ces jardins. Ces ruines paraissaient encore plus tristes que toutes celles que nous avions rencontrées, car les parties brisées des édifices n'étaient pas réduites en cendres, mais seulement carbonisées. Si le lecteur a eu l'occasion de voir un dessin de la ville de Makao détruite par l'ouragan de 1874, il pourra se faire une idée des ruines dont je parle.

Aussitôt installé dans une maison, je courus chez les soldats chinois pour procéder au dépouillement de la gazelle tuée, qu'ils avaient emportée en la chargeant sur un de leurs chevaux. Ces gens avaient fait eux-mêmes l'opération, mais sans ôter la peau de la tête et des pattes ; ils étaient persuadés m'avoir rendu service. Tan-Loe prit aussi un morceau de viande et en prépara un excellent plat.

Des brigands il n'en était plus question, et le mandarin Li souriait malicieusement quand on lui en parlait.

11 septembre. — Forte chaleur. Mon cheval étant malade, je suis obligé de monter dans une voiture ; j'avais perdu l'habitude de cet équipage primitif, dont je ne m'étais pas servi une seule fois depuis Pékin. Je tuai encore une gazelle, mais je défendis aux soldats de toucher à la peau, que j'enlevai moi-même.

Nous passâmes la nuit dans la petite ville de Tchi-Téi-Siañ habitée, quoique ruinée. Les champs des alentours étaient cultivés, et la moisson de froment presque terminée ; toutefois il s'écoulera encore beaucoup d'années avant que la Chine occidentale reprenne son antique splendeur.

12 septembre. — Aujourd'hui nous entrerons dans la dernière ville de la Chine, Hou-Tcheng.

Belle et chaude journée. Le brouillard qui les jours précédents avait obscurci l'air s'était dissipé et avait mis à découvert les crêtes lointaines du Tiañ-Schan, couvertes de neige.

Sosnowsky était parti en avant, Matoussowsky était resté en arrière, moi je me tenais avec la caravane. Une tente bleue que j'aperçus devant moi me fit supposer une réception officielle ; en effet, un mandarin, petit, assez âgé et laid, vint au-devant de moi avec force saluts et m'invita à entrer sous la tente pour me reposer quelques minutes.

« Il était inutile, dis-je, de venir à ma rencontre ; vous vous êtes fatigué à m'attendre.

— Il n'est pas possible de ne pas aller au-devant de ses hôtes, répondit-il, vous êtes nos précieux hôtes ; nous sommes contents de vous voir, nous vous avons préparé le logement et le dîner, et nous vous attendions depuis longtemps.

— Votre nom ? demandai-je.

— Ko. — Et le vôtre ?

— Pia. Votre haute existence ? (votre âge ?)

— Cinquante, — répondit Ko, et il me l'indiqua sur ses doigts. — Et votre respectable âge ?

— Trente-deux. »

Après l'échange de ces politesses d'usage, il me dit beaucoup de choses très flatteuses, manifestant le plaisir qu'il éprouvait de notre arrivée ; il m'offrit du thé et me demanda si mes compagnons arriveraient bientôt. Ko était originaire de la province de Hou-Pé, où il avait connu des Européens ; comme tous les Chinois, il faisait valoir cette circonstance avec fierté, et quand je lui offris du tabac et du papier à cigarettes, il me dit : « Je connais, je connais ! Tous vous fumez ainsi et je sais faire les cigarettes. » Il voulut en rouler une, pour montrer à ses soldats qu'il savait fumer les « cigares d'au delà les mers », mais ses ongles, d'une longueur démesurée, l'empêchèrent de réussir ; — je l'aidai. Ensuite il alla à la rencontre du photographe et de l'interprète et voulut attendre encore Matoussowsky ; je l'invitai à partir avec moi, lui disant que mon collègue était encore loin. Nous montâmes donc à cheval et marchâmes côte à côte, Ko me tenant toujours par la main, qu'il n'avait pas quittée un instant. Mon pauvre cheval, tout affamé et exténué, ne pouvait suivre le sien ; il restait tout le temps en arrière, ce qui m'obligeait d'allonger mon bras d'une façon fort incommode. Le tableau était amusant : il avait l'air de me traîner comme son prisonnier ; mais cette tendre et subite amitié m'ennuyait assez. Bientôt nous atteignîmes le rempart de la ville, en terre et entouré d'un large fossé sur lequel était jeté un pont étroit, qui aboutissait à la porte de la ville.

Je pensai qu'il allait sans doute me lâcher en cet endroit. Pas du tout, le mandarin me tint toujours par la main, plus fort que jamais, comme un trésor, et m'entraîna énergiquement avec lui.

« On ne marche pas bien ici, » lui dis-je en cherchant à retirer ma main.

« Si, si, on marche bien. » Un peu plus, il m'aurait enlevé de dessus mon cheval. C'est sans doute l'usage ; aussi je me soumis et pris patience. Par bonheur, la maison où se trouvait notre logement était presque à l'entrée de la ville ; je le pensai du moins en apercevant deux arcs de triomphe, couverts de cotonnade bleue et rouge, élevés en notre honneur devant une maison. Je ne m'étais pas trompé. Nous entrâmes dans la cour ; Ko me prit par le bras et m'introduisit dans une chambre où Sosnowsky était en compagnie de six mandarins. Je leur fus présenté, sans pouvoir apprendre toutefois qui ils étaient ; mais je remarquai que tous les six avaient à leurs chapeaux des boutons rouges ou bleus. Ils avaient le type mandchou, et l'un d'eux portait une longue moustache grise et la barbiche taillée en pointe.

« Je suis très content de votre arrivée, me dit le chef ; voici une heure que je suis là comme un imbécile, pensant toujours qu'ils vont partir ; je voudrais me coucher, mais ils ne bougent pas et ne disent rien. L'interprète est-il encore loin ?

— Non, il arrivera bientôt. »

Au même moment entra Andreïewsky.

« Allons vite, lui dit Sosnowsky, voilà une heure que nous sommes là sans rien dire. » L'interprète n'eut pas le temps de répondre, car le chef lui posa cette question :

« Et mon singe ? ne l'avez-vous pas vu ?

— Non ; je ne l'ai pas vu.

— Il faudra voir où il peut bien être ; envoyez donc quelqu'un le chercher, pour qu'on l'amène ici.

— Mais il mordra les étrangers.

— Allons, allons, que me contez-vous ?... il mordra... il ne fera pas grand mal. »

Les mandarins étaient toujours dans l'attente de l'interprète, lorsque entra l'un de nos domestiques, loué par le chef à Khami : il se nommait Niaz ; il commença par saluer les mandarins.

« L'interprète, l'interprète, s'écrièrent ceux-ci tout joyeux.

— Va-t'en d'ici, lui cria le chef, pourquoi viens-tu où l'on n'a pas besoin de toi ? » et il le chassa. Les mandarins étonnés gardèrent le silence. Je remarquai que Sosnowsky n'était pas content ; la cause de cette mauvaise humeur provenait de ce que le Cosaque Pawlow avait été envoyé d'ici à Zaïssan par un chemin indirect, et que par conséquent il n'y arriverait que beaucoup plus tard qu'on ne l'avait supposé. L'affaire de la fourniture du pain allait ainsi subir un retard. Le chef, oubliant donc toutes les convenances envers ceux qui lui offraient l'hospitalité, sans leur dire une bonne parole, leur fit savoir d'un ton bourru qu'il n'était pas du tout content que le Cosaque Pawlow eût été expédié par une autre route que celle qu'il avait ordre de suivre.

Cette manière d'entrer en conversation déplut aux mandarins ; ils prirent un air maussade, mais répondirent très poliment qu'ils avaient expédié le Cosaque par l'unique route qui existe, qu'il n'y en avait pas d'autre, et cherchèrent à le démontrer. Cela amena une discussion très désagréable ; les Chinois soutenaient qu'il n'y avait aucun chemin direct, ni pâturages, ni eau, et peut-être des brigands rôdaient-ils par là. Ils ajoutaient : « Nous vous conseillons de prendre le même chemin.

— Non, pour rien au monde nous ne suivrons ce chemin, répliqua Sosnowsky.

— Alors suivez la route de Kobdo, puis de Bouloun-Tohoï ; vous y trouverez du fourrage, de l'eau et des postes habités ; dans quatorze jours vous serez à Bouloun-Tohoï, et de là à Zaïssan il n'y a que cinq jours de chemin.

Arcs de triomphe à Hou-Tcheng.

— Comment cela ? Se traîner dix-neuf jours, quand en ligne directe nous arriverons le quatorzième et peut-être le douzième jour à Zaïssan. Quant aux brigands, ils peuvent se trouver partout, ils peuvent nous suivre.

— Non, ils ne le pourront pas, répliquaient les mandarins ; il y a 200 *li* de distance. »

Je ne pus comprendre ce que signifiaient ces 200 *li*.

« Qu'est-ce qu'ils me racontent avec ces 200 *li?* criait Sosnowsky, je le leur indiquerai sur la carte ; j'ai, je pense, une carte. Les brigands pouvaient nous massacrer dans le Gobi, à Sou-Tcheou et à Sañ-Go, et à Tchouañ-Tzy, où l'on nous a volé deux chevaux ; non, nous n'irons pas à Kobdo.

— Mais nous ne voulons pas vous envoyer à Kobdo ; nous parlons de la route qui y mène, et à la troisième station vous tournerez vers Bouloun-Tohoï. Nous ne vous conduirons pas par un autre chemin, car nous sommes responsables de votre sécurité, et nous avons reçu l'ordre de vous escorter et de vous protéger, répondit un mandarin en élevant la voix. Si vous ne voulez pas suivre notre conseil, nous ne vous donnerons pas d'escorte.

— Alors dites-leur que nous irons tout seuls, repartit Sosnowsky en se tournant vers l'interprète.

— Non, nous ne vous le permettrons pas ; nous avons l'ordre de Tzo-Tzoun-Tan de ne pas vous laisser partir seuls. »

Je n'ai pu comprendre pourquoi Sosnowsky s'emportait pour une différence de quelques jours ; en effet trois ou quatre jours de plus, ce n'était pas un grave inconvénient. La fourniture du pain était encore la cause de cette colère.

« Je vais écrire à Tzo-Tzoun-Tan, répétait Sosnowsky, que je ne puis lui transporter le pain par ce chemin ; il m'affirmait qu'il n'y a que 372 *li* de chemin, et ce n'est que dans quatorze jours qu'on peut arriver à Bouloun-Tohoï. »

La conversation dura encore assez longtemps sur ce ton, puis les mandarins partirent de mauvaise humeur ; ils ne s'attendaient pas à une entrevue aussi désagréable. Mais je restai fermement convaincu qu'ils n'avaient en vue que notre bien et notre sécurité.

Le dîner qu'on nous servit était exquis ; on nous donna de la soupe aux nids d'hirondelles, qui sont si chers ici, qu'on les paye quatre fois leur poids d'argent.

« Les Chinois ont raison, me dit Matoussowsky, auquel je racontai l'affaire ; je ne comprends pas cet entêtement pour une différence de quatre jours.

Si nous ne suivons pas leur conseil, nous pourrons avoir des désagréments sérieux ; espérons que le chef changera d'avis. »

Hou-Tcheng n'est pas une seule et même ville ; c'est une agglomération de cinq petites villes situées à peu de distance l'une de l'autre, et ayant chacune un rempart de terre particulier. Sur celui de la ville où nous étions logés s'élevait un petit temple, semblable aux cabanes de terre glaise qui sont bâties d'une manière uniforme dans les rues. Les environs ne sont pas moins tristes ; de tous les côtés on ne voit que des steppes à l'herbe jaunie et au sol jaunâtre. La population de Hou-Tcheng n'est pas très nombreuse, contrairement aux autres villes de la Chine ; je n'avais pas de foule derrière moi pendant mes promenades. Tout au plus vingt individus, aussi malheureux que grossiers, me suivirent, et je pensai que leur conduite n'était que la revanche de la grossièreté de notre chef avec les mandarins. Le commerce de Hou-Tcheng est presque nul, et le prix des marchandises très élevé, ce qui se comprend, puisque tous les objets sont amenés de très loin. Comme il n'y avait rien à voir, je sortais peu et j'eus le temps de satisfaire les Chinois qui m'assiégeaient pour que je fisse leurs portraits. Notre compagnon le mandarin Li, qui avait déjà ma promesse, ne manquait pas de me dire, me menaçant du doigt : « Et le portrait promis à Hou-Tcheng ! »

Je fis ce portrait ; par malheur pour moi il était très réussi et il produisit un effet considérable dans le monde des fonctionnaires. Je n'eus plus de repos : les visites se succédaient. Tous venaient en habits de parade, accompagnés des gens de leur suite, me demander de faire leurs portraits ; ils n'épargnaient pas les saluts, oubliant et leur rang et leur âge. Le vieux général mandchou à la moustache grise, qui venait me voir plusieurs fois par jour, réussit à se faire dessiner ; mon ami Ko également et enfin l'ancien chef de Kouldja, un beau Mandchou du nom de Sañ-Tchan. Les quatre premiers jours de notre séjour, tous les fonctionnaires, même les subalternes à bouton de verre ou de cuivre, tous, dis-je, me rendirent leur visite intéressée. Soigneusement rasés, lavés, nettoyés et tout de neuf habillés, ils me suppliaient de les dessiner et je regrettais sincèrement d'être forcé de leur refuser cette satisfaction.

Le seul qui ne daigna pas me rendre visite fut le gouverneur militaire de la province, Tzynn ou, en ajoutant sa fonction à son nom, Tzynn-Tzian-Tziun. Il ne reçut même pas notre chef, qui voulait l'entretenir de « l'affaire d'État », comme il appelait son affaire de la fourniture du pain. Il refusa aussi les cadeaux offerts par Sosnowsky, mais fit compter à Siui, qui les avait apportés, deux cents roubles, juste autant que Tzo nous avait donné à Lan-Tcheou. Cette conduite de Tzynn nous parut étrange, quoiqu'il y eût de notre faute dans cette affaire ; mais, après tout, notre mission était terminée ; nous n'avions plus qu'à rentrer sur notre territoire.

Les mandarins qui s'étaient obstinés d'abord à nous refuser des chameaux pour nos bagages, et même à nous fournir une escorte, si l'on ne suivait pas leurs conseils, se décidèrent à exécuter ce que Sosnowsky leur demandait. Celui-ci voulut prendre un Mongol connaissant le chemin direct à Zaïssan ; on lui en envoya un. Le chef le questionna.

« Connais-tu le chemin ? — Je le connais. — Bien, comme il faut? — Bien. »

L'interprète reçut l'ordre de l'examiner et de noter ses renseignements en ce qui concernait l'eau et le fourrage. L'interprète, comprenant la gravité du choix d'un guide, vint trouver Matoussowsky et le pria de l'aider.

« Je ne connais pas moi-même le pays, répondit celui-ci, et je n'ai aucun renseignement. Ce que vous avez de mieux à faire, c'est d'interroger deux guides et de comparer leurs indications ; si elles ne s'accordent point, il faut en faire venir un troisième, pour savoir lequel des deux aura dit la vérité.

— Où donc en trouver deux ou trois ? reprit Andreïewsky : c'est avec peine si l'on en a trouvé un seul.

— Dans ce cas, il ne faut pas s'y fier; il faut suivre le conseil des Chinois. »

Le guide fut cependant retenu, mais les Chinois à leur tour l'examinèrent et nous prévinrent qu'il ne connaissait pas le chemin.

« Alors cherchez-en un autre, » repartit Sosnowsky avec le même calme que si on lui avait dit que ce guide ne connaissait pas le français.

Un autre fut envoyé ; c'était un lama mongol, du nom de Sodmoun. Le chef et l'interprète l'examinèrent ; le premier se convainquit que ce guide connaissait bien le chemin dont il parlait, qu'il n'y avait pas de doute qu'il eût fait cette traversée, et qu'enfin son récit concordait avec celui du précédent.

Matoussowsky de son côté chercha à interroger le guide, mais, n'ayant pas les moyens de vérifier l'exactitude de ses affirmations, il conseilla de prendre deux guides. « C'est une affaire sérieuse, disait-il ; un seul guide ne suffit pas ; il peut tomber malade, il peut mourir ou prendre la fuite. » Les Chinois répétaient la même chose. Sosnowsky répondit qu'un seul guide suffisait, et qu'en prendre un second était une dépense inutile ; cela nous fit penser aux six caisses pleines d'argent alloué pour les dépenses de l'expédition, et qu'on cherchait à économiser sans aucune raison.

Réellement nous avions peur. Bref nous commençâmes à songer aux provisions; Matoussowsky, en homme expérimenté, conseillait toujours au Cosaque de ne pas hésiter à en prendre plus qu'il n'en fallait plutôt que de se trouver à court. Sosnowsky était d'un avis différent; il ne voulait pas de provisions ou conseillait d'en prendre le moins possible. « Nous trouverons partout du gibier, disait-il, je connais le pays. »

La veille du départ de Hou-Tcheng, au dîner, Andreïewsky adressa au chef cette question : « Que faire avec les moutons? Les Chinois nous en offrent deux. Je ne sais pas si c'est suffisant !

— Mais ne les acceptez pas, répondit Sosnowsky d'un ton bref.

— Comment? vous ne les prenez pas ! Il faut manger cependant. Quinze jours de chemin et nous sommes sept. »

Matoussowsky et moi, nous faisions ménage à part.

« D'où ces quinze jours? le neuvième nous arriverons chez les Tourgouts; donc ce n'est pas quinze jours.... Du reste si l'on donne, prenez... Pourquoi les donnent-ils, puisque nous pouvons en acheter?... On peut payer.

— Alors faut-il les prendre ?

— Prenez-les si on les donne, car, vous voyez, quand les Chinois s'accrochent après vous, il n'y a pas moyen de s'en défaire. »

Le photographe de son côté souleva la question du pain. « Et le pain ? dit-il en se tournant vers l'interprète.

— Nous avons soixante pains. Les Chinois nous offrent de la farine, mais à quoi bon ? Il vaut mieux prendre plus de pain.

— Soixante petits pains, ce n'est pas assez, continua le photographe; comptez donc : deux petits pains par jour et par personne, cela fait quatorze pains, et quelquefois on aura envie d'en manger un troisième s'il n'y a pas autre chose. Il y a quinze jours de chemin, et nous n'avons du pain que pour dix jours : il nous faut au moins cent quarante pains.

— Comment quinze jours ? reprit Sosnowsky, je répète que le neuvième jour nous serons chez les Tourgouts, on me l'a affirmé d'une manière positive, et chez eux nous trouverons tout le nécessaire. J'ai écrit à Zaïssan pour qu'on nous envoie du pain. Et si par hasard on n'en envoie pas, nous ne manquons pas d'argent pour en acheter. »

Je me souvins alors des paroles de Tzo : « On ne nourrit pas les soldats avec de l'argent. »

« Faites la commande et comptez cinq pains par homme et par jour ; il vaut mieux qu'il en reste.

— Le boulanger n'aura plus assez de temps. Il a mis deux jours à cuire les soixante pains, et nous partons demain.

— Il y arrivera tout de même, répondit Sosnowsky; appelez le Tartare Niaz ou le Cosaque.

— Stepanow, dit le photographe au Cosaque, il faut commander du pain au boulanger, nous n'en avons pas assez.

— Commander de cuire le pain ? Il fallait y penser plus tôt.

— Qu'est-ce que tu dis ? Pourquoi n'en as-tu pas commandé d'avance ?

— Je n'ai pas le droit de commander; cela ne dépend pas de moi; par deux fois j'ai fait mon rapport sur l'insuffisance de la provision du pain. Le boulanger n'a pas de four, comme en Russie; il vous apportera du pain mal cuit qui moisira et qu'il faudra jeter. C'est perdre son argent.

— C'est vrai, dit le chef; l'argent sera perdu. Commande-lui alors d'en faire autant qu'il pourra. »

En rentrant dans notre chambre, mon collègue et moi, nous ne sûmes s'il fallait rire ou pleurer. Nous priâmes Andreïewsky, le Cosaque et Siui de chercher à représenter au chef la situation ; ils nous répondirent : « Nous lui en avons parlé. » Le courage nous abandonna lorsque pour la vingtième fois les Chinois vinrent nous trouver en disant : « Que faites-vous, messieurs; ne prenez pas ce chemin, vous serez tous perdus. Votre guide ne connaît rien. Écoutez nos conseils et suivez le chemin que nous vous indiquons. »

18 septembre. — Départ de Hou-Tcheng. Le ciel couvert et un vent violent nous rendaient encore plus tristes et plus inquiets sur l'issue du voyage, surtout avec cette discipline de fer du chef, qui proclamait : « Moi seul je peux faire ce que je veux; tout le monde doit exécuter mes ordres, car je suis ici comme le capitaine d'un navire, ayant droit de vie et de mort; je suis juge et je ne suis responsable devant personne. » Nous avons eu l'honneur d'entendre ces paroles à plusieurs reprises, même au sujet de notre tâche spéciale.

Tout est prêt; non, il nous manque des baquets pour la provision d'eau. Ils sont petits et plats; d'habitude chaque chameau en porte deux. C'est pendant le déjeuner qu'on s'en aperçut et l'on n'en trouva qu'un. Notre escorte, commandée par un officier, se composait de neuf soldats, au lieu de cinquante promis précédemment.

Adieu, Hou-Tcheng. Adieu la Chine !

Le chef partit au grand trot, accompagné de l'interprète, du Cosaque, du photographe et du guide, qui frappait sans pitié son cheval maigre et faible. J'allai au pas avec Matoussowsky; la caravane resta en arrière, tous en débandade, ignorant le chemin et l'endroit où l'on s'arrêterait pour passer la nuit. Bientôt nous retrouvâmes sur la route le photographe, qui, désarçonné par son cheval, était resté sans que ses collègues s'en fussent aperçus.

Nous nous arrêtâmes devant un petit bois sans savoir où aller, et l'un des soldats se mit à nous guider. A travers les arbres on voyait des *iourtas* mongoles, les unes avec clôture, d'autres protégées par des roseaux hauts et épais. Les chameaux, les chevaux, les vaches, les moutons et les chiens rôdaient aux alentours; les femmes s'occupaient de leur ménage.

Où allons-nous passer la nuit? Le chef a disparu, et avec lui l'interprète et le guide. Nous demandons aux Mongols s'ils ont vu passer quelqu'un; ils n'ont vu personne. Le jour baisse, nous nous arrêtons sans savoir que faire; les bêtes attendent leur repos et leur nourriture. Je priai le photographe, comme bras droit du chef, de prendre une décision; il ne voulut pas y consentir, car, après tout, la perspective d'être fusillé ne souriait à personne.

« Eh bien! restons ici jusqu'à demain; le chef enverra quelqu'un avec des ordres. » L'officier Bao ne trouva pas cette proposition possible; il chargea un Mongol de nous guider; celui-ci nous conduisit à travers les steppes, couvertes d'herbe tellement haute que nos chevaux y disparaissaient, vers un camp de nomades, où également on n'avait vu personne.

Les hommes avaient faim et froid; les animaux étaient exténués. On décida de marcher et de s'arrêter aussitôt qu'il ferait nuit. En ce moment le Tartare Niaz, qui faisait partie de l'escorte du chef, vint au-devant de nous; il nous apprit que le chef était dans un village distant de quatre verstes, et qu'il l'avait envoyé chercher de l'eau-de-vie, du jambon et du pain, avec recommandation de les lui apporter le plus tôt possible. Aucun ordre ne nous concernait. Nous passâmes à gué la petite rivière de Tchoun-Schouï-He, dont le lit bourbeux et glissant augmentait le danger de la traversée; mais si l'on réussit à passer les chevaux, il n'en fut pas de même des chameaux, car les conducteurs refusèrent de tenter le passage la nuit. On fit donc halte en cet endroit pour y coucher. On alluma des bûchers, on mangea, on se réchauffa, puis tout le monde alla se reposer. Le seul qui ne put se livrer au repos fut encore Niaz, qui, à peine rentré avec le jambon et le pain, fut envoyé de nouveau chercher la literie du chef. Le vieux Siui, qui était resté en arrière dans une voiture, arriva le dernier au camp improvisé; c'est à l'une des roues de sa voiture qu'était fixé l'odomètre qui devait déterminer le chemin le plus court de Hou-Tcheng à Zaïssan.

19 septembre. — Le baromètre nous avait prédit le beau temps; il ne se trompa pas. La matinée est froide; la terre, nos tentes et nos bagages sont couverts de givre.

Tout le monde est prêt à partir; on n'attend que le chef; c'est le Cosaque seul qui arrive.

« Et le chef? Comment se fait-il que tu arrives seul?

— Je viens chercher du jambon.

— Pourquoi faire? Est-ce qu'il ne viendra pas ici?

— Je n'en sais rien. J'ai ordre de lui apporter du jambon. »

Il repartit. Après lui vint l'interprète, qui nous raconta qu'il avait réussi à persuader Sosnowsky de prendre un second guide.

Enfin le chef est arrivé ; on lui fit savoir qu'il n'y avait pas de provision de fourrage pour les chevaux. Comment faire? En envoyer chercher à Hou-Tcheng, c'était trop loin, chercher sur place, c'était inutile. On résolut de

Halte dans le désert sablonneux.

mettre les soldats de l'escorte sur les chameaux, de renvoyer leurs chevaux et l'on donna l'ordre de partager en dix parties le fourrage que nous avions pour nos trois chevaux. Les chevaux souffraient déjà de la faim, et celui de Niaz succomba le jour même, après vingt-quatre heures de marche sans nourriture. Quoi qu'il en soit, Niaz fut traité d'imbécile pour avoir choisi à Hou-Tcheng un mauvais cheval.

On ne se mit en route qu'à onze heures. Bientôt les petits bois avec les habitations d'hiver des Mongols restèrent derrière nous, ainsi que les prés avec les canaux d'irrigation. Nous entrâmes dans un désert sablonneux, avec des collines de sable mouvant de dix *sajènes* de hauteur (plus de vingt mètres). Les plantes qui les recouvraient étaient jaunies et desséchées; on remarquait surtout une grande quantité de tanières de marmottes, déjà endormies pour tout l'hiver. J'enviai leur sort et leurs refuges tapissés d'herbe et de crin.

Ainsi donc nous étions conduits par deux guides. Ce qui nous étonna, c'est qu'ils nous menaient par un chemin tortueux, de manière que nous avions parfois le soleil devant nous, parfois derrière; je pensais que Sosnowsky ne l'avait point remarqué; du moins il ne fit aucune observation sur ce qu'ils ne gardaient pas la même direction.

La voiture, traînée par un chameau, avançait avec difficulté; les roues s'enfonçaient profondément dans le sable, le pauvre chameau s'arrêtait à chaque instant, malgré les coups qui pleuvaient sur lui.

Nous rejoignîmes la caravane, partie plus tôt que nous; mais elle s'était arrêtée, parce que les guides s'étaient égarés et étaient allés à la recherche du chemin. Nous nous arrêtâmes aussi. A leur retour, la caravane revint sur ses pas; je me figurai qu'on avait donné l'ordre de retourner à Hou-Tcheng, pour prendre le chemin indiqué par les Chinois. Vain espoir! Après avoir parcouru une demi-verste, on campa près d'une source cachée par les roseaux au milieu d'un vallon. Ainsi nous n'avons fait aujourd'hui que douze verstes de chemin. Combien en ferons-nous demain? Où irons-nous?

Tout le monde souhaitait qu'on se dirigeât vers le chemin indiqué par les Chinois de Hou-Tcheng, mais personne n'osait exprimer ce désir.

# CHAPITRE XV



Il y a parfois dans la vie de l'homme des moments terribles, par exemple quand, en lutte avec les éléments, il se sent impuissant à les dompter; ainsi sur mer vaincu par la tempête, ou sur la terre ferme surpris par un tremblement de terre, l'homme se tourne vers le ciel, dont il implore le secours et la miséricorde.

Quoique nous ne fussions pas sur l'océan déchaîné, quoique le sol ne tremblât pas sous nos pieds, nous étions cependant à un de ces terribles moments. Russes et Chinois, esclaves par hasard d'un maître de hasard, nous attendions la mort, une mort lente et inévitable.

Pourquoi Sosnowsky agissait-il cette fois avec tant d'assurance? C'est que, pour notre malheur, il avait fait en 1871 une excursion de Zaïssan aux lacs d'Ouliungour et de Bouloun-Tohoï, et quoique nous fussions encore bien éloignés de cet endroit, le chef pensait que ces nappes d'eau étaient situées dans le voisinage. Ce n'est ni la carte géographique, ni des renseignements qui le lui faisaient croire; non, il en était tout bonnement « positivement convaincu ». — « Je connais ces steppes, les Chinois racontent des bêtises, disait-il; ce sont des imbéciles qui ne savent même pas trouver de l'eau; moi j'en trouverai partout par des indices connus de n'importe quel écolier. »

Notre seule voie de salut était la résistance ouverte; mais le sentiment du devoir ne nous permit pas de l'employer, et nous continuâmes à obéir en silence.

Le chemin choisi par le chef n'avait aucune importance soit commerciale, soit scientifique, ou même stratégique; son seul avantage était d'être la plus courte route entre deux points, Hou-Tcheng et Zaïssan ; je n'ai donc rien de particulier à dire sur toute cette contrée aride, privée d'eau et déserte dans sa première partie, et assez bien arrosée et habitée par quelques nomades dans l'autre. La saison avancée rendait notre voyage encore moins intéressant ; aussi je pourrais terminer ici mon récit. Je pense toutefois que la suite ne sera pas sans intérêt pour le lecteur ; puisse-t-elle servir d'avertissement aux voyageurs futurs et leur permettre d'éviter les dangers et les souffrances inutiles que nous avons endurées.

20 septembre. — Le matin nous nous apercevons de la disparition de quatre chevaux ; après de longues et inutiles recherches, quelqu'un ayant exprimé l'avis qu'ils étaient probablement retournés au campement de la veille, on partit à leur recherche. On les trouva en effet tous quatre occupés à paître tranquillement dans le pré ; lorsqu'ils furent ramenés, il était midi passé ; on se décida à rester sur place le reste de la journée.

21 septembre. — Les guides nous pressent pour arriver à la source avant la nuit. Ils demandent aussi qu'on abandonne la voiture, qui retarde la marche de notre caravane, mais l'ordre est donné de l'emmener.

Nous continuons donc notre marche à travers les collines de sable, montant, rampant et descendant de l'une à l'autre ; ce désert de sable, qui, d'après les guides, devait disparaître vers midi, était loin d'être franchi ; il faisait nuit et nous n'avions pas encore atteint la source promise. Nos guides déconcertés cherchent à nous tranquilliser, mais ils s'égarent de plus en plus, marchant tantôt à l'ouest, tantôt au nord, promettant maintenant deux puits au lieu d'un. Nous tenons conseil et décidons de prier le chef de commander la halte, nos guides étant capables de nous traîner toute la nuit sans résultat. Nous avions assez d'eau pour les hommes ; quant aux chevaux et chameaux, ils attendraient jusqu'au lendemain.

22 septembre. — Les guides, oubliant leurs promesses, conseillent encore de partir de bonne heure, pour arriver jusqu'au puits. La matinée était très froide ; on alluma des bûchers pour se réchauffer avant le départ : le feu était entretenu par une plante, le *Haloxylon Ammodendron*, qui se casse facilement et brûle très bien. Le beau temps de la journée nous permet d'admirer les crêtes neigeuses du Tiañ-Schan, enveloppées hier par les nuages. Elles se dessinaient d'une manière très nette sur le fond bleu du ciel, et je me serais volontiers dirigé vers les montagnes pour vérifier l'existence d'un volcan en activité, qui se trouverait en cet endroit, au dire des Chinois, à une distance de cinquante verstes de notre campement. Son nom est Baï-Schan ; les Chinois nous désignèrent les cinq cônes de la montagne sacrée Bohdo-Oula, où, d'après eux, se transporte tous les mois

Mont Bohdo-Oula.

l'esprit sacré Foou Fou-Yé; alors on y aperçoit de la fumée et quelquefois du feu.

Je demandai à l'un des soldats : « As-tu vu toi-même le feu et la fumée?

— J'ai vu de la fumée, quand j'habitais Ouroumtzy ; de là on la voit très bien. Je ne suis resté que peu de temps dans cette ville et je n'ai pas vu de feu, mais d'autres me l'ont raconté. »

Une autre montagne située au nord dans le lointain attirait notre attention ; diverses conjectures nous faisaient penser qu'elle appartenait à la chaîne de l'Altaï. Quoi qu'il en soit, nos guides devaient pouvoir s'orienter ; cependant ils nous firent tourner à droite et à gauche toute la journée, et ce n'est qu'après le coucher du soleil qu'ils trouvèrent les deux puits, nommés Seb-Kiultéi. Ces deux puits, disaient-ils, devaient se trouver en dehors du désert, et tout au contraire ils étaient au beau milieu des sables, dont on n'apercevait point encore la fin. Cette trouvaille rendit les guides plus hardis ; « même les yeux bandés, répétaient-ils, nous vous conduirons sans perdre le chemin. » « Dieu le veuille! » pensâmes-nous.

Ces deux puits, où nous établîmes notre campement, avaient l'aspect de fosses d'un peu plus de deux mètres de diamètre et de profondeur ; ils s'emplissaient d'eau assez vite, mais les animaux ne pouvaient point l'atteindre ; un homme puisait l'eau avec un seau, et un autre la déversait dans l'auge. Il fallait du temps pour abreuver toutes les bêtes, qui ne mangent qu'après avoir bu.

L'officier Bao, homme délicat, d'un caractère faible et même timide, vint trouver Sosnowsky pour lui représenter qu'après deux jours de marches et de fatigue les animaux avaient besoin de nourriture et de repos, et qu'il ne fallait pas songer à partir de bonne heure, d'autant plus qu'il n'était pas possible d'atteindre dans la journée le puits suivant.

« Tout cela est ridicule! dit Sosnowsky. Comment! nous n'arriverons pas au puits? Nous y arriverons. Sur notre chemin nous trouverons un autre puits, dont l'eau est assez bonne pour les bêtes. Dites-lui, continua-t-il en se tournant vers l'interprète, que, n'importe comment, il faut que nous arrivions au puits et qu'on n'a pas besoin de donner à manger aux chameaux ; ils mangeront à l'arrêt de demain. Il faut partir de bonne heure. »

23 septembre. — Nous nous levâmes avant le soleil. Cependant Bao et les Mongols conducteurs de chameaux refusaient de partir avant d'avoir fait manger leurs bêtes. Ils parlèrent d'un ton si ferme, qu'il n'y eut rien à répliquer. Donc, au lieu de suivre les conseils donnés hier, on fut forcé aujourd'hui d'obéir aux ordres et de se taire. On ne partit que

lorsque les conducteurs avertirent qu’ils étaient prêts. Du reste les bêtes commençaient déjà à souffrir de la faim; nous avions à peine fait dix verstes, que le cheval d’un Cosaque refusa de marcher; il n’y avait qu’à l’abandonner à son sort. Cela se fait toujours ainsi et se fit encore aujourd’hui ; je vous assure que cet incident produisit sur moi une impression des plus pénibles. Les Chinois pensèrent qu’il valait mieux tuer ce pauvre cheval que de le laisser souffrir, mais ils n’en eurent pas le courage, et comme ce cheval appartenait à l’administration, ils étaient obligés de fournir la preuve qu’il était mort ou avait été abandonné (cette preuve consiste à présenter la queue et la moitié de l’oreille), et ils se virent forcés de procéder à cette opération et de laisser l’animal. Quelques verstes plus loin on abandonna un chameau pour la même cause.

Après bien des tours et des détours inutiles, nous arrivâmes enfin au bout du désert sablonneux et entrâmes sur un territoire dont le sol argileux, dur comme de la pierre, est dépourvu de la plus petite herbe. Si l’on en juge par l’aspect de la surface, cette partie du désert doit se transformer en un énorme lac dans la saison des pluies ; en ce moment le sol était sec et fendu en beaucoup d’endroits. La nuit nous surprit au milieu de ce désert, sans qu’on eût trouvé quelques plantes pouvant servir de nourriture aux chevaux, et l’on marchait toujours. Je souffrais et pour les guides, qui trottaient à pied toute la journée, et pour les bêtes, qui n’avaient rien eu à manger depuis deux jours. La nuit était froide, tout le monde grelottait, et les Chinois murmuraient contre le guide.

« Attends, attends, lui disaient-ils, tu ne garderas pas longtemps ta tête sur les épaules. » Le pauvre Sodmoun n’avait rien à répondre à ces questions : « Pourquoi t’es-tu chargé de nous conduire, si tu ne connais pas le chemin ? Quand arriverons-nous au puits ? »

« Mon frère est parti en avant; il trouvera la source et allumera du feu. » Mais on voyait bien qu’il n’était pas certain de ce qu’il disait.

Après une longue marche, on s’arrêta en silence comme par hasard ; le guide avoua s’être égaré : tout le monde le savait déjà. Que faire ? Un conducteur proposa de retourner à un endroit où il y avait un buisson, pour pouvoir au moins allumer du feu; il n’y avait pas autre chose à faire.

« Lama ! » s’écria le chef.

Silence. D’autres l’appelèrent en vain, on eût dit qu’il avait disparu. Cependant il était là, mais il voulait éviter un interrogatoire et des reproches ; enfin il se présenta.

« Eh bien, toi, dis-moi, je t’en prie. Car si..., voilà..., pourquoi t’es-tu chargé de nous conduire ? et si... » Puis il s’arrêta, s’étant souvenu que le

A travers le désert sablonneux.

Mongol ne comprenait pas le russe et qu'il fallait un interprète. Mais Andreïewsky, qui connaissait parfaitement la langue mongole, était aux arrêts ; un Cosaque était même chargé de le surveiller, pour que personne ne lui adressât la parole.

« Smokotnine, appelle un soldat connaissant la langue mongole. » Le soldat arrive.

« Demande-lui, Smokotnine, pourquoi il s'est chargé de nous conduire, s'il ne connaît pas le chemin ? »

Le Cosaque répéta ces paroles en chinois au soldat, qui les traduisit en mongol.

« Je connais le chemin, mais je ne peux pas le trouver la nuit. Il faut retourner à l'endroit où est le buisson.

— Qu'il aille au diable ! Que me raconte-t-il ? Retourner ! Et les bêtes, avec quoi les nourrir ? Dis-lui que ni les chameaux ni les chevaux ne mangent de cailloux. »

Le Cosaque traduisit.

« Dis-lui qu'il nous a conduits dans un désert aride ; qu'il regarde combien nous avons de bêtes.

— Regarde ce qu'il y a de bêtes ici, — répètent les interprètes. Le guide regarde.

— Et je demande pourquoi il s'est chargé de nous conduire, puisqu'il ne connaît pas le chemin. »

Quelque amère que fût la situation, on avait envie de rire.

« Cela rappelle la romance : « Dis pourquoi, » me fit remarquer tout bas le prisonnier Andreïewsky.

— Nous chanterons bientôt une autre romance, répliqua Matoussowsky, quand tous nos chevaux seront tombés et qu'il faudra monter les chameaux et jeter les bagages, et avant tout les dessins du major, qui font concurrence à la photographie. Puis, quand nous n'aurons plus de chameaux, c'est une nouvelle chanson qui commencera. »

Le guide n'avait rien répondu à la question de Sosnowsky, qui tenait absolument à savoir pourquoi il s'était chargé de nous conduire.

« Dis-lui, Smokotnine, que sans lui nous aurions suivi un autre chemin. Pourquoi s'est-il chargé ?... Que va-t-il faire maintenant ? »

Le Mongol ne dit rien.

« Marche en avant, » commanda le chef éperdu.

On se remit en marche...., non pas en avant, mais en arrière, vers le buisson dont il avait été question  Sosnowsky n'eut pas l'air de s'en apercevoir.

« Il nous fera perdre toutes nos bêtes, et nous-mêmes nous serons perdus, disait le chef au photographe ; nous n'avons plus de provisions que pour quinze jours et, marchant de la sorte, nous ne serons pas arrivés dans un mois.

— Pas pour quinze jours, répondit le photographe, dites pour huit, puisque vous avez affirmé que, le neuvième, nous serions arrivé chez les Tourgouts, où l'on aurait de tout à volonté ; vous avez bien recommandé : « Ne prenez pas trop de pain. »

— Sans cet imbécile, le neuvième jour nous y serions.... je le sais positivement. »

On retourna au buisson, où l'on fit du feu ; les bêtes passèrent la nuit sans manger ni boire, excepté nos chevaux, auxquels on donna du fourrage ; mais la soif leur avait enlevé l'envie de manger. Pour comble de malheur, la bouillotte suspendue au-dessus du feu se renversa, et nous restâmes sans thé. Ainsi finit le sixième jour du voyage par le chemin le plus court de Hou-Tcheng à Zaïssan.

24 septembre. — Continuant notre voyage à travers des collines arides et rocailleuses, nous aperçûmes enfin une petite plaine couverte de roseaux ; nous y arrivâmes après une heure et demie de marche et y trouvâmes deux puits. « Oussou, Schouï ! » s'écrièrent Mongols et Chinois, et tout le monde de courir vers l'eau. Le singe de Sosnowsky, laissé en liberté, sauta d'un bond vers le puits et, ayant aperçu son image dans l'eau, il la prit pour un de ses semblables, et voulut lui administrer une correction, mais il tomba dans l'eau. Ce bain lui fit passer sa soif et il s'enfuit à sa place.

On se disposait à camper, quand le chef, resté en arrière, fit dire par son Cosaque de ne pas s'arrêter et même de ne pas abreuver les bêtes, afin de ne pas s'attarder et d'atteindre le plus tôt possible le puits suivant. — Je raconte la vérité ; qu'on ose me contredire ! — Nous écoutons cet ordre sans y croire ; quelques-uns pensaient que le Cosaque plaisantait, mais non, c'était sérieux. Personne ne bougea. Sosnowsky s'en étant aperçu, envoya son aide de camp, le photographe, avec ordre de partir. L'officier Bao s'approcha du photographe et chercha très poliment à lui faire comprendre l'impossibilité de ne pas s'arrêter en ce lieu ; mais le vice-chef de l'expédition scientifique et commerciale se mit à crier ; Bao, sans rien répondre, tourna le dos, et à haute voix commanda de décharger les chameaux, « car, ajouta-t-il, nous resterons toute la journée en cet endroit. »

On fut obligé de se soumettre, sans avoir l'air d'avoir remarqué l'incident.

Les deux puits Horgoutta étaient probablement visités par les habitants du désert; j'y remarquai en effet des traces de pas de chiens, de moutons et de grues, et même des empreintes de pas d'homme. Un chasseur mongol s'y était aussi arrêté pour dîner; quelques morceaux de viande fraîche de mouton étaient par terre; ces restes furent ramassés par les soldats, qui les firent cuire et les mangèrent. L'eau de ces deux puits était très salée : les bêtes ne la buvaient qu'avec répugnance; elle était bonne pour la soupe, mais ne valait rien pour le thé.

Grâce à l'énergie de Bao, toute la caravane put donc se reposer.

25 septembre. — Je n'ai à signaler que la rencontre de deux chasseurs mongols, venus on ne sait d'où. A peine arrivés, ils se mirent à enlever la peau d'un cheval mort. Personne ne fit attention à eux, et on ne les questionna sur quoi que ce soit; ils suivirent leur chemin et nous le nôtre.

Vers le soir, nous atteignîmes une rangée de collines; au pied de l'une d'elles se trouvait une source, nommée Kharmali, mince filet d'eau qui jaillissait de la fente d'un bloc granitique et remplissait une petite fosse. L'eau de la source, amère et salée, nous parut excellente comparativement à celle de la veille.

26 septembre. — Neuvième jour de marche. C'est aujourd'hui que, d'après le calcul de Sosnowsky, nous devons arriver au campement de Tourgouts; malheureusement nous sommes encore bien éloignés de toute habitation.

Nos guides, qui s'étaient probablement renseignés sur le chemin auprès des deux chasseurs, vinrent nous avertir de faire une provision d'eau, car nous n'atteindrions le puits Tchonan-Oussou que le lendemain soir. Pauvres bêtes! elles resteront encore deux jours privées d'eau. Elles maigrissent à vue d'œil, les chevaux principalement; aujourd'hui encore, avant le départ, le Cosaque nous informe de la perte d'un cheval et d'un chameau.

27 septembre. — Nous partons de bonne heure pour pouvoir atteindre le puits avant la nuit. La direction nord-est prise par les guides nous parut étrange, puisque c'était vers le nord-ouest qu'il fallait marcher; mais il n'y avait pas à faire la moindre observation sur ce point, car essayer de convaincre le chef, qui ne voyait et ne comprenait rien, était impossible.

Nous continuons donc à suivre cette direction pendant au moins dix verstes, puis nous décrivons un cercle et reprenons la direction nord-ouest. Nous apprenons alors que ce chemin inutile avait été fait pour chercher un bouc blessé la veille par Sosnowsky et qui, d'après lui, avait dû succomber quelque part dans ces parages.

Vers quatre heures de l'après-midi la caravane s'arrête : les deux guides partent chacun de leur côté pour s'orienter et combiner le chemin à prendre, afin d’arriver au puits. Tout le monde à cheval et les chameaux toujours chargés, nous attendons les guides disparus à l’horizon. Le soleil se couchait et les guides n’étaient pas de retour; ils s’étaient égarés encore une fois. Dieu sait quand ils reviendront! La nuit vint, la lune se leva éclairant le désert de sa lumière blafarde : aucun ordre sur les dispositions à prendre; tout le monde gardait le silence, car personne n’avait rien à dire; on pensait au lendemain, aux espérances déçues, au sort terrible qui nous attendait. Les Chinois, enveloppés dans leurs vêtements ouatés, restaient accroupis et répétaient : « *Mo-you schouï, mo-you da-tzy; bou-hao* » (Pas d’eau, pas de guides; ce n’est pas bien).

Enfin on se décide à débarrasser les chameaux des bagages, à dresser les tentes et à se coucher. Les chevaux restaient la tête penchée, demandant à boire par leurs hennissements plaintifs; ils léchaient les objets froids qui étaient à leur portée et cherchaient à boire leurs urines sans y parvenir, car elles étaient absorbées par le sol en un clin d’œil. Plusieurs chameaux se roulaient par terre comme dans les convulsions de l’agonie, hurlant de souffrance, et leurs gémissements, leurs soupirs ressemblaient d’une manière frappante à ceux de l’homme et me remplissaient de tristesse.

Ils commençaient donc, ces malheurs dont les gens bien intentionnés avaient vainement essayé de nous détourner. Mais le capitaine Sosnowsky, « moralement responsable pour nous tous, » comprit-il que tout ce qui arrivait aujourd’hui provenait justement de son entêtement, ou peut-être le sentiment de la conservation se réveilla-t-il en lui? Toujours est-il qu’il se décida à chercher lui-même de l’eau dans les environs. Comme grand connaisseur des steppes, il revint bientôt affirmant avoir observé les indices d’une source et donna l’ordre de se transporter en cet endroit et d’y creuser un puits.

Il faisait nuit, les chameaux étaient déchargés et les Chinois doutaient fort de ce puits : ils préférèrent donc passer la nuit sur place. Nous eûmes la permission de faire à notre guise et nous préférâmes rester avec la caravane; quelques-uns seulement suivirent le chef, qui se souvint tout à coup qu’il manquait de bêche; heureusement les Chinois en avaient une, ces « Chinois imbéciles, qui ne sont propres qu’à fumer l’opium et à faire des vers ». Sosnowsky partit avec son Cosaque, le domestique Niaz et deux soldats. Nous autres, après avoir rongé des biscuits durs, nous nous couchâmes. Je ne pus fermer l’œil de la nuit, nuit terrible, dont le souvenir restera à jamais gravé dans mon esprit!

28 septembre. — Le matin de bonne heure tout le monde est debout;

les soldats se promènent de long en large, répétant : « Pas d'eau, pas de guides. »

Cela va bien, fameuse situation ! Nous voici à Zaïssan ! Tout le monde aurait voulu se réchauffer avec une tasse de thé ; personne n'ose même proférer un mot. De terribles pensées viennent m'assiéger : « Comment faire quand je me sentirai défaillir ? Vaut-il mieux attendre la mort jusqu'à la perte de connaissance ou me suicider pour mettre fin aux souffrances ? » Je cherchais les poisons que je portais sur moi et je regrettais que le chloroforme fût évaporé. « Si l'un des mourants me prie de l'achever, aurai-je le courage de le faire ? en aurais-je le droit ?..... » J'essayais d'écrire, mais en vain. Je pensais à mes dessins : que vont-ils devenir ? Que vont devenir les négatifs du photographe, les cartes, les plans, les notes, le journal de Matoussowsky ? Et les notes de l'interprète, et les travaux du chef ? Je plaignais surtout les pauvres Chinois, envoyés contre leur gré et obligés de mourir par la faute d'autrui. La lutte des animaux contre la mort se présenta également à mon esprit..... et tout cela à cause du manque d'eau.

J'interrogeai Matoussowsky et nous décidâmes, dans le cas où nos guides n'auraient pas trouvé de source, de retourner au puits de Kharmali ; c'est ce que nous aurions dû faire depuis longtemps, sans l'avis contraire de nos guides. Qu'étaient-ils devenus ? peut-être avaient-ils déjà succombé après une marche d'un jour et d'une nuit sans boire et sans manger ! Si d'un côté on ne pouvait pas partir sans quelque renseignement positif, d'un autre côté on ne pouvait pas rester ici indéfiniment. Notre chef n'était pas revenu non plus, et tous examinaient l'horizon du côté où étaient partis les guides.

« Un homme ! un homme ! » s'écria quelqu'un. En effet un petit point noir apparaissait dans le lointain, mais il fallut quelque temps avant de pouvoir distinguer si c'était un cavalier ou un piéton. Une heure se passa sans qu'on pût voir nettement le point mouvant, une heure terrible d'attente et d'espoir. Enfin on voit l'homme, il avance dans notre direction ; sa marche est égale et calme, il ne nous fait aucun signe ; tout espoir s'évanouit. C'était le guide, amaigri et exténué. « Pas d'eau gémit-il d'une voix affaiblie, et il se jette par terre demandant à manger ; il ne demande pas à boire, quoiqu'il dût bien souffrir de la soif.

« Ton frère, où est-il ?

— Mon frère trouvera de l'eau ; il doit venir bientôt de ce côté, » dit-il en montrant l'est.

Il restait encore une lueur d'espoir, mais bien faible. Quand, après avoir mangé, le guide fut un peu remis, Matoussowsky l'interrogea et acquit la conviction que le lama ne connaissait rien; du reste celui-ci avoua lui-même ne pas savoir où nous étions. « Mon frère le sait, » ajouta-t-il pour nous calmer.

En ce moment nous aperçûmes au loin un cavalier se dirigeant de notre côté : c'était le Tartare Niaz, qui venait à son tour déclarer que le chef n'avait pas trouvé d'eau, ce que nous savions, puisque Sosnowsky était arrivé avant lui. Ce serviteur zélé avait l'air complètement défait; il était faible et sa voix me rappelait celle des cholériques à la période de refroidissement.

Sosnowsky ayant appris le retour du lama le fit appeler, et se tournant vers l'interprète :

« Demande-lui pourquoi il s'est chargé de nous conduire, puisqu'il ne connaissait pas le chemin !

— Vous vouliez absolument que quelqu'un vous conduisît, répondit le guide; j'ai demandé aux Mongols de me donner des renseignements, car il y a longtemps que j'ai parcouru ce chemin; je pensais que sur place je me le rappellerais.

— Mais justement, il ne fallait pas penser ; tu devais connaître le chemin comme tes cinq doigts, reprit le chef. Il me le payera. Je le livrerai aux autorités chinoises, et l'on fera de lui ce que l'on voudra. Se figure-t-il donc que c'est une farce? »

Le guide gardait le silence.

« Qu'il sache bien que ce n'est pas une farce...... Demande-lui de décrire la contrée où se trouve l'eau. »

L'autre donna quelques explications, comme un écolier qui passe un examen; il était visible qu'il ne connaissait rien.

Tout à côté, les soldats et les conducteurs de chameaux tenaient une conversation à haute voix sur le compte du chef : « Pourquoi s'est-il entêté d'aller par ici? Il a été averti qu'il n'y avait pas de chemin, que les guides ne le connaissaient point et qu'aller avec eux dans un tel désert, c'était vouloir se perdre. Nous avions l'ordre d'aller à Bouloun-Tohoï; c'est par ruse qu'on nous a amenés par ici. Les chevaux et les chameaux de l'administration tombent, qui nous les payera? peut-être nous-mêmes nous succomberons. Pourquoi nous a-t-il conduits ici? »

A cela rien à répondre; il valait mieux faire semblant de ne rien entendre.

« Le guide arrive! » cria quelqu'un, et quand il fut à une distance d'une verste, on courut à sa rencontre. Je regardai à l'aide de ma longue-vue

et je vis le guide joindre les mains au-dessus de sa tête et se mettre à genoux..... Tout est fini; le dernier espoir s'est envolé.

« Eh bien! quoi? quelle nouvelle?

— Attendez, le guide est exténué, il n'est pas en état de prononcer une
parole. »

Je me dirigeai vers lui. Il était terrible à voir; la figure noircie, les yeux
renfoncés et sans éclat, la poitrine découverte, il se frottait le creux de
l'estomac. Tout à coup il tombe par terre, murmurant d'une voix éteinte :
« Oussou! » (de l'eau).

On l'interrogea; il n'entendait rien. Du reste à quoi bon le questionner?
C'était évident qu'il n'avait rien trouvé. Craignant qu'on ne le soumît
aussi au même interrogatoire que son frère, je conseillai de le laisser
tranquille. Un quart d'heure plus tard, le guide reprit ses sens; il raconta
qu'il avait marché pendant les deux jours sans savoir où.

« Qu'allons-nous faire maintenant? demanda le chef.

— Il faut retourner sur nos pas, » répondirent d'une voix unanime les
Chinois, qui paraissaient décidés à ne plus obéir aux ordres de notre chef.

Celui-ci nous fit venir, Matoussowsky et moi, pour prendre notre avis.
C'était la première fois qu'il se décidait à le faire; instruits de son esprit de
contradiction, nous craignîmes de donner notre opinion.

« Faites ce que vous voudrez. Telle fut notre réponse.

— Le guide propose d'aller au puits suivant, sans nous inquiéter de
celui qui doit se trouver par ici.

— Comment voulez-vous avoir confiance dans nos guides, qui ne
connaissent rien? Si nous ne trouvons pas de l'eau avant la nuit, ce sera
l'arrêt de mort, sinon pour nous, du moins pour les bêtes. »

Les Chinois demandaient à retourner et les guides eux-mêmes pressaient
d'aller à la source Kharmali, et là..... à la grâce de Dieu.

« Alors en route, » commanda Sosnowsky. Le lama partit tout seul à
pied, et nous allions le suivre lorsqu'on se souvint qu'un soldat chinois était
resté avec son cheval et la literie du chef à l'endroit où celui-ci avait passé
la nuit. Le Tartare Niaz fut envoyé à sa recherche, mais, soit qu'il ne sût
pas trouver l'endroit, soit que le soldat eût quitté sa place, il revint seul.
Le Cosaque Stepanow, sans attendre d'ordre, sauta sur le même chameau
et partit au trot.

L'attente fut longue; la crainte de la mort ne faisait qu'augmenter,
quand on songeait qu'il fallait parcourir cinquante verstes pour arriver à
la source Kharmali, située au milieu du désert. Enfin on aperçut le Cosaque
ramenant le soldat chinois et la literie du chef.

Grâce à Dieu! tout le monde fut soulagé, quoiqu'il n'y eût pas de quoi se réjouir, mais on marchait fortifié par cette pensée, que chaque pas nous rapprochait du salut, c'est-à-dire du puits. La journée était superbe; pas le moindre nuage au ciel, ce qui promettait une nuit claire. Je fus étonné de voir les chevaux comprendre qu'on reprenait le chemin de la source; ils marchaient si vite qu'il fallait faire des efforts pour les retenir et ne pas les fatiguer trop promptement. D'où cette énergie? d'où ces forces? Je le répète, ce fait me frappa.

Pour éviter de trop fatiguer nos chevaux, de temps en temps nous marchions à pied, mais l'épuisement de nos forces se faisait sentir de plus en plus et la transpiration qui s'ensuivait augmentait encore la soif. Je m'intéressai à interroger quelques-uns sur les sensations qu'ils éprouvaient; ils se plaignaient d'avoir la bouche sèche, d'éprouver une douleur difficile à déterminer dans l'estomac (communément appelé le creux), et dans l'hypocondre droit; on se sentait faible, mais, après avoir fumé, les forces revenaient. Beaucoup voulaient boire, et ne se plaignaient pas de la soif, personne n'avait d'appétit; tous avaient maigri de figure dans la journée d'hier.

Enfin nous voilà arrivés à l'endroit où nous avions passé l'avant-dernière nuit. Ma bouteille de caoutchouc était à moitié pleine d'eau; je la partageai entre quatre. Le Cosaque Stepanow commençait à souffrir sérieusement; cet homme travaillait plus que les autres, mais mangeait et buvait moins. Quarante-huit heures sans boire. Je commençais moi-même à ressentir quelque chose d'anormal et je ne pensais qu'à la boisson, aux liqueurs, etc. La plus vive souffrance de l'homme qui meurt de soif est de ne pouvoir chasser de son esprit l'idée de toutes sortes de breuvages, qui tous paraissent excellents. En vain je cherchais à éloigner ces pensées, à m'occuper d'autre chose, mais l'idée de boire se présentait toujours à mon esprit. Je récitais tout haut des vers de Pouschkine, des sonnets de Pétrarque, ou un monologue de Shakespeare, mais tout en déclamant je me rappelais les moments de ma vie où j'avais eu soif et avec quel plaisir je l'avais apaisée. Mon collègue éprouvait les mêmes sensations que moi.

Vers le soir Sosnowsky expédia le second guide avec deux chameaux pour chercher de l'eau à la source. Cela me parut étrange, puisque nous avions fait plus de la moitié du chemin; ensuite on ne pensa plus au guide et l'on continua toujours d'avancer doucement. Il faisait déjà nuit, la lune éclairait le triste désert et nous marchions souvent à pied pour nous réchauffer, car nos pieds et nos mains étaient gelés. Les chevaux non seulement ne paraissaient pas fatigués, mais tout au contraire forçaient le pas. Les traces de notre passage se voyaient facilement, et chevaux et chameaux les suivaient d'eux-mêmes.

Le chef avait envoyé le guide chercher de l'eau, car il n'avait pas envie de continuer le chemin jusqu'au puits; il fit donc arrêter la caravane et choisir un endroit où il y aurait de l'herbe en quantité suffisante pour les bêtes. Les Chinois et les conducteurs de chameaux commencèrent à murmurer; mais, l'officier Bao ayant consenti à rester, tous les autres durent se soumettre. Que faire? nous envoyâmes notre Cosaque demander à Sosnowsky la permission d'aller jusqu'au puits; contre toute attente, cette permission nous fut donnée : « Ils peuvent partir, mais sans escorte. »

Nous nous hâtâmes de retirer notre literie, la caisse avec la batterie de cuisine et nous nous éloignâmes, Matoussowsky, moi, le Cosaque et Transparent. Tous les chevaux coururent après nous, mais on les rattrapa.

Notre soif devenait de plus en plus ardente; nous attendions avec impatience la rencontre du guide, qui ne devait pas manquer de passer avec sa provision d'eau; bientôt nous pûmes distinguer au loin le groupe de collines derrière lequel jaillit la source, ce qui nous fit pousser des cris de joie. Nous rencontrâmes le guide et lui prîmes de l'eau dans une bouteille sans toutefois pouvoir la boire, tant elle était trouble et épaisse.

Du reste, deux verstes au plus nous séparaient de la source; on pouvait attendre. Enfin nous y sommes, et comme la descente par un sentier de pierres était assez dangereuse, nous descendîmes de nos chevaux pour les conduire par la bride.

A ce moment il me sembla avoir entendu parler; je fis part de mon impression à mes collègues; nous écoutons, silence absolu.

« Qui voulez-vous qui vienne ici? me disent Matoussowsky et le Cosaque; les brigands eux-mêmes ne trouveraient rien à piller; vous êtes dans l'erreur. »

Je doutais cependant et, descendant la colline vers la source, j'entendis encore le *fyrr* du chameau.

C'est avec peine que nous pûmes maintenir nos chevaux qui couraient vers l'eau; le mien parvint même à arracher la bride, celui de Matoussowsky l'entraîna malgré ses efforts. Avec quel plaisir nous les regardions se désaltérer après trois jours de privation! sans leur permettre toutefois de boire trop, ce qui aurait pu être dangereux pour eux.

Matoussowsky, le Cosaque et le garçon buvaient à tour de rôle dans la même tasse; quant à moi, à la vue de l'eau, ma soif s'était apaisée; je me trouvais désaltéré, pour ainsi dire, par l'idée que je ne mourrais pas de soif.

Qu'importent maintenant les ouragans ou les orages? Matoussowsky nous ramènerait au besoin avec sa boussole.

Non loin du puits flambait un bûcher près duquel était couché le premier guide, le lama. Il dormait du sommeil d'un homme qui n'avait ni dormi ni bu ni mangé pendant près de quarante-huit heures, et qui avait fait à pied cinquante verstes. Il était si près du feu, qu'il aurait grillé si nous n'étions pas arrivés; nous le poussâmes de côté sans qu'il se réveillât; ses objets de dévotion étaient étalés à côté de lui, ainsi qu'une tasse en bois et une petite marmite.

Lorsque notre tente fut dressée, je montai sur un monticule, voulant m'assurer s'il y avait quelqu'un dans le voisinage, et je rentrai avec la certitude qu'une caravane devait se trouver à proximité. J'allai avec le Cosaque vers l'endroit d'où partaient les voix, et nous entendîmes parler en mongol et en chinois. Bientôt la conversation cessa.

« Appelle, » dis-je au Cosaque.

— Qui est là? » cria-t-il en langue kirghize, ce qui m'étonna; je le fus davantage en entendant répondre dans la même langue :

« Et vous, qui êtes-vous?

— Nous sommes Russes, nous rentrons chez nous.

— Ah! Russes, » reprit l'inconnu, et je pus distinguer plusieurs individus qui s'approchaient vers nous. Une vive conversation s'engagea entre eux et le Cosaque; je n'y comprenais rien, mais je voyais le Cosaque tout joyeux.

« Ah monsieur! me dit-il. Le Seigneur a eu pitié de nous et de nos peines.

— Qu'y a-t-il?

— Mais c'est une caravane qui passe ici la nuit; elle se rend à Kobouk-Saïry, où nous avions l'intention d'aller. »

Je chargeai le Cosaque de leur demander s'ils ne voudraient pas nous attendre pour continuer ensemble le chemin, ou s'il n'y avait pas parmi eux un bon guide qui voudrait bien se joindre à nous, et je courus porter la bonne nouvelle à Matoussowsky...

Joyeux comme des enfants, nous décidâmes de ne pas nous confier au hasard et de ne pas manquer la chance de salut qui se présentait. Qu'on nous accuse d'indiscipline et d'opposition, qu'on nous menace de nous faire fusiller, qu'importe? Nous étions décidés à passer directement en Russie, sans avoir à retourner tout honteux à Hou-Tcheng, ou à errer avec des guides ignorants, sans parler du capitaine Sosnowsky, ce connaisseur positif des lois de la nature.

Le Cosaque, qui venait de rentrer, nous raconta que cette caravane avait

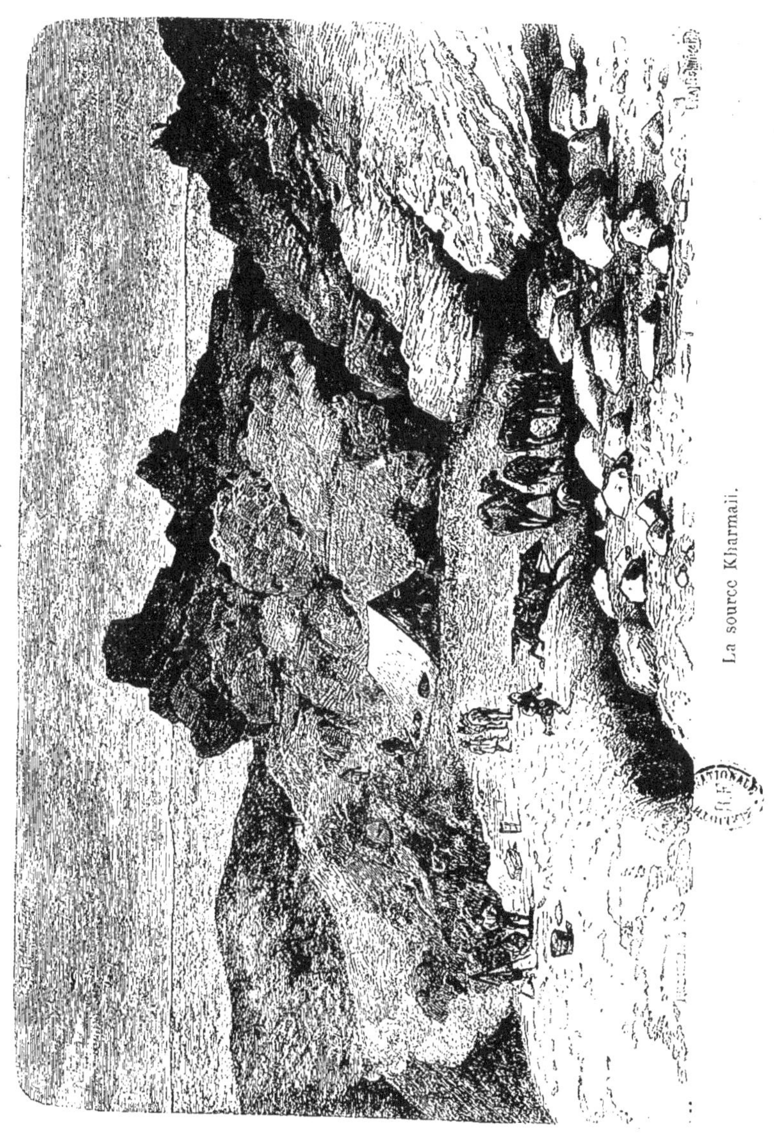

La source Kharmaii.

quitté Hou-Tcheng quatre jours après nous, qu'elle partirait demain dès l'aube, mais que deux hommes consentaient à rester avec nous en qualité de guides et viendraient le lendemain.

« Et qu'adviendra-t-il s'ils nous trompent, s'ils partent cette nuit avec les autres ? Advienne que pourra ! »

Le thé était prêt; mais l'eau parut produire un effet contraire : plus nous buvions, plus nous avions soif; si l'on se fût écouté, je ne sais combien de thé nous aurions avalé. Le Cosaque et « Transparent » partirent avec les chevaux dans un endroit où il y avait de l'herbe, puis nous nous couchâmes, contents de cette heureuse rencontre et d'avoir eu l'idée de venir à la source au lieu de rester avec la caravane.

29 septembre. — Le Cosaque vient nous réveiller de bonne heure pour nous annoncer la visite des nouveaux guides. Ils nous saluèrent selon l'usage des Mongols et s'accroupirent. L'un d'eux, lama, pouvait avoir trente-cinq ans; le second Tourgout, de son nom Baltchak, était un jeune homme de vingt-deux ans, chasseur des steppes.

Le lama avait la tête couverte d'une calotte crasseuse, et le chasseur d'un chapeau chinois à revers en fourrure; tous deux, habitants de Kobouk-Saïry, avaient conduit un troupeau à Hou-Tcheng et rentraient chez eux en compagnie d'une caravane de marchands chinois. Nous les invitâmes à prendre du thé et les questionnâmes sur notre chemin : les indications qu'ils nous donnèrent étaient absolument contradictoires avec celles de nos anciens guides; ils ne voulurent point fixer de prix, s'en remettant à notre générosité.

Nous pouvions nous considérer comme les plus heureux des mortels; néanmoins nous étions inquiets de savoir comment le chef jugerait notre conduite.

Ce n'est que vers midi que nos compagnons commencèrent à arriver, les uns après les autres; tous se dirigeaient directement vers le puits : hommes, chevaux et chameaux se pressaient, se bousculaient dans un désordre qui eut pour résultat que quelques-uns ne purent ce jour-là arriver à boire une gorgée : le réservoir ne se remplissait que peu à peu et restait vide une grande partie de la journée; il faut ajouter qu'on ne pouvait approcher du puits que d'un côté.

Comme notre tente était à proximité de la source, je pus observer les souffrances des pauvres bêtes et la lutte qu'elles se livraient entre elles pour arriver les unes avant les autres. — Triste spectacle !

Quand tout le monde se fut installé, nous envoyâmes notre Cosaque auprès de Sosnowsky pour lui faire part de notre décision ; c'est avec une vive inquiétude que nous attendions la résolution du chef. Pour cette fois il avait changé de manière d'agir; au lieu de reproches et d'un ordre de chasser les nouveaux guides, il nous fit transmettre ses remerciements et nous avertit en même temps qu'on passerait ici la journée du lendemain, 30 septembre.

Notre campement à la source ne faisait pas toutefois l'affaire des oiseaux, qui voltigeaient tout autour, les plus confiants sautillaient dans le fossé, absolument vide. Je réussis à disposer pour eux un abreuvoir, en mettant à l'écart dans la terre un broc plein d'eau que j'entourai d'herbe; j'eus la satisfaction de voir les oiseaux venir s'y désaltérer, puis disparaître, et je regrettai de ne pouvoir en faire autant pour les chevaux et les chameaux; deux de ces derniers succombèrent dans la journée, et les soldats chinois en profitèrent pour faire une provision de viande.

1<sup>er</sup> octobre. — Nos nouveaux guides nous pressent de partir de bonne heure; les chameaux portent une double charge à cause de leur plus petit nombre (un troisième était encore mort).

Nous fûmes frappés de la différence dans la direction prise : au lieu d'aller à l'est, on nous fit prendre à l'ouest. Sur notre chemin, un sable profond et mouvant rendait la marche pénible; quant à la voiture, elle ne pouvait guère avancer; on vint prier le chef de l'abandonner, mais sans succès.

A la nuit nous fîmes halte devant la source Tchonan-Oussou, cachée dans un profond ravin par les joncs qui poussent tout autour. L'eau de cette source était salée, et avait en outre une odeur des plus désagréables.

Nous entendîmes plus tard le chef donner l'ordre aux guides de prendre trois chameaux et d'aller chercher la voiture restée bien en arrière. Ils le firent, quoique à contre-cœur, et repartirent sans avoir mangé; aussi je craignis que ces hommes, libres comme l'oiseau, connaissant les steppes et que rien ne retenait, à part leur parole, ne s'enfuissent avec les chameaux en nous abandonnant dans les steppes. Cette idée me fit passer une mauvaise nuit.

2 octobre. — La voiture n'arriva qu'à neuf heures du matin, et immédiatement l'ordre du départ fut donné; mais les conducteurs refusèrent de partir avant d'avoir donné à manger à leurs chameaux.

Les guides nous avaient avertis qu'il y avait une étape de deux jours avant d'arriver à la prochaine source; le photographe et l'interprète conseillaient de rester ici jusqu'au lendemain, puisqu'on avait perdu du temps; le chef était de l'avis contraire; « chaque pas en avant se compte, » disait-il, et l'ordre fut donné de partir deux heures après.

Au moment où l'on était disposé à partir, un cavalier arriva au galop.

C'était une estafette expédiée par Sosnowsky de Hou-Tcheng à Zaïssan ; il avait remis sa missive et retournait heureux et content; il s'attendait à une récompense pour la prompte exécution de sa mission. Mandé chez le chef, il entra sous la tente, salua et s'accroupit comme le font les Mongols.

« Comment as-tu osé nous tromper sur le chemin? » lui fait dire le chef.

Le Mongol, ne s'attendant guère à une semblable réception, fut fort désappointé. Il se trouva que ce fut lui la cause de tous nos malheurs, ce dont je ne me doutais guère. On l'accusait de tous les maux que nous avions eu à supporter, et mille fois on lui posa cette question : « Comment as-tu osé mentir. »

Le Mongol reprit bientôt son assurance et chercha à se justifier : « Ce n'est pas moi, disait-il, qui vous ai imposé le chemin ; je vous ai dit ce que je savais, et la preuve que je n'ai pas menti, c'est que moi-même je reviens de Zaïssan. » Il n'en fut pas moins chassé et signalé à l'officier chinois comme criminel ; on se promettait de faire un rapport sur son compte à l'administrateur du district auquel il appartenait, après l'avoir menacé d'une punition immédiate. Cependant tout le monde savait qu'il n'était pour rien dans nos malheurs et chacun le plaignait; le pauvre homme allait d'un bûcher à l'autre sans que personne l'invitât à se réconforter; c'est ainsi qu'il partit seul..... Où? Dieu seul le sait. J'étais saisi de frayeur pour lui, je me demandais ce qu'il allait devenir, où il allait manger, où il allait se reposer.

Pour quelle raison le chef l'avait-il reçu de la sorte? C'était pour se décharger de la responsabilité des malheurs qu'il avait lui-même suscités.

Il était plus de midi; on conseilla de rester ici ou de passer à la source I-Tche, à cinq verstes de là ; mais le chef, ne trouvant pas ce moyen pratique, donna l'ordre de faire dix ou quinze verstes, puis de s'arrêter et d'envoyer à la source des chameaux pour y chercher de l'eau. Le photographe, le seul qui eût le droit de discuter, essaya de lui démontrer le non-sens de ces ordres, mais une heure après on se mit en route pour s'éloigner du puits sans aucune raison et passer la nuit dans le désert, d'où l'on enverrait les chameaux à la recherche de l'eau. Cela me rappelait la fable de l'homme qui voyant pousser l'herbe sur son toit, y fit hisser son bœuf.

3 octobre. — Rien de particulier. Après une journée de marche, on fait halte à un endroit nommé par les Mongols la tombe d'Oulan-Hochoun. Il n'y avait point d'eau. Le chef en personne distribua à chacun sa ration d'eau salée, bourbeuse et d'une odeur désagréable.

4 octobre. — D'après les calculs du chef, c'est aujourd'hui que nous aurions dû arriver à Zaïssan..... nous n'y sommes pas encore !

Nous arrivâmes assez tard dans la nuit au puits de Tche-Ké. C'est facile à dire, mais qu'il est pénible de rester à cheval douze heures par jour!

5 octobre. — Aujourd'hui nous traversons un vaste espace du désert, dont le sol, imprégné de sel, couvrait par endroits la terre d'une mince couche cristallisée.

Nous nous arrêtons au puits Sououlgou, dont l'eau est assez bonne pour faire du thé.

6 octobre. — En vérité ce désert ne vaut pas celui du Gobi; du moins dans ce dernier on rencontrait deux puits par jour et des oasis; dans celui-là, on voyait à peine un puits tous les deux jours et jamais une oasis.

Le ciel est couvert: il a plu le matin; puis un vent froid et pénétrant se met à souffler avec violence. Pour nous réchauffer, il nous faut marcher à pied; nos Chinois, originaires du Midi, sont les premiers à souffrir: Tan-Loe n'avait qu'un vêtement ouaté; « Transparent » est véritablement transparent; je lui fais donner une veste et je le couvre de ma fourrure de mouton. Enfin, je craignais que mon singe ne pût supporter le froid, Ma l'avait caché dans ses vêtements, mais l'animal sortait la tête à chaque instant pour voir ce qui se passait dehors. Bientôt une neige épaisse commence à tomber et augmente les difficultés de notre marche; en fondant, elle rend le sol glissant; pour comble de malheur, la faim se met de la partie, car on ne mange plus qu'une fois par jour, et encore la nourriture est insuffisante. Plus de viande; un peu de farine.

Vers le soir, le vent se calme, mais la neige continue de tomber.

Où allons-nous? Personne ne le sait, car le chef a expédié en avant les guides pour chercher de la nourriture ou plutôt des moutons.

A la nuit, on s'arrête : les uns se mettent à déblayer la neige pour dresser les tentes, les autres ramassent du bois pour faire des bûchers, qu'on ne peut allumer qu'avec peine; Tan prépare une bouillie; d'autres encore remplissent de neige leurs marmites, qu'ils suspendent au-dessus des bûchers. Quant à nous, nous avons quelque chose comme de la soupe au vermicelle, mais quelle soupe! puis un tout petit morceau de mouton.

Je ne sais ce qu'ont pu manger nos collègues, mais les soldats se sont régalés de viande de chameau; j'y goûtai, elle avait un mauvais goût et une odeur désagréable.

7 octobre. — Le temps est calme, mais froid; le désert couvert de neige; avant de partir on se chauffe aux bûchers, mon singe se fourre dans le feu, après avoir déchiré en morceaux la robe de chambre qu'on lui avait confectionnée à Hou-Tcheng.

Nous partons sans nos guides, qui n'étaient pas encore revenus. Le pauvre

Baltchak a dû passer une mauvaise nuit, car son sac de voyage avec le pain et son *touloupe* étaient restés sur l'une de nos voitures ; cependant, quand il revint, il ne se plaignit pas de sa nuit. Il nous a apporté une bonne nouvelle, la présence dans le voisinage d'un campement de Tourgouts ou Kalmouks.

Voilà donc ces fameux Tourgouts chez lesquels nous devions arriver le neuvième jour après le départ de Hou-Tcheng. Ce n'est pas neuf jours, mais bien vingt durant lesquels il ne nous a pas été donné de voir une seule habitation. Cependant nous ne faisons que passer devant ce premier campement, pour nous arrêter au suivant, beaucoup plus grand, situé près d'un puits et composé de vingt-six *ïourtas*.

Les habitants de ce camp, pour la plupart de taille moyenne, paraissaient forts et bien portants ; ils ont la tête rasée, portent une ou deux tresses, mais laissent pousser leurs cheveux dans la saison d'hiver. Ils nous regardaient sans témoigner aucune crainte, ainsi qu'il arrive quelquefois en Chine ; ils nous demandaient du tabac et causaient avec nous. Ces Tourgouts portaient des fourrures de mouton ou de bouc, des chaussures de cuir non tanné, le poil en dedans ; ils avaient la tête nue ou couverte de petites calottes tartares ; quant aux enfants, ils couraient en chemises et les pieds nus. Le singe attira surtout leur attention ; ils étaient frappés de sa ressemblance avec l'homme ; quelques-uns le prenaient même pour un « petit homme » et lui tenaient des discours.

Entrons dans l'intérieur de la *ïourta* où nous allons passer la nuit : Tan-Loc marchande de la farine sans pouvoir se faire comprendre, pas plus que Ma, qui lave la vaisselle ; tous deux croyaient se trouver en Russie ; ils furent fort surpris d'apprendre que les Kalmouks ou Tourgouts sont sujets de l'empereur de Chine. Au milieu de la *ïourta* flambe un bûcher qui la remplit d'une épaisse fumée ; quoi qu'il en soit, nous mangeons de bon appétit et nous nous couchons, contents d'être enfin sortis des solitudes du désert.

Nous congédions nos deux anciens guides, les frères Sodmoun et Ba-Hé ; chacun a reçu quatre roubles et une brique de thé. Ils sont partis à pied sans garder de nous un bon souvenir. Pauvres gens ! que sont-ils devenus ?

8 octobre. — Le froid enlève toute envie de se lever. Les Chinois, fidèles à leur habitude, avaient couché sans chemises : pas un seul ne s'était même enrhumé. Les propriétaires de la *ïourta* qui nous avait abrités reçurent deux roubles. Ils furent satisfaits, mais ils nous prièrent de leur faire cadeau d'une bouteille, objet utile dans leur ménage et introuvable dans la contrée. Leur satisfaction fut grande ; tous les habitants vinrent examiner cette bouteille et en firent les plus grands éloges.

9 octobre. — Nous arrivons devant un petit camp de nomades, et notre guide Baltchak nous conseille de nous y arrêter pour passer la nuit et de prendre un autre guide : « Je connais bien le chemin, disait-il, mais je ne suis pas certain de moi. » Sosnowsky ne fut pas de cet avis ; il donna l'ordre au guide de nous accompagner plus loin, ajoutant que lui-même connaissait bien le chemin. On se remet donc en route. A un certain moment, le chef fit tourner à gauche, contrairement à l'avis du guide, « qui n'y connaît rien, » disait Sosnowsky. Après deux heures de marche, on s'aperçut qu'on avait fait fausse route. Le guide consulté chercha à s'orienter, puis il proposa de nous conduire dans un autre camp encore assez éloigné, où nous arrivâmes fort tard dans la nuit.

La présence subite de Russes pendant la nuit mit les Mongols sens dessus dessous. Le *starchina* (l'aîné, le chef de la communauté) fit partir tous les bestiaux et battre la générale pour appeler les habitants à la défense de leurs biens. Pauvre homme ! c'est avec peine qu'on parvint à le calmer.

Nous nous sommes logés dans une cabane aux murs noircis par la fumée : une large ouverture au plafond servait de cheminée. La hutte était vide pour le moment, quoique au milieu couvât le feu d'une matière combustible, faite avec du fumier et nommée *kiziak*. Notre Cosaque apporta une provision de ce kiziak, qu'il venait de trouver je ne sais trop où ; il se proposait de rallumer le feu lorsqu'un vieillard accourut reprendre le combustible des mains du Cosaque, le jeta par terre, puis le souleva du sol, le jeta encore, tout en criant et s'apprêtant à se livrer à un pugilat. Il fut difficile de lui faire entendre raison, car il ne comprenait ni le russe, ni le chinois, ni le kirghize ; par bonheur, en ce moment notre guide entra chez nous et nous pûmes faire comprendre au vieillard rébarbatif qu'on lui payerait son bien. Le Mongol changea à vue d'œil : il courut nous chercher de l'eau, une marmite et une nouvelle provision de kiziak, demandant de temps en temps au guide si réellement il serait payé et priant qu'on lui montrât l'argent. La vue du métal le calma tout à fait, il se mit même à jouer avec mon singe, à danser et à sauter devant lui, mais l'animal, fatigué par le voyage, n'était pas en train de se livrer à cet amusement..

10 octobre. — Cet hivernage, nommé Tchogan-Hamyr, était connu du Cosaque Stepanow. « Nous sommes ici comme chez nous, disait-il, et il est inutile de garder plus longtemps les guides. » En effet nos sauveurs furent congédiés ; le chef les récompensa généreusement : ils reçurent chacun quatre roubles, un morceau de peluche, de l'indienne pour une chemise et une brique de thé.

Sosnowsky se chargea dorénavant de nous conduire lui-même à travers la contrée, qu'il prétendait connaître comme ses cinq doigts; mais, après une heure de chemin, j'entendis le Cosaque faire une observation timide sur la direction prise par le chef et recevoir une verte réprimande de Sosnowsky, « avec ordre de ne pas se fourrer où on ne le demandait pas, et surtout quand il ne connaissait rien. » Par bonheur, une heure plus tard nous vîmes arriver notre troisième Cosaque Pawlow avec un Kirghize au service de la Russie. Ils nous firent savoir que de Zaïssan avait été expédiée à notre rencontre, à Bouloun-Tohoï, une escorte avec chevaux, chameaux et toute espèce de provisions, mais qu'après nous avoir vainement attendus pendant une semaine entière, le convoi était rentré à Zaïssan, où l'on s'inquiétait beaucoup de notre sort.

Puis le Kirghize dit : « Où allez-vous donc? c'est vers Ouan-Tiuré qu'il faut se diriger.

— Eh bien ! c'est là que nous allons.

— Mais pas du tout, c'est tout à fait à l'opposé... » Je me demande où le chef nous aurait conduits sans cette rencontre. Mais maintenant nous étions bien sauvés. Nous nous arrêtâmes à la station kirghize d'Obaly, d'où une estafette fut expédiée à Zaïssan pour annoncer notre prochaine arrivée. Le lendemain, 11 octobre, nous continuâmes notre route pour ne nous arrêter que tard dans la soirée au poste de Hantousty.

12 octobre. — Dernier jour de voyage en dehors des frontières russes. Près d'un temple bouddhique, le dernier temple vu par moi, se trouvait un hivernage, où nous fûmes rencontrés par le gouverneur de la province de Semipalatinsk, par d'autres fonctionnaires et des habitants de Zaïssan. Je n'oublierai jamais les *iourtas* garnies de tapis, le linge blanc, le samovar brillant, et cette propreté dont nous nous étions forcément déshabitués. Je n'oublierai jamais mes excellents compatriotes venant nous saluer et nous féliciter de la fin heureuse de notre tâche.

Quoi qu'il en soit, je ne voulus pas manquer ma visite au temple Matena, construit en pierres, à trois étages et avec toit chinois de telle sorte que le second étage est moins large que le premier et le troisième moins large que le second ; c'est ainsi que l'on peut faire le tour de chaque étage en suivant la terrasse formée par l'étage inférieur ; mais, ces galeries n'ayant pas de rampe, cette promenade n'est pas sans danger. A l'intérieur du temple, le dieu principal était placé au fond, en face de la porte; devant la statue était une table pour des offrandes, et sur les côtés de petites idoles dans des vitrines. Une colonnade en bois sculpté et peint ornait en outre l'intérieur du temple.

13 octobre. — A sept heures du matin nous nous réunîmes pour prendre le thé et déjeuner avant le départ. Seul le chef continua à travailler, à faire le calcul des indications de l'odomètre, au grand étonnement de tous, qui admiraient cette passion infatigable pour la science.

« Allons, assez, lui dit-on ; vous n'êtes donc pas fatigué ?

— Non, mes amis, répond Sosnowsky, le devoir avant tout. » Et il continue à regarder le plafond en remuant les lèvres, puis à inscrire quelques notes.

Nous voilà partis.

Le 14 octobre nous arrivons à Zaïssan ; nous y séjournons huit jours en attendant la possibilité de continuer notre chemin en traîneau. Ces huit jours se passent en fêtes, réceptions, soirées données en notre honneur par les aimables habitants de la petite ville. Pour nous autres, c'était aussi la fête de l'émancipation des esclaves : pour Matoussowsky, Andreïewsky, l'auteur et les Cosaques. Je le dis sans arrière-pensée : la discipline est nécessaire, c'est incontestable ; toutefois nous étions loin de penser que notre voyage s'effectuerait moins comme une expédition d'explorateurs que comme une marche de détachement militaire à travers cette contrée peu connue. Notre éducation et notre savoir-vivre nous faisaient supposer que nous resterions tous amis, que nous échangerions chaque jour nos vues sur les travaux à exécuter et nos impressions sur les observations recueillies. Le lecteur a pu voir combien nous nous étions trompés. Aussi l'arrivée à Zaïssan fut pour nous une véritable délivrance.

Mes compagnons de voyage se dispersèrent : Tan-Loe, que j'invitai à m'accompagner à Pétersbourg, effrayé par les neiges et les ouragans, préféra retourner chez lui avec notre dernière escorte. Il en fut de même de notre domestique Ma. « Transparent » fut emmené par Smokotnine, qui l'adopta ; les deux autres Cosaques rentrèrent aussi dans leurs foyers. J'appris plus tard que le « représentant d'une maison sérieuse de commerce », le vieillard Siui, était parti pour Kiachta. Les membres officiels de l'expédition partirent pour Pétersbourg, afin de rendre compte de leur mission.

FIN.

# TABLE DES GRAVURES

FIN DE LA TABLE DES GRAVURES.

# TABLE DES MATIÈRES

### CHAPITRE VI



### CHAPITRE VII



### CHAPITRE VIII



### CHAPITRE IX



### CHAPITRE X



### CHAPITRE XI

FIN DE LA TABLE DES MATIÈRES.

6885-83. — CORBEIL. Typ. et stér. CRÉTÉ.

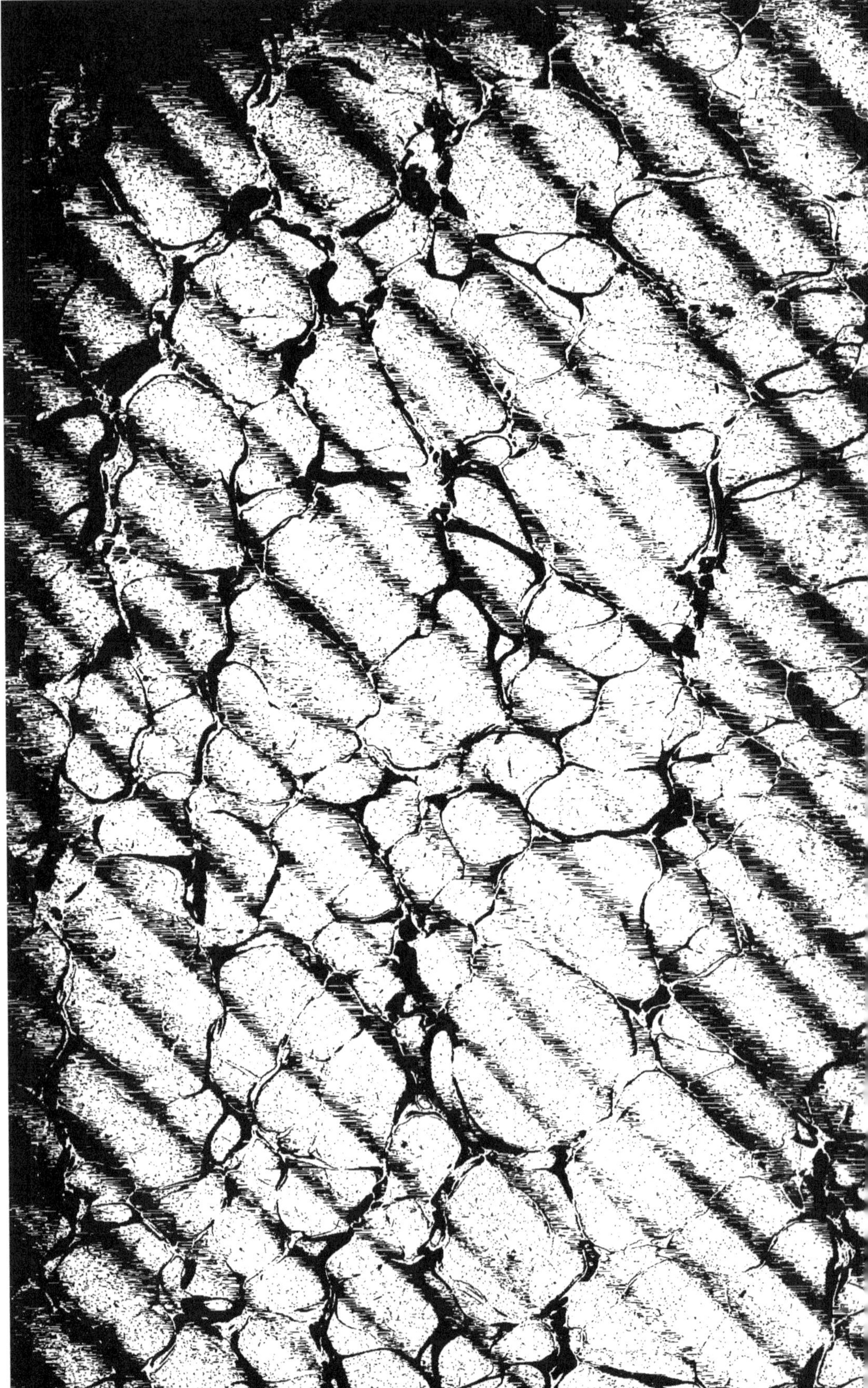

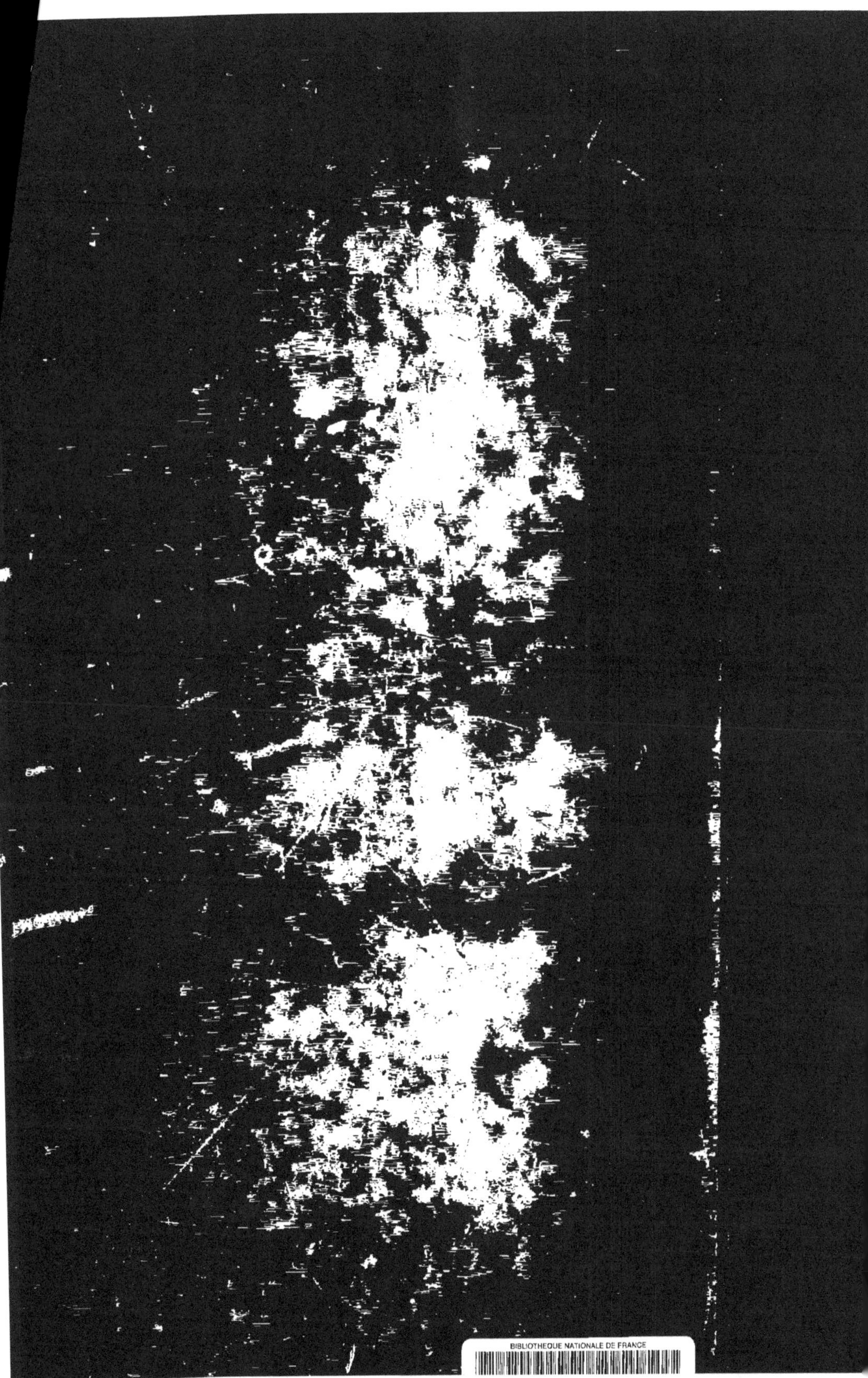

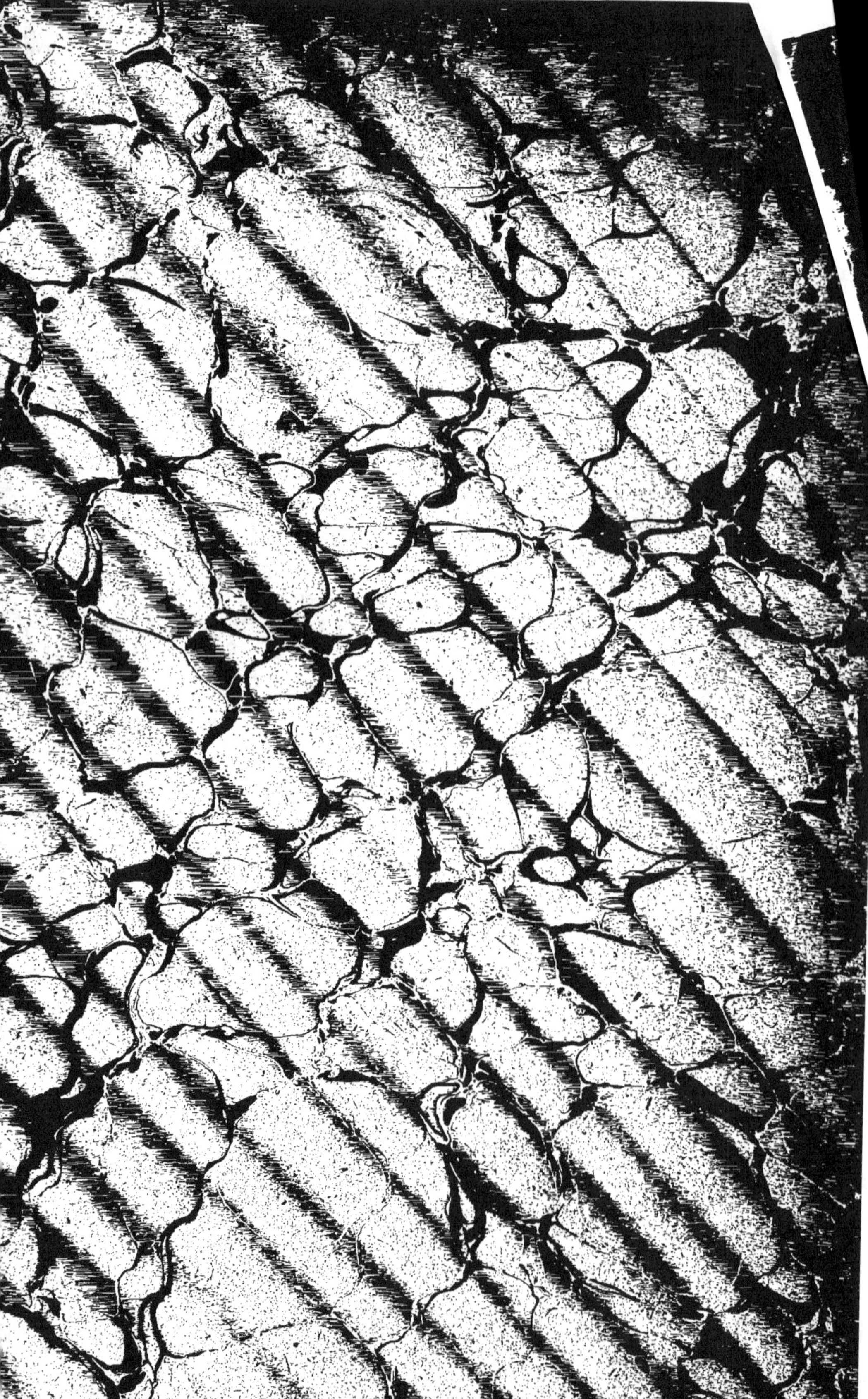